数学名著译丛

拓扑空间论

〔日〕儿玉之宏　永见启应　著

方嘉琳　译

周浩旋　等　校

U0249557

科学出版社
北京

图字:01-2000-1059号

内 容 简 介

本书是点集拓扑学方面的一本经典著作.全书共十章,内容为:拓扑空间、积空间、仿紧空间、紧空间、一致空间、复形和扩张子、逆极限和展开定理、Arhangel'skiĭ空间、商空间和映射空间、可数可乘的空间族.正文前的绪论简要地叙述了阅读本书所需的集合论的基本知识.书中有大量的例题和习题,有益于加强基本训练.

本书可供大学数学系高年级学生、研究生、教师及有关方面的研究人员参考.

参加本书校订工作的还有白苏华、胡师度同志.

图书在版编目(CIP)数据

拓扑空间论/(日)儿玉之宏,(日)永见启应著;方嘉琳译. -北京:科学出版社,2001
(数学名著译丛)
ISBN 978-7-03-009079-9

Ⅰ.拓… Ⅱ.①儿… ②永… ③方… Ⅲ.拓扑空间
Ⅳ.O189.11

中国版本图书馆CIP数据核字(2000)第84239号

责任编辑:林 鹏/责任校对:陈玉凤
责任印制:吴兆东/封面设计:张 放

科学出版社 出版
北京东黄城根北街16号
邮政编码:100717
http://www.sciencep.com

北京厚诚则铭印刷科技有限公司印刷
科学出版社发行 各地新华书店经销

*

2001年7月第 一 版 开本:850×1168 1/32
2025年1月第七次印刷 印张:13 1/4
字数:346 000

定价:69.00元

(如有印装质量问题,我社负责调换)

前　　言

本书可以作为拓扑空间论的教科书．对此理论及其应用有兴趣的各分支的研究工作者，也可将此书作为一本入门书．了解大学低年级的集合论基本内容的读者，即可顺利阅读，不需要其他任何预备知识．为了阅读方便，在绪论中简要叙述了本书所需要的集合论的基本知识．

本书正文共十章．其中前三章是最基本的部分，对于理解以后各章是必需的．第四章以后分为第四、五章，第六、七章，第八、九、十章三部分．各部分之间可以独立地阅读(定义等例外)．

在第一章中引入拓扑空间和连续性的概念．在第二章中引入积拓扑，证明了 Tychonoff 积定理和选择公理的等价性、可分空间、完全可分空间、完全正则空间的嵌入定理等．第三章的目的是证明关于仿紧空间、可列仿紧空间的基本定理群．给出了对于这些空间的 Dieudonné, Dowker, Michael, Stone 等的特征定理．

第四章中更深入地考察了拓扑空间论中最有趣味的对象之一，即有广泛应用的紧空间．关于可数紧性以及伪紧性也予以注意，但这些是为了更深刻地理解紧性概念的一个侧面．在此介绍了关于 Stone-Čech 紧化的保积性的 Glicksberg 定理，Tamano 积定理等．第五章考察了一致空间及 δ 空间．只需要大体上了解一下关于这些空间的知识的读者，本章的前半部分就已足够，理解它并不需要第四章的知识．

第六章讨论了扩张子和收缩核的理论，第七章讨论了各种展开定理．这两章特别有助于从集合论的侧面更深刻地理解代数拓扑学．

第八、九、十章是以展望拓扑空间论最近发展趋势的观点来写的．在第八、九章主要着眼于 Arhangel'skiĭ 创始的新空间概念、新映射概念以及它们之间的某种相互关系．根据这个新观点，在第九章中指出了关于基数的 Alexandroff 问题的解决方法． 为了解决这个半个世纪以前提出的问题，Arhangel'skiĭ 用了自由列的概念．这是必须注意的重要概念，但本书中限于篇幅未能采取他的证明方法．最后，第十章讨论了各种可数可乘空间族． 可以预期这些空间族将是有广泛应用的领域．

为了更深刻地理解数学内容，习题是不可少的． 在这种意义下，在各章末配置了习题．对于难题全部给予提示，估计自学的读者也不会有困难． 另外，为了能够接触本文以外尽可能多的重要概念及定理，在习题中也常常涉及它们．

数学的历史也可以说是解决问题的历史．问题有时由反例直接否定，有时由新理论肯定地予以解决．这种情况，在拓扑空间论中也不例外． 特别是用例子给新概念以可靠的基础，保证了它不是空洞的理论． 在此意义下，在本书中许多例子与理论占有相同的比重，二者互为表里．另外，随时随地提出了未解决的问题．它们未必都是经受历史考验的重要问题，但向读者传授这个理论的生动面貌是作者的强烈愿望，这就是敢于做这个尝试的原因．

为了知道拓扑空间论的概略，作为大学中期的一门课程，用第一、二章即可．继续的课程可以考虑如下的组合，即用第三章，第四、五章的前半部分或第三章和第九章的 k 空间、映射空间两节．再以后的选择可以自由进行．记号□表示证明完了．

在小松醇郎先生不断的鼓励下我们写出了这本书．吉田耕作先生关心本书的出版，并给予了有力的精神支持．木村信夫、津田满、奥山晃弘诸教授细心地通读了原稿，提出了许多有益的意见．野仓嗣纪、宇都宫京子、永见缘诸位先生帮助作成索引等烦杂琐事．京都大学数理解析研究所在作者共同研究期间提供了讨论本书的场所． 也应提到岩波书店的各方协助． 由于各方热情关怀，本书才得以出版．在此向以上各方表示作者衷心的感谢．

作　者

目　　录

记　号　表

$a \in X$，$a \notin X$	1.1
$X \subset Y$，$X \subsetneqq Y$，$X = Y$	1.1
$X \cup Y$，$X \cap Y$，$X - Y$	1.1
$\{a : P\}$	1.1
$\emptyset$	1.1
$\bigcup\{A_\alpha : \alpha \in \Lambda\}$，$\bigcup A_\alpha$	1.2
$\bigcap\{A_\alpha : \alpha \in \Lambda\}$，$\bigcap A_\alpha$	1.2
$X \times Y$	1.4
aRb	1.4
$f: X \to Y$，$f(a)$，$f(X)$，f^{-1}	1.4
$f \vert X'$	1.4
1_X	1.4
$\prod_{\alpha \in \Lambda} A_\alpha$	1.5
Δ_X	1.4
(f_α)	1.5
$\prod_{\alpha \in \Lambda} g_\alpha$	1.5
X/R	1.6
$(X, <)$，$\sup A$，$\inf A$	1.7
$p(A)$，$\vert A \vert$	2.1
2^A	2.2，I.V
$\aleph_0$，$\aleph_1$，$\mathfrak{c}$	2.3～2.4
N	2.3

绪论 集合论

§1. 集 合

1.1 在本章中简要地叙述本书使用的关于集合的基本定义和记号,以及集合论中必要的定理.

考虑满足某条件的事物的汇集时,汇集的全体称为集合或集(set)或族(family)或系(system).构成集合的各个事物称为该集合的元素(element),点(point),称元素属于集合,或被集合包含.将元素 a 属于集合 X 的事实记作 $a\in X$(或 $X\ni a$). 当 a 不是 X 的元素时,写为 $a\notin X$(或 $X\not\ni a$). 当集合 X 的元素全部被集合 Y 包含时,称 X 为 Y 的子集(subset),表为 $X\subset Y$ 或 $Y\supset X$. 此时称 X 被 Y 包含或 Y 包含 X. 二集合 X 和 Y,若 $X\subset Y$ 且 $X\supset Y$,则称为同一集合或相等,写做 $X=Y$. 当 $X\subset Y$ 且 $X\neq Y$,即 X 是 Y 的子集而与 Y 不是同一集合时,称 X 为 Y 的真子集(proper subset),写做 $X\subsetneqq Y$. 对于两个集合 X,Y,属于 X 或 Y 的元素的集合,记为 $X\cup Y$,称为 X 和 Y 的并集(union)或简单地称为和. 既属于 X 也属于 Y 的元素的集合称为 X 和 Y 的交集(intersection),记作 $X\cap Y$. 属于 X 但不属于 Y 的元素的集合称为 Y 关于 X 的补集(complement),记作 $X-Y$.集合 X 是满足某条件 P 的元素 a 的集合时,写做 $X=\{a:P\}$. 若使用这个记号,则可写做 $X\cup Y=\{a: a\in X$ 或 $a\in Y\}$, $X\cap Y=\{a: a\in X$ 且 $a\in Y\}$,$X-Y=\{a: a\in X$ 且 $a\notin Y\}$. 集合 $X-X$ 是不具有元素的集合, 称之为空集(empty set),以 $\varnothing$ 表示之. $\varnothing$ 是任意集合 X 的子集.

1.2 当集合的各元素本身就是集合时,这个集合称为集族(family of sets)或集系(system of sets).为了区别集族的元素,可对作为元素的集合赋予指标(index). 对集合 Λ 的各元素 $\alpha,\beta,\gamma,\cdots$

确定集合 X 的子集 $A_\alpha, A_\beta, A_\gamma, \cdots$ 时，由 $A_\alpha, A_\beta, A_\gamma, \cdots$ 构成的集族以 $\{A_\alpha: \alpha\in\Lambda\}$ 或简单地以 $\{A_\alpha\}$ 表示之，称之为依 Λ 赋予指标的族．集合 Λ 称为指标集 (index set)，Λ 的元素称为指标．对于集族 $\{A_\alpha: \alpha\in\Lambda\}$，至少属于一个 A_α 的元素的集称为并集，属于所有 A_α 的元素的集称为交集，分别以 $\cup\{A_\alpha:\alpha\in\Lambda\}$，$\cap\{A_\alpha:\alpha\in\Lambda\}$ 表示之．并集，交集也写做 $\bigcup_{\alpha\in\Lambda} A_\alpha$，$\bigcap_{\alpha\in\Lambda} A_\alpha$，有时更简单地仅写做 $\cup A_\alpha$，$\cap A_\alpha$．集族 $\{A_\alpha: \alpha\in\Lambda\}$ 对于 Λ 的任意不同元素 α，β，有 $A_\alpha\cap A_\beta=\varnothing$ 时，称为不交的 (disjoint)．

1.3 定理 设 $\{A_\alpha\}$ 为以 Λ 为指标集的集 X 的子集族，B 为 X 的子集．下列等式成立．

(1) $$B\cap\left(\bigcap_{\alpha\in\Lambda} A_\alpha\right)=\bigcap_{\alpha\in\Lambda}(B\cap A_\alpha),$$

$$B\cup\left(\bigcup_{\alpha\in\Lambda} A_\alpha\right)=\bigcup_{\alpha\in\Lambda}(B\cup A_\alpha),$$

(2) $$B\cap\left(\bigcup_{\alpha\in\Lambda} A_\alpha\right)=\bigcup_{\alpha\in\Lambda}(B\cap A_\alpha),$$

$$B\cup\left(\bigcap_{\alpha\in\Lambda} A_\alpha\right)=\bigcap_{\alpha\in\Lambda}(B\cup A_\alpha),$$

(3) $$X-\left(\bigcup_{\alpha\in\Lambda} A_\alpha\right)=\bigcap_{\alpha\in\Lambda}(X-A_\alpha),$$

$$X-\left(\bigcap_{\alpha\in\Lambda} A_\alpha\right)=\bigcup_{\alpha\in\Lambda}(X-A_\alpha).$$

(2) 称为分配律 (distributive law)，(3) 称为 de Morgan 法则．

1.4 当给与集合 X 与 Y 时，X 和 Y 的积 (product) 或直积 (direct product) $X\times Y$ 定义如下．$X\times Y$ 是 X 的元素 a 和 Y 的元素 b 的所有有序对 (a, b) 的集合，即 $X\times Y=\{(a,b): a\in X, b\in Y\}$．$X\times Y$ 的元素 (a,b)，(a',b') 仅限于 $a=a'$ 且 $b=b'$ 时是同一元素．对于 $X\times Y$ 的元素 (a,b)，X 的元素 a 称为 (a,b) 的第一成分，Y 的元素 b 称为 (a,b) 的第二成分．$X\times Y$ 的子集 R 确定 X 的元素 a 和 Y 的元素 b 的关系 (relation) 如下：当 $(a, b)\in R$

时称为 a 和 b 具有关系 R，以 aRb 表示之. 关系 R 的定义域（domain）是属于 R 的元素的第一成分的集合，R 的值域（range）是 R 的元素的第二成分的集合. 即 R 的定义域 $=\{a$: 关于某个 $b\in Y$, $aRb\}$，R 的值域 $=\{b$: 关于某个 $a\in X$, $aRb\}$.

对于两个集合 X 和 Y，给与关系 f: (1) f 的定义域是 X 全体，(2) f 的相异二元不具有相同的第一成分，这时 f 称为 X 到 Y 的映射 (mapping)，函数 (function) 或对应 (correspondence). 即所谓 f 是 X 到 Y 的映射，是指对于 X 的任意元素 a，有 Y 的元素 b，使 afb，若 afb 且 afb'，则 $b=b'$. 当 f 是 X 到 Y 的映射时，以 $f\colon X\to Y$ 表示之. 当 afb 时，写做 $f(a)=b$ 或 $fa=b$，b 称为 f 在 a 的值 (value) 或 a 在 f 下的像 (image). 或称 f 使 X 的元素 a 对应或映射于 Y 的元素 $b=f(a)$. 当 $f\colon X\to Y$ 为映射时，f 的值域称为 X 在 f 下的像，以 $f(X)$ 或 fX 表示之. 当 $f(X)=Y$ 时，称 f 为到 Y 上的映射. 关于 $Y'\subset Y$，称集合 $\{a\colon f(a)\in Y'\}$ 为在 f 下 Y' 的逆像 (inverse image)，以 $f^{-1}(Y')$ 或 $f^{-1}Y'$ 表示之. 当 Y' 是由 Y 的一个元素 b 组成时，可简单地写做 $f^{-1}(b)$ 来代替 $f^{-1}(\{b\})$. 当 f 的像的任意元素的逆像仅由一个元素组成时，称 f 为一一映射. 关于 $X'\subset X$ 对于 $a\in X'$ 由 $f'(a)=f(a)$ 定义映射 $f'\colon X'\to Y$ 时，f' 称为 f 在 X' 上的限制映射 (restriction)，以 $f|X'$ 表示之. 关于各 $a\in X$ 若定义 $i(a)=a$，则得到 X 到 X 上的一一映射 $i\colon X\to X$. i 称为恒等映射 (identity mapping)，以 1_X 或单用 1 表示之. 当 $X'\subset X$ 时，限制映射 $1_X|X'\colon X'\to X$ 称为包含映射 (inclusion). 做为关系的映射 $f\colon X\to Y$ 亦即 $X\times Y$ 的子集 $\{(a,f(a))\colon a\in X\}$ 特别地称为映射 f 的图像 (graph). 例如，恒等映射 1_X 的图像是 $X\times X$ 的对角集合 (diagonal) $\Delta_X=\{(a,a)\colon a\in X\}$.

设 $f\colon X\to Y$ 为 X 到 Y 上的一一映射. 对于各 $b\in Y$，使 $f(a)=b$ 的 X 的元素 a 唯一确定. 使 $b\in Y$ 对应这个 a 的映射称为 f 的逆映射 (inverse mapping)，以 f^{-1} 表示之. 设 X, Y, Z 为集合，$f\colon X\to Y$, $g\colon Y\to Z$ 为映射时，关于各 $a\in X$，若令 $gf(a)=g(f(a))$，则得到映射 $gf\colon X\to Z$. gf 称为 f 和 g 的合成映射 (composition).

若 f 是 X 到 Y 上的一一映射，则 $f^{-1}f = 1_X$，$ff^{-1} = 1_Y$.

1.5 设 $\{A_\alpha: \alpha \in \Lambda\}$ 为以 Λ 为指标集的集族. 由 Λ 到 $\bigcup\limits_{\alpha\in\Lambda} A_\alpha$ 的映射 φ，它对于各 $\alpha \in \Lambda$，使 $\varphi\alpha \in A_\alpha$，这种映射全体的集合称为 $\{A_\alpha\}$ 的积集或直积，以 $\prod\limits_{\alpha\in\Lambda} A_\alpha$ 表示之. 各集合 A_α 称为因子集合 (factor). 取 $\prod\limits_{\alpha\in\Lambda} A_\alpha$ 的元素 φ 时，A_α 的元素 $\varphi\alpha$ 称为 φ 的 α 坐标 (coordinate). φ 的 α 坐标为 a_α 时，φ 以 $(a_\alpha: \alpha \in \Lambda)$ 或简单地以 (a_α) 表示之. $P_\alpha: \prod\limits_{\alpha\in\Lambda} A_\alpha \to A_\alpha$ 若定义为 $P_\alpha((a_\alpha)) = a_\alpha$，则得到直积 $\prod\limits_{\alpha\in\Lambda} A_\alpha$ 到因子集合 A_α 上的映射. P_α 称为射影 (projection).

设 B 为集合，$\{A_\alpha: \alpha \in \Lambda\}$ 为集族. 关于各 $\alpha \in \Lambda$ 给与映射 $f_\alpha: B \to A_\alpha$ 时，映射 $\ : B \to \prod\limits_{\alpha\in\Lambda} A_\alpha$ 关于各 b 由 $fb = (f_\alpha b: \alpha \in \Lambda)$ 确定. 对于各 $\alpha \in \Lambda$，合成映射 $P_\alpha f$ 等于 f_α. 映射 f 由映射集 $\{f_\alpha: \alpha \in \Lambda\}$ 唯一确定，反之 $\{f_\alpha: \alpha \in \Lambda\}$ 也由 f 唯一确定. 这个 f 以 (f_α) 表示，称为 $\{f_\alpha: \alpha \in \Lambda\}$ 的对角映射. 另外，给予集族 $\{B_\alpha: \alpha \in \Lambda\}$，当关于各 $\alpha \in \Lambda$ 给予映射 $g_\alpha: A_\alpha \to B_\alpha$ 时，满足 $g(a_\alpha) = (g_\alpha a_\alpha)$ 的映射 $g: \Pi A_\alpha \to \Pi B_\alpha$ 称为 g_α 的积，以 $\prod\limits_{\alpha\in\Lambda} g_\alpha$ 表示之.

1.6 设 R 为集合 X 的元素间的关系. 则 R 是 $X \times X$ 的子集. 关于 X 的各元素 a，有 aRa 时，R 称为自反的 (reflexive). R 是自反的和 R 含有对角集 Δ_X 是等价的. 关于 X 的元素 a, b，若 aRb，则恒有 bRa 时，R 称为对称的 (symmetric). 与此相反，当 aRb 且 bRa 绝对不成立时 R 称为反对称的. 关于 X 的元素 a，b，c，当 aRb 且 bRc 时，若恒有 aRc，则 R 称为可迁的 (transitive). 自反的、对称的、可迁的关系称为等价关系 (equivalence relation).

设 R 为 X 的元素间的等价关系，关于 X 的元素 a，用 $R[a]$ 表示使 aRb 成立的 X 的元素 b 的集合，即 $R[a] = \{b: aRb\}$. X 的子集 A 关于某个 $a \in X$，有 $A = R[a]$ 时，称为 R 等价类或者简单地称为等价类 (equivalence class). 若 R 是等价关系，则所有等价类

的集合 $\mathscr{A}$ 构成并集为 X 的互不相交的集族．若使 X 的各元素 a 对应含 a 的等价类 $R[a]$，则得到 X 到等价类集合 $\mathscr{A}$ 上的映射 f．这时，关于 X 的元素 a，b，$f(a)=f(b)$ 和 aRb 是等价的．集合 $\mathscr{A}$ 称为 X 依 R 的商集（quotient set），以 X/R 表示之．映射 f: $X\to X/R$ 称为标准射影（canonical projection）．等价类 $R[a]$ 的一个元素称为它的代表元（representative）．

1.7 集合 X 的元素间的关系 $<$ 是可迁的时，称为序（order）或半序（partial order）．称 X 由 $<$ 附与序，X 称为有序集（ordered set）．有时将具有序关系 $<$ 的集合 X 以 $(X, <)$ 表示之．对于有序集 X 的元素 a，b，当 $a<b$ 时，称为 a 在 b 前，a 比 b 小或 b 在 a 后，b 比 a 大．关于 X 的元素 a，b，用 $a\leqslant b$ 意味着 $a<b$ 或 $a=b$．在本书中，$a\leqslant b$ 和 $a<b$ 区别使用．设 A 为 X 的子集，元素 $b\in X$，关于 A 的所有元素 a，均有 $a\leqslant b$ 时，b 称为 A 的上界（upper bound）．同样地，小于或等于 A 的各元素的 X 的元素称为 A 的下界（lower bound）．在 A 的上界中同时小于或等于 A 的任意上界的元素称为 A 的上确界（supremum），以 $\sup A$ 表示之．同样地，在 A 的下界中同时大于或等于 A 的任意下界的元素称为 A 的下确界（infimum），以 $\inf A$ 表示之．

设 $(X,<)$，$(Y,<)$ 为有序集．映射 f: $X\to Y$，若 $a<b$ 恒有 $f(a)\leqslant f(b)$ 时称 f 为保序（order preserving）的．有序集 X 的子集 A 的元素 a，b，若在 X 中 $a<b$ 时，在 A 中也确定 $a<b$，由此 A 也构成有序集．这时称 A 为 X 的有序子集．包含映射：$A\to X$ 显然是保序的．有序集 X 的元素 a，b，在 $a<b$，$a=b$，$a>b$ 之中必有一个成立时，称 X 为可比的．X 的元素 a 比所有和 a 可比的元素大或相等时，称 a 为 X 的极大元，比和 a 可比的所有元素小或相等时，称 a 为极小元．在集族 $\mathscr{A}=\{X_\alpha:\ \alpha\in\Lambda\}$ 中，若用 $X_\alpha\subsetneqq X_\beta$ 定义 $X_\alpha<X_\beta$ 时，$\mathscr{A}$ 是有序集．这时极大元是不能成为 $\mathscr{A}$ 的其他元素的真子集的元素．

有序集 X，对于任二元素，存在比它们大或相等的元素时，即对任意 a，$b\in X$，存在 $c\in X$，使 $a\leqslant c$ 且 $b\leqslant c$ 时，称 X 为有向集

(directed set). $Y \subset X$，对于任意 $a \in X$，必存在 $a \leqslant b$ 的元素 $b \in Y$ 时称 Y 在 X 共尾（cofinal）. 有 X 的某元素 a，使 $\{b \in X: a \leqslant b\} \subset Y$ 时，称 Y 和 X 等终（residual）. 等终必共尾，反之一般不成立.

设 $(X,<),(Y,<)$ 为有序集，在 $X \times Y$ 定义序 $<$ 如下：对于 $(m,n),(m',n') \in X \times Y$，限于(1) $m < m'$，或者 (2) $m = m'$ 且 $n < n'$ 时定义 $(m,n) < (m',n')$. 这个序称为由$(X,<)(Y,<)$ 导出的字典序（lexicographic order）.

1.8 在 X 的序 $<$ 满足下列条件时称为线性序（linear order）或全序（total order）：(1) $<$ 是反对称的，即对于 $a,b \in X$，$a < b$ 与 $a > b$ 不能同时成立，(2) 对于 X 的任意相异元素 a，b，必有 $a < b$ 或 $a > b$ 成立. 当序$<$是线性序时，关系 $\leqslant$ 是自反且可迁的. 若 A 为线性序集的子集，则 $\sup A$ 或 $\inf A$ 如果存在是唯一确定的. 当 $\sup A \in A$ 时，$\sup A$ 称为 A 的最大元，当 $\inf A \in A$ 时，$\inf A$ 称为 A 的最小元.

线性序集 X，它的任意非空子集具有最小元时称为良序集（well ordered set）. 良序集 X 的序$<$称为良序（well order），X 称为用 $<$ 赋与良序.

§2. 基数，序数

2.1 如所熟知，将所有集合的汇集看做集合将会产生矛盾. 为此，像所有集合的汇集那样将某范围内的事物的汇集称为类（class）. 集合全体的类以 $\mathscr{U}$ 表示之. $\mathscr{U}$ 的元素是集合. 在 1.6 中定义的等价关系看做是集合的元素间的特殊关系，在此则做为 $\mathscr{U}$ 的元素间的关系考察之. 这时和集合的情形相同 $\mathscr{U}$ 被分为互不相交的等价类. 对于 $\mathscr{U}$ 的两个元素 A，B，当 A 到 B 上存在一一映射时，称 A 和 B 是等价的，以 $A \sim B$ 表示之. 显然$\sim$是$\mathscr{U}$中的等价关系，$\mathscr{U}$ 根据$\sim$分为互不相交的等价类. 含有$\mathscr{U}$的元素 A 的等价类以 $P(A)$ 或 $|A|$ 表示之，称为 A 的势（power）或基数（cardinal）. 基数 $\mathfrak{m},\mathfrak{n}$ 之间规定序$<$如下：设$P(A) = \mathfrak{m}$，$P(B) =$

$\mathfrak{n}$，当 A 和 B 不等价，且 A 到 B 的真子集上存在一一映射时，设 $\mathfrak{m}<\mathfrak{n}$. 这时称为 $\mathfrak{m}$ 比 $\mathfrak{n}$ 小，$\mathfrak{n}$ 比 $\mathfrak{m}$ 大. 可以证明此序为良序. 当 $A=\{1,2,\cdots,n\}$，$0<n<\infty$ 时，设 $p(A)=n$. 对于空集 $\varnothing$，设 $p(\varnothing)=0$. 对于某个 $n(0\leqslant n<\infty)$ $p(A)=n$ 的集合称为有限集，否则称为无限集.

2.2 对于集合 A，A 的所有子集的集合以 2^A 表示之. 若 $p(A)=\mathfrak{m}$，$p(2^A)$ 用 $2^{\mathfrak{m}}$ 表示之. 关于任意基数 $\mathfrak{m}$，易知 $\mathfrak{m}<2^{\mathfrak{m}}$. 基数的和与积由 $p(A)+p(B)=p(A\cup B)$（设 A 和 B 互不相交），$p(A)\cdot p(B)=p(A\times B)$ 定义之. 更一般地，若 $\{A_\alpha:\alpha\in\Lambda\}$ 为集族，由 $\sum\limits_{\alpha\in\Lambda}p(A_\alpha)=p\left(\bigcup\limits_{\alpha\in\Lambda}A_\alpha\right)$（设 $\{A_\alpha\}$ 为互不相交族），$\prod\limits_{\alpha\in\Lambda}p(A_\alpha)=p\left(\prod\limits_{\alpha\in\Lambda}A_\alpha\right)$ 定义之. 由这些式子可以定义基数的集合 $\{\mathfrak{m}_\alpha:\alpha\in\Lambda\}$ 的和 $\sum\limits_{\alpha\in\Lambda}\mathfrak{m}_\alpha$ 和积 $\prod\limits_{\alpha\in\Lambda}\mathfrak{m}_\alpha$.

2.3 设 N 为所有自然数集 $\{1,2,3,\cdots\}$. N 的基数写做 $\aleph_0$（$\aleph$ 读做阿列夫），基数为 $\aleph_0$ 或比它小的集合称为可数集（countable set）. 基数为 $\aleph_0$ 的集合是可数无限集. 可数集是有限集或可数无限集. 两个有限集限于其元素个数相等时基数相等.

2.4 不是可数集的集合称为不可数集（uncountable set）. 实数全体的集合 R 是不可数集. R 的基数写做 $\mathfrak{c}$ 称为连续统基数（continuum power）. 因有理数全体是可数集，故无理数集是不可数集，其基数为 $\mathfrak{c}$. 熟知 $2^{\aleph_0}$ 和 $\mathfrak{c}$ 是相等的. 基数 $\mathfrak{m}$ 若满足 $\aleph_0\leqslant\mathfrak{m}\leqslant 2^{\aleph_0}$，则 $\mathfrak{m}=\aleph_0$ 或 $\mathfrak{m}=2^{\aleph_0}$ 的问题，仅用普通集合论公理是不能证明的. 肯定这个问题称为连续统假设（continuum hypothesis，缩写为 C.H.）. 一般地，关于 $\mathfrak{n}\geqslant\aleph_0$ 的基数 $\mathfrak{n}$，满足 $\mathfrak{n}\leqslant\mathfrak{m}\leqslant 2^{\mathfrak{n}}$ 的基数 $\mathfrak{m}$，必然有 $\mathfrak{m}=\mathfrak{n}$ 或 $\mathfrak{m}=2^{\mathfrak{n}}$，就是所谓广义连续统假设（generalized continuum hypothesis）. 最初的不可数基数写做 $\aleph_1$. 设集合 Λ 为 $p(\Lambda)<\mathfrak{m}$ 的指标集，对于任意的基数的集合 $\{\mathfrak{m}_\alpha:\alpha\in\Lambda\}$，其中关于各 $\alpha\in\Lambda$ 有 $\mathfrak{m}_\alpha<\mathfrak{m}$，则恒有 $\sum\limits_{\alpha\in\Lambda}\mathfrak{m}_\alpha<\mathfrak{m}$ 时，称基数 $\mathfrak{m}$ 是正则的（regular）. 例如，基数 $\aleph_0$，$\aleph_1$ 都是正则的.

2.5 设X为集合，τ为基数．设A为基数是τ的集合．A到X的所有映射的集合以X^{τ}表示之，称为X的幂τ的积集．X^{τ}也可以定义如下．以A为指标集的集族$\{X_a: a\in A\}$中，关于各$a\in A$，均有$X_a\sim X$，作它们的直积$\prod_{a\in A} X_a$．显然$X^{\tau}\sim\prod_{a\in A} X_a$．

对于实数集R，n为自然数，R^n是n维 Euclid 空间，$R^{\aleph_0}$是 Hilbert 空间．R^n，$R^{\aleph_0}$的基数都是$\mathfrak{c}$，但$R^{\mathfrak{c}}$，即R到R的映射全体的集合或R的所有子集的集合的基数$\mathfrak{f}$比$\mathfrak{c}$大．

2.6 设$\mathscr{V}$为所有有序集的类．关于$\mathscr{V}$的二元素A,B，当A到B上一一保序映射存在时，称为A和B是相似的(similar)，以$A\approx B$表示之．显然关系$\approx$是$\mathscr{V}$的元素间的等价关系，用$\approx$确定的等价类称为序型（order type）．含A的序型用$o(A)$表示．良序集的序型称为序数（ordinal）．设A为良序集，$a\in A$．A的良序子集$A_a=\{b:b\in A,\ b<a\}$称为由a确定的A的截段．二序数μ，ν之间的序$<$定义如下：当$o(A)=\mu$，$o(B)=\nu$时，若A与B的某个截段相似，写做$\mu<\nu$，称为μ比ν小，ν比μ大．由此序关系可知，任意序数的集合构成良序集．

2.7 二有限良序集仅当其元素个数相等时是相似的．由此意义，有限良序集的序数可用整数$0,1,2,\cdots$表示．这些称为有限序数．自然数集N按自然的顺序关系是良序集．N的序数以ω表示，ω是最小的无限序数．

对于序数ν，序数$\mu=\nu+1$是其后继序数．这时ν称为μ的前趋序数．0以及存在前超序数的序数称为孤立序数(isolated ordinal)，其它序数称为极限序数（limit ordinal）．ω是最小的极限序数．

2.8 设μ为序数，X为$o(X)=\mu$的良序集．若X的基数为$\varphi(\mu)$，则$\varphi(\mu)$是由μ唯一确定的．$\varphi(\mu)$称为序数μ的基数．$\varphi(\mu)\leqslant\aleph_0$的序数称为可数序数．设$\mathfrak{m}$为基数，令$K(\mathfrak{m})$是$\varphi(\mu)=\mathfrak{m}$的所有序数的集合．根据良序定理（参考3.3）对于任意基数$\mathfrak{m}$，$K(\mathfrak{m})$是非空集．因$K(\mathfrak{m})$是序数的良序集，故有最小

元．令之为 $\phi(\mathfrak{m})$．若 $\mathfrak{m}$ 为无限基数，$\phi(\mathfrak{m})$ 恒为极限数．$\phi(\mathfrak{m})$ 称为基数 $\mathfrak{m}$ 的始数（initial ordinal）．例如，$\phi(\aleph_0)=\omega$，$\aleph_0$ 的始数是最小的无限序数 ω．

对于任意的无限基数 $\mathfrak{m}$，令 $L(\mathfrak{m})=\{\mathfrak{n}:\aleph_0\leqslant\mathfrak{n}<\mathfrak{m}\}$．$L(\mathfrak{m})$ 是良序集．若 $\mu(\mathfrak{m})$ 为 $L(\mathfrak{m})$ 的序数，则对应 $\mathfrak{m}\to\mu(\mathfrak{m})$ 是一一保序的．基数 $\mathfrak{m}$ 以 $\aleph_{\mu(\mathfrak{m})}$ 表示．若 $\mathfrak{m}=\aleph_0$，则 $L(\mathfrak{m})=\phi$ 而 $\mu(\aleph_0)=0$，若 $\mathfrak{m}=\aleph_1$，则 $L(\mathfrak{m})$ 仅由 $\aleph_0$ 组成，故 $\mu(\aleph_1)=1$．于是关于 $\aleph_0$，$\aleph_1$ 可以因袭过去的写法．因 $\aleph_1$ 是最初的不可数基数，故 $\phi(\aleph_1)$ 是最初的不可数序数．以 ω_1 表示之，下列引理在后一章中将要用到．

2.9 引理 若 $\{\mu_i:\ i=1,2,\cdots\}$ 为比 ω_1 小的序数的可数集，则 $\sup\{\mu_i\}$ 比 ω_1 小．

证明 只需指出比 $\sup\{\mu_i\}$ 小的序数全体的集合 X 的基数 $\leqslant\aleph_0$．设 $X_i=\{\nu:\nu<\mu_i\}$，因 μ_i 为可数序数，故 $p(X_i)\leqslant\aleph_0$．若注意 $\bigcup_i X_i=X$，则有 $p(X)\leqslant\aleph_0\cdot\aleph_0=\aleph_0$．□

§3. 归纳法，良序定理，Zorn 引理

3.1 下面说明的所谓超限归纳法（transfinite induction）的证明方法，在本书中到处使用．

设对于各序数 μ，给予命题 $P(\mu)$．(1) 对于 $\mu=0$，$P(\mu)$ 是正确的．(2) 关于 $\mu<\mu_0$ 的任意序数 μ，如果 $P(\mu)$ 是正确的，则 $P(\mu_0)$ 也是正确的．如果证明了 (1)，(2)，则 $P(\mu)$ 对于所有的序数 μ 是正确的．

在上述讨论中，如果仅考虑所有有限序数，就是通常的归纳法．

3.2 定义 设 X 为有序集．X 的非空的全序子集称为链．有序集 X，$X\neq\phi$ 且 X 的任意链具有上确界时，称为归纳的（inductive）．设 $\mathscr{A}$ 为集族．$\mathscr{A}$ 的元素的所有有限子集仍为 $\mathscr{A}$ 的元

素，某集的所有有限子集都是 $\mathscr{A}$ 的元素则该集本身也是 $\mathscr{A}$ 的元素时，称 $\mathscr{A}$ 为具有有限性（finite character）. 熟知的下列定理在本书中到处使用.

3.3 定理 （1） 选择公理（axiom of choice） 具有指标集 Λ 的集族 $\{X_\alpha: \alpha\in\Lambda\}$，若关于各 $\alpha\in\Lambda$，$X_\alpha\neq\phi$，则存在由 Λ 到集合 $\cup\{X_\alpha: \alpha\in\Lambda\}$ 的函数 φ，关于各 $\alpha\in\Lambda$，有 $\varphi_\alpha\in X_\alpha$（$\varphi$ 称为选择函数（function of choice））.

（2） 良序定理（well ordering theorem） 任意集合可按某个序成为良序集.

（3） Zorn 引理　归纳序集有极大元.

（4） Tukey 引理　具有有限性的集族具有极大元.

对于任意无限基数 $\mathfrak{m}$，由良序定理保证有 $\mathfrak{m}\cdot\mathfrak{m}=\mathfrak{m}$.

3.4 定义 考察集合 X 的子集族 $\mathscr{F}$. 属于 $\mathscr{F}$ 的任意有限个元的交不空时称 $\mathscr{F}$ 具有有限交性（finite intersection property）. 属于 $\mathscr{F}$ 的任意有限个元的交仍为 $\mathscr{F}$ 的元时，称 $\mathscr{F}$ 为有限可乘的（finite multiplicative）. 可数可乘的意义也是明显的.

$\mathscr{F}$ 是滤子（filter）是指满足下列条件者.

（1） $\mathscr{F}\neq\phi$.

（2） $\mathscr{F}$ 具有有限交性质.

（3） 若 $F\in\mathscr{F}$，且 $F\subset H$，则 $H\in\mathscr{F}$.

若 $\mathscr{F}$ 为满足(1),(2)的集族((3)未必满足)，则 $\mathscr{F}$ 称为滤子基.

设 $\mathscr{F}'$ 为 X 的子集构成的滤子基. $\mathscr{F}$ 为含有 $\mathscr{F}'$ 的某个元素的 X 的所有子集族，即 $\mathscr{F}=\{F: F\subset X$，关于某个 $F'\in\mathscr{F}'$，$F'\subset F\}$，$\mathscr{F}$ 显然满足(1),(2),(3)，故构成滤子. $\mathscr{F}$ 称为由 $\mathscr{F}'$ 生成的滤子. 滤子 $\mathscr{F}$ 是极大的是指使 $\mathscr{F}\subset\mathscr{H}$ 成立的滤子 $\mathscr{H}$，恒有 $\mathscr{F}=\mathscr{H}$.

3.5 定理 设 X 为非空集. 若 $\mathscr{F}$ 为 X 的滤子基，则存在含 $\mathscr{F}$ 的极大滤子.

证明　设 $\mathscr{H}$ 为含 $\mathscr{F}$ 的元素的 X 的子集全体，显然 $\mathscr{H}$ 是滤

子．设 $\{\mathscr{F}_\alpha: \alpha\in A\}$ 为含 $\mathscr{F}$ 的滤子全体．因 $\mathscr{H}$ 是它的元素，故它是非空的．若根据 $\mathscr{F}_\alpha\subset\mathscr{F}_\beta$ 定义 $\mathscr{F}_\alpha\leqslant\mathscr{F}_\beta$，则$\{\mathscr{F}_\alpha\}$成为有序集，且显然$\{\mathscr{F}_\alpha\}$是归纳的．根据 Zorn 引理存在极大元 $\mathscr{H}$．显然$\mathscr{H}$是含$\mathscr{F}$的极大滤子．□

3.6　命题　设 $\mathscr{F}$ 为极大滤子，则下列事实成立．

(1)　$\mathscr{F}$ 是有限可乘的．

(2) 对于 X 的任意子集 A，有 $A\in\mathscr{F}$ 或 $X-A\in\mathscr{F}$．

证明　(1)　所有$\mathscr{F}$的元的有限交组成的族 $\mathscr{H}$ 具有有限交性质．由 3.5 必存在含 $\mathscr{H}$ 的极大滤子 $\mathscr{Q}$．显然有 $\mathscr{F}\subset\mathscr{H}$，故 $\mathscr{F}\subset\mathscr{Q}$．由 $\mathscr{F}$ 的极大性，故 $\mathscr{F}=\mathscr{Q}$．故 $\mathscr{F}=\mathscr{H}$ 而$\mathscr{F}$是有限可乘的．

(2)　设 $\mathscr{F}\cup\{A\}=\mathscr{H}$，$\mathscr{H}$ 具有有限交性质，和(1)的证明相同，有 $\mathscr{F}=\mathscr{H}$．由此 $A\in\mathscr{F}$．若 $\mathscr{F}\cup\{A\}$，$\mathscr{F}\cup\{X-A\}$ 都不具有有限交性质，则由(1)，$\mathscr{F}$ 是有限可乘的，故存在 B，$C\in\mathscr{F}$ 使 $A\cap B=\varnothing$，$(X-A)\cap C=\varnothing$．$B\cap C\in\mathscr{F}$ 而 $B\cap C\subset(X-A)\cap A=\varnothing$，和滤子的定义 3.4 (1) 矛盾．故必有 $A\in\mathscr{F}$ 或 $X-A\in\mathscr{F}$ 成立．□

第一章 拓扑空间

§4. 拓扑的导入

4.1 Georg Cantor 在 1874 年在数学中首先导入了集合概念，同时对 Euclid 空间的点集也考察了极限概念. M. Fréchet 在20世纪初，离开 Euclid 空间的范围，开始将极限概念公理化. 本书主要是根据 C. Kuratowski 在其后整理的从闭包出发的方法去考虑极限概念. 作者认为用它表现拓扑的本质是最简单的. 所谓集合的闭包看做该集合的极限点集即可. 这一事实在本章中是清楚的.

4.2 定义 设 X 为集合，其任意子集 A 对应着 X 的子集 $\bar{A}$，满足下列四个条件：

(1) 包含性 $A\subset\bar{A}$.

(2) 加法性 $\overline{A\cup B}=\bar{A}\cup\bar{B}$.

(3) 幂等性 $\bar{\bar{A}}=\bar{A}$.

(4) $\bar{\varnothing}=\varnothing$.

这时 X 称为拓扑空间 (topological space) 或 T 空间，$\bar{A}$ 称为 A 的闭包 (closure). 有时也将 $\bar{A}$ 写做 $\mathrm{Cl}A$. 特别地，有必要明确指出在 X 中的闭包时，写做 $\mathrm{Cl}_X A$. 称 $A=\bar{A}$ 的集合 A 为闭集 (closed set)，闭集的补集称为开集 (open set). X 的所有开集构成的族 $\mathscr{U}$ 称为 X 的拓扑. 若写做 T 空间$(X,\mathscr{U})$，则$\mathscr{U}$为 T 空间 X 的拓扑. 对于 X 的子集构成的族 $\mathscr{W}$，令

$$\mathscr{W}^{\#}=\cup\{W:W\in\mathscr{W}\}.$$

拓扑 $\mathscr{U}$ 的子族 $\mathscr{B}$，对于 X 的任意非空开集 U，使 $\mathscr{B}_1^{\#}=U$ 的 $\mathscr{B}$ 的子族 $\mathscr{B}_1$ 存在时，$\mathscr{B}$ 称为 X 的基 (base). 基的基数的最小值称为 X 的重数 (weight) 表示为 $w(X)$. 将重数不超过 $\aleph_0$ 的

空间称为满足第二可数性（2nd countability）空间，或完全可分(perfect separable)空间．所谓X的拓扑的子族$\mathscr{B}_2$是子基（subbase）是指属于$\mathscr{B}_2$的集合的有限交全体构成基．

由 $X\subset\overline{X}\subset X$ 有 $\overline{X}=X$，故全空间X是闭集．X做为闭集$\varnothing$的补集是开集．$\varnothing$做为闭集X的补集也是开集．总之，$X,\varnothing$都是既开且闭的集合．由(1)$\overline{A}\subset\overline{\overline{A}}$，故(3)的幂等性可换为$\overline{\overline{A}}\subset\overline{A}$．若$A\subset B$则$\overline{A}\subset\overline{B}$，即单调性成立．这是因为$\overline{B}=\overline{A\cup B}=\overline{A}\cup\overline{B}$．再者由(1) $A=\overline{A}$ 和 $\overline{A}\subset A$ 是等价的．

4.3 例 (1) 对于集合X的任意子集A，若令$\overline{A}=A$，则X是T空间． 这时的拓扑称为离散拓扑，X称为离散空间（discrete space)．

(2) 对于集合X的任意非空子集A，若令 $\overline{A}=X$，$\overline{\varnothing}=\varnothing$，则$X$为$T$空间．称之为平凡空间．

由此例可以看出对于同一集合可以给与相异的拓扑．对于集合X当给与$\mathscr{U}$，$\mathscr{V}$两个拓扑时，若$\mathscr{U}\subset\mathscr{V}$则称$\mathscr{U}$比$\mathscr{V}$弱或称$\mathscr{V}$比$\mathscr{U}$强． 离散拓扑是最强的拓扑，平凡拓扑是最弱的拓扑．

4.4 记号 在本书中m,n,i,j,k等文字表示正整数，有时也表示0． N表示正整数全体的集合． $A\Longrightarrow B$ 为由A导出B．$A\Longleftrightarrow B$ 为 $A\Longrightarrow B$ 且 $B\Longrightarrow A$．

4.5 命题 对于T空间X的拓扑$\mathscr{U}$，下述性质成立：

(1) $\varnothing,X\in\mathscr{U}$．

(2) $U_1,\cdots,U_n\in\mathscr{U}\Longrightarrow U_1\cap U_2\cap\cdots\cap U_n\in\mathscr{U}$．

(3) $\mathscr{V}\subset\mathscr{U}\Longrightarrow\mathscr{V}^{\#}\in\mathscr{U}$．

证明 (1) 由 4.2 已指出．

(2) 只需指出$n=2$时是正确的即可．因

$$\begin{aligned}X-U_1\cap U_2&=(X-U_1)\cup(X-U_2)\\&=\mathrm{Cl}(X-U_1)\cup\mathrm{Cl}(X-U_2)\\&=\mathrm{Cl}[(X-U_1)\cup(X-U_2)]\\&=\mathrm{Cl}(X-U_1\cap U_2),\end{aligned}$$

故 $U_1 \cap U_2 \in \mathscr{U}$.

(3) 设 $\mathscr{V} = \{U_\alpha\}$.

$$\mathrm{Cl}(X - \bigcup U_\alpha) = \mathrm{Cl}(\bigcap(X - U_\alpha)) \subset \mathrm{Cl}(X - U_\beta)$$

由单调性对于任意 β 成立. 故

$$\mathrm{Cl}(X - \bigcup U_\alpha) \subset \bigcap \mathrm{Cl}(X - U_\alpha)$$
$$= \bigcap(X - U_\alpha) = X - \bigcup U_\alpha.$$

而 $\bigcup U_\alpha \in \mathscr{U}$. □

做为这个命题的对偶,对于 X 的所有闭集组成的族 $\mathscr{F}$,下述事实成立:

(1) $\varnothing, X \in \mathscr{F}$.

(2) $F_1, \cdots, F_n \in \mathscr{F} \Longrightarrow F_1 \cup \cdots \cup F_n \in \mathscr{F}$.

(3) $\mathscr{H} \subset \mathscr{F} \Longrightarrow \bigcap\{H: H \in \mathscr{H}\} \in \mathscr{F}$.

由 (3) 立即看出,X 的子集 A 的闭包是含 A 的闭集中之最小者.

4.6 命题 对于 T 空间 X 的基 $\mathscr{B}$,下述二条件成立.

(1) 对于任一点 $x \in X$,有 B,使 $x \in B \in \mathscr{B}$.

(2) 若 $x \in B_1 \cap B_2$, $B_1, B_2 \in \mathscr{B}$,则有 $B \in \mathscr{B}$,使 $x \in B \subset B_1 \cap B_2$.

反之,对于集合 X 和 $\mathscr{B} \subset 2^X$,若此二条件成立,则以 $\mathscr{B}$ 为基的 X 的拓扑 $\mathscr{U}$ 是唯一存在的.

证明 命题的前半部分是明显的,证明后半部分. 若令

(3) $\bar{A} = X - \bigcup\{B \in \mathscr{B}: A \cap B = \varnothing\}$,

则 $A \subset \bar{A}$, $\bar{\bar{A}} \subset \bar{A}$ 显然成立. 由 (1) 因 $X = \mathscr{B}^\#$ 故 $\bar{\varnothing} = \varnothing$. $\overline{A_1 \cup A_2} \supset \bar{A}_1 \cup \bar{A}_2$ 是显然的. 为了证 $\overline{A_1 \cup A_2} \subset \bar{A}_1 \cup \bar{A}_2$,若取不含于 $\bar{A}_1 \cup \bar{A}_2$ 的点 x,则取 $x \in B_i \in \mathscr{B}$ 的 B_i,使 $B_i \cap A_i = \varnothing (i = 1, 2)$. 由(2)有 $B \in \mathscr{B}$,使 $x \in B \subset B_1 \cap B_2$. 因 $B \cap (A_1 \cup A_2) = \varnothing$,故 $x \notin \overline{A_1 \cup A_2}$. 而 $\overline{A_1 \cup A_2} \subset \bar{A}_1 \cup \bar{A}_2$ 成立.

于是 X 是拓扑空间. 若 $B \in \mathscr{B}$,因 $\overline{X - B} = X - B$,故 $\mathscr{B}$ 的元在这个拓扑中是开的. $\mathscr{B}$ 的所有子族的集设为 $\{\mathscr{B}_\alpha\}$,若令 $\mathscr{U} = \{\mathscr{B}_\alpha^\#\}$,则由闭包的定义 (3) $\mathscr{U}$ 是拓扑,从而 $\mathscr{B}$ 是基. 反之

以 $\mathscr{B}$ 为基的拓扑必须是 $\mathscr{U}$，故 $\mathscr{U}$ 的唯一性也是明显的. □

本命题后半的拓扑称为由 $\mathscr{B}$ 生成的拓扑.

4.7 推论 对集合 X，给与 $\mathscr{B}_i \subset 2^X (i = 1,2)$，使之分别满足命题 4.6 的两个条件. 再设下列两个条件成立.

(1) 若 $x \in B_1 \in \mathscr{B}_1$，则有 $B_2 \in \mathscr{B}_2$，使 $x \in B_2 \subset B_1$.

(2) 若 $x \in B_2 \in \mathscr{B}_2$，则有 $B_1 \in \mathscr{B}_1$，使 $x \in B_1 \subset B_2$.

这时由 $\mathscr{B}_1$ 生成的拓扑和由 $\mathscr{B}_2$ 生成的拓扑是一致的.

§5. 度 量 空 间

5.1 定义 所谓 X 是度量空间（metric space）是指在 $X \times X$ 上定义的非负实值函数 d 存在，对于任意 $x, y, z \in X$，下列三个条件是成立的:

(1) $d(x, y) = 0 \Longleftrightarrow x = y$.

(2) 对称性 $d(x, y) = d(y, x)$.

(3) 三角不等式 $d(x, y) \leqslant d(x, z) + d(z, y)$.

这个 d 称为 X 上的距离，对于正数 ε，令

$$S_\varepsilon(x) = \{y \in X: d(x, y) < \varepsilon\}$$

称为以 x 为中心以 ε 为半径的开球或称为 x 的 ε 邻域. 当 ε 的表达式较长时 $S_\varepsilon(x)$ 也写做 $S(x: \varepsilon)$. 对于 X 的子集 A, B，令

$$d(A) = \sup\{d(x, y): x \in A, y \in A\},$$

$$d(A, B) = \inf\{d(x, y): x \in A, y \in B\},$$

$$S_\varepsilon(A) = S(A: \varepsilon) = \{x \in X: d(x, A) < \varepsilon\}.$$

$d(A, B)$ 是 A 和 B 的距离，$d(A)$ 是 A 的直径. 需要明确标出度量空间的距离时，写做 (X, d).

度量空间按下述安排恒为 T 空间. 首先令

$$\mathscr{B} = \{S_\varepsilon(x): x \in X, \varepsilon > 0\}.$$

我们指出 $\mathscr{B}$ 满足命题 4.6 的两个条件. 对于任意 $x \in X$，因 $d(x, x) = 0$，故 $x \in S_1(x)$. 设 $x \in S_{\varepsilon_1}(x_1) \cap S_{\varepsilon_2}(x_2)$. 令

$$a_i = d(x_i, x), \quad i = 1, 2,$$

则 $a_i < \varepsilon_i$. 置

$$b = \min\{\varepsilon_1 - a_1, \varepsilon_2 - a_2\},$$

则必有 $S_b(x) \subset S_{\varepsilon_1}(x_1) \cap S_{\varepsilon_2}(x_2)$. 实际上,若 $y \in S_b(x)$,则

$$d(x_i, y) \leqslant d(x_i, x) + d(x, y) < a_i + b$$
$$\leqslant a_i + \varepsilon_i - a_i = \varepsilon_i.$$

故 $y \in S_{\varepsilon_1}(x_1) \cap S_{\varepsilon_2}(x_2)$. 于是 X 是以 $\mathscr{B}$ 为基的 T 空间.

$S_\varepsilon(x)$, $S_\varepsilon(A)$ 等在此拓扑下是开集. 度量空间依此拓扑恒为 T 空间. 显然此拓扑与由

$$\overline{A} = \{x \in X: d(x, A) = 0\}$$

定义的拓扑是一致的. 这个拓扑称为由 d 生成的拓扑. 当 X 上两个距离 d, d' 生成相同的拓扑时,称 d 等价于 d'. 这是等价关系.

开始给与的 T 空间 X,当它的拓扑也可由某距离生成时,X 称为可度量化空间 (metrizable space) 或称为可距离化空间. 称此距离符合于 X 的拓扑. 不能度量化的空间的意义是明显的. 考虑在什么样拓扑的条件下该空间是可度量化的问题称为度量化问题,此乃重要的问题之一. 在本书中也经常论及这个问题. 在度量空间中占有最重要地位的是下述的 Euclid 空间和 Hilbert 空间.

5.2 定义 设 n 个实直线 R 的积为 R^n. 对于 R^n 的二点 $x = (x_1, \cdots, x_n)$, $y = (y_1, \cdots, y_n)$,若令

$$(1) \qquad d(x, y) = \left(\sum_{i=1}^{n} (x_i - y_i)^2\right)^{\frac{1}{2}},$$

则 d 满足距离条件. 称此距离为 Euclid 距离. 称 (R^n, d) 为 n 维 Euclid 空间. 今后实直线 R 设为 (R^1, d). R 的所有开区间 $(a, b) = \{x \in R: a < x < b\}$ 在此拓扑下是开的,所有闭区间 $[a, b] = \{x \in R: a \leqslant x \leqslant b\}$ 在此拓扑下是闭的. 令

$$I^n = \{(x_i) \in R^n: 0 \leqslant x_i \leqslant 1 (i = 1, \cdots, n)\}.$$

(I^n, d) 称为 n 维立方体 (n-cube). 特别地,(I^1, d) 通常写做 I,称为单位闭区间. 在 R 的可数无限个的积 R^ω 中考虑如下的子集.

$$H = \left\{(x_i) \in R^\omega: \sum_{i=1}^{\infty} x_i^2 < \infty\right\}.$$

对于H的二点 $x=(x_i)$，$y=(y_i)$，若令

$$(2)\qquad d(x,y)=\left(\sum_{i=1}^{\infty}(x_i-y_i)^2\right)^{\frac{1}{2}},$$

则 d 为H上的距离，(H,d)称为 Hilbert 空间. H是由与原点$(0,0,\cdots)$的距离为有限的点的全体组成的. 若令

$$I^{\omega}=\{(x_i)\in R^{\omega}:\ |x_i|\leqslant 1/i\qquad (i=1,2,\cdots)\},$$

则有 $I^{\omega}\subset H$，(I^{ω},d) 称为 Hilbert 基本立方体. 为说明在(1)中 d 是距离，只需说明在(2)中 d 是距离. 为了证明后者，下列引理是必要的.

5.3 引理（Schwartz 不等式） 设 a_i，$b_i\in R$. 若级数 $\sum a_i^2$，$\sum b_i^2$ 是收敛的，则 $\sum a_ib_i$ 是绝对收敛的且下式成立.

$$\left(\sum a_ib_i\right)^2\leqslant\left(\sum a_i^2\right)\left(\sum b_i^2\right).$$

证明 设$m\leqslant n$ 对于任意 $t\in R$，有

$$\sum_{i=m}^{n}(|a_i|t-|b_i|)^2=\left(\sum_{i=m}^{n}a_i^2\right)t^2-2\left(\sum_{i=m}^{n}|a_ib_i|\right)t+\sum_{i=m}^{n}b_i^2\geqslant 0.$$

将中间看做是关于 t 的二次式，由于其判别式是非正的，故

$$\left(\sum_{i=m}^{n}|a_ib_i|\right)^2\leqslant\left(\sum_{i=m}^{n}a_i^2\right)\left(\sum_{i=m}^{n}b_i^2\right)\leqslant\left(\sum_{i=m}^{\infty}a_i^2\right)\left(\sum_{i=m}^{\infty}b_i^2\right).$$

若m很大此式的右端则接近于0，故$\sum|a_ib_i|$是收敛的，而$\sum a_ib_i$是绝对收敛的. 在上式中若 $m=1$，则得到

$$\left(\sum_{i=1}^{n}a_ib_i\right)^2\leqslant\left(\sum_{i=1}^{n}|a_ib_i|\right)^2\leqslant\left(\sum_{i=1}^{\infty}a_i^2\right)\left(\sum_{i=1}^{\infty}b_i^2\right),$$

此式左端的n若为∞，则得到所求的不等式. □

5.4 命题 (H,d)是度量空间.

证明 设 $x=(x_i)$，$y=(y_i)$，$z=(z_i)$ 为H的三个点. 由引理 5.3 $\sum x_iy_i$ 是绝对收敛的，故有

$$\sum(x_i-y_i)^2=\sum x_i^2-2\sum x_iy_i+\sum y_i^2,$$

而 $d(x,y)$ 具有有限确定值．需要讨论的仅是三角不等式． 若 $\sum a_i^2$，$\sum b_i^2$ 都是收敛的，则由引理 5.3，有

$$2\sum a_ib_i\leqslant 2(\sum a_i^2)^{\frac{1}{2}}(\sum b_i^2)^{\frac{1}{2}}.$$

若在此式的两端加上 $\sum a_i^2+\sum b_i^2$ 再整理之，则有

$$(1)\qquad \sum(a_i+b_i)^2\leqslant((\sum a_i^2)^{\frac{1}{2}}+(\sum b_i^2)^{\frac{1}{2}})^2.$$

在此式中，若将 $a_i=x_i-z_i$，$b_i=z_i-y_i$ 代入，取两端的平方根，则有

$$(\sum(x_i-y_i)^2)^{\frac{1}{2}}\leqslant(\sum(x_i-z_i)^2)^{\frac{1}{2}}+(\sum(z_i-y_i)^2)^{\frac{1}{2}},$$

而得到

$$d(x,y)\leqslant d(x,z)+d(z,y).\ \square$$

5.5 定义 度量空间 X 的点列 $\{x_1,x_2,\cdots\}$ 是 Cauchy 列或基本列是指下述性质成立．

(1) 对于任意 $\varepsilon>0$，存在 n，使当 $i\geqslant n\Longrightarrow d(x_n,x_i)<\varepsilon$.

此条件和下述性质等价．

(2) 对于任意 $\varepsilon>0$，存在 n，使当 $i,j\geqslant n\Longrightarrow d(x_i,x_j)<\varepsilon$.

所谓 $x\in X$ 是 $\{x_n\}$ 的极限点是指 $\lim d(x,x_i)=0$． 任意 Cauchy 列都具有极限点时，X 称为完备度量空间 (complete metric space)，该距离称为完备距离． 用完备距离赋予度量的空间是可完备度量化空间．R 是完备度量空间的例子．开区间 $(0,1)$ 不是完备的．因 $\{1/i:i\in N\}$ 是 Cauchy 列但在 $(0,1)$ 中没有极限点．但 $(0,1)$ 可赋予完备距离．如下所做即可．$f:(0,1)\to R$ 定义为

$$f(x)=(x-1/2)/(1-x),\ 1/2\leqslant x<1,$$
$$f(x)=(x-1/2)/x,\ 0<x<1/2,$$

若设 $d(x,y)=|f(x)-f(y)|$，则 $(0,1)$ 由此距离是完备的，此距离在 $(0,1)$ 上和 Euclid 距离是等价的．

5.6 定理 Hilbert 空间 H 是完备的度量空间．

证明 设 $\{x^i=(x_j^i)\}$ 为 H 的 Cauchy 列． 对于任意 n，因

$$(d(x^i,x^j))^2=\sum_{k=1}^{\infty}(x_k^i-x_k^j)^2\geqslant(x_n^i-x_n^j)^2,$$

故$\{x_n^1, x_n^2, \cdots\}$是R的 Cauchy 列．设其极限数为a_n．因$\{x^i\}$是 Cauchy 列，故对任意$\varepsilon > 0$，确定m，若$i, j \geq m$，则$d(x^i, x^j) < \varepsilon$，即

$$\sum_{k=1}^{\infty} (x_k^i - x_k^j)^2 < \varepsilon^2.$$

故对所有的n，

$$\sum_{k=1}^{n} (x_k^i - x_k^j)^2 < \varepsilon^2, \quad i, j \geq m.$$

在此，若$j \to \infty$，则

$$\sum_{k=1}^{n} (x_k^i - a_k)^2 \leq \varepsilon^2.$$

再若$n \to \infty$，则

$$(1) \qquad \sum_{k=1}^{\infty} (x_k^i - a_k)^2 \leq \varepsilon^2.$$

这标志着点$a = (a_i)$和x^i有有限距离．若利用5.4的不等式(1)，则

$$\sum_{k=1}^{\infty} a_k^2 \leq \left(\left(\sum_{k=1}^{\infty} (x_k^i - a_k)^2\right)^{\frac{1}{2}} + \left(\sum_{k=1}^{\infty} (x_k^i)^2\right)^{\frac{1}{2}}\right)^2 < \infty,$$

而$a \in H$．而且由(1) $\lim x^i = a$．□

§6. 相对拓扑

6.1 命题 设Y为T空间X的子集．对于Y的任意子集A，将$\bar{A} \cap Y$做为A在Y的闭包$\mathrm{Cl}_Y A$，则Y是T空间．

证明 $\mathrm{Cl}_Y \varnothing = \varnothing$，$A \subset \mathrm{Cl}_Y A$是明显的．因

$$\begin{aligned}\mathrm{Cl}_Y(A \cup B) &= \overline{A \cup B} \cap Y = (\bar{A} \cup \bar{B}) \cap Y \\ &= (\bar{A} \cap Y) \cup (\bar{B} \cap Y) = \mathrm{Cl}_Y A \cup \mathrm{Cl}_Y B,\end{aligned}$$

故加法性成立．因

$$\begin{aligned}\mathrm{Cl}_Y(\mathrm{Cl}_Y A) &= \mathrm{Cl}_Y(\bar{A} \cap Y) = \overline{\bar{A} \cap Y} \cap Y \subset \bar{\bar{A}} \cap Y \\ &= \bar{A} \cap Y = \mathrm{Cl}_Y A.\end{aligned}$$

故幂等性也成立. □

在 Y 中如此导入的拓扑称为相对拓扑 (relative topology). 具有相对拓扑的 Y 称为子空间 (subspace). 如不做特别声明,总认为子集具有相对拓扑. Y 在相对拓扑下的开或闭集分别称为相对开或相对闭集. 也有时将此相对开或相对闭集分别称为在 Y 开或在 Y 闭的. 在子空间 Y 的子集 Z 中可以考虑关于 X 的相对拓扑和关于 Y 的相对拓扑,显然二者是一致的.

6.2 命题 设 Y 为 T 空间 X 的子空间,则下述性质成立:

(1) $U\subset Y$ 是相对开的充要条件是存在 X 的开集 V,使 $U=V\cap Y$.

(2) $F\subset Y$ 是相对闭的充要条件是存在 X 的闭集 H,使 $F=H\cap Y$.

证明 显然,由(2)可推出(1),今证明(2). 若 F 为相对闭的,则 $F=\bar{F}\cap Y$,若令 $H=\bar{F}$ 即可. 反之,有 X 的闭集 H,若 $F=H\cap Y$,则 $\mathrm{Cl}_Y F=\overline{H\cap Y}\cap Y\subset \bar{H}\cap Y=H\cap Y=F$, 故 F 是相对闭的. □

6.3 推论 设 Y 为 T 空间 X 的子空间. 当 Y 是 X 的开集时, Y 的相对开集是 X 的开集. 当 Y 是 X 的闭集时, Y 的相对闭集是 X 的闭集.

§7. 初 等 用 语

7.1 定义 设 A 为 T 空间 X 的子集. 令

$$\mathrm{Int}A=X-\overline{X-A},$$

称之为 A 的开核 (open kernel, interior). 这是含于 A 的最大开集. $\mathrm{Int}A$ 也写做 A°. 令

$$\mathrm{Bry}A=\bar{A}-\mathrm{Int}A,$$

称之为 A 的边界 (boundary). $\mathrm{Bry}A$ 也写做 ∂A. 属于 A 的边界的点称为 A 的边界点. 当 A 是开集时, $\mathrm{Bry}A=\bar{A}-A$. 当 $\bar{A}=X$ 时,称 A 在 X 中稠密 (dense),当 X 具有可数稠密子集时,称 X 为可分的 (separable).

7.2 命题 完全可分 T 空间 X 是可分的.

证明 取可数基 $\{B_i \neq \emptyset\}$，从各 B_i 中各取一点 x_i，这时 $\{x_i\}$ 是 X 的可数稠密子集. □

这个命题的逆不成立，它的例子在以后叙述.

7.3 定义 设 A 为 T 空间 X 的子集. $\bar{A}$ 的点称为 A 的接触点 (cluster point). X 的点 x 满足 $x \in \overline{A - \{x\}}$ 时，x 称为 A 的聚点 (accumulating point). A 的聚点全体的集合称为 A 的推导集 (derived set) 或导集. 以 A^d 或 A' 表示之. $\bar{A} = A \cup A'$. $A - A'$ 的点称为 A 的孤立点 (isolated point). 孤立点在 A 是相对开的. 特别地，全空间的孤立点是开的. 由此，当 A 是闭集时，A' 在 X 也是闭的. 当 A 不具有孤立点时，即 $A \subset A'$ 时，A 称为自密集 (dense-in-itself). 当 $A = A'$ 时，A 称为完全集 (perfect set).

7.4 例 设 Q 为 R 的有理数全体构成的集合，则 Q 在 R 是稠密的，是自密集，但非完全集.

7.5 定义 设 x 为 T 空间 X 的点. 对于 $A \subset X$，当 $x \in \mathrm{Int}A$ 成立时，A 称为 x 的邻域 (neighborhood). 所谓开邻域当然是指开的邻域. x 的邻域全体构成有限可乘的滤子. 通常把它写做 $\mathscr{V}_x$，称为 x 的邻域滤子. 所谓 $\{V_\alpha\}$ 是 x 的邻域基或完全邻域系是指 (1) 各 V_α 是 x 的开邻域，(2) 对于 x 的任意邻域 V，有 α，使 $V_\alpha \subset V$ 成立. 存在可数邻域基的点，称为在该点第一可数性成立，在各点第一可数性都成立的空间称为满足第一可数性 (1st countability) 空间或第一可数空间. 因 $\{S_{1/i}(x): i \in N\}$ 构成 x 的邻域基，故度量空间为第一可数空间. 满足第二可数性的空间也满足第一可数性.

对于 X 的子集 B，若 $\mathrm{Int}A \supset B$，则称 A 为 B 的邻域. B 的开邻域族构成 B 在 X 的邻域基的意义是明显的.

所谓 X 的点集 $\{x_\alpha: \alpha \in \Lambda\}$ 是有向点列是指其指标集 Λ 是有向集. 所谓 $x \in X$ 是有向点列 $\{x_\alpha\}$ 的极限点是指对于 x 的任意邻域 V，存在 α，使 $\{x_\beta: \beta \geqslant \alpha\} \subset V$ 成立. 这时，写做 $\lim x_\alpha = x$，称为 $\{x_\alpha\}$ 收敛于 x. 在本书中，单提到点列时是指 $\Lambda = N$ 而言. 一

般地，称为列时，其指标集为N或N的子集．当X为度量空间，$\Lambda=N$时，在此定义的极限概念显然和定义5.5是一致的．

7.6 命题 对于T空间X及其子集A，下列四个条件是等价的：

(1) $x\in\overline{A}$.

(2) 对于x的任意(开)邻域V，有 $V\cap A\neq\varnothing$.

(3) 若$\{V_\alpha\}$为x的邻域基，则对于任意α，有 $V_\alpha\cap A\neq\varnothing$.

(4) x是含于A的有向点列的极限点.

证明 因(1)$\Rightarrow$(2)$\Rightarrow$(3)$\Rightarrow$(1)及(4)$\Rightarrow$(3)是明显的，故证明(3)$\Rightarrow$(4)．设$\{V_\alpha:\ \alpha\in\Lambda\}$为$x$的邻域基，在$\Lambda$引入顺序如下.

$$\alpha\leqslant\beta\Longleftrightarrow V_\alpha\supset V_\beta.$$

因对于任意α,β存在$\gamma\in\Lambda$使 $V_\gamma\subset V_\alpha\cap V_\beta$，故按此顺序$\Lambda$是有向集．对于各$\alpha$，取点$x_\alpha\in V_\alpha\cap A$，做$\{x_\alpha:\ \alpha\in\Lambda\}$，则

$$\lim x_\alpha=x.\ \square$$

7.7 命题 对于度量空间X，可分性和完全可分性是等价的.

证明 由命题7.2完全可分的必是可分的．反之，设X是可分的，取稠密点集$\{x_i\}$，若令

$$\mathscr{B}=\{S_{1/j}(x_i):\ i\in N,\ j\in N\},$$

则容易看出$\mathscr{B}$是X的基．$\square$

7.8 命题 Hilbert 空间H是完全可分的.

证明 由上述命题，只需证明H的可分性．设Q'为坐标全是有理数而且除有限个坐标以外全是零的H的点的全体，则Q'是H的可数稠密集合.

定理5.6和命题7.8的证明包含了下述事实.

7.9 命题 R^n是完备且完全可分的度量空间.

7.10 定义 T空间X的集合A在X是疏的(nowhere dense)是指 $\mathrm{Int}\overline{A}=\varnothing$而言．当$X$是可数个疏集的并时，称$X$为第一类(1st category)集合．当$X$非第一类时，称$X$为第二类(2nd category)集合.

7.11 定理（Baire） 非空完备的度量空间X是第二类的.

证明 设X不是第二类的，今导出矛盾. 令 $X = \bigcup X_i$，其中各X_i是疏的. 因 $\operatorname{Int}\overline{X}_1 = \varnothing$，而 $X - \overline{X}_1$ 非空，故可取得点x_1，使 $x_1 \in X - \overline{X}_1$. 确定$0 < \varepsilon_1$，使 $S(x_1:\ \varepsilon_1) \cap \overline{X}_1 = \varnothing$. 其次因 $S(x_1:\varepsilon_1/3) - \overline{X}_2 \neq \varnothing$，故可取得点$x_2$，使 $x_2 \in S(x_1:\ \varepsilon_1/3) - \overline{X}_2$. 确定满足 $0 < \varepsilon_2 < \varepsilon_1/3$ 的ε_2，使 $S(x_2:\varepsilon_2) \cap \overline{X}_2 = \varnothing$. 继续如此操作可取得点列$\{x_i\}$，正数列$\{\varepsilon_i\}$满足下列三式：

(1) $x_i \in S(x_{i-1}:\ \varepsilon_{i-1}/3)$.

(2) $S(x_i:\ \varepsilon_i) \cap \overline{X}_i = \varnothing$.

(3) $\varepsilon_i < \varepsilon_{i-1}/3$.

由(1)和(3)对于$i < j$，有

$$(4)\ d(x_i, x_j) \leqslant \sum_{k=i}^{j-1} \varepsilon_k/3 < \sum_{k=i}^{\infty} \varepsilon_k/3 < \varepsilon_i \sum_{k=1}^{\infty} 1/3^k = \varepsilon_i/2.$$

由(3)知此式的最右端当$i \to \infty$时接近于0，故$\{x_i\}$构成 Cauchy 列. 于是存在点x使 $\lim x_i = x$. 由(4)式 $d(x_i, x) \leqslant \varepsilon_i/2$，故 $x \in S(x_i:\ \varepsilon_i)$. 由此事与(2)式对所有的$i$有$x \notin \overline{X}_i$成立，故$x \notin X$而产生矛盾. □

7.12 推论 连续基数$\mathfrak{c}$是不可数的.

证明 因 $|R| = \mathfrak{c}$，若R是可数的则会产生矛盾. 设 $R = \{x_i\}$，则各点在R中是疏的，故R是第一类的. 另方面，R是完备度量空间，由 Baire 定理 7.11，R不能是第一类的. □

7.13 定义 T空间X的导集X'称为X的第一阶导集. 一般地，设α为任意序数，当α有前趋序数$\alpha - 1$时，令

$$X^{(\alpha)} = (X^{(\alpha-1)})',$$

当α是极限序数时，令

$$X^{(\alpha)} = \bigcap\{X^{(\beta)}:\ \beta < \alpha\},$$

则依超限归纳法，对任意α可以定义$X^{(\alpha)}$. 这个$X^{(\alpha)}$称为X的α阶导集. $X^{(\alpha)}$必定到达定值，即有某个α使 $X^{(\alpha)} = X^{(\alpha+1)}$.

它的证明 取比X的基数大的基数，譬如对应$2^{|X|}$的序数为ξ. 对于$\alpha < \xi$的任意序数α，设恒有$X^{(\alpha)} \supsetneqq X^{(\alpha+1)}$，则可取得点$x_\alpha \in$

$X^{(\alpha)}-X^{(\alpha+1)}$. 因 $\{x_\alpha: \alpha<\xi\}$ 是全相异的点集，故它的基数是 $2^{|X|}$. 另方面，此集是 X 的子集，它的基数不超过 $|X|$，于是产生矛盾. □

这个成为定值的 $X^{(\alpha)}$ 称为 X 的核 (kernel). 核可能是空集，但恒为闭集. 设 A 为 X 的子集，A 的任意非空子集 B，在 B 的相对拓扑下具有孤立点时 A 称为散集 (scattered set).

7.14 定理 T 空间 X 可表为散集 A 和完全集 B 的不相交并集.

证明 设 B 为 X 的核，令 $A=X-B$. 因 $B=B'$，故 B 是完全集. 往证 A 是散集. 令 S 为 A 的任意非空子集. 由 $X\supset A\supset S$ 有 $X'\supset A'\supset S'$. 故由超限归纳法对于任意序数 α 有 $X^{(\alpha)}\supset A^{(\alpha)}\supset S^{(\alpha)}$. 设 $B=X^{(\beta)}$. 对于 A 的任意点 x，$x\notin X^{(\gamma)}$ 的 $\gamma\leqslant\beta$ 是存在的. 于是由 $X^{(\gamma)}\supset A^{(\gamma)}$，有 $x\notin A^{(\gamma)}$. 故 $A^{(\beta)}=\varnothing$ 而 $S^{(\beta)}=\varnothing$. 此式意味着 $S\supsetneq S'$，故 S 具有孤立点. □

7.15 推论 对于 T 空间 X，下述三个条件是等价的:

(1) X 是散集.

(2) X 的核是空集.

(3) X 不含有非空自密集.

7.16 定理 对于度量空间 (X,d)，包含它做为稠密子集的完备度量空间 (X^*,d^*) 存在，d^* 在 X 上的限制和 d 一致. (它称为 (X,d) 的完备化，除拓扑同胚(参考9.1)不计外，完备化是唯一的.)

证明 设 $\tilde{X}$ 为 X 的 Cauchy 列全体. 当 $\{x_i\}$, $\{y_i\}$ 是 X 的两个 Cauchy 列时，所谓 $\{x_i\}\sim\{y_i\}$ 是指 $\{x_1, y_1, x_2, y_2, \cdots\}$ 构成 Cauchy 列. 这个关系是 $\tilde{X}$ 的等价关系. 将 $\tilde{X}$ 按～分类得到 X^*. 对于 X^* 的二元 ξ, η，设 $\{x_i\}$ 为 ξ 的代表元，$\{y_i\}$ 为 η 的代表元，令

$$d^*(\xi,\eta)=\lim d(x_i,y_i).$$

显然 d^* 与代表元的选法无关. 再者，因 d^* 满足距离条件，故 (X^*, d^*) 是度量空间. 用对角线法也可立即看出它是完备的. 若使点 $x\in X$ 对应于 $\{x,x,\cdots\}$ 所属的等价类 $\eta(x)$，因

$$d^*(\eta(x),\eta(y))=d(x,y),\quad x,y\in X,$$

故若将 x 和 $\eta(x)$ 等同看待，则可看做 $X \subset X^*$，显然 d^* 在 X 上的限制和 d 一致. 再者，X 在 X^* 内稠密几乎是明显的.

（设 (X',d') 为 X 另外的完备化，对于 $x' \in X'$ 若取使 $\lim x_i = x'$ 的 X 的点列 $\{x_i\}$，则它是 Cauchy 列，故存在 $\{x_i\}$ 所属的等价类 $\eta(x')$. 这个对应是唯一的，是满足 $d'(x', y') = d^*(\eta(x'), \eta(y'))$ 的 X' 到 X^* 上的拓扑同胚映射.）□

§8. 分 离 公 理

8.1 定义 对于 T 空间 X 考虑下述公理:

T_0 若 $x,y \in X, x \neq y$，则存在 x 的邻域不含 y 或者存在 y 的邻域不含 x.

T_1 若 $x,y \in X, x \neq y$，则存在 x 的邻域不含 y 同时存在 y 的邻域不含 x.

T_2 若 $x,y \in X, x \neq y$，则存在 x 的邻域 U 和 y 的邻域 V，使 $U \cap V = \emptyset$.

T_3 若 F 是 X 的闭集，而 $x \in X - F$，则存在 x 的邻域 U 和 F 的邻域 V，使 $U \cap V = \emptyset$.

T_4 若 F,H 是 X 的不相交闭集，则存在 F 的邻域 U 和 H 的邻域 V，使 $U \cap V = \emptyset$.

T_5 X 的任意子空间满足 T_4.

这些分别称为 $T_0 \sim T_5$ 分离公理 (separation axiom). 满足 $T_0 \sim T_2$ 分离公理的 T 空间分别称为 $T_0 \sim T_2$ 空间. T_2 空间也称为 Hausdorff 空间. T_2 空间是 T_1 空间，T_1 空间是 T_0 空间. 满足 T_3 的 T 空间称为正则空间(regular space)，同时满足 T_1, T_3 的空间称为 T_3 空间. 满足 T_4 的 T 空间称为正规空间 (normal space)，同时满足 T_1，T_4 的空间称为 T_4 空间. 满足 T_5 的空间称为遗传正规空间 (completely normal space) 或继承的正规空间 (hereditarily normal space). 同时满足 T_1, T_5 的空间，称为 T_5 空间. 因 T_1 和下述公理:

任意点是闭集

是等价的，故 T_3, T_4 空间等等恒为 T_2 空间. 在本书中，第二章以后假设空间恒为 T_1 空间，因之正则空间，正规空间等分别意味着 T_3, T_4 空间.

考虑 T 空间 X 的子集 A, B, F. 所谓 F 分离 A, B 是指存在满足下述条件的开集 U, V 而言

$$X - F = U \cup V, \ U \cap V = \varnothing, \ A \subset U, \ B \subset V.$$

这样的 F 存在时，称为 A, B 是(由 F)可分离的. F 必然是闭集. 按此用语，T_2, T_3 等分别可改述如下：

T_2 相异二点是可分离的.

T_3 点和不含它的闭集是可分离的.

将分离公理按强弱顺序排列如下：

$$T_1 + T_5 \Longrightarrow T_1 + T_4 \Longrightarrow T_1 + T_3 \Longrightarrow T_2$$
$$\Longrightarrow T_1 \Longrightarrow T_0 \Longrightarrow T.$$

各箭头的反向不成立的例子在本书中全给出了，但因需要尚未叙述的概念，故将在后面随时叙述之. 一些简单的例子可参考习题 1.D～1.G.

8.2 命题 对于 T 空间 X 下述性质是等价的.

(1) X 满足 T_3.

(2) 若 $x \in U$，且 U 为开的，则存在开集 V，使

$$x \in V \subset \overline{V} \subset U.$$

证明 (1)⇒(2) 因 $x \notin X - U$，而 $X - U$ 是闭集，故有开集 V, W，使 $x \in V$, $X - U \subset W$, $V \cap W = \varnothing$. 由 $V \subset X - W \subset U$，有 $\overline{V} \subset \overline{X - W} = X - W \subset U$.

(2)⇒(1) 令 $x \notin F$ 且 $F = \overline{F}$，则 $x \in X - F$ 且 $X - F$ 是开集，故有开集 V，使 $x \in V \subset \overline{V} \subset X - F$. 若置 $U = X - \overline{V}$，则 U 是开的，$V \cap U = \varnothing$ 且 $F \subset U$. □

在此证明中，若将点换为闭集，则得到结果如下.

8.3 命题 对于 T 空间 X 下述性质是等价的：

(1) X 满足 T_4.

(2) 若 $F\subset U$，F 是闭的，U 是开的，则有开集 V 存在，使 $F\subset V\subset \overline{V}\subset U$.

8.4 定义 T 空间 X 的集合 A，B 是隔离的，是指 $\overline{A}\cap B = A\cap \overline{B} = \varnothing$ 而言.

8.5 命题 对于 T 空间 X 下述性质是等价的.

(1) X 满足 T_5.

(2) 隔离的集合是可分离的.

证明 (1)⇒(2) 设 F，H 为隔离的集合，令

$$A = X - \overline{F}\cap\overline{H},$$

则 A 为开的. 若令 $F_1 = \overline{F}\cap A$，$H_1 = \overline{H}\cap A$，则 $F_1\cap H_1 = \varnothing$，且 F_1，H_1 在 A 中是闭的. 因 A 满足 T_4，在 A 存在相对开集 U，V，使 $F_1\subset U$，$H_1\subset V$，$U\cap V = \varnothing$. 但由命题 6.2. U，V 在全空间是开的，由 $\overline{F}\cap H = F\cap\overline{H} = \varnothing$，有 $F\cup H\subset A$. 故由 $F\subset F_1$，$H\subset H_1$，有 $F\subset U$，$H\subset V$.

(2)⇒(1) 设 A 为 X 的子空间，在 A 取相对闭且不相交的集合 F，H. 因 $F = \overline{F}\cap A$，$H = \overline{H}\cap A$，故 $\overline{F}\cap H = F\cap\overline{H} = \varnothing$. 于是在全空间有开集 U，V 存在，使 $F\subset U$，$H\subset V$，$U\cap V = \varnothing$. 若 $U_1 = U\cap A$，$V_1 = V\cap A$，则由命题 6.2，U_1，V_1 是相对开的且 $F\subset U_1$，$H\subset V_1$，$U_1\cap V_1 = \varnothing$. □

§9. 连 续 映 射

9.1 定义 设给与 T 空间 X，Y 间的映射 $f: X\to Y$. 当满足下述条件时，f 称为连续的.

(1) 对于 Y 的任一开集 U，$f^{-1}(U)$ 在 X 是开集.

这个条件和下述条件等价.

(2) Y 的任意闭集的原像在 X 中是闭集.

由此定义知，连续映射的复合映射还是连续的. 当 X 的任意开集的像在 Y 中是开集时，称 f 为开映射. 而 X 的任意闭集的像在 Y 中是闭集时称 f 为闭映射. 当 f 是到上的一一映射，f，f^{-1} 都

连续时，f 称为拓扑同胚映射（homeomorphic mapping）或拓扑映射（topological mapping），称 X 拓扑同胚于 Y 或同胚，写做 $X \approx Y$. $\approx$ 是等价关系．当 $X \approx Y$ 时，X 和 Y 可看做是拓扑相同的．由 $f: X \to Y$，$X \approx f(X)$ 时，f 称为嵌入（imbedding），称 X 嵌入 Y 中．包含映射是嵌入的例子．对于给与的空间 X，寻求适当的空间 Y，向 Y 中嵌入的课题是拓扑空间论里重要课题，在本书中接触它的地方也较多.

由 X 到 Y 的连续映射全体写做 $C(X,Y)$ 或 Y^X．用 $C^*(X,R)$ 表示 X 上实值有界连续函数全体． $C(X,R)$ 的元素通常称为函数．$C(X,R)$，$C^*(X,R)$ 也简单的写做 $C(X)$，$C^*(X)$.

9.2 命题 关于 $f: X \to Y$ 下列性质是等价的:

(1) f 是连续的.

(2) 对于任意 $A \subset X$，有 $f(\overline{A}) \subset \overline{f(A)}$.

(3) 对于任意 $x \in X$，$f(x)$ 的任意(开)邻域 U，存在 x 的(开)邻域 V，使 $f(V) \subset U$.

证明 (1)⇒(2) $A \subset f^{-1}(\overline{f(A)})$．因右端是闭的，故 $\overline{A} \subset f^{-1}(\overline{f(A)})$，于是 $f(\overline{A}) \subset \overline{f(A)}$.

(2)⇒(1) 设 F 为 Y 的闭集，由

$$f(\overline{f^{-1}(F)}) \subset \overline{f(f^{-1}(F))} \subset \overline{F} = F,$$

有 $\overline{f^{-1}(F)} \subset f^{-1}(F)$，故 $f^{-1}(F)$ 是闭的，即 f 是连续的.

(1)⇒(3) 取 $f(x)$ 的(开)邻域 U，则 $V = f^{-1}(U)$ 是 x 的(开)邻域，而 $f(V) \subset U$.

(3)⇒(1) 设 U 为 Y 的开集，对于 $f^{-1}(U)$ 的任意点 x，可取得它的开邻域 $V(x)$，使 $f(V(x)) \subset U$．令

$$V = \bigcup \{V(x) : x \in f^{-1}(U)\},$$

则 V 是 X 的开集且 $V = f^{-1}(U)$．□

当 X,Y 都是度量空间时，(3)相当于所谓 ε-δ 法如下:

9.3 推论 当 X,Y 是度量空间时，关于 $f: X \to Y$，下列性质是等价的:

(1) f 是连续的.

(2) 对于任意点 $x\in X$，$f(x)$ 的任意 ε-邻域 $S_\varepsilon(f(x))$，存在 x 的 δ 邻域 $S_\delta(x)$，使 $f(S_\delta(x))\subset S_\varepsilon(f(x))$.

应用(2)容易看出下述事实.

9.4 命题 设 X 为 T 空间，$f,g\in C(X)$，$r,s\in R$，下列性质是成立的：

(1) $rf+sg\in C(X)$.

(2) $\min(f,g)\in C(X)$.

(3) $\max(f,g)\in C(X)$.

(4) $fg\in C(X)$.

(5) 若 $g(x)\neq 0\ (x\in X)$ 则 $f/g\in C(X)$.

9.5 定义 对于 $f,g\in C(X)$，若令

$$d(f,g)=\sup\{|f(x)-g(x)|:x\in X\},$$

则 d 取有限或无限值.对于 $C(X)$ 中的函数列 $\{f_i\}$，当 $i\to\infty$，$j\to\infty$ 时，若 $d(f_i,f_j)\to 0$，则称 $\{f_i\}$ 为**一致收敛列**. 对于 $f\in C(X)$，当 $i\to\infty$ 时，有 $d(f_i,f)\to 0$ 时，称 $\{f_i\}$ **一致收敛**于 f. 容易看出在 $C^*(X)$ 上这个 d 是距离.

9.6 命题 若 $\{f_i\}$ 是 $C(X)$ 中一致收敛列，则存在 $C(X)$ 的元素 f，使 $\{f_i\}$ 一致收敛于 f.

证明 由 $f(x)=\lim f_i(x)$ 定义 $f:X\to R$. 为了说明 f 是连续的，取任意 $\varepsilon>0$ 和任意 $x\in X$. 确定 m 使

(1) $i\geqslant m\Rightarrow|f_i(x)-f(x)|<\varepsilon/3$.

确定 n 使

(2) $i,j\geqslant n,\ y\in X\Rightarrow|f_i(y)-f_j(y)|<\varepsilon/3$.

设 $k=\max\{m,n\}$，确定 x 的开邻域 U，使

(3) $y\in U\Rightarrow|f_k(y)-f_k(x)|<\varepsilon/3$.

由(1)，(2)，(3)，有

(4) $i\geqslant k,\ y\in U\Rightarrow|f_i(y)-f(x)|\leqslant|f_i(y)-f_k(y)|+|f_k(y)-f_k(x)|+|f_k(x)-f(x)|<\varepsilon/3+\varepsilon/3+\varepsilon/3=\varepsilon$.

在此，若 $i\to\infty$，则

(5) $y\in U\Rightarrow|f(y)-f(x)|\leqslant\varepsilon$.

故 f 是连续的． $\lim d(f_i, f) = 0$ 几乎是明显的．□

9.7 推论 $C^*(X)$ 是完备度量空间.

当 Y 是一般的度量空间时也同样,对属于 $C(X, Y)$ 的映射列可导入一致收敛的概念，若 Y 是完备的，则可同样定义极限映射，命题 9.6 也可如下叙述为一般形式.

9.8 定理 若 Y 为完备度量空间,则 $C(X,Y)$ 的一致收敛列收敛于 $C(X, Y)$ 的元素，且若 Y 有界,即若 $d(Y) < \infty$ 时，则 $C(X,Y)$ 是完备度量空间.

9.9 定理（Urysohn） 对于 T 空间 X 下列性质是等价的:

(1) X 满足 T_4.

(2) 若 F,H 为 X 的不相交闭集,则存在 $f \in C(X, I)$，使当 $x \in F$,则 $f(x) = 0$,当 $x \in H$,则 $f(x) = 1$.

证明 (2)⇒(1) 若 $U = \{x \in X: f(x) < 1/2\}, V = \{x \in X: f(x) > 1/2\}$,则 U,V 是开的且 $F \subset U$, $H \subset V$, $U \cap V = \varnothing$.

(1)⇒(2) 先取开集 $G(1/2)$,使

$$F \subset G(1/2) \subset \mathrm{Cl}\, G(1/2) \subset X - H.$$

再取开集 $G(1/2^2)$, $G(3/2^2)$,使

$$F \subset G(1/2^2) \subset \mathrm{Cl}\, G(1/2^2) \subset G(1/2),$$

$$\mathrm{Cl}\, G(1/2) \subset G(3/2^2) \subset \mathrm{Cl}\, G(3/2^2) \subset X - H.$$

如此继续做,做成开集族

$$G(\lambda),\ \lambda = i/2^j,\ i = 1, \cdots, 2^j - 1,\ j = 1, 2, \cdots,$$

若 $\lambda < \mu$, 则有

$$F \subset G(\lambda) \subset \mathrm{Cl}\, G(\lambda) \subset G(\mu) \subset \mathrm{Cl}\, G(\mu) \subset X - H.$$

令 $G = \bigcup G(\lambda)$, 由

$$f(x) = \inf\{\lambda : x \in G(\lambda)\},\ x \in G,$$

$$f(x) = 1,\ x \in X - G$$

定义的 $f: X \to I$ 即为所求. 这个 f 在 F 上为 0,在 H 上为 1, 为了证明 f 的连续性,取任意 $\varepsilon > 0$.

若 $f(x) = 0$, 取 $\lambda < \varepsilon$ 的 λ,则 $G(\lambda)$ 是 x 的邻域,且

(3) $y \in G(x) \Rightarrow |f(x) - f(y)| \leqslant \lambda < \varepsilon$.

若 $f(x)=1$，取 $\mu>1-\varepsilon$ 的 μ，则 $X-\mathrm{Cl}G(\mu)$ 为 x 的邻域，且

(4) $y\in X-\mathrm{Cl}G(\mu)\Rightarrow|f(x)-f(y)|\leqslant 1-\mu<\varepsilon.$

若 $0<f(x)<1$，取 λ,μ，满足 $f(x)-\varepsilon<\lambda<f(x)<\mu<f(x)+\varepsilon$. 这时 $G(\mu)-\mathrm{Cl}G(\lambda)$ 是 x 的邻域，且

(5) $y\in G(\mu)-\mathrm{Cl}G(\lambda)\Rightarrow|f(x)-f(y)|<\varepsilon.$

由(3)，(4)，(5) f 是连续的. □

在此定理中，以任意闭区间 $[a,b]$ 代替 I，定理也成立. 因 $I\approx[a,b]$.

9.10 定义 设给与 T 空间 X，Y 及 X 的子集 S. 所谓 g 是 $f\in C(S,Y)$ 的扩张是指 $g\in C(X,Y)$，使 $g|S=f$. 当 f 具有扩张时，f 称为可扩张到 X 上.

9.11 定理（Tietze 扩张定理） 对于 T 空间 X，下列三个条件是等价的：

(1) X 满足 T_4.

(2) X 的闭集 F 上的有界连续函数 f 可扩张为 X 上的有界连续函数.

(3) X 的闭集 F 上的连续函数 f 可扩张到 X 上.

证明 (1)⇒(2) 取实数 a，使 $|f|<a$. 若令

$$H=\{x\in F:f(x)\leqslant -a/3\},$$
$$K=\{x\in F:f(x)\geqslant a/3\},$$

则 $H\cap K=\varnothing$ 且 H，K 在 X 中是闭集. 对于这对闭集使用 Urysohn 定理 9.9，有 $g_1\in C(X)$，使

$$g_1(x)=-a/3\ (x\in H),\ g_1(x)=a/3\ (x\in K),\ |g_1|\leqslant a/3.$$

这时

$$d(f,g_1|F)\leqslant(2/3)a,\quad |g_1|\leqslant(1/3)a.$$

其次将 (f,a) 换为 $(f_1=f-g_1|F,(2/3)a)$，重复这个做法，有 $g_2\in C(X)$，使

$$d(f_1,g_2|F)\leqslant(2/3)^2a,\quad |g_2|\leqslant(2/3^2)a.$$

再继续这个做法，有 $f_{i-1}\in C(F)$，$g_i\in C(X)$，$i\in N$，满足下列三个

条件，其中令 $f_0=f$.

(4) $f_i=f_{i-1}-g_i|F$.

(5) $d(f_{i-1}, g_i|F)\leqslant(2/3)^i a$.

(6) $|g_i|\leqslant(1/3)(2/3)^{i-1}a\leqslant(2/3)^i a$.

若令

$$g=\sum_{i=1}^{\infty} g_i,$$

则此式的右端根据 (6) 是一致收敛的，故由命题 9.6，$g\in C^*(X)$. 取任意 $x\in F$. 由(5)，$|f_{i-1}(x)-g_i(x)|\leqslant(2/3)^i a$. 由此事实与(6)，$\sum g_i(x)$ 是绝对收敛的，故 $\sum f_i(x)$ 在 F 上也是绝对收敛的. 于是若变动 $\sum f_i(x)-\sum g_i(x)$ 的顺序并考虑到(4)，则有

$$\sum_{i=0}^{\infty} f_i(x)-\sum_{i=1}^{\infty} g_i(x)=\sum_{i=0}^{\infty}(f_i(x)-g_{i+1}(x))=\sum_{i=1}^{\infty} f_i(x).$$

故有 $f(x)=f_0(x)=\sum_{i=1}^{\infty} g_i(x)=g(x)$，而有 $g|F=f$.

(2)⇒(3) 设 φ 为 R 到开区间 $(-1,1)$ 上的保序拓扑同胚映射，对于 $f\in C(F)$，令 $h(x)=\varphi(f(x))$，则 $h\in C^*(F)$. 设此 h 的扩张为 $k\in C^*(X)$. 若令

$$K=\{x\in X: k(x)\geqslant 1 \text{ 或 } k(x)\leqslant -1\},$$

则 K 是 X 的闭集且 $F\cap K=\varnothing$. 若 p 是在 F 上为 1 在 K 上为 0 的函数，则 $p\in C^*(F\cup K)$. 这个 p 的扩张设为 $q\in C^*(X)$. 若有必要可考虑

$$\max\{\min\{q, 1\}, 0\},$$

故不失一般性，不防设 $q\in C(X,I)$. 若令 $g(x)=k(x)\cdot q(x)$，则 $g\in C(X,(-1, 1))$且 $g|F=h$. 若 $r(x)=\varphi^{-1}(g(x))$，则

$$r\in C(X),\ r|F=f.$$

(3)⇒(1) 在定理 9.9 的证明前半部分中，实质已经证明. □

根据上述证明，保证了本定理之(2)可以换言之如下.

对于 X 的闭集合 F，$f\in C(F,I)$ 具有扩张 $g\in C(X, I)$.

Tietze 扩张定理如果着眼于定义域，则给与了 T_4 的特征，如

果着眼于值域，则表现了 I 及 R 的重要拓扑性质. 设 $\mathscr{Q}$ 为某 T 空间构成的类，所谓 Y 对于 $\mathscr{Q}$ 是扩张子 (extensor) 是指对于属于 $\mathscr{Q}$ 的任意空间 X, X 的任意闭集 F，任意 $f \in C(F, Y)$，有 $g \in C(X, Y)$ 存在，使 $g|F = f$. 这样的 Y 所有的类写做 $ES(\mathscr{Q})$. 根据这个写法 Tietze 扩张定理可表现如下.

$$I, R \in ES(T_4).$$

$ES(\mathscr{Q})$ 和收缩核理论有深刻的关系，将在第六章中详细叙述.

9.12 定义 设 A 为 T 空间 X 的子集. 当 A 为可数个开集的交集时，称 A 为 G_δ 集. 当 A 为可数个闭集的并集时，称 A 为 F_σ 集. 对某个 $f \in C(X)$,

$$A = \{x \in X : f(x) = 0\}$$

时，称 A 为零集 (zero set). 对某个 $g \in C(X)$,

$$A = \{x \in X : g(x) \neq 0\}$$

时，称 A 为补零集 (cozero set). 这个定义中的 $C(X)$，用 $C^*(X)$ 置换亦可. 关于零集和补零集的简单性质可参考习题 1. I.

9.13 命题 对于 T_4 空间 X 的子集 F，下列性质是等价的：

(1) F 是闭且 G_δ 集.

(2) F 是零集.

证明 (1)⇒(2) 设 $F = \bigcap G_i$, G_i 是开集. 由 Urysohn 定理 9.9，有 $f_i \in C(X, I)$ 存在，满足

$$f_i(x) = 0, \ x \in F,$$
$$f_i(x) = 1, \ x \in X - G_i.$$

若令 $f = \sum f_i/2^i$, 则 $f \in C(X)$ 且 $F = \{x \in X : f(x) = 0\}$.

(2)⇒(1) 设 $F = \{x \in X : f(x) = 0\}$, $f \in C(X)$. 显然 F 是闭集. 因

$$F = \bigcap_{i=1}^{\infty} \{x \in X : |f(x)| < 1/i\},$$

故 F 也是 G_δ 集. □

9.14 命题 若 F, H 为 T 空间 X 的不相交零集，则有某个

$g \in C(X,I)$ 使 $F = \{x \in X: g(x) = 0\}, H = \{x \in X: g(x) = 1\}$.

证明　取 $f, h \in C(X, I)$，使 $F = \{x: f(x) = 0\}$，$H = \{x: h(x) = 0\}$. 令 $g = f/(f + h)$，此 g 即为所求. □

9.15　定义　对于 T 空间 X 考虑下述 T_6 分离公理.

T_6 满足 T_4 且任意闭集是 G_δ 集.

满足 T_6 的空间称为完全正规空间（perfectly normal）. 满足 T_1 和 T_6 的空间称为 T_6 空间. 在第二章以后所有的空间都假设为 T_1 的，故二者无区别.

由命题 9.13 和 9.14 立即得到下列两个命题.

9.16　命题　T 空间 X 是完全正规的充要条件是 X 的任意闭集是零集.

9.17　命题　T_1 空间 X 是 T_6 空间的充要条件是 X 的任意闭集是零集.

9.18　定义　若全空间具有性质 P，则其任意子空间也具有性质 P 时，称 P 为继承的性质或继承性. 给与子空间以限制，例如任意闭，开，F_σ，G_δ 集具有性质 P 时，分别称为 P 在闭，开，F_σ，G_δ 集上是继承的.

其中任意闭集是零集的性质是继承性，故下述命题是显然的.

9.19　命题　T_6 空间是 T_5 空间. 完全正规空间是继承的正规空间.

9.20　定义　已给予 T 空间 X，所谓 $\mathscr{U} \subset 2^X$ 是 X 的覆盖（covering）是指 $\mathscr{U}^\# = X$ 而言. 由开集组成的覆盖称为开覆盖. 闭覆盖，补零覆盖等术语也是自明的. 当 $\mathscr{U}$ 为覆盖时，所谓子覆盖是指 $\mathscr{V} \subset \mathscr{U}$ 且 $\mathscr{V}^\# = X$ 而言. 任意开覆盖具有有限或可数子覆盖的 T 空间分别称为紧空间（compact space）或 Lindelöf 空间. 显然紧性以及 Lindelöf 性对于闭集是继承的. 紧性在拓扑空间理论中是最重要的概念之一，贯穿本书将对它做详细讨论.

9.21　命题　Lindelöf 正则空间是正规的.

证明　设 F, H 为 X 的不相交闭集. 对于 F 的各点 x 取其开邻域 $U(x)$ 使 $\overline{U(x)} \cap H = \emptyset$. 同样地对于 H 的各点 y 取其开邻

域 $V(y)$ 使 $V(y)\cap F=\varnothing$. 因 F 是 Lindelöf 的，故有 $F\subset\cup\{U(x_i):i\in N\}$. 同样地，有 $H\subset\cup\{V(y_i):i\in N\}$. 若令

$$U=U(x_1)\cup\left(\bigcup_{i=2}^{\infty}\left(U(x_i)-\bigcup_{j<i}\overline{V(y_j)}\right)\right),$$

$$V=\bigcup_{i=1}^{\infty}\left(V(y_i)-\bigcup_{j\leqslant i}\overline{U(x_j)}\right),$$

则它们是开的且 $F\subset U$, $H\subset V$. 为了说明 $U\cap V=\varnothing$, 设有点 $z\in U\cap V$. 取 i 使 $z\in V(y_i)-\overline{U(x_1)}\cup\cdots\cup\overline{U(x_i)}$. 因 $z\in U$ 故有 $i<j$ 存在，使

$$z\in U(x_j)-\overline{V(y_1)}\cup\cdots\cup\overline{V(y_i)}\cup\cdots\cup\overline{V(y_{j-1})}.$$

故 $z\notin V(y_i)$ 发生矛盾. □

9.22 定理 紧 T_2 空间 X 是正规的.

证明 由命题 9.21，说明 X 满足 T_3 就已足够. 设 $x\notin F$ 且 F 是闭的. 对于 F 的各点 y，取其开邻域 $U(y)$，使 $x\notin\overline{U(y)}$. 因 $F\subset\{U(y):y\in F\}$，故有 $F\subset U(y_1)\cup\cdots\cup U(y_n)$. 若令 $U=U(y_1)\cup\cdots\cup U(y_n)$，则 $x\notin\overline{U}$. □

由这个证明方法立即得到下述定理.

9.23 定理 T_2 空间的紧子集是闭的.

9.24 例 设 X 是线性序集. 在 X 的两端添加最小元、最大元后，设所得的集为 Y，令

$$\mathscr{U}=\{(a,b)=\{y\in Y:a<y<b\}:a<b,\ a,b\in Y\}.$$

以 $\mathscr{U}|X$ 为基在 X 导入拓扑(由命题 4.6 这是可能的)，称之为**区间拓扑**. $\mathscr{U}|X$ 称为**区间基**，它的元素称为**开区间**. **闭区间** $[a,b]$ 的意义也是自明的. 由区间拓扑立即看出线性序集恒为 T_3 空间. 在序数不超过 α 或较 α 小的序数全体上导入区间拓扑，分别记作 $[0,\alpha]$ 或 $[0,\alpha)$.

(1) $[0,\alpha]$ 是紧的.

证明 只需说明开区间覆盖 $\mathscr{V}$ 具有有限子覆盖即可. 在 $\mathscr{V}$ 的元素中含 α 者设为 V_1，它的左端设为 α_1. 在 $\mathscr{V}$ 的元素中含 α_1 者设为 V_2，它的左端设为 α_2. 如此下去做成序列 $\alpha_1,\alpha_2,\cdots$，必经

有限次操作达到0. 否则，$\alpha_1 > \alpha_2 > \cdots$的可数无限列含于$[0,\alpha]$中，与序数集是良序集相矛盾. □

(2) 设A为$[0,\omega_1)$的零集，则A或A的补集必定是等终的.

证明 若否定此命题，则有零集A存在，使A及$[0,\omega_1)-A$都是共尾的. 若参考命题9.13的证明，则补零集是F_σ的，故可写为$[0,\omega_1)-A=\bigcup F_i$，其中各$F_i$是闭的. 若各$F_i$非共尾，则$\sup F_i<\omega_1$，于是$\sup\sup F_i<\omega_1$，与$[0,\omega_1)-A$是共尾的矛盾. 故对某个$n$，$F_n$是共尾的. 于是存在列

$$\alpha_1<\beta_1<\alpha_2<\beta_2<\cdots,\ \alpha_i\in A,\ \beta_i\in F_n.$$

若$\sup\alpha_i=\alpha$，则$\alpha\in F_n\cap A$，发生矛盾. □

(3) $[0,\omega_1)$是正规的.

证明 取$F\cap H=\varnothing$的闭集F,H. 若在上述证明中将(A,F_n)组换为(F,H)组，则F,H不能都是共尾的，故设F是非共尾的，取使$F\subset[0,\alpha]$的$\alpha<\omega_1$. $[0,\alpha]$是闭子空间，由(1)是紧T_2的，于是由定理9.22是正规的. 取开集U，V，使$F\subset U$，$H\cap[0,\alpha]\subset V$，$U\cap V=\varnothing$，$U\cup V\subset[0,\alpha]$. 若令$W=V\cup(\alpha,\omega_1)$，则W是开集且$H\subset W$，$U\cap W=\varnothing$. □

(4) $[0,\omega_1)$不是完全正规的.

证明 若设F为$[0,\omega_1)$中的极限数全体，则F是闭集. F，$[0,\omega_1)-F$都是共尾的，故由(2) F不是零集. 故由命题9.16，$[0,\omega_1)$不是完全正规的. □

(5) $[0,\omega_1)$上连续函数f是有界的.

证明 若f无界，则存在$\alpha_1,\alpha_2,\cdots<\omega_1$，使$|f(\alpha_i)|>i$. 若$\sup\alpha_i=\beta$，则$f$在$\beta$的连续性不成立. □

(6) 对于$[0,\omega_1)$上的连续函数f，存在$\alpha<\omega_1$，对于$\alpha\leqslant\beta<\omega_1$的任意$\beta$，有$f(\alpha)=f(\beta)$.

证明 由(5) f是有界的. 故存在正数a，使$|f|\leqslant a$. 设f的图象为G，

$$G(\alpha)=G\cap([\alpha,\omega_1)\times[-a,a]),\ \alpha<\omega_1.$$

若$A=\{\alpha:f(\alpha)\geqslant 0\}$，则由(2) A或$[0,\omega_1)-A$是等终的. 即有

α_1存在，下列性质之一必须成立.

$$G(\alpha_1)\subset[\alpha_1, \omega_1)\times[-a, 0],\ G(\alpha_1)\subset[\alpha_1, \omega_1)\times[0, a].$$

用二分法将此作法反复运用，可取得点列 $\{\alpha_i\}$，闭区间列 $\{I_i\}$，满足

$$G(\alpha_i)\subset[\alpha_i, \omega_1)\times I_i,\ I_i\supset I_{i+1},\ d(I_i)\to 0.$$

$\cap I_i$ 为一点，设为 b. 设 $\sup\alpha_i=\alpha$，则有 $\alpha\leqslant\beta\Rightarrow f(\alpha)=f(\beta)=b$. □

(7) I 是紧的.

证明　因 I 是完全可分的，故 I 是 Lindelöf 的. 从而 I 的任意开覆盖 $\mathscr{U}$ 具有可数子覆盖 $\{U_i\}$. 对任意 i，若 $I-U_1\cup\cdots\cup U_i\neq\varnothing$，则从上述不等式的左端可取得点 x_i. 用二分法容易看出$\{x_i\}$具有聚点 x. 若 $A_i=\{x_j: j\geqslant i\}$，则 $\overline{A}_i\cap(U_1\cup\cdots\cup U_i)=\varnothing$. 因 $x\in\cap\overline{A}_i$，故 $x\notin\bigcup_i(U_1\cup\cdots\cup U_i)=I$ 发生矛盾. 于是$\{U_i\}$具有有限子覆盖，它也是 $\mathscr{U}$ 的有限子覆盖. □

9.25　命题　紧度量空间 X 是完备的.

证明　设$\{x_i\}$为 Cauchy 列. 若 X 的各点 x 非极限点，则存在开邻域 $U(x)$ 使$\{x_i\}-U(x)$是等终的. 若$\{U(x_1),\cdots,U(x_m)\}$为$\{U(x): x\in X\}$的有限子覆盖，则

$$\{x_i\}-U(x_1)\cup\cdots\cup U(x_n)=\{x_i\}-X=\varnothing$$

为等终，矛盾. □

§10. 连　通　性

10.1　定义　T 空间 X 的相异二点用空集必不能分离时称为**连通的** (connected). 连通与下述二条件的每一个都是等价的:

(1) 设有非空真子集是开且闭的.

(2) 不存在开集 U,V，使 $U\cup V=X, U\cap V=\varnothing, U\neq\varnothing, V\neq\varnothing$.

不是连通的 X 称为**不连通的** (disconnected). 含 x 的连通集的

最大者称为点 x 的连通分支（connected component）．各连通分支是一点的空间称为全断的（totally disconnected）．对于任意点 x 及其任意邻域 U，存在 x 的连通邻域 $V\subset U$，称 X 为局部连通的（locally connected）．也称为存在任意小的连通邻域．I 的 T_2 连续像称为弧（arc）或 Peano 曲线．当 f 为 I 到 A 上的连续映射时，$f(0)$，$f(1)$ 分别称为弧 A 的始点、终点．两者都称为端点．取 X 的任意二点，存在以它们为端点的弧时，X 称为弧状连通的（arcwise connected）．下述关于 Peano 曲线的事实是已知的．

紧、可度量化空间是 Peano 曲线的充要条件是该空间是连通且局部连通的．

本定理被 Hahn-Mazurkiewicz 证明了．

10.2 命题 (1) 连通空间的连续像是连通的．

(2) 弧状连通空间的连续像是弧状连通的．

(3) 弧状连通空间是连通的．

证明 (1) 设有连续映射 $f: X \to Y = f(X)$，而 Y 是不连通的，则 Y 存在既开且闭的真子集 $A \neq \emptyset$．于是 $f^{-1}(A) \neq \emptyset$ 是 X 的既开且闭的真子集，故 X 不能是连通的．

(2) 设 p，q 为上述 Y 的任意二点．取 $a \in f^{-1}(p)$，$b \in f^{-1}(q)$ 的点 a，b．设 A 为以 a，b 为端点的弧，若 $g: I \to A$ 为定义 A 的映射，则 $f(A)$ 为以 p，q 为端点的弧．原因是 $fg: I \to f(A)$ 定义了以 p，q 为端点的弧．

(3) 因 I 是连通的，由(1)弧状连通空间的任意二点 a，b 被含在连通集 A 中．此二点在 X 中若可由空集分离，则在子空间 A 中 a，b 可由空集分离，发生矛盾．□

(3) 其逆不成立，关于它参看习题 1.L.

10.3 命题 T 空间的子集 A 若为连通的，则 $\overline{A}$ 也是连通的．

证明 设 $\overline{A}$ 存在既开且闭的真子集 $B \neq \emptyset$．取 X 的开集 U，V 使 $B = U\cap\overline{A}$，$\overline{A} - B = V\cap\overline{A}$．因 $U\cap A \neq \emptyset$ 且 $V\cap A \neq \emptyset$，故 $U\cap A = B\cap A \neq \emptyset$ 且 $V\cap A = A - B \neq \emptyset$．这表示 $B\cap A$ 在 A 中是相对开的真子集，否定了 A 的连通性．□

10.4 命题 T 空间 X 的子集族 $\{A_\lambda\}$，对任意 $\lambda,\mu,A_\lambda\cap A_\mu\neq\varnothing$，且各 A_λ 是连通的，则 $A=\bigcup A_\lambda$ 是连通的.

证明 若 A 不是连通的，则有 $A=B\cup C$，$B\neq\varnothing$，$C\neq\varnothing$，$B\cap C=\varnothing$，B，C 皆为 A 的开集. 对于各 λ，$A_\lambda=(A_\lambda\cap B)\cup(A_\lambda\cap C)$，因 A_λ 是连通的，故必须有 $A_\lambda\subset B$ 或 $A_\lambda\subset C$. 故

$$B=\bigcup\{A_\lambda:A_\lambda\subset B\},\quad C=\bigcup\{A_\lambda:A_\lambda\subset C\}.$$

因 $B\neq\varnothing$，$C\neq\varnothing$，故有 λ,μ 使 $A_\lambda\subset B$，$A_\mu\subset C$. 于是 $A_\lambda\cap A_\mu=\varnothing$. 发生矛盾. □

10.5 定理 对于 T 空间 X 的各点 x，它的连通分支是存在的，且是闭的.

证明 设 $\{A_\lambda\}$ 为含 x 的所有连通集族，则它满足命题 10.4 的条件. 若令 $A=\bigcup A_\lambda$，则 A 是含 x 的连通集的最大者. 对某个 λ，$A_\lambda=\{x\}$，故 $A\neq\varnothing$. 由命题 10.3，$\overline{A}$ 也是连通的，故有 μ 使 $\overline{A}=A_\mu$. 故 $\overline{A}\subset A$，从而 A 是闭的. □

由此定理及命题 10.4，T 空间可唯一的分解为连通分支，而各连通分支是等价类.

与 Euclid 空间 R^{n+1} 的原点 $(0,\cdots,0)$ 距离为 1 的所有点的集合以 S^n 表示之，称为 n **维球面** (n-sphere). 和 S^1 拓扑同胚者称为 Jordan **曲线**. 下述定理是有名的.

Jordan 曲线定理，平面 R^2 上若有 Jordan 曲线 J，则有开集 U,V 存在，使 $R^2-J=U\cup V$，$U\cap V=\varnothing$，$\mathrm{Bry}U=\mathrm{Bry}V=J$.

本定理的证明是困难的，由于许多数学家的参加，到现在已取得了完全的证明. 在平面上有不相交的三个以上的开集，具有共同的边界，也是有名的事实.

10.6 例 将 I 三等分，设左侧闭区间为 $I(0)=[0,1/3]$，右侧闭区间为 $I(1)=[2/3,1]$. 将 $I(0)$ 三等分，设左右的闭区间分别为 $I(0,0)$，$I(0,1)$. 继续如此操作，得到闭区间系

$$I(\delta_1\cdots\delta_n),\quad \delta_i=0,1,\quad n=1,2,\cdots,$$

$$I(\delta_1\cdots\delta_n)\supset I(\delta_1\cdots\delta_n\delta_{n+1}),$$

$$d(I(\delta_1\cdots\delta_n))=1/3^n.$$

这个系称为 Souslin 系．令

$$C=\bigcup\{\bigcap\{I(\delta_1\cdots\delta_n):n=1,2,\cdots\}:\delta_i=0,1\},$$

称之为 Cantor 集．是C的点且为 $I(\delta_1\cdots\delta_n)$ 的端点的点集称为C的端点集用P表示之．显然P是可数的．若$I(\delta_1\cdots\delta_n)$的左、右端点分别为$p(\delta_1\cdots\delta_n)$, $q(\delta_1\cdots\delta_n)$, 则

$$\begin{aligned}p(\delta_1\cdots\delta_n)&=\bigcap\{I(\delta_1\cdots\delta_n\cdots\delta_m):\delta_{n+1}\\&=\cdots=\delta_m=0,\ m>n\},\\q(\delta_1\cdots\delta_n)&=\bigcap\{I(\delta_1\cdots\delta_n\cdots\delta_m):\delta_{n+1}\\&=\cdots=\delta_m=1,\ m>n\}.\end{aligned}$$

若导入记号

$$x(\delta_1\delta_2\cdots)=\bigcap\{I(\delta_1\cdots\delta_n):n=1,2,\cdots\},$$

则有

$$\begin{aligned}p(\delta_1\cdots\delta_n)&=x(\delta_1\cdots\delta_n00\cdots),\\q(\delta_1\cdots\delta_n)&=x(\delta_1\cdots\delta_n11\cdots).\end{aligned}$$

(1) $|C|=\mathfrak{c}$.

证明　设$\{(\delta_1,\delta_2,\cdots):\delta_i=0,1\}=X$,若$\varphi:X\to C$由

$$\varphi((\delta_1,\delta_2,\cdots))=x(\delta_1\delta_2\cdots)$$

定义,则φ是一一对应,故$|C|=|X|=2^{\aleph_0}=\mathfrak{c}$. □

(2) C是紧的.

证明　因$C=\bigcap\{\bigcup\{I(\delta_1\cdots\delta_n):\delta_i=0,1\}:n=1,2,\cdots\}$,故$C$为$I$的闭集．由例 9.24 之 (7)，$I$是紧的．$C$为其闭集是紧的．□

(3) C做为R的子集是疏的且为完全集.

(4) C是全断的.

证明　相异二点恒可用空集分离．□

10.7　定义　当T空间X是空集时且仅限于此时称它的小归纳维数及大归纳维数是 -1，分别表示为 $\mathrm{ind}X=-1$，$\mathrm{Ind}X=-1$．非空的T空间X满足下列条件 (1) 时称其小归纳维数是零，写做 $\mathrm{ind}X=0$.

(1)　任意点和它不相交的闭集可用空集分离.

$\operatorname{ind}X \leqslant 0$ 和 X 具有由既开且闭集构成的基是等价的. $\operatorname{ind}X = 0$ 的空间必满足 T_3.

非空的 T 空间 X 满足下列条件(2)时称其大归纳维数是零,写做 $\operatorname{Ind}X = 0$.

(2) 不相交的闭集对可用空集分离.

$\operatorname{Ind}X = 0$ 的空间必满足 T_4.

10.8 引理 取紧 T_2 空间 X 的点 x. 设 A 为和 x 用空集分离不了的点全体构成的集,则下述性质成立:

(1) 若 $y \in X - A$, 则 y 具有和 A 不相交的既开且闭邻域.

(2) A 是 x 的连通分支.

证明 (1) 由 A 的定义存在 y 的既开且闭的邻域 U, 使 $x \notin U$. 若 $U \cap A \neq \varnothing$, 则 $z \in U \cap A$ 的点和 x 可用空集分离, 故 $U \cap A = \varnothing$.

(2) $x \in A$ 是明显的. 由 (1) 只需说明 A 是连通的. 设 A 不是连通的,由(1)将 A 看做是闭的,则存在闭集 B, C, 使

$$A = B \cup C,\ B \cap C = \varnothing, x \in B,\ C \neq \varnothing.$$

由定理 9.22,紧 T_2 空间是正规的,故存在 X 的开集 V,使

$$V \cap A = B,\ \operatorname{Bry}V \cap A = \varnothing.$$

由(1) $\operatorname{Bry}V$ 的各点具有和 A 不相交的既开且闭的邻域,而 $\operatorname{Bry}V$ 是紧的,故存在满足

$$\operatorname{Bry}V \subset W, W \cap A = \varnothing$$

的既开且闭的集合 W. 设 $G = V - W$. 因 W 是闭的, 故 G 是开的. 又因 G 可写做 $G = \overline{V} \cap (X - W)$, 故作为闭集的交, G 是闭集. 即属于 C 的点和 x 可用空集 $\overline{G} - G$ 分离,发生矛盾. □

10.9 引理 紧 T_1 空间 X 是 $\operatorname{ind}X \leqslant 0$ 的充要条件是 $\operatorname{Ind}X \leqslant 0$.

证明 充分性是明显的,说明必要性. 设 F, H 为不相交的闭集,对 F 的各点 x 取既开且闭的邻域 $U(x)$,使 $U(x) \cap H = \varnothing$. 因 F 是紧的, 故有 $U(x_1) \cup \cdots \cup U(x_n) \supset F$, 左端是既开且闭的和 H 不相交. □

10.10 定理 若X为全断的紧T_2空间,则$\operatorname{Ind}X \leqslant 0$.

证明 由引理10.9只需说明 $\operatorname{ind}X \leqslant 0$. 设$x \notin F$且$F$是闭的. 由引理10.8 F的各点y具有既开且闭的邻域$U(y)$,使$x \notin U(y)$. 有限个这样的$U(y)$覆盖F,设其并集为U,则$x \notin U=\overline{U}$. □

习 题

1.A 离散空间是可距离化的.

1.B 可距离化性,完全可分性都是继承性.

1.C 对于度量空间(X, d),恒存在和d等价的有界距离.

提示 令 $d_1(x, y)=d(x, y)/(1 + d(x, y))$.

1.D 作非T_0空间的T空间.

1.E 作非T_1空间的T_0空间.

1.F 作非T_2空间的T_1空间.

提示 对无限集X,导入由一切有限集的补集作为基的拓扑.

1.G 作非T_3空间的T_2空间.

提示 设R的通常拓扑为$\mathscr{U}$. 令$A=\{1/i:i\in N\}$,在R中导入$\{U - A: U\in \mathscr{U}\}\cup\mathscr{U}$为基的拓扑,则$A$是闭集,而0和$A$不能分离.

1.H 度量空间是完全正规空间.

提示 为了观察T_4,取使$F\cap H=\varnothing$的闭集F,H,令$U=\{x\in X:d(x,F)<d(x,H)\}$,$V=\{x\in X:d(x,F)>d(x,H)\}$,观察$U,V$是开的,且$F\subset U$, $H\subset V$, $U\cap V=\phi$.

1.I 设$\mathscr{Z}$为T空间X的所有零集构成的族,$\mathscr{C}$为所有补零集构成的族.

(1) $\mathscr{Z}$是有限可加的且可数可乘的.

(2) $\mathscr{C}$是有限可乘的且可数可加的.

(3) $A\in\mathscr{Z}$的充要条件是由某个$f\in\mathscr{C}(X)$及某个$r\in R$可表示为$A=\{x:f(x)\leqslant(\geqslant)r\}$.

(4) $A\in\mathscr{C}$的充要条件是由某个$f\in\mathscr{C}(X)$和某个$r\in R$可表示为$A=\{x:f(x)<(>)r\}$.

(5) 零集是可数个补零集的交.

提示　(1)和(2),(3)和(4)分别为对偶命题,为了观察$\mathscr{C}$是可数可加的,$A_i\in\mathscr{C}$, $i\in N$ 表示为 $A_i=\{x:f_i(x)>0\}$, $f_i\in C(X,[0,1/2^i])$. 设 $f=\sum f_i$,则 $f\in C(X)$ 且 $\bigcup A_i=\{x:f(x)>0\}$.

1.J　设 $f:X\to Y$ 为到上的连续映射.

(1)　若 X 为紧的或 Lindelöf 的,则 Y 也分别是紧的或 Lindelöf 的.

(2)　若 X 为紧的,Y 为 T_2 的,则 f 是闭映射.

(3)　若 X 为紧的,Y 为 T_2 的,f 为一一的,则 f 是拓扑同胚映射.

(4)　若 f 是闭的,则相应 X 满足 T_4, T_5, T_6, Y 也分别满足 T_4, T_5, T_6.

(5)　若 f 是开的,则相应 X 满足第一可数性、第二可数性,Y 也分别满足对应的可数性.

1.K　度量空间 X 是完全可分的充要条件是它是 Lindelöf 空间.

提示　为证充分性,设$\mathscr{B}_i$为 $\{S_{1/i}(x):\ x\in X\}$ 的可数子覆盖,观察 $\bigcup\mathscr{B}_i$ 为基.

1.L　在平面上设 G 为 $y=\sin(1/x)\ (0<x\leqslant 1)$的图像,$H$ 为 y 轴上的纵线 $-1\leqslant y\leqslant 1$, $X=G\cup H$, 则 X 是连通的但非弧状连通的.

1.M　(架桥定理)　设 F,H 为紧 T_2 空间 X 的不相交闭集. 若 F, H 用空集不能分离,则和两者相交的连通集存在.

1.N　紧度量空间和 Cantor 集拓扑同胚的充要条件是它是全断的完全集.

1.O　自密的 T_1 空间 X 的散集 A 是疏的.

提示　设 $\mathrm{Int}\bar{A}=G\neq\varnothing$. 取 $G\cap A$ 的孤立点 x,取满足 $x\in U\subset G$ 且 $U\cap A=\{x\}$ 的开集 U. 设 $U-\{x\}=V$,试检验 $V\neq\varnothing$,且 $V\cap\bar{A}=\varnothing$.

1.P　T_1 空间的二散集的并集是散集.

1.Q　良序集在区间拓扑下是散集.

1.R　设 X 是正规空间,其基数为 $\aleph_1$. 若连续统假设不成立,则 $\mathrm{Ind}X=0$.

1.S　正规空间 X 的 F_σ 集 H 是正规的.

提示　H 表示为 $H=\bigcup H_i$, H_i 是闭的. 设 L, K 为 H 的不相交的相对闭集. 因 $L\cap H_i$ 和 $\bar{K}$ 是 X 的不相交闭集,故存在 X 的零集 Z_i 满足 $\bar{K}\subset Z_i\subset X-L\cap H_i$. 若令 $Z=\bigcap Z_i$, 则 Z 是 X 的零集且满足 $\bar{K}\subset Z\subset X-L$. 同样的可存在 X 的零集 T, 满足 $\bar{L}\subset T\subset X-Z\cap H$. $Z\cap H$, $T\cap H$ 是 H 的零集且不相交. 应用命题 9.14 于这一对上.

1.T　度量空间 X 的不相交闭集 F,H,若 F 又是紧的,则 $d(F,H)>0$.

1.U　设 A 为平面 R^2 上的开圆盘,B 为其圆周. 通过 A 的二点 x,y 的直

线和 B 的交点设为 a, b, 排列为 b, x, y, a 的顺序. 以 $(xyab)$ 表示这四点的非调和比 $(xa/ya)/(xb/yb)$. 令

$$d(x, y) = |\log(xyab)|.$$

(1) d 给与 A 上的距离.

(2) A 的普通直线,在其上的任意三点满足三角等式时是 (A, d) 的直线.

(3) (A, d) 中过直线 l 外一点可引出平行于 l 的两条以上直线.

即 (A, d) 给出非 Euclid 几何的一例,称之为 Lobačevskii 空间.

提示 为了表示 d 满足三角不等式可用下列事实. 设平面内四条直线 $l_i, i=1, 2, 3, 4$ 共有一点. 另有两条直线 t_1, t_2, t_1 和 l_i 的交点设为 p_i, t_2 和 l_i 的交点设为 q_i,这时 $(p_1p_2p_3p_4) = (q_1q_2q_3q_4)$.

1.V 设 X 为空间, X 的非空闭集全体的族称为 X 的幂空间, 以 2^X 表示之. (在 2.2 中 X 的子集全体构成的族写做 2^X, 称为幂空间常指狭义者. 实际上不致发生混乱.)做为幂空间 2^X 的基取形如

$$\langle U_1, \cdots, U_k\rangle = \left\{B \in 2^X : B \subset \bigcup_{i=1}^{k} U_i,\ B \cap U_i \neq \varnothing \quad (i=1, 2, \cdots, k)\right\}$$

的集合全体. 其中 $U_1, \cdots, U_k$ 为 X 的开集. 如此关于在 2^X 导入的拓扑, 2^X 满足 T_0. 当 X 为 T_1 空间时, 2^X 为 T_1 空间.

此拓扑称为 Vietoris 拓扑.

1.W 对于有界度量空间 X 的幂空间 2^X 的二元 A, B,若令

$$\rho(A, B) = \sup\{d(x, B) : x \in A\},$$
$$d(A, B) = \max\{\rho(A, B), \rho(B, A)\},$$

则 d 给出 2^X 上的距离.

此距离称为 Hausdorff 距离.

提示 用 $\rho(A, B) \leqslant \rho(A, C) + \rho(C, B)$ 导出三角不等式.

1.X 当 X 为紧度量空间时,对于幂空间的 Vietoris 拓扑和 Hausdorff 距离拓扑一致.

第二章 积 空 间

在本章以后，所谓拓扑空间或空间都指的是 T_1 空间，从而若提到正则空间、正规空间等都分别表示 T_3，T_4 空间.

§11. 积 拓 扑

11.1 定义 当给与拓扑空间 $(X_\alpha, \mathscr{U}_\alpha)$ $(\alpha \in A)$ 时，考虑在其积集 $X = \Pi X_\alpha$ 中导入拓扑的问题. 设 $p_\alpha: X \to X_\alpha$ 为射影. 令

$$\mathscr{B}' = \{p_\alpha^{-1}(U_\alpha): U_\alpha \in \mathscr{U}_\alpha, \alpha \in A\},$$

$\mathscr{B}'$的元的所有有限交构成的集族设为 $\mathscr{B}$，此 $\mathscr{B}$ 满足命题 4.6 的基的条件，对于X的相异二点 x, y，显然有 $B \in \mathscr{B}$，使 $x \in B \subset X - \{y\}$. 故以 $\mathscr{B}$ 为基唯一地确定了X的拓扑 $\mathscr{U}$，$(X, \mathscr{U})$ 是拓扑空间. $\mathscr{U}$ 称为积拓扑，$(X, \mathscr{U})$ 称为积空间. 积拓扑是以 $\mathscr{B}'$ 为子基的拓扑. 显然各 p_α 是开连续映射. $\mathscr{B}$ 的元称为立方邻域或圆筒邻域. 所谓某点 $x \in X$ 的立方邻域是容易理解的. 令

$$\mathscr{B}'' = \{\cap\{p^{-1}(U_\alpha): \alpha \in A\}: U_\alpha \in \mathscr{U}_\alpha\},$$

以 $\mathscr{B}''$ 为基的X的拓扑 $\mathscr{V}$ 称为箱拓扑 (box topology). 显然因 $\mathscr{U} \subset \mathscr{V}$，故在此意义下箱拓扑称为强拓扑，积拓扑称为弱拓扑. 积拓扑是重要的，提到积空间，若不另加说明，就表示具有积拓扑.

11.2 定理 对于空间 X，下列三个条件是等价的：

(1) X是紧的.

(2) X的子集族$\{F_\alpha\} \neq \varnothing$，若具有有限交性质，则 $\cap \bar{F}_\alpha \neq \varnothing$.

(3) X的任意极大滤子 $\mathscr{F}$ 必含有某点 x 的邻域滤子 $\mathscr{V}_x$ (称之为 $\mathscr{F}$ 收敛于 x).

证明 (1)⇒(2) 若 $\cap\bar{F}_\alpha=\emptyset$，则 $\cup(X-\bar{F}_\alpha)=X$. 因 X 是紧的，故 $(X-\bar{F}_{\alpha_1})\cup\cdots\cup(X-\bar{F}_{\alpha_n})=X$. 故 $\bar{F}_{\alpha_1}\cap\cdots\cap\bar{F}_{\alpha_n}=\emptyset$，因而 $\{F_\alpha\}$ 不具有有限交性质.

(2)⇒(3) 令 $\mathscr{F}=\{F_\alpha\}$. 因 $\cap\bar{F}_\alpha\neq\emptyset$，故可从上式左端取得点 x. 对于任意的 $V\in\mathscr{V}_x$，任意的 $F_\alpha\in\mathscr{F}$，因 $V\cap F_\alpha\neq\emptyset$，故 $\mathscr{F}\cup\mathscr{V}_x$ 生成滤子 $\mathscr{F}_1$，由 $\mathscr{F}\subset\mathscr{F}_1$ 及 $\mathscr{F}$ 的极大性，故 $\mathscr{F}=\mathscr{F}_1$，从而有 $\mathscr{V}_x\subset\mathscr{F}$.

(3)⇒(1) 设 X 的开覆盖 $\mathscr{U}$ 对于任何有限子族 $\mathscr{U}_\alpha$ 有 $X\neq\mathscr{U}_\alpha^{\#}$. 设 $F_\alpha=X-\mathscr{U}_\alpha^{\#}$，由于 $\{F_\alpha\}$ 具有有限交性质，故生成极大滤子 $\mathscr{F}$. 设 $\mathscr{F}$ 的收敛点为 x，取 $x\in U\in\mathscr{U}$ 的 U，因 $U\in\mathscr{V}_x$，故 $U\in\mathscr{F}$. 另方面，因 $X-U\in\mathscr{F}$，故 $U\cap X-U=\emptyset$. 而 $\mathscr{F}$ 的有限交性质不成立. □

11.3 定理 (Tychonoff 积定理) 若 $X_\alpha(\alpha\in A)$ 全是紧空间，则其积空间 $X=\Pi X_\alpha$ 也是紧空间.

证明 设 $\mathscr{F}$ 为 X 的极大滤子. $p_\alpha(\mathscr{F})$ 即 $\{p_\alpha(F):\ F\in\mathscr{F}\}$ 生成 X_α 的极大滤子为 $\mathscr{F}_\alpha$ (这个用法今后经常出现. 一般的 $f:X\to Y$，当 $\mathscr{U}\subset 2^X$，$\mathscr{V}\subset 2^Y$ 时，$f(\mathscr{U})=\{f(U):U\in\mathscr{U}\}$，$f^{-1}(\mathscr{V})=\{f^{-1}(V):V\in\mathscr{V}\}$). 设 $\mathscr{F}_\alpha$ 的收敛点为 $x_\alpha\in X_\alpha$. 令 $x=(x_\alpha)\in X$. 今指出 $\mathscr{F}$ 收敛于这个 x. 取任意的 $\alpha\in A$，任意的 $F\in\mathscr{F}$，任意的 $U_\alpha\in\mathscr{V}_{x_\alpha}$，则 $p_\alpha(F)\cap U_\alpha\neq\emptyset$. 故由 $F\cap p_\alpha^{-1}(U_\alpha)\neq\emptyset$，有 $p_\alpha^{-1}(U_\alpha)\in\mathscr{F}$. 从 A 取任意有限个元 $\alpha_1,\alpha_2,\cdots,\alpha_n$，若取 x_{α_i} 的任意开邻域 U_i，则由 $p_{\alpha_i}^{-1}(U_i)\in\mathscr{F}$ 及 $\mathscr{F}$ 是有限乘法的，有 $\cap\{p_{\alpha_i}^{-1}(U_i):i=1,2,\cdots,n\}\in\mathscr{F}$. 这表示 x 的任意立方邻域是 $\mathscr{F}$ 的元素. 故 $\mathscr{F}$ 收敛于 x. □

像紧性这样，各因子空间若具有性质 P，则其积空间也具有性质 P 时，P 称为乘法的性质或**可乘性** (productive property). 当因子空间的个数是有限或可数时，同样地分别可定义**有限可乘性**，**可数可乘性**. T_1 是可乘性之一. 可乘性可以是非常弱的性质 (参考习题 2.A)，也可以是象紧性这样非常强的性质. 可距离化不是可乘性，而是可数可乘性. 可数可乘性常常蕴含着深刻的数学内容.

在本书后半部分中，**遇到它的机**会较多.

在 Tychonoff 积定理的证明中用了极大滤子，但在它的存在上需要 Tukey 引理 (参考 3.3). 从而用到了和它等价的选择公理. 换言之，选择公理意味着 Tychonoff 积定理. 实际上，其逆也成立，如下所述.

11.4 定理 (Kelley) Tychonoff 积定理意味着选择公理.

证明 设 $X_\alpha(\alpha\in A)$ 全是非空集. 为了说明选择公理，只需说明 $\Pi X_\alpha\neq\varnothing$. 考察不属于 $\cup X_\alpha$ 的点 a，设 $Y_\alpha=X_\alpha\cup\{a\}$. 若以 Y_α 的任意有限集的补集及 $\{a\}$ 构成的族为基在 Y_α 导入拓扑，则 Y_α 是紧空间. $p_\alpha: Y=\Pi Y_\alpha\to Y_\alpha$ 为射影，令

$$F_\alpha=p_\alpha^{-1}(X_\alpha),\ \alpha\in A.$$

于是 F_α 在 Y 中是闭集. $\{F_\alpha:\alpha\in A\}$ 具有有限交性质. 实际上，对于任意有限个下标 $\alpha_1,\cdots,\alpha_n\in A$，选取点 $x_i\in X_{\alpha_i}$，$i=1,\cdots,n$ (有限选择公理). 若 $p\in Y$，它的 α_i 坐标是 $x_i(i=1,\cdots,n)$，其它坐标全是 a，则 $p\in F_{\alpha_1}\cap\cdots\cap F_{\alpha_n}$. 故由定理 11.2 $\cap F_\alpha\neq\varnothing$ 而 $\cap F_\alpha=\Pi X_\alpha$. □

11.5 定理 Hilbert 基本立方体 I^ω 拓扑同胚于可数无限个 I 相乘的积空间.

证明 设 $I_i=[-1/i,1/i]$，$f:\Pi I_i\to I^\omega$ 为平凡的恒等映射，则 f 是一一到上的映射. 取任意点 $x\in(x_i)\in I^\omega$，对任意 $\varepsilon>0$，考察 $S_\varepsilon(x)$. 确定 n 使 $\sum_{i>n}1/i^2<\varepsilon^2/8$. 在 ΠI_i 中考察如下的 x 的立方邻域.

$$U=\prod_{i=1}^{n}S(x_i:\varepsilon/\sqrt{2n})\times\prod_{i=n+1}^{\infty}I_i.$$

设 y 为 U 的任一点，则

$$(d(x,y))^2<n\varepsilon^2/2n+\sum_{i=n+1}^{\infty}(2/i)^2=\varepsilon^2/2+\varepsilon^2/2=\varepsilon^2.$$

故 $d(x,y)<\varepsilon$，从而 $f(U)\subset S_\varepsilon(x)$ 而 f 是连续的. 由 Tychonoff 积定理，ΠI_i 是紧的，故 f 的连续性意味着 f 是拓扑同胚映射 (参考习题 1.J). □

可数无限个拓扑空间 X 相乘的积空间写做 X^ω. 因各 I_i 拓扑同胚于 I, 故 ΠI_i 可写做 I^ω. 上述定理指出 Hilbert 基本立方体写做 I^ω 的合理性. 设 m 为任意基数, X^m 是 m 个 X 相乘. I^m称为广义立方体或平行体空间.

11.6 定理 可距离化空间 X_i 的可数积 $X = \Pi X_i$ 是可距离化的.

证明 对于各 X_i, 在与其拓扑一致的有界距离中, 考虑满足 $d(X_i) \leqslant 1$ 者(习题 1.C). 对于 $x = (x_i)$, $y = (y_i)$,令

$$d(x, y) = \sum_{i=1}^{\infty} d(x_i, y_i)/2^i,$$

这是 X 上的距离. 设 $f: \Pi X_i \to (X, d)$ 为平凡的恒等映射. 和上述定理几乎相同可以证明 f 的连续性. 为判断 f^{-1} 的连续性,考虑 ΠX_i 的任意点 $x = (x_i)$ 及其立方邻域

$$U = \prod_{i=1}^{n} S(x_i : \varepsilon_i) \times \prod_{i=n+1}^{\infty} X_i, \quad \varepsilon_i > 0.$$

设 $\varepsilon = \min\{\varepsilon_i/2^i : i = 1, \cdots, n\}$. 从 $S_\varepsilon(x)$ 任取点 $y = (y_i)$, 由 $d(x, y) < \varepsilon$ 有 $d(x_i, y_i)/2^i < \varepsilon$,从而 $d(x_i, y_i) < 2^i\varepsilon \leqslant \varepsilon_i$ 对于 $i = 1, \cdots, n$ 成立. 即

$$y_i \in S(x_i : \varepsilon_i), \quad i = 1, \cdots, n,$$

而 $y \in U$. 即 $f^{-1}(S_\varepsilon(x)) \subset U$,得到 f^{-1} 的连续性. □

11.7 命题 设 D 为具有离散拓扑的二点集 $\{0,1\}$,则 Cantor 集 C 拓扑同胚于 D^ω.

证明 直接可看出, 根据 10.6 的写法, 将 C 的点 $x(\delta_1\delta_2\cdots)$ 映为 D^ω 的点 $(\delta_1, \delta_2, \cdots)$ 的映射是 C 到 D^ω 上的拓扑同胚映射. □

设 m 为任意基数, D^m 称为广义 Cantor 集. 它是紧的全断空间. 当 X 为离散空间时, X^ω 称为 Baire 零维空间. 以后可以明了叫做零维的理由. 把 N 看做离散空间, N^ω 是可分的 Baire 零维空间.

11.8 命题 $C^\omega \approx C$.

证明 $C^\omega \approx (D^\omega)^\omega = D^\omega \approx C$. □

11.9 例 取$[a,b)$型的集族全体做为R的基,如此拓扑化了的R称为 Sorgenfrey 直线. 以T表示之. 显然T是满足第一可数性、可分的T_2空间.

(1) T是继承正规的.

证明 取 $\bar{F}\cap H = F\cap \bar{H} = \varnothing$的集$F,H$. 对于$F$的各点$x$,取$[x,x+\varepsilon(x))\cap\bar{H}=\varnothing$的正数$\varepsilon(x)$. 令

$$U = \bigcup\{U(x) = [x; x+\varepsilon(x)): x\in F\}.$$

这是含F的开集. 设$y\in H$. 对于$x<y$的任意$x\in F$有$y\notin U(x)$. 另外因$y\notin\bar{F}$ 用F的点列也不能从右方接近y. 于是有 $V(y) = [y,y+\varepsilon(y))(\varepsilon(y)>0)$ 的邻域,使 $V(y)\cap U=\varnothing$. 令 $V = \bigcup\{V(y): y\in H\}$,这是含$H$的开集,满足 $U\cap V=\varnothing$. 故由命题 8.5 T 是继承正规的. □

(2) $T\times T$是非正规的.

证明 平面上由$x+y=1$定义的斜线F是$T\times T$的闭集,关于相对拓扑成为离散空间. 设d为平面上的 Euclid 距离,(F,d)是把F看做普通拓扑. 取满足

$$F = A\cup B,\ A\cap B=\varnothing,\ |A|>\aleph_0,\ |B|=\aleph_0$$

的集合A,B,且A,B在(F,d)中都是稠密的. 因A,B是$T\times T$的不相交闭集,故若$T\times T$是正规的. 则存在开集U,V,使$A\subset U$,$B\subset V$,$U\cap V=\varnothing$. 对于A的各点$a=(a_1,a_2)$使对应于

$$U_n(a) = [a_1, a_1+1/n)\times[a_2, a_2+1/n)\subset U$$

的$n=n(a)$. 若令

$$A_i = \{a\in A: n(a)=i\},$$

则 $F=(\bigcup A_i)\cup B$. 因(F,d)是完备的度量空间,故由 Baire 定理 7.11,对于某个m,A_m在(F,d)中可以不是疏的. 即存在F上区间K,A_m在K中(关于d)是稠密的. 若取点 $b\in K\cap B$,因 $b\in V$,有

$$(\bigcup\{U_m(a): a\in A_m\cap K\})\cap V\neq\varnothing,$$

从而$U\cap V\neq\varnothing$,发生矛盾. □

结论：正规性甚至没有有限可乘性.

11.10 例 在ω以下或第一个不可数序数ω_1以下的序数中导入区间拓扑，分别设为$X=[0,\omega]$，$Y=[0,\omega_1]$. 根据例9.24之(1)，X，Y都是紧T_2空间. 从而$X\times Y$也是紧T_2的，因之也是正规的. 由$X\times Y$舍去端点$p(\omega,\omega_1)$做为Z，称之为Tychonoff板.

Z不是正规的.

证明 若$A=\{\omega\}\times Y-\{p\}$，$B=X\times\{w_1\}-\{p\}$，则$A$，$B$是$Z$的不相交闭集. 对于含有$B$的任意开集$U$，只需说明$\overline{U}\cap A\neq\varnothing$. 对于任意$i$，取$\{i\}\times[\alpha_i,\omega_1]\subset U$的$\alpha_i<\omega_1$. 若$\alpha=\sup\alpha_i$，则对于所有$i$，有

$$\{i\}\times[\alpha,\omega_1]\subset U.$$

故对于A的点 $q=(\omega,\alpha)$有$q\in\overline{U}$. □

于是$X\times Y$是正规的但不是继承正规的.

§12. 嵌入平行体空间

12.1 定理（Urysohn 嵌入定理） 正则空间X是完全可分的充要条件是X可嵌入I^ω中.

证明 充分性 根据命题7.8 Hilbert 空间H是完全可分的正则空间. 因I^ω是H的子空间，故向I^ω嵌入的空间X可以看做是H的子空间. 从而X是完全可分的正则空间.

必要性 因完全可分的正则空间是Lindelöf空间，故根据命题9.21，X是正规空间. 设X的可数基为$\{B_i\}$，若$E=\{(i,j):\overline{B}_i\subset B_j\}$，则$E$是可数的，可写为$E=\{e_i\}$. 根据Urysohn定理，对于各$e_i=(i_1,i_2)$，有$f_i\in C(X,I)$存在，可使

$$f_i(x)=0,\ x\in\overline{B}_{i_1},$$
$$f_i(x)=1,\ x\in X-B_{i_2}.$$

且看做$f_i:X\to I_i$. 其中各I_i为I的拷贝（所谓一般空间的拷贝是指拓扑同胚于该空间的空间）. 用$f(x)=(f_i(x))$定义$f:X\to$

ΠI_i. 根据定理 11.5,因 $I^\omega \approx \Pi I_i$, 故只需说明 f 是嵌入.设 $f(x)$ 的任意立方邻域为

$$U = \prod_{i=1}^{\infty} U_i \times \prod_{i=n+1}^{\infty} I_i,$$

则因 $f^{-1}(U) = \bigcap_{i=1}^{n} f_i^{-1}(U_i)$, 故 $f^{-1}(U)$ 是 X 的开集,而 f 是连续的.

为判断 f 是一一的,从 X 中取 $x \neq y$ 的二点. 根据 X 的正则性,有 $x \in \bar{B}_{i_1} \subset B_{i_2} \subset X - \{y\}$ 的 $e_i = (i_1, i_2)$, 因 $f_i(x) = 0$, $f_i(y) = 1$,故 $f(x) \neq f(y)$.

为判断 $f^{-1}: f(X) \to X$ 的连续性,设 V 为 x 的任意开邻域. 有 $e_j = (j_1, j_2)$ 存在,使

$$x \in B_{j_1} \subset \bar{B}_{j_1} \subset B_{j_2} \subset V.$$

令

$$W = S_1(f_j(x)) \times \prod_{i \neq j} I_i,$$

则 W 是 $f(x)$ 的邻域. 从 $W \cap f(X)$ 中任取点 $f(y)$, 则因 $|f_j(y) - f_j(x)| = f_j(y) < 1$, 故 $y \in B_{j_2} \subset V$, 而 $f^{-1}(W \cap f(X)) \subset V$, 于是 f^{-1} 也是连续的. □

对于度量空间,根据命题 7.7 可分性和完全可分性是一致的,于是下述性质成立.

12.2 推论 空间 X 是可分度量空间的充要条件是 X 可嵌入 I^ω 中.

由此立即看出可分可度量化是可数可乘的. 当空间 X 具有性质 P, 而具有性质 P 的空间全可嵌入 X 中时, X 称为对于 P 的万有空间 (universal space). 在此意义下, I^ω 对于可分度量空间是万有空间. 因 I^ω 的基数为 $\mathfrak{c}$, 故其所有子集族的基数为 $2^{\mathfrak{c}}$. 从而若将拓扑同胚者看做是同一的,则可分度量空间的个数为 $2^{\mathfrak{c}}$, 即不超过函数的基数.

12.3 定义 所谓度量空间 X 是全有界的 (totally bounded),

是指对于任意 $\varepsilon > 0$, $\{S_\varepsilon(x): x \in X\}$ 具有有限子覆盖. 所谓具有全有界的距离,含意是明显的. 由此定义,紧度量空间恒为全有界的.

12.4 命题 空间 X 是可分度量空间的充要条件是具有全有界的距离.

证明 必要性 可看做 $X \subset I^\omega$. 因 I^ω 是紧的,故其距离是全有界的. 对于任意 $\varepsilon > 0$,取 $y_1, \cdots, y_n \in I^\omega$,使

$$I^\omega = S_{\varepsilon/2}(y_1) \cup \cdots \cup S_{\varepsilon/2}(y_n).$$

若 $S_{\varepsilon/2}(y_i) \cap X \neq \varnothing$,则取点 $x_i \in S_{\varepsilon/2}(y_i) \cap X$,有 $S_\varepsilon(x_i) \supset S_{\varepsilon/2}(y_i)$. 故

$$X = \bigcup \{S_\varepsilon(x_i) \cap X : S_{\varepsilon/2}(y_i) \cap X \neq \varnothing\}.$$

充分性 对于全有界距离,若 $\mathscr{B}_i$ 为 $\{S_{1/i}(x): x \in X\}$ 的有限子覆盖,则 $\bigcup \mathscr{B}_i$ 为 X 的可数基. □

12.5 命题 可分度量空间 X 可稠密地嵌入紧度量空间中.

证明 看做 $X \subset I^\omega$, $\overline{X}$ 即为所求的度量空间.

12.6 定理 度量空间 X 是完备且全有界的充要条件是 X 是紧的.

证明 充分性 若 X 为紧的,则根据命题 9.25, X 是完备的.

必要性 设 $\mathscr{F}$ 为 X 的极大滤子. 关于各 i,作有限开覆盖 $\{U(\alpha_i): \alpha_i \in A_i\}$,对于各 $\alpha_i \in A_i$,使 $d(U(\alpha_i)) < 1/2^i$ 成立. 若 $U(\alpha_i) \notin \mathscr{F}$,则存在 $F(\alpha_i) \in \mathscr{F}$,使 $U(\alpha_i) \cap F(\alpha_i) = \varnothing$. 故若各 $U(\alpha_i)(\alpha_i \in A_i)$ 全不是 $\mathscr{F}$ 的元素,则 $(\bigcup U(\alpha_i)) \cap (\bigcap F(\alpha_i)) = \varnothing$,即 $X \cap (\bigcap F(\alpha_i)) = \varnothing$ 与 $\mathscr{F}$ 的有限交性质相反. 故对于各 i 存在 $\beta_i \in A_i$,使 $U(\beta_i) \in \mathscr{F}$. 因 $\{U(\beta_i): i \in N\}$ 具有有限交性质,故 $x_i \in U(\beta_i)$ 的点列 $\{x_i\}$ 构成 Cauchy 序列. 若取 $\lim x_i = x$,则 $\mathscr{F}$ 收敛于 x 几乎是明显的. □

12.7 定理 若 X 为紧度量空间, $\mathscr{U}$ 为其开覆盖,则存在正数 δ,对于任意点 $x \in X$, $S_\delta(x)$ 可被 $\mathscr{U}$ 的某元素包含.

证明 对于任何 $\delta > 0$,如果存在 x 使 $S_\delta(x)$ 不被 $\mathscr{U}$ 的任何元素包含,令 F_δ 为这样 x 的集合. 因 $\{F_\delta: \delta > 0\}$ 具有有限交性

质，故 $\cap \overline{F}_\delta \neq \emptyset$. 设 y 为属于此交的点，则对任意 $\delta > 0$，$S_\delta(y)$ 不被 $\mathscr{U}$ 的任何元包含，矛盾. □

这样的 δ 称为对于 $\mathscr{U}$ 的 Lebesgue 数. 对于 $\mathscr{U}$，使得 $\{X - S_\delta(X-U): U \in \mathscr{U}\}$ 仍然是覆盖的 δ，也可以用来定义 Lebesgue 数.

12.8 定义 所谓拓扑空间 X 是完全正则空间 (completely regular space) 或 Tychonoff 空间是指满足下列条件的情形.

对于 $x \in X$ 及 x 的任意邻域 U，有 $f \in C(X, I)$ 存在，使 $f(x) = 1$，$f(y) = 0$ $(y \in X - U)$.

此条件与存在补零集构成的基是等价的. 正规空间是完全正则的，完全正则空间是正则的.

12.9 引理 设拓扑空间族 $\{X_\alpha: \alpha \in A\}$ 对于 A 中有限个指标 $\alpha_1, \cdots, \alpha_n$ 给与补零集 $U_i \subset X_{\alpha_i}$，$i = 1, \cdots, n$，则

$$\prod_{i=1}^{n} U_i \times \Pi\{X_\alpha: \alpha \in A - \{\alpha_1, \cdots, \alpha_n\}\}$$

是 ΠX_α 的补零集.

证明 因有限个补零集的交仍是补零集，故当 $n = 1$ 时证明即可. 取

$$U_1 = \{x \in X_{\alpha_1}: f(x) > 0\}, \ f \in C(X_{\alpha_1}, I)$$

的 f. 设 $p: \Pi X_\alpha \to X_{\alpha_1}$ 为射影，令 $g = fp$，则 $g \in C(\Pi X_\alpha, I)$，使

$$U_1 \times \prod_{\alpha \neq \alpha_1} X_\alpha = \{x \in \Pi X_\alpha: g(x) > 0\}. \ \square$$

12.10 命题 若 $X_\alpha (\alpha \in A)$ 全是完全正则的，则 ΠX_α 也是完全正则的.

证明 根据引理 12.9，ΠX_α 具有补零集组成的基. □

由定义立即知完全正则性是继承的，由此命题也是可乘的.

12.11 定理 拓扑空间 X 是完全正则的充要条件是 X 可嵌入某个平行体空间.

证明 必要性 设 $C(X, I) = \{f_\alpha\}$. I_α 是 I 的拷贝. 若用 $f(x) = (f_\alpha(x))$ 定义 $f: X \to \Pi I_\alpha$，则和定理 12.1 的证明完全平行地证得 f 是嵌入映射.

充分性 根据命题 12.10，ΠI_α 型空间是完全正则的，其子集

也是完全正则的. □

12.12 推论 空间X是完全正则的充要条件是X可稠密地嵌入某紧T_2空间.

证明 必要性是考虑$X\subset I^{\mathfrak{m}}$,取$\overline{X}$即可. 充分性,紧$T_2$空间是完全正则的,根据它的继承性可保证充分性. □

12.13 引理 完全正则空间X具有个数等于其重数$w(X)$的补零集构成的基.

证明[1] 取$|\mathscr{B}|=w(X)$的X的基$\mathscr{B}$. $B_i\in\mathscr{B}$, $i=1,2$, 对于某个补零集U,使$B_1\subset U\subset B_2$成立的对(B_1,B_2)的集合设为$\mathscr{C}$. 对于$\mathscr{C}$的元素对(B_1,B_2),令$B_1\subset U(B_1,B_2)\subset B_2$的补零集$U(B_1,B_2)$与之对应. 令

$$\mathscr{U}=\{U(B_1,B_2):(B_1,B_2)\in\mathscr{C}\},$$

则$\mathscr{U}$构成X的基,且$|\mathscr{U}|=|\mathscr{C}|=|\mathscr{B}|=w(X)$. □

12.14[2] 定理 对于完全正则空间X, $w(X)\leqslant\mathfrak{m}$的充要条件是$X$可嵌入$I^{\mathfrak{m}}$中.

证明 因当$\mathfrak{m}$为有限时是明显的,故只考虑当$\mathfrak{m}$为无限的情形. 因充分性是明显的,故证明必要性. 根据引理12.13存在由补零集构成的基$\mathscr{B}=\{B_\alpha\}$,且$|\mathscr{B}|=\mathfrak{m}$. 设$f_\alpha\in C(X,I)$为满足$\{x:f_\alpha(x)>0\}=B_\alpha$的函数. 若由$f(x)=(f_\alpha(x))$定义$f:X\to I^{\mathfrak{m}}$,则这个$f$给与嵌入. □

12.15 命题 对于可分的正则空间X,有$w(X)\leqslant\mathfrak{c}$.

证明 设A为X的可数稠密集. 对于X的任意开集U,因$\overline{U}=\overline{U\cap A}$,故$\{\operatorname{Int}\overline{B}:B\subset A\}$构成基,其基数不超过$\mathfrak{c}$. □

12.16 推论 可分的完全正则空间可嵌入$I^{\mathfrak{c}}$中.

12.17 定理 $I^{\mathfrak{c}}$是可分的.

证明 设I_x是I的拷贝,考虑$I^{\mathfrak{c}}=\Pi\{I_x:x\in I\}$. 若$I^{\mathfrak{c}}$的元素表示为$(f(x):x\in I)$,则得到$f:I\to I$. 把这个对应作为

---

1) 12.13 的证明仅适用于$\aleph_0\leqslant w(X)$的情况,当$\aleph_0>w(X)$时此定理亦成立. ——译者注

2) 12.14 当$\mathfrak{M}=1$时不成立. $\mathfrak{M}$为有限时充分性不成立. ——译者注

$$\varphi: I^c \to \{f: f\text{是} I \text{到} I \text{的映射}\},$$

则 φ 是一一到上的对应．设 的可数基为 $\mathscr{B}$．$\mathscr{B}$ 的所有不相交的有限子族(因是可数的)设为 $\mathscr{B}_i(i \in N)$．表示为

$$\mathscr{B}_i = \{B(i, 1), \cdots, B(i, n(i))\}.$$

I 中有理数的有限列的全体设为 $\mathscr{R}_i(i \in N)$，表示为

$$\mathscr{R}_i = \{r(i, 1), \cdots, r(i, m(i))\}.$$

令

$$\mathscr{I} = \{(i, j): n(i) = m(j)\},$$

则 $\mathscr{I}$ 是可数的．

对于任意的 $(i, j) \in \mathscr{I}$，定义 $f_{ij}: I \quad I$ 如下．

$$f_{ij}(x) = r(j, k),\ x \in B(i, k),\ k = 1, \cdots, n(i),$$

$$f_{ij}(x) = 0,\ x \in X - \mathscr{B}_i^{\#}.$$

若 A 为集合 $\{f_{ij}: (i, j) \in \mathscr{I}\}$ 在 φ 之下的原像，则容易看出 A 为可数的且在 I^c 中稠密．□

由本定理及推论 12.16 可得到如下的结果．

12.18 推论 I^c 对于可分的完全正则空间是万有空间．

注意此结果，I^c 的任意子集是否恒为可分是个问题，答案是否定的．下例指出，对于完全正则空间，可分性不是继承的．

12.19 例 设 X 为包括 x 轴的上半平面，普通的开集在 X 是开的．x 轴上点 p 的邻域基为在 p 的上方在 p 处相切的开圆板，再添加上 p 本身的形状者．此 X 称为 Moore 半平面．显然这个 X 是完全正则的．有理点，即两坐标为有理数的点全体是可数稠密的，故 X 是可分的．但作为其子空间的 x 轴具有离散拓扑不是可分的．

在例 11.10 中 Tychonoff 板给出了是完全正则而不是正规的空间的例子．下面指出正则的但非完全正则的空间的例子．

12.20 例 设 Z 为 Tychonoff 板，A，B 是例 11.10 中定义的 Z 的长边、短边．$Z_i(i \in N)$ 为 Z 的拷贝，A_i，B_i 分别为对应于 A，B 的 Z_i 的边．当 $i = 2n + 1$ 时把 B_{2n+1} 和 B_{2n+2} 贴合，即 B_{2n+1} 和 B_{2n+2} 相对应的点看做是同一的．当 $i = 2n$ 时，把 A_{2n} 和 A_{2n+1} 贴合．如此得到的点集设为 S．$S = \bigcup Z_i$．S 的拓扑定义如下，

$U \subset S$ 是开的是指对于各 i 当且仅当 $U \cap Z_i$ 为开时．于是 S 是完全正则的．考虑 $T = S \cup \{p\}$，其中点 p 不属于 S．设 S 在 T 中是开的．而 p 的邻域基为

$$\left\{U_n = \left(S - \bigcup_{i=1}^{n} Z_i\right) \cup \{p\} : n \in N\right\}.$$

如此导入的拓扑 T 显然是正则空间．根据例 9.24 之 (6) 对于 $[0, \omega_1)$（或 $[0, \omega_1]$）上的连续函数 f，有常数 a 和 $\beta < \omega_1$ 存在，使 $\beta \leqslant \alpha \Rightarrow f(\alpha) = a$．这个 a 称为 f 的定常值，$[\beta, \omega_1)$（或 $[\beta, \omega_1]$）称为定常尾．

(1) 设 a 为 $g \in C(Z, I)$ 在 A 上的定常值，则

$$\lim_{n \to \infty} g(n, \omega_1) = a.$$

证明 设 g 在 $\{i\} \times [0, \omega_1]$ 上的定常值为 a_i，定常尾为 $\{i\} \times [\alpha_i, \omega_1]$．设 g 在 A 上的定常尾为 $\{\omega\} \times [\beta, \omega_1)$．取比所有 $\alpha_i (i < \omega)$ 及 β 大的 $\gamma < \omega_1$．由

$$\lim_{i \to \infty} g(i, \gamma) = \lim_{i \to \infty} a_i = g(\omega, \gamma) = a$$

及 $a_i = g(i, \omega_1)$ 有 $\lim\limits_{i \to \infty} g(i, \omega_1) = a$．□

(2) T 不是完全正则的．

证明 考虑在 U_2 的外部取值为 1 的 $f \in C(T, I)$．由 (1) f 在 A_n 上的定常值和在 A_{n+1} 上的定常值以 $B_n = B_{n+1}$ 为媒介是一致的．这对于任意的 n 都成立，故在各 A_n 上的定常值都必须是 1．从而 $f(p) = 1$，而 T 不是完全正则的．□

§13. Michael 直 线

13.1 定理 如果完全可分空间 X 是散集，则 X 为可数的．

证明 设 $\mathscr{B}$ 为 X 的可数基．对于 $x \in X$，存在它的邻域 $B_x \in \mathscr{B}$，使当 $x \in X^{(\alpha)} - X^{(\alpha+1)}$ 时有 $B_x \cap X^{\alpha+1} = \varnothing$ 且 $B_x \cap X^{(\alpha)} = \{x\}$ 成立．在此令 $X = X^{(0)}$．由 $\varphi(x) = B_x$ 定义 $\varphi: X \to \mathscr{B}$，此对应是一一的，故 X 是可数的．□

13.2 引理 构成完全集的紧度量空间 X 的基数为 $\mathfrak{c}$.

证明 由于 X 构成完全集，故存在非空闭集族 $\{J(\delta_1\cdots\delta_n):\delta_i=0,1\}$ 满足下列三个条件.

(1) $J(\delta_1\cdots\delta_n)\supset J(\delta_1\cdots\delta_n\delta_{n+1})$.

(2) $(\delta_1\cdots\delta_n)\neq(\varepsilon_1\cdots\varepsilon_n)\Rightarrow J(\delta_1\cdots\delta_n)\cap J(\varepsilon_1\cdots\varepsilon_n)=\varnothing$.

(3) $d(J(\delta_1\cdots\delta_n))\leqslant 1/2^n$.

令

$$J=\bigcup\{\bigcap\{J(\delta_1\cdots\delta_n):n=1,2,\cdots\}:\delta_i=0,1\},$$

由例 10.6 的构成法，显然有 $J\approx C$. $|X|\geqslant|J|=|C|=\mathfrak{c}$. 另一方面，可视 $X\subset I^\omega$，故 $|X|\leqslant|I^\omega|=\mathfrak{c}$. □

13.3 定理 紧度量空间的基数为可数或为 $\mathfrak{c}$.

证明 根据定理 7.14，任意空间可表为散集和完全集的并集. 紧度量空间的散集根据定理 13.1 是可数的. 若完全部分非空，则由引理 13.2 具有连续基数. □

13.4 引理 I 的紧不可数子集全体的个数是 $\mathfrak{c}$.

证明 $[0,1/2]\cup\{x\}(1/2\leqslant x\leqslant 1)$ 形的集合是紧非可数的，其个数为 $\mathfrak{c}$. 另一方面，设 $\mathscr{B}$ 为 I 的可数基，则任意紧集可表为 $\mathscr{B}$ 的元素的有限和的可数交，故 I 的紧子集全体的个数 $\leqslant\mathfrak{c}$. □

13.5 定理 在 I 的子集 S 中，存在满足下列二条件者:

(1) S 及 $I-S$ 都具有连续基数且在 I 中稠密.

(2) S 及 $I-S$ 都不具有紧不可数子集.

证明 设 $\omega(\mathfrak{c})$ 为基数为 $\mathfrak{c}$ 的最小序数，由引理 13.4，I 的所有紧不可数集可以良序化为 K_α，$(\alpha<\omega(\mathfrak{c}))$. 从 K_0 中取点 p_0. 然后从 $K_0-\{p_0\}$ 中取点 q_0. 由超限归纳法 $p_\alpha,q_\alpha(\alpha<\omega(\mathfrak{c}))$的点取之如下. 对于所有 $\beta<\alpha$ 的 β，设已取得 p_β，q_β，由

$$K_\alpha-\{p_\beta,\ q_\beta:\beta<\alpha\}$$

取相异二点 p_α，q_α. 根据定理 13.3，因$|K_\alpha|=\mathfrak{c}$，故这样作是可能的. 令

$$S=\{p_\alpha:\alpha<\omega(\mathfrak{c})\},$$

此即为所求.

满足(1)是显然的,今检查(2). 设K为I的任意紧不可数集,对某个α,有$K=K_\alpha$. 因$\{p_\alpha,q_\alpha\}\subset K_\alpha$,故$K_\alpha\subset S$及$K_\alpha\subset I-S$都不能成立. □

显然把I换为R本定理也成立.

13.6 例 考虑刚才做的$S\subset I$. 设I的拓扑为$\mathscr{U}$. 设X为集合I上导入如下的修正拓扑. 设集族

$$\{U\cup T:U\in\mathscr{U},T\subset S\}$$

为X的拓扑. 这个X称为 Michael 直线.

(1) X是正则的 Lindelöf 空间.

证明 X的正则性是明显的. 为了说明 Lindelöf 性,取任意开覆盖$\{V_\alpha=U_\alpha\cup T_\alpha\}$. 在此对各$\alpha$有$U_\alpha\in\mathscr{U}$,$T_\alpha\subset S$. 令$U=\cup U_\alpha$,$U$按通常拓扑是完全可分的,故$U=\cup U_{\alpha_i}$是可数个$U_\alpha$型的集合的并. $X-U$被S包含按通常的拓扑是紧集从而是可数的. 于是$X-U\subset\cup T_{\beta_i}$的可数个$\beta_i$存在. 故

$$(\cup V_{\alpha_i})\cup(\cup V_{\beta_i})\supset(\cup U_{\alpha_i})\cup(\cup T_{\beta_i})\supset U\cup(X-U)=X. \ \square$$

(2) $X\times S$不是正规的. 在此S看做I的子空间.

证明 令$A=(X-S)\times S$, $B=\{(x,x):x\in S\}$,则它们是$X\times S$中的互不相交的闭集. 设V为含B的任意开集,令

$$U_n=\{x\in S:\{x\}\times S_{1/n}(x)\subset V\},$$

则$S=\cup U_n$. 若假定S为X中F_σ集,则也必须是I中F_σ集. 这意味着S是I的紧集的可数和,故S是可数的,发生矛盾. 故有某个k存在,使$\mathrm{Cl}_X U_k\cap(X-S)\neq\varnothing$. 从上式左端取点$x$. 因$S$在$I$中稠密,故存在$y\in S$,使$|x-y|<1/2k$. 因$(x,y)\in A$,故若能说明$(x,y)$的任意立方邻域$W_1\times W_2$和$V$相交,则$X\times S$的正规性不成立. 取$x'\in W_1\cap U_k$使$|x'-x|<1/2k$. 于是$(x',y)\in W_1\times W_2$. 由

$$|x'-y|\leqslant|x'-x|+|x-y|<1/2k+1/2k=1/k$$

和$x'\in U_k$,有$(x',y)\in V$. 故$(W_1\times W_2)\cap V\neq\varnothing$. □

也有代替 S 取 I 中无理数全体 $I-Q$，同样改换 I 的拓扑，称为 Michael 直线的. 在这种情形下同样可以证明和 $I-Q$ 的积不能是正规的. 但这个 Michael 直线不是 Lindelöf 的，而是以后叙述的仿紧 T_2（从而正规）的.

§14. 0 维 空 间

14.1 定义 对于集合 X 的可数无限个的直积 X^ω 的二点 $x=(x_i)$，$y=(y_i)$，令

若 $x=y$，则 $d(r,y)=0$.

若 $x\neq y$，则 $d(x,y)=\max\{1/i : x_i\neq y_i\}$.

则 (X^ω, d) 是度量空间. 这个 d 称为对于 X^ω 的 Baire 距离.

14.2 命题 (1) Baire 距离 d 给与 X^ω 上的完备距离.

(2) 将 X 看做离散空间时的积空间（即Baire 0 维空间）$X^\omega\approx(X^\omega, d)$.

证明 容易看出 d 是距离故省略之. 若 $\{x^j=(x_i^j)\}$ 关于 d 是 Cauchy 序列，则对于各 i，存在 $k(i)$，使 $k(i)\leqslant j\Rightarrow x_i^{k(i)}=x_i^j$ 成立. 若令 $x=(x_i^{k(i)})$，则因 $\lim x^j=x$，故 (X^ω, d) 是完备的.

本命题的后半几乎是明显的，故证明省略. □

14.3 定义 考虑集合 X，当给定 X 的子集族 $\mathscr{U}=\{U_\alpha:\alpha\in A\}$ 及 $\mathscr{V}=\{V_\beta:\beta\in B\}$ 时，所谓 $\mathscr{U}$ 细分 $\mathscr{V}$ 或 $\mathscr{U}$ 是 $\mathscr{V}$ 的加细（refinement）是指存在对应 $\varphi: A\to B$，若 $\varphi(\alpha)=\beta$，则 $U_\alpha\subset V_\beta$. 这时写做 $\mathscr{U}<\mathscr{V}$，φ 称为从 $\mathscr{U}$ 到 $\mathscr{V}$ 的加细映射. 特别地，当 $A=B$，而 1_A 是加细映射时，称为 $\mathscr{U}$ 是 $\mathscr{V}$ 的一一加细. 又特别地，当 $\mathscr{U}$ 是由一元 U 组成时，代替 $\{U\}<\mathscr{V}$ 写做 $U<\mathscr{V}$，称为 U 细分 $\mathscr{V}$. 所谓 $\mathscr{U}$ 在点 $x\in X$ 的阶数（order）是指含 x 的 $\mathscr{U}$ 的元的个数，以 $\mathrm{ord}_x\mathscr{U}$ 表示之. $\mathscr{U}$ 的阶数是指 $\sup\{\mathrm{ord}_x\mathscr{U}: x\in X\}$，记作 $\mathrm{ord}\mathscr{U}$.

拓扑空间 X 的覆盖维数（covering dimension）$\dim X$ 是 -1 当且仅当 X 为空集. $\dim X=0$ 是指 $X\neq\varnothing$ 且 X 的任意有限开覆盖

可用阶数为 1 的开覆盖细分. $\dim X=0$ 的空间恒为正规的.

对于各点 $x\in X$, 当 $\mathrm{ord}_x\mathscr{U}<\infty$ 时, $\mathscr{U}$ 称为点有限的. 当 $\mathrm{ord}\mathscr{U}\leqslant\aleph_0$ 时, $\mathscr{U}$ 称为点可数的.

14.4 定理 正规空间 X 的点有限开覆盖 $\mathscr{U}=\{U_\alpha:\alpha\in A\}$ 可由闭覆盖一一细分.

证明 将 A 看做良序集. 取开集 V_0, 使

$$X-\bigcup_{0<\alpha}U_\alpha\subset V_0\subset\overline{V}_0\subset U_0,$$

则 $\{V_0\}\cup\{U_\alpha:0<\alpha\}$ 是 X 的覆盖. 取 $0<\alpha\in A$ 的 α, 设对于 $\beta<\alpha$ 的任意 β, 已确定开集 V_β, 按超限归纳法假设满足下列二条件:

(1) $\overline{V}_\beta\subset U_\beta$, $\beta<\alpha$.

(2) $\{V_\beta:\beta<\alpha\}\cup\{U_\gamma:\gamma\geqslant\alpha\}$ 覆盖 X.

这时若取满足

$$X-\left(\bigcup_{\beta<\alpha}V_\beta\right)\cup\left(\bigcup_{\gamma>\alpha}U_\gamma\right)\subset V_\alpha\subset\overline{V}_\alpha\subset U_\alpha$$

的开集 V_α, 进行超限归纳法, 于是得到 $\mathscr{U}$ 的一一加细 $\{\overline{V}_\alpha:\alpha\in A\}$. 为了说明这是 X 的覆盖, 只需说明 $\{V_\alpha:\alpha\in A\}=\mathscr{V}$ 是覆盖. 取任意点 $x\in X$, 因 $\mathscr{U}$ 是点有限的, 故满足 $x\in U_\alpha$ 的 α 的最大者 δ 存在. 由归纳法 $\{V_\beta:\beta\leqslant\delta\}\cup\{U_\gamma:\gamma>\delta\}$ 是覆盖. 由 δ 的取法 $x\notin\{U_\gamma:\gamma>\delta\}^\#$, 故 $x\in\{V_\beta:\beta\leqslant\delta\}^\#\subset\mathscr{V}^\#$. □

如在此定理中, 被闭覆盖一一细分的覆盖称为可收缩的 (shrinkable). 另外将 $\{\overline{V}_\alpha:\alpha\in A\}$ 写作 $\overline{\mathscr{V}}$. 此记号对一般的集族也适用.

14.5 命题 对空间 X, $\dim X=0$ 的充要条件是 $\mathrm{Ind}X=0$.

证明 必要性 设 F, H 为 X 的不相交闭集. 设把开覆盖 $\{X-F, X-H\}$ 细分的阶数为 1 的开覆盖为 $\mathscr{U}$. 令 $V=\cup\{U\in\mathscr{U}:U\cap F\neq\varnothing\}$, 则 V 是既开且闭的, 且满足 $F\subset V\subset X-H$.

充分性 设 X 的任意有限开覆盖为 $\mathscr{U}=\{U_1,\cdots,U_n\}$, 根据定理 14.4, $\mathscr{U}$ 是可收缩的. 故存在闭覆盖 $\{F_1,\cdots,F_n\}$, 使

$F_i \subset U_i$ 对各 i 成立．若 $\mathrm{Ind}X = 0$，则对于各 i，存在开且闭集 V_i 使 $F_i \subset V_i \subset U_i$ 成立．令 $W_1 = V_1$，$W_i = V_i - \bigcup_{j<i} V_j$ $(i = 2, \cdots, n)$，则 $\{W_1, \cdots, W_n\}$ 是细分 $\mathscr{U}$ 的阶数为 1 的开覆盖．故 $\dim X = 0$．□

14.6 记号 给与集合 X 及其子集族 $\mathscr{U}_\alpha (\subset 2^X)(\alpha \in A)$ 时，用下列记号

$$\bigwedge_{\alpha \in A} \mathscr{U}_\alpha = \left\{ \bigcap_{\alpha \in A} U_\alpha : U_\alpha \in \mathscr{U}_\alpha \right\}.$$

这必须和 $\bigcap \mathscr{U}_\alpha$ 区别开．$\bigcap \mathscr{U}_\alpha$ 是由同时属于所有 $\mathscr{U}_\alpha$ 的元构成的集族．

X 是度量空间，$\mathscr{U}$ 是它的子集族时，用记号

$$\mathrm{mesh}\,\mathscr{U} = \sup\{d(U) : U \in \mathscr{U}\}.$$

14.7 命题 若度量空间 X 具有开覆盖列 $\{\mathscr{U}_i\}$ 满足下列二条件：

(1) $\mathrm{mesh}\mathscr{U}_i \to 0$,

(2) $\mathrm{ord}\mathscr{U}_i = 1$,

则 $\dim X = 0$.

证明 根据命题 14.5，指出 $\mathrm{Ind}X = 0$ 即可．设 F，H 为 X 的不相交闭集．令 $\mathscr{V}_i = \bigwedge_{j=1}^{i} \mathscr{U}_j$，则 $\mathscr{V}_i$ 是 X 的开覆盖，$\mathrm{mesh}\mathscr{V}_i \to 0$，$\mathrm{ord}\mathscr{V}_i = 1$，$\mathscr{V}_1 > \mathscr{V}_2 > \cdots$．令

$$\mathscr{W}_i = \{V \in \mathscr{V}_i : V \cap F \neq \varnothing, V \cap H = \varnothing\},$$
$$W_i = \mathscr{W}_i^{\#}, \quad W = \bigcup W_i,$$

则 $F \subset W \subset X - H$．$W$ 显然是开的，今指出它是闭的．设 $x \in X - W$．$\mathscr{V}_i$ 的元素中含 x 者设为 V_i，则 $\{V_i\}$ 是 x 的邻域基．故对某个 k，$V_k \cap F = \varnothing$．若 $V_k \cap W \neq \varnothing$，则对某个 n 和某个 $V \in \mathscr{W}_n$，有 $V_k \cap V \neq \varnothing$．因 $V \cap F \neq \varnothing$，故 V 含有 V_k 外部的点，故 $V_k \subset V$．这意味着 $x \in V_k \subset V \subset W$．故 $V_k \cap W = \varnothing$，而必须有 $W = \overline{W}$．□

在此叙述的条件也是 $\mathrm{In}^d X = 0$ 的必要条件．关于它将在以

后叙述．在给予集合 X 及其某子集族 $\mathscr{U}$ 时，对于 $Y\subset X$，$\mathscr{U}$ 在 Y 上的限制 $\mathscr{U}|Y$ 是指 $\{U\cap Y:U\in\mathscr{U}\}$ 而言．

14.8 命题 Baire 零维空间 X^ω 及其子空间是 $\dim\leqslant 0$ 的．

证明 对于各 i，设 X_i 为离散空间 X 的拷贝，看做 $X^\omega=\prod X_i$，设 d 为它的 Baire 距离．对于 $Y_n=\prod_{i=1}^{n}X_i$ 的各点 y，确定 $x(y)\in X^\omega$，到第 n 坐标为止和 y 的坐标一致．若令

$$\mathscr{U}_n=\{S_{1/n}(x(y)):y\in Y_n\},$$

则此开覆盖列 $\{\mathscr{U}_n\}$ 满足命题 14.7 的二条件，故 $\dim X^\omega=0$．若取 X^ω 的任意子空间 $Y\neq\varnothing$，则 $\{\mathscr{U}_n|Y\}$ 又满足命题 14.7 的二个条件，故 $\dim Y=0$．□

14.9 命题 若 X 是可分度量空间且 $\operatorname{ind}X=0$，则 $\dim X=0$．

证明 因 $\operatorname{ind}X=0$，故对任意的 n，有既开且闭的集合为元素的覆盖 $\mathscr{U}_n$，使 $\operatorname{mesh}\mathscr{U}_n<1/n$．设 $\mathscr{U}_n$ 的可数子覆盖为 $\{U_i\}$．令

$$V_1=U_1,\ V_i=U_i-\bigcup_{j<i}U_j,\ i=2,3,\cdots,$$

则 $\mathscr{V}_n=\{V_i:i\in N\}$ 是 X 的开覆盖，满足

$$\operatorname{mesh}\mathscr{V}_n<1/n,\ \operatorname{ord}\mathscr{V}_n=1.$$

故由命题 14.7 有 $\dim X=0$．□

14.10 定理（Ponomarev-Hanai） 对于空间 $X\neq\varnothing$，下列三个条件是等价的：

(1) X 满足第一可数性．

(2) X 是度量空间的开连续像．

(3) X 是 dim 为 0 的度量空间的开连续像．

证明 (3)⇒(2)⇒(1)是明显的，只需证明(1)⇒(3)．设 $\mathscr{B}=\{B(\alpha):\alpha\in A\}$ 为 X 的基．A 看做离散空间，考虑 Baire 零维空间 A^ω．设 S 为这些 A^ω 的点 (α_i) 的全体，使 $\{B(\alpha_i)\}$ 是 X 的某点邻域基．根据命题 14.8，S 是满足 $\dim S=0$ 的度量空间．由 $f((\alpha_i))=\bigcap B(\alpha_i)$ 定义 $f:S\to X$，则因 X 满足第一可数性，故 f 是到上的映

射.

为判断 f 的连续性,设 $a=(\alpha_i)\in S, f(a)=x$, U 为 x 的任意邻域. 因$\{B(\alpha_i)\}$是 x 的邻域基,故有 n 存在使 $x\in B(\alpha_n)\subset U$. 设 V 为第 n 个坐标是 α_n 的 S 的点全体,则 V 是 a 的邻域, 且 $f(V)\subset B(\alpha_n)\subset U$. 故 f 为连续的.

其次,检验 f 是开的. A^ω 的立方邻域从第一坐标到第 n 坐标分别由 $\alpha_1,\cdots,\alpha_n$ 确定者写做 $V(\alpha_1\cdots\alpha_n)$. 只需证明 $V(\alpha_1\cdots\alpha_n)\cap S$ 在 f 下的像在 X 中是开的. $f(V(\alpha_1\cdots\alpha_n)\cap S)\subset\bigcap_{i=1}^n B(\alpha_i)$ 是明显的,故证明逆不等式

$$f(V(\alpha_1\cdots\alpha_n)\cap S)\supset\bigcap_{i=1}^n B(\alpha_i).$$

当 $\bigcap_{i=1}^n B(\alpha_i)=\emptyset$ 时是没有问题的. 故考虑 $\bigcap_{i=1}^n B(\alpha_i)\neq\emptyset$ 时,从此交中取任意点 y. 存在形如

$$\{B(\alpha_1),\cdots,B(\alpha_n),B(\beta_{n+1}),B(\beta_{n+2}),\cdots\}$$

的 y 的邻域基. 若令

$$b=(\alpha_1,\cdots,\alpha_n,\beta_{n+1},\beta_{n+2},\cdots),$$

则 $b\in V(\alpha_1\cdots\alpha_n)\cap S$ 且 $f(b)=y$. 故逆不等式也是正确的,从而

$$f(V(\alpha_1\cdots\alpha_n)\cap S)=\bigcap_{i=1}^n B(\alpha_i).$$

此右端为开的. □

14.11 定义 给与空间 X 到 Y 的映射 $f: X\to Y$ 及基数 τ 时, f 是 τ 映射是指任意的点逆像的重数 $\leqslant\tau$ 而言. $\aleph_0$ 映射也称为 s 映射. 当 τ 为有限基数 n 时,若是 n 映射但非 $n-1$ 映射,则称 f 的阶数 (order) ord$f$ 是 n.

14.12 推论 若 X 具有点可数基, 则 X 是某度量空间 S, $\dim S\leqslant 0$ 的开,连续, s 映射的像.

证明 定理 14.10 的证明中的 $\mathscr{B}$ 是点可数基即可. □

此逆亦真,关于它请看定理 18.8.

习　　题

2.A　在可数无限个 I 的乘积中，给与箱拓扑，则不满足第一可数性，从而也不可距离化.

2.B　设 X 为全断紧度量空间. 若 X 是非退化的 (non-degenerate)，即若含二点以上，则 $X^{\omega} \approx C$.

2.C　考虑积空间 $X \times Y$. 设 $A \subset X$, $B \subset Y$，则

$$\mathrm{Bry}(A \times B) = (\mathrm{Bry}A \times \bar{B}) \cup (\bar{A} \times \mathrm{Bry}B).$$

2.D　设 $\mathscr{U} = \{U_\alpha : \alpha \in A\}$ 为空间 X 的开覆盖. 若 $\mathscr{U}$ 被阶数 $\leqslant n$ 的开覆盖 $\mathscr{V} = \{V_\beta : \beta \in B\}$ 细分，则 $\mathscr{U}$ 被阶数 $\leqslant n$ 的开覆盖一一细分.

提示　设 $\varphi: B \to A$ 为 $\mathscr{V}$ 到 $\mathscr{U}$ 的加细映射，若 $W_\alpha = \cup\{V_\beta : \varphi(\beta) = \alpha\}$，$\mathscr{W} = \{W_\alpha : \alpha \in A\}$，则 $\mathscr{W}$ 即为所求.

2.E　作出任意开覆盖具有 Lebesgue 数的非紧的度量空间.

2.F　对于度量空间 X, Y，考虑 $f: X \to Y$. 对于任意 $\varepsilon > 0$，存在 $\delta > 0$，若 $d(x, x') < \delta$，则 $d(f(x), f(x')) < \varepsilon$ 时，称 f 为一致连续的 (uniformly continuous). 若 X 的任意开覆盖具有 Lebesgue 数，则任意的 $f \in C(X, Y)$ 是一致连续的.

2.G　正规空间的点有限开覆盖，可由补零覆盖一一细分.

2.H　对于度量空间 X，若 $d(x, y) = d(u, v) > 0 \Rightarrow \{x, y\} = \{u, v\}$ 成立，则称 X 为超精密的. 若 X 为这种空间，则对于任意 $x \in X$ 及任意 $\varepsilon > 0$，有 $0 < \delta < \varepsilon$ 的 δ 存在，没有和 x 的距离为 δ 的点.

提示　与 x 的距离为 t 的点全体写做 $D(x, t)$，仅考虑当 $D(x, \varepsilon/2) \neq \varnothing$ 时即可. 此式左端仅为一点组成，设之为 y. 又仅需考虑 $D(x, \varepsilon/3) \neq \varnothing$ 的情况，设 $d(x, z) = \varepsilon/3$. 若 $d(y, z) = \delta$，则此即为所求.

2.I　作出超精密的非可分的度量空间.

2.J(Janos)　Cantor 集 C 是超精密且可距离化的.

提示　取数列 $a_i = 1/3^i$, $i = 1, 2, \cdots$，用例 10.6 的记号. 二点 $x = x(\delta_1 \delta_2 \cdots)$, $x' = x(\varepsilon_1 \varepsilon_2 \cdots)$ 的距离由下表确定.

$$I(0) \xrightarrow{a_1} I(1)$$

$$I(00) \xrightarrow{a_2} I(01) \xrightarrow{a_3} I(10) \xrightarrow{a_4} I(11)$$

$$I(000)\xrightarrow{a_5}I(001)\xrightarrow{a_6}\cdots$$

$\cdots\cdots$

设 $x<x'$，表示第 n 行 x 所属区间即 $I(\delta_1\cdots\delta_n)$ 到 x' 所属区间 $I(\varepsilon_1\cdots\varepsilon_n)$ 过渡时 a_i 的和设为 $d_n(x,x')$. 令 $d(x,x')=\sum_{n=1}^{\infty}d_n(x,x')$，这是所求的距离. 注意 $\{a_i\}$ 的任何子列全具有不同的和.

2.K $X\subset R^n$ 是紧的充要条件是 X 是有界闭集.

提示 是定理 12.6 的推论.

2.I 设有紧 T_2 空间 X，使 $R^n\subset X$，$\overline{R^n}=X$ 且 $X-R^n$ 仅含有有限个点. 此时若 $n=1$，则 $X-R^n$ 至多有二点，若 $n\geqslant 2$，则 $X-R^n$ 仅是一点.

提示 参考 2.K.

2.M 空间 X 是完全可分的充要条件是 X 是 $(\dim\leqslant 0)$ 可分度量空间的开连续像.

提示 作为定理 14.10 的证明中的 $\mathscr{B}$ 取可数基.

2.N 试做出完全可分的但不可距离化的 T_2 空间.

提示 例如在 1.G 给予的空间就是.

第三章　仿紧空间

§15. 正　规　列

15.1　定义　已与空间 X 及其子集族 $\mathscr{U}$．对于 X 的子集 A，令

$$\mathscr{U}(A)=\bigcup\{U\in\mathscr{U}:U\cap A\neq\varnothing\},$$

称之为 A 关于 $\mathscr{U}$ 的星(star)．特别地，当 A 为一点集 $\{x\}$ 时，简单地写做 $\mathscr{U}(x)$．令

$$\mathscr{U}^2=\{U_1\cup U_2:U_1,U_2\in\mathscr{U},U_1\cap U_2\neq\varnothing\},$$

$$\mathscr{U}^n=\left\{\bigcup_{i=1}^{n}U_i:U_i\in\mathscr{U},U_i\cap U_{i+1}\neq\varnothing\right\},$$

则 $(\mathscr{U}^n)^m\supset\mathscr{U}^{nm}$．令

$$\mathscr{U}^{\Delta}=\{\mathscr{U}(x):x\in X\},$$

$$\mathscr{U}^{*}=\{\mathscr{U}(U):U\in\mathscr{U}\},$$

则 $\mathscr{U}^{\Delta}<\mathscr{U}^{*}<(\mathscr{U}^{\Delta})^{\Delta}=\{\mathscr{U}^2(x):x\in X\}$．下述记号也是便利的：

$$\mathscr{U}^{-n}(A)=X-\mathscr{U}^n(X-A).$$

各 $\mathscr{U}_i$ 是开覆盖，对于各 i，$\mathscr{U}_i>\mathscr{U}_{i+1}^{\Delta}$ 成立时，$\{\mathscr{U}_i\}$ 称为正规列．开覆盖 $\mathscr{U}$ 是正规的是指以 $\mathscr{U}=\mathscr{U}_1$ 为出发点存在如上的正规列．任意开覆盖都是正规的空间称为全体正规空间(fully normal space)．对于开覆盖 $\mathscr{U}$，$\mathscr{U}>\mathscr{V}^{\Delta}$ 或 $\mathscr{U}>\mathscr{V}^{*}$ 成立的开覆盖 $\mathscr{V}$ 分别称为 $\mathscr{U}$ 的 Δ 加细或 $*$ 加细．

15.2　定义　d 是空间 X 上的伪距离(pseudo metric)是指对于任意三点 $x,y,z\in X$，满足下列四个条件者：

(1)　$d(x,x)=0$.

(2)　$d(x,y)=d(y,x)\geqslant 0$.

(3) $d(x, y) \leqslant d(x, z) + d(z, y)$.

(4) $S_\varepsilon(x) = \{x' \in X : d(x', x) < \varepsilon\}$ 对于任意 ε 是开的.

对未导入拓扑的集合 X 可考虑伪距离. 那是除条件 (4) 外满足其余的三个条件的 d. 在本书中如不做特别声明, 是指满足(4)的伪距离.

空间 X 上的伪距离 d, 由 $xRy \Longleftrightarrow d(x, y) = 0$ 给出 X 上的等价关系 R. 设 x 所属的等价类为 x^*, $X^* = X/R$, $f: X \to X^*$ 为射影. 令 $d(x^*, y^*) = d(x, y)$, 则 X^* 为度量空间. 这个 (X^*, d) 写做 X/d. 对任意 $\varepsilon > 0$, 因 $f^{-1}(S_\varepsilon(x^*)) = S_\varepsilon(x)$, 故 f 是连续的.

15.3 引理 空间 X 的二元补零开覆盖 $\{U_0, U_1\}$ 是正规的.

证明 令 $F_0 = X - U_0$, $F_1 = X - U_1$, 根据命题 9.14, 则存在 $f \in C(X, I)$, 使 f 在 F_0 上为 0, 在 F_1 上为 1. 若令 $d(x, y) = |f(x) - f(y)|$, 则 d 是 X 上的伪距离, 而 $\{S_{\frac{1}{2}}(x) : x \in X\}$ 把 $\{U_0, U_1\}$ 细分. 一般地,

$$\{S(x : 1/2^i) : x \in X\} > \{S(x : 1/2^{i+1}) : x \in X\}^\Delta$$

成立, 故 $\{S_{\frac{1}{2}}(x) : x \in X\}$ 是正规的, 从而 $\{U_0, U_1\}$ 是正规的. □

15.4 引理 对于空间 X 的开覆盖 $\mathscr{U}_1, \mathscr{U}_2, \cdots, \mathscr{U}_n$, 下述性质成立:

(1) 若各 $\mathscr{U}_i$ 具有 Δ 加细, 则 $\bigwedge_{i=1}^{n} \mathscr{U}_i$ 也具有 Δ 加细.

(2) 若各 $\mathscr{U}_i$ 是正规的, 则 $\bigwedge_{i=1}^{n} \mathscr{U}_i$ 也是正规的.

证明 由(1)可直接导出(2), 故证明(1). 若 $\mathscr{V}_i$ 是 $\mathscr{U}_i$ 的 Δ 加细, 则 $\bigwedge_{i=1}^{n} \mathscr{U}_i > \left(\bigwedge_{i=1}^{n} \mathscr{V}_i\right)^\Delta$ 是容易看出的. □

15.5 引理 对于空间 X 的有限补零覆盖 $\{U_1, \cdots, U_n\}$ 存在零覆盖 $\{F_1, \cdots, F_n\}$, 对于各 i, 使 $F_i \subset U_i$ 成立.

证明 取补零集 V_1 和零集 F_1, 使

$$X - \bigcup_{i=2}^{n} U_i \subset V_1 \subset F_1 \subset U_1.$$

这是可能的, 因此式的左端是零集. 同样的, 取补零集 V_2 和零集

F_2,使 $X - V_1 \cup \left(\bigcup_{i=3}^{n} U_i\right) \subset V_2 \subset F_2 \subset U_2$. 继续此种操作,得到零覆盖$\{F_i\}$,它把$\{U_i\}$一一细分. □

15.6 定理 空间X的有限补零覆盖 $\{U_1, \cdots, U_n\}$ 是正规的.

证明 根据引理 15.5,$\{U_i\}$ 可由零覆盖 $\{F_i\}$ 一一细分.若令 $\mathscr{U}_i = \{X - F_i, U_i\}$, $i = 1, \cdots, n$,则由引理 15.3,它们是正规的. 故根据引理 15.4,$\bigwedge_{i=1}^{n} \mathscr{U}_i$ 是正规的. 若令之为$\mathscr{U}$,因 $\{F_1, \cdots, F_n\}$是覆盖,则$\mathscr{U}$的元中形如$\bigcap_{i=1}^{n}(X - F_i)$者必须是空集. 故 $\mathscr{U} < \{U_1, \cdots, U_n\}$. □

15.7 定理(Tukey) 空间X是正规的充要条件是它的任意有限开覆盖$\{U_1, \cdots, U_n\}$是正规的.

证明 必要性 根据定理 14.4 $\{U_i\}$是可收缩的,故可由闭覆盖$\{F_i\}$一一细分. 因X是正规的,若对 F_i, $X - U_i$ 应用 Urysohn 定理,则对于各i存在补零集V_i,使 $F_i \subset V_i \subset U_i$. 根据定理 15.6,覆盖$\{V_i\}$是正规的,故$\{U_i\}$也是正规的.

充分性 设 F,H 为X的不相交闭集. 取 $\{X - F, X - H\}$ 的Δ加细的开覆盖$\mathscr{U}$. 为了说明$\mathscr{U}(F) \cap \mathscr{U}(H) = \varnothing$,假定它的交有点$x$,由$x \in \mathscr{U}(F)$,存在$U_1$使$x \in U_1 \in \mathscr{U}$,且$U_1 \cap F \neq \varnothing$. 由$x \in \mathscr{U}(H)$,存在$U_2$使$x \in U_2 \in \mathscr{U}$,且$U_2 \cap H \neq \varnothing$. 因 $U_1 \cup U_2 \subset \mathscr{U}(x)$,故 $\mathscr{U}(x) \cap F \neq \varnothing$ 且 $\mathscr{U}(x) \cap H \neq \varnothing$,$\mathscr{U}(x)$不是$\{X - F, X - H\}$的加细. 因$\mathscr{U}(x) \in \mathscr{U}^{\Delta}$,这是矛盾. □

15.8 推论 全体正规空间是正规的.

15.9 引理 设给与空间X及其开覆盖$\mathscr{U}$. 对于X中的良序点列$\{x_\alpha : \alpha \in A\}$,若

$$\alpha < \beta \Rightarrow x_\alpha \notin \mathscr{U}(x_\beta)$$

成立,则点集$\{x_\alpha\}$是闭集.

证明 令$\{x_\alpha\} = F$. 若$x \in X - \mathscr{U}(F)$,则$\mathscr{U}(x) \cap F = \varnothing$,

故 $x \notin \bar{F}$. 若 $x \in \mathscr{U}(F) - F$，则取使 $x \in \mathscr{U}(x_\alpha)$ 的最小的 α，有 $\mathscr{U}(x_\alpha) \cap \{x_\beta : \beta \neq \alpha\} = \varnothing$. 故从 $\mathscr{U}(x_\alpha)$ 除去一点 x_α 的集合 U 是 x 的邻域 $U \cap F = \varnothing$，从而 $x \notin \bar{F}$. □

15.10 例 存在正规的但非全体正规的空间. 例 9.24 中 $[0, \omega_1)$ 即为其例. 设开覆盖 $\mathscr{U} = \{[0, \alpha] : \alpha < \omega_1\}$ 具有 Δ 加细 $\mathscr{V}_0$，若取任意 α_1，则 $\mathscr{V}(\alpha_1)$ 是 $\mathscr{U}$ 的加细，故存在 $\alpha_2 > \alpha_1$，使 $\alpha_2 \notin \mathscr{V}(\alpha_1)$. 以下相同的作出列 $\alpha_1, \alpha_2, \cdots$，对于各 i，使

$$\alpha_i < \alpha_{i+1},\ \alpha_{i+1} \notin \bigcup\{\mathscr{V}(x_j) : j = 1, \cdots, i\}$$

成立. 根据引理 15.9 $\{\alpha_1, \alpha_2, \cdots\}$ 是闭的. 另一方面 $\sup\alpha_i \in \mathrm{Cl}\{\alpha_1, \alpha_2, \cdots\}$，故 $\{\alpha_i\}$ 不是闭的. 这个矛盾表明 $[0, \omega_1)$ 不能是全体正规的.

15.11 定理（Tukey） 度量空间 X 是全体正规的.

证明 设 $\mathscr{U}$ 为 X 的任意开覆盖. 对于各点 $x \in X$，确定 $0 < \varepsilon(x) < 1$ 的数，使 $S(x : 6\varepsilon(x)) < \mathscr{U}$. 若令 $\mathscr{V} = \{S(x : \varepsilon(x)) : x \in X\}$，将指出 $\mathscr{V}$ 是 $\mathscr{U}$ 的 Δ 加细. 令

(1) $\mathscr{V}(x) = \bigcup\{S(y) : \varepsilon(y)) : y \in \mathscr{U}(x)\}$.

(2) $a = \sup\{\varepsilon(y) : y \in \mathscr{U}(x)\}$

确定 z，使

(3) $a/2 < \varepsilon(z) \leqslant \alpha,\ z \in \mathscr{U}(x)$.

设 u 为 $\mathscr{V}(x)$ 的任意点，确定 y，使

(4) $\{u, x\} \subset S(y, \varepsilon(y)),\ y \in \mathscr{U}(x)$.

由(1)～(4)，

$$\begin{aligned} d(z, u) &\leqslant d(z, x) + d(x, y) + d(y, u) \\ &< \varepsilon(z) + \varepsilon(y) + \varepsilon(y) \leqslant 3a. \end{aligned}$$

故 $u \in S(z : 3a)$. 另一方面，由(3) $3a < 6\varepsilon(z)$，故 $S(z : 3a) \subset S(z : 6\varepsilon(z))$. u 是 $\mathscr{V}(x)$ 的任意点，故 $\mathscr{V}(x) \subset S(z : 6\varepsilon(z)) < \mathscr{U}$. □

§16. 局部有限性和可数仿紧空间

16.1 定义 设给与空间 X 及其子集族 $\mathscr{U} = \{U_\alpha\}$. $\mathscr{U}$ 在 X

中是局部有限的（locally finite）是指对于任意点 $x\in X$，有邻域 V 存在，使 $V\cap U_\alpha\neq\varnothing$ 的 $\mathscr{U}$ 的元 U_α 只是有限个．$\mathscr{U}$ 是星有限的（star finite）是指对于任意的 $U_\alpha\in\mathscr{U}$，使 $U_\alpha\cap U_\beta\neq\varnothing$ 的 $\mathscr{U}$ 的元 U_β 只限于有限个．当 $\mathscr{U}$ 为开覆盖时，若为星有限的当然是局部有限的．$\mathscr{U}$ 是分散的（discrete）是指 $\overline{\mathscr{U}}$ 是不相交的且局部有限的．此时特别地，若各 U_α 为一点集，则 $\mathscr{U}$ 称为分散的点集．当对于 $\mathscr{U}$ 的任意子族 $\mathscr{V}$，$\overline{\mathscr{V}}^{\#}$ 是闭的时，$\mathscr{U}$ 称为保闭的（closure preserving）．

若 $\mathscr{U}$ 可以写做 $\mathscr{U}=\bigcup_{i=1}^{\infty}\mathscr{U}_i$，而各 $\mathscr{U}_i$ 是局部有限、分散、分散的点集或保闭时，则 $\mathscr{U}$ 分别称为 σ 局部有限、σ 分散、σ 分散的点集或 σ 保闭的．

16.2 命题 空间 X 的局部有限的子集族 $\mathscr{U}=\{U_\alpha:\alpha\in A\}$ 是保闭的．

证明 对于任意的 $B\subset A$，$\{U_\alpha:\alpha\in B\}$ 是局部有限的．对于任意的 $x\in X-\bigcup\{\overline{U}_\alpha:\alpha\in B\}$，存在其开邻域 V，使 $C=\{\alpha\in B:V\cap U_\alpha\neq\varnothing\}$ 是有限集．若 $\alpha\in B-C$，则 $V\cap U_\alpha=\varnothing$，从而 $V\cap\overline{U}_\alpha=\varnothing$，故

$$V-\bigcup\{\overline{U}_\alpha:\alpha\in B\}=V-\bigcup\{\overline{U}_\alpha:\alpha\in C\}.$$

因此式的右端是 x 的开邻域，故

$$x\notin \mathrm{Cl}(\bigcup\{\overline{U}_\alpha:\alpha\in B\}),$$

而 $\bigcup\{\overline{U}_\alpha:\alpha\in B\}$ 是闭的．□

由此立即推得，分散的点集是离散子空间，而 σ 分散的点集是 F_σ 集合．

16.3 问题（Hajnal-Juhász） 具有比连续统基数大的基数的 T_2 空间必具有不可数的离散子空间吗[1]？

16.4 定理 空间 X 的局部有限补零覆盖 $\mathscr{U}$ 是正规的．

证明 令 $\mathscr{U}=\{U_\alpha:\alpha\in A\}$，$A$ 看做是良序集．因 $X-$

1) 参看 47.19 后面的校者注．——校者注

$\bigcup_{0<\alpha} U_\alpha$ 是零集，有存在补零集 V_0 及零集 F_0，使 $X-\bigcup_{0<\alpha} U_\alpha \subset V_0 \subset F_0 \subset U_0$。如此将 $\mathscr{U}$ 变换为$\{V_0, U_\alpha: 0<\alpha\}$. 以下平行于定理 14.4 的论述，依超限归纳法知 $\mathscr{U}$ 可由零覆盖 $\{F_\alpha\}$一一细分。设 $g_\alpha \in C(X,I)$ 为在 F_α 上取值为 1，在 $X-U_\alpha$ 上取值为 0 的函数. 对于 $x,y\in X$，令

$$d(x, y)=\sum_{\alpha\in A}|g_\alpha(x)-g_\alpha(y)|.$$

右边的和理解为对不为 0 的 g_α 的和. 根据 $\mathscr{U}$ 的局部有限性，这个 d 是 X 上的伪距离.

因袭 15.2 的记号，考虑射影 $f: X\to X^*=X/d$. 令

$$\mathscr{V}=\{S_1(x^*): x^*\in X^*\},$$

今指出$f^{-1}(\mathscr{V})=\{f^{-1}(V): V\in\mathscr{V}\}$是$\mathscr{U}$的加细。任取 $f^{-1}(S_1(x^*))$. 取 $x\in F_\beta$ 的 $\beta\in A$. 若任取 $y\in f^{-1}(S_1(x^*))$，则因 $d(x^*, y^*)=\sum|g_\alpha(x)-g_\alpha(y)|<1$，故 $|g_\beta(x)-g_\beta(y)|<1$. 故由$|g_\beta(x)-g_\beta(y)|=1-g_\beta(y)<1$ 有 $g_\beta(y)>0$. 这意味着 $y\in U_\beta$，而 $f^{-1}(S_1(x^*))\subset U_\beta$.

根据定理 15.11，因 $\mathscr{V}$ 是度量空间 X^* 的开覆盖故为正规的。故 $f^{-1}(\mathscr{V})$ 是正规的，而 $\mathscr{U}$ 也必须是正规的. □

16.5 推论 正规空间的局部有限开覆盖是正规的.

证明 根据定理 14.4，正规空间的点有限开覆盖可由闭覆盖一一细分，故也可由补零覆盖一一细分. □

16.6 定理 (C.H.Dowker-Morita) 空间X的可数补零覆盖 $\{U_i\}$ 可用星有限的可数补零覆盖细分.

证明 令

$$U_i=\bigcup_{j=1}^{\infty} U_{ij}=\bigcup_{j=1}^{\infty} F_{ij},\ U_{ij}\subset F_{ij}\subset U_{i,j+1},$$

各 U_{ij} 是补零集，　　各 F_{ij} 是零集.

若令

$$V_i=\cup\{U_{ji}: j\leqslant i\},\ F_i=\cup\{F_{ji}: j\leqslant i\},$$

则 $V_i\subset F_i\subset V_{i+1}$ 且 $\cup V_i=X$. 若令

$$W_i = V_i - F_{i-2},\ F_0 = F_{-1} = \varnothing,$$

当$|i-j| \geqslant 2$时,因$W_i \cap W_j = \phi$,故$\{W_i\}$是X的星有限的补零覆盖. 若令

$$\mathscr{U}_i = \{U_1, \cdots, U_i\},\ \mathscr{V}_i = \mathscr{U}_i | W_i,$$

则$\mathscr{V}_i$是W_i的有限覆盖，故$\bigcup \mathscr{V}_i$是$\{U_i\}$的星有限加细的补零覆盖. □

16.7 定义 当空间X的任意开覆盖可由点有限、局部有限或星有限开覆盖细分时,分别称X为点有限仿紧的(pointwise paracompact)、仿紧的(paracompact)、强仿紧的(strongly paracompact). 点有限仿紧也有称为弱仿紧、亚紧等的. 强仿紧空间也有称为具有星有限性空间、S空间等的. 任意可数开覆盖可用局部有限开覆盖细分的空间称为可数仿紧的(countably paracompact).

任意正规空间是否为可数仿紧的问题是 C. H. Dowker 在 1951 年提供的许多话题中的一个. 20 年后由美国的女数学家 Mary Rudin 给与了否定的解答而结束了这个问题.

16.8 命题 正则的 Lindelöf 空间X是强仿紧的.

证明 由命题 9.21 X是正规的. 故任意开覆盖$\mathscr{U}$可由补零覆盖$\mathscr{V}$细分. 设$\mathscr{W}$为$\mathscr{V}$的可数子覆盖，则由定理 16.6 $\mathscr{W}$可由星有限开覆盖$\mathscr{D}$细分. 因$\mathscr{U} > \mathscr{W}$,故$X$是强仿紧的. □

16.9 命题 完全正规空间是可数仿紧的.

证明 因这个空间的任意开集是补零集，故本命题是定理 16.6 的推论.

16.10 定理 (Ishikawa) 空间X是可数仿紧的充要条件是对于$\bigcup U_i = X$且$U_1 \subset U_2 \subset \cdots$的开集列$\{U_i\}$,存在开集合列$\{W_i\}$,使$\bigcup W_i = X$, $\overline{W}_i \subset U_i$成立.

证明 必要性 设$\{V_i\}$为把$\{U_i\}$一一细分的局部有限开覆盖. 若令$G_i = \bigcup\limits_{j>i} V_j, X - \overline{G}_i = W_i$, 则这是所求的. 对于任意点$x \in X$, 存在其邻域$U$, 使$U \cap G_n = \varnothing$对于某个$n$成立. 这

时因 $x \notin \overline{G}_n$ 故 $x \in W_n$ 而 $\bigcup W_n = X$ 成立. 由 $W_i \subset X - G_i \subset V_1 \cup \cdots \cup V_i \subset U_1 \cup \cdots \cup U_i = U_i$ 有 $\overline{W}_i \subset X - G_i \subset U_i$.

充分性　取 X 的可数开覆盖 $\{V_i\}$. 令 $U_i = V_1 \cup \cdots \cup V_i$, 对于 $\{U_i\}$ 取满足定理条件的 $\{W_i\}$. 若有必要也可以改换为有限和, 故设为 $W_1 \subset W_2 \subset \cdots$ 并不失一般性. 令 $W_0 = \varnothing$, $D_i = V_i - \overline{W}_{i-1}$. 于是 $\{D_i\}$ 是细分 $\{V_i\}$ 的局部有限开覆盖. 显然它是加细且各 D_i 是开的. 为了考察 $\{D_i\}$ 是覆盖, 取任意 $x \in X$. 取 $x \in V_n$ 的最初的 n. 对于这个 n, 由 $x \notin V_1 \cup \cdots \cup V_{n-1} = U_{n-1}$, $\overline{W}_{n-1} \subset U_{n-1}$ 有 $x \notin \overline{W}_{n-1}$. 故 $x \in V_n - \overline{W}_{n-1} = D_n$. 其次为了判断 $\{D_i\}$ 的局部有限性, 若取 $x \in W_m$ 的 m, 则对于 $m < k$ 的任意 k, 有

$$\overline{W}_m \cap D_k \subset \overline{W}_{k-1} \cap D_k = \varnothing. \quad \square$$

16.11　命题　对于正规空间 X, 下列三个条件是等价的:

(1)　X 是可数仿紧的.

(2)　X 的可数开覆盖是可收缩的.

(3)　X 的可数单调开覆盖 $\{U_i\}$ $(U_1 \subset U_2 \subset \cdots)$ 是可收缩的.

证明　(1)⇒(2) 由定理 14.4 是明显的. (2)⇒(3) 也是显然的, 只证明(3)⇒(1). 取 X 的任意可数开覆盖 $\{V_i\}$. 令 $U_i = V_1 \cup \cdots \cup V_i$, 取一一细分 $\{U_i\}$ 的闭覆盖 $\{F_i\}$. 由 X 的正规性取满足 $F_i \subset W_i \subset U_i$ 的补零集 W_i. 由定理 16.6, 存在局部有限开覆盖 $\{D_i\}$ 是 $\{W_i\}$ 的一一加细. $\{D_i \cap V_j : j = 1, 2, \cdots, i,\ i = 1, 2, \cdots\}$ 是细分 $\{V_i\}$ 的局部有限开覆盖. $\square$

在此值得注意的是, 空间 X 的开覆盖 $\mathscr{U} = \{U_\alpha : \alpha \in A\}$ 由具有性质 P 的开覆盖 $\mathscr{V} = \{V_\beta : \beta \in B\}$ 加细时, 有具有性质 P 的开覆盖一一加细. 例如阶数、局部有限性、点有限性、点可数性、保闭性等性质都是. 若 $\varphi : B \to A$ 为加细映射, 则

$$\mathscr{W} = \{W_\alpha = \bigcup \{V_\beta : \varphi(\beta) = \alpha\} : \alpha \in A\}$$

为所求的一一加细, 这个事实经常用到.

16.12　定理 (C. H. Dowker 特征化定理)　对于正规空间 X, 下列三个条件是等价的:

(1)　X 是可数仿紧的.

(2) 对于任意紧度量空间 Y，$X \times Y$ 是正规的.

(3) $X \times I$ 是正规的.

证明 (1)⇒(2) 设 $\{D_i: i \in N\}$ 为 Y 的可数基. M 为 N 的所有有限子集族，令

$$H_\alpha = \bigcup\{D_i: i \in \alpha\},\ \alpha \in M.$$

设 A, B 为 $X \times Y$ 的不相交闭集. 令

$$A_x = \{y \in Y: (x, y) \in A\},\ x \in X,$$

$$B_x = \{y \in Y: (x, y) \in B\},\ x \in X,$$

$$U_\alpha = \{x \in X: A_x \subset H_\alpha\} \cap \{x \in X: B_x \subset Y - \overline{H}_\alpha\}.$$

今指出对于各 $\alpha \in M$，U_α 是开集. 设 $A_{x_0} \subset H_\alpha$，y 为 $Y - H_\alpha$ 的任意点，则 $(x_0, y) \notin A$. 故存在 (x_0, y) 的立方邻域 $P_y \times Q_y$，使 $(P_y \times Q_y) \cap A = \varnothing$. 因 $\{Q_y: y \in Y - H_\alpha\}$ 覆盖 $Y - H_\alpha$，故存在有限个点 $y_1, \cdots, y_n \in Y - H_\alpha$，使

$$Y - H_\alpha \subset Q_{y_1} \cup \cdots \cup Q_{y_n}.$$

若令 $P = P_{y_1} \cap P_{y_2} \cap \cdots \cap P_{y_n}$，则这是 x_0 的开邻域，满足

$$x \in P \Rightarrow A_x \subset H_\alpha.$$

故 $\{x \in X: A_x \subset H_\alpha\}$ 是开集. 同样可知 $\{x \in X: B_x \subset Y - \overline{H}_\alpha\}$ 也是开集且 U_α 是开集.

为了指出 $\{U_\alpha: \alpha \in M\}$ 是 X 的覆盖，任取 $x \in X$. 因 A_x, B_x 是 Y 的不相交闭集，故存在 $\beta \in M$ 满足 $A_x \subset H_\beta \subset \overline{H}_\beta \subset Y - B_x$. 对于这个 β，有 $x \in U_\beta$.

设 $\{V_\alpha\}$ 是 X 的局部有限开覆盖，是 $\{U_\alpha\}$ 的一一加细. 设 $\{W_\alpha\}$ 为 X 的开覆盖且 $\{\overline{W}_\alpha\}$ 是 $\{V_\alpha\}$ 的一一加细. 若令

$$W = \bigcup\{W_\alpha \times H_\alpha: \alpha \in M\},$$

则 W 是开的且满足 $A \subset W$. 因 $\{W_\alpha \times H_\alpha: \alpha \in M\}$ 在 $X \times Y$ 中是局部有限的，故根据命题16.2是保闭的. 故 $\overline{W} = \bigcup(\overline{W_\alpha \times H_\alpha}) = \bigcup(\overline{W}_\alpha \times \overline{H}_\alpha) \subset \bigcup(V_\alpha \times \overline{H}_\alpha) \subset \bigcup(U_\alpha \times \overline{H}_\alpha)$，此式的最右端和 B 不相交.

(2)⇒(3)是显然的.

(3)⇒(1) 根据命题 16.11 的判定条件 (3)，检验 X 的可数仿

紧性．考虑 $U_1\subset U_2\subset\cdots,\bigcup U_i=X$ 的开集 U_i．若令

$$F=X\times\{0\},$$
$$H=X\times I-\bigcup\{U_i\times[0,1/i):i\in N\},$$

则 F，H 是 $X\times I$ 的不相交闭集．取开集 $V\subset X\times I$ 使 $F\subset V\subset\overline{V}\subset X\times I-H$．若令

$$F_i=\{x\in X:(x,1/i)\in\overline{V}\},$$

则 F_i 是闭的且满足 $F_i\subset U_i$，$\bigcup F_i=X$．□

本定理中把 Y 减弱为可分度量空间是不可能的． 例 13.6 的 Michael 直线尽管是正规的而且是强仿紧的(参考命题 16.8)，但和 I 的子空间的积不是正规的．

§17. 仿 紧 空 间

17.1 引理 仿紧 T_2 空间 X 是正规的．

证明 首先为了指出 X 的正则性，取闭集 F 及不含在其中的点 x．对于 F 的各点 y，使之对应于它的开邻域 $U(y)$ 使 $x\notin\overline{U(y)}$ 者．设 $\mathscr{U}$ 为细分开覆盖

$$\{X-F\}\cup\{U(y):y\in F\}$$

的局部有限开覆盖．若注意 $\mathscr{U}$ 是保闭的，则

$$\mathrm{Cl}(\mathscr{U}(F))\subset\bigcup\{\overline{U(y)}:y\in F\}\subset X-\{x\},$$

故 X 是正则的．

其次为了指出 X 的正规性，取不相交的闭集 F，H．根据正则性，H 的各点 x 有开邻域 $U(x)$ 使 $\overline{U(x)}\cap F=\varnothing$．设 $\mathscr{V}$ 为细分开覆盖 $\{X-H\}\cup\{U(x):x\in H\}$ 的局部有限开覆盖．再应用保闭性，有 $\mathrm{Cl}(\mathscr{V}(H))\cap F=\varnothing$．□

17.2 定理 (Dieudonné) 仿紧 T_2 空间 X 是全体正规的．

证明 设 $\mathscr{U}$ 为 X 的任意开覆盖．$\mathscr{V}$ 为细分 $\mathscr{U}$ 的局部有限开覆盖．根据推论 16.5 $\mathscr{V}$ 是正规的，从而 $\mathscr{U}$ 也是正规的．□

17.3 定义 空间 X 是族正规 (collectionwise normal) 的是指对于 X 的任意分散的闭集族 $\{F_\alpha\}$，存在不相交的开集族 $\{G_\alpha\}$，

对各 α，使 $F_\alpha \subset G_\alpha$ 成立.

由此定义直接看到族正规空间是正规的. 明显地，仿紧性、可数仿紧性、族正规性在闭集合里都是继承的.

17.4 命题 全体正规空间 X 是族正规的.

证明 设 $\{F_\alpha:\alpha\in A\}$ 为 X 的分散的闭集族. 如果

$$U_\alpha = X - \bigcup\{F_\beta:\beta\neq\alpha\},\ \alpha\in A,$$

则 $\{U_\alpha:\alpha\in A\}$ 是 X 的开覆盖. 设其 Δ 加细为 $\mathscr{V}$，则 $\{\mathscr{V}(F_\alpha):\alpha\in A\}$ 是不相交的. 实际上，对于 $\alpha\neq\beta$，如果 $\mathscr{V}(F_\alpha)\cap\mathscr{V}(F_\beta)\neq\varnothing$，则 $F_\alpha\cap\mathscr{V}^2(F_\beta)\neq\varnothing$，从而 $F_\alpha\cap\mathscr{U}(F_\beta)\neq\varnothing$. 另一方面，因 $\mathscr{U}(F_\beta)=U_\beta$，故必须有 $F_\alpha\cap\mathscr{U}(F_\beta)=\varnothing$，发生矛盾. □

作为族正规的非全体正规的空间的例子有 $[0,\omega_1)$.

17.5 定理 (A.H.Stone) 全体正规空间 X 的任意开覆盖 $\mathscr{U}=\{U_\alpha:\alpha\in A\}$ 有局部有限的且 σ 分散开覆盖加细. 从而全体正规空间是仿紧的.

证明 将 A 良序化. 设 $\mathscr{U},\mathscr{U}_1,\mathscr{U}_2,\cdots$ 为以 $\mathscr{U}$ 为出发点的正规列，令

$$V_{\alpha1}=\mathscr{U}_1^{-1}(U_\alpha),$$

$$V_{\alpha2}=\mathscr{U}_2(V_{\alpha1}),\ V_{\alpha n}=\mathscr{U}_n(V_{\alpha,n-1})\ (n\geqslant 2),$$

则当 $n\geqslant 2$ 时，$V_{\alpha n}$ 是开的. 若令

$$V_\alpha=\bigcup_{n=1}^{\infty}V_{\alpha n},$$

则 V_α 也是开的. $\mathscr{U}_2(V_{\alpha2})\subset\mathscr{U}_2^2(V_{\alpha1})\subset\mathscr{U}_1(V_{\alpha1})\subset U_\alpha$，用简单归纳法一般可有 $\mathscr{U}_n(V_{\alpha n})\subset U_\alpha$，故 $V_\alpha\subset U_\alpha$. 为了说明 $\{V_\alpha:\alpha\in A\}$ 是 X 的覆盖，任取 $x\in X$. 因 $\mathscr{U}_1^{\triangle}<\mathscr{U}$，故存在 α 使 $\mathscr{U}_1(x)\subset U_\alpha$. 对此 α，因 $x\in\mathscr{U}_1^{-1}(U_\alpha)=V_{\alpha1}$，故 $x\in V_\alpha$. 令

$$H_{0n}=\mathscr{U}_n^{-1}(V_0),$$

$$H_{\alpha n}=\mathscr{U}_n^{-1}(V_\alpha)-\bigcup_{\beta<\alpha}V_\beta.$$

若再令

$$W_{\alpha n}=\mathscr{U}_{n+2}(H_{\alpha n}),$$

则 $\{W_{\alpha n}:\alpha\in A\}$ 是分散的. 实际上，对任意点 x，$\mathscr{U}_{n+2}(x)$ 最多仅

和一个 $W_{\alpha n}$ 相交．若令

$$W_n = \bigcup\{W_{\alpha n}:\alpha\in A\},$$

$$H_n = \bigcup\{H_{\alpha n}:\alpha\in A\},$$

则 $H_n\subset W_n$ 且 H_n 是闭的，故存在满足 $H_n\subset D_n\subset W_n$ 的补零集 D_n.

为了考察 $\bigcup H_n=X$，任取 $x\in X$，确定使 $x\in V_\alpha$ 的最初的 α. 因 $V_\alpha=\bigcup V_{\alpha n}$，故 $x\in V_{\alpha,n-1}$ 关于某个 $n\geqslant 2$ 成立．因

$$\mathscr{U}_n(x)\subset\mathscr{U}_n(V_{\alpha,n-1})=V_{\alpha n}\subset V_\alpha,$$

故 $x\in\mathscr{U}_n^{-1}(V_\alpha)-\bigcup\limits_{\beta<\alpha}V_\beta=H_{\alpha n}$ 而 $x\in H_n$.

故 $\{D_i\}$ 是 X 的补零覆盖，根据 Dowker-Morita 定理 16.6，存在一一细分它的局部有限开覆盖 $\{E_i\}$．若令

$$\mathscr{W}_n=\{E_n\cap W_{\alpha n}:\alpha\in A\},$$

$$\mathscr{W}=\bigcup\mathscr{W}_n,$$

则 $\mathscr{W}$ 是局部有限的且各 $\mathscr{W}_n$ 是分散的． 因 $W_{\alpha n}\subset V_\alpha\subset U_\alpha$，故 $\mathscr{W}$ 是 $\mathscr{U}$ 的加细．因 $E_n\subset D_n\subset W_n$，故 $\mathscr{W}_n{}^{\#}=E_n$，从而 $\mathscr{W}^{\#}=\bigcup E_n=X$，而 $\mathscr{W}$ 是 X 的覆盖．□

17.6 引理 若正则空间 X 的任意开覆盖有 σ 局部有限开覆盖加细，则 X 是族正规的.

证明 设 $\mathscr{F}=\{F_\alpha\}$ 为 X 的分散的闭集族．设 $\mathscr{U}$ 为 X 的开覆盖，它的任意元的闭包不和 $\mathscr{F}$ 的二个以上的元相交．设 $\mathscr{U}$ 用开覆盖 $\bigcup\mathscr{U}_i$ 加细，各 $\mathscr{U}_i$ 是局部有限的．若令

$$U_{i\alpha}=\mathscr{U}_i(F_\alpha),$$

$$U_\alpha=\bigcup_{i=1}^{\infty}\{U_{i\alpha}-\bigcup\{\overline{U}_{j\beta}:j\leqslant i,\ \beta\neq\alpha\}\},$$

则 U_α 是开的，有 $F_\alpha\subset U_\alpha$，$U_\alpha\cap U_\beta=\varnothing(\alpha\neq\beta)$．□

17.7 定理（A. H. Stone-Michael） 对于正则空间 X，下列三个条件是等价的：

(1) X 是仿紧的.

(2) X 的任意开覆盖可由 σ 分散开覆盖加细.

(3) X 的任意开覆盖可由 σ 局部有限开覆盖加细.

证明 (1)⇒(2) 根据定理 17.2，仿紧 T_2 空间是全体正规

的. 由定理 17.5 全体正规空间的开覆盖可由 σ 分散开覆盖加细.

(2)⇒(3) 是明显的.

(3)⇒(1) 取 X 的任意开覆盖 $\mathscr{U}$. 取细分 $\mathscr{U}$ 的开覆盖 $\bigcup\mathscr{U}_i$, 各 $\mathscr{U}_i$ 为局部有限的. 取开覆盖 $\bigcup\mathscr{V}_i$, 各 $\mathscr{V}_i$ 是局部有限的且 $\bigcup\overline{\mathscr{V}}_i<\bigcup\mathscr{U}_i$. 若令

$$U_i=\mathscr{U}_i^{\#},$$
$$F_{ij}=\bigcup\{V:V\in\mathscr{V}_j,\ \overline{V}<\mathscr{U}_i\},$$

则 $F_{ij}\subset U_i$. 根据引理 17.6, 因 X 是正规的, 故存在补零集 V_{ij}, 满足 $F_{ij}\subset V_{ij}\subset U_i$. 若令 $V_i=\bigcup_{j=1}^{\infty}V_{ij}$, 则 V_i 也是补零集. 因 $\bigcup\overline{\mathscr{V}}_i<\bigcup\mathscr{U}_i$, 故 $\bigcup_{ij}F_{ij}=X$, 从而 $\bigcup V_i=X$. 设 $\{W_i\}$ 为一一细分 $\{V_i\}$ 的局部有限开覆盖, 则

$$\{W_i\cap U:U\in\mathscr{U}_i,i\in N\}$$

是细分 $\mathscr{U}$ 的局部有限开覆盖. □

17.8 引理 对于族正规空间 X 的分散的闭集族 $\{F_\alpha\}$, 存在分散的开集族 $\{G_\alpha\}$, 对于各 α, $F_\alpha\subset G_\alpha$ 成立.

证明 取不相交的开集族 $\{H_\alpha\}$, 使对于各 α, $F_\alpha\subset H_\alpha$ 成立. 令 $F=\bigcup F_\alpha$, $H=\bigcup H_\alpha$. 取 $f\in C(X,I)$, 使之在 F 上取值为 1, 在 X-H 上取值为 0. 若令 $G=\left\{x\in X:f(x)>\frac{1}{2}\right\}$, $G_\alpha=H_\alpha\cap G$, 则 $\{G_\alpha\}$ 即为所求. □

17.9 定理 仿紧 T_2 空间 X 的 F_σ 集合 H 是仿紧的.

证明 设 $H=\bigcup H_i$, 各 H_i 是闭的. 设 $\mathscr{U}=\{U_\alpha:\alpha\in A\}$ 为 H 的相对开覆盖. 对于各 α 对应 X 的开集 V_α 使 $U_\alpha=V_\alpha\cap H$. 令 $\mathscr{V}=\{V_\alpha:\alpha\in A\}$. 取 H_i 的相对开覆盖 $\mathscr{V}_i$ 使 $\overline{\mathscr{V}}_i<\mathscr{V}|H_i$. 再取细分 $\mathscr{V}_i$ 的 H_i 的相对开覆盖 $\bigcup_j\mathscr{V}_{ij}$, 各 $\mathscr{V}_{ij}=\{V_{ij\beta}:\beta\in B_{ij}\}$ 是分散的. 因 $\overline{\mathscr{V}}_{ij}<\mathscr{V}$, 故根据引理 17.8, 存在 X 的开集合 $W_{ij\beta}$, 使

$$\overline{V}_{ij\beta}\subset W_{ij\beta}<\mathscr{V},\ \beta\in B_{ij},$$
$$\mathscr{W}_{ij}=\{W_{ij\beta}:\beta\in B_{ij}\}\text{ 是分散的.}$$

$\bigcup_{i,j} \mathscr{W}_{ij}|H$ 是细分 $\mathscr{U}$ 的 σ 分散的 H 的相对开覆盖．故由 Stone-Michael 定理 17.7，H 是仿紧的．□

17.10 定理 (Michael-Nagami) 族正规空间 X 的点有限开覆盖 $\mathscr{U}$ 可由局部有限开覆盖细分．

证明 令 $\mathscr{U}=\{U_\alpha:\alpha\in A\}$．若令 $F_i=\{x\in X:\mathrm{ord}_x\mathscr{U}=i\}$，则对于各 j，$\bigcup_{i=1}^{j} F_i$ 是闭的，且 $\bigcup_{i=1}^{\infty} F_i=X$．由 A 的相异 n 个元素组成的子集的所有族设为 A_n．若令

$$\mathscr{V}_n=\{V_n(\beta)=\bigcap\{U_\alpha:\alpha\in\beta\}:\beta\in A_n\},$$

则 $F_n\subset\mathscr{V}_n^{\#}$。令

$$\mathscr{F}_n=\{F_n(\beta)=F_n\cap V_n(\beta):\beta\in A_n\},$$

显然有 $F_n=\mathscr{F}_n^{\#}$．为判断 $\mathscr{F}_n$ 在 F_n 中是分散的，任取 $x\in F_n$．若令

$$\gamma=\{\alpha\in A:x\in U_\alpha\},$$

则 $\gamma\in A_n$ 且 $V_n(\gamma)$ 是 x 的开邻域．若有 $\delta\in A_n$，$\delta\neq\gamma$，的 δ 存在，使 $V_n(\gamma)\cap F_n(\delta)\neq\varnothing$，则对于此交的点 y，有

$$\mathrm{ord}_y\mathscr{U}\geqslant|\gamma\cup\delta|>n.$$

另一方面，因 $y\in F_n$，故 $\mathrm{ord}_y\mathscr{U}=n$，发生矛盾．故 $\mathscr{F}_n$ 在 F_n 中是分散的．对于 $\beta\in A_n$，有

$$F_n(\beta)=F_n-\bigcup\{V_n(\beta'):\beta'\in A_n-\{\beta\}\},$$

故 $F_n(\beta)(\beta\in A_n)$ 是 F_n 的相对闭集．

首先对于 $\mathscr{F}_1$ $\{F_1(\beta):\beta\in A_1\}$ 作分散的开集族

$$\mathscr{W}_1=\{W_1(\beta):\beta\in A_1\},$$

使 $F_1(\beta)\subset W_1(\beta)\subset V_1(\beta)$ 对各 $\beta\in A_1$ 成立，且 $\mathscr{W}_1^{\#}$ 是 X 的补零集．作为归纳法假定，设 $m>1$，对于 $m>i$ 的任意 i，存在分散的开集族

$$\mathscr{W}_i=\{W_i(\beta):\beta\in A_i\},$$

使 $W_i(\beta)\subset V_i(\beta)(\beta\in A_i)$ 成立，且

$\mathscr{W}_i^{\#}$ 是补零集，

$$\bigcup_{i=1}^{m-1} \mathscr{W}_i^{\#} \supset \bigcup_{i=1}^{m-1} F_i$$

成立．若令

$$\mathscr{H}_m = \left\{H_m(\beta) = F_m(\beta) - \bigcup_{i=1}^{m-1} \mathscr{W}_i^{\#} : \beta \in A_m\right\},$$

则因为 $\mathscr{F}_m$ 在 F_m 中是分散的，$F_m - \bigcup_{i=1}^{m-1} \mathscr{W}_i^{\#}$ 是X的闭集，故 $\mathscr{H}_m$ 是在X中分散的闭集族．作在 X 中分散的开集族

$$\mathscr{W}_m = \{W_m(\beta) : \beta \in A_m\},$$

满足 $F_m(\beta) - \bigcup_{i=1}^{m-1} \mathscr{W}_i^{\#} \subset W_m(\beta) \subset V_m(\beta)(\beta \in A_m)$且$\mathscr{W}_m^{\#}$是$X$的补零集．如此进行归纳法，结果得到满足下列三个条件的分散的开集族列 $\mathscr{W}_1, \mathscr{W}_2, \cdots$:

(1) $\mathscr{W}_i^{\#}$ 是补零集．

(2) $\bigcup_{j=1}^{i} F_j \subset \bigcup_{j=1}^{i} \mathscr{W}_j^{\#}$.

(3) $\mathscr{W}_i < \mathscr{U}$.

设 $\{D_i\}$ 是X的局部有限开覆盖，且一一细分 $\{\mathscr{W}_i^{\#}\}$，则 $\{D_i \cap W : W \in \mathscr{W}_i, i \in N\}$ 是细分 $\mathscr{U}$ 的局部有限开覆盖．□

17.11 定义 设给与空间X的子集族 $\mathscr{U} = \{U_\alpha : \alpha \in A\}$ 及 $\mathscr{V} = \{V_\beta : \beta \in B\}$．$\mathscr{V}$ 是 $\mathscr{U}$ 的胶垫加细或者 $\mathscr{V}$ 胶垫细分 $\mathscr{U}$ 是指存在映射 $f: B \to A$，对于任意的 $B' \subset B$，使

$$\mathrm{Cl}(\bigcup\{V_\beta : \beta \in B'\}) \subset \bigcup\{U_\alpha : \alpha \in f(B')\}$$

成立．这时的 f 称为 $\mathscr{V}$ 到 $\mathscr{U}$ 的**胶垫加细映射**．

当 $\mathscr{U}, \mathscr{V}$ 是X的覆盖，且 $\mathscr{V}$ 是 $\mathscr{U}$ 的胶垫加细时，存在一一细分 $\mathscr{U}$ 的闭覆盖 $\mathscr{F} = \{F_\alpha : \alpha \in A\}$，$1_A : A \to A$ 给与 $\mathscr{F}$ 到 $\mathscr{U}$ 的胶垫加细映射．若令

$$F_\alpha = \mathrm{Cl}(\bigcup\{V_\beta : \beta \in f^{-1}(\alpha)\}), \alpha \in A,$$

则 $\{F_\alpha : \alpha \in A\}$ 即为所求．

17.12 定理（Michael） 空间X是仿紧 T_2 的充要条件是对于X的任意开覆盖存在胶垫加细覆盖．

证明　必要性　取X的任意开覆盖 $\mathscr{U}=\{U_\alpha:\alpha\in A\}$. 取满足$\overline{\mathscr{V}}<\mathscr{U}$ 的开覆盖 $\mathscr{V}=\{V_\beta:\beta\in B\}$，设$f:B\to A$为闭包加细映射，即满足$f(\beta)=\alpha\Rightarrow\overline{V}_\beta\subset U_\alpha$. 取满足$\mathscr{W}<\mathscr{V}$的局部有限开覆盖$\mathscr{W}=\{W_\gamma:\gamma\in C\}$，设$g:C\to B$为加细映射. 因$\mathscr{W}$为保闭的，故$h=fg:C\to A$是$\mathscr{W}$到$\mathscr{U}$的胶垫加细映射.

充分性　为了观察X的正规性，设$\{G_1, G_2\}$为X的任意二元开覆盖. 因它可以被某个覆盖胶垫加细，故可由闭覆盖$\{F_1, F_2\}$一一加细. 故X为正规的. 由定理 17.7，为了说明X的仿紧性，作细分任意开覆盖$\mathscr{U}=\{U_\alpha:\alpha\in A\}$的$\sigma$分散的开覆盖即可.

首先对于各i作一一胶垫细分$\mathscr{U}$的覆盖$\{C_{\alpha i}:\alpha\in A\}$，对于各$\alpha\in A$，各$i$设

$$(1)\quad \mathrm{Cl}\left(\bigcup_{\beta<\alpha}C_{\beta i}\right)\cap C_{\alpha,i+1}=\varnothing,$$

$$(2)\quad C_{\alpha i}\cap\mathrm{Cl}\left(\bigcup_{\beta>\alpha}C_{\beta,i+1}\right)=\varnothing$$

同时成立. 其中A看做良序集. 设$\{C_{\alpha 1}:\alpha\in A\}$是一一胶垫细分$\mathscr{U}$的覆盖. 作为归纳法假定，设对于$i=1,2,\cdots,n$，做出了满足(1)，(2)的$\{C_{\alpha i}\}$. 现做出$\{C_{\alpha,n+1}\}$. 对于各$\alpha\in A$，令

$$(3)\quad U_{\alpha,n+1}=U_\alpha-\mathrm{Cl}\left(\bigcup_{\beta<\alpha}C_{\beta n}\right),$$

则$\{U_{\alpha,n+1}:\alpha\in A\}$是$X$的开覆盖. 实际上，对于任意的$x\in X$，若取$x\in U_\alpha$的最初的$\alpha$，因$\mathrm{Cl}\left(\bigcup_{\beta<\alpha}C_{\beta n}\right)\subset\bigcup_{\beta<\alpha}U_\beta$，故

$$x\in U_\alpha-\bigcup_{\beta<\alpha}U_\beta\subset U_\alpha-\mathrm{Cl}\left(\bigcup_{\beta<\alpha}C_{\beta n}\right)=U_{\alpha,n+1}.$$

设$\{C_{\alpha,n+1}:\alpha\in A\}$为一一胶垫细分$\{U_{\alpha,n+1}:\alpha\in A\}$的覆盖. 由$C_{\alpha,n+1}\subset U_{\alpha,n+1}$和(3)直接得到(1). 由(3)有$C_{\alpha n}\cap U_{\beta,n+1}=\varnothing(\beta>\alpha)$，故$C_{\alpha n}\cap\left(\bigcup_{\beta>\alpha}U_{\beta,n+1}\right)=\varnothing$. 另一方面，由$\mathrm{Cl}\left(\bigcup_{\beta>\alpha}C_{\beta,n+1}\right)\subset\bigcup_{\beta>\alpha}U_{\beta,n+1}$故知(2)的正确性.

其次作开覆盖$\{V_{\alpha i}:\alpha\in A, i\in N\}$，对于任意的$i$，使

(4) $V_{\alpha i} \subset U_\alpha, \alpha \in A$,

(5) $V_{\alpha i} \cap V_{\beta i} = \emptyset, \alpha \neq \beta$

同时成立．在此，令

$$V_{\alpha i} = X - \mathrm{Cl}\left(\bigcup_{\beta \neq \alpha} C_{\beta i}\right)$$

即可．因 $\{C_{\alpha i}: \alpha \in A\}$ 是覆盖，故由

$$V_{\alpha i} \subset C_{\alpha i} \subset U_\alpha, \ \alpha \in A,$$

知(4)，(5)成立．各 $V_{\alpha i}$ 显然是开的．为了表明$\{V_{\alpha i}: \alpha \in A, i \in N\}$是覆盖，任取 $x \in X$．若令

$$\alpha_i = \min\{\alpha \in A: x \in C_{\alpha i}\},$$

则对于某个 k，有

$$\alpha_k = \min\{\alpha_i: i \in N\}.$$

对于此 k，今指出

$$x \in V_{\alpha_k, k+1}$$

成立．由 α_k 的定义，因 $x \in C_{\alpha_k k}$，故由(2)有

(6) $x \notin \mathrm{Cl}(\bigcup\{C_{\alpha, k+1}: \alpha > \alpha_k\})$.

再由 α_k 的定义，对于某 $\alpha \geqslant \alpha_k$，有 $x \in C_{\alpha, k+2}$．故把(1)式中的 i 换为 $k+1$ 时，有

(7) $x \notin \mathrm{Cl}(\bigcup\{C_{\beta, k+1}: \beta < \alpha_k\})$.

由(6)和(7)知 $x \in V_{\alpha_k, k+1}$ 成立．

在最后取一一胶垫细分$\{V_{\alpha i}: \alpha \in A, i \in N\}$的覆盖$\{D_{\alpha i}: \alpha \in A, i \in N\}$．若令

$$D_i = \bigcup\{D_{\alpha i}: \alpha \in A\},$$
$$V_i = \bigcup\{V_{\alpha i}: \alpha \in A\},$$

则 $\overline{D}_i \subset V_i$．取开集 W_i，使 $\overline{D}_i \subset W_i \subset \overline{W}_i \subset V_i$，若令

$$\mathscr{W}_i = \{W_i \cap V_{\alpha i}: \alpha \in A\},$$
$$\mathscr{W} = \bigcup \mathscr{W}_i,$$

则各 $\mathscr{W}_i$ 是分散的且 $\mathscr{W}$ 是细分$\mathscr{U}$的开　　．□

17.13　推论　空间X是仿紧 T_2 的充要条件是X的任意开覆盖可由保闭的闭覆盖加细．

证明　必要性　对于X的任意开覆盖 $\mathscr{U}$，取开覆盖$\mathscr{V}$，使

$\mathscr{U} > \mathscr{F}$. 对于 $\mathscr{V}$ 取局部有限开覆盖 $\mathscr{W}$，使 $\mathscr{V} > \mathscr{W}$. 此时 $\mathscr{W}$ 是细分 $\mathscr{U}$ 的保闭的闭覆盖.

充分性　任意开覆盖 $\mathscr{U}$ 若被保闭的闭覆盖 $\mathscr{F}$ 细分，则 $\mathscr{F}$ 是 $\mathscr{U}$ 的胶垫加细. □

17.14　推论　仿紧 T_2 空间 X 的闭连续像是仿紧 T_2 空间.

证明　设 $f:X \to Y$ 是到上的闭连续映射. 设 $\mathscr{U}$ 为 Y 的任意开覆盖. 设 $\mathscr{F}$ 为细分 $f^{-1}(\mathscr{U})$ 的保闭的闭覆盖. 因 $f(\mathscr{F})$ 是细分 $\mathscr{U}$ 的保闭的闭覆盖，故 Y 根据上述推论是仿紧 T_2 的. □

17.15　定义　当空间 X 是紧集的可数和时称 X 为 σ 紧的. X 的各点具有紧邻域时称 X 为局部紧的 (locally compact). 一般地 X 的任意点具有有性质 P 的邻域时 X 称为局部 P 的. 不加说明提到局部 P 的时候全理解为这种意义. 这个定义的方法称为一邻域的定义. 到现在叙述中的例外是 10.1 中局部连通性的定义. 那时对各点取两个邻域定义了，那样的定义称为二邻域定义.

17.16　引理　设 $\mathscr{U}$ 为紧空间 X 的某非空子集族. 若 $\mathscr{U}$ 为局部有限的，则它也为有限的.

证明　设 $\mathscr{U} = \{U_\alpha:\alpha \in A\}$，从各 U_α 中取一点 x_α. 由 $\mathscr{U}$ 的局部有限性 $\{x_\alpha:\alpha \in A\}$ 是相同的点只限于有限个. 再者，因 $\{x_\alpha:\alpha \in A\}$ 是分散的点集，故由 X 的紧性，必须是有限集. 即 $|A| < \infty$. □

17.17　定理　对于局部紧的仿紧 T_2 空间 X，下述性质成立.

(1)　X 是强仿紧的.

(2)　存在 X 的不相交开覆盖 $\{X_\alpha\}$ 使各 X_α 是 σ 紧的.

证明　(1) 设 $\mathscr{U}$ 为 X 的任意开覆盖. 取开覆盖 $\mathscr{V}$，若 $\mathscr{V} < \mathscr{U}$，且 $V \in \mathscr{V}$，则 $\overline{V}$ 是紧的. 设 $\mathscr{W} = \{W_\alpha:\alpha \in B\}$ 为细分 $\mathscr{V}$ 的局部有限开覆盖. 各 $\overline{W}_\alpha$ 是紧的，故若应用引理 17.16，至多有限个 $\beta \in B$ 使 $\overline{W}_\alpha \cap W_\beta \neq \varnothing$. 故 $\mathscr{W}$ 是星有限的而 X 是强仿紧的.

(2)　在 B 导入等价关系 $\sim$. $\alpha \sim \beta$ 是指 $\alpha = \alpha_1, \alpha_2, \cdots, \alpha_n = \beta$ 的有限列存在，使 $W_{\alpha_i} \cap W_{\alpha_{i+1}} \neq \varnothing$, $i = 1, \cdots, n-1$. 根据这个等价关系分类为 $B = \bigcup\{B_\alpha:\alpha \in A\}$. 若令

$$X_\alpha = \bigcup\{W_\beta:\beta\in B_\alpha\},\ \alpha\in A,$$

则 $\{X_\alpha:\alpha\in A\}$ 即为所求. 各 X_α 是开的且 $X_\alpha\cap X_\beta=\varnothing(\alpha\neq\beta)$, $\bigcup X_\alpha = X$ 是显然的. 故各 X_α 也是闭的. 由 $\mathscr{W}$ 的星有限性, 各 B_α 是由可数个指数组成的, 故可表示为 $X_\alpha=\bigcup\limits_{i=1}^{\infty} W_{\beta_i}$. 因 X_α 是闭的, 故也可以写为 $X_\alpha=\bigcup\limits_{i=1}^{\infty}\overline{W}_{\beta_i}$, 知 X_α 是 σ 紧的. □

17.18 命题 局部紧 T_2 空间 X 是完全正则的.

证明 取 $x\in X$ 及其开邻域 U. 设 K 为 x 的紧邻域, 若令 $V=U\cap \mathrm{Int}K$, 则 $x\in V$. 因 K 可以看做是正规空间, 故有 $f\in C(K, I)$, 使 $f(x)=1, f(y)=0(y\in K-V)$. 由

$$g|K=f,\ g(y)=0\ (y\in X-K)$$

定义的函数是连续的, 且满足 $g(x)=1,\ g(y)=0(y\in X-U)$. □

$[0,\omega_1)$ 是局部紧且正规的但非仿紧的. Tychonoff 板是局部紧 T_2 的但非正规的.

17.19 引理 若 X 是仿紧的, Y 是紧的, 则 $X\times Y$ 是仿紧的.

证明 设 $\mathscr{U}$ 为 $X\times Y$ 的开覆盖, 必须指出它可用局部有限开覆盖细分, 为此只考虑 $\mathscr{U}$ 是由立方邻域组成时就足够了. $\mathscr{U}=\{U_\alpha\times V_\alpha:\alpha\in A\}$. 因在任意 $x\in X$ 上立的线 $\{x\}\times Y$ 是紧的, 故存在 A 的有限子集 A_x, 使

$$\{x\}\times Y\subset\bigcup\{U_\alpha\times V_\alpha:\alpha\in A_x\}.$$

若令 $U(x)=\bigcap\{U_\alpha:\alpha\in A_x\}$, 则

$$\{x\}\times Y\subset\bigcup\{U(x)\times V_\alpha:\alpha\in A_x\}.$$

若令 $\{W_x:x\in X\}$ 为一一细分 $\{U_x:x\in X\}$ 的局部有限开覆盖, 则

$$\{W_x\times V_\alpha:\alpha\in A_x,\ x\in X\}$$

是细分 $\mathscr{U}$ 的 $X\times Y$ 的局部有限开覆盖. □

17.20 定理 若 X 是仿紧空间, Y 是局部紧的仿紧 T_2 空间, 则 $X\times Y$ 是仿紧的.

证明 设 $\mathscr{U}$ 是 $X\times Y$ 的任意开覆盖. 取 Y 的局部有限开覆盖 $\mathscr{V}=\{V_\alpha:\alpha\in A\}$, 对于各 α, 使 $\overline{V}_\alpha$ 是紧的. 由引理 17.19 $X\times$

$\bar{V}_\alpha$ 是仿紧的，故它有局部有限的相对开覆盖 $\mathscr{U}_\alpha$，使

$$\mathscr{U}_\alpha < \mathscr{U} | X \times \bar{V}_\alpha.$$

因$\{X \times \bar{V}_\alpha : \alpha \in A\}$ 是 $X \times Y$ 的局部有限闭覆盖，故 $\bigcup \mathscr{U}_\alpha$ 在 $X \times Y$ 是局部有限的．若令

$$\mathscr{W} = \bigcup_{\alpha \in A} (\mathscr{U}_\alpha | X \times V_\alpha),$$

则 $\mathscr{W}$ 是细分 $\mathscr{U}$ 的 $X \times Y$ 的局部有限开覆盖．□

17.21 定义 映射 $f: X \to Y$ 是紧映射是指各点 $y \in Y$ 的逆像 $f^{-1}(y)$ 为紧的．紧的、闭的且连续的映射称为完全映射（perfect mapping）．注意也要求 $f(X)$ 在 Y 是闭的．

17.22 命题 若 $f: X \to Y$ 是完全映射且 Y 是仿紧的，则 X 也是仿紧的．

证明 只考虑 f 是到上的情形就已足够．设

$$\mathscr{U} = \{U_\alpha : \alpha \in A\}$$

为 X 的任意开覆盖．对于各 $y \in Y$，确定 A 的有限子集 A_y，使

$$f^{-1}(y) \subset \bigcup \{U_\alpha : \alpha \in A_y\} = V_y.$$

若令 $W(y) = Y - f(X - V_y)$，因 f 是闭的，故这是 y 的开邻域．设$\{D_y : y \in Y\}$为一一细分$\{W(y) : y \in Y\}$的 Y 的局部有限开覆盖．若注意 $f^{-1}(D_y) \subset f^{-1}(W(y)) \subset V_y$ 及 $\{f^{-1}(D_y) : y \in Y\}$ 在 X 是局部有限的，则

$$\{f^{-1}(D_y) \cap U_\alpha : \alpha \in A_y, y \in Y\}$$

是 X 的局部有限开覆盖，且细分 $\mathscr{U}$．□

§18. 可展空间和距离化定理

18.1 定理（Bing-Nagata-Smirnov） 对于正则空间 X，下列性质是等价的：

(1) X 是可距离化的．

(2) X 具有 σ 分散的基．

(3) X 具有 σ 局部有限的基．

证明 (1)⇒(2) 根据 Tukey 定理 15.11，X是全体正规的，从而是仿紧的．故X的开覆盖$\{S_{1/i}(x):x\in X\}$可由σ分散的开覆盖$\mathscr{U}_i$细分，则$\bigcup\mathscr{U}_i$是X的σ分散的基．

(2)⇒(3) 是显然的．

(3)⇒(1) 取X的基$\bigcup\mathscr{U}_i$，对于各i，设$\mathscr{U}_i=\{U_\alpha:\alpha\in A_i\}$是局部有限的．取$X$的任意开覆盖$\mathscr{V}$，若令$\mathscr{V}_i=\{U_\alpha\in\mathscr{U}_i:U_\alpha<\mathscr{V}\}$，则$\bigcup\mathscr{V}_i<\mathscr{V}$且$(\bigcup\mathscr{V}_i)^\#=X$．于是$\mathscr{V}$可由$\sigma$局部有限开覆盖$\bigcup\mathscr{V}_i$细分，根据引理 17.6，$X$是族正规的．

对于$U_\alpha\in\mathscr{U}_i$，令

$$F_{\alpha j}=\bigcup\{\overline{U}:U\in\mathscr{U}_j,\ \overline{U}\subset U_\alpha\}.$$

则$F_{\alpha j}$是闭的．取$f_{\alpha j}\in C(X,I)$，满足

$$f_{\alpha j}(x)=1,\quad x\in F_{\alpha j},$$
$$f_{\alpha j}(x)=0,\quad x\in X-U_\alpha.$$

对于$x,y\in X$，若令

$$d_{ij}(x,y)=\sum_{\alpha\in A_i}|f_{\alpha j}(x)-f_{\alpha j}(y)|,$$

$$d(x,y)=\sum\sum(d_{ij}(x,y)/2^{i+j}(1+d_{ij}(x,y))),$$

则容易看出这个d是与X的拓扑一致的距离．□

18.2 定义 空间X的开覆盖列$\mathscr{U}_1,\mathscr{U}_2,\cdots$是$X$的**展开列**(development)是指对于各点$x\in X$，$\{\mathscr{U}_i(x):i\in N\}$是$x$的局部基．具有展开列的空间称为**可展空间**(developable space)．正则的可展空间称为 Moore **空间**．

18.3 问题 (Moore) 正规的可展空间能否距离化[1]．

此问题从提出已经历了近半个世纪，但依然未解决．

18.4 引理 设F，H为空间X的不相交闭集．对于X的正规列$\{\mathscr{U}_i\}$，若$\mathscr{U}_1<\{X-F,X-H\}$成立，则存在$f\in C(X,I)$，使$f(x)=0(x\in F)$，$f(x)=1(x\in H)$．

---

1) 在附加的集论假设 $MA+7CH$ 下，已证明存在不可度量化的正规 Moore 空间．详见周浩旋，Martin 公理及其应用 II，华中工学院学报，1979 年．——校者注

证明 和 Urysohn 定理 9.9 证明相同，引出如下的等高线。

$$U(1/2)=\mathscr{U}_2(F),$$
$$U(1/4)=\mathscr{U}_3(F),\ U(3/4)=\mathscr{U}_3\mathscr{U}_2(F),$$
$$U(1/8)=\mathscr{U}_4(F),\ U(3/8)=\mathscr{U}_4\mathscr{U}_3(F),\cdots,$$
$$\cdots\cdots\cdots$$

当 $x\in\bigcup U(\lambda)$ 时，令 $f(x)=\inf\{\lambda:x\in U(\lambda)\}$，当 $x\notin\bigcup U(\lambda)$ 时，令 $f(x)=1$，则 f 为所求的函数。□

18.5 定理 若空间 X 的开覆盖 $\mathscr{U}$ 是正规的，则存在细分 $\mathscr{U}$ 的局部有限且 σ 分散的补零覆盖。

证明 借助于上述引理，Stone 定理 17.5 的证明照样可应用于本定理。在定理 17.5 的证明中，根据上述引理 D_n 是补零集即可。另外 E_n 也是补零集即可。□

本定理和定理 16.4 归纳起来可以叙述如下。空间 X 的开覆盖是正规的充要条件是它可由局部有限的补零覆盖加细。

18.6 定理 (Alexandroff-Urysohn) 若空间 X 具有正规列组成的展开列 $\{\mathscr{U}_i\}$，则 X 是可距离化的。

证明 为了观察 X 的正则性，取 $x\in X$ 及其开邻域 U。若取 $\mathscr{U}_n(x)\subset U$ 的 n，则 $\mathrm{Cl}(\mathscr{U}_{n+1}(x))\subset\mathscr{U}_n(x)$。故 X 是正则的，由定理 18.1，若说明 X 具有 σ 局部有限的基，则 X 是可距离化的。

根据定理 18.5，对于各 $\mathscr{U}_i$，存在细分它的局部有限覆盖 $\mathscr{V}_i$。为判断 $\bigcup\mathscr{V}_i$ 构成基，取 $y\in X$ 及其开邻域 W。确定 m 使 $\mathscr{U}_m(y)\subset W$，若取满足 $y\in V\in\mathscr{V}_m$ 的 V，则 $V\subset\mathscr{U}_m(y)$。故有 $V\subset W$。□

18.7 定理 (Bing) 族正规的可展空间 X 是可距离化的。

证明 设 $\mathscr{U}_1,\mathscr{U}_2,\cdots$ 为 X 的展开列。为了指出 X 是仿紧的，取任意开覆盖 $\mathscr{U}=\{U_\alpha:\alpha\in A\}$。在此设 A 为良序集。若令

$$\mathscr{H}_i=\left\{H_{i\alpha}=\mathscr{U}_i^{-1}(U_\alpha)-\bigcup_{\beta<\alpha}U_\beta:\alpha\in A\right\},$$

则 $\mathscr{H}_i$ 是分散的且 $\bigcup\mathscr{H}_i$ 覆盖 X。取分散的开集族 $\{V_{i\alpha}:\alpha\in A\}$，使

$$H_{i\alpha}\subset V_{i\alpha}\subset U_\alpha,\ \alpha\in A,$$

成立，则 $\{V_{i\alpha}:\alpha\in A, i\in N\}$ 是细分 $\mathscr{U}$ 的 σ 分散开覆盖. 故根据 Stone-Michael 定理 17.7，X 是仿紧的，从而是全体正规的.

若 $\mathscr{V}_1,\mathscr{V}_2,\cdots$ 是 X 的正规列，且对于各 i 有 $\mathscr{V}_i<\mathscr{U}_i$，则此列也是展开列. 根据 Alexandroff-Urysohn 定理 18.6，X 是可距离化的. □

18.8 定理 (Ponomarev) 空间 X 具有点可数基的充要条件是 X 为度量空间的开、连续、s 映射的像.

证明 必要性 已在推论 14.12 中指出了. 今只证明充分性. 设 S 是度量空间，$f:S\to X$ 是满足定理条件的到上的映射. 取 S 的 σ 分散的基 $\cup\mathscr{U}_i$，各 $\mathscr{U}_i$ 是分散的. 因 $f(\cup\mathscr{U}_i)$ 构成 X 的基，今指出这是点可数的. 因对于 $x\in X$，$f^{-1}(x)$ 是完全可分的，故

$$\mathscr{V}_i=\{U\in\mathscr{U}_i:f^{-1}(x)\cap U\neq\varnothing\}$$

是可数的. 故 $\mathscr{V}_i$ 也是可数的. 在 $f(\cup\mathscr{U}_i)$ 的元中含 x 者是 $f(\cup\mathscr{V}_i)$ 的元，故 $f(\cup\mathscr{U}_i)$ 是点可数的. □

18.9 定理 对于空间 X，下列三个条件是等价的：

(1) X 具有点有限覆盖组成的展开列.

(2) X 是 ($\dim S\leqslant 0$ 的) 度量空间 S 的开、紧、连续映射的像.

(3) X 是点有限仿紧的可展空间.

证明 (1)⇒(2) 设

$$\mathscr{U}_i=\{U(\alpha_i):\alpha_i\in A_i\}, i\in N$$

为 X 的点有限覆盖组成的展开列. A_i 看作是离散空间，考虑积空间 ΠA_i. 若令

$$S=\{(\alpha_i)\in\Pi A_i:\cap U(\alpha_i)\neq\varnothing\},$$

则由 $\{\mathscr{U}_i\}$ 是展开列，直接得到对应于 S 的点 (α_i)，$\cap U(\alpha_i)$ 是一点. 若 $f:S\to X$ 是由 $f((\alpha_i))=\cap U(\alpha_i)$ 定义的，则根据标准的论法(参照定理 14.10)知 f 是到上的开连续映射.

为了考察 f 的紧性，任取 $x\in X$. 若令

$$B_i=\{\alpha_i\in A_i:x\in U(\alpha_i)\},$$

则根据 $\mathscr{U}_i$ 的点有限性，B_i 是有限集. $f^{-1}(x)=\Pi B_i$ 由 Tychonoff 积定理，此式的右端是紧的．故 f 是紧的．

若将 $\cup A_i$ 看做离散空间，则 S 可看作是 $(\cup A_i)^\omega$ 的子空间，故由命题 14.8，S 是 $\dim \leqslant 0$ 的度量空间．

(2)⇒(3) 设 $f: S \to X$ 为度量空间 S 到 X 上的开、紧、连续映射．为了指出 X 是可展空间，取 S 的开覆盖 $\mathscr{V}_i$，使 $\operatorname{mesh}\mathscr{V}_i < 1/i$．令 $\mathscr{U}_i = f(\mathscr{V}_i)$．任取 $x \in X$ 及其开邻域 U．因 $f^{-1}(x) \subset f^{-1}(U)$ 且 $f^{-1}(x)$ 是紧的，故 $d(f^{-1}(x), S - f^{-1}(U)) = a > 0$．若取 k 使 $a > 1/k$，则 $\mathscr{V}_k(f^{-1}(x)) \subset f^{-1}(U)$．故有 $\mathscr{U}_k(x) \subset U$，而 $\{\mathscr{U}_i\}$ 是 X 的展开列．

其次为了指出 X 是点有限仿紧的，取 X 的任意开覆盖 $\mathscr{U}$．若令 $\mathscr{V}$ 为细分 $f^{-1}(\mathscr{U})$ 的 S 的局部有限开覆盖，则 $f(\mathscr{V}) < \mathscr{U}$．任取 $x \in X$，由引理 17.16，因 $f^{-1}(x)$ 是紧的，故和它相交的 $\mathscr{V}$ 的元素至多有有限个．故 $f(\mathscr{V})$ 是点有限的．

(3)⇒(1) 设 $\mathscr{U}_1, \mathscr{U}_2, \cdots$ 为 X 的展开列．对于各 $\mathscr{U}_i$ 取细分它的点有限开覆盖 $\mathscr{V}_i$，则 $\mathscr{V}_1, \mathscr{V}_2, \cdots$ 是展开列．□

根据定理 18.9，下面的问题是 Moore 的距离化问题 18.3 的特殊情形．

18.10 问题 (Alexandroff) 度量空间的开、紧、连续映射的像如果是正规的，能否距离化[1]？

18.11 定义 $f: X \to Y$ 是伪开的 (pseudo open) 是指对于任意的 $y \in Y$，$f^{-1}(y)$ 的任意邻域 U，$f(U)$ 是 y 的邻域而言．

由此定义的伪开映射恒为到上的映射．到上的开映射及到上的闭映射都是伪开的．

18.12 问题 (Arhangel'skiĭ) 度量空间的伪开、紧、连续映射的象如果是全体正规的，能否距离化[2]？

18.13 例 (Bennett) 考虑在例 13.6 中的 Michael 直线 X 及其离散部分 S．今指出这个 X 是度量空间经施行二次开、紧、连续

---

1) 这时该像空间是点仿紧 Moore 空间．参看 18.3 的校者注．——校者注

2) 此问题已由 М. М. Чобан (ДАН., 174 (1967), p.41) 证明．参看 Arhangel'skiĭ 的著作 (Actas, Congrés intern., 1970, Том. 2, p.21)．——校者注

映射而得到的．该度量空间和 X 的中间空间 Y，其点集是

$$Y=(X\times\{0\})\cup(S\times N).$$

对于 $a=(x,0)\in S\times\{0\}$，令

$$U_n(a)=\{a\}\cup\{(x,i):i\geqslant n\},$$

取 $\{U_n(a):n\in N\}$ 作为 a 的邻域基．对于 $b=(x,0)\in(X-S)\times\{0\}$，令

$$V_n(b)=\{(y,0):|y-x|<1/n,y\in X-S\}$$
$$\cup\{(y,i):|y-x|<1/n,\ y\in S,\ i\geqslant n\},$$

取 $\{V_n(b):\ n\in N\}$ 作为 b 的邻域基．对于 $c=(x,i)\in S\times N$，令

$$W_n(c)=\{c\},$$

取 $\{W_n(c):n\in N\}$ 作为 c 的邻域基．这个 Y 是点有限仿紧的可展 T_2 空间，故由定理 18.9 是度量空间的开、紧、连续映射的像．

$f:Y\to X$ 若由

$$f(x,j)=x,\ j=0,1,2,\cdots$$

定义之，则 f 是到上的开、紧、连续映射．

度量空间的开、紧、连续映射的像，由定理 18.9 给与了完全解答，但将度量空间换为仿紧 T_2 空间时，则面临着下列难题．

18.14 问题（Arhangel'skiĭ） 点有限仿紧的完全正则空间是仿紧 T_2 空间的开、紧、连续映射的像吗？

习　　题

3.A 当给与空间 X 及其开覆盖 $\mathscr{U}$ 时，对于任意的 $A\subset X$，有 $\bar{A}\subset\mathscr{U}(A)$．

3.B 作保闭但非局部有限的集族．

3.C 点有限且保闭的闭集族是局部有限的．

3.D Sorgenfrey 直线（例 11.9）是仿紧的，它的任意子空间也是仿紧的．

3.E 设 $f:X\to Y$ 是完全映射，对应于 Y 是紧、Lindelöf、可数仿紧、点有限仿紧，X 具有相应的性质．

3.F 考虑空间 X 的开覆盖 $\mathscr{U}=\{U_\alpha:\alpha\in A\}$ 及将它△细分的开覆盖 $\mathscr{V}$，

定义 $f: X\to A$ 使 $f(x)=\alpha \Longrightarrow \mathscr{V}(x)\subset U_\alpha$，则 f 是 $\{\{x\}: x\in X\}$ 到$\mathscr{U}$的胶垫加细映射．

提示用 3.A 的性质．

3.G　全空间 X 具有性质 P 时称 P 为 X 的全局的性质，仿紧 T_2 空间 X 若局部的具有下列诸性质之一时，则该性质是 X 的全局的性质．

继承的正规性，完全正规性，可距离化性，可展空间．

3.H　设 $f: X\to Y$ 是到上的闭连续映射，对于任意的 $y\in Y$，$\mathrm{Bry}f^{-1}(y)$ 是紧的．这时，存在 X 的闭集 F，使 $f(F)=Y$ 且 $f|F$ 是完全映射．

提示　当 $\mathrm{Bry}f^{-1}(y)=\varnothing$ 时，从$f^{-1}(y)$中取 1 点．设 A_y 为这个一点集．当 $\mathrm{Bry}f^{-1}(y)\neq\varnothing$ 时，设 $A_y=\mathrm{Bry}f^{-1}(y)$．令 $F=\cup\{A_y: y\in Y\}$ 即可．

3.I　对于正规空间 X 的分散的可数闭集族 $\{F_i\}$，存在分散的开集族 $\{G_i\}$，使对于各 i，有 $F_i\subset G_i$ 成立．

3.J　设 X 为可数仿紧的正规空间，Y 为紧度量空间，则 $X\times Y$ 为可数仿紧的．

提示　考虑$(X\times Y)\times I=X\times(Y\times I)$，应用 Dowker 的特征化定理 16.12．

3.K　任意开子空间是正规或仿紧的空间分别是继承正规的或继承仿紧的．

3.L (Mansfield)　正规空间 X 是可数仿紧的充要条件是对于任意局部有限、可数、闭集族 $\{F_i\}$，存在局部有限的开集族 $\{U_i\}$，对于各 i，有 $F_i\subset U_i$ 成立．

3.M　考虑空间 X 的正规开覆盖$\mathscr{U}=\{U_\alpha\}$．若对于各 $\alpha\in A$，$\mathscr{U}_\alpha$是U_α的正规开覆盖，则 $\bigcup\limits_{\alpha\in A}\mathscr{U}_\alpha$ 是 X 的正规开覆盖．

提示　设 $\{V_\alpha\}$ 为一一闭包细分$\mathscr{U}$的 X 的局部有限补零覆盖，设 $\mathscr{V}_\alpha$ 为细分 $\mathscr{U}_\alpha$ 的 U_α 的局部有限补零覆盖，则 $\bigcup\limits_{\alpha\in A}(\mathscr{V}_\alpha|V_\alpha)$ 是细分 $\bigcup\limits_{\alpha\in A}\mathscr{U}_\alpha$ 的 X 的局部有限补零覆盖．

3.N　考虑正则空间 X 及其局部有限闭覆盖$\{F_\alpha\}$．若各 F_α 是仿紧的，则 X 也是仿紧的．

提示　应用推论 17.13 的判定条件．

3.O　设空间 X 上定义的连续函数族 $f_\alpha: X\to I$，$\alpha\in A$ 是单位分解 (partition of unity)，即满足

$$\sum\{f_\alpha(x): \alpha\in A\}=1,\quad x\in X.$$

$\{f_\alpha: \alpha\in A\}$ 从属于 X 的开覆盖 $\mathscr{U}$ 是指

$$\{\{x \in X: f_\alpha(x) > 0\}: \alpha \in A\} < \mathscr{U}.$$

(1) 若令 $f(x) = \sup\{f_\alpha(x): \alpha \in A\}$，则对于各 $x_0 \in X$，存在它的邻域 U 和 A 的有限子集 B，使 $f(x) = \max\{f_\alpha(x): \alpha \in B\}, x \in U$，从而 f 是 X 上的连续函数.

(2) 若令 $U_\alpha = \left\{x \in X: f_\alpha(x) > \dfrac{1}{2} f(x)\right\}$，则$\{U_\alpha: \alpha \in A\}$是 X 的局部有限开覆盖.

(3) T_2空间 X 是仿紧的充要条件是存在从属于 X 的任意开覆盖的单位分解.

提示 (1) 取 $\beta \in A$，使 $f_\beta(x_0) > 0$，取 $\alpha_1, \cdots, \alpha_n \in A$，使

$$1 - \sum_{i=1}^{n} f_{\alpha_i}(x_0) < f_\beta(x_0).$$

令

$$U = \left\{x \in X: 1 - \sum_{i=1}^{n} f_{\alpha_i}(x) < f_\beta(x)\right\},$$
$$B = \{\beta, \alpha_1, \alpha_2, \cdots, \alpha_n\}$$

即可. 实际上，因

$$\alpha \in A - B,\ x \in U \Longrightarrow f_\alpha(x) \leqslant 1 - \sum_{i=1}^{n} f_{\alpha_i}(x) < f_\beta(x)$$

成立.

(2) 从(1)几乎是明显的.

(3) 充分性从 (2) 是明显的. 为了说明必要性，设$\mathscr{U}$为 X 的任意开覆盖. 取 X 的局部有限开覆盖 $\mathscr{V} = \{V_\alpha: \alpha \in A\}$ 和闭覆盖 $\mathscr{F} = \{F_\alpha: \alpha \in A\}$，使 $\mathscr{V}$ 是$\mathscr{U}$的加细，$\mathscr{F}$是$\mathscr{V}$的一一加细. 取连续函数 $f_\alpha: X \to \mathrm{I}$，$f_\alpha$ 在 F_α 上取值为 1，在 $X - V_\alpha$ 上取值为 0. 若令

$$g_\alpha(x) = f_\alpha(x) / \sum\{f_\beta(x): \beta \in A\},$$

则$\{g_\alpha: \alpha \in A\}$是从属于$\mathscr{U}$的单位分解.

第四章 紧 空 间

§19. 紧空间的重数

19.1 定义 拓扑空间X的子集族$\mathscr{B}$满足下列条件时，称为X的网络 (network)：关于X的各点x及其任一邻域U，存在$\mathscr{B}$的元B使$x \in B \subset U$. X的网络的基数的最小者称为X的网络基数，以$n(X)$表示之. X的任意的基显然是网络. 另外X的各一点组成的集族$\{\{x\}: x \in X\}$显然也是网络. 因此$n(X)$不比X的重数$w(X)$及X的基数$|X|$大. 但由下面的例 19.3 知，一般的$n(X)=w(X)$不成立.

19.2 定义 设X为拓扑空间，R为X的点间的等价关系. 设Y为X关于R的商集 (1.6)，$f: X \to Y$为标准射影. 在Y导入拓扑如下：$U \subset Y$当且仅当$f^{-1}(U)$是X的开集时是Y的开集. 这个定义显然对于Y给出了拓扑. 这个拓扑称为关于R的商拓扑 (quotient topology) 或简单地称为商拓扑，Y称为X关于R的商空间 (quotient space) 或简单地称为商空间. 显然，标准射影f关于Y的商拓扑是连续的. 商拓扑也可以定义如下：当$f: X \to Y = X/R$为标准射影时，Y的商拓扑是使f连续的Y的最强拓扑 (参考 4.3).

设X, Y为拓扑空间，$f: X \to Y$为到Y上的映射. 满足下列条件时f称为商映射 (quotient mapping)：U是Y的开集$\Longleftrightarrow f^{-1}(U)$是$X$的开集. 商映射显然是连续的，但连续映射未必是商映射. 若Y为商空间则标准射影是商映射.

19.3 例 设$I_i (i = 1, 2, \cdots)$为单位闭区间$I = [0, 1]$的拷贝，对于$x \in [0,1]$，设x_i为I_i的对应点. 令$X = \sum_{i=1}^{\infty} I_i$为拓扑

和 (topological sum),即 X 是 $I_i(i=1,2,\cdots)$ 的和集,关于各 $i\neq j$, $I_i\cap I_j=\varnothing$,各 I_i 在 X 是既开且闭的,它在 X 中的相对拓扑等于 I_i 本来的拓扑. 对于空间 X 的点导入以下的等价关系~: 若 $0<x\leqslant 1$,各 $x_i\in I_i$ 仅等价于其本身,关于 0,就各 i,j, $o_i\sim o_j$. 设商空间 $X/\sim$ 为 K_1, $f:X\to K_1$ 为标准射影. 在图形上,X 是互不相交的可数个区间 I_i 的和,K_1 是 X 的各区间 I_i 在其 0 点 o_i 贴合者. 设 a 为此贴合得到的点, $a=f(o_i)$, $i=1,2,\cdots$. 因半开区间 $[o_i,x_i)$ 在 I_i 是 o_i 的邻域,故由商拓扑的定义,关于各 i 任取 $[o_i,x_i)\subset I_i$,若作 $\bigcup_{i=1}^{\infty} f([o_i,x_i))$,则这是在 K_1 中 a 的邻域.在此关于各 i, x_i 可以取任意小的正数,故在 K_1 中 a 的任意邻域基的基数最少是 $\aleph_0^{\aleph_0}=\mathfrak{c}$. 由此 $w(K_1)\geqslant\mathfrak{c}$. 另方面 $K_1-\{a\}$ 是可数个不相交的半开区间的和,故具有可数基 $\mathscr{B}'$. 由此 $\mathscr{B}=\mathscr{B}'\cup\{a\}$ 是 K_1 的可数网络. 由此 $n(K_1)\leqslant\aleph_0$. (实际是等号成立). 故 $n(K_1)<w(K_1)$. 注意 K_1 既不是紧的也不是度量空间.

19.4 定理 对于紧 T_2 空间 X,有 $n(X)=w(X)$ 成立.

证明 设 $n(X)=\mathfrak{m}$. 指出 $w(X)\leqslant\mathfrak{m}$ 即可. 设 $\mathscr{B}=\{B_\alpha:\alpha\in\Lambda\}(|\Lambda|=\mathfrak{m})$ 为 X 的网络,取 $B_\alpha\in\mathscr{B}$. 关于各点 $x\in X-\bar{B}_\alpha$,由 X 的正则性可取邻域 $U_{\alpha,x}$, 使 $\bar{U}_{\alpha,x}\subset X-\bar{B}_\alpha$. 由网络的定义,关于某个 $B_{\alpha,x}\in\mathscr{B}$, 有 $x\in B_{\alpha,x}\subset U_{\alpha,x}$. 如此取得的 $B_{\alpha,x}$ 组成的 $\mathscr{B}$ 的子族设为 $\mathscr{B}_\alpha$. $|\mathscr{B}_\alpha|\leqslant\mathfrak{m}$ 的 $\mathscr{B}_\alpha$ 构成 $X-\bar{B}_\alpha$ 的覆盖.关于各 $B_{\alpha,x}\in\mathscr{B}_\alpha$,各取一个上面取得的 $U_{\alpha,x}$, 若令它的集合为 $\mathscr{U}_\alpha$, 则 $|\mathscr{U}_\alpha|\leqslant\mathfrak{m}$ 且关于各 $U\in\mathscr{U}_\alpha$ 有 $\bar{U}\subset X-\bar{B}_\alpha$. 所有 $\mathscr{U}_\alpha$ 的有限个元的并集的闭包的集合设为 $\mathscr{V}_\alpha$, 所有 $\mathscr{V}_\alpha$ 的各元的补集的集合设为 $\mathscr{W}_\alpha$. $\mathscr{W}_\alpha$ 的各元是关于 $\mathscr{U}_\alpha$ 的某有限个元 $U_1,\cdots,U_k$ 的 $X-\bigcup_{i=1}^{k}\bar{U}_i$ 的形式. 最后,令 $\mathscr{W}=\bigcup_{\alpha\in\Lambda}\mathscr{W}_\alpha$. 因 $|\mathscr{W}_\alpha|\leqslant\mathfrak{m}$, $|\Lambda|=\mathfrak{m}$, 故 $|\mathscr{W}|\leqslant\mathfrak{m}$. 今指出 $\mathscr{W}$ 做成 X 的基. 设 $x_0\in X$, V 为 x_0 的开邻域. 关于某个 $B_\alpha\in\mathscr{B}$, 有 $x_0\in\bar{B}_\alpha\subset V$. 因 $\mathscr{U}_\alpha$ 覆盖紧集 $X-V$,故有某有限子集 $U_1,\cdots,U_k$, 使 $X-V\subset\bigcup_{i=1}^{k}U_i$.

这时，$\mathscr{W}$的元 $W = X - \bigcup_{i=1}^{k} \overline{U}_i$ 是 x 的邻域且含在 V 中. □

由上述定理得到下列有趣的结果.

19.5 推论 若紧 T_2 空间 X 为其子集 X_i, $w(X_i) \leqslant \aleph_0$ $(i = 1, 2, \cdots)$ 的并集，则 X 是可距离化的.

证明 若令 $\mathscr{B}_i$ 为 X_i 的相对可数基，则 $\mathscr{B}_i$ 是可数网络，故 $\bigcup_{i=1}^{\infty} \mathscr{B}_i$ 是 X 的可数网络. 于是 X 具有可数基，故为可距离化的 (12.1). □

19.6 例 考虑两个同心圆，设 C 为外侧的圆，C' 为内侧的圆，$K_2 = C \cup C'$. 在 K_2 导入下述拓扑. C' 的各点本身是开集. C 的点 c 的邻域确定如下. 关于各 $\varepsilon > 0$，设 U 为以点 c 为中心、半径为 ε 的 C 上的开弧，设 U' 为对应于它的 C' 的开弧（即 U' 是过 U 的点的半径和 C' 的交点组成）. 令 c' 为对应于 c 的 C' 的点. 设 $U \cup (U' - \{c'\})$ 为点 c 的邻域. 易知 K_2 是紧 T_2 空间. 做为 K_2 的子空间 C 具有和通常圆周相同的拓扑故具有可数基. 另方面 C' 具有离散拓扑，故 $n(C') = w(C') = |C'| = \mathfrak{c}$. 由此 K_2 不是可分的，故不可距离化.

19.7 定理 (Miščenko) 紧 T_2 空间若具有点可数基则可距离化.

设 $\mathscr{U}$ 为 X 的点可数子集族，Y 为含于 $\mathscr{U}^{\#}$ 的 X 的子集. 当 $\mathscr{U}$ 的子集族 $\mathscr{U}'$ 是 Y 的覆盖且 $\mathscr{U}'$ 的任意真子集族都不能覆盖 Y 时，称 $\mathscr{U}'$ 为 Y 的**既约覆盖**. 设 $\mathscr{U}$ 为紧 T_2 空间 X 的点可数基. $x \in X$，设 W 为 x 的任意邻域. $\mathscr{U}$ 有元 U，使 $x \in U \subset \overline{U} \subset W$. 在 $X - U$ 的各点 y，取 $U_y \in \mathscr{U}$ 使 $y \in U_y \subset \overline{U}_y \subset X - \{x\}$. $\{U_y: y \in X - U\}$ 构成紧集 $X - U$ 的开覆盖，故可选出有限个 U_{y_i}, $i = 1, \cdots, k$，使 $\{U_{y_i}\}$ 构成 $X - U$ 的既约覆盖. 此时，$\{U, U_{y_i}: i = 1, \cdots, k\}$ 构成 X 的有限既约覆盖. 由此，为了证明 19.7，说明由 $\mathscr{U}$ 的元组成的 X 的有限既约覆盖至多存在可数个即可. 即证明下述命题即可.

19.8 命题 设$\mathscr{U}$为X的点可数子集族，$Y\subset\mathscr{U}^{\#}$. 此时，$\mathscr{U}$的元组成的Y的有限既约覆盖的数至多是可数的.

证明 设$\{\mathscr{U}_\alpha:\alpha\in\Lambda\}$为由$\mathscr{U}$的元组成的Y的有限既约覆盖的全体. 若指出$|\Lambda|\leqslant\aleph_0$即可. 设$|\Lambda|>\aleph_0$，兹导出矛盾. 因$|\mathscr{U}_\alpha|<\aleph_0$,故存在某正整数$n$,使

$$\mathscr{V}=\{\mathscr{U}_\alpha:\alpha\in\Lambda,\ |\mathscr{U}_\alpha|=n\},\ |\mathscr{V}|>\aleph_0.$$

关于$U\in\mathscr{U}$,令

$$\mathscr{V}(U)=\{\mathscr{U}_\alpha:\mathscr{U}_\alpha\in\mathscr{V},\ U\in\mathscr{U}_\alpha\}.$$

设$y_1\in Y$,则$\mathscr{V}=\bigcup\{\mathscr{V}(U):y_1\in U\in\mathscr{U}\}$. 含$y_1$的$\mathscr{U}$的元$U$至多仅可数个，故若考虑$|\mathscr{V}|>\aleph_0$，则关于某个$U_1$，$y_1\in U_1$，有$|\mathscr{V}(U_1)|>\aleph_0$. 若$n=1$,则$|\mathscr{V}(U_1)|=1$得到矛盾. 若$n>1$,则$\mathscr{V}(U_1)$的各元是既约覆盖,故存在Y的点$y_2\in Y-U_1$. 若令

$$\mathscr{V}(U_1,U)=\bigcup\{\mathscr{U}_\alpha:\mathscr{U}_\alpha\in\mathscr{V}(U_1),U\in\mathscr{U}_\alpha\},\ U\in\mathscr{U},$$

则$\mathscr{V}(U_1)=\bigcup\{\mathscr{V}(U_1,U):y_2\in U\in\mathscr{U}\}$. 根据上面同样的理由，关于某个$y_2\in U_2\subset\mathscr{U}$，有$|\mathscr{V}(U_1,U_2)|>\aleph_0$. 若$n>2$,继续施行此种操作,总之有$\mathscr{U}$的元$U_i$和Y的点$y_i(i=1,2,\cdots,n)$存在，使$y_i\in U_i$，$y_i\notin U_j$ $(j=1,\cdots,i-1,\ i=1,\cdots,n)$，$\bigcup\limits_{i=1}^{n}U_i\supset Y$且关于$\mathscr{V}(U_1,\cdots,U_i)=\{\mathscr{U}_\alpha:\mathscr{U}_\alpha\in\mathscr{V}(U_1,\cdots,U_{i-1}),U_i\in\mathscr{U}_\alpha\}$ $(i=2,\cdots,n)$,有$|\mathscr{V}(U_1,\cdots,U_i)|>\aleph_0$. 特别地,$|\mathscr{V}(U_1,\cdots,U_n)|>\aleph_0$. 但$U_i(i=1,\cdots,n)$是Y的既约覆盖,而$\mathscr{V}(U_1,\cdots,U_n)\subset\mathscr{V}$,故必须有$|\mathscr{V}(U_1,\cdots,U_n)|=1$. 由此矛盾得命题成立. □

19.9 例 设M_1为R^2的上半平面. 即

$$M_1=\{(x,y):-\infty<x<\infty,\ 0\leqslant y<\infty\}.$$

对M_1导入如下的拓扑. 对于$y>0$,各点(x,y)其本身为开集. 对于$n=1,2,\cdots$，设$V_n(x,0)=\{(x',y):y=|x'-x|,\ 0\leqslant y<1/n\}$为点$(x,0)$的邻域基.

$\mathscr{U}=\{\{(x,y)\}:(x,y)\in M_1,\ 0<y\}\cup\{V_n(x,0):\ -\infty<$

$x < \infty, n = 1, 2, \cdots\}$ 为 M_1 的点可数基. 具有此拓扑的空间 M_1是完全正则、点有限仿紧且是可展空间. 证明是显然的. M_1不是正规的. 实际上, $F = \{(x,0): x$ 为无理数$\}$, $H = \{(x,0): x$ 为有理数$\}$是不相交的闭集, 但不具有不相交的邻域. □

§20. 紧　　化

20.1　定义　设 X 为空间, Y 为含有 X 为子空间的空间. 当 X 在 Y 中稠密时, Y 称 X 的扩张空间 (extension). 特别地, 当 Y 是紧的时, Y 称为 X 的紧化 (compactification).

关于非 T_2 的紧化已知种种事实, 但在本书中不做特殊说明时, 讨论的均是 T_2 紧化. 紧 T_2 空间的子空间恒为完全正则的, 故讨论紧化时只是考虑完全正则空间. 在本节中不做特别说明时, 空间是完全正则的, 紧化意味着 T_2 紧化.

设 X 为空间, $\alpha X, \gamma X$ 为 X 的紧化. 在 X 上为恒等映射的连续映射 $f: \alpha X \to \gamma X$ 存在时, 写做 $\alpha X > \gamma X$, 称为 αX 比 γX 大, γX 比 αX 小. 当 $\alpha X > \gamma X$ 且 $\gamma X > \alpha X$ 时, 称 αX 和 γX 是等价的. 仅当在 X 上是恒等映射的一一连续映射 $f: \alpha X \to \gamma X$ 存在时, αX 和 γX 是等价的. 实际上, 若 $f: \alpha X \to \gamma X$ 为 X 的点不动的连续映射, 则因 $f(\alpha X)$ 为 γX 中含有稠密集 X 的闭集, 故 f 是到 γX 上的映射, 而且若 f 是一一的, 则 f 为 αX 到 γX 上的不变动 X 的点的拓扑映射, 且 $f^{-1}: \gamma X \to \alpha X$ 也是不变动 X 的点的拓扑映射. X 的紧化 αX 比任意的紧化 γX 大时称为极大的. 由上述考察, 任意的极大紧化是相互等价的.

设 X 为完全正则空间. 若参考 12.11 的证明, 则得到嵌入 $f: X \to \Pi I_\alpha$. 在此 I_α 是 I 的拷贝, 且 α 是对应于 $C(X,I) = \{f_\alpha\}$ 的所有元 f_α 而变动. 若 $\pi_\alpha: \Pi I_\alpha \to I_\alpha$ 为射影, 则关于各 $x \in X$ 有 $\pi_\alpha f(x) = f_\alpha(x)$. 根据这个嵌入 f, 把 X 看做 ΠI_α 的子集, 则 βX为 X 在 ΠI_α 的闭包. βX显然是 X 的紧化. 称之为 X 的 Stone-Čech 紧化.

20.2 命题 βX 是 X 的极大紧化.

证明 设 αX 为 X 的任意紧化. 设 $C(X,I)=\{f_\alpha:\alpha\in\Lambda\}$, $C(\alpha X,I)=\{g_\beta:\beta\in\Omega\}$. 和 12.11 的证明相同, 若 $g:\alpha X\to\Pi I_\beta$ 定义为 $g(x)=(g_\beta(x))$, 则 g 是嵌入. 关于各 $g_\beta\in C(\alpha X,I)$, $g_\beta|X\in C(X,1)$. 因 X 在 αX 中稠密, 故若 $g_\beta\neq g_{\beta'}$, 则 $g_\beta|X\neq g_{\beta'}|X$. 于是 Ω 可以看做是 Λ 的子集. 令 $\pi:\Pi I_\alpha\to\Pi I_\beta$ 为射影. 注意 $\beta X\subset\Pi I_\alpha$, 由 $h=\pi|\beta X$ 定义 $h:\beta X\to\Pi I_\beta$. 关于各 $x\in X$, 有 $h(x)=((g_\beta|X)(x))=g(x)$. 因 X 在紧空间 αX 中稠密, 且 g 是嵌入, 故 h 是 βX 到 $g(\alpha X)$ 上的连续映射, 若令 $f=g^{-1}h$, 则 f 是 βX 到 αX 的使 X 的点不动的连续映射. 由此 $\beta X>\alpha X$. □

20.3 定义 设 A, B 为空间 X 的子集且 $A\subset B$. 关于某 $f\in C(X,I)$, $f(A)=0$, $f(X-B)=1$ 时记作 $A\Subset B$. 此时称为 A 和 $X-B$ 是用函数分离的. X 的有限开覆盖 $\{U_i\}$ 称为正则的, 若存在覆盖 $\{A_i\}$, 使 $A_i\Subset U_i$. 若 X 的有限开覆盖 $\mathscr{U}$ 为正则的, 则 $\mathscr{U}$ 具有有限补零覆盖为加细, 故由 15.6 易知是正规的. 以后将指出正规有限开覆盖也是正则的 (26.12).

设 Y 为 X 的扩张空间. 对于 X 的开集 U, 以 $O_Y(U)$ 或简单的 $O(U)$ 表示和 X 的交为 U 的 Y 的最大开集, 即, $O(U)=\cup\{W: W\cap X=U, W$ 是 Y 的开集$\}$. 由简单计算知 $O(U)=Y-\mathrm{Cl}_Y(X-U)$ 成立. 又若 U,V 为 X 的开集, 则 $O(U\cap V)=O(U)\cap O(V)$ 成立.

20.4 定理 (M. H. Stone-Čech) 设 X 为完全正则空间, αX 为 X 的紧化. 下列条件是等价的:

(1) αX 是 X 的极大紧化.

(2) $C(X,I)$ 的各函数可以扩张为 $C(\alpha X,I)$ 的函数.

(3) X 到任意紧空间 Y 的连续映射可以扩张到 αX.

(4) 若 E,F 为 X 的零集, 则

$$\mathrm{Cl}_{\alpha X}(E)\cap\mathrm{Cl}_{\alpha X}(F)=\mathrm{Cl}_{\alpha X}(E\cap F).$$

(5) 关于 X 的任意补零集 U,V, 有

$$O_{\alpha X}(U\cup V)=O_{\alpha X}(U)\cup O_{\alpha X}(V).$$

(6) 若$\mathscr{U}$为X的正则开覆盖，则$O(\mathscr{U})=\{O_{\alpha X}(U):U\in\mathscr{U}\}$构成$\alpha X$的开覆盖.

(7) 若$A\Subset B\subset X$,则$\mathrm{Cl}_{\alpha X}(A)\cap\mathrm{Cl}_{\alpha X}(X-B)=\varnothing$.

证明 (1)$\Longrightarrow$(2) 因αX是极大紧的,故可假定$\alpha X=\beta X$. 由定义βX可如下作出(20.1). 设$C(X,I)=\{f_\alpha\}$，对于各f_α设I_α为I的拷贝. 若$\pi_\alpha:\Pi I_\alpha\to I_\alpha$为射影,$i:X\to\Pi I_\alpha$定义为$\pi_\alpha i(x)=f_\alpha(x)$, $x\in X$，则i是嵌入. 若将X和iX看做是同一的,则βX是X在ΠI_α中的闭包. 由βX的作法，若$f_\alpha\in C(X,I)$，则可知$\pi_\alpha|\beta X:\beta X\to I_\alpha(=I)$是$f_\alpha$的扩张.

(2)$\Longrightarrow$(3) 将Y嵌入平行体空间ΠI_β,设$\pi_\beta:\Pi I_\beta\to I_\beta$为射影. 令$f:X\to Y$为连续映射. 对于各$\beta$因$\pi_\beta f\in C(X,I)$，故由(2)它的扩张$g_\beta:C(\alpha X,I)$存在. 由$\pi_\beta\tilde{f}(x)=g_\beta(x)$, $x\in\alpha X$确定$\tilde{f}:\alpha X\to\Pi I_\beta$. 显然$\tilde{f}|X=f$. 又因$\tilde{f}$是连续的,故

$$\tilde{f}(\alpha X)\subset\mathrm{Cl}\tilde{f}(X)=\mathrm{Cl}f(X)\subset Y$$

(Cl 在ΠI_β中取). 于是$\tilde{f}:\alpha X\to Y$即所求的扩张.

(3)$\Longrightarrow$(4) 首先指出对于X的不相交零集E,F，有

$$\mathrm{Cl}_{\alpha X}E\cap\mathrm{Cl}_{\alpha X}F=\varnothing.$$

设

$$f,g\in C(X,I),\ E=f^{-1}(0),\ F=g^{-1}(0).$$

若令$h=f/(f+g)$, 则$h\in C(X,I)$, $h(E)=0$, $h(F)=1$. 因I是紧的,故由(3) h有扩张$\tilde{h}\in C(\alpha X,I)$.由$\tilde{h}$的连续性，$\tilde{h}(\mathrm{Cl}_{\alpha X}E)=0$,$\tilde{h}(\mathrm{Cl}_{\alpha X}F)=1$，由此$\mathrm{Cl}_{\alpha X}E\cap\mathrm{Cl}_{\alpha X}F=\varnothing$. 其次指出一般情形. 说明$\mathrm{Cl}_{\alpha X}(E\cap F)\supset\mathrm{Cl}_{\alpha X}E\cap\mathrm{Cl}_{\alpha X}F$即可. 设$p\in\mathrm{Cl}_{\alpha X}E\cap\mathrm{Cl}_{\alpha X}F$. 若令$H$为在$\alpha X$中$p$的邻域且为零集，则$p\in\mathrm{Cl}_{\alpha X}(H\cap E)$且$p\in\mathrm{Cl}_{\alpha X}(H\cap F)$. 因$H\cap E$,$H\cap F$是$X$的零集,故由开始指出的有$H\cap E\cap F=\varnothing$. 因$H$是$p$在$\alpha X$中的任意邻域,故

$$p\in\mathrm{Cl}_{\alpha X}(E\cap F).$$

(4)$\Longrightarrow$(5) 若令$E=X-U$, $F=X-V$,则E, F是零集.

$$O_{\alpha X}(U\cup V)=\alpha X-\mathrm{Cl}_{\alpha X}(E\cap F)$$

$$= \alpha X - \mathrm{Cl}_{\alpha X} E \cap \mathrm{Cl}_{\alpha X} F$$
$$= (\alpha X - \mathrm{Cl}_{\alpha X} E) \cup (\alpha X - \mathrm{Cl}_{\alpha X} F)$$
$$= O_{\alpha X}(U) \cup O_{\alpha X}(V).$$

(5)$\Longrightarrow$(6) 若$\mathscr{U}$为X的正则开覆盖，则由定义存在它的加细有限补零覆盖$\mathscr{V}$. 由(5)有

$$\alpha X = O_{\alpha X}(X) = O_{\alpha X}\left(\bigcup_{V \in \mathscr{V}} V\right) = \bigcup_{V \in \mathscr{V}} O_{\alpha X}(V) \subset \bigcup_{U \in \mathscr{U}} O_{\alpha X}(U).$$

(6)$\Longrightarrow$(7) 若 $A \Subset B \subset X$，则有X的补零覆盖$\{U, V\}$使$A \subset U \subset B$，$X - B \subset V \subset X - A$. 由(6)有

$$O_{\alpha X}(U) \cup O_{\alpha X}(V) = \alpha X,$$

故

$$\mathrm{Cl}_{\alpha X} A \subset \mathrm{Cl}_{\alpha X}(X - V)$$
$$= \alpha X - O_{\alpha X}(V) \subset O_{\alpha X}(U) \subset \alpha X - \mathrm{Cl}_{\alpha X}(X - B),$$

即得到 (7).

(7)$\Longrightarrow$(1) 因 βX 是极大紧化，故使X的点不动的连续映射 $f: \beta X \to \alpha X$ 存在. 指出 f 是一一的即可. 设 $x_0, x_1 \in \beta X$，$x_0 \neq x_1$，$f(x_0) = f(x_1)$. 选 $g \in C(\beta X, I)$ 使 $g(x_0) = 0$，$g(x_1) = 1$，令

$$A = \{x \in X: g(x) \leqslant 1/3\}, \quad B = \{x \in X: g(x) \geqslant 2/3\}.$$

因 $A \Subset X - B$，故由(7)$\mathrm{Cl}_{\alpha X} A \cap \mathrm{Cl}_{\alpha X} B = \varnothing$. 但点$f(x_0) = f(x_1) = y$ 属于 $\mathrm{Cl}_{\alpha X} A \cap \mathrm{Cl}_{\alpha X} B$ 可指出如下. 设W为 y 在 αX 的任意邻域. 因 $f^{-1}(W)$ 是 x_0 在 βX 的邻域且 $g(x_0) = 0$，故关于某个

$$x \in f^{-1}(W) \cap X = W \cap X, \quad g(x) < 1/3.$$

于是 $x \in A \cap W$. 因W是 y 的任意邻域，故得到 $y \in \mathrm{Cl}_{\alpha X} A$. 同样的 $y \in \mathrm{Cl}_{\alpha X} B$. 由此矛盾，$f$ 是一一的，而 αX 和 βX 是等价的，即是极大紧化. □

对于X的任意紧化 αX，由 βX 的极大性有使X的点不动的连续映射 $f: \beta X \to \alpha X$ 存在. 因X在 αX，βX 中稠密，故 f 是唯一确定的. 这个 f 称为 βX 到 αX 的**标准映射**或**射影**. 易知所有的标准映射 $f: \beta X \to \alpha X$ 将 $\beta X - X$ 映入 $\alpha X - X$. 这是下列定理的简单推论.

20.5 定理 X到Y上的连续映射f是完全映射的充要条件是满足下列性质之一.

(1) 对于Y的任意紧化αY，f的扩张$\beta f:\beta X\to\alpha Y$满足

$$\beta f(\beta X-X)=\alpha Y-Y.$$

(2) 对于X和Y的某紧化γX和αY，存在f的扩张$\tilde{f}:\gamma X\to\alpha Y$，使$\tilde{f}(\gamma X-X)=\alpha Y-Y$.

证明 (1)$\Longrightarrow$(2)是明显的. 若(2)成立，因$\tilde{f}$是完全映射且$\tilde{f}^{-1}(Y)=X$，故$f=\tilde{f}|X$是完全映射. 于是当f是完全映射时说明(1)成立即可. 现在假定f是完全映射且$\beta f(\beta X-X)\neq\alpha Y-Y$. 关于某个$x\in\beta X-X$，有$y=\beta f(x)\in Y$. 因$f^{-1}(y)$是$X$的紧集，故是$\beta X$的闭集. 因$f^{-1}(y)$不含$x$，故在$\beta X$中有$f^{-1}y$的开邻域$U$，使$x\notin \mathrm{Cl}_{\beta X}U$. 因$f(X-U)$是$Y$的闭集，故$y\notin\mathrm{Cl}_{\alpha Y}f(X-U)$. 另方面，由$\beta f$的连续性，有

$$y=\beta f(x)\in\beta f(\mathrm{Cl}_{\beta X}(X-U))\subset\mathrm{Cl}_{\alpha Y}f(X-U).$$

由此矛盾得出(1). □

在 20.1 中给出的βX的构成法是将βX表现为某平行体空间的子集. 下面给出βX的其他构成法. 此方法乍一看是复杂的，但在观察紧化的本质上是重要的.

20.6 定义 完全正则空间X的σ滤子$\xi=\{U_\alpha\}$是指满足下列(1),(2)的极大集族:

(1) 各$U_\alpha\in\xi$是X的非空开集，且ξ满足有限交性.

(2) 对于$U_\alpha\in\xi$有$U_\beta\in\xi$，使$\overline{U}_\beta\Subset U_\alpha$（—表示在$X$中的闭包).

现略述σ滤子的性质.

(3) 若令ξ,ξ'为相异的σ滤子，则有某个$U\in\xi,U'\in\xi'$，使$U\cap U'=\varnothing$.

(4) 设ξ为σ滤子，U为开集. 若有某集A，$A\Subset U$，和ξ的各元相交，则$U\in\xi$.

若ξ和ξ'的各元相交，则$\xi\cup\xi'$满足(1)，(2)，由ξ,ξ'的极大性，有$\xi=\xi\cup\xi'=\xi'$. 这证明了(3). 为了证明(4)，若令η为所

有使 $A \Subset V \subset U$ 的开集 V 的族，则知 $\eta \cup \xi$ 是满足 (1)，(2) 的．由 ξ 的极大性，故 $\eta \subset \xi$．因 $U \in \eta$，故 $U \in \xi$.

X 的所有 σ 滤子的集合写做 σX．对于 X 的开集 U，令 $O(U)=\{\xi \in \sigma X : U \in \xi\}$，以 $\{O(U): U$ 是 X 的开集$\}$ 为基在 σX 中导入拓扑.(当 $U=\varnothing$ 时 $O(U)=\varnothing$.)因 X 是完全正则的，故关于各点 x，含 x 的所有开集族 ξ_x 是 σ 滤子．因对应 $x \to \xi_x$ 是一一的，故 X 看做 σX 的子集．明显地

(5) 对于 X 的开集 U，$O(U) \cap X = U$.

于是在 σX 中 X 的相对拓扑和 X 原来的拓扑一致． 另外 (5) 指出了 X 在 σX 中稠密．即

(6) σX 是 X 的扩张空间.

(7) 对于 X 的开集 U，V，有 $O(U \cap V) = O(U) \cap O(V)$.

若 $\xi \in O(U) \cap O(V)$，则 $U \in \xi$ 且 $V \in \xi$．由(1)，$U \cap V \in \xi$，即 $\xi \in O(U \cap V)$．逆包含关系是明显的.

(8) 若 $\mathscr{U}$ 为 X 的正则开覆盖，则 $O(\mathscr{U}) = \{O(U): U \in \mathscr{U}\}$ 是 σX 的覆盖.

设 $\mathscr{U} = \{U_i\}$．关于各 i，存在覆盖 $\{A_i\}$ 使 $A_i \Subset U_i$．取 σX 的点 ξ．因 $\{A_i\}$ 是有限覆盖且 ξ 具有有限交性，故关于某个 i，A_i 和 ξ 的所有元相交．由(4) $U_i \in \xi$，即 $\xi \in O(U_i)$.

(9) 设 F 为 σX 的闭集且 $\xi \notin F$，则存在 X 的开集 U，V，$V \Subset X - U$，使

$$\xi \in O(V),\ F \subset O(U),\ O(V) \cap O(U) = \varnothing.$$

因 F 是 σX 的闭集且 $\xi \notin F$，故关于某个 X 的开集 W，$\xi \in O(W) \subset \sigma X - F$．因 $\xi \ni W$，故有 X 的开集 V，U'，使 $V \Subset U' \Subset W$，$V \in \xi$．令 $U = X - \overline{U}'$．因 $X - U = \overline{U}' \Subset W$，故 $\{U, W\}$ 是 X 的正则覆盖．由(8)有 $O(U) \cup O(W) = \sigma X$．由 $O(W) \subset \sigma X - F$，故 $F \subset O(U)$．另外，因 $V \cap U = \varnothing$，故 $O(V) \cap O(U) = \varnothing$.

20.7 定理 σX 是 X 的极大紧化.

证明 σX 是 T_2 的．实际上，若 $\xi, \xi' \in \sigma X$，$\xi \neq \xi'$，由(3)关于某个 $U \in \xi$，$U' \in \xi'$ 有 $U \cap U' = \varnothing$，从而 $O(U)$，$O(U')$ 是 ξ，ξ' 的

不相交邻域((7)),于是 σX 是 X 的 T_2 扩张空间. 设 $\mathscr{F}=\{F\}$ 是 σX 的具有有限交性的闭集族. 当 $F,F'\in\mathscr{F}$ 时假定 $F\cap F'\in\mathscr{F}$ 即可. 对于 $F\in\mathscr{F}$, 设 $H(F)$ 为如下的 X 的开集 U 的族: 关于某个开集 $V,V\Subset U$, 有 $F\subset O(V)$. 由定义,若 $U\in H(F)$, 则关于某个开集 $V\Subset U$,有 $V\in H(F)$. 考虑集族 $\eta=\bigcup_{F\in\mathscr{F}}H(F)$. 由 $\mathscr{F}$ 的有限交性及上述考察知 η 满足 20.6 (1), (2). 于是存在含 η 的 σ 滤子. 再指出 $\xi\in\bigcap_{F\in\mathscr{F}}F$. 令 $\xi\notin F$. 由 20.6 (9) 关于 X 的某开集 U',V, $V\Subset X-U'$, 有 $\xi\in O(V)$, $F\subset O(U')$. 若取开集 U, 使 $V\Subset X-U\Subset X-U'$,则因 $U'\Subset U$,故 $U\in H(F)$. 从而 $U\in\eta\subset\xi$. 另方面,因 $U\cap V=\varnothing$, $\xi\in O(V)$,故 $\xi\not\ni U$. 如此指出了 $\xi\in\cap F$. 由 11.2, σX 是紧的. 20.6 (8) 指出了 σX 满足 20.4 (6). 由此 σX 是 X 的极大紧化. □

关于 20.7, 也有如下的更直接的证明. 兹叙述其概略. 若 $\xi\in\sigma X$ 则 ξ 满足有限交性, 故所有的 ξ 的元在 βX 中的闭包的交是非空的. 它可表示为 βX 的唯一点 $f(\xi)$. 由 σX 的定义和 βX 的性质,对应 $f:\sigma X\to\beta X$ 表示使 X 的点不动的到 βX 上的拓扑映射.

20.8 定理 (Alexandroff) 设 X 为局部紧 T_2 空间但非紧的. 存在 X 的紧化 cX, 而 $cX-X$ 是仅由一点组成的. cX 称为 Alexandroff 紧化或一点紧化.

证明 考虑不属于 X 的一点 x^*, 设 $cX=X\cup\{x^*\}$. 设 $\mathscr{B}$ 为如下的集族:

(1) X 的开集合 U 是 $\mathscr{B}$ 的元.

(2) 对于使 $X-U$ 是紧的 X 的开集 U, $U\cup\{x^*\}\in\mathscr{B}$.

以 $\mathscr{B}$ 为基在 cX 导入拓扑. 由 (1) X 是 cX 的子空间. 因 X 不是紧的, 故由(2) X 在 cX 中是稠密的. 因 X 的各点都有有紧闭包的邻域, 故 cX 是 T_2 的. 若考虑 cX 的由 $\mathscr{B}$ 的元做的覆盖 $\mathscr{U}$, 则有含 x^* 的 $W\in\mathscr{B}$, 使 $X-W$ 是紧的, 故存在 $\mathscr{U}$ 的有限子覆盖. 故 cX 即为所求的紧化. □

在上述证明中, 即使不假定 X 的局部紧性, 在同样的定义下,

cX 也是 X 的紧扩张空间. 但此时 cX 一般的不是 T_2 的. 这个 cX 称为 X 的(广义的) Alexandroff 紧化或一点紧化.

20.9 定义 空间 X 的闭集族 $\mathscr{F}$ 满足下列条件时称为正规基底 (normal base):

(1) 若取 X 的闭集 A 和点 $x \notin A$,则有某个 $F \in \mathscr{F}$ 使 $x \in F$, $F \cap A = \varnothing$.

(2) $\mathscr{F}$ 的任意有限个元的和及交属于 $\mathscr{F}$.

(3) 若 E, F 为 $E \cap F = \varnothing$ 的 $\mathscr{F}$ 的元,则存在 $\mathscr{F}$ 的元 G, H 使 $G \cup H = X, E \cap H = \varnothing, F \cap G = \varnothing$.

作为正规基底的例子,如完全正则空间的所有零集族,正规空间的所有闭集族等.

设 $\mathscr{F}$ 为 T_1 空间 X 的正规基底. 首先知 X 是 T_2 的. 实际上,如果 $x, x' \in X$, $x \neq x'$, 则由(1)和(3),存在 $\mathscr{F}$ 的元 E, F 使 $x \in X - F, x' \in X - E, (X - F) \cap (X - E) = \varnothing$. 考虑由 $\mathscr{F}$ 的元组成的所有极大滤子, 该集合写做 wX. 考虑所有使 $X - U \in \mathscr{F}$ 的 X 的开集 U, 对于各 U, 令 $O(U) = \{\xi \in wX$: 关于某个 $F \in \mathscr{F}$, $F \subset U$, 有 $F \in \xi\}$. (当 $U = \varnothing$ 时, 令 $O(\varnothing) = \varnothing$.) 以 $\{O(U): X - U \in \mathscr{F}\}$ 为基在 wX 中导入拓扑. 关于各 $x \in X$, $\mathscr{F}$ 中含 x 的所有元的族构成极大滤子, 故可确定 wX 的点 ξ_x. 因对应 $x \to \xi_x$ 是一一的, 故将它们等同看待, 认为 $X \subset wX$. 由 $O(U)$ 的定义显然有

(4) $O(U) \cap X = U$,

(5) $O(U) \cap O(V) = O(U \cap V)$.

由(4) wX 是 X 的扩张空间. 若令 $\xi, \xi' \in wX, \xi \neq \xi'$, 则关于某个 $E \in \xi$, $F \in \xi'$,有 $E \cap F = \varnothing$. 若取由 (3) 存在的 $\mathscr{F}$ 的元 G, H, $G \cup H = X, E \cap H = \varnothing = F \cap G$, 则 $\xi \in O(X - H), \xi' \in O(X - G)$. 由(5) $O(X - H) \cap O(X - G) = O(X - H \cup G) = \varnothing$, 即 wX 是 T_2 的,而且下列事实成立.

(6) 若 $F \in \mathscr{F}$,则 $wX - O(X - F) = \mathrm{Cl}_{wX} F = \{\xi \in wX: F \in \xi\}$.

(7) 若 $G\subset wX$ 为闭集，则

$$G = \bigcap\{\mathrm{Cl}_{wX}F : F\in\mathscr{F}, G\subset\mathrm{Cl}_{wX}F\}.$$

(8) 若 $F, H\in\mathscr{F}$，$F\cap H=\varnothing$，则

$$O(X-F)\cup O(X-H) = wX.$$

在(6)中显然有 $wX - O(X-F)\supset\mathrm{Cl}_{wX}F$. 若 $\xi\notin\mathrm{Cl}_{wX}F$，则有某个 $O(U)\ni\xi$ 使 $O(U)\cap F = U\cap F=\varnothing$. 由此 $U\subset X-F$，即 $\xi\in O(U)\subset O(X-F)$. 这表示(6)成立. 由(6) $\{\mathrm{Cl}_{wX}F : F\in\mathscr{F}\}$ 作成 wX 的闭集合基，故(7)成立. 令 F，$H\in\mathscr{F}$，$F\cap H=\varnothing$. 因任意点 $\xi\in wX$ 是极大滤子，故有某个 $E\in\xi$ 使 $F\cap E=\varnothing$ 或 $H\cap E=\varnothing$ 成立. 于是 $\xi\in O(X-F)$ 或 $\xi\in O(X-H)$ 成立.

20.10 定理 wX 是 X 的紧化.

证明 因已指出 wX 是 X 的 T_2 扩张空间，故指出 wX 的紧性即可. 令 $\mathscr{Q}=\{G\}$ 为 wX 的闭集组成的滤子. 若置

$$\eta = \{F\in\mathscr{F} : 关于某个 G\in\mathscr{Q}, G\subset\mathrm{Cl}_{wX}F\},$$

则由 20.9(6)因 η 是 $\mathscr{F}$ 的元组成的滤子，故含有 η 的极大滤子 ξ 存在. 由(6)，(7)及 ξ 的定义知，wX 的点 ξ 属于 $\bigcap\limits_{G\in\mathscr{Q}} G$. 于是 wX 是紧的. □

20.11 定义 完全正则空间的紧化，等价于由某个正规基底作成的紧化 wX 时，称为 Wallman 型紧化.

20.12 定理 在下述情形，由 $\mathscr{F}$ 做成的 wX 是 X 的极大紧化.

(1) X 是完全正则的且 $\mathscr{F}$ 是 X 的所有零集族.

(2) X 是正规的且 $\mathscr{F}$ 是 X 的所有闭集族.

证明 指出 wX 的极大性即可. 为此使用 20.4 (7)，若 $A\Subset B\subset X$，则有 $F, H\in\mathscr{F}$，使 $A\subset F$，$X-B\subset H$，$F\cap H=\varnothing$，由 20.9(6)，(8)

$$\begin{aligned}\mathrm{Cl}_{wX}A\subset\mathrm{Cl}_{wX}F &= wX - O(X-F)\subset O(X-H)\\ &= wX-\mathrm{Cl}_{wX}H\subset wX-\mathrm{Cl}_{wX}(X-B).\end{aligned}$$

故 $\mathrm{Cl}_{wX}A\cap\mathrm{Cl}_{wX}(X-B)=\varnothing$. 于是 wX 是极大紧化. □

20.13 推论 βX 是 Wallman 型紧化.

20.14 例 考虑在 9.24 中考虑的空间 $X=[0,\omega_1)$. $\gamma X=[0,\omega_1]$ 显然是 X 的紧化. 若 $f\in C(X,I)$,由 9.24(6) 有某个 $\alpha<\omega_1$,若 $\alpha\leqslant\beta<\omega_1$,则 $f(\alpha)=f(\beta)$. 若由 $\tilde{f}|X=f$, $\tilde{f}(\omega_1)=f(\alpha)$ 确定 $\tilde{f}:\gamma X\to I$ 则 $\tilde{f}$ 是 f 的连续扩张. 由此,由 20.4(2) γX 和 βX 等价. 考虑在 11.10 中 Tychonoff 板 $Z=\gamma X\times Y-(\omega_1,\omega)$, $Y=[0,\omega]$. 显然 $\gamma X\times Y$ 是 Z 的紧化. 令 $f\in C(Z,I)$. 关于各 $0\leqslant\gamma\leqslant\omega$, 存在 $0\leqslant\alpha_\gamma<\omega_1$, 若 $\alpha_\gamma\leqslant\beta<\omega_1$,则 $f(\beta,\gamma)=f(\alpha_\gamma,\gamma)\in I$. 因 γ 至多可取可数个值,故关于各 γ 存在 α,使 $\alpha_\gamma\leqslant\alpha<\omega_1$. 若 $\tilde{f}:\gamma X\times Y\to I$ 是由 $\tilde{f}|Z=f$, $\tilde{f}(\omega_1,\omega)=f(\alpha,\omega)$ 定义的,则由 $f|\{\alpha\}\times[0,\omega]$ 的连续性知 $\tilde{f}$ 的连续性. 于是 $\gamma X\times Y$ 和 βZ 是等价的. 又空间 X 及 Z 是局部紧的,它们的 Alexandroff 紧化(20.8)显然分别是 γX, $\gamma X\times Y$. 由此知下述事实: 空间 X 及 Z 具有唯一的紧化. 当然,这时将等价的紧化看做是相同的.

§21. 紧化的剩余

21.1 定义 当 αX 为 X 的紧化时, $\alpha X-X$ 称为 X 在 αX 中的剩余. 一般地,可知 X 在 βX 中的剩余具有大的基数.

21.2 定理 设 X 为离散空间, $|X|=\mathfrak{m}\geqslant\aleph_0$. 这时 $|\beta X|=2^{2^{\mathfrak{m}}}$.

证明 由 20.7, βX 的点对应于 X 的子集组成的极大滤子. 于是说明基数 $\mathfrak{m}$ 的集合具有 $2^{2^{\mathfrak{m}}}$ 个极大滤子即可. 设 2^X 为 X 的所有子集的集合, $\mathscr{F}$ 为 X 的所有有限集的集合, $\mathscr{Q}$ 为 $\mathscr{F}$ 的所有有限集的集合,则 $|\mathscr{F}\times\mathscr{Q}|=\mathfrak{m}$. 今指出 $\mathscr{F}\times\mathscr{Q}$ 具有 $2^{2^{\mathfrak{m}}}$ 个极大滤子. 对于 $Y\in 2^X$,令

$$n(Y)=\{(F,G)\in\mathscr{F}\times\mathscr{Q}:F\cap Y\in G\},$$
$$m(Y)=\mathscr{F}\times\mathscr{Q}-n(Y).$$

对于 $E\subset 2^X$, $|E|=2^{2^{\mathfrak{m}}}$ [1],定义

1) 这里与下面的 $|E|=2^{2^{\mathfrak{m}}}$ ($|E'|=2^{2^{\mathfrak{m}}}$) 的要求是错误的,因为 $E\subset 2^X$,而 $|X|\leqslant 2^{\mathfrak{m}}$. 容易看出,不要这个要求,并不影响定理的证明. ——校者注

$$\xi_E = \{n(Y): Y \in E\} \cup \{m(Y): Y \notin E\}.$$

首先证明 ξ_E 是滤子. 设 $n(Y_1), \cdots, n(Y_s), m(Y_{s+1}), \cdots, m(Y_t)$ 为 ξ_E 的相异元. 因 $Y_i (i = 1, \cdots, t)$ 是 2^X 的相异元，故关于各 $i < j (i, j = 1, \cdots, t)$，可取点 $x_{ij} \in (Y_i - Y_j) \cup (Y_j - Y_i)$. 设 F 为 $x_{ij}, i < j (i, j = 1, \cdots, t)$ 的集合，令

$$G = \{Y_i \cap F: i = 1, \cdots, s\}.$$

则 $G \in \mathscr{D}$ 且 G 的各元是互异的. 若 $j > s$，则 $Y_j \cap F$ 和 G 的各元不同，故 $Y_j \cap F \notin G$. 于是

$$(F, G) \in n(Y_i), i \leqslant s, \text{且} (F, G) \in m(Y_j), j > s$$

成立. 故知 ξ_E 具有有限交性. 令 $E' \subset 2^X$, $|E'| = 2^{2^m}$，为和 E 不同的集合. 若 $Y \in E - E'$，则 $n(Y) \in \xi_E$ 且 $n(Y) \notin \xi_{E'}$. 同样地，若 $Y \in E' - E$ 则 $n(Y) \notin \xi_E$ 且 $n(Y) \in \xi_{E'}$. 于是若令 η_E 为含 ξ_E 的极大滤子，则当 $E \neq E'$ 时有 $\eta_E \neq \eta_{E'}$. 在 2^X 的子集 E 中，使 $|E| = 2^{2^m}$ 的 E 存在 2^{2^m} 个，故最少存在 2^{2^m} 个极大滤子. 故 $|\beta X| \geqslant 2^{2^m}$. 另方面，$X$ 的极大滤子可以看做是 2^X 的所有子集的集合 2^{2^X} 的元素，故 $|\beta X| \leqslant |2^{2^X}| = 2^{2^m}$. □

21.3 推论 对于自然数集 N, $|\beta N| = 2^{2^{\aleph_0}}$.

21.4 定理 若 $F \subset \beta X - X$，则在下述各情形下有

$$|\mathrm{Cl}_{\beta X} F| \geqslant 2^{2^{\aleph_0}}.$$

(1) X 为离散空间且 F 为无限集.

(2) X 为 Lindelöf 空间，F 为无限集且 $X \cap \mathrm{Cl}_{\beta X} F = \varnothing$.

(3) F 为 βX 的零集.

证明 (1) 因 βX 是正则的，F 为无限集，故有 $x_1 \in F$ 及 βX 中有 x_1 的开邻域 U_1 使 $F - \overline{U}_1$ 为无限集（—为在 βX 中的闭包）. 同样地可取得 $x_2 \in F - \overline{U}_1$ 及其开邻域 U_2，使 $U_1 \cap U_2 = \varnothing$，$F - \overline{U}_1 \cup \overline{U}_2$ 为无限集. 如此继续下去，可取得 $x_i \in F$ 及其开邻域 $U_i, i = 1, 2, \cdots$，关于 $i \neq j$ 有 $U_i \cap U_j = \varnothing$. 令 $A = \{x_i: i = 1, 2, \cdots\}$，今指出 $\overline{A} = \beta A$. 由 21.3，因 A 与 N 同胚故定理成立. 设 $f \in C(A, I)$. 定义 $g: X \to I$ 为

$$g(x) = f(x_i), \ x \in X \cap U_i, \ i = 1, 2, \cdots, \ g(x) = 0,$$

$$x \in X - \bigcup_{i=1}^{\infty} U_i.$$

因X具有离散拓扑，故g为连续的．设$\tilde{g}$为g在βX的扩张．因$x_i \in \overline{X \cap U_i}$，故

$$\tilde{g}(x_i) \in \tilde{g}(\overline{X \cap U_i}) \subset \overline{g(X \cap U_i)} = f(x_i),$$

即关于各i，$\tilde{g}(x_i) = f(x_i)$，由此$\tilde{g}$是f的扩张，这意味着任意的$f \in C(A, I)$可扩张到$\overline{A}$上，故可认为$\overline{A} = \beta A$(20.4)．

(2) 和(1)同样取F的可数无限集A． 考虑子空间$X \cup A$．因X是 Lindelöf 的，故$X \cup A$是 Lindelöf 的，因之是正规的．由条件，A是$X \cup A$的闭集，故任意的$f \in C(A, I)$可扩张到$X \cup A$上，从而可扩张到βX上．和(1)同样导出结论．

(3) 设$f \in C(\beta X, I)$，$F = \{x \in \beta X : f(x) = 0\}$．令$Y = \beta X - F$．因$X \subset Y \subset \beta X$，故$\beta X = \beta Y$．考虑$g = 1/f : Y \to R$．因$g$是无界的，故存在$R$的含在$g(Y)$中的离散闭集$H = \{r_i \in R : i = 1, 2, \cdots\}$． 从各$g^{-1}(r_i)$中取一点$x_i$，令$E = \{x_i : i = 1, 2, \cdots\}$，则$g|E : E \to H$是拓扑映射．$E$是$Y$的闭集，且$\overline{E} - E \subset F$．令$h \in C(E, I)$．$h \cdot (g|E)^{-1} \in C(H, I)$具有到$R$的扩张$\tilde{h}$．$\tilde{h} \circ g$是$h$的到$Y$的扩张． 因$\beta Y = \beta X$，故$\tilde{h} \circ g$可扩张到$\beta X$．由此知各$h \in C(E, I)$可扩张到$\overline{E}$上．故可看做$\overline{E} = \beta E$．因$E$和$N$同胚，故可由 21.3 得到结论．□

21.5 推论 设X和Y为满足第一可数性的完全正则空间．若βX和βY是同胚的，则X和Y是同胚的．

证明 因在完全正则空间中具有可数邻域基的点是零集，故由21.4(3)，$\beta X - X$，$\beta Y - Y$的各点不具有可数邻域基．又X，Y的各点在βX，βY具有可数邻域基．于是若$f : \beta X \to \beta Y$为同胚映射，则$f|X$为X到Y上的同胚映射．□

21.6 N在βN的剩余以N^*表示之．N^*具有有趣的性质，为此略做叙述．

若把βN看做N的子集构成的极大滤子的集合，则N^*具有如下的基$\mathscr{B}^*$． 关于$E \subset N$，若令$O(E) = \{x \in \beta N : E \in x\}$，则

$\{O(E):E\subset N\}$ 做成 βN 的基. 因为

$$\beta N = O(E)\cup O(N-E),\ O(E)\cap O(N-E)=\varnothing,$$

故各 $O(E)$ 是开且闭的. 令 $E\subset N$ 为有限集. 若 $x\in O(E)$,则极大滤子 x 含有 E 为元,因 E 为有限集,故 x 必须含有 E 的某一点(N 的点)为元(参照 3.6(2)). 这表示 x 为 N 的点. 于是对于有限集 E,有 $O(E)\subset N$. 对于各 $E\subset N$,令 $W(E)=O(E)\cap N^*$. 由上述考察

(1) 在 $E\subset E'\subset N$,若 $E'-E$ 为有限集,则 $W(E)=W(E')$ 成立. 定义

$$\mathscr{B}^*=\{W(E):E\subset N,|E|=|N-E|=\aleph_0\},$$

则 $\mathscr{B}^*$ 是 N^* 的基.

21.7 定理 若 $W_i(i=1,2,\cdots)$ 为 N^* 的可数个开集,则 $\bigcap_{i=1}^{\infty}W_i=\varnothing$ 或者 $\bigcap_{i=1}^{\infty}W_i$ 含有非空的开且闭集.

证明 设 $x\in\bigcap W_i$. 因 $\mathscr{B}^*$ 为 N^* 的基,故存在 $E_i\subset N$, $|E_i|=\aleph_0$,使

$$x\in W(E_i)\subset W_i\ (i=1,2,\cdots)$$

成立. 因 $\{W(E_i):i=1,2,\cdots\}$ 具有有限交性,故$\{E_i\}$的任意有限个的交还是无限集. (因 $W(E_i)\cap W(E_j)=W(E_i\cap E_j)$ 成立,参考 20.6(7).)取

$$n_i\in E_1\cap\cdots\cdots\cap E_i,\ n_i<n_{i+1},\ i=1,2,\cdots,$$

令 $E=\{n_i\}$,关于各 i,$E-E_i$ 是有限集. 于是由 21.6(1),

$$W(E)=W(E\cap E_i)\subset W(E_i),\ i=1,2,\cdots,$$

即 $W(E)\subset\bigcap_i W_i$. □

21.8 定义 空间 X 的点 x 当它的任意可数个邻域的交仍为 x 的邻域时称 x 为 P 点.

21.9 定理 (W. Rudin) 假定连续统假设成立,则 N^* 具有 $2^{2^{\aleph_0}}$ 个 P 点.

证明 因 $|\mathscr{B}^*|=2^{\aleph_0}=\aleph_1$,故 $\mathscr{B}^*$ 可良序化为 $\{W_\alpha:\alpha<\omega_1\}$. 为方便计,令 $W_1=N^*$.置 $A_1=W_1$. 设关于 $\alpha<\omega_1$,对于各

$\beta<\alpha$ 已构成开且闭集 A_β,使 $\bigcap_{\beta<\alpha} A_\beta \neq \varnothing$. 由 21.7 可取得非空的开且闭集 B_α,使 $B_\alpha \subset \bigcap_{\beta<\alpha} A_\beta$, 若 $B_\alpha \cap W_\alpha = \varnothing$,则令 $A_\alpha = B_\alpha$, 若 $B_\alpha \cap W_\alpha \neq \varnothing$,则令 $A_\alpha = B_\alpha \cap W_\alpha$. 设 $A = \bigcap_{\alpha<\omega_1} A_\alpha$. 因各 A_α 为紧的,故 $A \neq \varnothing$. 由构成方法,若 $W_\alpha \cap A \neq \varnothing$,则 $A \subset A_\alpha \subset W_\alpha$, 故 $A \subset W_\alpha$. 于是 A 是 N^* 的唯一点组成,令之为 x. 设 $W_{\alpha_i} \in \mathscr{B}^*(i=1,2,\cdots)$ 为点 x 的邻域. 若取 α, 使 $\alpha_i \leqslant \alpha < \omega_1$, $i=1,2,\cdots$,则 x 的邻域 A_α 被含在 $\bigcap_i W_{\alpha_i}$ 中. 由此 x 是 P 点. 为判断存在 $2^{2^{\aleph_0}}$ 个 P 点,在上述构成中,关于各 $\alpha<\omega_1$, 分 B_α 为两个非空的开且闭集 B'_α, B''_α, 使 $B'_\alpha \cap B''_\alpha = \varnothing$, 关于 B'_α, B''_α 若同样地进行构造,可知存在 $2^{\aleph_1}$ 个 P 点. □

最后当给与紧空间 Y 和局部紧空间 X 时,考虑 X 在 X 的紧化 αX 中的剩余是 Y 的 αX 的存在条件. 下述命题给出这个充分条件.

21.10 命题 设 X 为非紧的局部紧空间, cX 为 Alexandroff 紧化, Y 为紧空间. 设存在如下的连续映射 $f:X\to Y$: 关于点 $x^* = cX - X$ 在 cX 的任意邻域 U, $f(U\cap X)$ 在 Y 中稠密. 这时具有剩余为 Y 的 X 的紧化 αX 是存在的.

证明 设 $g: X \to cX \times Y$ 定义为 $g(x) = (x, f(x))$,设 αX 为 $g(X)$ 在 $cX\times Y$ 中的闭包. 因 g 为嵌入,故 αX 是 X 的紧化. 取 $\{x^*\}\times Y$ 的任意点 (x^*, y), 它在 $cX\times Y$ 的邻域设为 $U\times V$. 因 $f(U\cap X)$ 在 Y 中稠密,故有 $x\in U\cap X$ 使 $f(x)\in V$.

因 $g(x) = (x, f(x)) \in U\times V$,故

$$\alpha X = \overline{g(X)} = g(X) \cup (\{x^*\}\times Y). \quad \square$$

21.11 定理 设 X 为非紧的局部紧可分度量空间, Y 为连通紧度量空间. 这时, Y 是 X 的某个紧化的剩余.

证明 将 Y 看做 Hilbert 基本立方体 I^ω 的子集. 首先指出在 Y 的可数稠密集 $\{y_i\}$ 中,存在使 $\lim d(y_i, y_{i+1}) = 0$ 成立者(d 为 I^ω

的距离）. 因 Y 是紧的，故关于各 n，有有限集 $F_n=\{y_k^n:k=1,\cdots,k_n\}$，关于各 $y\in Y$ 可使 $d(y,F_n)<1/2n$ 成立. 因 Y 是连通的，将 F_n 的点容许重复改变排列为 $\{z_l^n:l=1,\cdots l_n\}$，可使

$$d(z_l^n, z_{l+1}^n)<1/n,\ l=1,\cdots,l_n-1.$$

于是若将 $\bigcup_{n=1}^{\infty}F_n$ 的点容许重复改变排列，则 $\bigcup_{n=1}^{\infty}F_n=\{y_i\}$ 是稠密的，且有 $\lim_i d(y_i,y_{i+1})=0$. 其次考虑 X 的 Alexandroff 紧化 cX. 因 cX 是完全可分的，故可看做是度量空间. 令 ρ 为其距离，设 $x^*=cX-X$，取 $x_i\in X$，$i=1,2,\cdots$，使

$$\rho(x^*,x_i)>\rho(x^*,x_{i+1})\ \text{且}\ \lim_i\rho(x^*,x_i)=0.$$

定义 $f:X\to I^\omega$ 如下：若

$$x\in X,\ \rho(x^*,x)\geqslant\rho(x^*,x_1),$$

令 $f(x)=y_1$，一般地，对于使

$$\rho(x^*,x_i)\geqslant\rho(x^*,x)\geqslant\rho(x^*,x_{i+1})$$

的点 x，在连结 y_i 和 y_{i+1} 的 I^ω 的线段上，将它按

$$(\rho(x^*,x_i)-\rho(x^*,x)):(\rho(x^*,x)-\rho(x^*,x_{i+1}))$$

内分的点确定为 $f(x)$. 显然 f 是连续的. 按 $g(x)=(x,f(x))$ 定义 $g:X\to cX\times I^\omega$，设 αX 为 $g(X)$ 在 $cX\times I^\omega$ 的闭包. 指出 $\alpha X\cap(\{x^*\}\times I^\omega)=\{x^*\}\times Y$ 即可. $\alpha X\cap(\{x^*\}\times I^\omega)$ 是集合 $\{(x_i,y_i):i=1,2,\cdots\}$ 在 $\{x^*\}\times I^\omega$ 的聚点的集合. 但这个聚点等于 $\{(x^*,y_i):i=1,2,\cdots\}$ 在 $\{x^*\}\times I^\omega$ 的聚点。因 $\{y_i\}$ 是 Y 的稠密集，故得到

$$\alpha X\cap(\{x^*\}\times I^\omega)=\{x^*\}\times Y.$$

于是 αX 即为所求的紧化. □

21.12 推论 任意可分紧连通空间是 N 的某紧化的剩余.

§22. 可数紧空间和伪紧空间

22.1 定义 当拓扑空间 X 的任意可数开覆盖具有有限子覆盖时，X 称为可数紧的 (countably compact). 在拓扑空间 X 上定义

的连续实函数若皆为有界的，则称 X 为伪紧的 (pseudo compact).

22.2 命题 在空间 X 上，下列条件是等价的.

(1) X 是可数紧的.

(2) X 的具有有限交性质的可数个闭集族具有非空交.

(3) X 的所有可数无限集具有聚点.

证明 显然(1)和(2)是等价的. 若否定(3)，则存在有可数无限个点组成的 X 的闭离散子集 $\{x_i : i = 1, 2, \cdots\}$. 若令

$$F_i = \{x_j : j = i, i+1, \cdots\}, \ i = 1, 2, \cdots,$$

则 $\{F_i\}$ 是具有有限交性质的闭集族，而交是空的. 这表明(2) $\Longrightarrow$ (3). 为了指出(3) $\Longrightarrow$ (2)，设 $\{F_i\}$ 为具有有限交性质的闭集族. 取点 $x_i \in \bigcap_{j=1}^{i} F_j, i = 1, 2, \cdots$. 在 $\{x_i\}$ 中若有无限个相等的点，则它属于 $\bigcap_{i=1}^{\infty} F_i$. 若 $\{x_i\}$ 全不相同，则有聚点存在，它属于 $\bigcap_{i=1}^{\infty} F_i$.
□

22.3 引理 可数紧或伪紧空间的连续像分别为可数紧或伪紧的.

证明是显然的.

22.4 引理 紧空间是可数紧的，可数紧空间是伪紧的.

证明 前部分是显然的. 设 $f: X \to R$ 为可数紧空间 X 的实连续函数. 说明 $f(X)$ 是紧的即可. 因 $f(X)$ 是完全可分的，故 $f(X)$ 的任意开覆盖具有可数子覆盖. 由 22.3 $f(X)$ 是可数紧的，故可选出有限子覆盖. □

22.5 例 考虑在 20.14 考虑过的空间 $X = [0, \omega_1)$ 及 $Z = [0, \omega_1] \times [0, \omega] - (\omega_1, \omega)$. 首先 X 是可数紧的. 实际上，对于 X 的任意可数集 F，F 的上确界 $\sup F$ 存在，它是 F 的聚点. X 显然不是紧的. 于是在正规空间范围内紧和可数紧是相异的概念. 另方面，由 20.4 指出的事实 Z 是伪紧的. 但 Z 的可数集 $\{\omega_1\} \times [0, \omega)$ 不具有聚点，故 Z 非可数紧的. 于是，在完全正则空间中伪紧和可数紧是相异的概念.

22.6 命题 完全正则空间X是伪紧的充要条件是在X中的局部有限开集族全是有限族.

证明 充分性，关于实连续函数$f:X\to R$，取R的无限个开集组成的局部有限覆盖，考虑它的原像即可. 在这里完全正则性是不需要的. 为了指出必要性，设$\mathscr{U}=\{U_i\}$为X的局部有限的开集的可数无限族. 关于各i若选出$x_i\in U_i$，则$\{x_i\}$是无限集. 若取$f_i\in C(X,I)$使$f_i(x_i)=i$，$f_i(X-U_i)=0$，则$\sum_{i=1}^{\infty}f_i$是X上的连续实函数但非有界的. □

22.7 命题 正规空间若为伪紧的则为可数紧的.

证明 若令X为正规的且非可数紧的，则X的可数无限的离散闭集Y存在. 若取非有界的任意连续函数$f:Y\to R$，因X为正规的，由9.11(3)存在f的扩张$g:X\to R$. g是无界的. □

下述Bacon定理，其表现是复杂的，但具有许多应用实例. 对于集合M，用$\chi_0(M)$表示所有M的可数子集的族.

22.8 定理 可数紧空间是紧的充要条件如下：对于X的任意开覆盖$\mathscr{U}$，存在X的子集族$\mathscr{F}_i$，$i=1,2,\cdots$，$\bigcup\mathscr{F}_i$构成X的覆盖，若关于各i适当取映射$f_i:\mathscr{F}_i\to\chi_0(\mathscr{U})$，则下述事实成立，若任取$\mathscr{H}\in\chi_0(\mathscr{F}_i)$及点$x(H)\in H$，$H\in\mathscr{H}$，则

$$\overline{\{x(H):H\in\mathscr{H}\}}\subset\bigcup_{H\in\mathscr{H}}(f_i(H))^{\#}.$$

证明 显然条件是必要的. 实际上，关于任意开覆盖$\mathscr{U}$，取有限子覆盖$\mathscr{V}$，取$\{X\}$作为X的子集族$\mathscr{F}_i$，若定义映射$f_i:\{X\}\to\chi_0(\mathscr{U})$为$f_i(\{X\})=\mathscr{V}$，则因$\mathscr{V}^{\#}=X$，故全部成立. 今指出充分性. 设$\mathscr{U}$为$X$的开覆盖，对于$\mathscr{U}$取满足定理条件的$\mathscr{F}_i$，$f_i$，$i=1,2,\cdots$. 对于各$i$只要说明$X$的子集$\mathscr{F}_i^{\#}$被某$\mathscr{V}^{\#}$包含，其中$\mathscr{V}\in\chi_0(\mathscr{U})$即可. 实际上，$\mathscr{V}$是$\mathscr{U}$的可数子族，由$\bigcup\mathscr{F}_i$构成$X$的覆盖，知存在$\mathscr{U}$的可数子覆盖，由$X$的可数紧性指出了$\mathscr{U}$存在有限子覆盖. 为了证明上述事实，假设不成立，设关于某个k，$\mathscr{F}_k^{\#}$不被任意$\mathscr{V}^{\#}$包含，$\mathscr{V}\in\chi_0(\mathscr{U})$. 设$x_1\in\mathscr{F}_k^{\#}$，任取$x_1\in H_1\in\mathscr{F}_k$. 由假定，存在点$x_2\in\mathscr{F}_k^{\#}-(f_k(H_1))^{\#}$. 因

$x_1 \in H_1 \subset f_k(H_1)^{\#}$,故 $x_1 \neq x_2$. 若取 $x_2 \in H_2 \in \mathscr{F}_k$,则

$$f_k(H_1) \cup f_k(H_2) \in \chi_0(\mathscr{U}),$$

故可取点 $x_3 \in \mathscr{F}_k^{\#} - (f_k(H_1) \cup f_k(H_2))^{\#}$. 若如此继续,则关于各 $n = 1, 2, \cdots$,可取得全相异的 x_n, $H_n \in \mathscr{F}_k$,且使

$$x_n \in H_n,\ x_{n+1} \in \mathscr{F}_k^{\#} - (f_k(H_1) \cup \cdots \cup f_k(H_n))^{\#}.$$

令

$$W = X - \mathrm{Cl}\{x_n : n = 1, 2, \cdots\}.$$

由定理的条件

$$\mathrm{Cl}\{x_n\} \subset \bigcup_{n=1}^{\infty} (f_k(H_n))^{\#}$$

成立. 由此 $\{W, f_k(H_n) : n = 1, 2, \cdots\}$ 构成 X 的可数开覆盖. 因 X 是可数紧的,故关于某个 m,$\{W, f_k(H_n) : n = 1, 2, \cdots, m\}$ 覆盖 X,但

$$x_{m+1} \notin W \cup \left(\bigcup_{n=1}^{m} f_k(H_n)\right)^{\#},$$

故产生矛盾. □

22.9 推论 设 X 为点有限仿紧空间或可展空间. 若 X 是可数紧的则为紧的.

证明 设 X 为可数紧的. X 为点有限仿紧时,只要说明 X 的点有限开覆盖 $\mathscr{U}$ 具有有限子覆盖即可. 为了指出对于 $\mathscr{U}$ 满足 22.8 的条件,令 $\mathscr{F} = \{\{x\} : x \in X\}$,$f : \mathscr{F} \to \chi_0(\mathscr{U})$ 为 $f(\{x\}) = \{U \in \mathscr{U} : x \in U\}$. 关于任意子集 M,因 $\overline{M} \subset \mathscr{U}(M)$ 成立,故 $\mathscr{F}$ 和 f 满足 22.8 的条件. 其次,令 X 为可展空间,$\{\mathscr{V}_n\}$ 为展开列. 关于各 $U \in \mathscr{U}$,令

$$U_n = X - \mathscr{V}_n(X - U),\ n = 1, 2, \cdots,$$

$\mathscr{F}_n = \{U_n : U \in \mathscr{U}\}$. 由 $\{\mathscr{V}_n\}$ 是展开列,故 $\cup \mathscr{F}_n$ 构成 X 的覆盖. $f_n : \mathscr{F}_n \to \chi_0(\mathscr{U})$ 定义为 $f_n(U_n) = U$. 确实满足了 22.8 的条件. □

22.10 定理 (Novak) 有 βN 的可数紧子集 E, F 存在,使 $E \cup F = \beta N$, $E \cap F = N$.

证明　对于集合 M，用 $\overline{\chi}_0(M)$ 表示M的可数无限子集全体．对于 $A\in\overline{\chi}_0(\beta N)$，用 $x(A)$ 表示A的一个聚点．令 $E_0=N$．关于各序数 $\alpha, 0<\alpha<\omega_1$，设

$$E_\alpha=\bigcup_{\beta<\alpha}E_\beta\cup\left\{x(A):A\in\overline{\chi}_0\left(\bigcup_{\beta<\alpha}E_\beta\right)\right\},$$

定义 $E=\bigcup_{\alpha<\omega_1}E_\alpha$．因$E$的可数集必定属于某个 $E_\alpha,\alpha<\omega_1$，它的一个聚点含在 $E_{\alpha+1}$中，故E是可数紧的．令 $F=(\beta N-E)\cup N_0$．现在若关于各 $\beta<\alpha$，$|E_\beta|\leqslant 2^{\aleph_0}$，则

$$\left|\bigcup_{\beta<\alpha}E_\beta\right|\leqslant 2^{\aleph_0}\cdot\aleph_0=2^{\aleph_0}.$$

又

$$\left|\overline{\chi}_0\left(\bigcup_{\beta<\alpha}E_\beta\right)\right|\leqslant 2^{\aleph_0}\cdot\aleph_0=2^{\aleph_0}.$$

于是$|E_\alpha|\leqslant 2^{\aleph_0}$．故$|E|\leqslant 2^{\aleph_0}$．若 $A\in\overline{\chi}_0(\beta N)$，则由 21.4，$A$的聚点的基数为 $2^{2^{\aleph_0}}$．于是含在F中的A的聚点存在．故F是可数紧的．□

22.11　例　考虑在 22.10 中 βN 的可数紧子集 E,F，做积空间 $X=E\times F$．若 $H=\{(n,n):n\in N\}$，则H是X的闭集，且具有离散拓扑．因此X不是可数紧的．

22.12　例（Terasaka）　将N分为两个无限子集 N_1，N_2，设 $\mu:N\to N$ 为 $\mu(N_1)=N_2$，$\mu(N_2)=N_1$ 的一一映射．μ 可扩张为 βN 到 βN 的拓扑映射 τ．关于各 $x\in\beta N$ 有 $x\neq\tau(x)$．因

$$|\overline{\chi}_0(\beta N)|=2^{2^{\aleph_0}}\cdot\aleph_0=2^{2^{\aleph_0}},$$

故若令 η 为基数 $2^{2^{\aleph_0}}$ 的始数，则 $\overline{\chi}_0(\beta N)$ 可良序化为 $\{A_\alpha:\alpha<\eta\}$．关于各 α，A_α 的聚点 $x(A_\alpha)$ 选择如下：设 $x(A_1)$ 为 A_1 的任意聚点．设 $\alpha<\eta$，对于各 $\beta<\alpha$，已选取不同于所有 $\tau(x(A_\gamma))$，$\gamma<\beta$ 的 A_β 的聚点 $x(A_\beta)$．因

$$|\mathrm{Cl}_{\beta N}(A_\alpha)-A_\alpha|=2^{2^{\aleph_0}},\quad|\{\tau(x(A_\beta)):\beta<\alpha\}|<2^{2^{\aleph_0}},$$

故选 $x(A_\alpha)$ 为 $x(A_\alpha)\notin\{\tau(x(A_\beta)):\beta<\alpha\}$ 者．令 $E=N\cup\{x(A_\alpha):\alpha<\eta\}$．和 22.10 的证明同样可指出$E$是可数紧的．考虑积空间

$E \times E$. 因 $H = \{(n, \tau n): n \in N\}$ 是 $E \times E$ 的开离散集 $N \times N$ 的子集，故是 $E \times E$ 自身的开离散集. 为了指出H是 $E \times E$ 的闭集,考虑

$$F = \{(x, \tau x): x \in \beta N\} \subset \beta N \times \beta N.$$

显然F是 $\beta N \times \beta N$ 的闭集. 由E的做法有 $(E \times E) \cap F = H$. 故指出了H是 $E \times E$ 的开且闭离散集. 因H的各点做成 $E \times E$ 的局部有限开集族,故由 22.6 $E \times E$ 不是伪紧的.

§23. Glicksberg 定 理

23.1 引理 若X为拓扑空间，Y为紧空间，则射影 $\pi: X \times Y \to X$ 是完全映射.

证明 设F为 $X \times Y$ 的闭集，$x \in \mathrm{Cl}_X(\pi(F))$. 只要指出 $\pi^{-1}(x) \cap F \neq \emptyset$ 即可. 设 $\pi^{-1}(x) \cap F = \emptyset$. 关于各 $(x, y) \in \pi^{-1}(x)$,有 x 的邻域 $U(x, y)$, y 的邻域 $V(y)$, 使

$$U(x, y) \times V(y) \cap F = \emptyset.$$

因$\{V(y): y \in Y\}$覆盖紧的Y,故存在有有限子覆盖 $\{V(y_i): i = 1, 2, \cdots, n\}$. 若令

$$U = \bigcap_{i=1}^{n} U(x, y_i),$$

则U是x的邻域且 $U \times Y \cap F = \emptyset$. 于是 $U \cap \pi(F) = \emptyset$, 和 $x \in \mathrm{Cl}_X(\pi(F))$ 矛盾. □

23.2 记号 设 f 为 $X \times Y$ 上的连续实函数，且关于各 $x \in X$, $f(\{x\} \times Y)$ 是有界的. 关于 $x \in X$ 由 $\xi_f(x)(y) = f(x, y)$ 确定 $\xi_f(x) \in C^*(Y)$. 由对应 $x \to \xi_f(x)$ 可确定映射

$$\xi_f: X \to C^*(Y).$$

关于 $x, x' \in X$,令

$$\varphi_f(x, x') = \sup_{y \in Y} |f(x, y) - f(x', y)|,$$

则 φ_f 满足X上的伪距离条件 15.2 (1), (2), (3). 若用 d 表示 $C^*(Y)$ 上的距离 (参照 9.5),则 $\varphi_f(x, x') = d(\xi_f(x), \xi_f(x'))$. 对

于函数 $g \in C(X)$ 用 $Z(g)$ 表示 g 的零集 $\{x \in X : g(x) = 0\}$.

关于积空间 $X \times Y$, $\beta(X \times Y)$ 和 $\beta X \times \beta Y$ 一般是不同的. 在本节叙述的 Glicksberg 定理给与了它们是等价的充要条件. 此处给出的定理的证明是 Frolik 和 Tamano 提出的.

23.3 命题 设 $f \in C(X \times Y)$ 为关于各 $x \in X$, $f(\{x\} \times Y)$ 是有界的函数. 在下述情形 $\xi_f : X \to C^*(Y)$ 是连续的.

(1) 关于 $X \times Y$ 的任意零集 A, $\pi(A)$ 是 X 的闭集. 在此 π 是 $X \times Y$ 到 X 的射影.

(2) $X \times Y$ 是完全正则伪紧的.

证明 (1) 设 $x_0 \in X$. 只要说明关于任意 $\varepsilon > 0$, 有 x_0 的邻域 U, 使

$$d(\xi_f(x_0), \xi_f(x)) < 2\varepsilon, \ x \in U,$$

成立即可. 若

$$g(x, y) = \varepsilon - \min(\varepsilon, |\xi_f(x_0)(y) - \xi_f(x)(y)|),$$
$$(x, y) \in X \times Y,$$

则 g 是连续的. 若 $x = x_0$, 则 $g(x_0, y) = \varepsilon$, $y \in Y$. 于是 $x_0 \notin \pi(Z(g))$.因 $\pi(Z(g))$ 是闭集, 故若取和 $\pi(Z(g))$ 不相交的 x_0 的邻域 U,则关于 $(x, y) \in U \times Y$,有

$$|\xi_f(x_0)(y) - \xi_f(x)(y)| < \varepsilon.$$

于是

$$d(\xi_f(x_0), \xi_f(x)) \leqslant \varepsilon < 2\varepsilon.$$

(2) 关于某 $x_0 \in X$, 存在 $\varepsilon > 0$, 关于 x_0 的各邻域 U, 假定存在 $x \in U$, 使

$$d(\xi_f(x_0), \xi_f(x)) > 4\varepsilon,$$

这表示关于 x_0 的各邻域 U,存在 $(x,y) \in U \times Y$,使

$$|f(x_0, y) - f(x, y)| > 4\varepsilon.$$

满足此条件的 x_0 的邻域 U 记作 U_0,点 (x,y) 记作 (x_1, y_1). 取 x_0, x_1, y_1 的邻域 U_1, W_1, V_1, 使 $U_1 \cup W_1 \subset U_0$ 且 f 在 $U_1 \times V_1$, $W_1 \times V_1$ 上的变动不超过 ε,即 $f(U_1 \times V_1)$, $f(W_1 \times V_1)$ 包含在长为 ε 的区间中,则存在 $U_1 \times Y$ 的点 (x_2, y_2) ,使

$$|f(x_0, y_2) - f(x_2, y_2)| > 4\varepsilon.$$

取 x_0, x_2, y_2 的邻域 U_2, W_2, V_2 使 $U_2 \cup W_2 \subset U_1$ 且 f 在 $U_2 \times V_2$, $W_2 \times V_2$ 上的变动不超过 ε. 如此继续,对于各 n,(i)取点 x_n, y_n, 使

$$|f(x_0, y_n) - f(x_n, y_n)| > 4\varepsilon,$$

(ii)取 x_0, x_n, y_n 的邻域 U_n, W_n, V_n,使 $U_n \cup W_n \subset U_{n-1}$,(iii)使 f 在 $U_n \times V_n, W_n \times V_n$ 上的变动不超过 ε. 因$\{W_n \times V_n\}$是 $X \times Y$ 的开集族,故由 22.6 在某点 $(\bar{x}, \bar{y}) \in X \times Y$ 不为局部有限. 任取$(\bar{x}, \bar{y})$的邻域 $U \times V$[1]. 如果关于 $n, n', n < n'$,有

$$(U \times V) \cap (W_n \times V_n) \neq \varnothing \neq (U \times V) \cap (W_{n'} \times V_{n'}),$$

则由 (ii) 有

$$(U \times V) \cap (U_n \times V_n) \neq \varnothing.$$

由此事与 (iii),关于某个 n,有

$$|f(\bar{x}, \bar{y}) - f(x_0, y_n)| < 2\varepsilon \text{ 且 } |f(\bar{x}, \bar{y}) - f(x_n, y_n)| < 2\varepsilon.$$

于是有 $|f(x_0, y_n) - f(x_n, y_n)| < 4\varepsilon$,和 (i) 矛盾. □

23.4 引理 设X, Y皆为无限个点组成的完全正则空间. 如果 $X \times Y$ 不是伪紧的,则 X,Y 存在有非空不相交的开集列 $\{U_n: n = 1, 2, \cdots\}$, $\{V_n: n = 1, 2, \cdots\}$, 使 $\{U_n \times V_n: n = 1, 2, \cdots\}$ 在 $X \times Y$ 中是局部有限的.

证明 设X非伪紧. 存在由X的非空开集组成的分散集列 $\{U_n: n = 1, 2, \cdots\}$. 因$Y$是正则空间且是无限集,故具有非空开集组成的不相交集合列 $\{V_n: n = 1, 2, \cdots\}$. 这时 $\{U_n \times V_n\}$ 即为所求的集列. 当Y为非伪紧时也同样. 其次设X和Y都是伪紧的.设 $\{U_n \times V_n: n = 1, 2, \cdots\}$ 为由非空开集 $U_n \times V_n$ 组成的局部有限列(22.6). 设 $y_0 \in Y$ 为在那里 $\{V_n\}$ 不是局部有限的点,任意选点 $x_1 \in U_1$ 考虑点 (x_1, y_0). 存在 (x_1, y_0) 的邻域 $W_1 \times S_1$,仅和有限个 $\{U_n \times V_n\}$ 相交. 可设 $W_1 \subset U_1$. 若令

1) 这里要求函数 f 在 $U \times V$ 上的振幅$\leqslant \varepsilon$. 此外,又因为 f 在 $U_n \times V_n$, $W_n \times V_n$ 上的振幅 $\leqslant \varepsilon$, 故本证明中最后三个不等式中的"$<$"要相应换成"$\leqslant$". ——校者注

$$A_1 = \{n \in N: (W_1 \times S_1) \cap (U_n \times V_n) \neq \varnothing\},$$

则关于 $\{n \in N: V_n \cap S_1 \neq \varnothing\} - A_1$ 的任意元 n，有 $W_1 \cap U_n = \varnothing$. 任取这种 n 的一个为 n_2，由于 $x_2 \in U_{n_2}$ 是任意的，选 (x_2, y_0) 的邻域 $W_2 \times S_2$，使 $W_2 \subset U_{n_2}$ 且

$$A_2 = \{n \in N: (W_2 \times S_2) \cap (U_n \times V_n) \neq \varnothing\}$$

为有限集者. 取 $\{n \in N: V_n \cap S_2 \neq \varnothing\} - A_2$ 的任意元为 n_3，如此继续进行. 可选出 X 的不相交开集列 $\{W_j: j = 1, 2, \cdots\}$，关于某 $\{V_n\}$ 的无限子列 $\{V_{n_j}\}$ 使

$$W_j \times V_{n_j} \subset U_{n_j} \times V_{n_j},\ j = 1, 2, \cdots.$$

现在交换 X 和 Y 的作用，如果同样进行，则得到所求的开集列. □

23.5 定理 (Glicksberg) 设 X, Y 都是具有无限个点的完全正则空间. 下列条件是等价的：

(1) $\beta(X \times Y) = \beta X \times \beta Y$.

(2) $X \times Y$ 是伪紧的.

(3) X 是伪紧的，关于 $X \times Y$ 的任意零集 A，$\pi(A)$ 是 X 的闭集 (π 为射影 $X \times Y \to X$).

(4) X 为伪紧的，对于任意的 $f \in C^*(X \times Y)$，$\xi_f: X \to C^*(Y)$ 是连续的.

证明 按(1)$\Longrightarrow$(2)$\Longrightarrow$(4)$\Longrightarrow$(1)$\Longrightarrow$(3)$\Longrightarrow$(4)的顺序给与证明.

(1)$\Longrightarrow$(2) 假定(1)成立，设 $X \times Y$ 是非伪紧的. 由 23.4 有非空局部有限的开集列 $\{U_n \times V_n: n = 1, 2, \cdots\}$，$\{U_n\}$ 和 $\{V_n\}$ 都是互不相交的. 可假定列 $\{U_n \times V_n\}$ 在 $X \times Y$ 中是分散的. (在此 U_n, V_n 分别可换为其闭包含于 U_n, V_n 的开集). 关于各 n，选点 $(x_n, y_n) \in U_n \times V_n$ 和 $f_n \in C^*(X)$，$g_n \in C^*(Y)$，使

$$f_n(x_n) = 1, f_n(X - U_n) = 0, g_n(y_n) = 1, g_n(Y - V_n) = 0,$$

由

$$h(x, y) = \sum_{i=1}^{\infty} f_n(x) \cdot g_n(y),\ (x, y) \in X \times Y,$$

定义 $h \in C^*(X \times Y)$. (由 $\{U_n \times V_n\}$ 的局部有限性知 h 的连续性.) 由 (1) 存在 h 的扩张 $\tilde{h} \in C^*(\beta X \times \beta Y)$. 考虑 βX 上的伪距离 $\varphi_{\tilde{h}}$.

$$\varphi_{\tilde{h}}(x_1, x') = \sup_{y \in \beta Y} |\tilde{h}(x, y) - \tilde{h}(x', y)|.$$

因 $\mathscr{U} = \{S(x, 1/2) : x \in \beta X\}$ ($S(x, \varepsilon)$ 是 $\varphi_{\tilde{h}}$ 的 ε 邻域)是 βX 的开覆盖, 故存在 $\mathscr{U}$ 的有限子覆盖 $\mathscr{U}'$. 因集合 $\{x_n\}$ 是无限的, 故在 $\mathscr{U}'$ 的某个元 U 中至少含有 $\{x_n\}$ 的两个点 x_i, x_j. 由 $\mathscr{U}$ 的作法, U 的直径是小于 1 的, 但

$$\begin{aligned}\varphi_{\tilde{h}}(x_i, x_j) &= \sup_{y \in \beta Y} |\tilde{h}(x_i, y) - \tilde{h}(x_j, y)| \\ &\geqslant |h(x_i, y_i) - h(x_j, y_i)| \\ &= \left|\sum_{n=1}^{\infty} f_n(x_i) \cdot g_n(y_i) - \sum_{n=1}^{\infty} f_n(x_j) \cdot g_n(y_i)\right| \\ &= f_i(x_i) \cdot g_i(y_i) = 1\end{aligned}$$

得到矛盾.

(2) $\Longrightarrow$ (4) 及 (3) $\Longrightarrow$ (4) 是 23.3 的结果.

(4) $\Longrightarrow$ (1)　取任意的 $f \in C^*(X \times Y)$, 只要说明它能扩张到 $\beta X \times \beta Y$ 上即可. 由假定 $\xi_f : X \to C^*(Y)$ 是连续的. 因 $C^*(Y)$ 和 $C^*(\beta Y)$ 可同等看待, 故可看做 $\xi_f : X \to C^*(\beta Y)$. (关于各 $x \in X$, 看做 $\xi_f(x) \in C^*(Y)$ 扩张到 βY 即可.) 因 $\xi_f(X)$ 是度量空间 $C^*(\beta Y)$ 的伪紧集, 故由 22.3 是紧的. 由 βX 的极大性, $\xi_f : X \to \xi_f(X)$ 可扩张为 $g : \beta X \to \xi_f(X)$. 若由

$$\tilde{f}(x, y) = g(x)(y), \quad (x, y) \in \beta X \times \beta Y$$

定义 $\tilde{f} : \beta X \times \beta Y \to R$, 则 $\tilde{f}$ 是 f 的扩张.

(1) $\Longrightarrow$ (3)　由已证明的 (1) $\Longrightarrow$ (2), X, Y 都是伪紧的. 设 $f \in C^*(X \times Y)$. 只要说明 $\pi(Z(f))$ 在 X 中是闭的即可. 取 f 的扩张 $g \in C^*(\beta X \times \beta Y)$, 令 $\tilde{f} = g | X \times \beta Y$. 设 $\tilde{\pi} : X \times \beta Y \to X$ 为射影. 由 23.1 因 $\tilde{\pi}$ 是闭映射, 故 $\tilde{\pi}(Z(\tilde{f}))$ 是 X 的闭集. 只要说明 $\tilde{\pi}(Z(\tilde{f})) = \pi(Z(f))$ 即可. 令 $x_0 \in \tilde{\pi}(Z(\tilde{f})) - \pi(Z(f))$. 关于某点 $\tilde{y} \in \beta Y - Y$, $\tilde{f}(x_0, \tilde{y}) = 0$ 且关于任意的 $(x_0, y) \in X \times Y$, 有

$(x_0, y) \neq 0$. 若令

$$g(y) = 1/f(x_0, y),\ y \in Y,$$

则 g 是连续的但非有界的. 这和 Y 的伪紧性矛盾. □

§24. Whitehead 弱拓扑和 Tamano 定理

24.1 定义 设 X 为拓扑空间, $\{F_\alpha : \alpha \in \Lambda\}$ 为 X 的闭覆盖. 满足下列条件时, X 称为关于 $\{F_\alpha\}$ 具有 Whitehead 弱拓扑: 对于 $\{F_\alpha\}$ 的任意子族 $\{F_\beta : \beta \in \Gamma\}$, $\Gamma \subset \Lambda$,

(1) $\bigcup\{F_\beta : \beta \in \Gamma\}$ 是 X 的闭集.

(2) $\bigcup\{F_\beta : \beta \in \Gamma\}$ 的子集 U 当且仅当关于各 $\beta \in \Gamma$, $F_\beta \cap U$ 在 F_β 为开集时, 在 $\bigcup\{F_\beta : \beta \in \Gamma\}$ 为开集.

在例 19.3 观察过的空间 K_1, 关于它的闭覆盖 $\{f(I_i) : i = 1, 2, \cdots\}$ 具有 Whitehead 弱拓扑.

24.2 引理 设 X 关于 $\{F_\alpha\}$ 具有 Whitehead 弱拓扑. 映射 $f: X \to Y$ 是连续的充要条件是对于各 F_α, $f|F_\alpha$ 是连续的.

证明 必要性是明显的. 若 V 为 Y 的开集, 则关于各 F_α, $f^{-1}(V) \cap F_\alpha = (f|F_\alpha)^{-1}V$ 是 F_α 的开集, 故由 24.1(2), $f^{-1}(V)$ 是 X 的开集. □

24.3 命题 若 $\{F_\alpha\}$ 为 X 的局部有限闭覆盖, 则 X 关于 $\{F_\alpha\}$ 具有 Whitehead 弱拓扑.

由定义是显然的.

24.4 定理 设 X 关于 $\{F_\alpha\}$ 具有 Whitehead 弱拓扑. 若 F_α 是正规空间、完全正规空间或继承的正规空间, 则 X 也分别是正规空间、完全正规空间或继承的正规空间.

证明 仅就继承的正规空间的情形证明之. 其他的情形是类似的. 令 $Y \subset X$. 若置 $H_\alpha = F_\alpha \cap Y$, 则 Y 关于闭覆盖 $\{H_\alpha\}$ 具有 Whitehead 弱拓扑. 设给与 $\{H_\alpha\}$ 以良序成为 $\{H_\alpha : \alpha < \eta\}$. 在此 α, η 是序数. 设 B 为 Y 的闭集, $f \in C^*(B, I)$. 设关于某个 $\alpha < \eta$ 对于各 $\beta < \alpha$ 存在 f 的扩张

$$f_\beta: \bigcup_{\gamma \leqq \beta} H_\gamma \cup B \to I,$$

关于各 $\beta' \leqslant \beta$ 满足 $f_\beta \Big| \bigcup_{\gamma \leqq \beta'} H_\gamma \cup B = f_{\beta'}$. 若依

$$f_{\alpha'} \Big| \bigcup_{\gamma \leqq \beta} H_\gamma \cup B = f_\beta, \beta < \alpha,$$

确定 $f_{\alpha'}: \bigcup_{\beta < \alpha} H_\beta \cup B \to I$,则由 24.2 $f_{\alpha'}$ 是连续的. 考虑映射

$$h_\alpha = f_{\alpha'} \Big| \Big(\bigcup_{\beta < \alpha} H_\beta \cup B \Big) \cap H_\alpha,$$

因 $\Big(\bigcup_{\beta < \alpha} H_\beta \cup B \Big) \cap H_\alpha$ 是正规空间 H_α 的闭集，故 h_α 具有到 H_α 的扩张 g_α. 若由

$$f_\alpha \Big| \bigcup_{\beta < \alpha} H_\beta \cup B = f'_\alpha, \quad f_\alpha \Big| H_\alpha = g_\alpha$$

定义 $f_\alpha: \bigcup_{\beta \leqq \alpha} H_\beta \cup B \to I$, 则 f_α 是连续的. 现在对于各 H_α 若由 $\tilde{f}|H_\alpha = f_\alpha$ 定义 $\tilde{f}: Y \to I$,则 $\tilde{f}$ 是 f 的扩张,于是 Y 是正规的. □

在 24.4 中各 F_α 为仿紧 T_2 的情形，X 是仿紧 T_2 的事实已被 Morita 指出. 他的证明是直接的,但在此将做为下述的 Tamano 定理的应用证明之. Tamano 定理给与仿紧性以完美的特征.

24.5 定理（Tamano） X 是仿紧 T_2 的充要条件是关于 X 的某个紧化 αX,$X \times \alpha X$ 是正规的.

证明 必要性由 17.19 得到. 为证充分性，设 αX 为使 $X \times \alpha X$ 是正规的 X 的紧化. 设 $\mathscr{U}$ 为 X 的开覆盖,关于各 $U \in \mathscr{U}$ 取 αX 的开集合 $\widetilde{U}$, 使 $\widetilde{U} \cap X = U$,则 $F = \alpha X - \bigcup\{\widetilde{U}: U \in \mathscr{U}\}$ 是含在 $\alpha X - X$ 中的 αX 的闭集. 考虑

$$\Delta = \{(x, x): x \in X\} \subset X \times \alpha X.$$

因 Δ 和 $X \times F$ 是正规空间 $X \times \alpha X$ 的不相交闭集，故有某个 $f \in C(X \times \alpha X, 1)$ 使 $f(X \times F) = 1, f(\Delta) = 0$,若由

$$\varphi(x, x') = \sup_{y \in \alpha X} |f(x, y) - f(x', y)|, \; x, x' \in X,$$

定义 φ,则因射影 $X \times \alpha X \to X$ 是闭映射,故由 23.3 (2) φ 是 X 的

伪距离．因度量空间 X/φ (参考 15.2)是仿紧的，故可取得 X 的局部有限开覆盖 $\mathscr{V}=\{V_\gamma\}$，使各 V_γ 关于 φ 的直径小于 1/2．今关于各 V_γ 证明 $\mathrm{Cl}_{\alpha X}V_\gamma\cap F=\varnothing$．

取

$$(x_0, y_0)\in V_\gamma\times(\mathrm{Cl}_{\alpha X}V_\gamma\cap F).$$

因 $f(x_0, y_0)=1$，故存在 x_0 的邻域 V，y_0 在 αX 的邻域 W，关于任意的 $(x, y)\in V\times W$，使 $f(x, y)>1/2$．因 $W\cap V_\gamma\neq\varnothing$，故取其一点 y_1．$f(x_0, y_1)>1/2$．另方面

$$f(x_0, y_1)=|f(x_0, y_1)-f(y_1, y_1)|\leqslant\sup_{y\in\alpha X}|f(x_0, y)-f(y_1, y)|=\varphi(x_0, y_1)<1/2.$$

由此矛盾关于任意的 $V_\gamma\in\mathscr{V}$ 知 $\mathrm{Cl}_{\alpha X}V_\gamma\cap F=\varnothing$．因 $\mathrm{Cl}_{\alpha X}V_\gamma$ 是紧的，而 $\widetilde{\mathscr{U}}=\{\widetilde{U}:U\in\mathscr{U}\}$ 是它的覆盖，故关于各 V_γ，有 $\mathscr{U}$ 的有限个元 $U_1^\gamma, \cdots, U_{n(\gamma)}^\gamma$ 存在，使

$$V_\gamma\subset\bigcup_{i=1}^{n(\gamma)}U_i^\gamma.$$

若令

$$V_\gamma^i=V_\gamma\cap U_i^\gamma,\ i=1, \cdots, n(\gamma),$$

则 $\{V_\gamma^i:V_\gamma\in\mathscr{V}, i=1, \cdots, n(\gamma)\}$ 是 $\mathscr{U}$ 的加细，显然是局部有限的．□

24.6 定理 (Morita) 设 X 关于闭覆盖 $\{F_\alpha\}$ 具有 Whitehead 弱拓扑．若各 F_α 为仿紧 T_2 的，则 X 是仿紧 T_2 的．

证明 由 24.4 X 是正规的，因之是完全正则的，故它的紧化 αX 存在．由 24.5 说明 $X\times\alpha X$ 是正规的即可．于是由 24.4 和下述引理可得到定理．

24.7 引理 设 X 关于闭覆盖 $\{F_\alpha\}$ 具有 Whitehead 弱拓扑．若 Y 是紧的，则 $X\times Y$ 关于 $\{F_\alpha\times Y\}$ 具有 Whitehead 弱拓扑．

证明 设 $U\subset X\times Y$，对于各 $F_\alpha\times Y$，$U\cap(F_\alpha\times Y)$ 是 $F_\alpha\times Y$ 的开集．为证 U 是 $X\times Y$ 的开集，设 $(x_0, y_0)\in U$，取含 x_0 的 F_{α_0}．若令

$$V=\{y:(x_0, y)\in U\cap(F_{\alpha_0}\times Y)\},$$

则V是y_0在Y的邻域，故可取y_0的开邻域W，使$\mathrm{Cl}_Y W$是紧的且被含在V中．令

$$H = \{x : \{x\} \times \mathrm{Cl}_Y W \subset U\}.$$

关于各F_α，因

$$H \cap F_\alpha = \{x : \{x\} \times \mathrm{Cl}_Y W \subset U \cap (F_\alpha \times Y)\},$$

故$H \cap F_\alpha$是F_α的开集（注意$\mathrm{Cl}_Y W$是紧的）．于是H是X的开集．$(x_0, y_0) \in H \times W \subset U$．$U$是$X \times Y$的开集．□

§25. 不可数个空间的积

25.1 定义 设$\mathfrak{M}$为任意基数．成为广义 Cantor 集$D^{\mathfrak{M}}$的连续像的空间称为2进紧的（dyadic compact）．

紧度量空间是2进紧的(25.3)，但紧T_2空间未必是2进紧的(25.17)．

25.2 定理 若X为重数为$\mathfrak{M}$的紧T_2空间，则X为$D^{\mathfrak{M}}$的某闭集的连续像．

证明 设$\{U_\alpha : \alpha \in \Lambda\}$为$X$的基且$|\Lambda| = \mathfrak{M}$．令

$$D^{\mathfrak{M}} = \prod_{\alpha \in \Lambda} D_\alpha$$

（D_α是2点0,1的集）．关于D_α的点x_α，当$x_\alpha = 0$时，令$F_\alpha = \overline{U}_\alpha$，当$x_\alpha = 1$时，令$F_\alpha = X - U_\alpha$．关于$D^{\mathfrak{M}}$的点$x = (x_\alpha)$，令

$$F(x) = \bigcap_{\alpha \in \Lambda} F_\alpha,$$

令

$$D' = \{x \in D^{\mathfrak{M}} : F(x) \neq \varnothing\}.$$

因$\{U_\alpha\}$是基，故关于各$x \in D'$，$F(x)$是X的唯一点组成．由$x \to F(x)$定义$F : D' \to X$．F是到X上的连续映射几乎是明显的．现在指出D'是$D^{\mathfrak{M}}$的闭集．若$\bar{x} \notin D'$，则$F(\bar{x}) = \bigcap F_\alpha = \varnothing$．于是$\{F_\alpha\}$不具有有限交性质．从而关于某有限个$\alpha_1, \cdots, \alpha_n$，有$\bigcap_{i=1}^{n} F_{\alpha_i} = \varnothing$．若$\bar{x} = (\bar{x}_\alpha)$，令

$$W = \{(x_\alpha) \in D^{\mathfrak{M}}: x_{\alpha_i} = \tilde{x}_{\alpha_i}, i = 1, \cdots, n\},$$

则W是 $\tilde{x}$ 的邻域且关于各 $x \in W$ 有 $F(x) = \varnothing$，故 $W \cap D' = \varnothing$。于是 D' 是闭集. □

25.3 推论 紧度量空间是 2 进紧的.

证明 若X为紧度量空间，则由 25.2 Cantor 集 $C(=D^\omega)$ 的闭集E和到上的连续映射 $f: E \to X$ 存在. 因E是C的闭集，故可作出连续映射 $\gamma: C \to E$, $\gamma|E$ = 恒等映射.（由C的特殊结构作成γ是容易的. 一般的情形，看6.I.）$f_\gamma: C \to X$ 是到X上的连续映射. □

25.4 定理（Morita） 令 $w(X) = \mathfrak{M}$. X是仿紧正规的充要条件是 $X \times D^{\mathfrak{M}}$ 是正规的.

证明 必要性是明显的，证明充分性. 设Y为 $w(Y) = w(X) = \mathfrak{M}$ 的X的紧化.（Y的存在是容易知道的：由 12.14 X可嵌入 $I^{\mathfrak{M}}$ 中，故在 $I^{\mathfrak{M}}$ 中可令X的闭包为Y.）若说明 $X \times Y$ 是正规的，则由 24.5 得到定理. 由 25.2 $D^{\mathfrak{M}}$ 的闭集E和到上的映射 $f: E \to Y$ 存在. 因 $X \times E$ 是 $X \times D^{\mathfrak{M}}$ 的闭集，故是正规的. 若由

$$g(x, e) = (x, f(e)), \ (x, e) \in X \times E,$$

定义 $g: X \times E \to X \times Y$，则$g$是闭映射.（这是和 23.1 完全同样的证明. 一般的情形参考习题 5.D.）g是闭的和 $X \times E$ 的正规性意味着 $X \times Y$ 是正规的. □

25.5 定义 设 $X = \prod_{\alpha \in \Lambda} X_\alpha$ 为积空间，$f: X \to Y$ 为连续映射. Λ的某可数集Γ存在，当f是射影

$$\pi_\Gamma: \prod_{\alpha \in \Lambda} X_\alpha \to \prod_{\alpha \in \Gamma} X_\alpha$$

和连续映射 $g: \prod_{\alpha \in \Gamma} X_\alpha \to Y$ 的合成时，即 $f = g\pi_\Gamma$ 成立时，f 称为**由可数坐标确定**.

25.6 定理（Mazur） 在下述情形，积空间 $\prod_{\alpha \in \Lambda} X_\alpha$ 上的任意连续实函数是由可数坐标确定的.

(1) 各 $X_\alpha(\alpha\in\Lambda)$ 是紧 T_2 空间.

(2) 各 $X_\alpha(\alpha\in\Lambda)$ 是完全可分的.

本定理就更一般的形式(25.12)证明之. 首先从下述的重要命题开始.

25.7 命题 (Šanin) 设 Θ 为 $|\Theta|$ 大于 $\aleph_0$ 的正则基数的集合, $\{\Lambda_\theta:\theta\in\Theta\}$ 为以 Θ 为指标集的有限集族. 这时, 存在 $\Theta'\subset\Theta$, $|\Theta'|=|\Theta|$, 对于各 $\theta_1,\theta_2\in\Theta',\theta_1\neq\theta_2$, 有

$$\Lambda_{\theta_1}\cap\Lambda_{\theta_2}=\bigcap_{\theta\in\Theta'}\Lambda_\theta.$$

证明 现在在 Θ 的子集 Θ' 中, 对于各 $\theta_1,\theta_2\in\Theta',\theta_1\neq\theta_2$, 有

$$\Lambda_{\theta_1}\cap\Lambda_{\theta_2}=\bigcap_{\theta\in\Theta'}\Lambda_\theta$$

的 Θ' 称为 P 集合. 设 $|\Theta|=\mathfrak{M}$, 假定 $|\Theta'|=\mathfrak{M}$ 的 P 集合 Θ' 不存在. 取任意的 $\theta_0\in\Theta$, 令 Λ_{θ_0} 的子集的集合为 $\mathscr{F}(\Lambda_{\theta_0})$. 关于各 $\Gamma\in\mathscr{F}(\Lambda_{\theta_0})$, 令

$$P_1(\Gamma)=\{\theta\in\Theta:\Lambda_\theta\cap\Lambda_{\theta_0}=\Gamma\}.$$

因 P 集合族满足有限性, 故由 Tukey 引理存在 $P_1(\Gamma)$ 的极大子 P 集 $P_1^*(\Gamma)$. 而且, 关于某 $\theta_1,\theta_2\in P_1(\Gamma),\theta_1\neq\theta_2$, 若 $\Lambda_{\theta_1}\cap\Lambda_{\theta_2}=\Gamma$, 则假定

$$\bigcap_{\theta\in P_1^*(\Gamma)}\Lambda_\theta=\Gamma$$

并不失一般性. 令

$$\Theta_1=\bigcup_{\Gamma\in\mathscr{F}(\Lambda_{\theta_0})}P_1^*(\Gamma).$$

由假定 $|P_1^*(\Gamma)|<\mathfrak{M}$, 故 $|\Theta_1|<\mathfrak{M}$. 设关于 $n>1$ 已构成 Θ_i, $|\Theta_i|<\mathfrak{M},i=1,\cdots,n-1$. 令

$$H_n=\bigcup_{i=1}^{n-1}\bigcup_{\theta\in\Theta_i}\Lambda_\theta.$$

设 $\mathscr{F}(H_n)$ 为 H_n 的所有有限子集的集合, 关于各 $\Gamma\in\mathscr{F}(H_n)$, 令

$$P_n(\Gamma)=\{\theta\in\Theta:\Lambda_\theta\cap H_n=\Gamma\}.$$

设 $P_n^*(\Gamma)$ 为 $P_n(\Gamma)$ 的极大 P 集合. 和前面相同, 如下假定也不失

一般性:

(1) 若 $\theta_1, \theta_2 \in P_n(\Gamma)$, $\theta_1 \neq \theta_2$, $\Lambda_{\theta_1} \cap \Lambda_{\theta_2} = \Gamma$, 则

$$\bigcap_{\theta \in P_n^*(\Gamma)} \Lambda_\theta = \Gamma.$$

令 $\Theta_n = \bigcup_{\Gamma \in \mathscr{F}(H_n)} P_n^*(\Gamma)$. 因 $|\mathscr{F}(H_n)| < \mathfrak{M}$, 关于各 $\Gamma \in \mathscr{F}(H_n)$, $|P_n^*(\Gamma)| < \mathfrak{M}$ 故 $|\Theta_n| < \mathfrak{M}$. 如此, 对于 $n = 1, 2, \cdots$, 作出 Θ 的子集 Θ_n, $|\Theta_n| < \mathfrak{M}$. 现在指出 $\Theta = \bigcup_{n=1}^{\infty} \Theta_n$. 这和 $\mathfrak{M}$ 是正则相矛盾, 故揭示了命题. 设 $\bar{\theta} \in \Theta - \bigcup_{n=1}^{\infty} \Theta_n$. 若令

$$\Gamma_n = \Lambda_{\bar{\theta}} \cap H_n \in \mathscr{F}(H_n),$$

则

$$\bar{\theta} \in P_n(\Gamma_n) - P_n^*(\Gamma_n).$$

关于各 n, 知存在 $\theta_n \in P_n^*(\Gamma_n)$ 使 $\Lambda_{\bar{\theta}} \cap (\Lambda_{\theta_n} - H_n) \neq \varnothing$; 实际上, 若否定此事实, 则关于各 $\theta \in P_n^*(\Gamma_n)$, 有 $\Lambda_{\bar{\theta}} \cap \Lambda_\theta = \Gamma_n$, 由(1) $\{\bar{\theta}, P_n^*(\Gamma_n)\}$ 是 P 集合, 故与 $P_n^*(\Gamma_n)$ 的极大性相反. 若选

$$\alpha_n \in \Lambda_{\bar{\theta}} \cap (\Lambda_{\theta_n} - H_n), \quad n = 1, 2, \cdots,$$

则因

$$\alpha_n \in \Lambda_{\theta_n} \subset H_m, \quad m > n, \quad \alpha_m \notin H_m,$$

故 $\{\alpha_n : n = 1, 2, \cdots\}$ 为无限集, 但另方面, $\Lambda_{\bar{\theta}}$ 是有限集. 如此得到矛盾. □

25.8 定义 设 $X = \prod_{\alpha \in \Lambda} X_\alpha$ 为积空间, $\bar{x} = (\bar{x}_\alpha)$ 为其一点. 关于各点 $x = (x_\alpha)$, 令

$$\Lambda(x) = \{\alpha \in \Lambda : x_\alpha \neq \bar{x}_\alpha\}.$$

它意味着依以 $\bar{x}$ 为基点的 Σ 积 $\Sigma(\bar{x})$(Σ-product), 使 $|\Lambda(x)| \leqslant \aleph_0$ 的点 x 组成的 X 的子空间. $\Sigma(\bar{x})$ 为其坐标与 $\bar{x}$ 的坐标最多只有可数个相异的点组成的集合. 再令

$$\Sigma_0(\bar{x}) = \{x \in X : |\Lambda(x)| < \aleph_0\}.$$

$\Sigma_0(\bar{x})$ 是 $\Sigma(\bar{x})$ 的稠密子集, $\Sigma(\bar{x})$ 是 X 的稠密子集.

拓扑空间 Y 当对角集 $\{(y,y):y\in Y\}$ 是 $Y\times Y$ 的 G_δ 集时，称为具有 G_δ 对角集.

25.9 引理 Y 具有 G_δ 对角集的充要条件是存在 Y 的开覆盖列 $\{\mathscr{U}_n:n=1,2,\cdots\}$，对于各 $y,y'\in Y,y\neq y'$，有某个 n 使 $y'\notin\mathscr{U}_n(y)$.

证明 若 $\Delta=\{(y,y):y\in Y\}$ 在 $Y\times Y$ 是 G_δ 集，则 Δ 在 $Y\times Y$ 有开邻域 V_n, $n=1,2,\cdots$,使 $\bigcap\limits_{n=1}^{\infty}V_n=\Delta$. 若令 $\mathscr{U}_n=\{U:U$ 是 X 的开集且 $U\times U\subset V_n\}$, $n=1,2,\cdots$, 则 $\{\mathscr{U}_n\}$ 满足引理的条件. 反之，若令

$$V_n=\bigcup\{U\times U:U\in\mathscr{U}_n\},\ n=1,2,\cdots,$$

则 V_n 是 Δ 的开邻域，使 $\bigcap\limits_{n=1}^{\infty}V_n=\Delta$. □

25.10 推论 可展空间，特别地度量空间具有 G_δ 对角集.

25.11 引理 设 $X_\alpha(\alpha\in\Lambda)$ 是满足 25.6 (1) 或 (2) 的空间，$\bar{x}\in\prod\limits_{\alpha\in\Lambda}X_\alpha$. 若

$$\{x(\theta):\theta\in\Theta\},\ |\Theta|>\aleph_0$$

为 $\Sigma_0(\bar{x})$ 的子集，则存在其任意邻域含有 $\{x(\theta)\}$ 的无限集的点 $\bar{y}\in\Sigma_0(\bar{x})$.

证明 可假定 $|\Theta|$ 是正则的.（否则，取 $\Theta'\subset\Theta$, $|\Theta'|>\aleph_0$, 使 $|\Theta'|$ 是正则的，用 Θ' 代替 Θ 考虑即可.）关于各 $\theta\in\Theta$，令 $\Lambda_\theta=\Lambda(x(\theta))$（参考 25.8）. 由 25.7 在 Λ 的有限集 Λ_0 和 Θ 的子集 Θ_0, $|\Theta_0|>\aleph_0$，关于各 θ_1, $\theta_2\in\Theta_0$, $\theta_1\neq\theta_2$，有 $\Lambda_{\theta_1}\cap\Lambda_{\theta_2}=\Lambda_0$. 若 $\Lambda_0=\varnothing$，则点 $\bar{y}=\bar{x}$ 满足引理的条件. 当 $\Lambda_0\neq\varnothing$ 时，令 $\Lambda_0=\{\alpha_1,\cdots,\alpha_n\}$. 考虑积空间 $X_{\Lambda_0}=X_{\alpha_1}\times\cdots\times X_{\alpha_n}$. 因 X_{Λ_0} 是紧的或完全可分的，故有某点 $y\in X_{\Lambda_0}$，它的任意邻域含有 $\{\pi_{\Lambda_0}(x(\theta)):\theta\in\Theta_0\}$ 的无限集 $\left(\pi_{\Lambda_0}\text{ 是射影 }\prod\limits_{\alpha\in\Lambda}X_\alpha\to X_{\Lambda_0}\right)$. 现在确定点 $\bar{y}=(\bar{y}_\alpha)$ 如下：$\pi_{\Lambda_0}(\bar{y})=y$，若 $\alpha\notin\Lambda_0$，则 $\bar{y}_\alpha=\bar{x}_\alpha$. $\bar{y}$ 即为所求的 $\Sigma_0(\bar{x})$ 的点. □

25.12 定理（Engelking） 设 $X_\alpha(\alpha\in\Lambda)$为满足 25.6 (1)或(2)的空间，$\bar{x}\in\prod_{\alpha\in\Lambda}X_\alpha$. 设 Y 为具有 G_δ 对角集的空间，$f:\Sigma(\bar{x})\to Y$ 是连续的. 此时存在 Λ 的可数子集 Λ_0及连续映射 $f':\prod_{\alpha\in\Lambda_0}X_\alpha\to Y$，使 $f=f'\pi_{\Lambda_0}$. 在此，π_{Λ_0} 是射影 $\prod_{\alpha\in\Lambda}X_\alpha\to\prod_{\alpha\in\Lambda_0}X_\alpha$ 在 $\Sigma(\bar{x})$ 的限制.

证明 令 Λ_0 为满足下列条件的元 $\bar{\alpha}$ 组成的 Λ 的子集：有仅$\bar{\alpha}$坐标相异的 $\Sigma_0(\bar{x})$ 的二点 $x=(x_\alpha),x'=(x'_\alpha)\in\Sigma_0(\bar{x})$（若 $\alpha\neq\bar{\alpha}$，则 $x_\alpha=x'_\alpha$)，使 $f(x)\neq f(x')$. 今指出 Λ_0 是可数集. 假定$|\Lambda|>\aleph_0$. 关于各 $\bar{\alpha}\in\Lambda_0$，有仅 $\bar{\alpha}$ 坐标相异的 $\Sigma_0(\bar{x})$ 的二点 $x(\bar{\alpha})$，$x'(\bar{\alpha})$，使 $f(x(\bar{\alpha}))\neq f(x'(\bar{\alpha}))$. 考虑 $Y\times Y$ 的子集

$$\{(f(x(\bar{\alpha})),f(x'(\bar{\alpha})):\bar{\alpha}\in\Lambda_0\}.$$

因此集和 $Y\times Y$ 的对角集Δ不相交，故若Δ是 $Y\times Y$ 的 G_δ 集，则存在Δ在 $Y\times Y$ 的开邻域U和 Λ_0 的非可数子集 Λ'_0，使

$$M=\{(f(x(\bar{\alpha})),f(x'(\bar{\alpha}))):\bar{\alpha}\in\Lambda'_0\}\subset Y\times Y-U.$$

若应用 25.11 于$\{x(\bar{\alpha}):\bar{\alpha}\in\Lambda'_0\}$，则有 $\bar{y}\in\Sigma_0(\bar{x})$，它的各邻域含有无限个 $\{x(\bar{\alpha})\}$. 点 $x(\bar{\alpha})$ 和 $x'(\bar{\alpha})$ 仅有一个坐标相异，因 Λ'_0 是非可数的，故 $\bar{y}$ 的各邻域也含有 $\{x'(\bar{\alpha}):\bar{\alpha}\in\Lambda'_0\}$ 的无限集. 于是点 $(f(\bar{y}),f(\bar{y}))$ 必须是M的聚点. 但 $M\subset Y\times Y-U$，这是不可能的. 因而集 Λ_0 是可数集. 令 $\alpha\in\Lambda-\Lambda_0$. 如果 $\Sigma_0(\bar{x})$ 的点 x 和 x' 仅 α 坐标相异，则由 Λ_0 的定义 $f(x)=f(x')$ 成立. 应用这个结果，任取 $\alpha_i\in\Lambda-\Lambda_0$ $(i=1,\cdots,n)$，若 x，$x'\in\Sigma_0(\bar{x})$ 为仅有 α_i 坐标 $(i=1,\cdots,n)$ 相异的点，则 $f(x)=f(x')$ 成立. 若考虑到 $\Sigma_0(\bar{x})$ 在 $\Sigma(\bar{x})$ 中稠密，由 f 的连续性，若

$$x,x'\in\Sigma(\bar{x}),\ \pi_{\Lambda_0}(x)=\pi_{\Lambda_0}(x'),$$

则得到 $f(x)=f(x')$. 这表示可由

$$f'(x)=f\cdot\pi_{\Lambda_0}^{-1}(x),\ x\in\prod_{\alpha\in\Lambda_0}X_\alpha$$

定义 $f':\prod_{\alpha\in\Lambda_0}X_\alpha\to Y$. f' 显然是连续的，且 $f=f'\cdot\pi_{\Lambda_0}$. □

若 $\Sigma(\bar{x})$ 在 $\prod_{\alpha\in\Lambda}X_\alpha$ 中稠密，则 Mazur 定理 25.6 为 25.12 的结

果.

25.13 推论 设 $X_\alpha(\alpha\in\Lambda)$ 为紧 T_2 空间，$\bar{x}\in\prod_{\alpha\in\Lambda}X_\alpha$. 此时有 $\beta(\Sigma(\bar{x}))=\prod_{\alpha\in\Lambda}X_\alpha$.

证明 由 25.12，各 $f\in C(\Sigma(\bar{x}))$ 可扩张到 $\prod_{\alpha\in\Lambda}X_\alpha$. □

25.14 定义 拓扑空间 X 当其非空开集的不相交族至多是可数族时称为 Souslin 空间.

例如可分空间显然是 Souslin 空间.

25.15 引理 Souslin 空间的连续像是 Souslin 空间.

证明是显然的.

25.16 定理 任意个 Souslin 空间的积空间是 Souslin 空间[1].

证明 设 $X_\alpha(\alpha\in\Lambda)$ 为 Souslin 空间，$\prod_{\alpha\in\Lambda}X_\alpha$ 不是 Souslin 空间. 设存在 $\prod_{\alpha\in\Lambda}X_\alpha$ 的不相交开集族 $\{U(\theta):\theta\in\Theta\}$，$|\Theta|>\aleph_0$. 各 $U(\theta)$ 可作为 $\prod_{\alpha\in\Lambda}X_\alpha$ 的立方邻域. 即关于各 θ，存在 Λ 的有限集 Λ_θ 和 X_α 的开集 U_α^θ，$\alpha\in\Lambda_\theta$，使

$$U(\theta)=\prod_{\alpha\in\Lambda_0}U_\alpha^\theta\times\prod_{\alpha'\in\Lambda-\Lambda_\theta}X_{\alpha'}.$$

必要时，将 Θ 换为具有正则基数的子集，再应用25.7于 $\{\Lambda_\theta:\theta\in\Theta\}$，则存在 $\Theta'\subset\Theta$，$|\Theta'|>\aleph_0$，若 $\theta_1,\theta_2\in\Theta'$，$\theta_1\neq\theta_2$，则

$$\Lambda_{\theta_1}\cap\Lambda_{\theta_2}=\bigcap_{\theta\in\Theta'}\Lambda_\theta.$$

令 $\Gamma=\bigcap_{\theta\in\Theta'}\Lambda_\theta$. 若 $\Gamma=\varnothing$，则 $\{U(\theta):\theta\in\Theta'\}$ 具有非空交，故

---

1) 本定理是错误的.（其症结在于证明最末尾的一句结论，作者利用了错误的直觉.）早在 1936 年，南斯拉夫数学家 Kurepa 就证明了如果存在 Souslin 线 L，则 L^2 就不是 Souslin 空间. 60 年代末，Jech. Tennenbaum 证明了：存在 Souslin 线与通常的集论公理体系 ZFC 不产生矛盾.（这就是著名的 Souslin 问题的解决.）这也说明了定理 25.16 在 ZFC 内是不能证明的. 但是在某些附加的集论假设（如 $MA+7CH$）下，定理 25.16 的结论可能成立. 关于定理 25.16 的历史背景与近代发展，可参考下文：
周浩旋，Martin 公理及其应用 I，华中工学院学报，数理逻辑专刊，1979.
Mary Rudin, Set theoretic topology, 第三章，CBMS Regional Conference Series No. 23, *Amer. Math. Soc.*, Providence, 1975.——校者注

$\Gamma \neq \emptyset$．关于$\theta \neq \theta' \in \Theta'$，因$U(\theta) \cap U(\theta') = \emptyset$，故关于某个$\alpha \in \Lambda_\theta \cap \Lambda_{\theta'}$，必须有$U_\alpha^\theta \cap U_\alpha^{\theta'} = \emptyset$．于是关于某个$\bar{\alpha} \in \Gamma$，$X_{\bar{\alpha}}$的开集族$\{U_{\bar{\alpha}}^\theta : \theta \in \Theta'\}$是不相交的．这和$X_{\bar{\alpha}}$是 Souslin 空间相反．□

由 4.J 知在本定理中，Souslin 空间X_α即或是可分空间，$\prod_{\alpha \in \Lambda} X_\alpha$一般也不是可分空间．

25.17 例 考虑例 19.6 的紧T_2空间K_2．因C'的各点是开集，故$\{\{x\}: x \in C'\}$构成具有连续基数的不相交开集族．因此，K_2不是 Souslin 空间．从而不是二进紧的．实际上，由 25.16 广义 Cantor 集$D^{\mathfrak{m}}$是 Souslin 空间，由 25.15，它的连续像必然是 Souslin 空间．由此例可知紧T_2空间未必是二进紧的[1]．

习　　题

4.A 指出闭映射、开映射皆为商映射．

4.B 对空间X的有限开覆盖族Γ，对于X的任意有限开覆盖，有Γ的元为其加细时，称Γ为组合基．X的组合基的最小基数以$\sigma(X)$表示之，称为X的组合基数．(1) 关于T_1空间X，有$w(X) \leqslant \sigma(X) \leqslant 2^{w(X)}$．(2) 若$X$是紧$T_2$的，则$w(X) = \sigma(X)$．

4.C 设X为正规空间，$\{U_i : i = 1, \cdots, n\}$为其开覆盖．关于各$i$任意给与实数$r_i$．对于$1 \leqslant k_j \leqslant n$，$j = 1, \cdots, s$，令

$$F(k_1, \cdots, k_s) = X - \bigcup_{i \neq k_1, \cdots, k_s} U_i.$$

此时，对于各$x \in F(k_1, \cdots, k_s)$，有函数$f \in C^*(X)$存在，使

$$\max(r_{k_1}, \cdots, r_{k_s}) \geqslant f(x) \geqslant \min(r_{k_1}, \cdots, r_{k_s}).$$

提示 反复使用 Tietze 扩张定理．

4.D 对于正规空间X，有$\sigma(X) = w(C^*(X))$．

提示 对有理数集$\{r_i\}$，使用 4.C．

4.E 完全正则空间X至少具有两个不等价的紧化的充要条件是存在X的非紧闭集A, B，使$A \subseteq X - B$．

提示 取$a \in \mathrm{Cl}_{\beta X} A - A$，$b \in \mathrm{Cl}_{\beta X} B - B$．局部紧空间$\beta X - \{a\} - \{b\}$的

1) 由定理 25.16 的证明中可看出，广义 Cantor 集，D^{m}确是 Souslin 空间，所以例 25.17 是成立的．——校者注

一点紧化作为X的紧化和βX不等价.

4.F 完全正则空间X的点x是P点的充要条件是各$f\in C(X)$在x的某邻域是常数.

4.G 完全正则空间X的正规基底,当它的各元都是某开集的闭包时,称为**正则的**正规基底. 由正则的正规基底的 Wallman 型紧化称为**正则的** Wallman 型紧化. 指出βX是正则的 Wallman 型紧化.

提示 研究σX的构成(20.6,20.7).

4.H 若X为第一可数空间,Y为可数紧的,则射影$X\times Y\to X$是闭映射.

4.I 若$f: X\to Y$为闭映射,且Y及$f^{-1}(y)$(对每个$y\in Y$)是可数紧的,则X是可数紧的.

4.J 设$X_\alpha(\alpha\in A)$为至少含有2点的可分T_2空间,则$\prod\limits_{\alpha\in A}X_\alpha$是可分的充要条件是$|A|\leqslant 2^{\aleph_0}$.

提示 必要性 取各X_α的不相交开集U_α,V_α. 设$\pi_\alpha:\Pi X_\alpha\to X_\alpha$为射影,$M$为$\Pi X_\alpha$的稠密可数集. 若定义$f_\alpha:M\to\{0\}\cup\{1\}$为当$\pi_\alpha(x)\in U_\alpha$时,$f_\alpha(x)=0$,当$\pi_\alpha(x)\notin U_\alpha$时$f_\alpha(x)=1$,则$\alpha\to f_\alpha$是一一的. 于是

$$|A|=|\{f_\alpha\}|\leqslant|2^M|.$$

充分性 A看做实直线R的子集. 设$M_\alpha=\{x_k^\alpha:k=1,2,\cdots\}$为$X_\alpha$的稠密集,$T$为所有数组$\{r_1,\cdots,r_{n-1};k_1,\cdots,k_n\}$的集合,其中$r_i$是有理数,$r_1<r_2<\cdots<r_{n-1}$,$k_i$为正整数,$n=2,3,\cdots$. 关于各$\tau\in T$,由

$$x_\alpha^\tau=x_{k_1}^\alpha,\ \alpha\leqslant r_1;\ x_\alpha^\tau=x_{k_m}^\alpha,\ r_{m-1}<\alpha\leqslant r_m;$$
$$x_\alpha^\tau=x_{k_n}^\alpha,\ r_{n-1}<\alpha,$$

确定$x^\tau\in\Pi X_\alpha$,指出$\{x^\tau:\tau\in T\}$在ΠX_α稠密.

4.K X到Y上的连续映射f,对于X的任意真子闭集X',有$f(X')\subsetneqq Y$时,称f为**既约的**. (1) f是既约映射的充要条件是关于X的各开集合U,有某点$y\in Y$,使$f^{-1}(y)\subset U$. (2) $f: X\to Y$是既约的闭映射,若Y是可分的,则X是可分的.

4.L 若$\{\alpha_\gamma X:\gamma\in A\}$为完全正则空间$X$的紧化的任意集合,则有$\{\alpha_\gamma X\}$的上确界的$X$的紧化$\alpha X$存在($\alpha X$是比所有$\alpha_\gamma X$大的最小的紧化).

提示 考虑自然嵌入$i:X\to\prod\limits_{\gamma\in A}\alpha_\gamma X$,取$i(X)$的闭包.

4.M 令$X=[0,\omega_1]$,$Y=[0,\omega]$,$X\times Y$的子空间$([0,\omega_1)\times[0,\omega))\cup\{(\omega_1,\omega)\}$为$Z$. 对于$Z$的任意紧化$\alpha Z$,指出$\alpha Z-\{(\omega_1,\omega)\}$不是正规的.

第五章 一 致 空 间

§26. 一 致 空 间

26.1 定义 当集合X的覆盖族 $\Phi=\{\mathscr{U}_\alpha\}$ 满足下列条件时，称为一致覆盖族：

(1) 若X的覆盖$\mathscr{U}$对于某个$\mathscr{U}_\alpha\in\Phi$使$\mathscr{U}_\alpha<\mathscr{U}$，则$\mathscr{U}\in\Phi$.

(2) 若$\mathscr{U}_\alpha,\mathscr{U}_\beta\in\Phi$，则有某个$\mathscr{U}_\gamma\in\Phi$使

$$\mathscr{U}_\gamma<\mathscr{U}_\alpha\wedge\mathscr{U}_\beta.$$

(3) 对于各$\mathscr{U}_\alpha\in\Phi$有某个$\mathscr{U}_\beta\in\Phi$使$\mathscr{U}_\beta^\Delta<\mathscr{U}_\alpha$.

一致覆盖族Φ的元称为X的一致覆盖 (uniform cover). X的覆盖族Φ满足 (3) 时((1),(2)未必满足)，Φ称为一致覆盖族的子基. 又当Φ满足(2),(3)时称为一致覆盖族的基. 一致覆盖族(或一致覆盖族的基)Φ再满足(4)时，称Φ为分离的.

(4) 若$x,y\in X,x\neq y$，则有某$\mathscr{U}_\alpha\in\Phi$，使$y\notin\mathscr{U}_\alpha(x)$.

令Φ为一致覆盖族的子基. 对于Φ的任意有限个元$\mathscr{U}_{\alpha_i},i=1,\cdots,n$，作$\mathscr{U}_{\alpha_1}\wedge\cdots\wedge\mathscr{U}_{\alpha_n}$，若$\Psi$为这个覆盖的所有族，则$\Psi$是一致覆盖族的基. 当$\Psi$为一致覆盖族的基时，设对于某个$\mathscr{U}_\alpha\in\Psi$，$\mathscr{U}_\alpha<\mathscr{U}$的覆盖$\mathscr{U}$的所有族为$\Theta$，则$\Theta$是一致覆盖族. Φ(或Ψ) 称为生成Ψ(或Θ).

26.2 定义 设Φ为X的一致覆盖族. 关于各$x\in X$，如果把$\{\mathscr{U}_\alpha(x):\mathscr{U}_\alpha\in\Phi\}$确定为点$x$的邻域系，则在$X$可导入拓扑. 此拓扑称为由$\Phi$导出的$X$的一致拓扑 (uniform topology). 具有一致拓扑的空间称为一致空间 (uniform space)，需明确指出Φ时，写做(X,Φ). Φ称为X的一致覆盖族，而X称为具有Φ的一致空间. 若Φ为分离的，则(X,Φ)是T_2的. 实际上，若$x,y\in X,x\neq y$，由 26.1(4)，对于某个$\mathscr{U}_\alpha\in\Phi$，有$y\notin\mathscr{U}_\alpha(x)$. 由 26.1 (3)，存在

$\mathscr{U}^*_\beta < \mathscr{U}_\alpha, \mathscr{U}_\beta \in \Phi$ (参考 15.1). 这时明显地有

$$\mathscr{U}_\beta(x) \cap \mathscr{U}_\beta(y) = \varnothing.$$

设 Ψ 为一致覆盖族的子基或是基时,用 (X,Ψ) 表示由 Ψ 生成的一致覆盖族 Φ 导出的一致空间.

设 (X,Φ) 为一致空间, $Y \subset X$. 对于 $\mathscr{U} \in \Phi$, 若令 $\mathscr{U}|Y = \{U \cap Y : U \in \mathscr{U}\}$, 则 $\Psi = \{\mathscr{U}|Y : \mathscr{U} \in \Phi\}$ 是 Y 的一致覆盖族的子基. 这时 (Y,Ψ) 可看做 (X,Φ) 的子空间. (Y,Ψ) 称为 (X,Φ) 的**一致子空间**.

26.3 例 设 X 为集合. 若 $\Phi = \{\{X\}\}$ 为仅由 $\{X\}$ 组成的族, 则 Φ 为 X 的一致覆盖族. 这时 (X,Φ) 是仅以 X 及空集 $\varnothing$ 为开集的空间. 若 X 最少具有两点, 则 Φ 显然不是分离的. 其次若 Ψ 是仅由 X 的覆盖 $\{\{x\}: x \in X\}$ 组成的组, 则 Ψ 是一致覆盖族的基. 因 Ψ 含 X 的任意覆盖的加细, 故 Ψ 生成的一致覆盖族 Θ 是由 X 的所有覆盖组成. Ψ 及 Θ 是分离的, 显然 $(X,\Psi) = (X,\Theta)$ 是离散拓扑空间.

26.4 引理 设 (X,Φ) 为一致空间. 对于各 $\mathscr{U}_\alpha \in \Phi$, 若令 $\mathrm{Int}'\mathscr{U}_\alpha = \{\mathrm{Int}U : U \in \mathscr{U}_\alpha\}$, 则 $\mathrm{Int}\mathscr{U}_\alpha$ 是 X 的覆盖. 若 Φ 是一致覆盖族的基(或子基), 则 $\Psi = \{\mathrm{Int}\mathscr{U}_\alpha : \mathscr{U}_\alpha \in \Phi\}$ 是一致覆盖族的基(或子基), 而 $(X,\Phi) = (X,\Psi)$ 成立.

证明 设 $\mathscr{U}_\alpha \in \Phi$. 由 26.1 (3) 存在 $\mathscr{U}^\Delta_\beta < \mathscr{U}_\alpha$, $\mathscr{U}_\beta \in \Phi$. 若任意取 $x \in X$, 则有含 $\mathscr{U}_\beta(x)$ 的 $U \in \mathscr{U}_\alpha$. 因 $\mathscr{U}_\beta(x)$ 是 x 的邻域, 故 $x = \mathrm{Int}U$. 由此 $\mathrm{Int}\mathscr{U}_\alpha = \{\mathrm{Int}U : U \in \mathscr{U}_\alpha\}$ 是 X 的开覆盖. 因

若 $\mathscr{U}_\gamma < \mathscr{U}_\alpha \wedge \mathscr{U}_\beta$, 则 $\mathrm{Int}\mathscr{U}_\gamma < \mathrm{Int}\mathscr{U}_\alpha \wedge \mathrm{Int}\mathscr{U}_\beta$,

若 $\mathscr{U}^\Delta_\beta < \mathscr{U}_\alpha$, 则 $(\mathrm{Int}\mathscr{U}_\beta)^\Delta < \mathrm{Int}\mathscr{U}_\alpha$.

故由于 Φ 是一致覆盖基, 子基, 从而 Ψ 是一致覆盖族的基, 子基. 为了指出 $(X,\Phi) = (X,\Psi)$, 首先注意 $\mathrm{Int}\mathscr{U}_\alpha < \mathscr{U}_\alpha$. 又对于 $\mathscr{U}_\alpha \in \Phi$, 若取 $\mathscr{U}^*_\beta < \mathscr{U}_\alpha$, $\mathscr{U}_\beta \in \Phi$, 则 $\mathscr{U}_\beta < \mathrm{Int}\mathscr{U}_\alpha$. 实际上, 若取 $V \in \mathscr{U}_\beta$, 则有某 $U \in \mathscr{U}_\alpha$ 使 $\mathscr{U}_\beta(V) \subset U$. 这意味着对于任意的 $x \in V$ 有 $\mathscr{U}_\beta(x) \subset U$, 故

$$V \subset \mathrm{Int} U \in \mathrm{Int}\mathscr{U}_\alpha.$$

由上述考察可得到 $(X, \Phi) = (X, \Psi)$. □

由此引理，对于一致空间 X，作为它的一致覆盖族的基可取开覆盖组成的族.

26.5 定义 设 Φ, Φ'为 X 的一致覆盖族的子基. 当 Ψ, Ψ' 分别为由 Φ, Φ' 生成的一致覆盖族时，若依 $\Psi \subset \Psi'$ 定义 $\Phi \leqslant \Phi'$，则 $\leqslant$ 是 X 的所有一致覆盖族的子基之间的半序. 若 $\{\Phi_\gamma\}$ 为一致覆盖族的子基的某族，则 $\bigcup\{\Phi_\gamma\}$满足 26.1(3)，故为一致覆盖族的子基. 这生成的一致覆盖族以 $\mathrm{lub}\{\Phi_\gamma\}$ 表示之，称为 $\{\Phi_\gamma\}$ 的**上确界**.

设 X 为拓扑空间. 设 Φ 为 X 的一致覆盖族（或一致覆盖族的基，子基）. 当由 Φ 导入的一致拓扑等于 X 原来的拓扑时，称 Φ 为**拓扑一致**的一致覆盖族（或一致覆盖族的基，子基）. 或称为按 Φ 的一致拓扑**重合**于 X 的拓扑.

设 X, Y 为分别以 Φ, Ψ 为一致覆盖族的基的一致空间. 映射 $f: X \to Y$ 对于各 $\mathscr{V}_\alpha \in \Psi$ 存在 $\mathscr{U}_\beta \in \Phi$ 使 $\mathscr{U}_\beta < \{f^{-1}(V): V \in \mathscr{V}_\alpha\}$ 时称为**一致连续** (uniformly continuous). 一致连续映射显然是连续的，但反之未必正确(26.7). 当 $f: X \to Y$ 是一一到上的映射，且 f 和 f^{-1} 都是一致连续时，称 f 为**一致同胚映射**，X 和 Y 称为**一致同胚**.

26.6 例 设 X 为具有距离 d 的度量空间，设 $\mathscr{U}_n = \{S(x, 2^{-n}): x \in X\}$，$n = 1, 2, \cdots$ ($S(x, \varepsilon)$ 是 ε 邻域). 显然$\{\mathscr{U}_n\}$构成一致覆盖族的基. $\{\mathscr{U}_n\}$ 生成的一致拓扑 Φ_d 称为以 d **确定的标准一致拓扑**. 显然，此拓扑与由 d 的距离拓扑重合. $\mathscr{U}$ 是 Φ_d 的一致覆盖的充要条件是关于某 $\varepsilon > 0$，X 的开覆盖 $\{S(x, \varepsilon): x \in X\}$ 是 $\mathscr{U}$ 的加细.

26.7 例 设 $X = (0, 1)$ (开区间)，d 为通常的距离. 再由 $\rho(x, y) = |(1/x) - (1/y)|$定义另一距离 ρ. 显然由 d 和 ρ 确定的距离拓扑是相等的. 另方面，若由 d, ρ 确定的标准一致拓扑为 Φ_d, Φ_ρ，则恒等映射 $i: (X, \Phi_d) \to (X, \Phi_\rho)$ 不是一致连续的.（i^{-1}是一致连续的.）本例指出拓扑空间可具有与它的拓扑一致的种种一

致拓扑．

26.8 引理 设 X, Y 为一致空间．若 X 是紧的，则所有连续映射 $f:X\to Y$ 是一致连续的．

证明 设 Φ, Ψ 分别是由开覆盖组成的 X, Y 的一致覆盖族的基．若 $\mathscr{W}\in\Psi$，则因 f 是连续的，故对于各 $x\in X$，存在 $\mathscr{U}_{\alpha(x)}\in\Phi$ 使 $f(\mathscr{U}_{\alpha(x)}(x))\subset\mathscr{W}(f(x))$．取 $\mathscr{U}_{\beta(x)}\in\Phi$ 使 $\mathscr{U}^*_{\beta(x)}<\mathscr{U}_{\alpha(x)}$．因 $\{\mathscr{U}_{\beta(x)}(x):x\in X\}$ 构成 X 的开覆盖，故有 $x_i\in X$, $i=1,\cdots k$，使 $\{\mathscr{U}_{\beta(x_i)}(x_i):i=1,2,\cdots,k\}$ 构成 X 的覆盖．若取 $\mathscr{U}\in\Phi$ 使 $\mathscr{U}<\mathscr{U}_{\beta(x_1)}\wedge\cdots\wedge\mathscr{U}_{\beta(x_k)}$，则关于各 $x\in X$, $f(\mathscr{U}(x))\subset\mathscr{W}^*(f(x))$ 成立．实际上，若取 x_i 使 $x\in\mathscr{U}_{\beta(x_i)}(x_i)$，则

$$f(\mathscr{U}(x))\subset f(\mathscr{U}^*_{\beta(x_i)}(x_i))\subset f(\mathscr{U}_{\alpha(x_i)}(x_i))\subset\mathscr{W}(f(x_i)).$$

另外，因 $\mathscr{W}(f(x_i))\ni f(x)$，故 $\mathscr{W}(f(x_i))\subset\mathscr{W}^*(f(x))$．因此 f 是一致连续的．□

26.9 定理 若 X 为紧的，则和 X 的拓扑一致的一致拓扑是唯一确定的．

证明 若 Φ, Ψ 为和 X 的拓扑一致的一致覆盖族，则恒等映射 $i:(X,\Phi)\to(X,\Psi)$ 是连续的，故由 26.9 是一致连续的．同样，i^{-1} 也是一致连续的，故 i 给出了一致同胚．□

26.10 定义 设 $Y_\xi(\xi\in\Gamma)$ 为一致空间，Φ_ξ 为 Y_ξ 的一致覆盖族的基．令 $f_\xi:X\to Y_\xi$ 为映射．对于 $\mathscr{W}\in\Phi_\xi$, $f_\xi^{-1}\mathscr{W}=\{f_\xi^{-1}(W):W\in\mathscr{W}\}$ 构成 X 的覆盖，若令 Ψ_ξ $\{f_\xi^{-1}\mathscr{W}:\mathscr{W}\in\Phi_\xi\}$，则 Ψ_ξ 构成 X 的一致覆盖族的基．令

$$\Psi=\mathrm{lub}\{\Psi_\xi:\xi\in\Gamma\}.$$

Ψ 称为由映射族 $\{f_\xi:\xi\in\Gamma\}$ 确定的 X 的一致覆盖族，Ψ 确定的一致拓扑称为由 $\{f_\xi\}$ 确定的．此一致拓扑可以说是使各 f_ξ 为一致连续的最小的一致拓扑．

设 $X_\xi(\xi\in\Gamma)$ 是一致空间，$X=\prod_{\xi\in\Gamma}X_\xi$．设 $\pi_\xi:X\to X_\xi$ 为射影时，由 $\{\pi_\xi:\xi\in\Gamma\}$ 确定的 X 的一致覆盖族称为积一致覆盖族，由此确定的一致拓扑称为积一致拓扑，具有积一致拓扑的空间称为

积一致空间. 下述引理由定义是明显的.

26.11 引理 设 $X_\xi(\xi\in\Gamma)$ 为一致空间, $X=\prod_{\xi\in\Gamma}X_\xi$ 为积一致空间. 设 f 为一致空间 Y 到 X 的映射. 为使 f 是一致连续的, 关于各 $\xi\in\Gamma$, $\pi_\xi f: Y\to X_\xi$ 一致连续是必要且充分的.

26.12 命题 设 $\mathscr{U}_n(n=1,2,\cdots)$ 为空间 X 的开覆盖列, 且关于各 n, 有 $\mathscr{U}_{n+1}^*<\mathscr{U}_n$. 这时存在 X 的伪距离 d, 若 $\mathscr{V}_n=\{S(x,2^{-n}): x\in X\}$, 则

$$\mathscr{U}_{n+1}^{\vartriangle}<\mathscr{V}_n<\mathscr{U}_n^{\vartriangle},\ n=1,2,\cdots$$

成立.

证明 设 $\mathscr{U}_0=\{X\}$, 对于各 $x, y\in X$, 令

$D(x,y)=\inf\{2^{-n}: y\in\mathscr{U}_n(x)\}$,

$d(x,y)=\inf\left\{\sum_{i=0}^{k-1}D(x_i,x_{i+1})\text{: 取所有 } x_0=x,\ x_k=y \text{ 的任意有限个点 } x_i,\ i=0,1,\cdots,k\right\}.$

显然 d 满足伪距离的条件 15.2(1),(2),(3). 为了完成证明, 关于各 $x\in X$, 若指出

(1) $\mathscr{U}_{n+1}(x)\subset S(x,2^{-n})\subset\mathscr{U}_n(x),\ n=1,2,\cdots$

即可. 实际上, 首先(1)意味着 $\mathscr{U}_{n+1}^{\vartriangle}<\mathscr{V}_n<\mathscr{U}_n^{\vartriangle}$. 其次令 $y\in S(x,2^{-n})$. 若取 m 使 $S(y,2^{-m})\subset S(x,2^{-n})$, 则由(1)有

$$\mathscr{U}_{m+1}(y)\subset S(y,2^{-m})\subset S(x,2^{-n}).$$

由此 $S(x,2^{-n})$ 是开集而 d 满足 15.2 (4). (1) 的后半的包含关系由 $d(x,y)\leqslant D(x,y)$ 是明显的. 为了指出(1)的前半的包含关系, 指出下列不等式.

(2) 若 $x_i\in X,\ i=0,1\cdots,k$, 则

$$D(x_0,x_k)\leqslant 2\sum_{i=0}^{k-1}D(x_i,x_{i+1}).$$

如果指出这个, 则对于 $x, y\in X$ 得到

$$D(x,y)\leqslant 2d(x,y),$$

这是因为

$$\mathscr{U}_{n+1}(x)\subset S(x,2^{-n}).$$

在此，关于 $k=1$ (2)成立，假定有某 $r>0$ 关于所有 $k\leqslant r$ (2)成立．设 $\sum_{i=0}^{r} D(x_i, x_{i+1})=a$，令

$$s=\max\left\{j: \sum_{i=1}^{j-1} D(x_i, x_{i+1})\leqslant a/2\right\},$$

则有

$$\sum_{i=s+1}^{r} D(x_i, x_{i+1})\leqslant a/2.$$

由假定，$D(x_0,x_s)$，$D(x_{s+1},x_{r+1})$ 同时 $\leqslant a$．而且 $D(x_s,x_{s+1})\leqslant a$．若取使 $2^{-m}\leqslant a$ 成立的最小的 m，则由 D 的定义 $D(x_0, x_s)$，$D(x_s, x_{s+1})$，$D(x_{s+1}, x_{r+1})$ 全 $\leqslant 2^{-m}$，关于某个 $U\in\mathscr{U}_m$ 因 $\{x_s\}\cup\{x_{s+1}\}\subset U$，故 $\{x_0\}\cup\{x_{r+1}\}\subset\mathscr{U}_m(U)$ 成立．因 $\mathscr{U}_m^*<\mathscr{U}_{m-1}$，故 $x_{r+1}\in\mathscr{U}_{m-1}(x_0)$．由此 $D(x_0, x_{r+1})\leqslant 2^{-m+1}\leqslant 2a$ 成立，(2) 被证明．□

设 X 为一致空间，$\Phi=\{\mathscr{U}_\alpha:\alpha\in\Lambda\}$ 为开覆盖组成的 X 的一致覆盖族的基．对于各 $\mathscr{U}_\alpha\in\Phi$，有 $\mathscr{U}_\beta\in\Phi$，使 $\mathscr{U}_\beta^\Delta<\mathscr{U}_\alpha$，故存在列 $\mathscr{U}_{\alpha(n)}\in\Phi$，$n=1,2,\cdots$，$\mathscr{U}_\alpha=\mathscr{U}_{\alpha(1)}>\mathscr{U}_{\alpha(2)}^*>\cdots>\mathscr{U}_{\alpha(n)}^*>\mathscr{U}_{\alpha(n)}>\mathscr{U}_{\alpha(n+1)}^*>\cdots$．对于此列，由 26.12 存在的伪距离若为 d_α，则 $\{S(x,1/2):x\in X\}$ 是 $\mathscr{U}_\alpha$ 的加细．令 $X_\alpha=X/d_\alpha$，若 $f_\alpha:X\to X_\alpha$ 为射影，则 f_α 关于 d_α 确定的 X_α 的标准一致拓扑是一致连续的．由

$$f(x)=(f_\alpha(x))_{\alpha\in\Lambda},\ x\in X,$$

定义 $f:X\to\prod_{\alpha\in\Lambda} X_\alpha$．下述命题成立．

26.13 命题 若一致覆盖族的基 Φ 是分离的，则由映射

$$f:X\to\prod_{\alpha\in\Lambda} X_\alpha$$

可将 X 一致同胚地嵌入 $\prod_{x\in\Lambda} X_\alpha$．

证明 因 Φ 是分离的，故 f 是一一的．由 26.11，f 是一致连续的．为了指出 f^{-1} 的一致连续性，设 $y=(f_\alpha(x))\in f(X)$，若

$S_\alpha(f_\alpha(x),\varepsilon)$为 X_α 的 ε 邻域，则由 26.12，

$$\mathscr{U}_\alpha(x)\supset f^{-1}\left(S_\alpha(f_\alpha(x),1/2)\times\prod_{\alpha\neq\beta}X_\beta\right)\supset\mathscr{U}_{\alpha(2)}(x)$$

成立（$\mathscr{U}_{\alpha(2)}$ 是使用 d_α 的定义的例 $\{\mathscr{U}_{\alpha(n)}\}$ 的第 2 元）. $\prod_{\alpha\in\Lambda}X_\alpha$ 的开覆盖

$$\left\{S_\alpha(y,\ \varepsilon)\times\prod_{\alpha\neq\beta}X_\beta : y\in X_\alpha\right\},\ \varepsilon>0,\ \alpha\in\Lambda$$

的族构成 $\prod_{\alpha\in\Lambda}X_\alpha$ 的积一致覆盖族的子基，故 $f^{-1}:f(X)\to X$ 是一致连续的.

26.14 定理 T_2 一致空间是完全正则的. 且完全正则空间具有和它的拓扑一致的一致拓扑.

证明 由 26.13，T_2 一致空间 X 可嵌入度量空间 X_α 的积空间. 后者是完全正则的，故 X 也是完全正则的. 又完全正则空间可嵌入某广义立方体 I^m. 因 I^m 具有由 I 的标准一致拓扑的积一致拓扑，故 X 作为 I^m 的一致子空间具有一致拓扑. □

26.12 的其他的重要应用是下述定理.

26.15 定理 T_2 一致空间 X 可距离化的充要条件是 X 具有可数个覆盖组成的一致覆盖族的基.

证明 若 X 为度量空间，则

$$\mathscr{U}_n=\{S(x,\ 2^{-n}):x\in X\},\ n=1,2,\cdots,$$

构成一致覆盖族的可数基. 另外，充分性根据 26.12 得到. □

26.16 例 作为一致空间的重要例子有拓扑群. 是群而且是拓扑空间的集合 G 满足下列条件时称为**拓扑群** (topological group).

(1) 由 $(x,y)\to x\cdot y^{-1}(x,y\in G)$ 定义的对应 $G\times G\to G$ 是连续的.

对 $X,Y\subset G$，设

$$X\cdot Y=\{x\cdot y:x\in X,\ y\in Y\},\ X^{-1}=\{x^{-1}:x\in X\}.$$

当 $x\in G$ 时，$\{x\}\cdot Y$，$Y:\{x\}$ 简单地写作 $x\cdot Y$，$Y\cdot x$. (1) 也可

以叙述如下.

(1) 对于 $x \cdot y^{-1}$ 的邻域 W，存在 x 的邻域 U，y 的邻域 V，使 $U \cdot V^{-1} \subset W$.

设 $\Phi = \{U_\alpha : \alpha \in \Lambda\}$ 为单位元 e 的任意邻域基. 令

$$\mathscr{U}_\alpha^R = \{U_\alpha \cdot x : x \in X\},\ \mathscr{U}_\alpha^L = \{x \cdot U_\alpha : x \in X\}.$$

此时

(2) $\Phi_R = \{\mathscr{U}_\alpha^R : \alpha \in \Lambda\}$ 及 $\Phi_L = \{\mathscr{U}_\alpha^L : \alpha \in \Lambda\}$ 构成开覆盖组成的一致覆盖族的基，它们确定的一致拓扑和 G 的拓扑一致. 由 Φ_R, Φ_L 生成的一致覆盖族称为右、左一致覆盖族.

只对于 Φ_R 证明之. 对于 Φ_L 是完全类似的. 对于任意的 α, $\beta \in \Lambda$, $U_\gamma \subset U_\alpha \cap U_\beta$, $U_\gamma \in \Phi$ 存在. 这时有 $\mathscr{U}_\gamma^R < \mathscr{U}_\alpha^R \wedge \mathscr{U}_\beta^R$. 而且对于 $\alpha \in \Lambda$，因 U_α 是 e 的邻域，故对某个 $U_\beta \in \Phi$，有 $U_\beta \cdot U_\beta^{-1} \subset U_\alpha$ (对 $e \cdot e^{-1} = e$ 应用(1′)). 这时有 $(\mathscr{U}_\beta^R)^\Delta < \mathscr{U}_\alpha$. 实际上，对于 $y \in G$，

$$\mathscr{U}_\beta^R(y) = \bigcup\{U_\beta \cdot x : y \in U_\beta \cdot x,\ x \in G\}.$$

若 $y \in U_\beta \cdot x$，则 $y \cdot x^{-1} \in U_\beta$，即 $x \cdot y^{-1} \in U_\beta^{-1}$. 由此

$$e \in U_\beta \cdot xy^{-1} \subset U_\beta \cdot U_\beta^{-1} \subset U_\alpha.$$

故有 $U_\beta \cdot x \subset U_\alpha \cdot y$. 这表示 $\mathscr{U}_\beta^R(y) \subset \mathscr{U}_\alpha \cdot y$. 如此 Φ_R 是一致覆盖族的基. 显然由 Φ_R 确定的一致拓扑和 G 的拓扑一致.

(3) 拓扑群 G 可距离化的充要条件是 G 是 T_0 空间且满足第一可数性.

只指出充分性即可. 若 $x, y \in G$, $x \neq y$，则存在不含 y 的 x 的邻域或不含 x 的 y 的邻域. 若前者成立，则有 e 的邻域 U，使 $y \notin U \cdot x$. 因 $y \cdot x^{-1} \notin U$，故若取 e 的邻域 V 使 $V^{-1} \cdot V \subset U$，则 $V \cdot x \cap V \cdot y = \varnothing$. 由此 G 是 T_2 的. 若 $\{U_i : i = 1, 2, \cdots\}$ 为 e 的可数邻域基，则

$$\Phi = \{\mathscr{U}_i : i = 1, 2, \cdots\},\ \mathscr{U}_i = \{U_i \cdot x : x \in G\},$$

由 (2) 构成和拓扑一致的 G 的一致覆盖族的可数基. 由此，由 12.15 G 是可距离化的.

26.17 定义 设 X 为空间，$\{\Phi_\alpha\}$ 为和 X 的拓扑一致的一致覆

盖族的所有的集合．以 Φ_X 表示 $\{\Phi_\alpha\}$ 的上确界，称为 X 的极大一致覆盖族．X 的一致覆盖族的基，它生成的一致覆盖族是极大时称为极大一致覆盖族的基．

若 $\mathscr{U}$ 和 $\mathscr{V}$ 是空间 X 的正规开覆盖，则 $\mathscr{U} \wedge \mathscr{V}$ 也是正规的．又若 X 为一致空间，则它的任意一致覆盖被正规的一致开覆盖细分（参考 15.1）．若 X 为完全正则的，则对任意点 x 及它的开邻域 U，$\{U, X-\{x\}\}$ 是正规的开覆盖．因之下述命题是明显的．

26.18 命题 完全正则空间的正规开覆盖全体的族构成和它的拓扑一致的一致拓扑的极大一致覆盖族的基．

在仿紧 T_2 空间中任意开覆盖是正规的（16.5），故下述推论成立．

26.19 推论 仿紧 T_2 空间的所有的开覆盖族构成极大一致覆盖族的基．

§27. 完 备 化

27.1 定义 设 X 为具有一致覆盖族的基 Φ 的一致空间，$\mathscr{F}$ 为 X 的某子集组成的滤子．对于各 $\mathscr{U} \in \Phi$，存在点 $x \in X$ 及 $F \in \mathscr{F}$，使 $F \subset \mathscr{U}(x)$ 时，$\mathscr{F}$ 称为 Cauchy 滤子．一致空间 X，当它的任意 Cauchy 滤子收敛于 X 的点时称为完备的 (complete)．更准确地，称 X 关于它的一致覆盖族（或一致覆盖族的基）或它的一致拓扑是完备的等．在此，滤子 $\mathscr{F}$ 收敛于点 x 是指 $\mathscr{F}$ 含有 x 的邻域滤子．

若 X 是 T_2 一致空间，即若具有分离的一致覆盖族，则所有的滤子至多收敛于一点．反之，滤子至多收敛于一点的空间是 T_2 的．考虑这些是为了避免烦杂，今后在本章中不做特殊声明时设所有的一致空间为 T_2 的．从而一致覆盖族或它的基全设为分离的．

27.2 引理 完备一致空间的闭集是完备的．

证明是显然的．

27.3 引理 若 $X_\alpha(\alpha\in\Lambda)$ 为完备一致空间，则积一致空间 $X=\prod_{\alpha\in\Lambda}X_\alpha$ 是完备的.

证明 设 $\pi_\alpha:X\to X_\alpha$ 为射影. 若$\mathscr{F}$为X的 Cauchy 滤子，则 $\{\pi_\alpha F:F\in\mathscr{F}\}$ 是 X_α 的 Cauchy 滤子，故收敛于某点 $x_\alpha\in X_\alpha$. 此时，$\mathscr{F}$收敛于点 (x_α). □

27.4 引理 完备度量空间X关于由它的距离d确定的标准一致拓扑是完备的.

证明 设 $\mathscr{U}_n(n=1,2\cdots)$ 为在 26.6 给与X的标准一致拓扑的一致覆盖族的基. 若 $\mathscr{F}$ 是 Cauchy 滤子，则对于各 $n=1,2,\cdots$，有点 $x_n\in X,F_n\in\mathscr{F}$，使 $F_n\subset\mathscr{U}_n(x_n)$.

若 $n<m$，则 $\mathscr{U}_n(x_n)\cap\mathscr{U}_m(x_m)\supset F_n\cap F_m\neq\phi$，故有

$$d(x_n,x_m)<2^{-n+1}+2^{-m+1}<2^{-n+2}.$$

由此$\{x_n\}$是 Cauchy 列. $\{x_n\}$ 的极限点是 $\mathscr{F}$ 的收敛点. □

27.5 定理 对于一致空间 X，存在完备一致空间 uX，使 X 为其稠密的一致子空间. uX 称为X的完备化 (completion).

证明 由 26.13，X 可以看做是度量空间 (X_α,d_α) 的积一致空间 $\prod_{\alpha\in\Lambda}X_\alpha$ 的一致子空间. 关于各 α，令(X_α^*,d_α^*)为(X_α,d_α)的完备化 (参考 7.17). 由 X_α^* 的作法，距离 d_α^* 在 X_α 上等于 d_α. 由此，X_α^* 是 X_α 作为一致空间的完备化. 故X是 $\prod_{\alpha\in\Lambda}X_\alpha^*$ 的一致子空间. 在 $\prod_{\alpha\in\Lambda}X_\alpha^*$ 中，若 uX 是X的闭包，则由 27.2，27.3，uX 是X的完备化. □

27.6 定理 设A为一致空间X的子集，Y 为完备一致空间. 若 $f:A\to Y$ 一致连续，则 f 具有一致连续的扩张 $uf:\overline{A}\to Y$($\overline{A}$ 是 A在X的闭包).

证明 设$a\in\overline{A}$，$\mathscr{V}_a$为 a 在X的邻域滤子. $f\mathscr{V}_a=\{f(V\cap A):V\in\mathscr{V}_a\}$ 作成滤子基. 首先指出 $f\mathscr{V}_a$ 生成的滤子 $\mathscr{H}_a$ 是 Cauchy 滤子. 取Y的任意的一致覆盖 $\mathscr{W}$. 取X的一致覆盖 $\mathscr{U}$，关于各 $x\in A$，使 $f(\mathscr{U}^*(x)\cap A)\subset\mathscr{W}(f(x))$. 若任取 $x\in\mathscr{U}(a)\cap A$，则

有

$$f\mathscr{V}_a \ni f(\mathscr{U}(a)\cap A)\subset f(\mathscr{U}^*(x)\cap A)\subset \mathscr{W}(f(x)).$$

由此 $\mathscr{H}_a$ 是 Cauchy 滤子. 因 Y 是完备的，故 $\mathscr{H}_a$ 收敛于某点 b. 若定义 $uf(a)=b$，则得到 f 的扩张 $uf:\bar{A}\to Y$. 由作法，对于各 $a\in\bar{A}$;

$$f(\mathscr{U}(a)\cap\bar{A})\subset\mathscr{W}^*(uf(a))$$

成立. 因此 uf 是一致连续的. □

27.7 定理 一致空间 X 的完备化在下述意义下由 X 唯一确定：若 uX，$u'X$ 是 X 的完备化，则存在使 X 的点不动的一致同胚映射 $f:uX\to u'X$.

证明 设 $uX, u'X$ 为 X 的完备化. 由 27.6 恒等映射 $f:X\to X$ 扩张为 $uf:uX\to u'X$，$u'f:u'X\to uX$. 因 $u'f\cdot uf$ 是 X 上的恒等的一致连续映射，uX 是 T_2 的，X 在 uX 稠密，故为 uX 的恒等映射. 同样地，$uf\cdot u'f$ 是 $u'X$ 的恒等映射. 故 uf 是一致同胚映射. □

由本定理，X 的完备化 uX 由它的一致覆盖族的基 Φ 唯一确定. 在此意义下 uX 称为关于 Φ 的完备化.

27.8 引理 设 X 为空间，Φ，Ψ 为和它的拓扑一致的一致覆盖族的基且 $\Phi\leqslant\Psi$. 这时若一致空间 (X,Φ) 是完备的，则 (X,Ψ) 也是完备的.

证明 若 $\mathscr{F}$ 是在 (X,Ψ) 的 Cauchy 滤子，则在 (X,Φ) 也是 Cauchy 滤子，故 $\mathscr{F}$ 在 (X,Φ) 收敛于点 x. 因 (X,Φ) 和 (X,Ψ) 具有相同的拓扑，故点 x 的邻域滤子在双方是相同的，而 $\mathscr{F}$ 在 (X,Ψ) 也收敛于 x. □

27.9 定义 空间 X 关于和它的拓扑一致的某一致覆盖族为完备时称为拓扑完备的 (topologically complete). 由 27.8，亦可称之为关于 X 的极大一致覆盖族是完备的.

其次给与拓扑完备空间的种种特征. 设 X 为完全正则空间，Φ 为 X 的正规开覆盖的所有族. 由 26.18 Φ 构成 X 的极大一致覆盖族的基. 令 $\Phi=\{\mathscr{U}_\alpha:\alpha\in\Lambda\}$. 因 $\mathscr{U}_\alpha$ 是正规的，故由 26.12 存在伪距离 d_α，一致映射 $f_\alpha:X\to X_\alpha=X/d_\alpha$，由 X_α 的各点的 1/4 邻

域构成的X_α的覆盖关于f_α的原像是$\mathscr{U}_\alpha$的加细.若$\mathscr{W}$是X_α的开覆盖，则$\mathscr{W}$是正规的，而$f^{-1}\mathscr{W}$是Φ的元素. 关于各$\alpha\in\Lambda$，令$\beta f_\alpha:\beta X\to\beta X_\alpha$为$f_\alpha$的扩张. 置$\widetilde{X}_\alpha=(\beta f_\alpha)^{-1}X_\alpha$，定义$uX=\bigcap_{\alpha\in\Lambda}\widetilde{X}_\alpha$，则$X\subset uX\subset\beta X$. 令$\tilde{f}_\alpha=\beta f_\alpha|uX$. 由上述考察的事实，取各$X_\alpha$的任意开覆盖$\mathscr{W}$，若$\tilde{\Phi}$为所有$\tilde{f}_\alpha^{-1}\mathscr{W}$的族，则$\tilde{\Phi}$构成$uX$的一致覆盖族的基，而$\Phi=\{\mathscr{V}\cap X:\mathscr{V}\in\tilde{\Phi}\}$. 由此$X$是由$\tilde{\Phi}$导入的一致空间$uX$的一致子空间. 又明显的这个一致拓扑和作为$\beta X$的子空间的$uX$的拓扑一致. 而且下述命题成立.

27.10 命题 关于Φ,uX是X的完备化.

证明 指出uX是完备的即可. 设$\mathscr{F}$是uX的Cauchy滤子. 因$\{\overline{F}:F\in\mathscr{F}\}$($\overline{F}$是在$\beta X$的闭包)具有有限交性质,故存在$\beta X$的点$x_0\in\bigcap_{F\in\mathscr{F}}\overline{F}$. 若$x_0\in uX$,则显然$\mathscr{F}$收敛于$x_0$. 当$x_0\notin uX$时若导出矛盾即可. 因$x_0\notin uX$，故关于某个$\alpha\in\Lambda$有$\tilde{f}_\alpha(x_0)\in\beta X_\alpha-X_\alpha$. 存在$X_\alpha$的开覆盖$\mathscr{W}$，使得对于它的各元$\mathscr{W}$有使$\mathrm{Cl}_{\beta X_\alpha}W\not\ni\tilde{f}_\alpha(x_0)$者. 因$\tilde{f}_\alpha^{-1}\mathscr{W}$是$uX$的一致覆盖,故有某个$F\in\mathscr{F}$及$W\in\mathscr{W}$,使$F\subset\tilde{f}_\alpha^{-1}(W)$. 这意味着

$$\tilde{f}_\alpha(\overline{F})\subset\mathrm{Cl}_{\beta X_\alpha}W\subset\beta X_\alpha-\{\tilde{f}_\alpha(x_\alpha)\},$$

故$\overline{F}$不能含点x_0. 这和条件$x_0\in\bigcap_{F\in\mathscr{F}}\overline{F}$矛盾. □

27.11 定理 对于完全正则空间X,下列条件是等价的:

(1) X是拓扑完备的.

(2) 对于各点$x\in\beta X-X$,有度量空间M和连续映射$f:X\to M$,f在$X\cup\{x\}$上不能连续扩张.

(3) 对于各点$x\in\beta X-X$,存在X的正规开覆盖$\mathscr{U}$,使$\mathscr{U}$的各元在βX的闭包不含x.

证明 (1)⇒(2) 考虑在27.10的uX. 若X是拓扑完备的，则$uX=X$,故(2)由uX的定义得到.

(2)⇒(3) 令$x\in\beta X-X$. 取(2)中的M,f,令$\beta f:\beta X\to\beta M$为$f$的扩张,则$\beta f(x)\in\beta M-M$. 若$\mathscr{W}$为$M$的开覆盖且它的各

元在 βM 的闭包不含 $\beta f(x)$，则 $\mathscr{U}=f^{-1}\mathscr{W}$ 满足条件(3).

(3)⇒(1) 对于 $x\in\beta X-X$，取(3)中的正规开覆盖 $\mathscr{U}$. 照样使用 27.9 的记号. 因 $\mathscr{U}$ 是正规的，故关于某个 $\alpha\in\Lambda$，有 $\mathscr{U}=\mathscr{U}_\alpha$. 考虑映射 $f_\alpha:X\to X_\alpha$. 在 $\beta f_\alpha:\beta X\to\beta X_\alpha$ 下点 x 的像不属于 X_α. 实际上，当 $\beta f_\alpha(x)\in X_\alpha$ 时，对于 $\beta f_\alpha(x)$ 在 X_α 的 1/4 邻域 S，$f_\alpha^{-1}(S)$ 被 $\mathscr{U}$ 的某元 U 包含. 因 $x\notin\mathrm{Cl}_{\beta X}U$，故存在 x 在 βX 的开邻域 V，使 $V\cap\mathrm{Cl}_{\beta X}U=\varnothing$. 由 βf_α 的连续性，关于 $V\cap X$ 的某点 y，有 $\beta f_\alpha(y)=f_\alpha(y)\in S$. 这和 $f_\alpha^{-1}(S)\cap V=\varnothing$ 相反. 由此指出 $x\notin uX$. 因 x 是 $\beta X-X$ 的任意点，故 $X=uX$. 由 27.10，X是拓扑完备的. □

下述的 Tamano 定理，由 24.5 及 27.11 的证明直接可以得到.

27.12 定理 (Tamano) 完全正则空间 X 是仿紧的充要条件是下列性质之一成立:

(1) 对于 βX 的各闭集 $F\subset\beta X-X$，存在 X 的局部有限开覆盖 $\mathscr{U}$，使

$$F\cap\mathrm{Cl}_{\beta X}U=\varnothing,\ U\in\mathscr{U}.$$

(2) 对于 βX 的各闭集 $F\subset\beta X-X$，存在度量空间 Y 和连续映射 $f:X-Y$，使

$$\beta f(F)\subset\beta Y-Y.$$

作为 27.11 和 27.12 的结果得到下述定理.

27.13 定理 仿紧 T_2 空间是拓扑完备的.

这个定理暗示了比拓扑完备性强的什么样的条件是仿紧的特征. 关于这个问题 H. H. Corson 有下述结果.

27.14 定义 一致空间 X 的滤子 $\mathscr{F}$ 对于 X 的任意的一致覆盖 $\mathscr{U}$，存在含有 $\mathscr{F}$ 的滤子 $\mathscr{F}_{\mathscr{U}}$，使得某个 $F\in\mathscr{F}_{\mathscr{U}}$ 被 $\mathscr{U}$ 的元包含，这时称 $\mathscr{F}$ 为**弱 Cauchy 滤子**. 设 $\mathscr{H}$ 是 X 的子集族(例如滤子或滤子基). $\bigcap_{H\in\mathscr{H}}\mathrm{Cl}_XH$ 的任意点称为 $\mathscr{H}$ 的**接触点**. $\mathscr{H}$ **具有接触点**是指 $\bigcap_{H\in\mathscr{H}}\mathrm{Cl}_XH\neq\varnothing$.

27.15 定理 (H. H. Corson) 完全正则空间 X 是仿紧的充

要条件是下列之一成立：

(1) 存在X的某一致覆盖族使拓扑一致，关于它的任意弱 Cauchy 滤子具有接触点.

(2) 若滤子$\mathscr{F}$ 在X不具有接触点，则存在由X到某个度量空间Y的连续映射f，使$f(\mathscr{F})$在Y不具有接触点.

证明 设X为仿紧T_2的. X的所有开覆盖族Φ构成一致覆盖族的基(26.19). 设$\mathscr{F}$关于Φ为弱 Cauchy 滤子，而$\mathscr{F}$不具有接触点. 若令$F = \bigcap_{H\in\mathscr{F}} \mathrm{Cl}_{\beta X}H$，则$F$是$\beta X - X$的闭集且非空. 取满足 27.12(1)的$\Phi$的元$\mathscr{U}$. 因$\mathscr{F}$是弱 Cauchy 的，故有包含$\mathscr{F}$的滤子$\mathscr{F}_{\mathscr{U}}$，使某$A\in\mathscr{F}_{\mathscr{U}}$被$\mathscr{U}$的元$U$包含. 由此有

$$\varnothing \neq \bigcap_{B\in\mathscr{F}_{\mathscr{U}}} \mathrm{Cl}_{\beta X}B \subset \mathrm{Cl}_{\beta X}A \cap F \subset \mathrm{Cl}_{\beta X}U \cap F,$$

但$\mathrm{Cl}_{\beta X}U \cap F = \varnothing$，故矛盾. 因此(1)成立.

(1)⇒(2) 设Φ为(1)的一致覆盖族. 对于任意的度量空间Y及连续映射$f: X\to Y$，假定$f(\mathscr{F})$在Y具有接触点. 此时$\mathscr{F}$关于Φ是弱 Cauchy 滤子的事实指出如下(如是则由(1)，$\mathscr{F}$具有接触点得到矛盾). 设$\mathscr{U}$为Φ的任意一致开覆盖. 由 26.12 有度量空间X_u和$f: X\to X_u$，对于X_u的某个开覆盖$\mathscr{W}$，$\mathscr{W}^{\Delta}$关于f的原像是$\mathscr{U}$的加细. 由假定$f(\mathscr{F})$在X_u具有接触点y_0. 若$\mathscr{V}$为y_0的邻域滤子，则$f(\mathscr{F})\cup\mathscr{V}$是滤子基. 设$\mathscr{H}$为它生成的滤子. 因$\mathscr{F}\cup f^{-1}\mathscr{H}$是滤子基，故存在它生成的滤子$\mathscr{F}_{\mathscr{U}}$. 若取被$\mathscr{W}(y_0)$包含的$V\in\mathscr{V}$，则$f^{-1}(V)$是被$\mathscr{U}$的某元包含的$\mathscr{F}_{\mathscr{U}}$的元. 由此$\mathscr{F}$是弱 Cauchy 滤子.

最后设(2)成立但X不是仿紧的. 设$\mathscr{U} = \{U_\alpha: \alpha\in\Lambda\}$为不具有局部有限加细的$X$的开覆盖. 令$F(\Lambda)$为$\Lambda$的所有有限集的集合，且

$$\mathscr{F} = \left\{H_\gamma: H_\gamma = X - \bigcup_{\alpha\in\gamma} U_\alpha, \gamma\in F(\Lambda)\right\}.$$

因$\mathscr{U}$不具有有限子覆盖，故$\mathscr{F}$是滤子基，且因$\mathscr{U}$是覆盖，故在X无接触点. 由(2)有度量空间Y及$f: X\to Y$使$f(\mathscr{F})$在Y没有接触

点．令

$$\mathscr{W}=\{Y-\mathrm{Cl}_Y f(H_\gamma):H_\gamma\in\mathscr{F}\}.$$

$\mathscr{W}$ 构成 Y 的开覆盖，故存在它的局部有限加细的开覆盖 $\mathscr{V}$．关于各 $V\in\mathscr{V}$，选 $\gamma\in F(\Lambda)$ 使 $V\subset Y-\mathrm{Cl}_Y f(H_\gamma)$，令

$$\mathscr{U}_V=\{f^{-1}(V)\cap U_\alpha:\alpha\in\gamma\}.$$

这时 $\bigcup\{\mathscr{U}_V:V\in\mathscr{V}\}$ 显然是 $\mathscr{U}$ 的加细且是局部有限的．这与 $\mathscr{U}$ 的假定相反．□

27.16 定义 一致空间 X 当它的任意一致覆盖有有限子覆盖时称为全有界的（totally bounded）或准紧的（precompact）．在 12.3 定义了全有界的度量空间．这意味着关于度量空间的标准一致拓扑是全有界的．

27.17 定理 一致空间 X 是紧的充要条件是 X 是完备且全有界的．

证明 必要性是显然的．为了指出充分性，设 X 为完备且全有界的一致空间．令 $\mathscr{F}$ 为 X 的极大滤子．若指出 $\mathscr{F}$ 是 Cauchy 的即可．实际上，因 X 是完备的，故 $\mathscr{F}$ 是收敛的，由 11.2 X 是紧的．若 $\mathscr{U}$ 为任意的一致覆盖，则存在 $\mathscr{U}$ 的有限子覆盖 $\mathscr{U}'$．因 $\mathscr{F}$ 是极大的，故由 3.6 必有 $\mathscr{U}'$ 的某个元素属于 $\mathscr{F}$，即 $\mathscr{F}$ 是 Cauchy 滤子．□

§28. Čech 完备性

28.1 定义 设 X 为完全正则空间．当 X 在 βX 是 G_δ 集时称为 Čech 完备．当 X 在它的任意 T_2 扩张空间中是 G_δ 集时称为绝对 G_δ 的．

显然若绝对 G_δ 则为 Čech 完备． 以后将指出它们是等价概念．紧 T_2 空间显然是绝对 G_δ 的． 易知局部紧 T_2 空间在它的任意 T_2 扩张空间中是开集，故是绝对 G_δ 的．

28.2 定理 关于完全正则空间 X，下列条件等价：

(1) X 是绝对 G_δ 的．

(2) X 在某紧化 αX 中是 G_δ 集.

(3) X 是 Čech 完备的.

(4) X 具有有下列性质的开覆盖列 $\{\mathscr{U}_n : n = 1,2,\cdots\}$:若 $\mathscr{F}$ 为关于各 n 使 $\mathscr{F} \cap \mathscr{U}_n \neq \varnothing$ 的 X 的滤子,则 $\mathscr{F}$ 在 X 中具有接触点.

证明 (1)⇒(2),(2)⇒(3)是明显的.

(3)⇒(4) 因 X 在 βX 是 G_δ 集,故有开集 $W_n, n = 1,2,\cdots$,使 $X = \bigcap_{n=1}^{\infty} W_n$. 定义 X 的开覆盖 $\mathscr{U}_n$ 如下: 关于各 $x \in X$, 取 βX 的开集合 W_x 使 $\mathrm{Cl}_{\beta X} W_x \subset W_n$, 令

$$\mathscr{U}_n = \{U_x ; x \in X\}, U_x = W_x \cap X.$$

若说明 $\{\mathscr{U}_n : n = 1, 2, \cdots\}$ 满足条件(4)即可. 设 $\mathscr{F}$ 为 X 的滤子,使 $\mathscr{F} \cap \mathscr{U}_n \neq \varnothing$, $n = 1, 2, \cdots$. 设 $\mathscr{H}$ 为含 $\mathscr{F}$ 的 X 的极大滤子. $\bigcap_{H \in \mathscr{H}} \mathrm{Cl}_{\beta X} H \neq \varnothing$. 若 $y \in \bigcap_{H \in \mathscr{H}} \mathrm{Cl}_{\beta X} H$,则关于各 n,$\mathscr{H}$ 含有某个 $\mathscr{U}_n$ 的元素 U_x,故

$$y \in \mathrm{Cl}_{\beta X} U_x \subset \mathrm{Cl}_{\beta X} W_x \subset W_n.$$

因此 $y \in X$. 故

$$y \in \bigcap_{H \in \mathscr{H}} \mathrm{Cl}_{\beta X} H \cap X \subset \bigcap_{F \in \mathscr{F}} \mathrm{Cl}_{\beta X} F \cap X = \bigcap_{F \in \mathscr{F}} \mathrm{Cl}_X F.$$

即 y 为 $\mathscr{F}$ 的接触点.

(4)⇒(1) 设 Y 为 X 的 T_2 扩张空间. $\{\mathscr{U}_n\}$ 为(4)的开覆盖列,对于各 $U \in \mathscr{U}_n$,取 Y 的开集 U' 使 $U' \cap X = U$,令

$$W_n = \bigcup \{U' : U \in \mathscr{U}_n\}.$$

兹指出 $X = \bigcap_{n=1}^{\infty} W_n$. 令 $y \in \bigcap_{n=1}^{\infty} W_n - X$. 设 $\mathscr{V}$ 为 y 在 Y 中的邻域滤子. 因 $y \in W_n$, $n = 1, 2, \cdots$, 故关于某个 $U \in \mathscr{U}_n$ 有 $U' \in \mathscr{V}$. 若考虑这一事实及 X 在 Y 中稠密, 则 $\mathscr{V} \cap X = \{V \cap X : V \in \mathscr{V}\}$ 是 X 的滤子基,且关于各 n 含有 $\mathscr{U}_n$ 的元素. 若 $\mathscr{F}$ 为由 $\mathscr{V} \cap X$ 生成的 X 的滤子, 则由(4)存在点 $x \in \bigcap_{F \in \mathscr{F}} \mathrm{Cl}_X F$. 因 $y \notin X$

故 $y \neq x$. 因 Y 为 T_2 的，故有某个 $V \in \mathscr{V}$ 使 $x \notin \mathrm{Cl}_Y V$，但另方面因 $V \cap X \in \mathscr{F}$，故 x 是 $\mathscr{F}$ 的接触点，两相矛盾. □

28.3 定理 Čech 完备空间的任意 G_δ 集及闭集是 Čech 完备的.

证明 设 X 为 Čech 完备空间 Y 的 G_δ 集或闭集. 由 28.2 (2) 若说明 X 在 $\mathrm{Cl}_{\beta Y} X$ 是 G_δ 集即可. 取 βY 的开集合 W_n, $n = 1, 2, \cdots$，使 $Y = \bigcap_{n=1}^{\infty} W_n$. 若 X 为 Y 的闭集，则 $X = \bigcap_{n=1}^{\infty} (W_n \cap \mathrm{Cl}_{\beta Y} X)$ 成立. 若 X 在 Y 为 G_δ 的，则对于 $\bigcap_{n=1}^{\infty} U_n = X$ 的 Y 的开集列 $\{U_n\}$，若取 βY 的开集 V_n，使 $V_n \cap Y = U_n$，则有

$$X = \bigcap_{n=1}^{\infty} (V_n \cap W_n \cap \mathrm{Cl}_{\beta Y} X). \square$$

28.4 定理 Čech 完备性是可数可乘性.

证明 若令 $X_i (i = 1, 2, \cdots)$ 为 Čech 完备空间，则 $\prod_{i=1}^{\infty} X_i$ 在 $\prod_{i=1}^{\infty} \beta X_i$ 是 G_δ 集. □

28.5 定理 对于度量空间 X 下列条件等价:

(1) X 是可完备距离化的.

(2) X 是 Čech 完备的.

(3) X 在含有它的任意度量空间中是 G_δ 集.

证明 (1)⇒(2) 设 d 为 X 的完备距离，且

$$\mathscr{U}_n = \{S(x, 2^{-n}) : x \in X\}, \ n = 1, 2, \cdots.$$

由 d 是完备距离可知 $\{\mathscr{U}_n\}$ 满足 28.2(4).

(2)⇒(1) 设 $\{\mathscr{U}_n\}$ 为满足 28.2(4) 的开集列. 取 X 的开集列 $\{\mathscr{W}_n\}$，使 $\mathscr{W}_n^{\Delta} < \mathscr{U}_n$，$\mathscr{W}_{n+1}^{*} < \mathscr{W}_n$，$n = 1, 2, \cdots$，且关于任意 $x \in X$，$\{\mathscr{W}_n(x) : n = 1, 2, \cdots\}$ 构成 x 的邻域基. 由 26.12，设 d 为对于 $\{\mathscr{W}_n\}$ 构成的伪距离. 因 $\{\mathscr{W}_n(x)\}$ 构成邻域基，故 d 是 X 的距离. 为了指出 d 是完备的，设 $\{x_i\}$ 为 Cauchy 列. 对于各 n 有 i_n，若 $j \geqslant i_n$，则 $d(x_{i_n}, x_j) < 2^{-n}$. 令 $V_n = \mathscr{W}_n(x_{i_n})$. 由 26.12，若 $j \geqslant i_n$，则 $x_j \in V_n$，故 $\{V_n\}$ 构成滤子基. 若 $\mathscr{F}$ 为 $\{V_n\}$ 生成的滤

子，则由条件$\mathscr{W}_n^\Delta < \mathscr{U}_n$，关于各$n$，$\mathscr{F} \cap \mathscr{U}_n \neq \emptyset$. 于是$\mathscr{F}$具有接触点$x$. 显然$\lim_i x_i = x$.

(2)⇒(3)　由 28.2 (1) 是明显的.

(3)⇒(2)　取含X的完备度量空间X^*(7.17). 由(3) X是X^*的G_δ集. 由已指出的(1)⇒(2) X^*是Čech 完备的，故由 28.3，X是Čech 完备的. □

一般地，仿紧T_2空间的积不是仿紧的(参考11.9，13.6). 在此意义下，下述定理很有趣味.

28.6　定理 (Frolik)　若$X_i(i=1, 2, \cdots)$为Čech 完备仿紧空间，则$\prod_{i=1}^{\infty} X_i$是仿紧的.

这由下述定理得证.

28.7　定理 (Frolik)　X是Čech 完备仿紧空间的必要且充分条件是存在从X到某个完备度量空间上的完全映射.

首先指出 28.7 意味着 28.6. 设$X_i(i=1, 2, \cdots)$为Čech 完备仿紧空间. 由 28.7，存在完备度量空间Y_i和完全映射$f_i: X_i \to Y_i$ $(i=1, 2, \cdots)$.

$$f = \prod_{i=1}^{\infty} f_i : \prod_{i=1}^{\infty} X_i \to \prod_{i=1}^{\infty} Y_i$$

为完全映射. 实际上，是因为

$$g = \sum_{i=1}^{\infty} \beta f_i : \prod_{i=1}^{\infty} \beta X_i \to \prod_{i=1}^{\infty} \beta Y_i$$

是完全映射且满足

$$g\left(\prod_{i=1}^{\infty} \beta X_i - \prod_{i=1}^{\infty} X_i\right) = \prod_{i=1}^{\infty} \beta Y_i - \prod_{i=1}^{\infty} Y_i$$

(20.5). (此事实就更一般的形式成立. 参考 42.13.) 因f是到仿紧空间$\prod_{i=1}^{\infty} Y_i$上的完全映射，故由 17.22，$\prod_{i=1}^{\infty} X_i$是仿紧的.

28.7 的证明　由 20.5 和 28.2 容易指出 Čech 完备性在完全映射下是不变的. 于是充分性是明显的. 为了指出必要性，设X为

Čech 完备仿紧空间．取X的开覆盖的正规列$\{\mathscr{U}_n\}$使之满足 28.2 (4)．由 26.12 考虑由$\{\mathscr{U}_n\}$构成的伪距离．设Y为由此伪距离自然作成的度量空间，$f:X\to Y$ 为射影．说明f为完全映射即可．实际上，由此Y是 Čech 完备的，从而由 28.5 是完备度量空间．设$y\in Y$，$\mathscr{V}$ 为y的邻域滤子．由f的定义，各$\mathscr{U}_n$的某元含有$\mathscr{V}$的元在f下的原像，故含有$f^{-1}\mathscr{V}$的X的任意滤子由 28.2(4) 具有接触点．特别地，在其元素中具有$f^{-1}(y)$的X的滤子具有接触点，故$f^{-1}(y)$是紧的．另外，若F为闭集，$y\in \mathrm{Cl}_X f(F)$，则

$$f^{-1}\mathscr{V}\cap F=\{f^{-1}(V)\cap F:V\in\mathscr{V}\}$$

是滤子基，它生成的滤子含有$f^{-1}\mathscr{V}$，故存在它的接触点x．因F为闭集，故$x\in F$，于是$y=f(x)\in f(F)$，即$f(F)$为闭集．□

最后，构成包含度量空间及 Čech 完备空间的有兴趣的空间族．这是 Arhangel'skiĭ 提出的．

28.8 定义 设X为拓扑空间，且$F\subset X$．F在X中的邻域基数或特征 (character)（写做$\chi_X(F)$或简单地写做$\chi(F)$）意味着F在X中的邻域基的最小基数．例如，X是第一可数空间和关于各$x\in X$，$\chi(x)\leqslant\aleph_0$等价．

拓扑空间X对于它的各紧集H存在含有它的紧集F，使

$$\chi_X(F)\leqslant\aleph_0$$

时，称为可数型的 (countable type)．

28.9 引理 完全正则空间X的紧集F，使$\chi_X(F)\leqslant\aleph_0$的充要条件是$F$在$X$的某个（或任意的）紧化$\alpha X$中是$G_\delta$集．

证明 设F是X的紧集且$\chi_X(F)\leqslant\aleph_0$．设$\{U_n,n=1,2,\cdots\}$为$F$的邻域基．$\alpha X$为$X$的任意紧化，取$\alpha X$的开集$V_n$使$V_n\cap X=U_n$．兹指出$\bigcap_{n=1}^{\infty}V_n=F$．若$y\in\bigcap_{n=1}^{\infty}V_n-F$，则$y$在$\alpha X$有开邻域$V$，使$F\cap\mathrm{Cl}_{\alpha X}V=\varnothing$．因$X-\mathrm{Cl}_{\alpha X}V$是$F$的邻域，故关于某个$n$有$U_n\subset X-\mathrm{Cl}_{\alpha X}V$．因$X$在$\alpha X$稠密，故$V_n\subset\alpha X-V$．这和$y\in V_n\cap V$矛盾．于是$F$是$\alpha X$的$G_\delta$集．反之，令$F$为$X$的某个紧化$\alpha X$的$G_\delta$集，说明$\chi_{\alpha X}(F)\leqslant\aleph_0$即可．因$\alpha X$是正规的，故

有 αX 的开集列 $\{W_n\}$，使

$$\mathrm{Cl}_{\alpha X} W_{n+1} \subset W_n,\ n = 1, 2, \cdots, \bigcap_{n=1}^{\infty} W_n = F$$

成立. 设 F 在 αX 的某个开邻域 U 不被任意 W_n 包含，则

$$\{\mathrm{Cl}_{\alpha X} W_n - U : n = 1, 2, \cdots\}$$

是具有有限交性质的紧集族，故有非空交. 但

$$\bigcap_{n=1}^{\infty} \mathrm{Cl}_{\alpha X} W_n = \bigcap_{n=1}^{\infty} W_n = F \subset U.$$

故得到矛盾. □

28.10 定理 度量空间及 Čech 完备空间是可数型的.

证明 关于度量空间的紧集 F，它的 $1/n$ 邻域做成邻域基，故 $\chi(F) \leqslant \aleph_0$. 设 X 为 Čech 完备空间，H 为其紧集. 设 $W_n(n = 1, 2, \cdots)$ 为 βX 的开集且 $\bigcap_{n=1}^{\infty} W_n = X$. 取 βX 的开集 V_n，使

$$H \subset V_n \subset W_n,\ \mathrm{Cl}_{\beta X} V_{n+1} \subset V_n,\ n = 1, 2, \cdots,$$

若令 $F = \bigcap_{n=1}^{\infty} V_n$，则 F 为含 H 的紧集且为 βX 的 G_δ 集. 由 28.9 有 $\chi_X(F) \leqslant \aleph_0$. □

28.11 定理 可数型是可数可乘性的.

证明 设 $X_n(n = 1, 2, \cdots)$ 为可数型空间，$X = \prod_{n=1}^{\infty} X_n$，$\pi_n: X \to X_n$ 为射影. 令 H 为 X 的紧集. 因 $\pi_n(H)$ 是 X_n 的紧集，故有某个紧的 $F_n \subset X_n$，$\pi_n(H_n) \subset F_n$，使 $\chi_{X_n}(F_n) \leqslant \aleph_0$. 这时，若令 $F = \prod_{n=1}^{\infty} \pi_n(F_n)$，则 F 是紧的且有

$$H \subset F,\ \chi_X(F) \leqslant \aleph_0. \ \square$$

28.12 定理 完全正则空间 X 是可数型的充要条件是对于某个(或任意的)紧化 αX，$\alpha X - X$ 是 Lindelöf 的.

证明 关于任意的紧化 αX，存在使 X 的点不动的完全映射 $f: \beta X \to \alpha X$，$f(\beta X - X) = \alpha X - X$. 因 Lindelöf 性在完全映射

下不变，故 $\alpha X - X$是 Lindelöf 的和 $\beta X - X$ 是 Lindelöf 的是等价的(3.E)．于是说明X是可数型的和 $\beta X - X$ 是 Lindelöf 的是等价的即可．设X为可数型空间，设 $\{U_\alpha\colon \alpha \in \Lambda\}$ 为 βX 的开集族且 $\beta X - X \subset \bigcup_{\alpha\in\Lambda} U_\alpha$. 因 $H = \beta X - \bigcup_{\alpha\in\Lambda} U_\alpha$ 是X的紧集，故存在包含H的X的紧集F且在βX 中是 G_δ 的．这时 $\beta X - F$ 是可数个紧集的和，$\{U_\alpha\}$ 把 $\beta X - F$ 覆盖，故 $\{U_\alpha\}$ 的可数子族就已经覆盖 $\beta X - F$．于是 $\beta X - X$ 被$\{U_\alpha\}$的可数个覆盖．故 $\beta X - X$ 是 Lindelöf 的．反之，设 $\beta X - X$ 是 Lindelöf 的．设H为X的紧集．关于各 $x \in \beta X - X$，取 βX 的开集 U_x，使

$$x \in U_x \subset \mathrm{Cl}_{\beta X} U_x \subset \beta X - H.$$

因 $\{U_x\colon x \in \beta X - X\}$ 构成 $\beta X - X$ 的开覆盖，故它的可数子族 $\{U_i;\ i = 1, 2, \cdots\}$ 已经覆盖 $\beta X - X$．取 βX 的开集族 $\{W_n\colon n = 1, 2, \cdots\}$ 如下：

$$H \subset W_n \subset \beta X - \bigcup_{i=1}^{n} \mathrm{Cl}_{\beta X} U_i,\ \mathrm{Cl}_{\beta X} W_{n+1} \subset W_n,\ n = 1, 2, \cdots.$$

若令 $F = \bigcap_{n=1}^{\infty} W_n$，则$F$是含$H$的$X$的紧集且在$\beta X$中是$G_\delta$的．于是由 28.9 得到 $\chi_X(F) \leqslant \aleph_0$．□

28.13 推论 设X, Y为完全正则空间，$f\colon X \to Y$ 为到Y上的完全映射．X是可数型的充要条件是Y是可数型的．

证明 由f导入完全映射 $\beta f | \beta X - X\colon \beta X - X \to \beta Y - Y$，故推论由 28.12 和习题 3.E 得到．□

28.14 推论 若X是完全正则的可数型空间，αX 为X的紧化，E, F为在 $\alpha X - X$ 的闭集且 $E \cap F = \varnothing$，则存在 αX 的开集 U, V，使 $E \subset U$, $F \subset V$, $U \cap V = \varnothing$.

证明 因 $\alpha X - X$ 是 Lindelöf 的，故用和 9.21 的证明完全相同的方法，可以做出U和V.

28.15 例 (Sklyarenko) 存在完全正则空间X，使它的任意紧化 αX 的剩余 $\alpha X - X$ 不是正规的.

设 $A = [0,\omega], B = [0,\omega_1], C = [0,\omega_1)$ (参考 9.24,20.14). 所求的空间 X 是 $A \times B \times B$ 的子空间 $(A \times B \times C) \cup \{p_0\}(p_0 = (\omega,\omega_1,\omega_1))$. 首先证明 $\beta X = A \times B \times B$. 令 $g \in C^*(X)$. 说明 g 可以扩张到 $A \times B \times B$ 即可. 对于各 $(\xi,\alpha) \in A \times B$, $g|\{(\xi,\alpha)\} \times C$ 可唯一地扩张到 $\{(\xi,\alpha)\} \times B$. 关于 $A \times B$ 的各点,若取此扩张,则得到 g 到 $A \times B \times B$ 的扩张 $\tilde{g}$. 为了指出它的连续性,说明 $\tilde{g}$ 在 $\{(\xi,\alpha)\} \times \{\omega_1\}$ $((\xi,\alpha) \in A \times B)$ 连续即可. 今若 $\alpha < \omega_1$, 则因 $A \times [0,\alpha]$ 是可数集, 故存在某 $\eta_\alpha < \omega_1$, 对于各 $(\xi,\alpha') \in A \times [0,\alpha], g(\{(\xi,\alpha')\} \times [\eta_\alpha,\omega_1])$ 是常数 (20.14). 于是 $\tilde{g}|A \times [0,\alpha] \times B$ 是连续的. 今固定 $\xi \in A$ 考虑之. 若 $h: C \times C \to R$ 由 $g|\{\xi\} \times C \times C$ 确定,则下述事实成立.

(1) 有某个 $\alpha_\xi < \omega_1$,使 $h([\alpha_\xi,\omega_1) \times [\alpha_\xi,\omega_1))$ 是常数.

为了指出这点, 关于任意 $\varepsilon > 0$, 考虑 R 的可数 ε 开覆盖 $\{U_i\}$(各 U_i 的直径 $< \varepsilon$). 若将 R 是完备的考虑进去,则指出有某个 $\alpha_\varepsilon < \omega_1$,使 $h([\alpha_\varepsilon,\omega_1) \times [\alpha_\varepsilon,\omega_1))$ 被某个 U_i 包含即可. 设它不成立. 关于各 $\alpha < \omega_1$ 及 i,令

$$\gamma_i(\alpha) = \min\{\gamma < \omega_1: h([\alpha,\gamma) \times [\alpha,\gamma)) \not\subset U_i\},$$

且 $\gamma(\alpha) = \sup_i \gamma_i(\alpha)$. 若确定 $\alpha_1 = 0$,

$$\alpha_i = \gamma(\alpha_{i-1}), \ i \geqslant 2,$$

则 $\{\alpha_i\}$ 为单调增大列. 若令 $\eta = \lim_i \alpha_i$, 因 $\eta < \omega_1$,故由 h 的连续性,有某个 $\alpha, \beta, \alpha \leqslant \eta < \beta$, 使 $h([\alpha,\beta) \times [\alpha,\beta))$ 被某个 U_j 包含. 若取 $\alpha \leqslant \alpha_i \leqslant \eta$ 的 α_i,则 $\beta < \gamma_j(\alpha_i) \leqslant \eta$ 得到矛盾. 如最初所述由此(1)成立. 因 A 为可数集,故若令 $\alpha = \sup_{\xi \in A} \alpha_\xi$,则 $g(\{\xi\} \times [\alpha,\omega_1] \times [\alpha,\omega_1))$ 为常数而 $\tilde{g}$ 在点 (ξ,ω_1,ω_1) 是连续的. 因任意 $g \in C^*(X)$ 可扩张到 $A \times B \times B$,故 $\beta X = A \times B \times B$.

其次,设 αX 为任意紧化,而 $f: \beta X \to \alpha X$ 为射影,则

$$\beta X - X = (A \times B - \{(\omega,\omega_1)\}) \times \{\omega_1\}.$$

考虑

$$g = f|A \times B \times \{\omega_1\}: A \times B \times \{\omega_1\} \to (\alpha X - X) \cup \{p_0\},$$

则 $g^{-1}g(p_0)=p_0$，故为指出 $\alpha X-X$ 不是正规的，只要证明下述事实即可.

(2) 若 g 是 $A\times B$ 到紧 T_2 空间 Y 上的连续映射，且

$$g^{-1}g(p)=p,\ p=(\omega,\omega_1),$$

则 $Y-\{g(p)\}$ 不是正规的.

关于各 $0\leqslant\alpha<\omega_1$，令

$$T'_\alpha=\{(\omega,\beta):\ \alpha\leqslant\beta<\omega_1\},\ T_\alpha=T'_\alpha\cup\{p\},$$

再令

$$S'=\{(\beta,\omega_1):\ 0\leqslant\beta<\omega\},\ S=S'\cup\{p\}.$$

对于各 $x\in S'$，$g^{-1}g(x)\cap T_0$ 是 T_0 的不含 p 的闭集，故它是可数集．因 S' 也是可数的，故 $g^{-1}g(S')\cap T_0$ 是可数的，从而对于某 $\alpha<\omega_1$ 有 $g(S')\cap g(T'_\alpha)=\varnothing$．因

$$g(S')=g(S)-\{g(p)\},\ g(T'_\alpha)=g(T_\alpha)-\{g(p)\},$$

故 $g(S')$ 和 $g(T'_\alpha)$ 是 $Y-\{g(p)\}$ 的不相交闭集．$g(S')$ 和 $g(T'_\alpha)$ 在 $Y-\{g(p)\}$ 若具有不相交的开邻域，则 S' 和 T'_α 在 $A\times B-\{p\}$ 具有不相交开邻域．这是不可能的（参考 11.10)．于是 $Y-g\{p\}$ 不是正规的.

§29. δ 空间和 Smirnov 紧化

29.1 定义 设 X 为集合．当 X 的子集间满足下述条件的关系 δ 被定义时，称 X 为 δ 空间或邻近空间 (proximity space)：

P 1 $A\delta B\Longleftrightarrow B\delta A$.

P 2 $(A\cup B)\delta C\Longleftrightarrow A\delta C$ 或 $B\delta C$.

P 3 对于 $x,y\in X$，$\{x\}\delta\{y\}\Longleftrightarrow x=y$.

P 4 $X\bar{\delta}\varnothing$.

P 5 若 $A\bar{\delta}B$，则存在 $C,D\subset X$，使 $X=C\cup D$，$A\bar{\delta}D$ 且 $B\bar{\delta}C$.

在此 $\bar{\delta}$ 表示 δ 的否定．当 $A\delta B$ 时称 A 和 B 是近的，当 $A\bar{\delta}B$ 时，称 A 和 B 是远的．对于 A，$B\subset X$，当 $A\bar{\delta}(X-B)$ 时，写做 $A\Subset B$，B 称为 A 的 δ 邻域．由 P 2，若 $A\delta C$，$A'\supset A$ 则 $A'\delta C$．由

这个对偶和P 3，若 $A\bar{\delta}D$ 则 $A\cap D=\emptyset$，$A\Supset B$ 意味着 $A\supset B$．满足P 1，…，P 5的关系称为 δ 关系或邻近关系，为了明确表示X是由 δ 关系 δ 确定的 δ 空间，写做 (X,δ)．

设 X 为 δ 空间．关于任意 $A\subset X$，若 A 的邻域系定义为 A 的所有 δ 邻域的集合，则对 X 可导入拓扑．这个拓扑称为 δ 拓扑，通常用 δ 空间表示具有 δ 拓扑的拓扑空间．

X 是拓扑空间，由 δ 关系在 X 定义的 δ 拓扑和 X 原来的拓扑一致时，称为 X 的 δ 拓扑或 δ 关系一致于 X 的拓扑．

29.2 例 设 X 为具有距离 d 的度量空间．关于 A，$B\subset X$，若由 $A\delta B\Longleftrightarrow d(A,B)=0$ 定义 δ，则 X 为 δ 空间．一般地，令 X 为 T_2 一致空间．对于任意一致覆盖 $\mathscr{U}$，若当 $\mathscr{U}(A)\cap\mathscr{U}(B)\neq\emptyset$ 时，定义为 $A\delta B$，则 δ 满足 29.1 P 1，…，P 5．于是 X 是 δ 空间．显然这个 δ 拓扑与 X 的一致拓扑一致．

29.3 引理 设 X 为 δ 空间，而 $A\subset X$．A 在 X 的闭包 $\bar{A}$ 等于集合 $\{x\in X:\{x\}\delta A\}$．又若 A，$B\subset X$，则 $A\delta B\Longleftrightarrow\bar{A}\delta\bar{B}$．

证明　若 $\{x\}\delta A$，$x\in X$，则由 P_2 关于 x 的任意 δ 邻域 U 有 $U\delta A$．于是 $x\in\bar{A}$．若 $\{x\}\bar{\delta}A$，则 $X-A$ 是 x 的 δ 邻域，故 $x\notin\bar{A}$．其次若 $A\delta B$，则由 P 2，$\bar{A}\delta B$．若 $A\bar{\delta}B$，则由 P 5 存在 C，$D\subset X$，使 $X=C\cup D$，$A\bar{\delta}D$，$B\bar{\delta}C$．因

$$A\Subset X-D,(X-D)\cap B=\emptyset,$$

故 $X-D$ 是和 B 不相交的 A 的 δ 邻域，而 $\bar{A}\bar{\delta}B$．因此 $A\delta B\Longleftrightarrow\bar{A}\delta B$．同样地 $\bar{A}\delta B\Longleftrightarrow\bar{A}\delta\bar{B}$ 成立．□

作为此引理的结果，可知若 B 是 A 的 δ 邻域，则 B 的内部 $X-\overline{X-B}$ 是被 B 包含的 A 的开 δ 邻域．

29.4 定理 若 X 为 δ 空间而 $A\Subset B\subset X$，则存在 $f\in C(X,I)$，使 $f(A)=0$，$f(X-B)=1$．于是 δ 空间是完全正则的．

证明　令 $A\Subset B$．由 P 5 取开集 $G(1/2)$ 使

$$A\Subset G(1/2)\subset\overline{G(1/2)}\Subset B.$$

再由 P 5 取开集 $G(1/2^2)$，$G(3/2^2)$ 使

$$A\Subset G(1/2^2)\subset\overline{G(1/2^2)}\Subset G(1/2)\Subset G(3/2^2)\subset\overline{G(3/2^2)}\Subset B.$$

若重复这个作法，则可得到和 Urysohn 定理(1)$\Longrightarrow$(2)的证明中同样的开集列 $G(\lambda)(\lambda=j/2^i, j=1,\cdots,2^i-1, i=1,2,\cdots)$，故可同样地构成函数 f. □

29.5 定理 对于紧 T_2 空间，与其拓扑一致的 δ 拓扑是唯一存在的.

证明 设 X 为紧 T_2 空间，δ 为与其拓扑一致的任意 δ 关系. 为证明定理，对于任意 $A,B\subset X$，说明

$$A\bar{\delta}B \Longleftrightarrow \bar{A}\cap\bar{B}=\varnothing$$

即可. 若 $A\bar{\delta}B$，则由 29.3 $\bar{A}\bar{\delta}\bar{B}$，故 $\bar{A}\cap\bar{B}=\varnothing$. 反之令 $\bar{A}\cap\bar{B}=\varnothing$. 对于各 $a\in\bar{A}$，有 $a,\bar{B}$ 的 δ 开邻域 $U(a),V(a)$，使 $U(a)\Subset X-V(a)$. 因 $\{U(a): a\in\bar{A}\}$ 是紧集 $\bar{A}$ 的开覆盖，故有某 a_i，$i=1,\cdots,n$，使

$$\bar{A}\subset\bigcup_{i=1}^{n}U(a_i).$$

这时，由 P 2 有 $\bigcup_{i=1}^{n}U(a_i)\Subset X-\bigcap_{i=1}^{n}V(a_i)\subset X-\bar{B}$. 故 $\bar{A}\bar{\delta}\bar{B}$. □

29.6 定义 设 X 为 δ 空间，而 $Y\subset X$. 关于 $A,B\subset Y$，若把 A,B 看做 X 的子集，定义 $A\delta B$，则 Y 是 δ 空间. 这个 Y 称为 X 的 δ 子空间. Y 的 δ 拓扑显然是 X 的 δ 拓扑的相对拓扑. 今后将 δ 空间的子集看做具有此相对拓扑的 δ 空间.

设 X,Y 为 δ 空间. 映射 $f: X\to Y$ 关于任意的 $A,B\subset X$，$A\delta B$ 有 $f(A)\delta f(B)$ 时，称为 δ 映射. δ 映射显然是连续的. 若 f 是一一列上的映射且 f 和 f^{-1} 都是 δ 映射，则称 f 为 δ 同胚映射，在其间存在 δ 同胚映射的 δ 空间称为是 δ 同胚的. 下述引理是 29.5 的结果.

29.7 引理 设 X 为紧 T_2 空间，Y 为 δ 空间. 任意连续映射 $f: X\to Y$ 是 δ 映射.

29.8 定理 设 X 为拓扑空间，A 为它的稠密集合，f 为 A 到紧 T_2 空间 Y 的连续映射. 对于任意 $E,F\subset Y$，$\bar{E}\cap\bar{F}=\varnothing$，有

$$\overline{f^{-1}(E)}\cap\overline{f^{-1}(F)}=\varnothing$$

时，则 f 可连续地扩张到 X.

证明　设 $x\in X$ 且 $\mathscr{V}_x$ 为 x 的邻域滤子. $\{\overline{f(U\cap A)}: U\in\mathscr{V}_x\}$ 做成在 Y 的滤子基，故其交是非空的. 令

$$y_1, y_2\in\bigcap\{\overline{f(U\cap A)}: U\in\mathscr{V}_x\},\ y_1\neq y_2.$$

取 y_i 的邻域 V_i, $i=1,2$, 使 $\overline{V}_1\cap\overline{V}_2=\varnothing$. 由假定

$$\overline{f^{-1}(V_1)}\cap\overline{f^{-1}(V_2)}=\varnothing.$$

由此 $x\notin\overline{f^{-1}(V_1)}$ 或 $x\notin\overline{f^{-1}(V_2)}$. 设 $x\notin\overline{f^{-1}(V_1)}$（后面的情形可同样证明）. 因 $X-\overline{f^{-1}(V_1)}\in\mathscr{V}_x$，故 $\overline{f(A\cap(X-\overline{f^{-1}(V_1)}))}\ni y_1$. 但

$$V_1\cap f(A\cap(X-\overline{f^{-1}(V_1)}))=\varnothing,$$

且 V_1 是 Y 的开集，故

$$V_1\cap\overline{f(A\cap(X-\overline{f^{-1}(V_1)}))}=\varnothing,$$

和 $y_1\in V_1$ 矛盾. 因此 $\bigcap\{\overline{f(U\cap A)}: U\in\mathscr{V}_x\}$ 仅由一点组成. 若令它是 $\tilde{f}(x)$，则得到对应 $\tilde{f}: X\to Y$. 指出 $\tilde{f}$ 的连续性即可. 设 V 为 $\tilde{f}(x)$ 的开邻域. 因

$$\tilde{f}(x)=\bigcap\{\overline{f(U\cap A)}: U\in\mathscr{V}_x\}\subset V,$$

且各 $\overline{f(U\cap A)}$ 是紧的，故存在有限个 $U_i\in\mathscr{V}_x$, $i=1,\cdots,n$, 使 $\bigcap\limits_{i=1}^{n}\overline{f(U_i\cap A)}\subset V$. 若令 $U=\bigcap\limits_{i=1}^{n}U_i$，则关于任意 $x'\in U$，有 $\tilde{f}(x')\in V$. 因此 $\tilde{f}$ 是连续的. □

其次，对于 δ 空间 X，指出存在 X 的紧化 uX，δ 同胚地包含 X. uX 称为 X 的 δ 紧化或 Smirnov 紧化.（由下述定理，uX 对于 X 的 δ 拓扑是唯一确定的. 例如，必须写为 $u_\delta X$ 的样子，但为了记号的简便，简单地写做 uX.）

29.9　定理　δ 空间 X 的 δ 紧化（如果存在）是唯一确定的.

证明　设 uX, $u'X$ 为 δ 同胚地含 X 的两个紧化. 设 $i: X\to u'X$ 为包含映射. 若

$$E,\ F\subset u'X,\ \overline{E}\cap\overline{F}=\varnothing,$$

则由 29.5 的证明 $(E\cap X)\bar{\delta}(F\cap X)$，从而

$$\mathrm{Cl}_{uX}i^{-1}(E)\cap\mathrm{Cl}_{uX}i^{-1}(F)=\varnothing.$$

由 29.8 i 具有扩张 $\tilde{i}$: $uX \to u'X$. 同样的事实对于包含映射 i': $X \to uX$ 也成立,故 $\tilde{i}$ 是使 X 的点不动的 δ 同胚映射. □

构造 uX. 这是按照 Ju. M. Smirnov 的方法，它的构造方法非常类似于在 20.6, 20.7 中作成极大紧化 σX 的作法.

29.10 定义 设 X 为 δ 空间. X 的滤子 ξ, 对于各 $A \in \xi$, 存在 $B \in \xi$ 使 $B \Subset A$ 时，称 ξ 为 δ 滤子. δ 滤子不为其他 δ 滤子的真子集时称为极大 δ 滤子.

设 X 为 δ 空间而 uX 为 X 的极大 δ 滤子的所有的集合. 对于 $A \subset X$,令

$$O(A) = \{\xi \in uX: A \in \xi\}.$$

令 $uX \supset \Phi, \Psi$. 若存在 $X \supset A, B$, $A \bar{\delta} B$,使 $\Phi \subset O(A)$, $\Psi \subset O(B)$ 时定义 $\Phi \bar{\delta} \Psi$. 按此定义 uX 是 δ 空间. 为了指出这点，首先考虑 $O(\ )$ 的性质.

(1) 若 $A, B \subset X$,则 $O(A \cap B) = O(A) \cap O(B)$.

(2) 若 $A_\alpha \subset X$, $\alpha \in \Lambda$,则 $\bigcup_{\alpha \in \Lambda} O(A_\alpha) \subset O\left(\bigcup_{\alpha \in \Lambda} A_\alpha\right)$.

(3) 若 $A, B \subset X$, $(X - A) \bar{\delta} (X - B)$,则

$$uX = O(A) \cup O(B).$$

证明 (1) 由滤子的定义得到.(2)是明显的.为了指出(3),当 $B = X$ 时是显然的，故设 $X - B \neq \varnothing$. $X - B$ 的所有 δ 邻域的集合作成 δ 滤子 ξ'. 任取 $\xi \in uX$. 关于所有 $H \in \xi$, 若 $H \cap (X - B) \neq \varnothing$,则 $\xi' \cup \xi$ 是 δ 滤子,由 ξ 的极大性有 $A \in \xi' \subset \xi$, 故 $\xi \in O(A)$. 关于某个 $H \in \xi$, 若 $H \cap (X - B) = \varnothing$,则 $B \in \xi$, 即 $\xi \in O(B)$. □

对于 $x \in X$ 设 ξ_x 为 x 的 δ 邻域全体的集合. 则 ξ_x 是极大 δ 滤子. 由 $i(x) = \xi_x$ 定义 i: $X \to uX$. 下述命题成立.

29.11 命题 uX 是 δ 空间, i 是 X 到 uX 的 δ 同胚嵌入. 而且 $i(X)$ 在 uX 中稠密.

证明 首先指出 uX 是 δ 空间. P1, P4 是明显的. 令 Φ, Ψ, $\Theta \subset uX$, $\Phi \bar{\delta} \Theta$, $\Psi \bar{\delta} \Theta$. 有 $A, B, C, D \subset X$,使 $A \bar{\delta} C$, $B \bar{\delta} D$, $\Phi \subset O(A)$,

$\Psi\subset O(B)$，$\Theta\subset O(C)\cap O(D)$．因 $(A\cup B)\delta(C\cap D)$，故由 29.10 (1)，(2)，有

$$\Phi\cup\Psi\subset O(A\cup B),\ \Theta\subset O(C\cap D).$$

因此有 $(\Phi\cup\Psi)\delta\Theta$，而 P2 成立．为了指出 P3，$\xi\delta\xi$，$\xi\in uX$ 是明显的，故取 $\xi,\eta\in uX$，$\xi\neq\eta$．由极大 δ 滤子的定义，关于某$A\in\xi$，$B\in\eta$，$A\cap B=\varnothing$．若取 $C\in\xi$，$C\Subset A$，则 $C\bar{\delta}B$ 而 $\xi\in O(C)$ 且 $\eta\in O(B)$．于是 $\xi\bar{\delta}\eta$．最后，为了指出 P5，设 $\Phi,\Psi\subset uX$，$\Phi\bar{\delta}\Psi$．存在

$$A,\ B\subset X,\ A\bar{\delta}B,\ \Phi\subset O(A),\ \Psi\subset O(B).$$

若取 $C,D\subset X$ 使 $A\Subset C\Subset D\Subset X-B$，则由 29.10 (3)有

$$O(D)\cup O(X-C)=uX.$$

由 $\Phi\subset O(A)\subset O(D)$，$\psi\subset O(B)\subset O(X-C)$ 且 $A\bar{\delta}(X-C)$ 有 $\Phi\bar{\delta}(X-C)$．同样地 $\psi\bar{\delta}O(D)$．如此 uX 是 δ 空间．其次指出 i: $X\to i(X)\subset uX$ 是 δ 同胚的．i 是一一的是明显的．设$A,B\subset X$，$A\bar{\delta}B$．若取 C，$D\subset X$ 使 $A\Subset C\Subset X-D\Subset X-B$，则 $C\bar{\delta}D$ 且 $i(A)\subset O(C)$，$i(B)\subset O(D)$．由此 $i(A)\bar{\delta}i(B)$．其逆也可同样地证得．最后若 $\xi\in uX$，Φ 为 ξ 的 δ 邻域，则存在 $A,B\subset X$，$A\bar{\delta}B$，使 $\xi\in O(A)\subset uX-O(B)\subset\Phi$．由此 $i(A)\subset uX-O(B)\subset\Phi$，故 $i(X)$ 在 uX 稠密．□

29.12 引理 (1) 对于 $A\subset X$，有 $O(A)\cap X=\mathrm{Int}_X A$．

(2) 若 $A,B\subset X,A\bar{\delta}B$，则 $O(A\cup B)=O(A)\cup O(B)$．

(3) 若 $A\subset X$，则 $O(A)=uX-\mathrm{Cl}_{uX}(X-A)$．

证明 (1)由“$x\in O(A)\cap X\Longleftrightarrow A$ 是 x 的 δ 邻域”是明显的．为了指出(2)，令 $\xi\in O(A\cup B)$．由 ξ 的极大性，$\xi\cap A=\{C\cap A: C\in\xi\}$ 或 $\xi\cap B=\{C\cap B: C\in\xi\}$ 的二者有且仅有一个是 δ 滤子．若 $\xi\cap A$ 是 δ 滤子，则 $A\in\xi$，其他的情形是 $B\in\xi$，故 $\xi\in O(A)\cup O(B)$．为了指出 (3)，令 $\xi\in O(A)$．若取 B,C 使 $A\supseteq B\supseteq C,C\in\xi$，则 $X-A\subset O(X-B)$，$\xi\in O(C)$ 而 $(X-B)\bar{\delta}C$，故 $\xi\notin\mathrm{Cl}_{uX}(X-A)$，即 $O(A)\subset uX-\mathrm{Cl}_{uX}(X-A)$．反之，若 $\xi\in uX-\mathrm{Cl}_{uX}(X-A)$，则关于某个 $B\subset X$，有

$$\xi \in O(B) \subset uX - \mathrm{Cl}_{uX}(X - B).$$

由(1)，$\mathrm{Int}_X B \subset X - \mathrm{Cl}_X(X - A) = \mathrm{Int}_X A$. 这意味着 $\xi \in O(A)$. □

29.13 定理 uX 是 X 的 Smirnov 紧化.

证明 由 29.11，若指出 uX 是紧的即可. 设 $\mathscr{F}$ 为 uX 的滤子. 设 $\mathscr{H}$ 为 $\mathscr{F}$ 的元的所有 δ 邻域的族. 显然

$$\bigcap_{\Phi \in \mathscr{F}} \mathrm{Cl}_{uX}\Phi = \bigcap_{\Psi \in \mathscr{H}} {}_{uX}\Psi$$

成立. 令 $\eta = \{\Psi \cap X: \Psi \in \mathscr{H}\}$，则 η 是 X 的 δ 滤子. 令 ξ 为含 η 的 X 的极大 δ 滤子. 设某个 $\Psi \in \mathscr{H}$ 不含 ξ. 若取 $\psi' \in \mathscr{H}$，$\Psi' \Subset \Psi$，则 $\xi \bar{\delta} \psi'$，故有 $A, B \subset X$ 使 $A \bar{\delta} B$，$\xi \in O(A)$，$\psi' \subset O(B)$. 于是 $A \in \xi$，但另方面，由 29.12 (1)，有

$$B \supset \Psi' \cap X \in \eta,$$

故 $B \in \xi$，和 $A \bar{\delta} B$ 矛盾. 于是 ξ 为 $\mathscr{F}$ 的接触点. □

下述定理是 29.9 和 29.13 的结果.

29.14 定理 在完全正则空间 X 中，一致于 X 的拓扑的 δ 拓扑，即 (X, δ) 的族和 X 的紧化族之间存在一一对应. 对应由下述事实得到：对于 (X, δ) 使它的 Smirnov 紧化与之对应.

上述定理指出下述事实. 若 αX 为 X 的紧化，由 αX 给与 X 的 δ 拓扑若表示为 δ_α，则由 δ_α，X 的 Smirnov 紧化是 αX. 如由 29.5 的证明看到的，对于 $A, B \subset X$，有

$$A \bar{\delta}_\alpha B \Longleftrightarrow \mathrm{Cl}_{\alpha X} A \cap \mathrm{Cl}_{\alpha X} B = \varnothing.$$

29.15 例 设 X 为完全正则空间. 对应于 βX 的 δ 拓扑给予如下：$A \bar{\delta} B$，A，$B \subset X \Longleftrightarrow A$ 和 B 在 X 可由函数分离，即存在 $f \in C(X, I)$，使 $f(A) = 0$，$f(B) = 1$. 又若 X 为局部紧时，对应于 Alexandroff 一点紧化 CX 的 δ 是：$A \bar{\delta} B \Longleftrightarrow \bar{A} \cap \bar{B} = \varnothing$，且 $\bar{A}$ 和 $\bar{B}$ 至少有一个是紧的.

§30. 完全紧化和点型紧化

30.1 定义 拓扑空间 X 的分解 (decomposition) $\mathscr{F}$ 表示着

下述的集族：$\mathscr{F}$ 的各元是互不相交的 X 的非空闭集，$\mathscr{F}$ 构成 X 的覆盖．给与空间 X 的分解 $\mathscr{F}$ 时，对 X 可导入下述的等价关系～：$x \sim y, x, y \in X \Longleftrightarrow$ 存在某个 $F \in \mathscr{F}$ 同时含有 x, y．商空间 $X/\sim$ 称为**分解空间**．空间 X 的分解 $\mathscr{F}$ 满足下述条件时称为**上半连续**（upper semi continuous）：对于各 $F \in \mathscr{F}$ 及含 F 的 X 的开集 U，存在含 F 的开集 $V \subset U$，若 $F' \cap V \neq \varnothing$，$F' \in \mathscr{F}$，则 $F' \subset U$．下述的引理由定义是明显的．

30.2 引理 X 的分解 $\mathscr{F}$ 是上半连续的充要条件是由 X 到分解空间 $X_{\mathscr{F}}$ 的商映射是闭映射．

30.3 命题 紧 T_2 空间 X 的任意连通分支 F 是含有它的所有开且闭集的交．

证明 设 $\mathscr{U}$ 为含 F 的 X 的所有开且闭集族．若说明 $H = \bigcap_{U \in \mathscr{U}} U$ 是连通的即可．设 A, B 为非空闭集且 $A \cup B = H, A \cap B = \varnothing$．因 F 是连通的，故被 A, B 的一方包含．设 $F \subset A$．因 X 是正规的，故可取开集 V，W，使 $A \subset V$，$B \subset W$，$V \cap W = \varnothing$．因 $H \subset V \cup W$，而 $\mathscr{U}$ 是紧空间 X 的具有有限可乘性的闭集族，故关于某 $U \in \mathscr{U}$ 使 $U \subset V \cup W$． 此时，$F \subset A \subset U \cap V$，$H \not\subset U \cap V$，而 $U \cap V$ 是开且闭集，和 H 的定义相反．□

30.4 定理（Ponomarev） 设 $\mathscr{F}$ 为紧 T_2 空间 X 的上半连续分解．$\mathscr{F}$ 的各元的连通分支全体组成的 X 的分解若为 $\mathscr{H}$，则 $\mathscr{H}$ 是上半连续的．

证明 设 $\mathscr{F} = \{F_\alpha\}, C_\alpha$ 为 F_α 的一个连通分支．设 U 为 C_α 在 X 的任意开邻域．由 30.3 在 F_α 中有开且闭集 V_α，使 $C_\alpha \subset V_\alpha \subset U \cap F_\alpha$．取 X 的开集 W_α，使 $W_\alpha \subset U, W_\alpha \cap F_\alpha = V_\alpha$．因 $W_\alpha \cap (X - \overline{W}_\alpha)$ 是含 F_α 的 X 的开集，故由 $\mathscr{F}$ 的上半连续性，取 X 的开集 H，使

如果 $F_\alpha \subset H \subset W_\alpha \cup (X - \overline{W}_\alpha)$ 且 $F \cap H \neq \varnothing$，$F \in \mathscr{F}$，则

$$F \subset W_\alpha \cup (X - \overline{W}_\alpha).$$

令 $W = H \cap U$，则 W 是 C_α 的开邻域．若 $C \cap W \neq \varnothing, C \in \mathscr{H}$，则

对于含 C 的 $F \in \mathscr{F}$，有 $F \cap W \neq \varnothing$. 由此

$$F \subset W_\alpha \cup (X - \overline{W}_\alpha).$$

故 $C \subset W_\alpha \cup (X - \overline{W}_\alpha)$. 因 C 是连通的，$C \cap W_\alpha \neq \varnothing$，故

$$C \subset W_\alpha \subset U. \ \square$$

30.5 定义 空间 X 的连通紧子集全由一点组成时，称之为点型空间. X 的点型子集是指作为子空间是点型的集合. 由定义点型紧空间是全断的.

30.6 定理 设 f 为紧 T_2 空间 X 到 T_2 空间 Y 的连续映射. 这时，紧 T_2 空间 Z 和如下的连续映射 $g: X \to Z$，$h: Z \to Y$ 存在: $f = hg$ 且 g 是到上的映射，关于各 $z \in Z$，$g^{-1}(z)$ 是连通的，又关于各 $y \in h(Z)$，$h^{-1}(y)$ 是点型集合.

证明 因 $f: X \to f(X) \subset Y$ 是闭映射，故由 30.2

$$\mathscr{F} = \{f^{-1}(y): y \in f(X)\}$$

是 X 的上半连续分解. 由 $\mathscr{F}$ 的各元的连通分支组成的分解 $\mathscr{H}$ 由 30.4 是上半连续的. 令 Z 为 $\mathscr{H}$ 的分解空间，$g: X \to Z$ 为商映射. 由 30.2，g 是闭映射，故 Z 为紧 T_2 空间. 若以

$$h(z) = f(g^{-1}(z)), \ z \in Z$$

定义 $h: Z \to Y$，则 h 是闭连续映射，定理的条件全被满足. $\square$

30.7 定义 设 αX 为完全正则空间 X 的紧化，δ 为对应于 αX 的 δ 拓扑. 对于 X 的任意开集 U，关于所有的 $A \subset U$，有

$$A \bar{\delta} (X - U) \Longleftrightarrow A \bar{\delta} (\mathrm{Bry}_X U)$$

时，αX 称为 X 的完全紧化 (perfect compactification) ($\mathrm{Bry}_X U$ 是 U 在 X 的边界). 完全紧化是由 E. G. Sklyarenko 导入的. 它的有趣的性质在下面论述.

X 的紧化 αX 当其剩余 $\alpha X - X$ 是点型集合时，称为点型紧化. 例如局部紧空间的 Alexandroff 紧化是点型的. 任意的完全正则空间具有完全紧化但不一定具有点型紧化. 具有点型紧化的空间的特征在第七章赋予.

在讨论完全紧化的特征之前，叙述必要的定义. 设 A 为 X 的子集. A 在点 $a \in A$ 把 X 局部分离是指对于 a 在 X 的某开邻域

W,有 $X-A$ 的非空开集 U,V,使

$$W\cap(X-A)=U\cup V,\ U\cap V=\varnothing,\ \mathrm{Cl}_X U\cap\mathrm{Cl}_X V\ni a.$$

设 Y 为 X 的扩张空间. 对于 X 的开集 U 用 $O_Y(U)$ 或简单的 $O(U)$ 表示集合 $Y-\mathrm{Cl}_Y(X-U)$. $O_Y(U)$ 是和 X 的交为 U 的 Y 的最大开集.

30.8 定理(Sklyarenko) 对于完全正则空间 X 的紧化 Y,下列条件是等价的:

(1) Y 是完全紧化.

(2) $Y-X$ 在它的任何点也不把 Y 局部分离.

(3) 关于 X 的开集 U,V, $U\cap V=\varnothing$,有

$$O(U\cup V)=O(U)\cup O(V).$$

(4) 关于 X 的任意开集 U,有 $\mathrm{Cl}_Y(\mathrm{Bry}_X U)=\mathrm{Bry}_Y O(U)$.

证明 (1)$\Longrightarrow$(2) 设 $Y-X$ 在它的点 ξ 把 Y 局部分离,则存在 ξ 的开邻域 W,使

$$W\cap X=U\cup V,\ U\cap V=\varnothing,\ \xi\in\mathrm{Cl}_Y U\cap\mathrm{Cl}_Y V.$$

因 $\mathrm{Cl}_X U\cap\mathrm{Cl}_X V\cap(U\cup V)=\varnothing$,故

$$\mathrm{Bry}_X U\subset\mathrm{Bry}_X(U\cup V)\subset\mathrm{Bry}_Y(U\cup V).$$

若 H 为 ξ 的开邻域且 $\mathrm{Cl}_Y H\subset W$,则 $A=H\cap U$ 满足 $A\bar{\delta}\mathrm{Bry}_X U$ (δ 是对应于 Y 的 δ 关系),故由(1)有 $A\bar{\delta}(X-U)$. 但

$$\xi\in\mathrm{Cl}_Y A\cap\mathrm{Cl}_Y V\subset\mathrm{Cl}_Y A\cap\mathrm{Cl}_Y(X-U)$$

和 δ 的性质矛盾.

(2)$\Longrightarrow$(3) 设 U,V 为 X 的不相交开集,而 $\xi\in O(U\cup V)-O(U)\cup O(V)$. 若 $\xi\notin\mathrm{Cl}_Y U$,且取和 $\mathrm{Cl}_Y U$ 不相交的 ξ 的开邻域 $W\subset O(U\cup V)$,则有 $W\cap X\subset V$,故 ξ 属于 $O(V)$. 同样的也不能有 $\xi\notin\mathrm{Cl}_Y V$, 故 $\xi\in\mathrm{Cl}_Y U\cap\mathrm{Cl}_Y V$. 这意味着 $Y-X$ 在 ξ 把 Y 局部分离.

(3)$\Longrightarrow$(4) 取 X 的开集 U. 固 $\mathrm{Cl}_Y(\mathrm{Bry}_X U)\subset\mathrm{Bry}_Y O(U)$ 恒成立,故指出逆包含关系即可. 若令 $V=X-\mathrm{Cl}_X U$, 则 $X-\mathrm{Bry}_X U=U\cup V$ 且 $U\cap V=\varnothing$. 于是 $O(U)\cap O(V)=\varnothing$. 由(3)有

$$Y-\mathrm{Cl}_Y(\mathrm{Bry}_X U)=O(U\cup V)$$
$$=O(U)\cup O(V)\subset Y-\mathrm{Bry}_Y O(U),$$
故 $\mathrm{Cl}_Y(\mathrm{Bry}_X U)\supset \mathrm{Bry}_Y O(U)$.

(4)$\Longrightarrow$(1) 设U为X的开集，$A\subset U$，$A\bar{\delta}\mathrm{Bry}_X U$. 说明

$$\mathrm{Cl}_Y A\cap \mathrm{Cl}_Y(X-U)=\varnothing$$

即可．令 $\xi\in\mathrm{Cl}_Y A\cap\mathrm{Cl}_Y(X-U)$. 由 $A\subset O(U)$,有 $\xi\in\mathrm{Cl}_Y O(U)$. 另外,由 $\xi\in\mathrm{Cl}_Y(X-U)$ 有 $\xi\notin O(U)$. 故 $\xi\in\mathrm{Bry}_Y O(U)$. 但因 $A\bar{\delta}\mathrm{Bry}_X U$，故 $\mathrm{Cl}_Y A\cap\mathrm{Cl}_Y(\mathrm{Bry}_X U)=\varnothing$. 于是 $\xi\notin\mathrm{Cl}_Y(\mathrm{Bry}_X U)$ 和(4)相反. □

30.9 定理 设Y，Z为完全正则空间X的紧化，f: $Y\to Z$为使X的点不动的连续映射．此时,下列事实成立:

(1) 若Z为完全紧化,则对于各 $z\in Z$，$f^{-1}(z)$ 是连通的.

(2) 若Y是完全紧化，且关于各 $z\in Z$，$f^{-1}(z)$ 是连通的,则Z是完全紧化.

证明 (1) 设关于某个 $z\in Z$，$f^{-1}(z)$是非连通的．令 $f^{-1}(z)$为非空闭集 A, B, ($A\cap B=\varnothing$) 之和．在Y中取 A, B 的不相交开邻域 G, H，令 $U=G\cap X$，$V=H\cap X$. 因 $A\subset\mathrm{Cl}_Y U\subset\mathrm{Cl}_Y G$，故 $z\in\mathrm{Cl}_Z U$. 同样地，$z\in\mathrm{Cl}_Z V$. 若令 $W=Z-f(Y-(G\cup H))$，则 $z\in W$，$W\cap X=U\cup V$，故 $Z-X$ 在点 z 把 Z 局部分离，而Z是完全紧化的,矛盾(30.8 (2)).

(2) 若Z非完全紧化,则$Z-X$在某点z把Z局部分离．由此有z在Z中的开邻域W和X的不相交开集U,V，使

$$W\cap X=U\cup V,\ \mathrm{Cl}_Z U\cap\mathrm{Cl}_Z V\ni z,\ U\neq\varnothing\neq V.$$

因Y是完全紧化且 $z\in O_Z(U\cup V)$,故应用 30.8 (3) 有

$$f^{-1}(z)\subset f^{-1}O_Z(U\cup V)\subset O_Y(U\cup V)=O_Y(U)\cup O(V).$$

因 $O_Y(U)\cap O_Y(V)=O_Y(U\cap V)=\varnothing$，$f^{-1}(z)$ 是连通的,故$f^{-1}(z)$被 $O_Y(U)$ 和 $O_Y(V)$ 的某一个包含．若令 $f^{-1}(z)\subset O_Y(U)$，则 $f^{-1}(z)\cap\mathrm{Cl}_Y V=\varnothing$,故 $z\notin\mathrm{Cl}_Z V$. 这与点z的选法相违反. □

30.10 定理 完全正则空间X的紧化 αX 是完全紧化的充要条件是当 f: $\beta X\to\alpha X$ 为射影时，关于各 $y\in\alpha X$，$f^{-1}(y)$ 是连通

的．由此，特别地 βX 是完全紧化．

证明　由 30.8 若说明 βX 是完全紧化即可．但这几乎是明显的．实际上，取对应于 βX 的 δ 关系 δ．若 U 为 X 的开集，$A\subset U$，$A\delta \mathrm{Bry}_X U$，则对于 βX 由 δ 的定义 (29.15) 有 $f\in C(X, I)$，使

$$f(A)=0,\ f(\mathrm{Bry}_X U)=1.$$

今根据 $g|U=f$，$g(X-U)=1$，来定义 g，则 g 是连续的，由此 $A\bar{\delta}(X-U)$．□

对于已与的空间 X 的紧化的任意族 $\{\alpha_\gamma X\}$，存在它的上确界 $\sup\{\alpha_\gamma X\}$（参考习题 4. L)．但下确界一般不存在． 在 X 的完全紧化族中，其极小者存在的条件是已知的．即

30.11　定理　完全正则空间 X 具有极小完全紧化的充要条件是 X 至少也具有一个点型紧化．X 的任意点型完全紧化是极小完全紧化．

证明　若 X 的完全紧化 αX 不是点型的，则存在 $\alpha X-X$ 的紧连通集合 A 至少含有 2 点．由于把 A 收缩为一点得到 X 的紧化 γX 由 30.9 (2) 是完全紧化且比 αX 小．由此考虑 X 的极小完全紧化是点型的．其次设 Y 为 X 的点型紧化．令 f: $\beta X\to Y$ 为射影．由 30.6，存在紧 T_2 空间 Z，映射 $g:\beta X\to Z$，h: $Z\to Y$ 满足 30.6 的条件．在此，Z 关于各 $y\in Y$，由 $f^{-1}(y)$ 的连通分支组成的分解是 βX 的分解空间．因 $hg|X$ 是恒等映射，故 Z 是 X 的紧化，因关于各 $z\in Z$，$g^{-1}(z)$ 是连通的，故由 30.10，Z 是完全紧化．今令 Φ 为 $\beta X-X$ 的最大连通紧集（Φ 不被 $\beta X-X$ 的其他的连通紧集真正包含)．因 $Y-X$ 是点型的，故 $f(\Phi)$ 是由一点 y 组成，而 Φ 是 $f^{-1}(y)$ 的连通分支．由此关于各 $z\in Z-X$，$g^{-1}(z)$ 是 $\beta X-X$ 的最大连通紧集，即 $Z-X$ 的紧连通集是由一点组成．故 Z 是点型紧化．为了指出后半，令 αX 为任意的完全紧化．对于射影 φ: $\beta X\to\alpha X$，因各 $\varphi^{-1}(y)(y\in\alpha X-X)$ 是连通的，故被某个 $g^{-1}(z)(z\in Z)$ 包含．对应 $y\to z$ 是连续的，给与从 αX 到 Z 的射影．由此 $\alpha X>Z$．即 Z 是极小的完全紧化．□

习　　题

5.A　考虑集合 X 和直积 $X\times X$. 对于 $U,\ V\subset X\times X,\ A\subset X$, 令 $U^{-1}=\{(y,x):\ (x,y)\in U\}$, $U\circ V=\{(x,y)$: 对于某个 $z\in X,(x,z)\in U$ 且 $(z,y)\in V\}$, $U[A]=\{x\in X$: 对于某个 $y\in A,\ (x,y)\in U\}$. 若 $A=\{x\}$, 则代替 $U[\{x\}]$ 写作 $U[x]$. $U\subset X\times X$ 满足 $U=U^{-1}$ 时称为对称的. 指出下列事实:

(1)　对于 $U,\ V\subset X\times X,\ A\subset X$, 有 $U\circ V[A]=U[V[A]]$.

(2)　若 $U,V\subset X\times X$, V 为对称的,则

$$V\circ U\circ V=\bigcup\{V[X]\times V[y]:\ (x,y)\in U\}.$$

5.B　含有 $X\times X$ 的对角集 Δ 的子集族 Φ 满足下列条件时,称为一致族: (1) 若 $U\in\Phi$, 则 $U^{-1}\in\Phi$, (2) 若 $U\in\Phi$, 则有某个 $V\in\Phi$, 使 $V\circ V\subset U$, (3) 若 $U,V\in\Phi$, 则 $U\cap V\in\Phi$, (4) 若 $U\in\Phi$ 且 $U\subset V\subset X\times X$, 则 $V\in\Phi$. 当 Φ 满足 (1), (2) 时称为一致族的子基,满足(1),(2),(3)时称为一致族的基. 指出若 $\mathscr{U}_U=\{U[x]:\ x\in X\}$, $U\in\Phi$, 而 $\Phi_u=\{\mathscr{U}_U:\ U\in\Phi\}$, 则随着 Φ 为一致族(一致族的基或子基) Φ_u 亦是一致覆盖族(一致覆盖族的基或子基). 反之,设 Ψ 为 X 的一致覆盖族(一致覆盖族的基或子基)时,指出: 若

$$\Psi_v=\{U_{\mathscr{U}}:\ \mathscr{U}\in\Psi\},\quad U_{\mathscr{U}}=\bigcup\{U\times U:\ U\in\mathscr{U}\},$$

则 Ψ_v 是一致族(一致族的基或子基).

5.C　设 Φ 为 X 的一致族. 关于各 $x\in X$, 若定义 $\{U(x):\ U\in\Phi\}$ 为 x 的邻域系,则在 X 可导入拓扑. 称之为由 Φ 导入的一致拓扑. (1)若 Φ_u 为对应于 Φ 的一致覆盖族(参考习题5.B),指出由 Φ_u 及 Φ 导入的 X 的拓扑相等. 反之,若 Ψ 为一致覆盖族, Ψ_v 为对应于它的一致族 (5.B),指出 Ψ 和 Ψ_v 导入 X 的相同拓扑. (2)本章中叙述的关于一致覆盖族的概念和定理试用一致族的语言改写之.

5.D (Sklyarenko)　设 X 为完全正则空间, αX 为 X 的完全紧化, U 为 αX 的开集合. 这时, U 为连通的充要条件是 $U\cap X$ 是连通的.

提示　若 $U\cap X$ 是 X 的非空不相交开集 $V,\ W$ 的和且若 U 是连通的, 则在任意点 $x\in \mathrm{Cl}_U V\cup \mathrm{Cl}_U W$ 处 $\alpha X-X$ 把 X 局部分离.

5.E (Sklyarenko)　设 Y 为完全正则空间 X 的紧化. 关于 X 的各开集 U, V,

$$O(U\cup V)=O(U)\cup O(V)$$

成立的充要条件是 X 是正规的且 Y 是极大紧的.

提示　若否定条件，则关于 X 的不相交闭集 F，H，有 $\mathrm{Cl}_Y F\cap \mathrm{Cl}_Y H\neq\varnothing$，关于 $U=X-F$，$V=X-H$ 等式不成立．另方面，若满足条件，则关于任意闭集 F,H，有 $\mathrm{Cl}_Y F\cap \mathrm{Cl}_Y H=\mathrm{Cl}_Y(F\cap H)$．实际上，设 $y\notin \mathrm{Cl}_Y(F\cap H)$ 时，取 y 在 Y 的邻域 U，使 $\mathrm{Cl}_Y U\cap \mathrm{Cl}_Y(F\cap H)=\varnothing$，若令 $F'=\mathrm{Cl}_Y U\cap F$，$H'=\mathrm{Cl}_Y U\cap H$，则 $F'\cap H'=\varnothing$，Y 是极大的，所以 $\mathrm{Cl}_Y F'\cap \mathrm{Cl}_Y H'=\varnothing$．由此 $y\notin \mathrm{Cl}_Y F\cap \mathrm{Cl}_Y H$．

5.F (Tamano)　在完全正则空间 X 中，下述条件是等价的：(1) X 是 Lindelöf 的；(2) 对于各闭集 $F\subset\beta X-X$，存在 X 的星有限且可数的正规开覆盖 $\{U_n\}$，使 $\mathrm{Cl}_{\beta X}U_n\cap F=\varnothing$，$n=1,2\cdots$；(3) 对于各闭集 $F\subset\beta X-X$，存在 G_δ 闭集 G，使 $F\subset G\subset\beta X-X$；(4) 对于各闭集 $F\subset\beta X-X$，存在可分度量空间 Y_F 和在 F 的任意点不能扩张的连续映射 $f: X\to Y_F$．

提示　因袭于 24.5，27.11，27.12 的证明．

5.G　设 X 为完全正则空间，Φ 为用 $\{f: f\in C(X:R)\}$ 确定的一致覆盖族(26.10)．(R 具有由通常距离确定的一致拓扑．) X 关于 Φ 为完备时，X 称为**实紧的** (real compact)．对于完全正则空间 X，令

$$\nu X=\bigcap_{f\in C(X R)}(\beta f)^{-1}R.$$

νX 称为 X 的**实紧化**．完全正则空间 X 是实紧的充要条件是 $X=\nu X$．(ν 是希腊字母，读作 upsilon.)

提示　和 27.10 类似地进行证明．

5.H　关于完全正则空间 X，下述条件是等价的：(1) X 是实紧的；(2) 若 $\tilde{X}$ 为 X 的完全正则扩张空间，且各 $f\in C(X,R)$ 可扩张到 $\tilde{X}$ 上，则 $\tilde{X}=X$；(3) X 可以作为闭集嵌入 R 的某个积空间 R^M 中；(4) 若 $x_0\in\beta X-X$，则某 $f\in C(X,R)$ 在 x_0 不能扩张．

提示　使用 5.F．

5.I　正则 Lindelöf 空间是实紧的．

5.J (Corson)　在完全正则空间 X 中下述性质是等价的．(1) X 是 Lindelöf 的；(2) 若 Φ 为由 5.F 定义的 X 的一致覆盖族，则关于 Φ，任意弱 Cauchy 滤子具有接触点；(3) 若滤子 $\mathscr{F}$ 不具有接触点，则关于某个 $f\in C(X,R)$，$f(\mathscr{F})$ 在 R 中不具有接触点．

提示　和 27.15 同样证明．

5.K　若 Y 为不可数个 R 的积空间，X 为 Σ 积，则 $\nu X=Y$．

提示　使用 25.6．

5.L 当δ空间X的有限开覆盖 $\{U_i: i=1,\cdots,n\}$ 存在X的覆盖 $\{A_i: i=1,\cdots,n\}$ 使 $A_i \Subset U_i$, $i=1,\cdots,n$时，称为δ开覆盖. 对于X的所有δ开覆盖 $\{U_i\}$,$\{O(U_i)\}$ 是X的 Smirnov 紧化uX的开覆盖.

提示 若$A \Subset U$,则指出 $\mathrm{Cl}_{uX}A \subset O(U)$ (29.10 (3), 29.12(3)).

5.M 设$\mathscr{F}$为空间X的分解，$X_{\mathscr{F}}$为分解空间，π: $X - X_{\mathscr{F}}$ 为商映射. $\mathscr{F}$的弱分解空间$X_{\mathscr{F}'}$是和$X_{\mathscr{F}}$相同的点集，具有下述拓扑：取$F \in \mathscr{F}$在X的开邻域U,令 $U_{\mathscr{F}}=\{F' \in \mathscr{F}: F' \subset U\}$, $U_{\mathscr{F}}$形的集合为F在$X_{\mathscr{F}}$的邻域基. 此时，(1) 恒等映射 $i_{\mathscr{F}}: X_{\mathscr{F}'} \to X_{\mathscr{F}}$ 是连续的，(2) $i_{\mathscr{F}}$是同胚的充要条件是$\mathscr{F}$是上半连续的.

提示 使用30.2.

第六章　复形和扩张子

§31. 复　　形

31.1　定义　设V为集合．V上的抽象复形或简称复形(complex) 是满足下述条件的V的有限子集s的族．

(1)　若$s\in K$, $s'\subset s$, 则$s'\in K$.

当$s\in K$恰由$(n+1)$个$(n=0,1,2,\cdots)$ V的元组成时，称为n抽象单形或n单形 (simplex)．n称为它的维数,以$\dim s$表示之．属于K的V的元是0单形，特别地称之为顶点 (vertex)．$\dim K=\sup\limits_{s\in K}\dim s$ 称为K的维数，当 $\dim K<\infty$ 时K称为有限维的,否则称为无限维的．当K至多具有有限个单形时，K称为有限复形．当$s,s'\in K$,$s'\subset s$时,s'称为s的边单形，写做$s'\prec s$，s是s本身的边单形．当$s'\prec s$而$s'\neq s$时,s'称为真边单形,写做$s'\precneqq s$．当K的子集L也满足(1)时，L称为K的子复形．对于各 $n=0$, $1,2,\cdots$维数不超过n的K的所有单形的集合K^n是子复形．称之为n骨架．

设K,L为复形，V, W为其顶点的集合．从V到W的映射f关于各$s\in K$有$f(s)\in L$时，称为从K到L的单形映射 (simplicial mapping)．若K为L的子复形，则包含映射 i: $K\to L$ 为单形映射．

31.2　例　设$\mathscr{U}=\{U_v: v\in V\}$为集合$X$的某子集族．所谓$\mathscr{U}$的神经复形 (nerve) 的复形$K_{\mathscr{U}}$定义如下．$K_{\mathscr{U}}$的顶点集为$V$, V的有限集$s=\{v_i: i=0,\cdots,n\}$当$\bigcap\limits_{i=0}^{n}U_{v_i}\neq\phi$时是$K_{\mathscr{U}}$的$n$单形．这个定义显然满足31.1 (1)．其次考虑作为$\mathscr{U}$的加细的X的子集族$\mathscr{V}=\{V_w: w\in W\}$，令$\pi$为$\mathscr{V}$到$\mathscr{U}$的任意加细

映射．若 s 为 $\mathscr{V}$ 的神经 $K_{\mathscr{V}}$ 的单形，则关于各 $w\in W$ 有 $V_w\subset U\pi(w)$，故

$$\bigcap_{U\in\pi(s)} U_v\supset\bigcap_{w\in s} V_w\neq\varnothing,$$

而 $\pi(s)\in K_{\mathscr{U}}$．由此得到单形映射 $\pi:K_{\mathscr{V}}\to K_{\mathscr{U}}$．$\pi$ 称为射影．设 $\pi':K_{\mathscr{V}}\to K_{\mathscr{U}}$ 为由其他的加细映射诱导的射影．一般 π 和 π' 不同，但有下述关系：若 $s\in K_{\mathscr{V}}$ 则 $\pi(s)\cup\pi'(s)$ 也是 $K_{\mathscr{U}}$ 的单形，实际上，

$$\bigcap_{v\in\pi(s)\cup\pi'(s)} U_v\supset\bigcap_{w\in s} V_w\neq\varnothing.$$

31.3 定义 设 K 为抽象复形，V 为其顶点的集合．K 的实现（realization）$|K|$ 定义为满足下述条件的 V 上定义的所有实函数 x 的集合．

(1) 关于各 $v\in V, 0\leqslant x(v)\leqslant 1$ 且 $\sum_{v\in V} x(v)=1$.

(2) $\{v\in V:x(v)>0\}$ 做成 K 的单形．

函数 x 称为 $|K|$ 的点．对于 $v\in V$，使 $x_v(v)=1, x_v(v')=0$ $(v'\neq v)$ 的 x_v 是 $|K|$ 的点，和 v 同样看待．于是 V 可看做 $|K|$ 的子集．V 的点称为顶点．实数 $x(v)$ $(v\in V)$ 称为点 x 的重心坐标（barycentric coordinate）．当 $s\in K$ 为以 v_i $(i=0,\cdots,n)$ 为顶点的单形时，集合 $\left\{x\in|K|:\sum_{i=0}^{n} x(v_i)=1\right\}$ 写做 $|s|$，称为闭单形．关于某 $i=0,\cdots,n$，使 $x(v_i)=0$ 的 $|s|$ 的子集称为 $|s|$ 的边界，以 $|\dot{s}|$ 表示之．$|s|-|\dot{s}|$ 称为开单形．当 $\dim s=n$ 时和 $|s|$ 同胚的空间称为 n 胞腔，和 $|\dot{s}|$ 同胚的空间称为 $(n-1)$ 球面（10.5）．对于 $x\in|K|$，$s_x=\{v\in V:x(v)>0\}$ 由(2)是 K 的单形，$|s_x|$ 及 s_x 称为 x 的支集．$x\in|s_x|-|\dot{s}_x|$．对于 $v\in V$，$\mathrm{St}(v)=\{x\in|K|:x(v)>0\}$ 称为 v 的星型集．对于 $s\in K$，$\mathrm{St}(s)=\bigcap_{v\in s}\mathrm{St}(v)$，一般地对于 K 的子集 L，$\mathrm{St}(L)=\bigcup_{s\in L}\mathrm{St}(s)$ 称为 L 的星型集．对于 $v\in V$，令

$$K_v=\{s\in K:v\in s\},\ B_v=\{s'\in K_v:s'\prec s\in K_v,\ v\notin s'\}.$$

K的子复形 B_v 称为索 (link). 对于 $x, y \in |K|$, 令

$$(3) \quad d(x, y) = \sum_{v \in V} |x(v) - y(v)|.$$

由 (2), (3) 是有限和. 显然 d 满足距离函数的条件. 今后用$|K|$意味着具有由 d 确定的距离拓扑的空间. 简单地称$|K|$为单纯复形.

31.4 定义 拓扑空间X当某复形K及同胚映射 $f: |K| \to X$ 存在时称为多面体 (polytope). 组(K, f)称为X的三角剖分 (triangulation), X称为可三角剖分的.

31.5 例 取 R^{n+1}的点$e_0 = (1,0,0,\cdots,0), e_1 = (0,1,\cdots,0), \cdots, e_n = (0,0,\cdots,1)$. $\Delta_n = \left\{(x_0, \cdots, x_n) \in R^{n+1}: \sum_{i=0}^{n} x_i = 1, 0 \leqslant x_i \leqslant 1, i = 0, \cdots, n\right\}$ 是具有顶点 $e_i (i = 0, \cdots, n)$ 的 n 闭单形. 称 Δ_n 为标准 n 单形. 一般地, 设 $w_i (i = 0, \cdots, n)$ 为线性无关的 R^{n+1} 的点集. 将各 w_i 看做向量, 对于实数组 $\lambda_i\left(0 \leqslant \lambda_i \leqslant 1, i = 0, \cdots, n, \sum_{i=0}^{n} \lambda_i = 1\right)$, 若$\Delta$为 $\sum_{i=0}^{n} \lambda_i w_i$ 表示的点集, 则Δ是含 $\{w_i\}$ 的 R^{n+1} 的最小凸集且和 Δ_n 同胚. Δ称为以 $\{w_i\}$ 张成的单形. 点 $x = \sum_i \lambda_i w_i$ 由组$\{\lambda_i\}$唯一确定. $\{\lambda_i\}$ 称为 x 关于$\{w_i\}$的重心坐标. 当$|s|$为以 $v_i (i = 0, \cdots, n)$ 为顶点的单形时, 由对应 $x \to \sum_{i=0}^{n} x(v_i) w_i$ 得到同胚映射 $|s| \to \Delta$. 对应点的重心坐标是相等的. 在$|s|$引入在Δ中的向量的记号, 对于 $x, y \in |s|$和实数 $\lambda, \mu, \lambda \geqslant 0, \mu \geqslant 0, \lambda + \mu = 1$, 用 $\lambda x + \mu y$ 表示具有重心坐标 $\{\lambda x(v_i) + \mu y(v_i): i = 0, \cdots, n\}$ 的点. 对于$|s|$的点 $x_j (j = 1, \cdots, k)$, 实数 $\lambda_j\left(\lambda_j \geqslant 0, \sum_{j=1}^{n} \lambda_j = 1\right)$, 点 $\sum_{j=1}^{n} \lambda_j x_j$ 同样定义之. 使用这个写法, 各 $x \in |s|$可表示为 $x = \sum_{i=0}^{n} x(v_i) v_i$.

31.6 引理 设K为复形, 而$|K|$为其实现. $x \in |K|$, 令 s 为

x 的支集．对于各 $y\in|K|$，

$$d(x,y)\leqslant 2\cdot\sum_{v\in s}|x(v)-y(v)|$$

成立．

证明 因 $x(v)=0,\ v\notin s,\ \sum_{v\in V}x(v)=\sum_{v\in V}y(v)=1$，故

$$\begin{aligned}\sum_{v\notin s}|x(v)-y(v)|&=\sum_{v\notin s}y(v)=1-\sum_{v\in s}y(v)\\&=\sum_{v\in s}x(v)-\sum_{v\in s}y(v)\\&\leqslant\sum_{v\in s}|x(v)-y(v)|.\end{aligned}$$

故

$$\begin{aligned}d(x,y)&=\sum_{v\in s}|x(v)-y(v)|+\sum_{v\notin s}|x(v)-y(v)|\\&\leqslant 2\sum_{v\in s}|x(v)-y(v)|.\end{aligned}$$

□

关于各 $v\in V$，设 I_v 为 I 的拷贝，令 $I^V=\prod_{v\in V}I_v$．对于以 V 为顶点集合的复形 K，由 $f(x)=(x(v))_{v\in V}(x\in|K|)$ 定义 $f:|K|\to I^V$．

31.7 定理 $f:|K|\to I^V$ 是嵌入．

证明 显然 f 是一一的．令 $x\in|K|,\varepsilon>0$．

若 $d(x,y)<\varepsilon,\ y\in|K|$，则 $|f(y)_v-f(x)_v|=|y(v)-x(v)|\leqslant d(x,y)<\varepsilon$（$f(x)_v$ 是 $f(x)$ 的 v 坐标），故 f 是连续的．为了说明 f^{-1} 的连续性，令 $x\in|K|,\ \varepsilon>0$．设 $|s|$ 为 x 的支集，$q=\dim s$．若令

$$U=\{z\in I^V:|z_v-f(x)_v|<\varepsilon/2(q+1),\ v\in s\},$$

则 U 为 I^V 的开集且含有 $f(x)$．若 $y\in f^{-1}(U)$，则由 31.6

$$\begin{aligned}d(x,y)&\leqslant 2\sum_{v\in s}|y(v)-x(v)|=2\sum_{v\in s}|f(y)_v-f(x)_v|\\&<2(\varepsilon/2(q+1))\cdot(q+1)=\varepsilon.\end{aligned}$$

于是 f^{-1} 是连续的. □.

31.8 推论 设$|K|$为以 v 为顶点的单纯复形.对于各 $v\in V$，定义 $f_v:|K|\to I$ 为 $f_v(x)=x(v)(x\in|K|)$. 空间 X 到$|K|$的映射 $g:X\to|K|$ 是连续的充要条件是各 $f_vg:X\to I(v\in V)$ 是连续的.

31.9 推论 对于 $L\subset K$,$\mathrm{St}(L)$ 是$|K|$的开集.

这些推论由 31.7 是明显的. 设 L 为 K 的子复形. $|L|$的点 x 对于不属于 L 的顶点 v，由于令 $x(v)=0$ 可以看做是 $|K|$ 的点. 这样,$|L|$可看做$|K|$的子集.$|L|$称为$|K|$的子复形.

31.10 定理 $|K|$的所有子复形$|L|$是闭集.

证明 设 $x\in|K|-|L|$，s 为 x 的支集，则 $s\notin L$. 令 $\varepsilon=\min\{x(v):v\in s\}$,兹指出 $S(x,\varepsilon/2)\cap|L|=\varnothing$. 若 $y\in S(x,\varepsilon/2)$，则

$$|y(v)-x(v)|<\frac{\varepsilon}{2}\leqslant\frac{1}{2}x(v),v\in s.$$

故 $y(v)>\varepsilon/2,v\in s$. 因 y 的支集 t 全部包含 s 的顶点，故 $|s|\subset|t|$. 因此 $y\in|t|-|i|\subset|K|-|L|$. 故 $S(x,\varepsilon/2)\cap|L|=\varnothing$.
□

设 $f:K\to L$ 为单形映射. 对于各 $x\in|K|$,若令

$$|f|(x)=\sum_{v\in V}x(v)f(v),$$

则 $|f|(x)$ 是$|L|$的点. $|f|$称为 f 的实现,或单形映射. 由简单的计算关于 $x,y\in|K|$知 $d'(|f|(x),|f|(y))\leqslant d(x,y)$ (d' 是$|L|$的距离)成立,故$|f|$是连续的. 一般地,设给与由 K 的顶点集合 V 到单纯复形$|L|$的映射 f，使 K 的各单形的顶点映入$|L|$的某闭单形之中. f 可以线性地扩张为$|K|$上的映射$|f|$. 为此，对于各 $x\in|K|$,令 $|f|(x)=\sum_{v\in V}x(v)\cdot f(v)$ 即可. 在此,$f(v)$一般不是$|L|$的顶点,但 x 的支集的所有顶点映到$|L|$的某闭单形上，上述的定义式的右边具有意义. $|f|$ 称为 f 的线性扩张. 在此 $|L|$ 一般可以换为向量空间,特别是 Euclid 空间，Hilbert 空间.

31.11 定义 对于以V为顶点集合的复形K的重心重分(barycentric subdivision) $\mathrm{Sd}K$ 可定义如下：

(1) $\mathrm{Sd}K$ 的顶点集合 $W=\{w_s: s\in K\}$ 和K一一对应.

(2) $\{w_{s_i}\in W: i=0,\cdots,k\}$ 限于 $s_0 \subsetneqq s_1 \subsetneqq \cdots \subsetneqq s_k$ 时做成 $\mathrm{Sd}K$ 的k单形.

对于K的重心重分$\mathrm{Sd}K$,映射 $\varphi: |\mathrm{Sd}K| \to |K|$ 定义如下. 关于各$s\in K$,设b_s为$|s|$的重心$\left(b_s=\sum_{i=0}^{k}\frac{1}{k+1}v_i, v_0,\cdots,v_k\text{是}\right.$ $\left.s\text{的顶点}\right)$. 当s是K的顶点v时 $b_v=v$. 关于各 $w_s\in W$,令 $\varphi(w_s)=b_s$. 若 $w_{s_i}(i=0,\cdots,n)$ 做成$\mathrm{Sd}K$的单形,(将$\{s_i\}$适当地排列)因 $s_0\subsetneqq s_1\subsetneqq\cdots\subsetneqq s_n$,故所有的$b_{s_i}$属于闭单形$|s_0|$. 于是$\varphi$线性地扩张为$|\mathrm{Sd}K|$. 扩张还用$\varphi$表示之.

31.12 定理 $\varphi: |\mathrm{Sd}K| \to |K|$是同胚映射.

证明 设Δ为K的单形,$v_i(i=0,\cdots,n)$为其顶点. Δ及它的所有边单形组成的K的子复形如果再用Δ表示,则 $\varphi^{-1}(|\Delta|)=|\mathrm{Sd}\Delta|$, 故说明 $\varphi||\mathrm{Sd}\Delta|: |\mathrm{Sd}\Delta|\to|\Delta|$ 是同胚即可[1]. 对于各$i(0\leqslant i\leqslant n)$, 设$s_i$为具有顶点$v_0,\cdots,v_i$的$i$单形,则 $v_0=s_0\subsetneqq s_1\subsetneqq\cdots\subsetneqq s_n$. 设$\sigma$为具有顶点 $s_j(j=0,\cdots,n)$ 的$\mathrm{Sd}\Delta$的单形. 今指出 $\varphi||\sigma|$ 是同胚的. 因在$\mathrm{Sd}\Delta$的其它的单形上可以同样讨论,故得到定理. 设$y\in|\sigma|$, $y=\sum_{i=0}^{n}y(w_{s_i})w_{s_i}$($w_s(s\in\Delta)$为$\mathrm{Sd}\Delta$的顶点),则 $\varphi(y)=\sum_{i=0}^{n}y(w_{s_i})b_{s_i}$. 因 $b_{s_i}=\sum_{j=0}^{i}\frac{1}{i+1}v_j$,故

$$\varphi(y)=\sum_{j=0}^{n}\left(\sum_{i=j}^{n}\frac{1}{i+1}y(w_{s_i})\right)v_j.$$

故得到

$$(1)\quad \varphi(y)(v_j)=\sum_{i=j}^{n}\frac{1}{i+1}y(w_{s_i}),\ j=0,\cdots,n,$$

---

1) 一般地说，由此并不能推出φ是同胚. 但是由于下面的表达式(1),(2)对于各个单形都是唯一确定的,所以φ确是同胚. ——校者注

$$
(2)\quad \begin{cases} y(w_{s_i}) = (i+1)\cdot(\varphi(y)(v_i) - \varphi(y)(v_{i+1})), \\ \quad i = 0, \cdots, n-1, \\ y(w_{s_n}) = (n+1)\cdot \varphi(y)(v_n). \end{cases}
$$

由(1)和(2)知 φ 是一一到上的映射，且 $y(w_s)$ 是 $\{\varphi(y)(v_j)\}$ 的连续函数，而 $\varphi(y)(v_j)$ 又是 $\{y(w_s)\}$ 的连续函数．因此，φ 是同胚映射．□

对于复形 K，定义

$$
\mathrm{Sd}^0 K = K,\ \mathrm{Sd}^n K = \mathrm{Sd}(\mathrm{Sd}^{n-1} K),\ n = 1, 2, \cdots,
$$

$\mathrm{Sd}^n K$ 称为 K 的 n 次重心重分．由 31.12，$|\mathrm{Sd}^i K|(i = 0,1,\cdots)$ 全看做是同一空间．

31.13 例 设 $|K|$ 为单纯复形，V 为顶点集合．$\mathscr{U} = \{\mathrm{St}(v): v \in V\}$ 做成 $|K|$ 的开覆盖 (31.9)．$v_i\ (i = 0,\cdots,n)$ 为了张成 $|K|$ 的单形，$\bigcap_{i=0}^{n} \mathrm{St}(v_i) \neq \varnothing$ 是必要充分的．实际上，若 $x \in \bigcap_{i=0}^{n} \mathrm{St}(v_i)$，则 $x(v_i) > 0, x(v) = 0, v \neq v_i; i = 0,\cdots,n$，故 $\{v_i\}$ 作成单形．反之，若 s 为 $\{v_i\}$ 做成的单形，则

$$
|s| - |\dot{s}| \subset \bigcap_{i=0}^{n} \mathrm{St}(v_i).
$$

由此 $\mathscr{U}$ 的神经复形等于 K．一般地，$\mathscr{U}$ 不是局部有限的．$\mathscr{U}$ 是局部有限的复形称为局部有限．为要复形是局部有限的必要且充分的条件是含各顶点的单形至多有有限个，从而 $\mathscr{U}$ 是星有限的．下面对于任意复形 K，构造 $\mathscr{U}$ 的局部有限的闭加细．关于各 $s \in K$，设 b_s 为 $|s|$ 的重心．考虑 2 次重心细分 $\mathrm{Sd}^2 K$，令 $F_s = \mathrm{Cl}_{|K|}\mathrm{St}(b_s)$ (St 取为 $|\mathrm{Sd}^2 K|$)．$\mathscr{F} = \{F_s : s \in K\}$ 做成细分 $\mathscr{U}$ 的 $|K|$ 的闭覆盖．简单地可以证明 $\mathscr{F}$ 是星有限且局部有限的[1]．令 L 为 K 的子复形，则 $N(L) = \bigcup\{F_s : s \in L\}$ 是 $|L|$ 的闭邻域．称之为 $|L|$ 的正则邻域 (regular neighborhood)．

31.14 引理 设 K 为 m 维有限复形，而 d 为 $|K|$ 的距离．

1) 只能证明 $\mathscr{F}$ 是局部有限的．——校者注

$|\mathrm{Sd}^n K|$的各单形的直径不超过 $2(m/m+1)^n$.

证明　由 31.7 对于充分大的 k, 存在一一单形映射 $f: |K| \to \Delta_k (\subset R^{k+1})$ (k 取做(K 的顶点数)-1). 对于 R^{k+1} 的点 $x=(x_1, \cdots, x_{k+1})$, $y=(y_1, \cdots, y_{k+1})$, 若令

$$\|x-y\| = \sum_{i=1}^{k+1} |x_i - y_i|,$$

则$\|\ \ \|$为 R^{k+1} 的距离(称为线性距离). 对于 $x, y \in |K|$, 显然有

$$\|f(x) - f(y)\| = d(x, y)$$

成立. 于是关于 Δ_k 的任意子复形说明引理即可. 今令 $x_i (i=0, \cdots, n)$ 为 R^{k+1} 的点,

$$x = \sum_{i=0}^{n} \lambda_i x_i,\ y = \sum_{i=0}^{n} \mu_i x_i,\ \lambda_i, \mu_i \geqslant 0,$$

$$\sum_{i=0}^{n} \lambda_i = \sum_{i=0}^{n} \mu_i = 1.$$

此时,

(1)　关于某个 i, 有 $\|y-x\| \leqslant \|y-x_i\|$.

实际上,

$$\|y-x\| = \left\| \sum_i (\lambda_i y - \lambda_i x_i) \right\|$$

$$\leqslant \sum_i \lambda_i \|y - x_i\| \leqslant \max_i \|y - x_i\|.$$

由(1)若取 Δ_k 的重心细分的任意单形 σ, 则将 (1) 使用 2 次, 对于某 σ 的顶点 v, v', 有 $\delta(\sigma) \leqslant \|v - v'\|$($\delta(\sigma)$ 为 σ 的直径). 令

$$v = \frac{1}{p+1}(e_0 + \cdots + e_p),\ v' = \frac{1}{i+1}(e_0, \cdots, e_i),$$
$$i \leqslant p \leqslant k$$

(e_j 为 Δ_k 的顶点). 由(1)关于某个 e_j, 有

$$\|v - v'\| \leqslant \|v - e_j\|.$$

故

$$\|v - v'\| \leqslant \|v - e_j\| = \left\| \frac{1}{p+1}(e_0 + \cdots + e_p) - e_j \right\|$$

$$= \frac{1}{p+1}\left\|\sum_{i=0}^{p}(e_i - e_j)\right\| \leqslant \frac{1}{p+1}\sum_{i=0}^{p}\|e_i - e_j\|$$
$$\leqslant \frac{p}{p+1}\delta(\Delta_k).$$

于是可知若Δ为Δ_k的任意 m 单形，则对于$\mathrm{Sd}\Delta$的单形σ，有$\delta(\sigma)\leqslant(m/m+1)\delta(\Delta)$，而且若$\sigma$为$\mathrm{Sd}^n\Delta$的单形，则 $\delta(\sigma)\leqslant(m/m+1)^n\delta(\Delta)$. 因$\delta(\Delta)\leqslant 2$，故引理得证. □

31.15 定义 设f为空间X到单纯复形$|K|$的连续映射. 所谓连续映射$g:X\to|K|$是f的逼近是指关于各$x\in X$，当s_x为$f(x)$的支集时有$g(x)\in|s_x|$. 更一般地，连续映射$f,g:X\to|K|$，关于各$x\in X$有K的某单形s_x使$f(x)$，$g(x)\in|s_x|$时，称为近接的. 若g是f的逼近，则显然f和g是近接的.

31.16 定义 设$f,g:X\to Y$为连续映射. 存在连续映射H: $X\times I\to Y$，使

$$H(x,0)=f(x),\ H(x,1)=g(x),\ x\in X$$

时，称f和g是同伦的，记作$f\sim g$. H称为f到g的同伦.

31.17 命题 若$f,g:X\to|K|$是近接的，则$f\sim g$.

证明 关于各$x\in X$有$s_x\in K$使$f(x)$，$g(x)\in|S_x|$. 若H: $X\times I\to|K|$由

$$H(x,t)=(1-t)f(x)+tg(x),\ (x,t)\in X\times I$$

定义之(和在$|s_x|$中可取得)，则H为f到g的同伦. 由31.8知H的连续性. □

31.18 定理(单形逼近定理) 设$|K|$为有限单纯复形，$|L|$为单纯复形，$f:|K|\to|L|$为连续映射. 这时K的某重心重分Sd^mK和单形映射$g:|\mathrm{Sd}^mK|\to|L|$存在，使g是f的逼近. g称为f的单形逼近.

证明 设L的顶点集为W，$\mathscr{W}=\{\mathrm{St}(w):w\in W\}$为由星型集组成的$|L|$的开覆盖. 则$f^{-1}\mathscr{W}$为紧度量空间$|K|$的开覆盖. 设此 Lebesgue 数为$\delta$. 令$\dim K=n$. 取$m$使$(n/n+1)^m<\frac{\delta}{4}$.

设 V 为 $\mathrm{Sd}^m K$ 的顶点集．关于各 $v\in V$，在 $|\mathrm{Sd}^m K|$ 中星型集 $\mathrm{St}(v)$ 的直径不超过 δ，故存在 $w_v\in W$ 使 $\mathrm{St}(v)\subset f^{-1}(\mathrm{St}(w_v))$．令 $g(v)=w_v$．关于 $x\in|K|$，令 s_x 为在 $|\mathrm{Sd}^m K|$ 中的 x 的支集，t_x 为 $f(x)$ 的支集．由作法，若 $v\in s_x$，则 $g(v)\in t_x$．于是 g 可线性地扩张为 $g:|\mathrm{Sd}^m K|\to|L|$．显然 g 是 f 的逼近．□

f 的单形逼近一般不是唯一确定的．但任意单形逼近是近接的，故由 31.17 是互为同伦的．

§32. $ES(\mathscr{Q})$ 和 $AR(\mathscr{Q})$

32.1 定义 设 $|K|$ 为单纯复形．若令 $\mathscr{F}=\{|s|:s\in K\}$，则 $\mathscr{F}$ 做成 $|K|$ 的闭覆盖．在 $|K|$ 给与关于 $\mathscr{F}$ 的 Whitehead 弱拓扑，以 $|K|_W$ 表示此空间．$|K|_W$ 称为具有弱拓扑的单纯复形．

由定义，$|K|_w$ 的子集 U 是开集的充要条件是关于各 $|s|\in\mathscr{F}$，$|s|\cap U$ 在 $|s|$ 是开集．于是，$|K|_W$ 到任意空间 Y 的映射 f，关于各 $|s|\in\mathscr{F}$ 仅当 $f||s|$ 是连续时是连续的．特别地，恒等映射 $i:|K|_w\to|K|$ 是连续的．

32.2 例 在 19.3 考虑的空间 K_1 为具有弱拓扑的复形． 为了得出这一点，设 K 为具有共同顶点 v_0 的可数个 1 维单形 $s_i=(v_0,v_i)$，$i=1,2,\cdots$ 组成的 1 维复形．此时有 $K_1=|K|_w$．对于 K，恒等映射 $i:|K|_w\to|K|$ 是连续的但不是同胚的．实际上，令 p_i 为 $|s_i|$ 上和 v_0 的距离为 $1/i$ 的某点． $F=\{p_i:\ i=1,2,\cdots\}$ 在 $|K|_w$ 为闭集，但在 $|K|$ 具有聚点 v_0（参考 6.C）．

32.3 定义 设 X 为空间，$\mathscr{U}=\{U_v:v\in V\}$ 为 X 的点有限开覆盖，$K_{\mathscr{U}}$ 为 $\mathscr{U}$ 的神经复形．关于各 $x\in X$，$s_x=\{v:x\in U_v\in\mathscr{U}\}$ 构成 $K_{\mathscr{U}}$ 的单形．s_x 称为 x 的支集．由 X 到 $|K_{\mathscr{U}}|$ 或 $|K_{\mathscr{U}}|_w$ 的连续映射 ϕ 使 $\phi(x)\in|s_x|$，$x\in X$（s_x 是 x 的支集）时，称 ϕ 为关于 $\mathscr{U}$ 的正准映射

32.4 引理 连续映射 $\phi:X\to|K_{\mathscr{U}}|$（或 $|K_{\mathscr{U}}|_w$）是正准映射的充要条件是对于 $K_{\mathscr{U}}$ 的各顶点 v 有 $U_v\supset\phi^{-1}(\mathrm{St}(v))$．

证明　设满足条件，对于 $x\in X$ 令 s 为 $\phi(x)$ 的支集(31.3)．则 $\phi(x)\in|s|-|\dot{s}|$．若 s 的顶点为 $v_i(i=0,\cdots,n)$，则 $\phi(x)\in \mathrm{St}(v_i)$，故

$$x\in\phi^{-1}(St(v_i))\subset U_{v_i}.$$

故若 s_x 为 x 的支集(32.3)，则 v_i 是 s_x 的顶点．因此

$$\phi(x)\in|s|\subset|s_x|.$$

反之，关于各 $x\in X$，令 $\phi(x)\in|s_x|$． 对于 $U_v\in\mathscr{U}$，若 $x\in\phi^{-1}(\mathrm{St}(v))$，则

$$\phi(x)\in\mathrm{St}(v)\cap|s_x|.$$

于是 v 是 s_x 的顶点，即 $x\in U_v$．故 $\phi^{-1}(\mathrm{St}(v))\subset U_v$．□

32.5　定理　若 $\mathscr{U}$ 为正规空间 X 的局部有限开覆盖，则存在由 X 到 $|K_{\mathscr{U}}|$ 或 $|K_{\mathscr{U}}|_W$ 的正准映射．

证明　$\mathscr{U}$ 可以换为它的加细．实际上，令 $\mathscr{V}$ 为 $\mathscr{U}$ 的加细，$\pi:K_{\mathscr{V}}\to K_{\mathscr{U}}$ 为射影(31.2)，$|\pi|:|K_{\mathscr{V}}|\to|K_{\mathscr{U}}|$ 为其实现（也称之为射影）．若 $\phi:X\to|K_{\mathscr{V}}|$ 为关于 $\mathscr{V}$ 的正准映射，则 $|\pi|\phi$ 为关于 $\mathscr{U}$ 的正准映射．由此事实 $\mathscr{U}$ 是补零覆盖即可． 设 $\mathscr{U}=\{U_v:v\in V\}$，关于各 $v\in V$，取 $f_v\in C(X,I)$ 使 $f_v^{-1}(0)=X-U_v$．$\phi:X\to|K_{\mathscr{U}}|$ 由

$$\phi(x)(v)=f_v(x)\Big/\sum_{v\in V}f_v(x),\ x\in X,\ v\in V,$$

确定（$\phi(x)(v)$ 是在 v 的重心坐标）．由 $\mathscr{U}$ 的局部有限性和 31.8，ϕ 是连续的．又由 32.4，ϕ 是正准映射． 其次考虑 ϕ 为到 $|K_{\mathscr{U}}|_W$ 的映射．各 $x\in X$ 具有仅和 $\mathscr{U}$ 的有限个元相交的邻域 V_x．和 V_x 相交的 $\mathscr{U}$ 的元设为 $\{U_{v_i}:i=1,\cdots,n\}$，在顶点集合 $\{v_i:i=1,\cdots,n\}$ 扩张的 K 的子复形设为 L． 因 L 是有限复形，故 $|L|=|L|_w$，而 $\phi(V_x)\subset|L|_w\subset|K_{\mathscr{U}}|_w$，故 $\phi|V_x$ 是连续的．由此 $\phi:X\to|K_{\mathscr{U}}|_w$ 是连续的．□

32.6　定义　设 X 为实线性空间．$A\subset X$ 对各 $x,y\in A,\lambda\geqslant 0,\mu\geqslant 0,\lambda+\mu=1$，有 $\lambda x+\mu y\in A$ 时称 A 为凸 (convex) 的．对于 $U\subset X$，含 U 的最小凸集称为凸包．U 的凸包是与对于任意

有限个点 $x_i \in U$, $i=1,\cdots,n$, $\lambda_i \geqslant 0$, $\sum_{i=1}^{n} \lambda_i = 1$, 形如 $\sum_{i=1}^{n} \lambda_i x_i$ 的点全体的集合相等. 实线性空间 X 为拓扑空间且点 0 的邻域基可取为由凸集组成时，称为局部凸拓扑线性空间 (locally convex topological linear space). 实线性空间 X 关于各 $x \in X$ 能定义满足下述条件的非负实数 $\|x\|$ (称为 x 的范数)时，称为赋范空间.

(1) $\|x\| = 0 \Longleftrightarrow x = 0$.

(2) 若 $x, y \in X$ 则 $\|x + y\| \leqslant \|x\| + \|y\|$.

(3) 若 $x \in X$, $\gamma \in R$ 则 $\|\gamma x\| = |\gamma| \|x\|$.

在赋范空间 X 中，关于 $x, y \in X$，若令 $\rho(x, y) = \|x - y\|$，则由 (1), (2) ρ 是 X 的距离函数. 赋范空间是具有该距离的度量空间. 赋范空间关于上述距离是完备时称为 Banach 空间. 对于 Hilbert 空间的各点 $x = (x_1, x_2, \cdots)$，若定义 $\|x\| = \left(\sum_{i=1}^{\infty} x_i^2\right)^{\frac{1}{2}}$，则它为 Banach 空间. 另外，对于任意的空间 X，若在 $C^*(X)$ 中定义范数为

$$\|f\| = \sup_{x \in X} |f(x)|, \ f \in C^*(X),$$

则 $C^*(X)$ 是 Banach 空间(参考 9.7).

32.7 例 设 X 为具有有界距离 ρ 的度量空间. $B = C^*(X)$，关于各 $f \in B$，若令 $\|f\| = \sup_{x \in X} |f(x)|$，则 B 为具有范数 $\| \ \|$ 的 Banach 空间. 关于各 $x \in X$，若令 $\psi_x(y) = \rho(x, y)$, $y \in X$, 则 $\psi_x \in B$，且对于 $x, y \in X$，有

$$\begin{aligned}\rho(x,y) &= |\psi_x(y) - \psi_y(y)| \\ &\leqslant \|\psi_x - \psi_y\| = \sup_{x' \in X} |\psi_x(x') - \psi_y(x')| \\ &= \sup_{x' \in X} |\rho(x,x') - \rho(y,x')| \leqslant \rho(x,y).\end{aligned}$$

故有

$$\rho(x, y) = \|\psi_x - \psi_y\|.$$

由此，由 $\psi(x) = \psi_x$ $(x \in X)$ 定义的映射 $\psi: X \to B$ 不变距离(这样的映射称为等距 (isometry)). ψ 当然是嵌入. 令 Z 为 $\psi(X)$ 在

B的凸包．这时

(1) $\psi(X)$为Z的闭集．

(2) 若X为可分的，则Z也是可分的．

为了指出(1)，设$g\in Z-\psi(X)$．因$g\in Z$，故存在X的有限个点x_i，实数$\lambda_i\geqslant 0(i=1,\cdots,n)$，$\sum_{i=1}^{n}\lambda_i=1$，使$g=\sum_{i=1}^{n}\lambda_i\psi_{x_i}$．取$\varepsilon$，使$0<2\varepsilon<\min_i\|g-\psi_{x_i}\|$．设$U$为点$g$在$Z$的$\varepsilon$邻域．指出$U\subset Z-\psi(X)$．关于某$x\in X$，令$\psi_x\in U$．由$\varepsilon$的取法，对于各$i$，有$\|\psi_{x_i}-\psi_x\|=\rho(x_i,x)>\varepsilon$．故

$$\varepsilon>\|g-\psi_x\|\geqslant|g(x)-\psi_x(x)|=|g(x)|=\sum_{i=1}^{n}\lambda_i\psi_{x_i}(x)$$

$$=\sum_{i=1}^{n}\lambda_i\rho(x_i,x)>\left(\sum_{i=1}^{n}\lambda_i\right)\varepsilon=\varepsilon.$$

这个矛盾指出$U\subset Z-\psi(X)$．其次为了证明(2)，设H为在$\psi(X)$稠密的可数集．首先H的凸包$\widetilde{H}$是可分的．实际上，$\widetilde{H}$是H的任意有限集F的凸包$\widetilde{F}$之和，而$\widetilde{F}$是紧度量空间为可分的，故$\widetilde{F}$的可数和$\widetilde{H}$是可分的，由此说明$\widetilde{H}$在Z稠密即可，但这是显然的．

32.8 定义 设X为赋范空间．$A\subset X$当它的任意有限子集是线性无关时称为**线性无关的**．对于$A\subset X$，A的元的线性结合全体的集合$L(A)$称为A的**扩张**子空间．$L(A)$当然是赋范空间．函数$\varphi:X\to R$，当它是线性时（对于各x，$y\in X$，α，$\beta\in R$，有$\varphi(\alpha x+\beta y)=\alpha\varphi(x)+\beta\varphi(y)$）称为**线性泛函数**．线性泛函数$\varphi:X\to R$当$\sup\{|\varphi(x)|:\|x\|\leqslant 1,\ x\in X\}<\infty$时为**连续的**．设$D(X)$为$X$的连续线性函数的全体之集合．对于$\varphi$，$\psi\in D(X)$，$\alpha\in R$，若定义为

$$(\varphi+\psi)(x)=\varphi(x)+\psi(x),\ (\alpha\varphi)(x)=\alpha(\varphi(x)),\ x\in X,$$

则$\varphi+\psi$，$\alpha\varphi$为连续线性泛函数．因此，$D(X)$是实线性空间．对于$\varphi\in D(X)$，若定义它的范数为

$$\|\varphi\|=\sup\{|\varphi(x)|:\|x\|\leqslant 1,\ x\in X\},$$

则$D(X)$是赋范空间．$D(X)$称为X的**对偶空间**．

32.9 定理（R. F Arens-J. Eells-Michael） 任意度量空间X在等距映射下，做为线性无关的闭集可嵌入某赋范空间.

证明　说明将X作为线性无关的集合等距地嵌入某赋范空间即可. 实际上，设X^*为X的完备化(7.17)，X^*作为线性无关的集合等距地嵌入赋范空间B. 因X^*是完备的，故为B的闭集. 考虑由X扩张的B的子空间$L(X)$. $L(X)\cap X^*=X$. 即X为$L(X)$的线性无关的闭集. 为证明定理，设Y为真含X的度量空间，该距离设为ρ. 在X上设ρ等于X固有的距离. 取点$y_0\in Y-X$. 设$H(Y)$为$C(Y,R)$的函数f中所有满足下述条件的集合：$f(y_0)=0$，关于各$x,y\in Y$，有某$K\geqslant 0$，使

$$(*)\qquad |f(x)-f(y)|\leqslant K\cdot\rho(x,y).$$

若将满足(∗)的K的下确界写做$\|f\|$，则$\|f\|$作为范数，$H(Y)$是赋范空间. 设E为$H(Y)$的对偶空间，$h:X\to E$由

$$h(x)=\tilde{x},\ x\in X;\ \tilde{x}(f)=f(x),\ f\in H(Y)$$

定义之.

若$x,x'\in X$，则

$$\|\tilde{x}-\widetilde{X}'\|=\sup\{|\tilde{x}(f)-\tilde{x}'(f)|:\|f\|\leqslant 1,f\in H(Y)\},$$

由$\|f\|\leqslant 1$，有

$$|\tilde{x}(f)-\tilde{x}'(f)|=|f(x)-f(x')|\leqslant\rho(x,x'),$$

故

$$\|\tilde{x}-\tilde{x}'\|\leqslant\rho(x,x').$$

另外，若令$g(y)=\rho(y,x')-\rho(y_0,x')$，$y\in Y$，则$g\in H(Y)$且$\|g\|=1$，$(\tilde{x}-\tilde{x}')(g)=\rho(x,x')$，而$\|\tilde{x}-\tilde{x}'\|\geqslant\rho(x,x')$. 故$h$为等距映射. 为了指出$h(X)$是线性无关的，设$x_1,\cdots,x_n$为$X$的任意相异的点. 若令

$$g(y)=\rho(y,\{y_0,x_1,\cdots,x_n\}),\ y\in Y,$$

则

$$g\in H(Y)\text{ 且 }\tilde{x}_i(g)=0,\ i=1,\cdots,n.$$

由此若$\tilde{x}\in h(X)$为$\tilde{x}_i(i=1,\cdots,n)$的线性结合，则$\tilde{x}(g)=0$.于是对于任意$x\in X$，$x\neq x_i\ (i=1,\cdots,n)$有$\tilde{x}(g)\neq 0$，故$\{\tilde{x},$

$\tilde{x}_i: i = 1, \cdots, n\}$ 是线性无关的.

32.10 定理 (Dugundji) 设 X 为度量空间，A 为 X 的闭集. 若 f 为 A 到局部凸拓扑线性空间 Z 的连续映射，则 f 可扩张到 X 上.

证明 设 ρ 为 X 的距离，对于各 $x \in X - A$，令

$$H_x = \left\{ y \in X : \rho(x, y) < \frac{1}{2} \rho(x, A) \right\}.$$

设 $\mathscr{U} = \{U_v : v \in V\}$ 为 $X - A$ 的局部有限开覆盖且为 $\{H_x : x \in X - A\}$ 的加细，令 P 为具有弱拓扑的 $\mathscr{U}$ 的神经复形. 设 $\phi: X - A \to P$ 为正准映射. 置 $Y = P \cup A$，在 Y 导入下述拓扑:

对于 X 的各开集 W，令 $\widetilde{W} = \cup \{\mathrm{St}(v) : v \in V, U_v \subset W\} \cup (W \cap A)$ (V 是 P 的顶点集合)，形如 $\widetilde{W}$ 的所有集合及 P 的开集做成 Y 的基.

$h: X \to Y$ 定义为 $h|X - A = \phi$，$h|A =$ 恒等映射. 首先指出 h 是连续的. 只需指出在 $\mathrm{Bry}_X A$ 的各点的连续性就已足够(在其他点是明显的). 设 $a \in \mathrm{Bry}_X A$ 而 $W = S(a, \varepsilon)$(在 X 的 ε 邻域). 今指出

$$h\left(S\left(a, \frac{\varepsilon}{4}\right)\right) \subset \widetilde{W}.$$

为此说明

$$\text{若 } U_v \cap S\left(a, \frac{\varepsilon}{4}\right) \neq \phi, \text{则 } U_v \subset W$$

即可. 因为此时有 $h(U_v) \subset \mathrm{St}(v) \subset \widetilde{W}$ (32.4)[1]. 选 $U_v \subset H_x, x \in X - A$. 若 $y \in H_x \cap S\left(a, \frac{\varepsilon}{4}\right)$，则

$$\begin{aligned} \rho(x, a) &\leqslant \rho(x, y) + \rho(y, a) < \frac{1}{2} \rho(x, A) + \frac{\varepsilon}{4} \\ &\leqslant \frac{1}{2} \rho(x, a) + \frac{\varepsilon}{4}, \end{aligned}$$

1) $h(U_v) \subset \mathrm{St}(v)$ 一般是不成立的. 但按正准映射的定义以及前式，仍可证得 $h(S(a, \varepsilon/4)) \subset \widetilde{W}$.——校者注

因此 $\rho(x, a) \leqslant \varepsilon/2$，从而关于任意的 $x' \in H_x$，有 $\rho(x, x') < \dfrac{\varepsilon}{4}$，故 $\rho(x', a) < \varepsilon$，即 $H_x \subset W$。这样一来，h 是连续的。为了完成证明，若说明 f 可扩张到 Y 上即可。所求的到 X 的扩张是由和 h 的合成得到的。首先将 f 扩张到 $A \cup V \subset Y$ 上。对于各 $v \in V$，选取 $a_v \in A$，使 $x_v \in U_v$ 和 $\rho(x_v, a_v) < 2\rho(x_v, A)$，$f^0: A \cup V \to Z$ 定义为

$$f^0|A = f,\ f^0(v) = f(a_v),\ v \in V.$$

设 T 为 $f^0(a) = f(a)$ 的邻域。由 f 的连续性，有 $\varepsilon > 0$，若 $\rho(a, a') < \varepsilon$，$a' \in A$，则 $f(a') \in T$。若令 $W = S(a, \varepsilon/3)$，则 $f^0(\widetilde{W} \cap (A \cup V)) \subset T$。实际上，若 $U_v \subset W$，则因

$$\begin{aligned}\rho(a_v, a) &\leqslant \rho(a_v, x_v) + \rho(x_v, a) < 2\rho(x_v, A) + \frac{\varepsilon}{3} \\ &\leqslant 2\rho(x_v, a) + \frac{\varepsilon}{3} < \frac{2}{3}\varepsilon + \frac{\varepsilon}{3} = \varepsilon,\end{aligned}$$

故

$$f^0(v) = f(a_v) \in T.$$

由此知 f^0 是连续的。若将 f^0 线性地扩张到 P 的各单形上，得到 f^0 的扩张 $\bar{f}: Y \to Z$。若再指出在 A 的各点上 $\bar{f}$ 的连续性就足够了。设 T 为 $\bar{f}(a)$，$(a \in A)$ 的凸邻域。由 f^0 的连续性，有 a 的邻域 $\widetilde{W}$ 使 $f^0(\widetilde{W} \cap (A \cup V)) \subset T$。取 a 在 X 的邻域 W'，使 $U_v \cap W' \neq \varnothing$ 的任意 U_v 被 W 包含（在 h 的连续性的证明中指出这是可能的）。关于属于 $\widetilde{W}'$ 的顶点 v，考虑以 v 为顶点的任意单形 s。对于 s 的顶点 v'，因 $U_{v'} \cap W' \neq \varnothing$，故 $v' \in \widetilde{W}$。故 s 的顶点全部在 f^0 下映入 T 中，故 $\bar{f}(|s|) \subset T$。由此可知 $\bar{f}(\widetilde{W}') \subset T$。如此 $\bar{f}$ 是连续的。□

作为 Dugundji 定理的应用之一，有下述定理。

32.11 定理（Hausdorff-Torun'czyk） 设 X 为度量空间，A 为它的闭集。在 A 上给与和它的拓扑一致的距离 ρ 时，ρ 可以扩张到 X 上，即存在在 A 上等于 ρ 且和 X 的拓扑一致的 X 上的距离 $\tilde{\rho}$。

先证明下述引理。

32.12 引理 设 X, Y 为赋范空间，$A \subset X \times \{0\}$，$B \subset \{0\} \times$

Y，为$X\times Y$的闭集．此时，任意同胚映射$f:A\to B$可扩张为同胚映射$\tilde{f}:X\times Y\to X\times Y$.

证明 设$\pi:X\times Y\to X,\nu:X\times Y\to Y$为射影．因$A,B$分别是$X\times\{0\}$，$\{0\}\times Y$的闭集，$Y$，$X$是赋范空间，故由32.10 $\nu f:A\to Y,\pi f^{-1}:B\to X$分别可扩张为$\lambda:X\times\{0\}\to Y$，$\mu:\{0\}\times Y\to X$．若由

$$f_1(x,y)=(x,y+\lambda(x,0)),\ f_2(x,y)=(x+\mu(0,y),y),$$
$$(x,y)\in X\times Y$$

定义$f_1,f_2:X\times Y\to X\times Y$,则$f_1,f_2$都是同胚映射．令$\tilde{f}=f_2^{-1}f_1$．为了指出$\tilde{f}$是$f$的扩张,对于$(x,0)\in A$,设

$$f(x,0)=(0,y),\ \tilde{f}(x,0)=(x',y').$$

说明$x'=0,y'=y$即可．由λ,μ的定义，有$y=\lambda(x,0)$，$x=\mu(0,y)$．因$f_1(x,0)=f_2(x',y')$,故

$$(x,\lambda(x,0))=(x'+\mu(0,y'),y').$$

由此有$y'=\lambda(x,0)=y$且$x'=x-\mu(0,y')=x-\mu(0,y)=0$．□

32.11 的证明 设A为度量空间X的闭集，ρ为A的距离，ρ'为X的距离． 由32.9 A和X分别由等距映射作为赋范空间E和F的闭集嵌入． E和F的距离分别再用ρ和ρ'表示． $E\times F$的距离ρ''由

$$\rho''(x,y)=\rho(x,y)+\rho'(x,y),\ (x,y)\in E\times F$$

确定． 作为X的子集的包含映射: $A\to X$定义了由$A(\subset E\times\{0\})$到$X(\subset\{0\}\times F)$中的同胚映射f．由32.12 f扩张为同胚映射,$\tilde{f}:E\times F\to E\times F$． X的距离$\bar{\rho}$由

$$\bar{\rho}(x,y)=\rho''(\tilde{f}^{-1}(x),\tilde{f}^{-1}(y)),\ x,y\in X$$

定义之．则$\bar{\rho}$显然满足定理的条件．□

32.13 定义 空间Y的子集X，当存在不动X的点的连续映射$r:Y\to X$,即$r(x)=x,x\in X$时,称为Y的收缩核（retract）．r称为保核收缩．当X为Y的某邻域的收缩核时，称为Y的邻域收缩核（neighborhood retract）．易知,若Y是T_2的，则它的任意收缩

核是Y的闭集(6.E).

设$\mathscr{Q}$为关于闭集继承的空间族. 当空间X是包含它作为闭集的任意$Y\in\mathscr{Q}$的收缩核(邻域收缩核)时,称为对于$\mathscr{Q}$的**绝对收缩核** (absolute retract) (**绝对邻域收缩核** (absolute neighborhood retract)). 对于$\mathscr{Q}$绝对收缩核(绝对邻域收缩核)全体的类写做$AR(\mathscr{Q})(ANR(\mathscr{Q}))$. 对于$\mathscr{Q}$,扩张子的概念在9.11中已叙述过. 这可以对邻域相对化如下. 空间X关于任意 $Y\in\mathscr{Q}$ 和它的闭集F, $f\in C(F,X)$可扩张到F的某邻域时,称X为对于$\mathscr{Q}$的**邻域扩张子** (neighborhood extensor). 这个X的类写做$NES(\mathscr{Q})$. 属于 $AR(\mathscr{Q}),\cdots,NES(\mathscr{Q})$ 等的空间分别称为$AR(\mathscr{Q})$**空间**, $\cdots,NES(\mathscr{Q})$**空间**等.

32.14 例 (O. Hanner) 设$\mathscr{Q}$含有非正规空间X,且Y为$T_2NES(\mathscr{Q})$空间. 设a, b为Y的相异二点. 设A, B为X的闭集,且不具有不相交的邻域,由$f(A)=a$, $f(B)=b$确定$f:A\cup B\to Y$. f可扩张到$A\cup B$的某邻域U上,但因Y是T_2的,故A, B在U具有不相交邻域. 这个矛盾意味着下述事实.

(1) 若$\mathscr{F}$是完全正则空间全体的族,则$T_2NES(\mathscr{F})$空间全是由一点组成的.

如以后34.3,34.4指出的,$R\in ANR(\mathscr{F})$但$R\notin AR(\mathscr{F})$(R为实数空间). 现给与后一事实的例子. 设I_1, I_2为$I(=[0,1])$的拷贝,A为不可数个I的积构成的平行体空间,$B=I_1\times I_2\times A$. 设I_i, $i=1,2$,的0点为0_i,A的各坐标是0的点为0_a. $\pi:I_2\times A\to I_2$为射影. 考虑形如$\{0_1\}\times\pi^{-1}(t)$,$t\in I_2$,的集合和各一点集合

$$\{(t',t,a)\},\ t'\in I_1=\{0_1\},\ (t,a)\in I_2\times A$$

组成B的分解,设其分解空间为C,$\mu:B\to C$为射影. 设$1_i(i=1,2)$为I_i对应于1的点. 在拓扑和$I\cup C$中将点$0\in I$和$\mu(1_1,0_2,0_a)$, $1\in I$和$\mu(0_1,1_2,0_a)$同样看待,得到的$I\cup C$的商空间设为D.可看做$C\subset D$.D是紧T_2的. 令$o=(0_1,0_2,0_a)$,$E=D-\{\mu(0)\}$. $\mu(I_1\times\{0_2\}\times\{0_a\}-\{o\})$,$\mu(\{0_1\}\times I_2\times\{0_a\}-\{o\})$

及 I 的像之和构成的 E 的子空间 R' 和 R 是同胚的. 今证明这个 R' 不是 E 的邻域收缩核. 为此,由 E 的构成和分解空间的定义说明下述事实即可.

(2) 空间 $Z = B - \{o\}$ 的闭集 $G = I_1 \times \{0_2\} \times \{0_a\} - \{o\}$,$H = \{0_1\} \times I_2 \times A - \{o\}$ 不具有不相交的邻域.

设 U 为 G 在 Z 的邻域. 设 $\{p_i : i = 1, 2, \cdots\}$ 为 I_1 中收敛于 0 的点列 ($p_i \neq 0$). 关于各 i 有 $(0_2, 0_a)$ 在 $I_2 \times A$ 的 V_i 使 $\{p_i\} \times V_i \subset U_i$. 设 $A = \prod_{\alpha \in \Lambda} I_\alpha (|\Lambda| > \aleph_0)$, 用 0_α 表示 I_α 的 0 . 由积拓扑的定义和 Λ 是不可数集的事实,各 V_i 对不可数个 $\alpha \in \Lambda$ 包含形如 $\{0_2\} \times I_\alpha \times \prod_{\alpha \neq \gamma \in \Lambda} \{0_\gamma\}$ 的集合. 由此关于某个 α, $\tilde{I}_\alpha = \{0_2\} \times I_\alpha \times \prod_{\alpha \neq \gamma \in \Lambda} \{0_\gamma\}$ 被所有的 $V_i (i = 1, 2, \cdots)$ 包含. 故

$$\{p_i\} \times \tilde{I}_\alpha \subset U, \quad i = 1, 2, \cdots$$

成立. 但这意味着

$$H \cap \mathrm{Cl}_Z U \supset \{0_1\} \times \tilde{I}_\alpha - \{o\}.$$

即(2)成立. 由上述证明得知下述事实:

(3) $I_1 \times \{0_2\} \times \{0_a\} \cup \{0_1\} \times I_2 \times A$ 不是 B 的邻域收缩核.

32.15 记号 对于空间族使用下述记号.

$\mathscr{T}$ = 完全正则空间, $\mathscr{N}$ = 正规空间, $\mathscr{P}\mathscr{N}$ = 完全正规空间, $\mathscr{C}\mathscr{N}$ = 族正规空间, $\mathscr{P}$ = 仿紧 T_2 空间, $\mathscr{M}$ = 度量空间, $\mathscr{S}\mathscr{M}$ = 可分度量空间.

本章中若不做特殊说明,所有的空间是 T_2 空间. 在本章中研究了 AR, ES 等有趣的性质,许多结果是根据 O. Hanner 的.

32.16 定义 设 X, Y 为空间, f 为 Y 的闭集 B 到 X 的连续映射. 考虑拓扑和 $Z = X \cup Y$ 的分解 $\mathscr{F} = \{X - B$ 的各点, $f^{-1}(x) \cup \{x\}$, $x \in X\}$. $\mathscr{F}$ 的分解空间以 $Y \cup_f X$ 表示之, 称为由 X, Y, f 得到的**附贴空间** (adjunction space). 设 $g: Z \to Y \cup_f X$ 为射影. 因 $g: X \to g(X)$ 是同胚的,故今后将 X 看做 $Y \cup_f X$ 的子空间. 令 $k = g|Y: Y \to Y \cup_f X$. 由定义显然有

(1) $U \subset Y \cup_f X$ 是开集的充要条件是 $k^{-1}(U)$ 和 $U \cap X$ 分别是 Y 和 X 的开集.

32.17 定理 设空间族 $\mathscr{Q}$ 为 $\mathscr{N}, \mathscr{P}\mathscr{N}, \mathscr{C}\mathscr{N}, \mathscr{P}$ 中之一, $X, Y \in \mathscr{Q}$, f 为 Y 的闭集 B 到 X 的连续映射. 这时 $Y \cup_f X \in \mathscr{Q}$.

证明 只就 $\mathscr{Q} = \mathscr{N}$, $\mathscr{P}$ 的情形证明之. 其他留给读者(6.F).

$X, Y \in \mathscr{N}$ 的情形,设 $k: Y \to Y \cup_f X$ 为 32.16 中的映射. 令 E, F 为 $Y \cup_f X$ 的不相交闭集. 取 X 的开集 V, W,使

$$E \cap X \subset V,\ F \cap X \subset W,\ \mathrm{Cl}_X V \cap \mathrm{Cl}_X W = \varnothing.$$

因 $k^{-1}(E \cup \mathrm{Cl}_X V)$ 和 $k^{-1}(F \cup \mathrm{Cl}_X W)$ 是 Y 的不相交闭集,故由 $Y \in \mathscr{N}$,存在它们的不相交的开邻域 G, H. $C = V \cup (G - B)$, $D = W \cup (H - B)$ 由 32.16 (1) 都是开集,是 E, F 在 $Y \cup_f X$ 的不相交邻域. 故 $Y \cup_f X \in \mathscr{N}$.

其次为了证明 $\mathscr{Q} = \mathscr{P}$ 的情形,指出下述引理(设 $X, Y \in \mathscr{P}$,使用和上面相同的记号).

32.18 引理 若 $\mathscr{U} = \{U_\alpha : \alpha \in \Lambda\}$ 为 X 的局部有限开覆盖,则存在 $Y \cup_f X$ 的局部有限开集族

$$\mathscr{V} = \{V_\alpha : \alpha \in \Lambda\},\ V_\alpha \cap X = U_\alpha,\ \alpha \in \Lambda.$$

证明 设 $\mathscr{U}' = \{U'_\beta : \beta \in \Phi\}$, $\mathscr{U}'' = \{U''_\gamma : \gamma \in \Psi\}$ 为 X 的局部有限开覆盖,且各 U'_β 或 U''_γ 分别至多和有限个$\mathscr{U}$的元或$\mathscr{U}'$的元相交. 关于各 $\beta \in \Phi$,若令

$$V'_\beta = k^{-1}(U'_\beta) \cup (Y - B),$$

则$\{V'_\beta : \beta \in \Phi\}$构成 Y 的开覆盖. 取星加细 $\mathscr{G} = \{G_\mu : \mu \in \Gamma\}$ (即 $\mathscr{G}^* < \{V'_\beta\}$). 今若令

$$W_\alpha = k^{-1}(U_\alpha) \cup (\mathscr{G}(k^{-1}(U_\alpha)) - B),\ V_\alpha = U_\alpha \cup k(W_\alpha),\ \alpha \in \Lambda,$$

则$\{V_\alpha : \alpha \in \Lambda\}$即为所求. 由 32.16 (1) 可知 V_α 是 $Y \cup_f X$ 的开集. 另外显然有 $V_\alpha \cap X = U_\alpha$. 由此,说明 $\{V_\alpha\}$ 的局部有限性即可. 取 $z \in Y \cup_f X$. 若 $z \in X$,则取 $z \in U_{\gamma''} \in \mathscr{U}''$,令

$$W'_\gamma = k^{-1}(U''_\gamma) \cup (\mathscr{G}(k^{-1}(U''_\gamma)) - B), T = k(W'_\gamma) \cup U''_\gamma.$$

若 $z \in Y \cup_f X - X$, 则取 $z \in G_\mu \in \mathscr{G}$, 令 $T = G_\mu$. 今指出在各种

情形，T至多和$\{V_\alpha\}$的有限个元相交. 首先设 $z \in X$，而 $T \cap V_\alpha \neq \varnothing$. 若 $T \cap V_\alpha \subset X$ 则 $U''_\gamma \cap U_\alpha \neq \varnothing$. 由 $\mathscr{U}''$的作法这样的 α 只有有限个. 若存在某点 $z' \in T \cap V_\alpha - X$，则

$$y = k^{-1}(z') \in k^{-1}(T) \cap k^{-1}(V_\alpha)$$
$$= W'_\gamma \cap W_\alpha \subset \mathscr{G}(k^{-1}(U''_\gamma)) \cap \mathscr{G}(k^{-1}(U_\alpha)).$$

于是有

$$\mathscr{G}(y) \cap k^{-1}(U''_\gamma) \neq \varnothing \neq \mathscr{G}(y) \cap k^{-1}(U_\alpha).$$

因 $\mathscr{G}$ 是$\{V_{\beta'}: \beta \in \Phi\}$的星加细，故关于某 $\beta \in \Phi$，有

$$\mathscr{G}(y) \subset V'_\beta = k^{-1}(U'_\beta) \cup (Y - B).$$

于是，有

$$k^{-1}(U'_\beta) \cap k^{-1}(U''_\gamma) \neq \varnothing \neq k^{-1}(U'_\beta) \cap k^{-1}(U_\alpha).$$

由 $\mathscr{U}'$，$\mathscr{U}''$ 的选法，满足此式的 α 至多有限个. 最后，在 $z \in Y \cup_f X - X$ 的情形，

若 $T \cap V_\alpha = G_\mu \cap V_\alpha \neq \varnothing$，则 $G_\mu \cap \mathscr{G}(k^{-1}(U_\alpha)) \neq \varnothing$.

于是有 $\mathscr{G}(G_\mu) \cap k^{-1}(U_\alpha) \neq \varnothing$，$\mathscr{G}^* < \{V'_\beta\}$，而关于某 $\beta \in \Phi$，有

$$V'_\beta = k^{-1}(U'_\beta) \cup (Y - B) \supset \mathscr{G}(G_\mu).$$

故

$$(k^{-1}(U'_\beta) \cup (Y - B)) \cap k^{-1}(U_\alpha) \neq \varnothing.$$

因 $k^{-1}(U_\alpha) \subset B$ 故 $U'_\beta \cap U_\alpha \neq \varnothing$. 满足此式的 α 也是至多有限个. 于是证明了引理. □

32.17 的证明(续)　设$\mathscr{W}$为 $Y \cup_f X$ 的开覆盖. 取 $\mathscr{W} \cap X = \{W \cap X: W \in \mathscr{W}\}$ 的局部有限开加细 $\mathscr{U} = \{U_\alpha\}$. 由 32.18 存在 $Y \cup_f X$ 的局部有限开集族 $\mathscr{V} = \{V_\alpha\}$，$V_\alpha \cap X = U_\alpha$，各 V_α 可被 $\mathscr{W}$的某元包含. 令 $G = \bigcup_{V_\alpha \in \mathscr{V}} V_\alpha$。因 B 和 $Y - k^{-1}(G)$ 是 Y 的互不相交闭集，故存在开集H使 $Y - k^{-1}(G) \subset H \subset \overline{H} \subset Y - B$. 因 $\overline{H}$ 是仿紧的，故它的覆盖$\{\overline{H} \cap k^{-1}W: W \in \mathscr{W}\}$存在(在 $\overline{H}$ 中)局部有限开加细$\mathscr{V}' = \{V'_\beta\}$. 这时 $\{V_\alpha, k(V'_\beta \cap H): V_\alpha \in \mathscr{V}, V'_\beta \in \mathscr{V}'\}$ 是 $Y \cup_f X$ 的局部有限开覆盖且是$\mathscr{U}$的加细. □

32.19 定理　设$\mathscr{Q}$是$\mathscr{N}$，$\mathscr{P}\mathscr{N}$，$\mathscr{C}\mathscr{N}$，$\mathscr{P}$，$\mathscr{M}$，$\mathscr{S}\mathscr{M}$之一.

$X \in \mathscr{Q}$是$ES(\mathscr{Q})(NES(\mathscr{Q}))$空间的充要条件是$X$是$AR(\mathscr{Q})$ ($ANR(\mathscr{Q})$)空间.

证明　因$\mathscr{Q}$对于闭集是继承的,故$ES(\mathscr{Q})(NES(\mathscr{Q}))$空间显然是$AR(\mathscr{Q})$ ($ANR(\mathscr{Q})$) 空间. 为了证明反面,设$X \in AR(\mathscr{Q})$ ($ANR(\mathscr{Q})$ 的情形可完全同样证明). 设$Y \in \mathscr{Q}$, B为Y的闭集, $f: B \to X$为连续的. 首先考虑$\mathscr{Q} = \mathscr{N}, \mathscr{P}\mathscr{N}, \mathscr{C}\mathscr{N}, \mathscr{P}$的情形. 若作附加空间$Y \cup_f X$,则由 32.17, $Y \cup_f X \in \mathscr{Q}$.因$X \in AR(\mathscr{Q})$是$Y \cup_f X$的闭集,故存在保核收缩$r: Y \cup_f X \to X$. 此时$rk: Y \to X$ ($k: Y \to Y \cup_f X$ 是 32.16 的映射) 是f的扩张. 其次是$\mathscr{Q} = \mathscr{M}, \mathscr{S}\mathscr{M}$的情形,由 32.7, X可以看做是某 Banach 空间的凸集Z的闭集 (若$X \in \mathscr{S}\mathscr{M}$则$Z \in \mathscr{S}\mathscr{M}$). 因$X \in AR(\mathscr{Q})$, 故存在保核收缩$r: Z \to X$. 因$Z$是局部凸拓扑线性空间,故由 32.10, 存在$f$的扩张$\tilde{f}: Y \to Z$. $r\tilde{f}$即为所求的f的扩张. □

对于$\mathscr{Q} = \mathscr{T}$, 32.19 一般不成立. 由 32.14 这是明显的.

§ 33. 族正规空间和覆盖的延长

33.1　例 (Bing)　存在不是族正规的完全正规空间. 设P为不可数集, Q为P的所有子集的族, X为在Q定义的取非负整数值的函数全体. 对于各$p \in P$, $x_p \in X$定义为: 若$q \in Q$, $p \in q$则$x_p(q) = 1$,若$p \notin q$则$x_p(q) = 0$,设$X_0 = \{x_p : p \in P\}$. 令Q_0为Q的所有有限子集族. 在X导入如下的拓扑: $X - X_0$的各点是开集,对于$x_p \in X$, $r \in Q_0$, $n = 1, 2, \cdots$,令

$V(x_p, r, n) = \{x_p, x : x(q) > n, q \in Q; x(q) - x_p(q)$ 为偶数, $q \in r\}$,

$\{V(x_p, r, n) : r \in Q_0, n = 1, 2, \cdots\}$为点$x_p$的邻域基.

(1)　当点$x_{p_i} (i = 1, 2)$的邻域为$V(x_{p_i}, r_i, n_i)$时, 对于各$q \in r_1 \cap r_2$,若$x_{p_1}(q) = x_{p_2}(q)$,则

$$V(x_{p_1}, r_1, n_1) \cap V(x_{p_2}, r_2, n_2) \neq \varnothing.$$

证明　若这样确定x,使关于各$q \in Q$, $x(q) > \max(n_1, n_2)$且

对于各 $q\in r_1\cup r_2$, $x(q)-x_{p_i}(q)(i=1,2)$ 为偶数，则 $x\in V(x_{p_1}, r_1, n_1)\cap V(x_{p_2}, r_2, n_2)$. □

(2) X 是完全正规的.

证明 显然 X 是 T_1 的. 为指出正规性，设 H_1, H_2 为 X 的不相交闭集. 令

$$A_i=X_0\cap H_i,\ q_i=\{p: x_p\in A_i\},\ i=1,2.$$

若 $A_1=\varnothing$，则 H_1 和 $X-H_1$ 是 H_1 和 H_2 的不相交邻域. 因此令 $A_1\neq\varnothing\neq A_2$ 即可. 设 $r_0=\{q_1, q_2\}$，若令

$$D_i=\bigcup\{V(x_p, r_0, 1): p\in q_i\},\ i=1,2,$$

则 D_i 是 A_i 在 X 的邻域且 $D_1\cap D_2=\varnothing$. 若令

$$U_1=H_1\cup(D_1-H_2),\ U_2=H_2\cup(D_2-H_1),$$

则 U_1, U_2 为 H_1, H_2 的不相交邻域. 其次，对于任意闭集 H，任取 $r\in Q_0$，若令

$$G_n=\bigcup\{V(x_p, r, n): x_p\in X_0\cap H\}\cup(H-X_0), n=1,2,\cdots,$$

则 G_n 是 H 的开邻域，显然有 $H=\bigcap_{n=1}^{\infty} G_n$. □

(3) X 不是族正规的.

证明 $\{\{x_p\}: x_p\in X_0\}$ 是在 X 的分散闭集族. 但它的各点的邻域组成的分散族 $\{V(x_p, r_p, n_p): p\in P\}$ 不存在. 为指出这一点，假设有这种族. 因各 r_p 为有限集，故由 Šanin 命题 25.7 有 P 的不可数子集 P_1，对于各 $a, b\in P_1$ 有 $r_a\cap r_b=\bigcap_{p\in P_1} r_p$. 令 $r_0=\bigcap_{p\in P_1} r_p$. 若 $r_0=\varnothing$，则对任意 $a, b\in P_1$，有 $r_a\cap r_b=\varnothing$，而由(1)

$$V(x_a, r_a, n_a)\cap V(x_b, r_b, n_b)\neq\varnothing.$$

于是 $r_0\neq\varnothing$. 因 r_0 是有限集，而整数集是可数的，故有 P_1 的不可数集 P_2 和整数 n 以及 $t=0$ 或 1，对于各 $p\in P_2$ 和 $q\in r_0$ 有 $n_p=n$, $x_p(q)=t$. 但这时由(1)对于任意 $a, b\in P_2$,

$$V(x_a, r_a, n_a)\cap V(x_b, r_b, n_b)\neq\varnothing.$$

这个矛盾指出(3)成立. □

33.2 定义 集合 X 的二子集族 $\{F_\alpha: \alpha\in\Lambda\}$ 和 $\{H_\alpha: \alpha\in\Lambda\}$，对

于Λ的任意有限集$\{\alpha_i:i=1,\cdots,n\}$，当$\bigcap_{i=1}^{n} F_{\alpha_i}=\varnothing$和$\bigcap_{i=1}^{n} H_{\alpha_i}=\varnothing$同时成立时称为类似，记作$\{F_\alpha\}\approx\{H_\alpha\}$.

本节的主题是将空间X的闭集A的开或闭覆盖，扩张为A的某邻域的和它类似的覆盖. 这根据 Katětov 以族正规空间为中心进行.

33.3 定理 (1) 设$\{F_i:i=1,2,\cdots\}$，$\{U_i:i=1,2,\cdots\}$分别为正规空间X的闭及开集族，且关于各i有$F_i\subset U_i$. 若$\{F_i\}$为局部有限的，则有开集V_i满足

$$F_i\subset V_i\subset\bar{V}_i\subset U_i,\ i=1,2,\cdots,$$

且使$\{F_i\}\approx\{\bar{V}_i\}$.

(2) 设$\{F_\alpha:\alpha\in\Lambda\}$，$\{U_\alpha:\alpha\in\Lambda\}$分别为正规空间$X$的闭及开集族，且关于各$\alpha\in\Lambda$，有$F_\alpha\subset U_\alpha$. 若$\{U_\alpha\}$为局部有限的，则存在开集$V_\alpha(F_\alpha\subset V_\alpha\subset\bar{V}_\alpha\subset U_\alpha,\ \alpha\in\Lambda)$使$\{F_\alpha\}\approx\{\bar{V}_\alpha\}$.

证明 注意(1)和(2)的假定上有少许差异(在(1)假定$\{F_i\}$的局部有限性，在(2)假定$\{U_\alpha\}$的局部有限性). (2)可用超限归纳法证明之. 在此证明中若限于有限归纳法，则得到(1)，故只就(2)证明之. 将Λ良序化，把它看做比η小的序数α的集合，对于$\{F_\alpha:\alpha<\eta\}$，$\{U_\alpha:\alpha<\eta\}$证明定理. 设有某个$\beta<\eta$，对于各$\gamma<\beta$有开集V_γ，满足$F_\gamma\subset V_\gamma\subset\bar{V}_\gamma\subset U_\gamma$，且使

$$\{F_\alpha\}\approx\{\bar{V}_\alpha:\alpha\leqslant\gamma;F_\alpha:\gamma<\alpha<\eta\}.$$

若令

$$\mathscr{V}_\beta=\{\bar{V}_\alpha:\alpha<\beta;\ F_\alpha:\beta\leqslant\alpha<\eta\},$$

则$\mathscr{V}_\beta$细分$\{U_\alpha\}$，故是局部有限的，由归纳假设和$\{F_\alpha\}$是类似的. 在$\mathscr{V}_\beta$的有限个元的交上考虑和F_β不相交的全体，令H_β为其并集. 由$\mathscr{V}_\beta$的局部有限性H_β是闭集且和F_β不相交. 若取开集V_β使

$$F_\beta\subset V_\beta\subset\bar{V}_\beta\subset(X-H_\beta)\cap U_\beta,$$

则$\{\bar{V}_\alpha:\alpha\leqslant\beta;F_\alpha:\beta<\alpha<\eta\}$是局部有限的，且和$\{F_\alpha\}$类似，族$\{\bar{V}_\alpha:\alpha<\eta\}$即为所求. □

33.4 定理 对于正规空间 X,下述性质等价.

(1) X是族正规的.

(2) 若 $\mathscr{F}=\{F_\alpha:\alpha\in\Lambda\}$ 为局部有限的闭集族，且其次数 $\text{ord}\mathscr{F}$ 为有限的,则存在局部有限开集族

$$\{U_\alpha:\alpha\in\Lambda\},\ F_\alpha\subset U_\alpha,\ \alpha\in\Lambda.$$

(3) 若A为X的闭集,$\{F_\alpha:\alpha\in\Lambda\}$,$\{U_\alpha:\alpha\in\Lambda\}$分别为$A$的局部有限的闭及开覆盖，使 $F_\alpha\subset U_\alpha,\alpha\in\Lambda$,则存在$X$的局部有限开集族$\{V_\alpha:\alpha\in\Lambda\}$，使 $F_\alpha\subset V_\alpha\cap A\subset U_\alpha,\ \alpha\in A$.

(4) 若A为X的闭集，$\{U_\alpha:\alpha\in\Lambda\}$ 为A的局部有限开覆盖，则存在X的局部有限开集族 $\{V_\alpha:\alpha\in\Lambda\}$,使 $A\subset\bigcup\limits_{\alpha\in\Lambda}V_\alpha,\ A\cap V_\alpha\subset U_\alpha,\alpha\in\Lambda$，且 $\{V_\alpha\cap A\}\approx\{V_\alpha\}\approx\{\overline{V}_\alpha\}\approx\{U_\alpha\}$.

证明 (1)$\Longrightarrow$(2) 设 $\text{ord}\mathscr{F}=n$，关于n使用归纳法. 若 $n=1$，则(2)显然是正确的. 假设对于所有的 $n(n\leqslant m)$，(2)成立，设 $\text{ord}\mathscr{F}=m+1$. 设$\Lambda_0$为$\Lambda$的所有有限集族，设$\Gamma_0\subset\Lambda_0$恰为$m+1$个元组成的，则$\left\{\bigcap\limits_{\alpha\in\gamma}F_\alpha:\gamma\in\Gamma_0\right\}$是$X$的分散的闭集族，因在$n=1$时(2)成立，故存在$X$的局部有限开集族

$$\{H_\gamma:\gamma\in\Gamma_0\},\ \bigcap_{\alpha\in\gamma}F_\alpha\subset H_\gamma,\ \gamma\in\Gamma_0,\ H_\gamma\cap F_\alpha=\varnothing,\alpha\notin\gamma.$$

若令 $H=\bigcup\limits_{\gamma\in\Gamma_0}H_\gamma$,则$\{F_\alpha-H:\alpha\in\Lambda\}$次数为$m$,故存在$X$的局部有限开集族$\{W_\alpha\}$,$F_\alpha-H\subset W_\alpha$. 若令

$$U_\alpha=W_\alpha\cup\left(\bigcup_{\alpha\in\gamma\in\Gamma_0}H_\gamma\right),\ \alpha\in\Lambda,$$

则$\{U_\alpha:\alpha\in\Lambda\}$即为所求.

(2)$\Longrightarrow$(3) 对于 $n=1,2,\cdots$设 E_n,H_n 分别为不被$\{F_\alpha\}$, $\{U_\alpha\}$的多于n个元包含的A的点集，则 $E_n\supset H_n$ 且$\{E_n\}$为A的开覆盖，$\{H_n\}$为闭覆盖. 因A为正规空间，故由16.6，存在A的星有限可数闭覆盖$\{B_k\}$细分$\{E_n\}$. 由33.3(1)可取得X的星有限的开集列$\{T_k\}$，$T_k\supset B_k,k=1,2,\cdots$. 取开集$T$，使$A\subset T\subset\overline{T}\subset\bigcup\limits_{k=1}^{\infty}T_k$,再关于各$k$取开集$G_k$,使$B_k\subset G_k\subset\overline{G}_k\subset T\cap T_k$，则$\{G_k\}$

在 X 中局部有限且星有限. 关于各 k, X 的闭集族 $\{F_\alpha \cap B_k: \alpha \in \Lambda\}$ 是局部有限的且具有有限次数，故由(2)存在 X 的局部有限开集族

$\{H_{k,\alpha}: \alpha \in \Lambda\}$, $H_{k,\alpha} \supset F_\alpha \cap B_k$, $\alpha \in \Lambda$, $k = 1, 2, \cdots$.

关于各 $\alpha \in \Lambda$，取 X 的开集 W_α，使 $W_\alpha \cap A = U_\alpha$，若令

$$V_\alpha = \bigcup_{k=1}^{\infty} (H_{k,\alpha} \cap G_k) \cap W_\alpha,$$

则 $\{V_\alpha: \alpha \in \Lambda\}$ 即为所求.

(3) $\Longrightarrow$ (4) 设 $\{F'_\alpha: \alpha \in \Lambda\}$ 为 A 的闭覆盖，且 $F'_\alpha \subset U_\alpha$, $\alpha \in \Lambda$. 设 Λ_0 为 Λ 的所有有限集族，关于各 $\gamma \in \Lambda_0$，若 $\bigcap_{\alpha \in \gamma} U_\alpha \neq \varnothing$，则取点 $a_\gamma \in \bigcap_{\alpha \in \gamma} U_\alpha$. 若令

$$F_\alpha = F'_\alpha \cup \left(\bigcup_{\gamma \in \Lambda_0} \{a_\gamma\} \right),$$

则 $\{F_\alpha\}$ 为 A 的局部有限闭覆盖，而 $F_\alpha \subset U_\alpha$, $\alpha \in \Lambda$，且 $\{F_\alpha\} \approx \{U_\alpha\}$. 由(3)可取 X 的局部有限开集族 $\{W_\alpha\}$ 使 $F_\alpha \subset W_\alpha \cap A \subset U_\alpha$. 由 33.3 (2)可取开集 V_α，使 $F_\alpha \subset V_\alpha \subset \overline{V}_\alpha \subset W_\alpha$, $\alpha \in \Lambda$. 且 $\{\overline{V}_\alpha\} \approx \{F_\alpha\}$. 从而，有

$$\{V_\alpha \cap A\} \approx \{V_\alpha\} \approx \{\overline{V}_\alpha\} \approx \{U_\alpha\}.$$

(4) $\Longrightarrow$ (1) 若 $\{F_\alpha: \alpha \in \Lambda\}$ 为分散闭集族，则 $\{F_\alpha\}$ 是 $A = \bigcup_{\alpha \in \Lambda} F_\alpha$ 的局部有限开覆盖，故(1)由(4)得证. □

33.5 定理 正规空间 X 是族正规且可数仿紧的充要条件是对于 X 的局部有限的任意闭集族 $\{F_\alpha: \alpha \in A\}$ 存在局部有限开集族 $\{V_\alpha: \alpha \in \Lambda\}$，使 $F_\alpha \supset V_\alpha$, $\alpha \in \Lambda$，且 $\{F_\alpha\} \approx \{\overline{V}_\alpha\}$.

证明 必要性 $\{V_\alpha\}$ 的存在可以用 33.4(2)⇒(3)的证明中同样的方法得到. 仅在那里由可数开覆盖 $\{E_n\}$ 取星有限加细 $\{B_k\}$ 时使用的 $\{E_n\}$ 的闭加细 $\{H_n\}$ 的存在是由可数仿紧性保证的(16.10). 由 33.3 $\{\overline{V}_\alpha\}$ 类似于 $\{F_\alpha\}$.

充分性 根据 33.4，X 是族正规的. 若 $\{F_n\}$ 是 X 的闭集列，

$$F_n \supset F_{n+1},\ n = 1, 2, \cdots,\ \bigcap_{n=1}^{\infty} F_n = \varnothing,$$

则 $\{F_n\}$ 是局部有限的，故存在局部有限开集列 $\{U_n\}$，使 $U_n \supset F_n$，$n=1,2,\cdots$. 由局部有限性，有 $\bigcap_{n=1}^{\infty} U_n = \varnothing$，故由 16.11，$X$ 是可数仿紧的. □

族正规空间作为以 Banach 空间为扩张子的空间可赋与下面的特征，即

33.6 定理（Dowker） X 是族正规的充要条件是对于任意闭集 A 及 Banach 空间 B，任意连续映射 $f: A \to B$ 可扩张到 X 上.

证明 必要性 设 ρ 为 B 的距离. 只要构成下述的连续映射列 $g_n: X \to B(n=1,2,\cdots)$ 即可.

(1) $\rho(g_n(x), g_{n-1}(x)) < 2^{-n+2}$, $x \in X$, $n=2,3,\cdots$.

(2) $\rho(g_n(a), f(a)) < 2^{-n}$, $a \in A$, $n=1,2,\cdots$.

实际上，因 $\{g_n\}$ 是一致收敛的，B 是完备的，故由 $g(x)=\lim_n g_n(x)$ $(x \in X)$ 确定的映射 g 是 f 的连续扩张. 为了构成 $\{g_n\}$，设 $\mathscr{U}_n$ $(n=1,2,\cdots)$ 为 B 的局部有限开覆盖，而其各元的直径不超过 2^{-n}. 因 $f^{-1}\mathscr{U}_n$ 是 A 的局部有限开覆盖，故由 33.4(4) 可取得 X 的局部有限开覆盖 $\mathscr{V}_n$，使 $\mathscr{V}_n \cap A$ 是 $f^{-1}\mathscr{U}_n$ 的加细（可取得 $\mathscr{V}_n$ 为覆盖的事实，由 33.4(4) 得到的族中任取一元添加 $X-A$ 即可）. 设 $g: X \to B$ 为任意常值映射，设对于各 $k \leqslant n-1(n>0)$ 做出 g_k 满足(1),(2). 做 g_n 如下. 令

$$\mathscr{W}_n = \mathscr{V}_n \wedge g_{n-1}^{-1}\mathscr{U}_{n-1}$$

$(\mathscr{U}_0 = \{B\})$，设 K_n 为 $\mathscr{W}_n$ 的神经复形，$\phi_n: X \to |K_n|_w$ 为正准映射. 设 $\mathscr{W}_n = \{W\}$，对应于 W 的 K_n 的顶点写做 w. 对于 K_n 的各顶点 w，若 $W \cap A = \varnothing$，则取 $x_w \in W$，确定 $\psi_n(w) = g_{n-1}(x_w)$，若 $W \cap A \neq \varnothing$，则取 $a_w \in W \cap A$ 确定 $\psi_n(w) = f(a_w)$. ψ_n 在各闭单形上做线性扩张，将它仍表示为 ψ_n. 当然 ψ_n 是连续的. 令 $g_n = \psi_n \phi_n$. 说明 $\{g_i: i=1,\cdots,n\}$ 满足(1)，(2)即可. 为了指出(1)，令 $x \in X, x \in W \in \mathscr{W}_n$，$n>1$. 因 $\mathscr{W}_n < g_{n-1}^{-1}\mathscr{U}_n$，故关于任意的 $y \in W$，有

$$\rho(g_{n-1}(x), g_{n-1}(y)) < 2^{-n}.$$

令 $W \cap A \neq \varnothing$. 由归纳法假设

$$\rho(g_{n-1}(a_w), f(a_w)) < 2^{-n+1}.$$

因 $\psi_n(w) = f(a_w)$, $a_w \in W \cap A$,故

$$\rho(g_{n-1}(x), \psi_n(w)) < 2^{-n+2}.$$

因若 $W \cap A = \varnothing$,则 $\psi_n(w) = g_{n-1}(x_w)$,故

$$\rho(g_{n-1}(x), \psi_n(w)) < 2^{-n}.$$

故不论任何情形,有

$$\rho(g_{n-1}(x), \psi_n(w)) < 2^{-n+2}, \ x \in W$$

成立. 若 s 为 x 的支集,则 $\phi_n(x) \in |s|$,且 ψ_n 将 $|s|$ 的各顶点映入 $g_{n-1}(x)$ 的 2^{-n+2} 邻域中,故有

$$\rho(g_{n-1}(x), \psi_n\phi_n(x)) = \rho(g_{n-1}(x), g_n(x)) < 2^{-n+2}.$$

为了指出(2),令 $x \in A$. 若取 $x \in W \in \mathscr{W}_n$,则 $\{x\} \cup \{a_w\} \subset W \cap A$,故

$$\rho(f(x), f(a_w)) < 2^{-n}.$$

故

$$\rho(f(x), \psi_n(w)) < 2^{-n}.$$

ψ_n 将 x 的支集 s 的各顶点映入 $f(x)$ 的 2^{-n} 邻域,故

$$\rho(f(x), g_n(x)) < 2^{-n}.$$

充分性　设 Λ 为集合,将它看做是具有离散拓扑的空间. 若令 $B(\Lambda) = C^*(\Lambda, R)$, 则 $B(\Lambda)$ 为 Banach 空间(参考 9.6). 把 $\alpha \in \Lambda$ 和 $B(\Lambda)$ 的点 $x_\alpha(x_\alpha(\beta) = 0, \beta \neq \alpha, \beta \in \Lambda, x_\alpha(\alpha) = 1)$ 同样看待, 看做 $\Lambda \subset B(\Lambda)$. 设 $\{F_\alpha : \alpha \in \Lambda\}$ 为 X 的分散的闭集族, 则 $A = \bigcup_{\alpha \in \Lambda} F_\alpha$ 是 X 的闭集. 兹由 $f(F_\alpha) = \alpha$, $\alpha \in \Lambda$, 确定 $f: A \to B(\Lambda)$. 若 $\tilde{f}: X \to B(\Lambda)$ 为 f 的扩张, 则

$$\{\tilde{f}^{-1}(S(\alpha, 1/2)) : \alpha \in \Lambda\}$$

是 X 的分散开集族,且关于各 $\alpha \in \Lambda$,有

$$F_\alpha \subset \tilde{f}^{-1}(S(\alpha, 1/2)).$$

故 X 是族正规的. □

到现在为止考虑了把闭子空间A的局部有限闭覆盖$\{F_\alpha\}$扩张为开集族$\{U_\alpha\}$($F_\alpha\subset U_\alpha$)的问题. 其次考虑将$\{F_\alpha\}$扩张为A的某邻域H的闭覆盖$\{H_\alpha\}$且满足$H_\alpha\cap A=F_\alpha$的问题. 先从例子开始.

33.7 例 设A为I的不可数积的某平行体空间，$X=I\times A$. 设0_1, 0_a分别为I, A的0点，令

$$F_1=I\times\{0_a\},\ F_2=\{0_1\}\times A,\ F=F_1\cup F_2.$$

不存在X的闭集H_i，使$H_i\cap F=F_i$, $i=1,2$，且$H_1\cup H_2$是F的邻域. 实际上，若H_1,H_2满足上述条件，则各点$x\in F_2-\{0\}$($0=0_1\times 0_a$)具有闭包和$X-H_2$不相交的邻域，故

$$\mathrm{Cl}_{X-\{0\}}(X-H_2)\cap(F_2-\{0\})=\varnothing.$$

另一方面$X-H_2$是$F_1-\{0\}$在$X-\{0\}$的邻域，由32.14 (2)有

$$\mathrm{Cl}_{X-\{0\}}(X-H_2)\cap(F_2-\{0\})\neq\varnothing,$$

这是矛盾. 注意$X-\{0\}$不是正规的.

33.8 引理 若X为继承的正规空间，$A\subset X$，$\{F_i:i=1,\cdots,k\}$为A的闭覆盖，则存在A的邻域S及其闭覆盖

$$\{H_i:i=1,\cdots,k\},\ H_i\cap A=F_i,\ i=1,\cdots,k,$$

使$\{F_i\}\approx\{H_i\}$.

证明 考虑A为闭集的情形即可. 实际上，设Γ为$\{1,\cdots,k\}$的子集$\{i_j\}$使$\bigcap\limits_j F_{i_j}=\varnothing$的全体，关于各$\gamma\in\Gamma$，令

$$B_\gamma=\bigcap_{i\in\gamma}\overline{F}_i,\ X'=X-\bigcup_{\gamma\in\Gamma}B_\gamma,\ A'=\overline{A}\cap X',$$

则X'是A的开邻域，A'是X'的闭集且$\{\overline{F}_i\cap X'\}$是$A'$的闭覆盖，而和$\{F_i\}$类似. 对于$X'$, A', $\{\overline{F}_i\cap X'\}$，若作出满足引理条件者，即为所求. 于是可设$A$为闭集. 关于$\mathrm{ord}\{F_i\}$使用归纳法. 设$\mathrm{ord}\{F_i\}<n$时引理成立，$\mathrm{ord}\{F_i\}=n$. 由33.3存在$X$的开集族$\{V_i\}$，使$V_i\supset F_i$, $i=1,\cdots,k$，且$\{\overline{V}_i\}\approx\{F_i\}$. 设$\{s_t:t=1,\cdots,m\}$为$\{1,\cdots,k\}$的子集$\{i_1,\cdots,i_n\}$且使$\bigcap\limits_{j=1}^n F_{i_j}\neq\varnothing$的所有族. 令

$$F(s_t)=\bigcap_{s_t\ni i}F_i,\ G=\bigcup_{t=1}^{m}F(s_t),$$

则$\{F_i-G:i=1,\cdots,k\}$是继承的正规空间$X-G$的闭集$A-G$的闭覆盖，其次数$<n$，故存在$A-G$在$X-G$的闭邻域S'及其闭覆盖$\{H'_i:i=1,\cdots,k\}$，使

$$\{H'_i\}\approx\{F_i-G\}\text{ 且 }H'_i\cap(A-G)=F_i-G,H'_i\subset V_i,$$
$$i=1,\cdots,k.$$

设

$$B_t=\overline{\left(\bigcap_{s_t\ni i}\overline{V}_i\right)-S'},\ t=1,\cdots,m,$$

令

$$H_i=\left(\bigcup_{i\in s_t}B_t\right)\cup H'_i,\ i=1,\cdots,k,\ S=\bigcup_{i=1}^{k}H_i.$$

则

$$S=\bigcup_{t=1}^{m}\left(\bigcap_{i\in s_t}\overline{V}_i\right)\cup S',$$

故S是A的闭邻域且$\{H_i\}$是它的闭覆盖. 又因$B_t\cap A=F(s_t)$，故

$$\begin{aligned}H_i\cap A&=(H'_i\cap A)\cup\left(\bigcup_{i\in s_t}B_t\cap A\right)\\&=(F_i-G)\cup\left(\bigcup_{i\in s_t}F(s_t)\right),\\&=(F_i-G)\cup(F_i\cap G)=F_i.\end{aligned}$$

因$H_i\subset\overline{V}_i$，故有$\{H_i\}\approx\{\overline{V}_i\}\approx\{F_i\}$. □

33.9 定理 设X为继承的正规且仿紧空间，A为其闭集. 若$\{F_\alpha:\alpha\in\Lambda\}$为$A$的局部有限闭覆盖，则有$A$的闭邻域$S$及其局部有限闭覆盖$\{H_\alpha:\alpha\in\Lambda\}$使$H_\alpha\cap A=F_\alpha,\alpha\in\Lambda$，且$\{F_\alpha\}\approx\{H_\alpha\}$.

证明 取X的局部有限开集族$\{V_\alpha:\alpha\in\Lambda\}$使$F_\alpha\subset V_\alpha$, $\alpha\in\Lambda$, $\{\overline{V}_\alpha\}\approx\{F_\alpha\}$ (33.5). 因$\{F_\alpha\}$是局部有限的，故X有局部有限的开集族$\{U_\pi:\pi\in\Gamma\}$满足下列条件:

$$A\subset\bigcup_{\pi\in\Gamma}U_\pi,\ U_\pi\cap A\neq\varnothing,\pi\in\Gamma,$$

各 $\overline{U}_\pi$ 仅和 $\{F_\alpha\}$ 的有限个元相交. $\overline{U}_\pi$ 是继承的正规且 $\{\overline{U}_\pi \cap F_\alpha: \alpha \in \Lambda\}$ 是 $\overline{U}_\pi \cap A$ 的有限闭覆盖，故由 33.8 关于各 $\pi \in \Gamma$，存在 $\overline{U}_\pi \cap A$ 在 $\overline{U}_\pi$ 的闭邻域 S_π 及其有限闭覆盖

$$\{S_\pi^\alpha: \alpha \in \Lambda\}, S_\pi^\alpha \cap A = \overline{U}_\pi \cap F_\alpha, \alpha \in \Lambda, \{S_\pi^\alpha\} \approx \{U_\pi \cap F_\alpha\},$$

令 $H_\alpha = \bigcup_{\pi \in \Gamma} S_\pi^\alpha$，则

$$H_\alpha \cap A = F_\alpha,\ H_\alpha \subset \overline{V}_\alpha,\ \alpha \in \Lambda,$$

且 $\{H_\alpha\} \approx \{F_\alpha\}$. 令 $S = \bigcup_{\alpha \in \Lambda} H_\alpha$，说明 S 是 A 的邻域即可. 令 $\alpha \in A$. 若取 $a \in U_\pi$，则 S_π 是 $\overline{U}_\pi \cap A$ 在 $\overline{U}_\pi$ 的邻域，故存在 a 在 X 的开邻域 $W \subset S_\pi \cap U_\pi$. 设 $F_{\alpha_i}(i = 1, \cdots, n)$ 为含 a 的 $\{F_\alpha\}$ 的所有元，若令

$$U = W \cap \left(\bigcap_{i=1}^{n} V_{\alpha_i}\right),$$

则 a 的邻域 U 被 S 包含. □

§34. $AR(\mathscr{Q})$ 度量空间

34.1 定义 设 X 为空间，A 为其子集. 设 X^* 为和 X 具有相同点的集合且具有下述拓扑:

关于 X 的任意开集 U，$X - A$ 的任意子集 K，具有形如 $U \cup K$ 的 X^* 的集合构成 X^* 的基.

X^* 称为由 X, A 确定的 Hanner 化. 恒等映射 $i: X^* \to X$ 是连续的. 若令 $A^* = i^{-1}A$，则 $i|A^*$ 是同胚的. 于是将 A^* 和 A 同样看待. 注意 A 在 X^* 是闭集.

在本节中，关于空间族 $\mathscr{Q}$，使用 32.15 的记号. 用 $\mathscr{P}\mathscr{N}\mathscr{C}\mathscr{N}$ 表示完全正规且族正规空间族.

34.2 引理 若 $X \in M$，$A \subset X$，则由 X, A 确定的 Hanner 化 X^* 是仿紧 T_2 的.

证明 取 X^* 的开覆盖 $\mathscr{V} = \{V_\alpha: \alpha \in \Lambda\}$. 说明存在 $\mathscr{V}$ 的 Δ 加细即可. 设

$$V_\alpha = U_\alpha \cup K_\alpha,\ \alpha \in \Lambda,$$

U_α 为 X 的开集，而

$$K_\alpha \subset X - A,\ \alpha \in \Lambda$$

(34.1). 因 $H = \bigcup_{\alpha \in \Lambda} U_\alpha$ 为度量空间，故它的开覆盖 $\{U_\alpha\}$ 具有 Δ 加细 $\{W_\beta : \beta \in \Gamma\}$. 这时 $W_\beta(\beta \in \Gamma)$ 和 $X - H$ 的各点组成的集族是 X^* 的开覆盖且显然是 $\mathscr{V}$ 的 Δ 加细. □

34.3 定理 $AR(\mathscr{M})$ $(ANR(\mathscr{M}))$ 空间恒为 $AR(\mathscr{P}\mathscr{N}\mathscr{C}\mathscr{N})$ $(ANR(\mathscr{P}\mathscr{N}\mathscr{C}\mathscr{N}))$ 空间.

证明 对 ANR 的情形给与证明. 设 $Y \in ANR(\mathscr{M})$. 由 32.19 说明 $Y \in NES(\mathscr{P}\mathscr{N}\mathscr{C}\mathscr{N})$ 即可. 设 $X \in \mathscr{P}\mathscr{N}\mathscr{C}\mathscr{N}$，$A$ 为 X 的闭集，$f: A \to Y$ 为连续映射. 由 32.7 可以把 Y 嵌入 Banach 空间 B. f 的扩张 $\bar{f}: X \to B$ 存在 (33.6). 因 X 是完全正规的，故可取

$$\lambda \in C(X, I),\ A = \lambda^{-1}(0).$$

令

$$E = B \times I - (B - Y) \times \{0\},$$

由

$$g(x) = (\bar{f}(x), \lambda(x)),\ x \in X$$

定义 $g: X \to E$. 若将 $Y \times \{0\} \subset E$ 和 Y 同样看待，则 $g|A = f$. 因 Y 是 E 的闭集且 $Y \in ANR(\mathscr{M})$，故存在 Y 在 E 的邻域 W 和保核收缩 $r: W \to Y$. 令 $U = g^{-1}(W)$，若用 $h = rg$ 定义 $h: U \to Y$，则 h 是 f 的扩张. □

34.4 定理 设 $Y \in AR(\mathscr{M})(ANR(\mathscr{M}))$. 此时

(1) $Y \in AR(\mathscr{C}\mathscr{N})(ANR(\mathscr{C}\mathscr{N})) \Longleftrightarrow Y$ 是绝对 G_δ 的.

(2) $Y \in AR(\mathscr{P}\mathscr{N})(ANR(\mathscr{P}\mathscr{N})) \Longleftrightarrow Y$ 是可分的.

(3) $Y \in AR(\mathscr{N})$ $(ANR(\mathscr{N})) \Longleftrightarrow Y$ 是可分且绝对 G_δ 的.

证明 只就 ANR 的情形证明之. [(1) $\Longrightarrow$] 设 $Y \in ANR(\mathscr{C}\mathscr{N})$ 为度量空间 M 的子空间. 指出 Y 在 M 是 G_δ 集即可(28.2, 28.5). 设 M^* 为由 M，Y 确定的 Hanner 化，$i: M^* \to M$ 为恒等

映射，则 M^* 是族正规的(34.2)，而 Y 是其闭集. 因 $Y\in ANR(\mathscr{C}\mathscr{N})$，故存在 Y 在 M^* 的邻域 U 和保核收缩 $r:U\to Y$. 设 ρ 为 M 的距离，由

$$\lambda(x)=\rho(r(x),\ i(x)),\ x\in U$$

定义 $\lambda\in C(U,\ R)$. 则因 $Y=\lambda^{-1}(0)$，故 Y 在 U 是 G_δ 集. 于是存在 U 的开集 $W_j(j=1,2,\cdots)$ 使 $Y=\bigcap_{j=1}^{\infty}W_j$. 由 M^* 的拓扑的定义，关于各 j 有 M 的开集 V_j 和 $K_j\subset M-Y$ 使 $W_j=V_j\cup K_j$. 这时，有

$$Y=\bigcap_{j=1}^{\infty}W_j=\bigcap_{j=1}^{\infty}(V_j\cup K_j)=\bigcap_{j=1}^{\infty}V_j,$$

故 Y 是 M 的 G_δ 集.

[(1)$\Longleftarrow$] 设 Y 是绝对 G_δ 的. 设 $X\in\mathscr{C}\mathscr{N}$，$A$ 为其闭集，$f:A\to Y$ 为连续映射. 必须指出 f 可扩张到 A 的某邻域上. 类似于 34.3 给与证明. 设 B 为含 Y 的 Banach 空间，$\tilde{f}:X\to B$ 为 f 的扩张(33.6). 因 Y 在 B 是 G_δ 的，故存在 B 的开集 W_n，$n=1,2,\cdots$，使 $\bigcap_{n=1}^{\infty}W_n=Y$. 取 $\lambda_n\in C(X,I)$ 使 $\lambda_n(A)=0$，$\lambda_n(X-\tilde{f}^{-1}(W_n))=1$，令

$$\lambda=\sum_{n=1}^{\infty}\frac{1}{2^n}\lambda_n,$$

则 $A\subset\lambda^{-1}(0)$. 由

$$g(x)=(\tilde{f}(x),\ \lambda(x)),\ x\in X$$

定义 $g:\ X\to B\times I-(B-Y)\times\{0\}$. 于是上述证明和 34.3 完全同样地进行.

(2) 设 $Y\in ANR(\mathscr{P}\mathscr{N})$ 且 Y 不是可分的. 设 P 为 Y 的离散集合且 $|P|>\aleph_0$. 由 33.1，存在非族正规的完全正规空间 X 及其离散闭集 X_0 使 $|X_0|=|P|$. 设 $f:X_0\to P$ 为一一到上的映射. f 可扩张为 $\tilde{f}:X\to Y$，这就是说 X_0 的各点可用分散邻域分离，和 33.1 相反. 反之，设 Y 为可分的，则 Y 可嵌入 Hilbert 基本立方体

I^ω(12.14). 由 Urysohn 定理 $I^\omega \in ES(\mathscr{N})$. 于是上述证明和 34.3 是完全同样的,仅需将 Banach 空间换为 I^ω.

(3) 若$Y \in ANR(\mathscr{N})$,则由(2) Y是可分的. 若考虑$Y \subset I^\omega$,则在[(1) $\Longrightarrow$]的证明中，仅需将B换为I^ω完全同样地可指出Y是I^ω的G_δ集. 反之，若Y是可分的且绝对G_δ的,则若将B换为I^ω,用和[(1) $\Longleftarrow$]同样的方法可指出$Y \in ANR(\mathscr{N})$. □

34.5 定理 (1) $AR(\mathscr{M})$空间Y是$AR(\mathscr{T})$空间的充要条件是Y是紧的.

(2) $ANR(\mathscr{M})$ 空间Y是$ANR(\mathscr{T})$空间的充要条件是Y是可分且局部紧的.

证明 只证明(2). (1)用几乎同样的方法容易证明.

充分性 设Y为可分且局部紧的. 设X为以Y为闭集包含的完全正则空间. 将X嵌入某平行体空间T. 说明存在Y在T的邻域U和保核收缩$r:U \to Y$即可. 实际上,是因为$r|U \cap X: U \cap X \to Y$是保核收缩. 首先设$Y$是紧的. 由 34.4(3),$Y \in ANR(\mathscr{N})$而$T \in \mathscr{N}$,故$Y$是$T$的邻域收缩核. 其次设$Y$不是紧的. 设$\overline{Y}$为$Y$在$T$的闭包. 令$cY$为$Y$的 Alexandroff 紧化. cY是完全可分的，故为紧度量空间. 看做$cY \subset I^\omega$. $\overline{Y}$为Y的紧化，而cY是最小的紧化，故存在射影$f: \overline{Y} \to cY$. 令 $y_0 = f(\overline{Y} - Y)$. 因$I^\omega \in ES(\mathscr{N})$，故$f$可扩张为$\tilde{f}: T \to I^\omega$. Y是$I^\omega - \{y_0\}$的闭集而$Y \in ANR(\mathscr{M})$,故存在Y在$I^\omega - \{y_0\}$的邻域W和保核收缩$r: W \to Y$. $U = \tilde{f}^{-1}(W)$是Y在T的邻域. 这时$r\tilde{f}: U \to Y$是保核收缩.

必要性 将Y嵌入I^ω. 设T为I的不可数积的某平行体空间. 令o为所有坐标是 0 的T的点. 若令

$$E = (Y \times \{o\}) \cup (I^\omega \times (T - \{o\})),$$

则E是以$Y \times \{o\}$为闭集含有的完全正则空间. 因$Y \in ANR(\mathscr{T})$,故存在$Y \times \{o\}$在E的邻域V和保核收缩 $r: V \to Y \times \{o\}$. 令Y不是局部紧的. 在Y存在点 $y_0 \in Y$ 使它的任意邻域不是紧的. 有y_0在I^ω的闭邻域H及o在T的邻域W,使 $(y_0, o) \in (H \times W) \cap E \subset V$. $H \cap Y$不是紧的.因H是紧的,故存在点$p \in \overline{H \cap Y} - Y$.

使 $\{p\}\times(W-\{o\})\subset V$. 今指出这个点 p 的存在导出矛盾. 设 ρ 为 I^ω 的距离,对于 $n>0$,令

$$U_n=\{y\in Y:\rho(p,y)<1/n\}.$$

因 $p\notin Y$, 故 $\bigcap_{n=1}^{\infty}U_n=\varnothing$. 若取 $p_n\in U_n$, 则 $\{p_n\}$ 收敛于 p. 令 $V_n=r^{-1}(U_n\times\{o\})$. 因 $(p_n,o)\in V_n$,故在 T 有 o 的邻域 W_n 使 $\{p_n\}\times W_n\subset V_n$. T 是 I 的不可数积, $W, W_n, (n=1,2,\cdots)$ 是 o 在 T 的邻域, 故有 T 的某坐标空间 I_λ, 使得若 $\tilde{I}_\lambda$ 为 λ 坐标以外的坐标是 0 的 T 的子集 $\left(\text{有 } \tilde{I}_\lambda=I_\lambda\times\prod_{\mu\neq\lambda}\{0_\mu\} \text{ 的形式}\right)$,则 $\tilde{I}_\lambda\subset W\cap\left(\bigcap_{n=1}^{\infty}W_n\right)$ (参考 32.14(2) 的证明). 于是有

$$\{p\}\times(\tilde{I}_\lambda-\{o\})\subset V \text{ 且 } r(\{p_n\}\times\tilde{I}_\lambda)\subset r(V_n)\subset U_n\times\{o\}.$$

若 $m\geqslant n$,则 $U_m\subset U_n$, 故 $r(\{p_m\}\times\tilde{I}_\lambda)\subset U_n\times\{o\}$. 因

$$\{p\}\times\tilde{I}_\lambda\subset\overline{\bigcup_{m=n}^{\infty}\{p_m\}\times\tilde{I}_\lambda},$$

故

$$r(\{p\}\times(\tilde{I}_\lambda-\{o\}))\subset \mathrm{Cl}_Y U_n\times\{o\},$$

即 $\bigcap_{n=1}^{\infty}\mathrm{Cl}_Y U_n\neq\varnothing$. 但 $\mathrm{Cl}_Y U_n\subset U_{n-1}$,故这与 $\bigcap_n U_n\times\{o\}=\varnothing$ 相反. □

在本节的最后,介绍有广泛应用的下述定理. 称之为**同伦扩张定理**.

34.6 定理 (Borsuk) 设 $\mathscr{Q}$ 为对于闭集继承的空间族, X 为正规空间, 使 $X\times I\in\mathscr{Q}$, 而 A 为 X 的闭集. 令 $Y\in NES(\mathscr{Q})$, $H:A\times I\to Y$ 为连续映射. 这时, 若映射 $f=H|A\times\{0\}$ 具有扩张 $\tilde{f}:X\times\{0\}\to Y$,则存在 H 的扩张 $\tilde{H}:X\times I\to Y$, 使 $\tilde{H}|X\times\{0\}=\tilde{f}$.

证明 由

$$H_1|X\times\{0\}=\tilde{f},\ H_1|A\times I=H$$

定义 $H_1:X\times\{0\}\cup A\times I\to Y$. 因 $X\times\{0\}\cup A\times I$ 是 $X\times I$

的闭集而属于 $\mathscr{Q}$，于是存在 $X\times\{0\}\cup A\times I$ 在 $X\times I$ 的开邻域 W 和 H_1 的扩张 $H_2: W\to Y$. 取 A 在 X 的开邻域 U，使 $U\times I\subset W$. 因 X 是正规的，故存在

$$\lambda\in C(X,I),\ \lambda(A)=0,\ \lambda(X-U)=1.$$

由

$$\widetilde{H}(x,t)=H_2(x,t\cdot\lambda(x)),\ (x,t)\in X\times I,$$

确定 $\widetilde{H}: X\times I\to Y$，则 $\widetilde{H}$ 是所求的 H 的扩张. □

若 $\mathscr{Q}$ 为 $\mathscr{N}$，$\mathscr{P}\mathscr{N}$，$\mathscr{C}\mathscr{N}$，$\mathscr{P}$，$\mathscr{M}$，$\mathscr{S}\mathscr{M}$ 之一的族，则在 34.6 将 Y 换为 $ANR(\mathscr{Q})$ 亦可(32.19). 当 34.6 成立时，称为 Y 对于 X 具有**同伦扩张性**.

§35. 复形和扩张子

35.1 定理 具有弱拓扑的单纯复形是 $NES(\mathscr{M})$ 空间.

各闭单形是 $ES(\mathscr{N})$ 空间，当然是 $NES(\mathscr{M})$ 空间. 于是 35.1 是下述定理的结果.

35.2 定理 (Kodama) 设空间 X 关于它的闭覆盖 $\{F_\alpha:\alpha\in\Lambda\}$ 具有 Whitehead 弱拓扑. 关于 $\{F_\alpha\}$ 的任意有限个 F_{α_i}，$i=1,\cdots,n$，若 $\bigcap_{i=1}^{n} F_{\alpha_i}\in NES(\mathscr{M})$，则 $X\in NES(\mathscr{M})$.

从下述引理的证明开始.

35.3 引理 设 $\mathscr{Q}$ 为继承的正规空间族，使得对于各 $Y\in\mathscr{Q}$，任意 $B\subset Y$ 也属于 $\mathscr{Q}$. 设 $\{A_i: i=1,\cdots,k\}$ 为 X 的闭覆盖，且对于各 $\{i_1,\cdots,i_m\}\subset\{1,\cdots,k\}$ 有

$$\bigcap_{j=1}^{m} A_{i_j}\in NES(\mathscr{Q}).$$

令 $Y\in\mathscr{Q}$，B 为 Y 的闭集，$f: B\to X$ 为连续映射. 设 $\{Y_i: i=1,\cdots,k\}$ 为 Y 的闭覆盖，且关于各 $i=1,\cdots,k$，有

$$f(Y_i\cap B)\subset A_i.$$

这时，B 的开邻域 S 及 f 到 S 的扩张 $\tilde{f}$ 存在，使

$$\tilde{f}(S\cap Y_i)\subset A_i,\ i=1,\cdots,k.$$

证明 可先假定 $\{Y_i\}\approx\{Y_i\cap B\}$. 实际上 $\{Y_i\cap B\}$ 是正规空间 Y 的闭集族，故 $Y_i\cap B$ 的闭邻域 H_i 存在，使 $\{H_i\}\approx\{Y_i\cap B\}$. 因 $\bigcup_{i=1}^{k} H_i$ 是 B 的闭邻域，故将 Y 换为 $\bigcup_{i} H_i$，Y_i 换为 $H_i\cap Y_i$ 证明引理即可[1]. 关于 $\mathrm{ord}\{Y_i-B\}$ 用归纳法给与证明. 令 $\mathrm{ord}\{Y_i-B\}\leqslant 1$. 因

$$f(Y_i\cap B)\subset A_i,\ A_i\in NES(\mathscr{Q}),$$

故 $f|Y_i\cap B:Y_i\cap B\to A_i$ 具有到 $Y_i\cap B$ 在 Y_i 的邻域 H_i 的扩张 $\tilde{f}_i$. 令 $S=\bigcup_{i=1}^{k} H_i$，若 $\tilde{f}:S\to X$ 由 $\tilde{f}|H_i=\tilde{f}_i$, $\tilde{f}|B=f$ 定义，则得到所求的扩张. 当 $\mathrm{ord}\{Y_i-B\}<n$ 时，假设引理成立. 考虑 $\mathrm{ord}\{Y_{ij}-B\}=n$ 的情形. 在 $\{1,\cdots,k\}$ 中的子集 $\{i_1,\cdots,i_n\}$ 使 $\bigcap_{j=1}^{n}(Y_i-B)\neq\varnothing$ 的所有族设为 $\{s_t:t=1,\cdots,p\}$. 令 $F(s_t)=\bigcap_{i\in s_t} Y_i$，则 $\{F(s_t)-B:t=1,\cdots,p\}$ 是不相交族. 因

$$f(F(s_t)\cap B)\subset\bigcap_{s_t\ni i} A_i,\ \bigcap_{s_t\ni i} A_i\in NES(\mathscr{Q}),$$

故在 $F(s_t)$, $F(s_t)\cap B$ 的闭邻域 H_t 和

$$f|F(s_t)\cap B:F(s_t)\cap B\to\bigcap_{s_t\ni i} A_i$$

到 H_t 的扩张 $\tilde{f}_t$ 存在. 若令

$$Y'=Y-\bigcup_{t=1}^{p}(F(s_t)-H_t),$$

则 Y' 是 B 在 Y 的邻域. 令

$$B'=\left(\bigcup_{t=1}^{p} H_t\right)\cup B,$$

---

1) $\{H_i\cap Y_i\}$ 不必是 $\cup H_i$ 的覆盖，对下面的证明，作适当的修改，实际上，可以证明一个类似的引理(35.3)'. 即条件改为："$\{Y_i\}$ 是 B 的闭覆盖". 作为推论，引理 35.3 也自然成立. ——校者注

由

$$g|B=f,\ g|H_i=\tilde{f}_i$$

定义 $g:B'\to X$. $Y'\in\mathcal{Q}$，B' 是 Y' 的闭集，而且 $\{Y_i\cap Y':i=1,\cdots,k\}$ 是 Y' 的闭覆盖，且关于各 i，$g(Y_i\cap Y')\subset A_i$ 成立．再者 $\mathrm{ord}\{Y_i\cap Y'-B'\}<n$．由归纳法假设，在 Y' 中有 B' 的闭邻域 S' 及有 g 到 s' 的扩张 $\tilde{g}$ 关于各 i 使 $\tilde{g}(S'\cap Y_i)\subset A_i$．若取 B 在 Y 的闭邻域 S 被 S' 包含者，则 S 和 $\tilde{g}|S$ 满足引理的条件．□

35.2 的证明　设 Y 为度量空间，A 为其闭集，$f:A\to X$ 为连续映射．必须指出 f 可扩张到 A 的某邻域上．将 A 良序化，可以看做比序数 η 小的所有序数 α 的集合．令 $A_\alpha=f^{-1}(F_\alpha)$，$\alpha<\eta$，而 $B_\alpha=\overline{A_\alpha-\bigcap\limits_{\beta<\alpha}A_\beta}$．首先指出下述事实．

(1)　$\{B_\alpha:\alpha<\eta\}$是 A 的局部有限闭覆盖．

指出局部有限性即可．对于某个 $\tau<\eta$，假定关于各 $\theta<\tau$，$\{B_\alpha:\alpha\leqslant\theta\}$ 是局部有限的．若指出 $\{B_\alpha:\alpha\leqslant\tau\}$ 的局部有限性，则由归纳法，(1)被证明．因

$$\{B_\alpha:\alpha<\tau\}\cup\{B_\tau\}=\{B_\alpha:\alpha\leqslant\tau\},$$

故说明 $\{B_\alpha:\alpha<\tau\}$ 的局部有限性即可．因

$$\bigcup_{\alpha<\tau}B_\alpha=\bigcup_{\alpha<\tau}A_\alpha=f^{-1}\left(\bigcup_{\alpha<\tau}F_\alpha\right)$$

是闭集，故说明在各点 $p\in\bigcup\limits_{\alpha<\tau}B_\alpha$ 的 $\{B_\alpha:\alpha<\tau\}$ 的局部有限性即可．假设 $p\in\bigcup\limits_{\alpha<\tau}B_\alpha$ 的各邻域和$\{B_\alpha:\alpha<\tau\}$的无限个元相交．取 $p\in B_\beta$ 的最小的 $\beta<\tau$．因 $\bigcup\limits_{\alpha<\beta}B_\alpha$ 是闭集，故存在收敛于 p 的点列 $\{p_k\}$，$p_k\in B_{\beta_k}$，$\beta<\beta_k<\beta_{k+1}<\tau$，$k=1,2,\cdots$．因

$$B_{\beta_k}=\overline{A_{\beta_k}-\bigcup_{\alpha<\beta_k}A_\alpha},$$

故关于各 k，可取收敛于 p_k 的点列

$$\{p_k^j:j=1,2,\cdots\},p_k^j\in A_{\beta_k}-\bigcup_{\alpha<\beta_k}A_\alpha.$$

关于各 k 选 j_k 可使 $\{p_k^{j_k}:k=1,2,\cdots\}$ 收敛于 p．因 $f(p)\in F_\beta$，

$f(p_k^{j_k})\in F_{\beta_k}-\bigcup\limits_{\alpha<\beta_k}F_\alpha$，故 $f(p),f(p_k^{j_k})$ 全不相同．令

$$F=\bigcup_{k=1}^{\infty}F_{\beta_k},\quad B=\{f(p_k^{j_k}):k:1,2,\cdots\}.$$

关于各 k，因

$$F_{\beta_k}\cap B\subset\bigcup_{i=1}^{k}f(p_i^{j_i}),$$

故由 Whitehead 弱拓扑的定义，B 是 F 的闭集，从而是 X 的闭集．但由 f 的连续性必须有 $f(p)\in\overline{B}=B$．因 $f(p)\notin B$，故发生矛盾．由此(1)成立．

为了完成证明，取 A 的闭邻域 S，使其闭覆盖$\{S_\alpha:\alpha<\eta\}$满足 $S_\alpha\cap A=B_\alpha$，而 $\{S_\alpha\}\approx\{B_\alpha\}$（由 33.9 这是可能的）．存在 S 的局部有限开覆盖 $\{V_\pi\}$，使各 $\overline{V}_\pi$ 和 $\{S_\alpha\}$ 至多仅有有限个元相交．$f(\overline{V}_\pi\cap A)$被$\{F_\alpha\}$的有限个的和包含，故应用 35.3，在 $\overline{V}_\pi$ 中 $\overline{V}_\pi\cap A$ 的邻域 M_π，可以做出到 M_π 的 $f|\overline{V}_\pi\cap A$ 的扩张 f_π，使

$$f_\pi(S_\alpha\cap M_\pi)\subset F_\alpha,\quad\alpha\in\Lambda.$$

而且若事先将$\{\overline{V}_\pi\}$良序化，则反复应用 35.3，可以构成 $\{f_\pi\}$，对任意 π,π'，使

$$f_\pi|M_\pi\cap M_{\pi'}=f_{\pi'}|M_\pi\cap M_{\pi'}$$

成立．令 $M=\bigcup\limits_{\pi}M_\pi$，若根据 $\tilde{f}|M_\pi=f_\pi$ 定义 $\tilde{f}:M\to X$，则 $\tilde{f}$ 是 f 的扩张和 33.9 同样可以证明．M是A的邻域． □

35.4 定义 空间X的恒等映射 $1_X:X\to X$ 和某常值映射 $g:X\to X$（$g(X)$ 为一点）是同伦时称 X 为**可缩的**（contractible）．

例如，赋范空间及 Banach 空间的凸集全是可缩的．实际上，设X为赋范空间的凸集，$x_0\in X$，若 $H:X\times I\to X$ 定义为

$$H(x,t)=(1-t)x+tx_0,$$

则H是连结 1_X 和常值映射 g，$g(x)=x_0$，的同伦．于是，闭或闭单形，Euclid 空间，Hilbert 空间等是可缩的．

35.5 命题 令 $\mathscr{Q}$ 为 $\mathscr{N},\mathscr{PN},\mathscr{CN},\mathscr{P},\mathscr{M},\mathscr{SM}$ 的族之一．仿紧 T_2 空间X属于 $AR(\mathscr{Q})$ 的充要条件是 $X\in ANR(\mathscr{Q})$

且X是可缩的.

证明　必要性　因$X\in\mathscr{P}$故$X\times I\in\mathscr{Q}$. 设$A=X\times\{0\}\cup X\times\{1\}$,若定义$h:A\to X$为

$$h(x,0)=x,\ x\in X,\ h(X\times\{1\})=1\text{ 点},$$

则由32.19X是$ES(\mathscr{Q})$,故存在h的扩张$H:X\times I\to X$. 于是X是可缩的.

充分性　设X为可缩的$ANR(\mathscr{Q})$. 证明X是$ES(\mathscr{Q})$即可. 存在同伦$H:X\times I\to X,H(x,0)=x,x\in X,H(X\times\{1\})=1$点. 令$Y\in\mathscr{Q}$,$B$为$Y$的闭集,$f:B\to X$为连续映射. 因$X\in NES(\mathscr{Q})$,故$f$具有到$B$的邻域$U$的扩张$\tilde{f}$. 设$\lambda\in C(Y,I)$为$\lambda(B)=0$,$\lambda(X-U)=1$者,若由

$$g(y)=H(\tilde{f}(y),\ \lambda(y)),\ y\in Y,$$

确定$g:Y\to X$,则g为f的扩张. □

35.6　定义　设K为复形. 当K的任意有限个顶点都能张成为K的单形时,称K为满复形.

仅由1个单形和它的边单形组成的复形是满的. 任意的复形K是某满复形$\tilde{K}$的子复形. 实际上,设V为K的顶点集,以同一集合V为顶点集的复形$\tilde{K}$若为由V的所有的有限集张成为它的单形确定的,则$\tilde{K}$是满复形且含有K.

35.7　定理　若K为满复形,则$|K|_W\in ES(\mathscr{M})$,$|K|\in AR(\mathscr{M})$.

证明　$|K|_W$显然是可缩的,再由35.1是$NES(\mathscr{M})$. 35.5的充分性的证明指出可缩的$NES(\mathscr{M})$空间是$ES(\mathscr{M})$空间. 故$|K|_W\in ES(\mathscr{M})$. 其次,为了指出$|K|\in AR(\mathscr{M})$,设$V=\{v\}$为K的顶点集. 设$B(V)$为$C^*(V)$的元t,使$\sum\limits_{v\in V}|t(v)|<\infty$的所有的集合. 若确定$t\in B(V)$的范数为$\|t\|=\sum\limits_{v\in V}|t(v)|$,则$B(V)$为Banach空间. 关于各$x\in|K|$,设$f(x)$为由

$$f(x)(v)=x(v),\ v\in V$$

确定的$B(V)$的点,则映射$f:|K|\to B(V)$是等距的. 于是f是

嵌入，而K是满复形，故$f(|K|)$是$B(V)$的凸集．于是由 32.10 有$|K| \in AR(\mathscr{M})$．□

35.8 定理 任意的复形$|K|$是$ANR(\mathscr{M})$空间．

证明 因K被某满复形L包含，故由 35.7，证明下述事实即可．

(1) 若K为L的子复形，则$|K|$为$|L|$的邻域收缩核．

如有必要，可将K，L用它的重心加细置换 (31.12)，故可假定若L的单形的各顶点在K中，则它属于K．设$\{v\}$为K的顶点集，由

$$\pi(x)=\sum_{v\in L} x(v),\ x\in|L|$$

确定$\pi:|L|\to I$($x(v)$是x的重心坐标)．若$x, y\in|L|$，则

$$|\pi(x)-\pi(y)|\leqslant\sum_{v\in K}|x(v)-y(v)|\leqslant d(x, y),$$

故π为连续的(d为$|L|$的距离)．令

$$U=\{x\in|L|:\pi(x)>0\},$$

由

$$r(x)(v)=x(v)/\pi(x),\ v\in K;\ r(x)(v)=0,\ v\notin K$$

确定$r:U\to|K|$．关于各v，$x\to r(x)(v)$是连续的，故由 31.8，r是连续的．若$x\in|K|$，则$\pi(x)=1$，故$r(x)=x$．由此r是保核收缩的．□

35.9 定理 $|K|$是绝对G_δ的充要条件是K不含有满无限子复形．

证明 必要性 设K含有满无限子复形L且$|K|$是绝对G_δ的．设$|K|$的完备距离为d．取L的单形列s_i，$s_i \precneqq s_{i+1}$，$i=1, 2, \cdots$，选点列$x_i\in|s_i|-|\dot{s}_i|$，使

$$d(x_i, x_{i+1})<\frac{1}{3}d(x_i, |K|-\mathrm{St}(s_i)),\ i=1, 2, \cdots.$$

因$|s_i|\subset|\dot{s}_{i+1}|$，故这可归纳地选得．因

$$x_{i-1}\in|s_{i-1}|\subset|K|-\mathrm{St}(s_i),$$

故

$$d(x_i, x_{i+1}) < \frac{1}{3} d(x_{i-1}, x_i), i = 2, 3, \cdots.$$

于是 $\{x_i\}$ 是 Cauchy 列．设此极限点为 x． s 为 x 的支集．因

$$d(x_i, x) \leqslant \sum_{j=i}^{\infty} d(x_j, x_{j+1}) < \frac{3}{2} d(x_i, x_{i+1})$$

$$< \frac{1}{2} d(x_i, |K| - \mathrm{St}(s_i)),$$

故 $x \in \mathrm{St}(s_i)$．于是 s_i 必须是 s 的边单形．这显然是矛盾．

充分性　设 $|K|$ 不是绝对 G_δ 的．由 28.2，28.5 有含 $|K|$ 的度量空间 X，$|K|$ 在其中不是 G_δ 的．设 ρ 为 X 的距离．对于各 $s \in K$，令

$$U_s = \{x \in X : \rho(x, |s| - |\dot{s}|) < \rho(x, |K| - \mathrm{St}(s))\},$$

则 $|s| - |\dot{s}| \subset U_s$．由定义显然若 $U_s \cap S_{s'} \neq \varnothing$，$s, s' \in K$，则 $s \prec s'$ 或 $s' \prec s$．对于各 $s \in K$，令

$$V_i^s = \{x \in U_s : \rho(x, |s| - |\dot{s}|) < 1/i\}, i = 1, 2, \cdots,$$

置 $V_i = \bigcup_{s \in K} V_i^s$．$V_i$ 是 $|K|$ 在 X 的开邻域．因 $|K|$ 不是 G_δ 的，故存在点 $x_0 \in \bigcap_{i=1}^{\infty} V_i - |K|$． 关于各 $s \in K$，$|s|$ 是紧的，故 $\rho(x_0, |s|) > 0$．于是关于充分大的 i，有 $x_0 \notin V_i^s$．由 $x_0 \in \bigcap_{i=1}^{\infty} V_i$，$x_0$ 被某个 $V_i^{s'}$ 包含．故 $x_0 \in U_{s_j}$ 的无限列 $\{U_{s_j}\}$ 存在．若取此列的相异元 U_{s_j}，U_{s_k}，因 $U_{s_j} \cap U_{s_k} \neq \varnothing$，故 $s_j \precneqq s_k$，或 $s_k \precneqq s_j$ 成立．于是 $\{s_j\}$ 及它的边单形全体的族构成 K 的满无限子复形．□

35.10　定理　设 K 为复形

(1)　$|K| \in ANR(\mathscr{P}\mathscr{N}\mathscr{C}\mathscr{N})$.

(2)　$|K| \in ANR(\mathscr{C}\mathscr{N}) \Longleftrightarrow K$ 不含满无限子复形.

(3)　$|K| \in ANR(\mathscr{P}\mathscr{N}) \Longleftrightarrow K$ 是可数复形.

(4)　$|K| \in ANR(\mathscr{N}) \Longleftrightarrow K$ 是可数复形且不含满无限子复形.

(5)　$|K| \in ANR(\mathscr{T}) \Longleftrightarrow K$ 是可数且局部有限复形.

这是 35.8，34.3，34.4，34.5，35.9，6.C 的结果.

35.11 问题 具有弱拓扑的复形 $|K|_W$ 是不是 $ANR(\mathscr{P}\mathscr{N}\mathscr{P})$? 在此 $\mathscr{P}\mathscr{N}\mathscr{P}$ 是完全正规仿紧空间族.

习　　题

6.A 若 X 为紧度量空间,则所有 X 到 X 的等距映射是到上的映射.

提示 关于等距映射 $f:X\to X$,若有 $x_0\in X-f(X)$,则 $\{x_0,f(x_0),f(f(x_0)),\cdots\}$ 是分散集合.

6.B 连续映射 $f:X\to Y$,存在连续映射 $g:Y\to X$,使 $gf\sim 1_X$ 且 $fg\sim 1_Y$ 时,称 f 为同伦同值. 当同伦同值 f 存在时,X 和 Y 称为具有相同的同伦型. 关于任意的复形 K,指出恒等映射 $i:|K|_W\to|K|$ 是同伦同值的.

提示 设 $|K|$ 的单形 $|s|$ 的重心为 b_s,取 2 次重心加细 Sd^2K,在各 b_s, $s\in K$,关于 Sd^2K 的星型集写做 $\mathrm{St}(b_s)$. 考虑 $|K|$ 的闭覆盖 $\{\overline{\mathrm{St}(b_s)}:s\in K\}$ (注意此覆盖是局部有限的),构成 $f:|K|\to|K_W|$ 使 $f(\overline{\mathrm{St}(b_s)})\subset|s|$,则 $fi\sim 1_{|K|_W}$, $if\sim 1_{|K|}$.

6.C 下述任一条件均是 $i:|K|_W\to|K|$ 是同胚的充要条件. (1) $|K|_W$ 是第一可数的, (2) $|K|$ 或 $|K|_W$ 是局部紧的, (3) K 是局部有限的.

6.D 设 S^n 为由 $n+2$ 个顶点构成的复形,任意 k 个($k\leqslant n+1$)顶点张成为单形(S^n 的实现为 n 球面). 这时,对于任意复形 K, $\dim K\leqslant n$,及它的子复形 L,任意单形映射 $f:L\to S^n$ 可扩张为单形映射 $\tilde{f}:K\to S^n$.

提示 选 S^n 的顶点 v_0,把 L 的顶点 w 映为 $f(w)$,把不属于 L 的顶点 w' 映为 v_0 的对应是单形映射.

6.E 设 $f:X\to Y$, $g:Y\to X$ 为连续映射,而 $gf=1_X$. 若 Y 是 T_2 的,则 $f(X)$ 是 Y 的闭集. 做为结果, T_2 空间的收缩核是闭集.

6.F 完成 32.17 的证明,即给与 $\mathscr{Q}=\mathscr{P}\mathscr{N},\mathscr{C}\mathscr{N}$ 时的证明.

6.G 若 X 为仿紧 T_2 空间, A 为其闭集, $\{U_\alpha:\alpha\in\Lambda\}$ 为 A 的局部有限开覆盖,则存在 X 的局部有限开集族 $\{V_\alpha:\alpha\in\Lambda\}$,使 $V_\alpha\cap A=U_\alpha$, $\alpha\in\Lambda$, $\{V_\alpha\}\approx\{U_\alpha\}$.

6.H 当存在如下的同伦 $H:X\times I\to X$ 时,称 X 的子集 A 为强形变收缩核 (strong deformation retract):

$$H(x,0)=x,\ H(x,1)\in A,\ x\in X,$$
$$H(a,t)=a,\ (a,t)\in A\times I.$$

H 称为形变. 当 A 为它的某邻域的强形变收缩核时,称为邻域强形变收缩核. 若 K 为复形, L 为它的任意子复形,则 $|L|$, $|L|_W$ 分别为 $|K|$, $|K|_W$ 的邻

域强形变收缩核.

提示 参考 35.8 的证明.

6.I (Dugundji-Kodama) 设 X 为度量空间，且 $\dim X=0$，则 X 的任意闭集 A 是 X 的收缩核.

提示 很好地利用 $\dim X=0$，用和 32.10 相同的构造可以证明. 即，如 32.10 取具有弱拓扑的复形 P，作 $Y=P\cup A$. 可使 $\dim P=0$. 指出恒等映射 $f:A\to A$ 可扩张为 $\tilde{f}:Y\to A$.

6.J 若 X 为紧 $ARN(\mathscr{M})$ 空间，则对于任意 $\varepsilon>0$，存在满足下述条件的 $\eta>0$：设 K 为复形，V 为它的顶点的集合，由若 $f:V\to X$，关于各单形 $s\in K$，使 $|s|\cap V$ 的像具有直径 $\delta(f(|s|\cap V))<\eta$，则存在 f 的扩张 $\tilde{f}:|K|\to X$ (或 $|K|_W\to X$)，关于各 $s\in K$ 有 $\delta(\tilde{f}(|s|))<\varepsilon$.

提示 看做 $X\subset I^\infty$，取 X 的邻域 W 和保核收缩 $r:W\to X$. 关于各 $x\in X$ 在 I^∞ 选充分小的凸邻域 V_x 使 $V_x\subset W$，$\delta(r(V_x))<\varepsilon$，令 η 为覆盖 $\{V_x\cap X:x\in X\}$ 的 Lebesgue 数. 若 f 满足 6.J 的条件，则 $f(|s|\cap V)$ 被某 V_x 包含，故 f 线性扩张于 $|s|$ 上. 关于各 $s\in K$，若如此进行则得到扩张 g，各 $g(|s|)$ 被某 V_x 包含. 令 $\tilde{f}=rg$ 即可.

6.K 若 X 为紧 $ANR(\mathscr{M})$ 空间，则存在满足下述条件的 $\eta>0$：设 Y 为空间，若 $f,g:Y\to X$ 为满足 $\rho(f(y),g(y))<\eta$，$y\in Y$ 的连续映射(ρ 为 X 的距离)，则存在连结 f 和 g 的同伦 H. 而且对于使 $f(y)=g(y)$ 的 $y\in Y$ 可使 $H(y,t)=f(y)$.

提示 令 $\varepsilon=\infty$，使用 6.J 提示的方法. 在 X 的各点 x 取 6.J 的邻域 V_x，以 $\{V_x\cap X\}$ 的 Lebesgue 数做为 η 即可. 关于各 $y\in Y$，$\{f(y)\}\cup\{g(y)\}$ 被某 V_x 包含，故可线性扩张到 $\{y\}\times I$，得到 $H':Y\times I\to W$. 令 $H=rH'$ 即可.

6.L 令 X 为紧 $ANR(\mathscr{M})$ 空间，Y 为紧 T_2 空间，$f:Y\to X$ 为连续映射. 对于任意 $\varepsilon>0$，存在复形 $|K|$，连续映射 $\varphi:Y\to|K|$，$\psi:|K|\to X$，使 $\rho(f(y),\psi\varphi(y))<\varepsilon$，$y\in Y$ 且 $f\sim\psi\varphi$. 可取得使 φ 为到上的映射.

提示 令 6.K 的 η 为 ε_1，对于给与的 ε，令 $\varepsilon_2=1/2\min(\varepsilon,\varepsilon_1)$. 令 ξ 为对于 ε_2 由 6.J 存在的正数. 设 $\mathscr{U}$ 为 Y 的有限开覆盖且关于各 $U\in\mathscr{U}$，使 $\delta(f(U))<\xi/2$(δ 为直径)，设 K 为 $\mathscr{U}$ 的神经复形，$\varphi:Y\to|K|$ 为正准映射. 选对应于 K 的顶点 $U\in\mathscr{U}$ 的点 y_u，令 $\psi'(u)=f(y_u)$. 关于各 $s\in K$，$|s|$ 的顶点集在 ψ' 下的象具有直径 $<\xi$. 由 6.J 存在 ψ' 的扩张

$$\psi:|K|\to X,\ \delta(\psi|s|)<\varepsilon_2,\ s\in K.$$

关于各 $y\in Y$

$$\rho(f(y),\ \psi\phi(y))<\eta+\varepsilon_2\leqslant 2\varepsilon_2=\min(\varepsilon,\ \varepsilon_1).$$

为了说明ϕ可以是到上的映射，设$|s|$为$|K|$的主单形(不能是其它不同的单形的边单形的单形)，而 $\phi(\phi^{-1}(|s|))\subsetneqq|s|$. 点

$$p\in|s|-|\dot{s}|\cup\phi(\phi^{-1}(|s|))$$

存在. $|\dot{s}|$是$|s|-\{p\}$的收缩核，故设保核收缩为$r:|s|-\{p\}\to|\dot{s}|$，若定义$\phi':Y\to|K|$，使其在$\phi^{-1}(|K|-|s|)$上为ϕ，在$\phi^{-1}(|s|)$上为$r\phi$，则ϕ'是连续的，且$\phi'(Y)\cap(|s|-|\dot{s}|)=\phi$. 若这个操作在不被$Y$的像包含的单形上相继施行，则因$|K|$是有限的，故得到它的子复形$|L|$及到上的映射$\tilde{\phi}:Y\to|L|$. 若令$\tilde{\psi}=\psi|L|$，则$\tilde{\phi},\tilde{\psi},|L|$即为所求.

6.M 设X为空间，$A\subset X$. 当存在同伦$H:A\times I\to X$,$H(a,0)=a$, $H(a,1)=x_0$ (X的一点), $a\in A$时，A称为在X可缩.对于各点x的任意邻域U,在U中可缩的x的邻域V存在时，称X为局部可缩. 当$\mathscr{Q}$为$\mathscr{N}$, $\mathscr{PN}$, $\mathscr{CN}$, $\mathscr{P}$, $\mathscr{M}$, $\mathscr{SM}$的族之一时，$ANR(\mathscr{Q})$空间是局部可缩的.

提示 参考35.3.

6.N 设A在X可缩. 对于任意的闭单形$|s|$，连续映射$f:|\dot{s}|\to A$具有扩张$\tilde{f}:|s|\to X$.

提示 设$H:A\times I\to X$为表示可缩性的同伦. 取$p\in|s|-|\dot{s}|$. 用$|\dot{s}|$的点y和$t\in I$表示$|s|$的各点x为$x=(1-t)y+tp$. 用这个表现定义$\tilde{f}(x)=H(f(y),t)$即可.

6.O 设X为局部可缩的仿紧T_2空间，$|K|_W$为具有有限维弱拓扑的复形. 对于X的任意开覆盖$\mathscr{U}$,存在满足下述条件的开覆盖$\mathscr{V}$: V为K的顶点集,若$f:V\to K$为关于各$s\in K$,$f(|s|\cap V)$被$\mathscr{V}$的某个元包含的映射,则f具有扩张$\tilde{f}:|K|_W\to X$. 关于各$s\in K$,$\tilde{f}(|s|)$被$\mathscr{U}$的某个元包含.

提示 使用 $\dim K$ 的归纳法. 选$\mathscr{V}$为$\mathscr{U}$的星加细，$\mathscr{W}$为$\mathscr{V}$的局部有限加细,使它的各元在$\mathscr{V}$的某元中可缩. 若$f:|K^{n-1}|_W\to X$是关于K的各n单形s,使$f(|\dot{s}|)$被某个$\mathscr{W}$的元包含的映射,指出可构成f的扩张$\tilde{f}:|K^n|_W\to X$为关于各$s\in K^n-K^{n-1}$,使$\tilde{f}(|s|)$被$\mathscr{U}$的某元包含(反复使用6.N). K^n表示K的n骨架.

6.P 若X为R^n的闭集且局部可缩，则X是R^n的邻域收缩核. 于是有$X\in ANR(\mathscr{S})$.

提示 和32.10同样构成具有n维弱拓扑的复形P和连续映射$f:R^n\to P\cup X$,$f|X=$恒等映射. 考虑将恒等映射$X\to X$扩张到X在$P\cup X$的邻域上.反复使用6.O构成此扩张.

第七章 逆极限和展开定理

§36 覆盖维数

36.1 定义 设X为拓扑空间. 当X的任意有限开覆盖都具有阶数不超过$n+1$的开加细时,称为X的覆盖维数至多是n,写作$\dim X \leqslant n$. 当$\dim X \leqslant n$但非$\dim X \leqslant n-1$时,写作$\dim X = n$,称为X的覆盖维数是n. ($n=0$的情形已由14.3定义. 如那里所述,若$\dim X=0$,则X为正规的. 上述定义是以正规空间为对象的覆盖维数的定义. 一般情形参考7. A.)

36.2 引理 若A为空间X的闭集,则$\dim A \leqslant \dim X$.

证明是显然的.

36.3 引理 正规空间X的任意局部有限开覆盖具有如下的局部有限开加细$\mathscr{U}$: 设$K_{\mathscr{U}}$为$\mathscr{U}$的神经复形,则关于$K_{\mathscr{U}}$的各顶点u,以u为顶点的单形的维数是有界的. 即

$$\sup_{u \in s \in K_{\mathscr{U}}} \dim s < \infty.$$

证明 若$\mathscr{W}$为X的局部有限开覆盖,则由32.5,存在正准映射$\phi: X \to |K_{\mathscr{W}}|$. 设$w$表示对应于$W \in \mathscr{W}$的顶点. 由32.4, $\phi^{-1}(\mathrm{St}(w)) \subset W$成立. 由此,对于$|K_{\mathscr{W}}|$的开覆盖$\{\mathrm{St}(w): w \in V\}$ (V是$K_{\mathscr{W}}$的顶点集),如果构成满足引理条件的局部有限加细即可. 设$K_{\mathscr{W}}=K$,以$s^n = w_0 \cdots w_n$表示具有顶点$w_i (i=0,\cdots,n)$的K的n单形. 设$K^n (n=0,1,\cdots)$为K的n骨架. 首先对于K的各单形$s^n = w_0 \cdots w_n$作如下的邻域列:

$$U_\gamma(s^n) = \left\{ x \in |K| : \sum_{i=0}^{n} x(w_i) > 1 - (\gamma+1)(\gamma+2)^{-1} \cdot 2^{-n-2} \right\}, \ \gamma = 0,1,2,\cdots,$$

$$\overline{U}_\gamma(s^n)=\left\{x\in|K|:\sum_{i=0}^{n}x(w_i)\geqslant 1-(\gamma+1)(\gamma+2)^{-1}\right.$$

$$\left.\cdot 2^{-n-2}\right\},\ \gamma=0,1,2,\cdots,$$

$$U_\omega(s^n)=\left\{x\in|K|:\sum_{i=0}^{n}x(w_i)>1-2^{-n-2}\right\},$$

$$\overline{U}_\omega(s^n)=\left\{x\in|K|:\sum_{i=0}^{n}x(w_i)\geqslant 1-2^{-n-2}\right\},$$

在此 $x(w)$ 表示在 w 的重心坐标. $U_\gamma(s^n)$, $U_\omega(s^n)$ 是开集, $\overline{U}_\gamma(s^n)$, $\overline{U}_\omega(s^n)$ 是其闭包. 对于 K 的子复形 L, 令

$$U_\gamma(L)=\bigcup_{s\in L}U_\gamma(s).$$

$\overline{U}_\gamma(L)$, $U_\omega(L)$, $\overline{U}_\omega(L)$ 等可类似地定义.

首先指出 $\overline{U}_\gamma(L)$, $\overline{U}_\omega(L)$ 为闭集. 设 $x\in|K|-\overline{U}_\gamma(L)$. $s^n=w_h\cdots w_i\cdots w_j$ 为 x 的支集. $s^n\in K-L$. 令

$$U=U_\gamma(s^n)-\bigcup\{\overline{U}_\gamma(s'):s'\prec s^n,\ s'\in L\}.$$

因 s^n 仅具有有限个边单形, 故

$$\bigcup\{\overline{U}_\gamma(s'):s'\prec s^n,\ s'\in L\}$$

为不含点 x 的闭集. 于是 U 是 x 的邻域. 令 $y\in U\cap\overline{U}_\gamma(L)$. 关于某 $s^m\in L$, $s^m\not\prec s^n$, 有 $y\in\overline{U}_\gamma(s^m)$. 令 $s^m=w_i\cdots w_j\cdots w_k$. 若令 $s^q=w_i\cdots w_j$, 则

$$|s^q|=|s^m|\cap|s^n|,\ s^q\in L, s^q\prec s^n,\ q<m,\ n$$

(有时 s^q 为空集). 因

$$y\notin\overline{U}_\gamma(s^q),\ y\in U_\gamma(s^n)\cap\overline{U}_\gamma(s^m),$$

故

$$\begin{aligned}
&y(w_h)+\cdots+y(w_i)+\cdots+y(w_j)\\
&\quad>1-(\gamma+1)(\gamma+2)^{-1}\cdot 2^{-n-2}\\
&\quad\geqslant 1-(\gamma+1)(\gamma+2)^{-1}\cdot 2^{-q-3},\\
&y(w_i)+\cdots+y(w_j)+\cdots+y(w_k)\\
&\quad\geqslant 1-(\gamma+1)(\gamma+2)^{-1}\cdot 2^{-m-2}\\
&\quad\geqslant 1-(\gamma+1)(\gamma+2)^{-1}\cdot 2^{-q-3},
\end{aligned}$$

$$y(w_i)+\cdots+y(w_j)$$
$$<1-(\gamma+1)(\gamma+2)^{-1}\cdot 2^{-q-2}.$$

若作(第 1 式)+(第 2 式)-(第 3 式)，则 $y(w_h)+\cdots+y(w_i)+\cdots+y(w_j)+\cdots+y(w_k)>1$，故得到矛盾．于是 $U\cap\overline{U}_\gamma(L)=\varnothing$．同样的，$\overline{U}_\omega(L)$ 也是闭集．

其次，关于各 $w\in V$，令

$$U(w)=\mathrm{St}(w)-\overline{U}_\omega(B_w).$$

在此 B_w 是 w 的索．今指出 $\mathscr{U}=\{U(w):w\in V\}$ 做成 $|K|$ 的局部有限开覆盖．设 $x\in|K|$．若 $s=w_0\cdots w_n$ 为 x 的支集，$x(w_i)$ 为 $x(w_j)(j=0,\cdots,n)$ 的最大数，则 $x\in U(w_i)$．否则，若 $x\notin U(w_i)$，则关于 B_{w_i} 的某单形 $s'=w_k\cdots w_l$ 有 $x\in U_\omega(s')$．若 $\dim s'=t$，则

$$x(w_k)+\cdots+x(w_l)\geqslant 1-2^{-t-2}.$$

因 $x(w_i)$ 不小于 $x(w_k),\cdots,x(w_l)$ 中的任一个，故

$$x(w_i)\geqslant(1-2^{-t-2})/(t+1)>2^{-t-2}.$$

于是

$$x(w_i)+x(w_k)+\cdots+x(w_l)>1,$$

而产生矛盾．于是 $x\in U(w_i)$，而 $\mathscr{U}$ 覆盖 X．而且点 x 的邻域 $U_\omega(s)$ 对于 s 的顶点 w 仅和 $U(w)$ 相交，故 $\mathscr{U}$ 是局部有限的．令

$$W_0=U_0(K^0),\ W_1=U_1(K^1),\ W_n=U_n(K^n)-\overline{U}_{n-2}(K^{n-2}),$$
$$n=2,3,\cdots.$$

设 $\mathscr{W}=\{W_n:n=0,1,\cdots\}$，则 $\mathscr{W}$ 是 $|K|$ 的二阶局部有限开覆盖．实际上，对于 $x\in|K|$，若取使 $x\in\overline{U}_m(K^m)$ 成立的最小的 m，则

$$x\in U_{m+1}(K^{m+1})\ \text{且}\ x\notin\overline{U}_{m-1}(K^{m-1}).$$

于是 $x\in W_{m+1}$．故 $\mathscr{W}$ 是覆盖．而且若 $|n-m|>2$，则

$$W_n\cap W_m=\varnothing,$$

故 $\mathscr{W}$ 是 2 阶局部有限的．最后，令

$$\mathscr{V}=\{W_n\cap U(w):n=0,1,2,\cdots,w\in V\}.$$

为了指出 $\mathscr{V}$ 为所求的加细，首先注意 $\mathscr{V}$ 是 $\{\mathrm{St}(w):w\in V\}$ 的局

部有限加细．其次，若 $x \in W_n \cap U(w)$，则 $x \in U_n(K^n) \cap U(w)$，故关于某 q 单形 s^q，$q \leqslant n$，有 $x \in U_n(s^q) \cap U(w)$．

若 $w' \notin s^q$ 则 $U(w') \cap U_n(s^q) \subset U(w') \cap \overline{U}_\omega(s^q) = \emptyset$，故 x 至多属于 $\mathscr{U}$ 的 $q+1$ 个元．因 $\mathscr{W}$ 的阶数为 2，故 x 至多属于 $\mathscr{V}$ 的 $2(q+1)$ 个元．由此 $\mathscr{V}$ 满足引理的条件．□

36.4 引理 设 K 为复形，V 为其顶点集．若 $\dim K \leqslant n$，则 $|K|$ 的开覆盖 $\{\mathrm{St}(v): v \in V\}$ 具有阶数 $\leqslant n+1$ 的局部有限开加细．

证明 关于各单形 $s \in K$，设 b_s 为 $|s|$ 的重心．考虑 K 的 2 阶重心加细 Sd^2K，令 $F_s = \mathrm{Cl}_{|K|}\tilde{\mathrm{St}}(b_s)$（$\tilde{\mathrm{St}}$ 是 $|\mathrm{Sd}^2K|$ 的星型集）．若 $\mathscr{F} = \{F_s: s \in K\}$，则 $\mathscr{F}$ 是 $\{\mathrm{St}(v): v \in V\}$ 的局部有限闭加细．因 $\mathscr{F}$ 的神经复形为 $\mathrm{Sd}K$，故 $\mathrm{ord}\mathscr{F} \leqslant n+1$．因 $|K|$ 为度量空间，故可构成它的局部有限开覆盖 $\mathscr{U} = \{U_s: s \in K\}$，使 $U_s \supset F_s$，$s \in K$，$\mathscr{U} \approx \mathscr{F}$ 且细分 $\{\mathrm{St}(v): v \in V\}$．□

36.5 定理（Dowker-Morita） 关于正规空间 X，下述条件等价：

(1) $\dim X \leqslant n$．

(2) X 的任意局部有限开覆盖具有阶数不超过 $n+1$ 的局部有限开加细．

(3) n 球面 S^n 是 X 的扩张子．

证明 (2)$\Longrightarrow$(1)是明显的．

(1)$\Longrightarrow$(3) 将 S^n 看做 $(n+1)$ 单形 T 的边界 $\dot{T}$．设 v_i($i=0,\cdots,n+1$) 为 $\dot{T}$ 的顶点，令

$$\mathscr{U} = \{\mathrm{St}(v_i): i = 0, \cdots, n+1\}$$

($\mathrm{St}(v)$ 为在 $\dot{T}$ 的星型集)．设 X 为 $\dim X \leqslant n$ 的正规空间，A 为 X 的闭集，$f: A \to \dot{T}$ 为连续映射．因 $\dim X \leqslant n$，故可取 X 的有限开覆盖 $\mathscr{W}$，它的阶数 $\leqslant n+1$ 且使 $\mathscr{W} \cap A$ 是 $f^{-1}\mathscr{U}$ 的加细． 设 $K_{\mathscr{W}}, L_{\mathscr{W}}$ 为 $\mathscr{W}$，$\mathscr{W} \cap A$ 的神经复形． $L_{\mathscr{W}}$ 可看做 $K_{\mathscr{W}}$ 的子复形．设 $\phi: X \to |K_{\mathscr{W}}|$ 为正准映射，则 $\phi(A) \subset |L_{\mathscr{W}}|$．对于 $L_{\mathscr{W}}$ 的各顶点 w，选 v_i 使 $W \cap A \subset f^{-1}(\mathrm{St}(v_i))$ 以确定 $\psi(\omega) = v_i$．对应 ψ 确定单

形映射 $\bar{\Phi}:|L_{\Psi}|\to\dot{T}$. 因 $\dim K_{\Psi}\leqslant n$, 故 $\bar{\Phi}$ 容易扩张为单形映射 $\tilde{\Phi}:|K_{\Psi}|\to\dot{T}$. 为此，选择 $\dot{T}$ 的一个顶点 v_0,使每个不属于 L_{Ψ}的 K_{Ψ} 的顶点全对应 v_0 即可(6.D). 考虑映射 f 和 $\tilde{\Phi}\phi/A$. 对于各 $a\in A$,容易看出 $f(a)$ 和 $\tilde{\Phi}\phi(a)$ 都属于 $\dot{T}$ 的某闭单形. 由

$$H_1(x,0)=\tilde{\Phi}\phi(x),$$

$$x\in X,\ H_1(a,t)=(1-t)\tilde{\Phi}\phi(a)+tf(a),(a,t)\in A\times I,$$

确定 $H_1:X\times\{0\}\cup A\times I\to\dot{T}$. 今指出在$X\times I$ 中存在 $A\times I$ 的邻域W和 H_1 的扩张 $H_2:X\times\{0\}\cup W\to\dot{T}$. 从而用与 34.6 的证明同样的方法,可得 H_1 的扩张$\tilde{H}:X\times I\to\dot{T}$. 故若定义 $\tilde{f}:X\to\dot{T}$ 为

$$\tilde{f}(x)=\tilde{H}(x,1)\quad x\in X,$$

则 $\tilde{f}$ 为 f 的扩张. 首先,若 $X\times I$ 为正规的,则 $\dot{T}\in NES(\mathscr{N})$,故 W和 H_2 的存在是明显的. 一般的情形如下进行. 因X是正规的而 $T\in ES(\mathscr{N})$, 故 f 具有扩张 $f_1:X\to T$. 确定 $H_3:X\times I\to T$ 为

$$H_3(x,t)=(1-t)\bar{\Phi}\phi(x)+t\cdot f_1(x),\ (x,t)\in X\times I.$$

若任取 $p_0\in T-\dot{T}$,则 $\dot{T}$ 是 $T-\{p_0\}$ 的收缩核. 令 $r:T-\{p_0\}\to\dot{T}$ 为保核收缩. 若令

$$W=H_3^{-1}(T-\{p_0\}),$$

则W是 $X\times\{0\}\cup A\times I$, 从而是 $A\times I$ 的邻域. $H_2=rH_3|W:W\to\dot{T}$ 即为所求的 H_1 的扩张.

(3)$\Longrightarrow$(2) 设$\mathscr{U}$为X的局部有限开覆盖. 可设$\mathscr{U}$满足 36.3 的性质. 设 $K_{\mathscr{U}}$ 为 $\mathscr{U}$ 的神经复形,$\phi:X\to|K_{\mathscr{U}}|$为满足下述条件的正准映射: 对于各 $x\in X$, 它的某邻域 V_x 和 $K_{\mathscr{U}}$ 的有限子复形 L_x 存在, 使 $\phi(V_x)\subset|L_x|$ (这种 ϕ的存在, 在 32.5 的证明中已被指出. 在以后的讨论中,将此 V_x 和 L_x看做是固定的). 设 Λ_1 为 $\dim s>n$ 的 $K_{\mathscr{U}}$ 的主单形 s (不为其他单形的真的边单形的单形)全体集合. 设 K_1 为由 $K_{\mathscr{U}}$除去 Λ_1 的所有单形的子复形. 对于 $s\in\Lambda_1$,若 $\dim s=k$,则$|\dot{s}|$是$(k-1)$球面,而且 $n\leqslant k-1$,故映射 $\phi|\phi^{-1}(|\dot{s}|):\phi^{-1}(|\dot{s}|)\to|\dot{s}|$ 由(3)具有扩张 $\phi_s:\phi^{-1}(|s|)\to|\dot{s}|$. 由

$$\phi_1|\phi^{-1}(|K_1|)=\phi|\phi^{-1}(|K_1|),\ \phi_1|\phi^{-1}(|s|)=\phi_s,\ s\in\Lambda_1,$$

定义 $\phi_1:X\to|K_{\mathscr{U}}|$，则 $\phi_1(X)\subset|K_1|$，而且对于 $K_{\mathscr{U}}$ 的各顶点 u，有 $\phi_1^{-1}(\mathrm{St}(u))\subset\phi^{-1}(\mathrm{St}(u))$ 成立．由 ϕ_1 的作法得到

$$\phi_1(V_x)\subset|L_x|,\ x\in X.$$

于是 ϕ_1 是连续的．由 ϕ 作 ϕ_1 的操作继续进行，对于各 $i=1,2,\cdots$，得到 $K_{\mathscr{U}}$ 的子复形 K_i 及连续映射 $\phi_i:X\to|K_{\mathscr{U}}|$ 的如下序列：

(4) $\phi_i(X)\subset|K_i|$ 且 $\phi_i(V_x)\subset|L_x|$，$x\in X$.

(5) K_{i+1} 是从 K_i 除去其主单形 s 中 $\dim s>n$ 者全体得到的.

(6) $\phi_{i+1}|\phi_i^{-1}(|K_{i+1}|)=\phi_i|\phi_i^{-1}(|K_{i+1}|)$.

(7) 对于 $K_{\mathscr{U}}$ 的各顶点 u，有 $\phi_{i+1}^{-1}(\mathrm{St}(u))\subset\phi_i^{-1}(\mathrm{St}(u))$.

因覆盖 $\mathscr{U}$ 具有 36.3 的性质，故关于各 $x\in X$ 存在整数 n_x，使在 L_x 中最少有一个顶点的 $K_{\mathscr{U}}$ 的单形的维数不超过 n_x．由(4)，(5)，(6)关于任意的 $i,j\geqslant n_x$ 有 $\phi_i|V_x=\phi_j|V_x$ 成立．由此可定义 ϕ_i 的极限映射 $\tilde{\phi}:X\to|K_{\mathscr{U}}|$．由(4)，(6)存在 $\tilde{\phi}(V_x)\subset|L_x|$，故 $\tilde{\phi}$ 是连续的．若令 $\bigcap_{i=1}^{\infty}K_i=\widetilde{K}$，则由(4)，(5)有 $\dim\widetilde{K}\leqslant n$ 且 $\tilde{\phi}(X)\subset|\widetilde{K}|$．又由(7)，对于 $K_{\mathscr{U}}$ 的各顶点 u，

$$\tilde{\phi}^{-1}(\mathrm{St}(u))\subset\phi^{-1}(\mathrm{St}(u))$$

成立．因各 $\phi^{-1}(\mathrm{St}(u))$ 被 $U\in\mathscr{U}$（对应于 u 的元）包含，故 $\{\tilde{\phi}^{-1}(\mathrm{St}(u))\}$ 是 $\mathscr{U}$ 的加细．因 $\dim\widetilde{K}\leqslant n$，故由 36.4，存在 $|\widetilde{K}|$ 的局部有限开覆盖 $\mathscr{V}$，其阶数 $\leqslant n+1$ 且是 $\{\mathrm{St}(u)\}$ 的加细．因 $\tilde{\phi}(X)\subset|\widetilde{K}|$，故 $\tilde{\phi}^{-1}\mathscr{V}$ 是 $\mathscr{U}$ 的局部有限加细且其阶数 $\leqslant n+1$. 由此，(2)成立．□

36.6 定理（加法定理） (1) 若 X 为正规空间，$\{A_i:i=1,2,\cdots\}$ 为 X 的闭覆盖，且关于各 i，$\dim A_i\leqslant n$，则 $\dim X\leqslant n$.

(2) 空间 X 关于它的闭覆盖 $\{A_\alpha:\alpha\in\Lambda\}$ 具有 Whitehead 弱拓扑，若各 $A_\alpha(\alpha\in\Lambda)$ 是正规的且 $\dim A_\alpha\leqslant n$，则 $\dim X\leqslant n$.

证明 由35.5若能证明 S^n 是 X 的扩张子即可(在(2)的情形，

由 24.4，X 是正规的). 只就 (1) 给与证明 ((2)用同样的方法容易证得). 设 A 为 X 的闭集，$f: A \to S^n$ 为连续映射. 因 $\dim A_1 \cap A \leqslant \dim A_1 \leqslant n$ (36.2)，故 f 可扩张为 $f_1': A \cup A_1 \to S^n$(36.5). 因 S^n 是 $NES(\mathscr{N})$(32.19，35.10(4))，故 $A \cup A_1$ 在 X 的闭邻域 V_1 和 f_1' 的扩张 $f_1: V_1 \to S^n$ 存在. 如此继续作出序列 $\{V_i\}$，$\{f_i\}$，使 V_i 是 $V_{i-1} \cup A_{i-1}$ 的闭邻域，$f_i: V_i \to S^n$ 是 f_{i-1} 的扩张. 最后若定义 $g: X \to S^n$ 为

$$g|\operatorname{Int}V_i = f_i|\operatorname{Int}V_i, \quad i = 1, 2, \cdots,$$

则 g 是 f 的扩张. □

36.7 定理 (Vopenka) 度量空间 X 是 $\dim X \leqslant n$ 的充要条件是存在如下的开覆盖列 $\{\mathscr{U}_i\}$:

(1) $\mathscr{U}_i > \mathscr{U}_{i+1}$，$i = 1, 2, \cdots$.

(2) 关于各 $x \in X$，$\{\mathscr{U}_i^{\wedge}(x): i = 1, 2, \cdots\}$ 是 x 的邻域基.

(3) $\operatorname{ord}\mathscr{U}_i \leqslant n + 1$，$i = 1, 2, \cdots$.

证明 必要性由 18.1 和 36.5 (2) 是明显的. 为了证明充分性，设 $\mathscr{W}$ 为 X 的有限开覆盖. 令

$$\mathscr{U}_i = \{U(\alpha_i): \alpha_i \in A_i\}, \ i = 1, 2, \cdots,$$

任意确定加细映射 $f_i^{i+1}: A_{i+1} \to A_i$，使得若 $f_i^{i+1}(\alpha_{i+1}) = \alpha_i$，则 $U(\alpha_{i+1}) \subset U(\alpha_i)$. 各 f_i^{i+1} 可看做到上的映射. 对于 $i < j$，令 $f_i^j = f_i^{i+1} \cdots f_{j-1}^j$，$f_i^i$ = 恒等映射. $X_0 = \varnothing$，如下确定 X_i，$i = 1, 2, \cdots$.

$$X_i = \bigcup\{U(\alpha_i): \mathscr{U}_i(U(\alpha_i)) \text{ 被 } \mathscr{W} \text{ 的某元包含}\},$$

由(2)$\{X_i\}$是 X 的开覆盖. 关于各 $i = 1, 2, \cdots$，令

$$B_i = \{\alpha_i: U(\alpha_i) \cap X_i \neq \varnothing\},$$

$$C_i = \left\{\alpha_i \in B_i: U(\alpha_i) \cap \left(\bigcup_{j<i} X_j\right) = \varnothing\right\},$$

$$D_i = \left\{\alpha_i \in B_i: U(\alpha_i) \cap \left(\bigcup_{j<i} X_j\right) \neq \varnothing\right\},$$

则 $B_1 = C_1$，$B_i = C_i \cup D_i$，$C_i \cap D_i = \varnothing$，$i > 1$. 关于各 $i < j$，$\alpha_i \in C_i$，令

$$D_j(\alpha_i) = \{\alpha_j: f_i^j(\alpha_j) = \alpha_i, f_k^j(\alpha_j) \in D_k, k = i + 1, \cdots, j\}.$$

若 $i < k \leqslant j$，则 $f_k^j(D_j(\alpha_i)) \subset D_k^{(\alpha_i)}$，且

$$D_j = \bigcup \{D_j(\alpha_i): \alpha_i \in C_i,\ i < j\}$$

成立. 关于各 $\alpha_i \in C_i$，令

$$V(\alpha_i) = (U(\alpha_i) \cap X_i) \cup (\bigcup \{U(\alpha_j) \cap X_j: \alpha_j \in D_j(\alpha_i),\ i < j\}),$$

$$\mathscr{V} = \{V(\alpha_i): \alpha_i \in C_i,\ i = 1, 2, \cdots\}.$$

今证明 $\mathscr{V}$ 是 X 的开覆盖，$\mathrm{ord}\mathscr{V} \leqslant n+1$ 且 $\mathscr{V} < \mathscr{U}$. 令 $x \in X$. 确定 j 使 $x \in X_j - \bigcup\limits_{i<j} X_i$. 取 $x \in U(\alpha_j)$，$\alpha_j \in B_j$. 若 $\alpha_j \in C_j$，则 $x \in U(\alpha_j) \cap X_j \subset V(\alpha_j)$. 而且若 $\alpha_j \in B_j - C_j = D_j$，则关于某个 $i < j$，有 $\alpha_j \in D_j(\alpha_i)$，由此 $x \in U(\alpha_j) \cap X_j \subset V(\alpha_i)$，故 $\mathscr{V}$ 是开覆盖. 其次，任取 $V(\alpha_i) \in \mathscr{V}$，$\alpha_i \in C_i$. 因

$$U(\alpha_i) \supset V(\alpha_i) \supset U(\alpha_i) \cap X_i \neq \varnothing,$$

故有 $\beta_i \in A_i$，使 $U(\beta_i) \cap U(\alpha_i) \neq \varnothing$，且 $\mathscr{U}_i(U(\beta_i))$ 被 $\mathscr{W}$ 的某元 W 包含. 故 $V(\alpha_i) \subset U(\alpha_i) \subset W$. 由此 $\mathscr{V} < \mathscr{W}$. 最后为了证明 $\mathrm{ord}\mathscr{V} \leqslant n+1$，假设不如此，则存在点 $x \in X$ 和 $n+2$ 个指标 $\alpha^1, \cdots, \alpha^{n+2}$，使

$$x \in V(\alpha^i),\ \alpha^i \in C_{m_i},\ i = 1, \cdots, n+2.$$

设 $x \in X_k - \bigcup\limits_{j<k} X_j$. 因

$$V(\alpha^i) \subset U(\alpha^i) \text{ 且 } U(\alpha^i) \cap (\bigcup \{X_j: j < m_i\}) = \varnothing,$$

故 $m_i \leqslant k$，$i = 1, \cdots, n+2$. 若 $m_i < k$，则由 $V(\alpha^i)$ 的定义，存在某 $j(i) \geqslant k$ 和 $\beta_i \in D_{j(i)}(\alpha^i)$，使 $x \in U(\beta^i)$. 若令 $\gamma^i = f_k^{j(i)}(\beta^i)$，则 $x \in U(\gamma^i)$. 由 $m_i < k$，这些 γ^i 全不相同. 若 $m_i = k$，则由 $V(\alpha^i) \subset U(\alpha^i)$，有 $x \in U(\alpha^i)$. 于是 $U(\alpha^i)$，$m_i = k$，$U(\gamma^i)$，$m_i < k$ $(i = 1, \cdots, n+2)$ 是 $\mathscr{U}_k$ 的相异的元且全含有点 x. 这和(3)相反. □

36.8 命题 若 K 为 n 维复形，则 $\dim|K| \leqslant n$，$\dim|K|_W \leqslant n$.

证明 取 K 的 i 次重心加细 $\mathrm{Sd}^i K$，设 $\mathscr{U}_i$ 为由 $|\mathrm{Sd}^i K|$ 的星型集构成的 $|K|$ 的开覆盖，由 31.14，$\mathscr{U}_i^{\triangle}$ 各元的直径不超过 $4 \times 2(n/n+1)^i$. 由此 $\{\mathscr{U}_i^{\triangle}(x): i = 1, 2, \cdots\}$ 作成点 $x \in X$ 的邻域基.

故序列 $\{\mathscr{U}_i: i=1,2,\cdots\}$ 满足 36.7 的条件,所以 $\dim|K| \leqslant n$.另外,关于 $|K|_W$ 的各闭单形 $|s|$,有

$$\dim|s| \leqslant \dim|K| \leqslant n,$$

因 $|K|_W$ 是关于 $\{|s|: s \in K\}$ 具有 Whitehead 弱拓扑,故由 36.6 有 $\dim|K|_W \leqslant n$. □

对于 n 维闭单形 $|s^n|$ 已知 $\dim|s^n| \geqslant n$. 在本书中没有给出本定理的证明. 由此事实与 36.8, 对于 n 维复形 K, $\dim|K| = \dim|K|_W = n$ 成立. 特别地,关于 Euclid 空间 R^n, n 胞腔 E^n, 有

$$\dim R^n = \dim E^n = n.$$

36.9 定理 设 X 为 $\dim X \leqslant n$ 的正规空间, Y 为度量空间, $f: X \to Y$ 为连续映射. 此时,存在度量空间 Z, $\dim Z \leqslant n$, $w(Z) \leqslant w(Y)$, 及连续映射 $g: X \to Z$, $h: Z \to Y$, 使 $f = hg$. 在此 g 可取为到上的映射.

证明 可假设 Y 为无限集. 设 $\{\mathscr{W}_i: i=1,2\cdots\}$ 为 $\mathscr{W}_i > \mathscr{W}_{i+1}$, $|\mathscr{W}_i| \leqslant w(Y)$ $(i=1,2,\cdots)$ 的 Y 的开覆盖列且构成基. 因 $\dim X \leqslant n$, 故反复应用 36.5 (2),可作出 X 的局部有限开覆盖列 $\{\mathscr{U}_i: i=1,2,\cdots\}$ 如下: 对于各 $i=1,2,\cdots$,

$$|\mathscr{U}_i| \leqslant |\mathscr{W}_i|, \ \operatorname{ord}\mathscr{U}_i \leqslant n+1, \ \mathscr{U}_{i+1}^* < \mathscr{U}_i \wedge f^{-1}\mathscr{W}_i,$$

对于列 $\{\mathscr{U}_i\}$,由 26.12 做伪距离 d,设 $Z = X/d$. 设 $g: X \to Z$ 为射影, d_* 为由 d 导入的 Z 的距离. 对于任意 $\varepsilon > 0$ 和 $x \in X$, $S(x,\varepsilon) = g^{-1}(S_*(g(x),\varepsilon))$ (S, S_* 是关于 d, d_* 的邻域),另外,关于各 i, 由 26.12,

$$\mathscr{U}_{i+1}(x) \subset S(x, 2^{-i}) \subset \mathscr{U}_i(x)$$

成立. 因 $\mathscr{W}_i$ 构成 Y 的基,故关于各 $z \in Z$, $f(g^{-1}(z))$ 是由 Y 的一点组成,由 $h = fg^{-1}$ 定义 $h: Z \to Y$. 因

$$h(S_*(z, 2^{-i})) \subset \mathscr{W}_i(h(z))$$

成立,故 h 是连续的. 令

$$\mathscr{V}_i = \{\operatorname{Int} g(U): U \in \mathscr{U}_i\}, \ i=1,2,\cdots.$$

关于各 i,有

$$\operatorname{ord}\mathscr{V}_i \leqslant \operatorname{ord}\mathscr{U}_i \leqslant n+1.$$

为了说明 $\mathscr{V}_i$ 是 Z 的覆盖，令 $z\in Z$. 若取使 $g(x)=z$ 的 $x\in X$，则

$$g^{-1}(S_*(z,2^{-i-1}))\subset\mathscr{U}_{i+1}(x).$$

若取含 $\mathscr{U}_{i+1}(x)$ 的 $U\in\mathscr{U}_i$，则 $g^{-1}(S_*(z,2^{-i-1}))\subset U$，故 $S_*(z,2^{-i-1})\subset\mathrm{Int}g(U)$. 而且 $\mathscr{V}_i^\wedge$ 的各元的直径较 2^{-i+2} 小，故关于各 $z\in Z$，$\{\mathscr{V}_i^\wedge(z)\}$构成邻域基. 由此，$Z$ 的开覆盖列 $\mathscr{V}_i(i=1,2,\cdots)$ 满足 36.7 的条件，故 $\dim Z\leqslant n$. 再者，因$|\mathscr{V}_i|\leqslant|\mathscr{U}_i|$，故 $|\mathscr{V}_i|\leqslant|\mathscr{W}_i|$而 $w(Z)\leqslant w(Y)$ 成立. □

36.10 推论 若X为可分度量空间，则存在X的紧化度量空间 αX，且 $\dim X=\dim\alpha X$.

证明 首先注意，对任意正规空间 X，$\dim X=\dim\beta X$ 成立. 这几乎是明显的. 实际上，对于X的任意有限开覆盖 $\mathscr{U}$，若令 $\widetilde{\mathscr{U}}=\{O(U)=\beta X-\mathrm{Cl}_{\beta X}(X-U):U\in\mathscr{U}\}$，则因 $\mathscr{U}$ 是正规的，故 $\widetilde{\mathscr{U}}$ 是 βX 的开覆盖，且 $\widetilde{\mathscr{U}}\cap X=\mathscr{U}$，$\widetilde{\mathscr{U}}\approx\mathscr{U}$ (20.3, 20.4). 为了完成证明，将可分度量空间X嵌入 I^ω. 由 20.4 包含映射 $X\to I^\omega$ 扩张为 $f:\beta X\to I^\omega$. 由 36.9 有到度量空间

$$\alpha X,\dim\alpha X\leqslant\dim X,w(\alpha X)\leqslant w(I^\omega)=\aleph_0$$

上的映射 $g:\beta X\to\alpha X$，映射$h:\alpha X\to I^\omega$使$f=hg$. 因$\alpha X=g(\beta X)$，故 αX 是紧的. 再者 $g|X:X\to\alpha X$ 显然是嵌入，而 $g(X)$在 αX 中稠密，故 αX 是X的紧化. □

§37. 逆谱和极限空间

37.1 定义 设 $A=\{\alpha\}$ 为有向集，$\{X_\alpha:\alpha\in A\}$ 为以 A 为指标集的空间族，关于各 $\alpha,\beta\in A$，$\alpha<\beta$，存在连续映射 $\pi_\alpha^\beta:X_\beta\to X_\alpha$，关于 $\alpha<\beta<\gamma$，$\alpha,\beta,\gamma\in A$，设 $\pi_\alpha^\gamma=\pi_\alpha^\beta\cdot\pi_\beta^\gamma$ 成立. 这时，系$\{X_\alpha,\pi_\alpha^\beta:\alpha,\beta\in A,\alpha<\beta\}$ 称为 A 上的**逆谱**.

对于逆谱 $\{X_\alpha,\pi_\alpha^\beta:\alpha,\beta\in A,\alpha<\beta\}$，考虑积空间 $\widetilde{X}=\prod_{\alpha\in A}X_\alpha$. 关于各 $\alpha\in A$，设 $\tilde{\pi}_\alpha:\widetilde{X}\to X_\alpha$ 为射影. $\widetilde{X}$ 的下述子空间X称为逆

谱 $\{X_\alpha\}$ 的逆极限，表示为 $\varprojlim\{X_\alpha,\pi_\alpha^\beta\}$，或者简单地 $\varprojlim X_\alpha$: $X=\{x\in\tilde{X}$: 关于各 $\alpha<\beta$, $\alpha,\beta\in A$, $\pi_\alpha^\beta\tilde{\pi}_\beta(x)=\tilde{\pi}_\alpha(x)\}$，即

$$X\ni x=(x_\alpha)_{\alpha\in A},\ x_\alpha\in X_\alpha\Longleftrightarrow\pi_\alpha^\beta(x_\beta)=x_\alpha,\ \alpha<\beta,\ \alpha,\beta\in A.$$

关于各 $\alpha\in A$, $\pi_\alpha=\tilde{\pi}_\alpha|X:X\to X_\alpha$ 称为射影. 若 $\alpha<\beta$, 则 $\pi_\alpha=\pi_\alpha^\beta\pi_\beta$. 当 U_α 为 X_α 的开集时，形如 $\pi_\alpha^{-1}U_\alpha$ 的集合称为 X 的基本开集. 当 $\mathscr{U}_\alpha$ 为 X_α 的开覆盖时，形如 $\pi_\alpha^{-1}\mathscr{U}_\alpha$ 的覆盖称为 X 的基本开覆盖. 对于某个逆谱 $\{X_\alpha\}$，当空间 X 和 $\varprojlim X_\alpha$ 同胚时，称 X 展开为逆谱 $\{X_\alpha\}$.

由下述引理到 37.6，均设 $X=\varprojlim X_\alpha$.

37.2 引理 X 的基本开集族作成 X 的基.

证明 若 W 为 $x=(x_\alpha)_{\alpha\in A}$ 的任意邻域，则关于 A 的有限集 B 和各 $\beta\in B$，存在 x_β 在 X_β 的开邻域 U_β，使

$$x\in\left(\prod_{\beta\in\beta}U_\beta\times\prod_{\alpha\notin\beta}X_\alpha\right)\cap X\subset W.$$

因 A 为有向集，故可选 $\gamma\in A$，使对所有的 $\beta\in B$，有 $\beta<\gamma$. 若令 $U_\gamma=\bigcap\limits_{\beta\in B}(\pi_\beta^\gamma)^{-1}U_\beta$，则 U_γ 是 x_γ 的邻域，且 $U=\pi_\gamma^{-1}U_\gamma$ 是含于 W 的基本开集，是点 x 的邻域. □

37.3 引理 若各 X_α 是 T_2 的，则 X 是 $\prod\limits_{\alpha\in A}X_\alpha$ 的闭集.

证明 若 $x=(x_\alpha)_{\alpha\in A}\notin X$，则关于某 $\alpha<\beta$，有 $\pi_\alpha^\beta(x_\beta)\neq x_\alpha$. 于是在 X_α 中取 x_α, $\pi_\alpha^\beta(x_\beta)$ 的不相交邻域 U_α, U'_α，若令

$$U=U_\alpha\times(\pi_\alpha^\beta)^{-1}U'_\alpha\times\prod_{\gamma\neq\alpha,\beta}X_\gamma,$$

则 U 为和 X 不相交的点 x 的邻域. 由此 $\Pi X_\alpha-X$ 为开集. □

37.4 引理 若各 X_α 是紧 T_2 的且非空，则 X 是紧 T_2 的且非空.

证明 由 11.3，$\tilde{X}=\Pi X_\alpha$ 是紧 T_2 的，由 37.3，X 是 $\tilde{X}$ 的闭集，故为紧 T_2 的. 只须指出 X 是非空的. 关于各 $\beta\in A$，令

$$Y_\beta=\{x=(x_\alpha)\in\tilde{X}:\text{若 }\alpha<\beta\text{ 则 }\pi_\alpha^\beta x_\beta=x_\alpha\}.$$

显然 Y_β 是非空的. 又与 37.3 同样，Y_β 是 $\tilde{X}$ 的闭集. 因 A 是有向集，故 $\{Y_\beta:\beta\in A\}$ 是紧空间 $\tilde{X}$ 的具有有限交性质的闭集族. 于是

$X=\bigcap_{\beta\in A} Y_\beta\neq\varnothing$ (11.2). □

在 37.4 考虑各 X_α 为有限集的情形．这时可以得出结论 X 是非空的．这个特殊情形称为 König **引理**．

37.5 引理 若各 X_α 为紧 T_2 的，则 X 的任意开覆盖被某基本开覆盖细分．

证明 设 $\mathscr{W}$ 为 X 的任意开覆盖．根据 X 的紧性及 37.2，可设 $\mathscr{W}$ 为有限覆盖，其各元为基本开集．令 $W_i=\pi_{\alpha_i}^{-1}(U_{\alpha_i})$．$U_{\alpha_i}$ 为 X_{α_i} 的开集．若取 β 关于所有的 i 使 $\alpha_i<\beta$，则

$$\mathscr{U}=\{(\pi_{\alpha_i}^{\beta})^{-1}U_{\alpha_i},\ X_\beta-\pi_\beta(X)\}$$

是 X_β 的开覆盖且 $\pi_\beta^{-1}\mathscr{U}<\mathscr{W}$．□

37.6 定理 若各 X_α 是紧 T_2 的且 $\dim X_\alpha\leqslant n$，则 $\dim X\leqslant n$．

由 37.5 容易推得．

37.7 例 将自然数集 N 按其大小顺序看做有向集，关于各 $i\in N$ 考虑半开区间 $X=(0,2^{-i})$．关于各 $i<j$, $i,j\in N$，令 π_i^j: $X_j\to X_i$ 为包含映射．得到逆谱 $\{X_i,\pi_i^j: i<j,\ i,j\in N\}$．它的逆极限为 $\bigcap_{i\in N}(0,2^{-i}]$，故为空集．因此 37.4 中紧性是必要的．

37.8 例 考虑以 $\Lambda=\{\xi\}$ 为指标的空间族 $\{X_\xi\}$，设 $X=\prod_{\xi\in\Lambda}X_\xi$．设 A 为 Λ 的所有有限子集族．关于 A 的元 α,β 若当 $\alpha\subsetneqq\beta$ 时，定义为 $\alpha<\beta$，则 A 为有向集．关于各 $\alpha\in A$，令 $X_\alpha=\prod_{\xi\in\alpha}X_\xi$．当 $\alpha<\beta$, $\alpha,\beta\in A$ 时，设 $\pi_\alpha^\beta: X_\beta\to X_\alpha$ 为射影，则 $\{X_\alpha,\pi_\alpha^\beta: \alpha<\beta,\alpha,\beta\in A\}$ 为 A 上的逆谱．关于各 $\xi\in\Lambda$，因 $\{\xi\}\in A$，故看做 $\Lambda\subset A$，设 $\pi:\prod_{\alpha\in A}X_\alpha\to\prod_{\xi\in\Lambda}X_\xi$ 为射影，则

$$\pi|\varprojlim X_\alpha:\varprojlim X_\alpha\to\prod_{\xi\in\Lambda}X_\xi=X$$

显然是同胚映射．于是任意的积空间可展开为有限个积组成的逆谱．

37.9 例 设 X 为 R^n 的紧集．设 d 为 R^n 的距离．取 $R^n=|K|$ 的复形 K．设各闭单形 $|s|\in|K|$ 按 d 的直径小于 1．对于各

$i=1,2,\cdots$，考虑重心加细 $\mathrm{Sd}^i K$，设 P_i 为和 X 相交的 $|\mathrm{Sd}^i K|$ 的所有闭单形组成的有限多面体．P_i 的各闭单形的直径当 $i\to\infty$ 时收敛于 0 (31.14)，故 $\{\mathrm{Int}P_i : i\in N\}$ 作成在 R^n 中的 X 的邻域基．关于 $i<j$，设 $\pi_i^j: P_j\to P_i$ 为包含映射，则 $\{P_i, \pi_i^j : i<j, i, j\in N\}$ 为 N 上的逆谱且 $\varprojlim P_i=\bigcap_{i\in N} P_i=X$．此例可一般化如下．

37.10 定理 (Eilenberg-Steenrod) 若 X 为紧 T_2 空间，则存在由有限多面体组成的逆谱 $\{P_\alpha, \pi_\alpha^\beta\}$，使 X 和 $\varprojlim P_\alpha$ 同胚．

证明 由 12.11，X 可看做某平行体空间 $\prod_{\xi\in\Lambda} I_\xi$ 的子集．设 A 为 Λ 的所有有限子集族．关于 $\alpha,\beta\in A$，若由 $\alpha\subsetneqq\beta$ 定义 $\alpha<\beta$，则 A 为有向集．令 $I_\alpha=\prod_{\xi\in\alpha} I_\xi$．设

$$\pi_\alpha:\prod_{\xi\in\Lambda} I_\xi\to I_\alpha, \pi_\alpha^\beta: I_\beta\to I_\alpha, \alpha<\beta, \alpha, \beta\in A$$

为射影 (π_α^α 为恒等映射)．和 37.9 同样，关于各 $\alpha\in A$，在 I_α 中可构成 $\pi_\alpha(X)$ 的邻域族 $\{P_{\alpha,i} : i\in N\}$，而各 $P_{\alpha,i}$ 是有限多面体 ($\{\mathrm{Int}_{I_\alpha}P_{\alpha,i} : i\in N\}$ 是在 I_α 中 $\pi_\alpha(X)$ 的邻域基)．令 $\tilde{A}=A\times N$，关于 $(\alpha,i),(\beta,j)\in\tilde{A}$，当 $\alpha\leqslant\beta$ 且 $\pi_\alpha^\beta(P_{\beta,j})\subset P_{\alpha,i}$ 时，定义 $(\alpha,i)\leqslant(\beta,j)$ ($(\alpha,i)=(\beta,j)\Longleftrightarrow\alpha=\beta$ 且 $i=j$)．按此顺序易知 $\tilde{A}$ 是有向集．考虑逆谱

$$\{P_{\alpha,i}\pi_\alpha^\beta : (\alpha,i)<(\beta,j), (\alpha,i), (\beta,j)\in\tilde{A}\}.$$

$f: X\to\varprojlim P_{\alpha,i}$ 为关于各 $x\in X$，由

$$f(x)=(\pi_\alpha(x))_{(\alpha,i)\in\lambda}$$

确定．立即看出 f 是一一到上的连续映射．因 X 是紧 T_2 的，故 f 是同胚映射．□

§38．紧度量空间的展开

38.1 引理 设 X 为紧 T_2 空间，P 为有限多面体，其距离函数为 d，$f: X\to P$ 为连续映射．这时，对于任意的 $\gamma>0$，有有限多面体 Q，$\dim Q\leqslant\dim X$，到 Q 上的连续映射 $g: X\to Q$，连续映射 p:

$Q \to P$ 存在,使

$$d(f, pg) = \sup\{d(f(x), pg(x)) : x \in X\} \leqslant \gamma.$$

证明 因 P 是紧 $ANR(\mathscr{M})$ (35.8),故引理是 6.L 的结果,或者不使用 6.L,用和 31.18 同样的方法由32.5也容易证明. □

38.2 引理 设 X 为紧 T_2 空间,对于 $i = 1,2,\cdots,n$, P_i 为有限多面体,d_i 为其距离,$f_i:X \to P_i$ 为连续映射. 此时,对于任意给与的 $\gamma_i > 0$, $i = 1,2,\cdots,n$,存在有限多面体 Q, $\dim Q \leqslant \dim X$,及到 Q 上的连续映射 $g:X \to Q$,连续映射 $p_i:Q \to P_i$,使

$$d_i(f_i, p_i g) \leqslant \gamma_i, \ i = 1, 2, \cdots, n.$$

证明 设 $f:X \to P = \prod_{i=1}^{n} P_i$ 定义为$f(x) = (f_i(x))$, $x \in X$. P 的距离 d 定义为

$$d((x_i),(y_i)) = \sum_{i=1}^{n} d_i(x_i, y_i),$$

若关于 P,d,f,γ 应用 38.1,则得到 Q, $g:X \to Q$, $p:Q \to P$. 若令 $\pi_i:P \to P_i$ 为射影, $p_i = \pi_i p$,则关于各 $i = 1, 2, \cdots, n$,有

$$d_i(f_i, p_i g) \leqslant d(f, pg) \leqslant \gamma. \ \square$$

38.3 定理 (Mardešic) 若 X 为紧 T_2 空间,$f:X \to I^\omega$ 为连续映射,则有有限多面体 Q_i 的逆谱$\{Q_i, q_i^j: i < j, i, j \in N\}$, $\dim Q_i \leqslant \dim X$ $(i \in N)$ 到$\varprojlim Q_i$ 上的连续映射 $g:X \to \varprojlim Q_i$,连续映射 $p: \varprojlim Q_i \to I^\omega$ 存在,使 $f = pg$ 成立.

证明 关于各 $i \in N$,设 I^i 为 i 阶立方体(i 个 I 的积),关于 $i < j$,若 $\pi_i^j: I^j \to I^i$ 为射影,则 I^ω 为逆谱$\{I^i, \pi_i^j\}$的逆极限(37.8). 设 $\pi_i: I^\omega \to I^i$ 为射影. 将 I^i 和 I^{i+1} 的子集 $I^i \times \{0\}$ 同样看待,看做 $I^i \subset I^{i+1} \subset I^\omega$. 设 d 为 I^ω 的距离,选取实数列 $\{\gamma_i\}$ $(\gamma_i > 0)$ 如下:

(1) 若 $\lim \gamma_i = 0$, $M_j \subset I^j$, $\delta(M_j) \leqslant 2\gamma_j$,则 $\delta(\pi_i^j(M_j)) \leqslant 2^{i-j}\gamma_j$, $i < j$. 在此 δ 表示直径. 依归纳法,构成满足下述条件的实数列 $\{s_i\}(s_i > 0)$,N 上的有限多面体的逆谱 $\{Q_i, q_i^j\}$,$\dim Q_i \leqslant \dim X$,到上的连续映射 $g_i:X \to Q_i$,连续映射 $p_i:Q_i \to I^i$ (d_i 是

Q_i 的距离).

(2) $d_i(g_i, q_i^{i+1}g_{i+1}) \leqslant \frac{1}{2}s_i, d(\pi_i f, p_i g_i) \leqslant \frac{1}{2}\gamma_i, i \in N$.

(3) 若 $N_i \subset Q_i$, $\delta(N_i) \leqslant s_i$, 则 $\delta(p_i(N_i)) \leqslant \frac{1}{2}\gamma_i, i \in N$.

(4) 若 $N_j \subset Q_j, \delta(N_j) \leqslant s_j$, 则 $\delta(q_i^j(N_j)) \leqslant 2^{i-j}s_i, i < j, i, j \in N$.

这些空间和映射的关系在下图说明. 因 I^i 是有限多面体，所有的映射是一致连续的，故它的存在由反复应用 38.2 可得到（在(4) 中 $q_i^j = q_i^{i+1}\cdots q_{j-1}^j$, $q_i^i =$ 恒等映射). 例如应用 38.1 于 $\pi_1 f$ 及 $\frac{1}{2}\gamma_1$ 上得到 g_1, p_1. s_1 由 p_1 的一致连续性得到，而 g_2, p_2 是应用 38.2 于 $g_1, \pi_2 f, \frac{1}{2}s_1, \frac{1}{2}\gamma_2$ 上得到的. 以下反复如此进行即可. 由(2),(4),

(5) $$d_i(g_i, q_i^j g_j) \leqslant s_i, \quad i \leqslant j$$

成立. 于是若 $j \leqslant k$,则 $d_j(g_j, q_j^k g_k) \leqslant s_j$. 由这和(5)有

$$d_i(q_i^j g_j, q_i^k g_k) \leqslant 2^{i-j}s_i, \quad i < j \leqslant k,$$

故关于各 $i \in N$, $\{q_i^j g_j : j \in N\}$是一致收敛的. 于是

(6) $$g^i = \lim_j q_i^j g_j, \quad i \in N$$

是连续的. 在(5),若 $j \to \infty$, 则

(7) $$d_i(g_i, g^i) \leqslant s_i, \quad i \in N$$

成立. 令 $Q = \varprojlim Q_i$,而 $q^i : Q \to Q_i$ 为射影. 由(6)$g^i = q_i^j g^j (i < j)$ 成立,故映射 $g^i\ (i \in N)$ 确定满足 $g^i = q^i g$ 的连续映射 $g : X \to Q$.

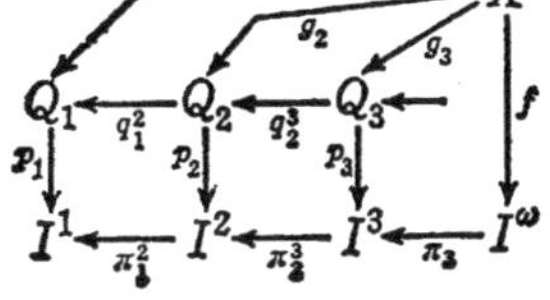

今证明 $g(X)=Q$. 为此，因 X 是紧的，故只若说明 $g(X)$ 在 Q 稠密即可. 设 $y\in Q$，U 为 y 的开邻域. 取 $q^i(y)$ 在 Q_i 的 ε 邻域 U_i 使 $(q^i)^{-1}U_i\subset U$. 若选 j，使 $2^{i-j}s_i<\varepsilon$，则 $g_j(X)=Q_j$，故存在点

$$x\in X,\ g_j(x)=q^j(y).$$

由(7)，有

$$d_j(g_j(x),g^j(x))\leqslant s_j.$$

故由(4)，有

$$d_i(q_i^jg_j(x),q_i^jg^j(x))\leqslant 2^{i-j}s_i<\varepsilon.$$

因

$$q_i^jg_j(x)=q^i(y)\text{ 且 }q_i^jg^j(x)=q^ig(x),$$

故 $q^ig(x)\in U_i$，于是 $g(x)\in U$. 故 $g(X)=Q$.

其次定义 $p:Q\to I^\omega$. 为此，首先由(7)，(3)有 $d(p_ig,p_ig^i)\leqslant\frac{1}{2}\gamma_i$，由这和(2)得到

(8) $$d(\pi_if,p_ig^i)\leqslant\gamma_i,\ i\in N.$$

于此应用(1)有

$$d(\pi_{i-1}f,\pi_{i-1}^ip_ig^i)\leqslant\frac{1}{2}\gamma_{i-1}.$$

若将式中的 i 用 $i+1$ 置换，且结合(8)式，则

$$d(p_ig_i,\pi_i^{i+1}p_{i+1}g^{i+1})\leqslant\frac{3}{2}\gamma_i.$$

由此由(1)有

(9) $$d(p_ig^i,\pi_i^jp_jg^j)\leqslant 2\gamma_i,\ i\leqslant j.$$

于此若应用(1)，则得到

$$d(\pi_i^jp_jg^j,\pi_i^kp_kg^k)\leqslant 2^{i-j}\gamma_i,\ i<j\leqslant k.$$

故

$$\{\pi_i^jp_jg^j:i<j,j\in N\},i\in N$$

是一致收敛的，而

$$p^i=\lim_j\pi_i^jp_jg^j:Q\to I^i,\ i\in N$$

是连续的且满足 $p^i=\pi_i^jp^j$，$i<j$. 于是可定义映射 $p:Q\to I^\omega$，使

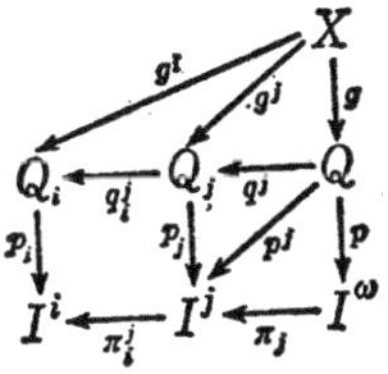

$p^i = \pi_i p, i \in N$. p 显然是连续的. 因 $g^i = q^i g$,故在(9)中,当 $j \to \infty$ 得到

(10) $$d(p_i q^i, p^i) \leqslant 2\gamma_i, \ i \in N.$$

最后,为了指出 $f = pg$, 取 $x \in X$ 和 $\varepsilon > 0$. 因 $I^1 \subset I^2 \subset \cdots \subset I^\omega$, 故有

$$f(x) = \lim_i \pi_i f(x), \ pg(x) = \lim_i p^i g(x).$$

若取 i, 使

$$\max\{d(f(x), \pi_i f(x)), d(pg(x), p^i g(x)), 3\gamma_i\} < \varepsilon/3,$$

则由(8),(10)及 $p_i g^i(x) = p_i q^i g(x)$,有

$$\begin{aligned} d(f(x), pg(x)) &\leqslant d(f(x), \pi_i f(x)) + d(\pi_i f(x), p_i g^i(x)) \\ &\quad + d(p_i q^i g(x), p^i g(x)) + d(p^i g(x), pg(x)) \\ &\leqslant \varepsilon/3 + \gamma_i + 2\gamma_i + \varepsilon/3 < \varepsilon. \end{aligned}$$

于是得到 $f = pg$. □

38.4 推论 (Freudenthal 展开定理) 若 X 为紧度量空间, 则存在 N 上的有限多面体的逆谱

$$\{Q_i, \pi_i^j\}, \ \dim Q_i \leqslant \dim X,$$

各 π_i^j 是到上的映射,使 X 与 $\varprojlim Q_i$ 同胚.

证明 设 $f: X \to I^\omega$ 为嵌入, 若应用 38.3, 则 $g: X \to Q = \varprojlim Q_i$ 是同胚映射. □

下述命题将在下节中用到.

38.5 命题 (1) 若 X 为 $\dim X \leqslant n$ 的正规空间, $Y_i (i = 1, \cdots, k)$ 为度量空间, $f_i: X \to Y_i$ 为连续映射,则有度量空间

$$Q, \dim Q \leqslant n, w(Q) \leqslant \max\{w(Y_i): i = 1, \cdots, k\},$$

到上的连续映射 $g: X \to Q$,连续映射 $p_i: Q \to Y_i$ 存在,使 $f_i = p_i g$,

$i=1,\cdots,k$.

(2) 若 X 为 $\dim X\leqslant n$ 的紧 T_2 空间，$Y_i(i=1,\cdots,k)$ 为紧度量空间，$f_i:X\to Y_i$ 为连续映射，则有紧度量空间 Q，$\dim Q\leqslant n$，到上的连续映射 $g:X\to Q$，连续映射 $p_i:Q\to Y_i$ 存在，使 $f_i=p_ig$，$i=1,\cdots,k$.

证明 为了证明(1)，设 $f:X\to\prod_{i=1}^{k}Y_i$ 定义为 $f(x)=(f_i(x))$，在此应用36.9.得到满足(1)的条件的空间 Q 及到上的连续映射 $g:X\to Q$，连续映射 $p:Q\to\prod_{i=1}^{k}Y_i$ 使 $pg=f$ 者．若令 $\pi_i:\prod_{i=1}^{k}Y_i\to Y_i$ 为射影，$p_i=\pi_ip$，$i=1,\cdots,k$，则满足(1)的全部条件．若用38.3 代替 36.9 即可得到(2)的证明．□

根据 38.4，所有紧度量空间 X 可展开为有限多面体的逆谱 $\{Q_i,\pi_i^j\}$，且各射影 π_i^j 是到上的映射．关于紧 T_2 空间这一事实是否成立？即 37.10 各射影 π_α^β 是否是到上的映射？对于这个问题 Pasynkov 给与了否定的解决．下例即此问题．

38.6 例 (Pasynkov) 不能展开为使各射影 π_α^β 是到上的映射的有限多面体 Q_α 的逆谱 $\{Q_\alpha,\pi_\alpha^\beta\}$ 的紧 T_2 空间 X 存在.

设 $\omega_{\mathfrak{c}}$ 为连续统基数 $\mathfrak{c}$ 的始数，设 Λ 为 $\alpha<\omega_{\mathfrak{c}}$ 的所有序数 α 的良序集．考虑实数 $\gamma_0\in[0,1]$（闭区间），和它相异的有理数 $\gamma_i\in[0,1]$，$i=1,2,\cdots$，$\lim_i\gamma_i=\gamma_0$，设 T 为所有对 $(\gamma_0,\{\gamma_i\})$ 的集合．设 $\Gamma=\{\theta\}$ 为 $|\Gamma|=\mathfrak{c}$ 的集合，$T_\theta\,(\theta\in\Gamma)$ 为 Γ 的拷贝．对于 T_θ 的不相交的和 $\bigcup_{\theta\in\Gamma}T_\theta$，因 $\left|\bigcup_{\theta\in\Gamma}T_\theta\right|=\mathfrak{c}\cdot\mathfrak{c}\cdot\mathfrak{c}=\mathfrak{c}$，故 Λ 和 $\bigcup_{\theta}T_\theta$ 之间存在一一对应．在此对应下，对应于 $\alpha\in\Lambda$ 的 $\bigcup_\theta T_\theta$ 的元 $(\gamma_\theta,\{\gamma_i\})$ 以 $(\gamma_0^\alpha,\{\gamma_i^\alpha\})$ 表示之．因 $|T_\theta|=\mathfrak{c}$，故对应于 T_θ 的 Λ 的子集在 Λ 共尾，令

$$X_1=I_1=\{(1,y):(0\leqslant y\leqslant 1)\}.$$

关于某个 $\beta\in\Lambda$，对于所有的 $\alpha<\beta$，构成紧 T_2 空间 X_α 及对于 $\alpha<\alpha'<\beta$ 构成映射 $w_\alpha^{\alpha'}:X_{\alpha'}\to X_\alpha$，使当 $\alpha<\alpha'<\alpha''<\beta$ 时，满足 $w_\alpha^{\alpha''}=w_\alpha^{\alpha'}w_{\alpha'}^{\alpha''}$．作 X_β 如下．若 β 为孤立序数，则令

$$X_\beta = X_{\beta-1} \cup L_{\beta-1} \cup I_\beta.$$

其中

$$I_\beta = \{(\beta, y): 0 \leqslant y \leqslant 1\},$$
$$L_{\beta-1} = J_{\beta-1} \times \{\gamma_i^{\beta-1}: i = 0, 1, 2, \cdots\},$$
$$J_{\beta-1} = \{x_{\beta-1}: 0 \leqslant x_{\beta-1} \leqslant 1\}.$$

$\Big($$I_\beta, J_{\beta-1}$ 是闭区间[0,1]的拷贝，($\gamma_0^{\beta-1}, \{\gamma_i^{\beta-1}: i \geqslant 1\}$) 是对应于 $\beta - 1$ 的 $\bigcup_\theta T_\theta$ 的元.$\Big)$ 设$X_{\beta-1}$，$L_{\beta-1}$，I_β 全是 X_β 的开且闭集. $w_{\beta-1}^\beta: X_\beta \to X_{\beta-1}$ 确定为

$$w_{\beta-1}^\beta(x_{\beta-1}, \gamma_n^{\beta-1}) = (\beta - 1, \gamma_n^{\beta-1}),\ w_{\beta-1}^\beta(\beta, y) = (\beta - 1, y)^{1)}.$$

若 β 为极限数，设 X_β 为逆谱 $\{X_\alpha, w_\alpha^{\alpha'}: \alpha < \alpha' < \beta\}$ 的逆极限. 显然有

$$X_\beta = \bigcup_{\alpha<\beta} X_\alpha \cup I_\beta.$$

在此，若 $\alpha < \alpha'$，则 $X_\alpha \subset X_{\alpha'}$ 且

$$I_\beta \cap X_\alpha = \varnothing,\ \alpha < \beta,\ I_\beta = \{(\beta, y): 0 \leqslant y \leqslant 1\}.$$

对于 I_β 在 X_β 的任意邻域 U，有某个 $\alpha < \beta$，使 $X_\beta - X_\alpha \subset U$. $w_\alpha^\beta: X_\beta \to X_\alpha$，$\alpha < \beta$，定义为

$$w_\alpha^\beta | X_{\alpha'} = w_\alpha^{\alpha'},\ \alpha < \alpha' < \beta,\ w_\alpha^\beta(\beta, y) = (\alpha, y).$$

于是关于各 $\alpha \in \Lambda$ 定义了 X_α 和映射 $w_\alpha^\beta: X_\beta \to X_\alpha, \alpha < \beta$，使得若 $\alpha < \beta < \gamma$，则满足 $w_\alpha^\gamma = w_\alpha^\beta w_\beta^\gamma$. $\{X_\alpha, w_\alpha^\beta\}$作成逆谱. 令 $X = \varprojlim X_\alpha$，则

$$X = \bigcup_{\beta<\omega_c} X_\beta \cup I_{\omega_c},\ I_{\omega_c} = \{(\omega_c, y): 0 \leqslant y \leqslant 1\}.$$

对于各 $y, 0 \leqslant y \leqslant 1$，对 X 的子集 $\left\{(x, y): x \in \Lambda \cup \left(\bigcup_{\beta\in\Lambda} J_\beta\right) \cup \{\omega_c\}\right\}$ 导入下述的自然顺序：

$$(x', y) < (x'', y) \Longleftrightarrow \text{(i)}\ x' = \alpha, x'' = \beta, \alpha < \beta \leqslant \omega_c,$$
$$\text{(ii)}\ x' \in J_\alpha,\ x'' \in J_\beta,\ \alpha < \beta < \omega_c,$$

---

1) 似还应补充定义 $w_{\beta-1}^\beta(x, y) = (x, y)$，这里 $(x, y) \in X_{\beta-1}$.——校者注

$$\text{(iii)}\ x' \in J_\alpha,\ x'' = \alpha,$$
$$\text{(iv)}\ x',\ x'' \in J_\alpha \text{ 且 } x' < x'',$$

其中之一成立.

(1) 若 f 为由 X 到任意多面体 P 的连续映射，则存在某 $\alpha_0 \in \Lambda$，对各点 $(x, y) > (\alpha_0, y)$，有 $f(x, y) = f(\omega_c, y)$.

证明 设 $f(\omega_c, y) = z \in P$. 设 $\{U_n\}$ 为 z 的可数邻域基. 关于各 n 有 $\alpha_n \in \Lambda$，使

$$f(\{(x, y):(x, y) > (\alpha_n, y)\}) \subset U_n.$$

令 $\alpha_y = \sup\limits_n \alpha_n$. 由作法，若 $(x, y) > (\alpha_n, y)$，则 $f(x, y) = f(\omega_c, y)$. 在此若将 y 移动为 $[0,1]$ 的所有有理数，则它的基数为 $\aleph_0$，故存在比各 α_y 大的 $\alpha_0 \in \Lambda$. 由 f 的连续性，对于任意 $(x, y) > (\alpha_0, y)$，有 $f(x, y) = f(\omega_c, y)$ 成立. □

其次证明 X 满足条件. 用反证法设存在由有限多面体组成的某逆谱 $\{P_\xi, \pi_\xi^\eta\}$，各 $\pi_\xi^\eta: P_\eta \to P_\xi$ 是到上的映射，使 $X = \varprojlim P_\xi$ 成立. 设 $\pi_\xi: X \to P_\xi$ 为射影，则各 π_ξ 为到上的映射. 考虑 $I_{\omega_c} \subset X$. 有某个 ξ，使 I_{ω_c} 的二点 $(\omega_c, 0)$，$(\omega_c, 1)$ 的像 $\pi_\xi(\omega_c, 0)$，$\pi_\xi(\omega_c, 1)$ 不同. 因 $\pi_\xi(I_{\omega_c})$ 为 P_ξ 的至少含有 2 点的连通紧集，故存在点列 (ω_c, y_i)，其中各 $y_i (i = 1, 2, \cdots)$ 为有理数和 (ω_c, y_0)，使

$$\pi_\xi(\omega_c, y_i) \neq \pi_\xi(\omega_c, y_j),\ i \neq j,$$
$$\pi_\xi(\omega_c, y_i) \neq \pi_\xi(\omega_c, y_0),\ \lim_i y_i = y_0.$$

考虑对 $(\gamma_0, \{\gamma_i\})$，$\gamma_0 = y_0$，$\gamma_i = y_i$. 对于映射 π_ξ 取满足(1)的条件的 $\alpha_0 \in \Lambda$. 因对应于各 T_θ 的 Λ 的子集是共尾的，故对某个 $\beta \geqslant \alpha_0$，有 $(\gamma_0^\beta, \{\gamma_i^\beta\}) = (\gamma_0, \{\gamma_i\})$. L_β 和 $X - L_\beta$ 是 X 的不相交开集且覆盖 X. 因 $\varprojlim P_\xi = X$，故有某个 P_η $(\eta > \xi)$ 使

$$\pi_\eta(L_\beta) \cap \pi_\eta(X - L_\beta) = \varnothing$$

(37.5)，又因 π_η 是到上的映射，故有

$$\pi_\eta(L_\beta) \cup \pi_\eta(X - L_\beta) = P_\eta.$$

故 $\pi_\eta(L_\beta)$ 是 P_η 的开且闭集，但集合 $\pi_\eta(J_\beta \times \{\gamma_i^\beta\}) (i = 1, 2, \cdots)$ 是 $\pi_\eta(L_\beta)$ 的，从而是 P_η 的开且闭集且互不相交. 实际上，

$$\pi_\xi^\eta\pi_\eta(J_\beta\times\{\gamma_i^\beta\})=\pi_\xi(\omega_\iota, y_i)\neq\pi_\xi(\omega_\iota, y_j)$$
$$=\pi_\xi^\eta\pi_\eta(J_\beta\times\{\gamma_i^\beta\}), i\neq j.$$

因 P_η 是有限多面体，故这样的集族不存在．由此矛盾知 X 满足条件．

§ 39. 度量空间的逆谱

39.1 引理 设 $\{X_\alpha,\pi_\alpha^\beta\}$ 为有向集 $\Lambda=\{\alpha\}$ 上的完全正则空间 X_α 的逆谱，$X=\varprojlim X_\alpha$，$\pi_\alpha:X\to X_\alpha$ 为射影．关于各 $\alpha\in\Lambda$，若 $\tilde{\pi}_\alpha:\beta X\to\beta X_\alpha$ 为 π_α 的扩张，则 βX 的子集 $\bigcap_{\alpha\in\Lambda}\tilde{\pi}_\alpha^{-1}X_\alpha$ 和 X 一致．

证明 设 $Y=\bigcap_{\alpha\in\Lambda}\tilde{\pi}_\alpha^{-1}X_\alpha$，且存在点 $x\in Y-X$．考虑 $\prod_{\alpha\in\Lambda}X_\alpha$ 的点 $(\tilde{\pi}_\alpha(x))_{\alpha\in\Lambda}$．关于各 $\alpha<\beta,\alpha,\beta\in\Lambda$，有 $\pi_\alpha^\beta\tilde{\pi}_\beta(x)=\tilde{\pi}_\alpha(x)$，故

$$x'=(\tilde{\pi}_\alpha(x))_{\alpha\in\Lambda}\in X.$$

因 βX 是 T_2 的，故可取 x' 在 βX 的邻域 U，使 $x\notin\mathrm{Cl}_{\beta X}U$．由 X 的拓扑的定义，有某个 $\alpha\in\Lambda$ 和 $\tilde{\pi}_\alpha(x)$ 的邻域 U_α，使 $\pi_\alpha^{-1}U_\alpha\subset U$．取 x 在 Y 的邻域 V，使 $\tilde{\pi}_\alpha(V)\subset U_\alpha$，$V\cap\mathrm{Cl}_{\beta X}U=\varnothing$．因 X 在 Y 稠密，故有 $y\in V\cap X$．但 $y\in\pi_\alpha^{-1}U_\alpha\subset U$ 和 $y\notin\mathrm{Cl}_{\beta X}U$ 矛盾．因此有 $X=\bigcap_{\alpha\in\Lambda}\pi_\alpha^{-1}X_\alpha$．□

39.2 定理（Pasynkov） 对于完全正则空间 X，下述条件是等价的：

(1) X 是拓扑完备的．

(2) X 可展开为度量空间的逆谱．

(3) X 可展开为仿紧 T_2 空间的逆谱．

证明 (1)⇒(2) 设 X 为拓扑完备空间．设 Λ 为 X 的开覆盖列 α 的如下的所有集合：$\alpha=\{{}^\alpha\mathscr{U}_i:i=1,2,\cdots\}$，${}^\alpha\mathscr{U}_i$ 为 X 的开覆盖，${}^\alpha\mathscr{U}_i>{}^\alpha\mathscr{U}_{i+1}^*$，$i=1,2,\cdots$．对 Λ 导入如下的序：$\alpha<\beta\Longleftrightarrow$ 对于 α 的各元 ${}^\alpha\mathscr{U}_i$，存在是它的加细的 β 的元 ${}^\beta\mathscr{U}_{j(i)}$．对于各 $\alpha\in\Lambda$ 设由 26.12 构成的伪距离为 d_α．若 $\alpha<\beta$，则恒等映射

$$\tilde{\pi}_\alpha^\beta:(X:d_\beta)\to(X:d_\alpha)$$

是连续的．设 $X_\alpha=X/d_\alpha,\alpha\in\Lambda,\mu_\alpha:X\to X_\alpha$ 为射影．$\tilde{\pi}_\alpha^\beta$ 导入 $\pi_\alpha^\beta:X_\beta\to X_\alpha$．若 $\alpha<\beta<\gamma,\alpha,\beta,\gamma\in\Lambda$，则 $\pi_\alpha^\gamma=\pi_\alpha^\beta\pi_\beta^\gamma$，而且 $\mu_\alpha=\pi_\alpha^\beta\mu_\beta$ 成立．$\{X_\alpha,\pi_\alpha^\beta\}$做成度量空间的逆谱．令 $\tilde{X}=\varprojlim X_\alpha$．由

$$f(x)=(\mu_\alpha(x))_{\alpha\in\Lambda},\ x\in X,$$

确定 $f:X\to\tilde{X}$．指出 f 给与同胚即可．令 $x\neq x'$，x，$x'\in X$．因 X 是完全正则的，故有度量空间 Y 和到上的连续映射 $\mu:X\to Y$，使 $\mu(x)\neq\mu(x')$（可取 $Y=I$）[1]．对于某个 $\alpha\in\Lambda$，因 $Y=X_\alpha$，$\mu=\mu_\alpha$，故 $f(x)\neq f(x')$．于是 f 是一一的．若 $x\in X$，U 为 x 的邻域，则由 X 的完全正则性，有度量空间 Y，连续映射 $\mu:X\to Y$，$\mu(x)$的邻域 V，使 $\mu^{-1}(V)\subset U$．对于某 $\alpha\in\Lambda$，因 $Y=X_\alpha$，$\mu=\mu_\alpha$，故 $\tilde{X}$ 的基本开集 $W=\pi_\alpha^{-1}(V)$（π_α 为射影 $\tilde{X}\to X_\alpha$）满足 $f^{-1}(W)\subset U$．故 f^{-1} 是连续的．于是若指出 $f(X)=\tilde{X}$ 即完成证明．为此，首先注意 $f(X)$ 在 $\tilde{X}$ 稠密．这几乎是明显的．其次关于各 $\alpha<\beta$，α，$\beta\in\Lambda$，令 $\tilde{\pi}_\alpha^\beta:\beta X_\beta\to\beta X_\alpha$ 为 π_α^β 的扩张．$\{\beta X_\alpha,\tilde{\pi}_\alpha^\beta\}$ 做成逆谱．令

$$\gamma\tilde{X}=\varprojlim\beta X_\alpha.$$

因 $\gamma\tilde{X}$ 是 $\tilde{X}$ 的紧化，故 f 具有扩张 $\tilde{f}:\beta X\to\gamma\tilde{X}$．因 $f(X)$ 在 $\tilde{X}$ 中稠密，故 $\tilde{f}(\beta X)=\gamma\tilde{X}$．设 $y\in\tilde{X}-f(X)$．有 $x\in\beta X-X$ 使 $\tilde{f}(x)=y$．因 $\tilde{X}$ 是拓扑完备的，故由 27.11，有度量空间M和连续映射 $g:X\to M$，g 不能扩张到 $X\cup\{x\}$上．因 g 可设为到上的映射，故关于某个 $\alpha\in\Lambda$，有 $M=X_\alpha$，$g=\mu_\alpha$．设 $\tilde{\mu}_\alpha:\beta X\to\beta X_\alpha$ 为 μ_α 的扩张，则 $\tilde{\mu}_\alpha(x)\in\beta X_\alpha-X_\alpha$．但 $\tilde{\mu}_\alpha=\tilde{\pi}_\alpha\tilde{f}$，故

$$\tilde{\mu}_\alpha(x)=\tilde{\pi}_\alpha\tilde{f}(x)\in\tilde{\pi}_\alpha\tilde{X}\subset X_\alpha.$$

这个矛盾指出 $f(X)=\tilde{X}$．

(2)⇒(3)是明显的．

(3)⇒(1)　设$\{X_\alpha,\pi_\alpha^\beta\}$为仿紧 T_2 空间 X_α 的 Λ 上的逆谱，其逆极限为 X．对于 $\alpha\in\Lambda$，设 $\pi_\alpha:X\to X_\alpha$ 为射影．设 Φ 为 X 的基本开覆盖全体的族．因 X_α 是仿紧的，故其所有的开覆盖族做成一致覆

---

1) 这是不可能的．若 X 是可数的，则不能有到 I 上的映射．——校者注

盖族 Φ_α. 有

$$\Phi=\{\pi_\alpha^{-1}\mathscr{U}_\alpha:\mathscr{U}_\alpha\in\Phi_\alpha,\alpha\in\Lambda\}.$$

因 $X=\varprojlim X_\alpha$,故 Φ 是 X 的一致覆盖族,它确定的一致拓扑和 X 的拓扑一致. 故只需证明 X 关于 Φ 是完备的即可. 设 $\mathscr{F}$ 为 X 关于 Φ 的 Cauchy 滤子. 若 $\tilde{\mathscr{F}}$ 为含 $\mathscr{F}$ 的极大滤子,则 $\tilde{\mathscr{F}}$ 具有有限交性质且是极大的, 故 $\bigcap_{F\in\tilde{\mathscr{F}}}\mathrm{Cl}_{\beta X}F$ 成为 βX 的一点 x_0. 设 $x_0\notin X$. 由 39.1 关于某个 $\alpha\in\Lambda$ 有 $\tilde{\pi}_\alpha(x_0)\notin X_\alpha$($\tilde{\pi}_\alpha$: $\beta X\to\beta X_\alpha$ 是 π_α 的扩张). 对于各点 $y\in X_\alpha$,在 βX_α取它的邻域 U_y,使 $\tilde{\pi}_\alpha(x_0)\notin\mathrm{Cl}_{\beta X_\alpha}U_y$. $\{\pi_\alpha^{-1}(U_y\cap X_\alpha):y\in X_\alpha\}$ 成为 Φ 的元. 因 $\mathscr{F}$ 是关于 Φ 的 Cauchy 滤子,故有某 $F_0\in\mathscr{F}$,使

$$F_0\subset\pi_\alpha^{-1}(U_y\cap X_\alpha).$$

因

$$\tilde{\pi}_\alpha(\mathrm{Cl}_{\beta X}F_0)\subset\mathrm{Cl}_{\beta X_\alpha}U_y,$$

故 $\tilde{\pi}_\alpha(x_0)\notin\tilde{\pi}_\alpha(\mathrm{Cl}_{\beta X}F_0)$. 另方面,因 $x_0\in\bigcap_{F\in\tilde{\mathscr{F}}}\mathrm{Cl}_{\beta X}F$, 故

$$\tilde{\pi}_\alpha(x_0)\in\bigcap_{F\in\tilde{\mathscr{F}}}\tilde{\pi}_\alpha(\mathrm{Cl}_{\beta X}F).$$

由此矛盾有 $x_0\in X$. 即 $\mathscr{F}$ 收敛于 x_0. □

39.3 推论 (1) 仿紧 T_2 空间可展开为度量空间的逆谱.

(2) 正则 Lindelöf 空间可展开为可分度量空间的逆谱.

证明 (1)由 39.2,27.13 得到. (2) 是在 39.2 的 (1)⇒(2) 的证明中, 若各覆盖 ${}^\alpha\mathscr{U}_i$ 为可数覆盖, 则用几乎同样的方法可以证明. □

39.4 定理 (Mardešić-Pasynkov) (1) 仿紧 T_2 空间 X ($\dim X\leqslant n$) 可展开为度量空间 X_α($\dim X_\alpha\leqslant n$) 的逆谱.

(2) 正则 Lindelöf 空间 X ($\dim X\leqslant n$) 可展开为可分度量空间 X_α ($\dim X_\alpha\leqslant n$) 的逆谱.

(3) 紧 T_2 空间 X ($\dim X\leqslant n$) 可展开为紧度量空间 X_α ($\dim X_\alpha\leqslant n$) 的逆谱.

证明 (1) 由 39.3 X 可展开为度量空间 Y_α 的逆谱 $\{Y_\alpha,\pi_\alpha^\beta:$

$\alpha\in\Lambda\}$. 设 Γ 为 Λ 的所有有限子集的族，对于 $\xi,\eta\in\Gamma$ 若根据 $\xi\subset\eta$ 定义 $\xi<\eta$，则 Γ 是有向集. 现在 Γ 上的逆谱 S 定义如下. 对于 $k=1,2,\cdots$，设 Γ_k 恰是 k 个 Λ 的元素组成的 Γ 的子集. 对于各 $\xi=\{\alpha\}\in\Gamma_1,\alpha\in\Lambda$，令 $\nu(\xi)=\alpha$. 关于某个 $n>0$，对于各 $\eta\in\Gamma_k$，$k<n$，选 $\nu(\eta)\in\Lambda$，满足

$$\text{若 }\xi,\eta\in\bigcup_{k=1}^{n-1}\Gamma_k,\ \xi<\eta,\text{ 则 }\nu(\xi)<\nu(\eta).$$

令 $\eta\in\Gamma_n$. 对于 η 的 $n-1$ 个元组成的所有子集 ξ，任意选取 $\nu(\eta)\in\Lambda$，使 $\nu(\xi)<\nu(\eta)$. 于是，对于各 $\xi\in\Gamma$ 选 $\nu(\xi)\in\Lambda$，使

$$\text{若 }\xi<\eta,\xi,\eta\in\Gamma,\text{ 则 }\nu(\xi)<\nu(\eta).$$

对于 $\xi\in\Gamma$，令 $Z_\xi=Y_{\nu(\xi)}$，若 $\xi<\eta$，则由 $\mu_\xi^\eta=\pi_{\nu(\xi)}^{\nu(\eta)}$ 定义 $\mu_\xi^\eta:Z_\eta\to Z_\xi$. 这就得到 Γ 上的逆谱 $S=\{Z_\xi,\mu_\xi^\eta\}$. 对于各 $\xi\in\Gamma$，设 $f_\xi:Z_\xi\to Y_{\nu(\xi)}$ 为恒等映射. 若 $\xi<\eta$，则 $\nu(\xi)<\nu(\eta)$，故$\{f_\xi\}$定义映射

$$f:\varprojlim Z_\xi\to\varprojlim Y_\alpha(=X).$$

显然 f 是同胚映射. 于是可以看做 $\varprojlim Z_\xi=X$. 设 $\mu_\xi:X\to Z_\xi$ $(\xi\in\Gamma)$为射影. 令 $\xi\in\Gamma_1$. 由 36.9 存在度量空间 X_ξ, $\dim X_\xi\leqslant n$，连续映射

$$g_\xi:X\to X_\xi,\ h_\xi:X_\xi\to Z_\xi,\ h_\xi g_\xi=\mu_\xi.$$

对于任意的 $\xi\in\Gamma_l,l<k$，构成到度量空间 $X_\xi(\dim X_\xi\leqslant n)$ 上的连续映射 $g_\xi:X\to X_\xi$，连续映射 $h_\xi:X_\xi\to Z_\xi$ 及对于各 $\xi'<\xi$，连续映射 $\theta_{\xi'}^\xi:X_\xi\to X_{\xi'}$ 满足下述条件.

$$(4)\quad h_\xi g_\xi=\mu_\xi,\quad g_{\xi'}=\theta_{\xi'}^\xi g_\xi,\quad \mu_{\xi'}^\xi h_\xi=h_{\xi'}\theta_{\xi'}^\xi,\quad \theta_{\xi''}^{\xi'}\theta_{\xi'}^\xi=\theta_{\xi''}^\xi,$$
$$\xi''<\xi'<\xi.$$

取 $\eta\in\Gamma_k$. 考虑映射

$$g_\xi:X\to X_\xi,\ \xi<\eta,\ \mu_\eta:X\to Z_\eta.$$

若应用 38.5(1)，则得到度量空间 $X_\eta(\dim X_\eta\leqslant n)$和到上的连续映射 $g_\eta:X\to X_\eta$，连续映射

$$\theta_\xi^\eta:X_\eta\to X_\xi,\ \xi<\eta,\ h_\eta:X_\eta\to Z_\eta$$

满足

$$h_\eta g_\eta=\mu_\eta,\ \theta_\xi^\eta g_\eta=g_\xi,\ \xi<\eta.$$

对于各$\xi<\eta$，有

$$\mu_\xi^\eta h_\eta g_\eta=\mu_\xi^\eta\mu_\eta=\mu_\xi=h_\xi g_\xi=h_\xi\theta_\xi^\eta g_\eta,$$

因g_η是到上的映射，故$\mu_\xi^\eta h_\eta=h_\xi\theta_\xi^\eta$成立．同样地，若$\xi'<\xi<\eta$，则$\theta_{\xi'}^\eta=\theta_{\xi'}^\xi\theta_\xi^\eta$成立．于是对各$\xi\in\Gamma$可构成度量空间$X_\xi$和映射$g_\xi,h_\xi,\theta_\xi^\eta,\xi<\eta$，使之满足(4)．由(4)的最后式，$S'=\{X_\xi,\theta_\xi^\eta\}$做成$\Gamma$上的逆谱．令$\widetilde{X}=\varprojlim X_\xi$．关于各$\xi\in\Gamma$，若考虑映射$g_\xi$: $X\to X_\xi$，则对于$\xi<\eta$，有$g_\xi=\theta_\xi^\eta g_\eta$成立，故可定义$g:X\to\widetilde{X}$，使之满足$\theta_\xi g=g_\xi$，$\xi\in\Gamma$ ($\theta_\xi:\widetilde{X}\to X_\xi$为射影)．再考虑$f_\xi=h_\xi\theta_\xi$: $\widetilde{X}\to Z_\xi$．若$\xi<\eta$，则由(4)，

$$\mu_\xi^\eta f_\eta=\mu_\xi^\eta h_\eta\theta_\eta=h_\xi\theta_\xi^\eta\theta_\eta=h_\xi\theta_\xi=f_\xi$$

成立，故可定义$f:\widetilde{X}\to X$满足

$$\mu_\xi f=f_\xi,\ \xi\in\Gamma.$$

显然f,g是连续的．对于各$\xi\in\Gamma$，有

$$\mu_\xi=h_\xi g_\xi=h_\xi\theta_\xi g=f_\xi g,$$

故$fg=$恒等映射，而$g:X\to g(X)(\subset\widetilde{X})$是同胚映射．因各$g_\xi$: $X\to X_\xi$是到上的映射，故$g(X)$在$\widetilde{X}$中稠密．假定存在点$y\in\widetilde{X}-g(X)$．令$y'=gf(y)$．取y',y的邻域U',U使$U'\cap U=\varnothing$．因$f|g(X):g(X)\to X$是同胚的，故$V=f(U'\cap g(X))$是$f(y)$的邻域．因$g(X)$在$\widetilde{X}$中稠密，而f是连续的，故有$x\in U\cap g(X)$使$f(x)\in V$．因存在点$x'\in U'\cap g(X)$，$f(x')=f(x)$，故与$f|g(X)$是一一的相反．故$\widetilde{X}=g(X)$．因g是同胚映射，故逆谱S'为X的展开．

(2) 在(1)的证明中，若将度量空间全换为可分度量空间，完全同样地得到．

(3) 在(1)的证明中将39.3换为37.10，将36.9换为38.3，用同样的方法可以证明．再直接应用(1)或(2)，容易得到．□

39.4 (3)可一般化如下．

39.5 定理 设X为紧T_2空间，I^m为平行体空间，$f:X\to I^m$为连续映射．此时，存在由有向集Γ，$|\Gamma|=m$，和Γ上的紧度量空间X_ξ，$\dim X_\xi\leqslant\dim X$，$\xi\in\Gamma$所组成的逆谱$\{X_\xi,\pi_\xi^\eta\}$及到上的连续映射$g:X\to\varprojlim X_\xi$，连续映射$h:\varprojlim X_\xi\to I^m$，使$f=hg$.

(将X嵌入某$I^{\mathfrak{m}}$,应用 39.5 于包含映射 $i:X\to I^{\mathfrak{m}}$, 即得 39.4(3).)

39.5 的证明 设Λ为$|\Lambda|=\mathfrak{m}$的集合. 对于各$\alpha\in\Lambda$,设I_α为I的拷贝, 而$I^{\mathfrak{m}}=\prod_{\alpha\in\Lambda}I_\alpha$. $\Gamma=\{\xi\}$为Λ的所有有限子集族, 若依$\xi\subset\eta$定义$\xi<\eta$,$\xi,\eta\in\Gamma$则Γ为有向集. 关于各$\xi\in\Gamma$,令$I_\xi=\prod_{\alpha\in\xi}I_\alpha$,对于$\xi<\eta$,设$\pi_\xi^\eta:I_\eta\to I_\xi$为射影, 则逆谱$\{I_\xi,\pi_\xi^\eta\}$为$I^{\mathfrak{m}}$的展开(37.8). 设$\pi_\xi:I^{\mathfrak{m}}\to I_\xi$为射影. 设$\Gamma_k(k=1,2,\cdots)$为恰由$\Lambda$的$k$个元组成的$\Gamma$的子集. 对于$\xi\in\Gamma_1$, 令$X_\xi=I_\xi$, $g_\xi=\pi_\xi f$, $h_\xi=$恒等映射. 对于某$k>1$,关于任意的$\xi\in\Gamma_l,l<k$, 设紧度量空间X_ξ,连续映射$g_\xi:X\to X_\xi$, $h_\xi:X_\xi\to I_\xi$及对于各$\xi'<\xi$连续映射$\theta_{\xi'}^\xi:X_\xi\to X_{\xi'}$构成如下:

(1) 若$h_\xi g_\xi=\pi_\xi f,\xi>1$,则$\dim X_\xi\leqslant\dim X$, g_ξ为到上的映射,关于$\xi'<\xi$有$g_{\xi'}=\theta_{\xi'}^\xi g_\xi$.

设$\eta\in\Gamma_k$,将 38.5(2) 应用于映射

$$g_\xi:X\to X_\xi,\ \xi<\eta,\ \pi_\eta f:X\to I_\eta.$$

得到紧度量空间$X_\eta(\dim X_\eta\leqslant\dim X)$到上的映射$g_\eta:X\to X_\eta$,映射

$$\theta_\xi^\eta:X_\eta\to X_\xi,\ h_\eta:X_\eta\to I_\eta,\ g_\xi=\theta_\xi^\eta g_\eta,\ \xi<\eta,\ h_\eta g_\eta=\pi_\eta f.$$

于是关于所有的$\xi\in\Gamma$得到满足 (1) 的空间X_ξ, 映射g_ξ, h_ξ, θ_ξ^η, $\xi<\eta$. 令$\Gamma'=\bigcup_{k=2}^{\infty}\Gamma_k$, 若考虑$\Gamma'$上的逆谱$\{X_\xi,\ \theta_\xi^\eta:\xi<\eta,\ \xi,\eta\in\Gamma'\}$,则由(1)映射$g_\xi,h_\xi$导入连续映射

$$g:X\to\varprojlim X_\xi,\ h:\varprojlim X_\xi\to I^{\mathfrak{m}},$$

因$h_\xi g_\xi=\pi_\xi f$,故$hg=f$成立. □

39.6 推论 若X,Y为紧T_2空间,$f:X\to Y$为连续映射,则存在紧T_2空间Z,$\dim Z\leqslant\dim X$, $w(Z)\leqslant w(Y)$, 和到上的连续映射$g:X\to Z$,连续映射$h:Z\to Y$,使$hg=f$.

证明 设$w(Y)=\mathfrak{m}$,则可视为$Y\subset I^{\mathfrak{m}}$. 应用 39.5 于$f:X\to Y\subset I^{\mathfrak{m}}$. 若$Z=\varprojlim X_\xi$, 则$\dim X_\xi\leqslant\dim X$, 故由 37.6, $\dim Z\leqslant\dim X$. 而且因$w(X_\xi)\leqslant\aleph_0$,故$w(Z)\leqslant\mathfrak{m}$. □

39.7 推论 若 X 为正规空间，则存在 X 的紧化 αX，使

$$\dim\alpha X \leqslant \dim X, \quad w(\alpha X) \leqslant w(X).$$

证明 和 36.10 同样地可以证明．若 $w(X)=\mathfrak{m}$，则可看做 $X\subset I^{\mathfrak{m}}$．由 36.10 的证明 $\dim\beta X=\dim X$，故若应用 39.6 于包含映射 $i:X\to I^{\mathfrak{m}}$ 的扩张 $f:\beta X\to I^{\mathfrak{m}}$ 上，则得到的空间 Z 即为所求的 X 的紧化．□

下面，对于某类空间族 $\{X_\alpha\}$，$\dim X_\alpha\leqslant n$，指出存在万有空间 X，$\dim X\leqslant n$.

39.8 定义 设 τ 为基数，而 $\Lambda=\{\alpha\}$ 为 $|\Lambda|=\tau$ 的集合．设 $R_\alpha(\alpha\in\Lambda)$ 为实数空间 R 的拷贝．$\prod\limits_{\alpha\in\Lambda}R_\alpha$ 的下述子集 H^τ 称为**广义 Hilbert 空间**.

(1) $x=(x_\alpha)\in\prod\limits_{\alpha\in\Lambda}R_\alpha$ 关于至多可数个 $\alpha\in\Lambda$，$x_\alpha\neq 0$ 且限于 $\sum\limits_{\alpha\in\Lambda}x_\alpha^2$ 为收敛时是 H^τ 的点.

对于各 $x=(x_\alpha)$，$y=(y_\alpha)\in H^\tau$，若令

$$d(x,y)=\left(\sum_{\alpha\in\Lambda}(x_\alpha-y_\alpha)^2\right)^{\frac{1}{2}},$$

则 d 给与 H^τ 的距离．在 H^τ 中按这个距离 d，恒可给与距离拓扑.

39.9 例 若 X 为 $w(X)\leqslant\tau$ 的度量空间，则 X 可嵌入 H^τ 中．即 H^τ 是 $w(X)\leqslant\tau$ 的度量空间族的万有空间．为了指出这一结果，设

$$\mathscr{U}_i=\{U_{i\alpha}:i\alpha\in\Gamma_i\},\ i=1,2,\cdots$$

为 X 的 σ 局部有限基，且 $|\Gamma_i|\leqslant\tau$(18.1)．因各 $U_{i\alpha}$ 为补零集．故存在 $p_{i\alpha}\in C(X,I)$ 使 $X-U_{i\alpha}=p_{i\alpha}^{-1}(0)$．令

$$q_{i\alpha}(x)=p_{i\alpha}(x)\Big/\left(1+\sum_{i\alpha\in\Gamma_i}(p_{i\alpha}(x))^2\right)^{\frac{1}{2}},\ x\in X.$$

因 $\mathscr{U}_i$ 是局部有限的，故 $q_{i\alpha}$ 是连续的．因

$$\sum_{i\alpha\in\Gamma_i}(q_{i\alpha}(x))^2<1,$$

故关于各 $x,y\in X$，

$$\sum_{i\alpha\in\Gamma_i}(q_{i\alpha}(x)-q_{i\alpha}(y))^2<2^{1)}$$

成立．令

$$f_{i\alpha}(x)=\frac{1}{2^n}q_{i\alpha}(x),\ x\in X,$$

则 $\sum_{i=1}^{\infty}\sum_{i\alpha}(f_{i\alpha}(x))^2<1$ 成立，故 $(f_{i\alpha}(x))$，$i\alpha\in\Gamma_{i\alpha}(i=1,2,\cdots)$ 可看做 H^τ 的点．$\left(注意\left|\bigcup_{i=1}^{\infty}\Gamma_i\right|\leqslant\tau\right)$映射 $f:X\to H^\tau$ 定义为 $f(x)=(f_{i\alpha}(x))$，$x\in X$．今指出 $f:X\to f(X)$ 是同胚的．任取 $x\in X$，$\varepsilon>0$．选自然数 N，使 $2^{-N}<\varepsilon^2/4$．取 x 的邻域 U，关于各 $i\leqslant N$，使它仅和 $\mathscr{U}_i$ 的有限个元相交．设 $U_{n_1\alpha_1},\cdots,U_{n_s\alpha_s}$ 为和 U 相交的 $\bigcup_{i=1}^{N}\mathscr{U}_i$ 的所有元．若取 x 的邻域 $V\subset U$，使

$$|f_{n_i\alpha_i}(x)-f_{n_i\alpha_i}(y)|<\varepsilon/\sqrt{2s},\ y\in V,\ i=1,2,\cdots,s.$$

因 V 和 $U_{n_i\alpha_i}$ 以外的 $\bigcup_{i=1}^{N}\mathscr{U}_i$ 的元不相交，故有

$$\sum_{i=1}^{N}\sum_{i\alpha\in\Gamma_i}(f_{i\alpha}(x)-f_{i\alpha}(y))^2<\frac{\varepsilon^2}{2},\ y\in V.$$

又有

$$\sum_{i=N+1}^{\infty}\sum_{i\alpha\in\Gamma_i}(f_{i\alpha}(x)-f_{i\alpha}(y))^2=\sum_{i=N+1}^{\infty}\frac{1}{2^n}\sum_{i\alpha\in\Gamma_i}(q_{i\alpha}(x)-q_{i\alpha}(y))^2$$
$$\leqslant 2\cdot 2^{-N}<\frac{\varepsilon^2}{2}.$$

于是

$$d(f(x),f(y))<\varepsilon,$$

即 f 是连续的．f 显然是一一的．设 $x\in X$ 而 U 为 x 的邻域．取 $x\in U_{i\alpha}\subset U$，$U_{i\alpha}\in\mathscr{U}_i$，令 $\varepsilon=f_{i\alpha}(x)$．若取 $f(X)\ni f(y)$ 使 $d(f(x),f(y))<\varepsilon$，则 $f_{i\alpha}(y)>0$，故 $y\in U_{i\alpha}\subset U$．于是 $f^{-1}:f(X)\to X$ 是连续的．

---

1) 应为 $\sum_{i\alpha\in\Gamma_i}(q_{i\alpha}(x)-q_{i\alpha}(y))<4$，由此，本证明的最后两个估计式也需作相应的改动．——校者注

39.10 定理 (Pasynkov) 设 τ 为基数, $n=0,1,2,\cdots$. 对于所有的正规空间 $X(\dim X=n,\ w(X)=\tau)$的族,存在满足下述条件的万有空间 $P(\tau,n)$:

(1) $P(\tau,n)$ 是紧 T_2 空间.

(2) $\dim P(\tau,n)=n$ 且 $w(P(\tau,n))=\tau$.

证明 将正规空间 X $(\dim X=n, w(X)=\tau)$ 的族分为同胚组成的等价类,由各类各选一个代表元,设其族为$\Omega=\{X_\alpha:\alpha\in\Lambda\}$. 若 $\alpha\neq\beta$, 则 X_α 和 X_β 不同胚. 而任意正规空间 X, $\dim X=n$, $w(X)=\tau$ 和某个 X_α 同胚. 设 $Y=\bigcup\limits_{\alpha\in\Lambda}\beta X_\alpha$(拓扑和). 因 $\dim\beta X_\alpha=n$ (参考 36.10 的证明), 故由 36.6, $\dim Y=\dim\beta Y=n$. 因 $w(X_\alpha)=\tau$, 故存在嵌入 $f_\alpha:X_\alpha\to I^\tau$. 设 $\tilde{f}_\alpha:\beta X_\alpha\to I^\tau$ 为 f_α 的扩张,由 $f|\beta X_\alpha=\tilde{f}_\alpha$ 定义 $f:Y\to I^\tau$, 令 $\tilde{f}:\beta Y\to I^\tau$ 为 f 的扩张. 由 39.6 有紧 T_2空间 $P(\tau,n)$,$\dim P(\tau,n)\leqslant\dim\beta Y=n$,$w(P(\tau,n))\leqslant w(I^\tau)=\tau$,和连续映射

$$g:\beta Y\to P(\tau,n),\ h:P(\tau,n)\to I^\tau,\ f=hg$$

存在. 关于各 $\alpha\in\Lambda$,因$f|X_\alpha:X_\alpha\to f_\alpha(X_\alpha)\subset I^\tau$是同胚的,故$g|X_\alpha:X_\alpha\to P(\tau,n)$ 是嵌入. 于是 $P(\tau,n)$ 是对于Ω的万有空间. 为了指出

$$\dim P(\tau,n)=n,\ w(P(\tau,n))=\tau,$$

任取 $X_\alpha\in\Omega$. 由 39.7 X_α 的紧化 Y_α,

$$\dim Y_\alpha=n, w(Y_\alpha)=\tau$$

存在. 某 $X_\beta\in\Omega$ 和 Y_α 同胚. 因 $X_\beta\subset P(\tau,n)$, 故 $n=\dim X_\beta\leqslant\dim P(\tau,n)$ (36.2),

$$\tau=w(X_\beta)\leqslant w(P(\tau,n)).$$

于是,有 $P(\tau,n)=n$, $w(P(\tau,n))=\tau$. □

39.11 引理 若 A 为完全正规空间 X 的任意子集,则$\dim A\leqslant\dim X$.

证明 设$\{U_i\}$为 A 的开集组成的有限覆盖. 关于各 i,取 X 的开集 V_i,$V_i\cap A=U_i$,令 $H=\bigcup\limits_i V_i$. 因H为X的开集, 故为 F_σ

集．故存在X的闭集F_j，$j=1,2,\cdots$，使$H=\bigcup_j F_j$．由 36.2 $\dim F_j\leqslant\dim X$，又因H为正规的，故由 36.6 有 $\dim H\leqslant\dim X$．因$\{U_i\}$是H的有限开覆盖，故存在$\{V_i\}$的有限开加细$\{W_j\}$，其阶数$\leqslant\dim X+1$．$\{W_j\cap A\}$是$\{U_i\}$的开加细，且其阶数$\leqslant\dim X+1$．于是$\dim A\leqslant\dim X$．□

当X为正规空间时，此引理一般不成立．

39.12 定理 设τ为基数，$n=0,1,2\cdots$．对于所有度量空间$X(\dim X=n,w(X)=\tau)$的族，存在满足下述条件的万有空间$M(\tau,n)$．

(1) $M(\tau,n)$ 是度量空间．

(2) $\dim M(\tau,n)=n$ 且 $w(M(\tau,n))=\tau$．

证明 和 39.10 同样地进行证明．将度量空间$X(\dim X=n,w(X)=\tau)$的族分为同胚组成的等价类，由各类各选一个空间设为$\{X_\alpha:\alpha\in\Lambda\}$．设$Y=\bigcup_{\alpha\in\Lambda}X_\alpha$为拓扑和．由 39.9 存在嵌入$f_\alpha$: $X_\alpha\to H^\tau$．由$f|X_\alpha=f_\alpha$确定$f:Y\to H^\tau$．因$\dim Y=n$，$w(H^\tau)=\tau$，故由 36.9 存在度量空间

$$M(\tau,n),\ \dim M(\tau,n)\leqslant n,\ w(M(\tau,n))\leqslant\tau,$$

和连续映射

$$g:Y\to M(\tau,n),\ h:M(\tau,n)\to H^\tau,\ f=hg.$$

因$f|X_\alpha$是嵌入，故$g|X_\alpha$是嵌入．由 39.11，

$$n=\dim X_\alpha\leqslant\dim M(\tau,n).$$

故$\dim M(\tau,n)=n$，而且显然有$w(M(\tau,n))=\tau$．于是$M(\tau,n)$即为所求的万有空间．□

§40. Smirnov 定理

40.1 定义 设X为δ空间．在 5.M 中，X的有限开覆盖$\{U_i:i=1,\cdots,k\}$存在有限覆盖$\{H_i:i=1,\cdots,k\}$使$H_i\Subset U_i(i=1,\cdots,k)$时（即$H_i\delta(X-\overline{U}_i)$），称为$\delta$开覆盖．令$uX$为$X$的

Smirnov 紧化，关于 X 的开集 U，置

$$O(U) = uX - \mathrm{Cl}_{uX}(X - U)$$

(参考 29.10,29.12)．由 uX 的性质显然有 $\{U_i\}$ 是 X 的 δ 开覆盖的充要条件是 $\{O(U_i)\}$ 是 uX 的开覆盖 (5.L)．X 的开集族 $\{U_i: i = 1, \cdots, k\}$，当 $B = X - \bigcup_{i=1}^{k} U_i$ 是紧的，且取 B 的任意开邻域 U 时，$\{U, U_i: i = 1, \cdots, k\}$ 是 X 的 δ 开覆盖，这时称为 δ **缘覆盖**或简称为**缘覆盖**．剩余 $uX - X$ 以 N_c 表示．在本节中所有的空间都假定是 T_2 的，上述记号不加说明而使用之．

40.2 命题 设 $\{U_i: i = 1, \cdots, k\}$ 为 δ 空间 X 的开集族，且 $B = X - \bigcup_{i=1}^{k} U_i$ 是紧的，则下述条件等价：

(1) $\{U_i\}$ 为缘覆盖．

(2) $N_c = uX - X \subset \bigcup_{i=1}^{k} O(U_i)$.

(3) $O\left(\bigcup_{i=1}^{k} U_i\right) = \bigcup_{i=1}^{k} O(U_i)$.

(4) 关于任意开集 $U \supset B$，$\{U_i - U\}$ 是 δ 空间 $X - U$ 的 δ 开覆盖．

证明 (1)⇒(2) 设 $x \in N_c$．取 B 的开邻域 U，使 $x \notin \mathrm{Cl}_{uX} U$．因 $\{U, U_i\}$ 是 δ 开覆盖，故

$$uX = O(U) \cup \left(\bigcup_{i=1}^{k} O(U_i)\right).$$

因 $x \notin O(U)$，故 $x \in \bigcup_{i=1}^{k} O(U_i)$.

(2)⟹(3) $B = X - \bigcup_{i=1}^{k} U_i = uX - \bigcup_{i=1}^{k} O(U_i)$.

又因 B 是 uX 的闭集，故

$$uX - B = O(X - B) = O\left(\bigcup_{i=1}^{k} U_i\right),$$

这意味(3)是正确的．

(3)⇒(4)　设U为B的开邻域．由(3)

$$uX - B = O(X - B) = O\left(\bigcup_{i=1}^{k} U_i\right) = \bigcup_{i=1}^{k} O(U_i),$$

故有

$$\mathrm{Cl}_{uX}(X - U) \subset uX - U \subset \bigcup_{i=1}^{k} O(U_i).$$

若令

$$U_i' = O(U_i) \cap \mathrm{Cl}_{uX}(X - U),$$

则$\{U_i'\}$是紧空间$\mathrm{Cl}_{uX}(X-U)$的开覆盖，故为它的δ开覆盖（参考29.5）．而

$$U_i' \cap (X - U) = U_i - U,$$

故$\{U_i - U\}$是$X - U$的δ开覆盖．

(4)⇒(1)　设U为B的开邻域．因B是紧的，故$B \Subset U$．实际上，因

$$B \cap \mathrm{Cl}_{uX}(X - U) = \varnothing,$$

故$B\bar{\delta}(X-U)$(29.5)．其次取开集合V,W使$B \Subset V \Subset W \Subset U$．由(4)$\{U_i - V\}$是$X - V$的$\delta$开覆盖，故存在$X - V$的覆盖

$$\{H_i : i = 1, \cdots, k\},\ H_i \subset U_i - V,\ H_i\bar{\delta}(X - V - U_i).$$

由$(H_i - W)\bar{\delta}V$有$(H_i - W)\bar{\delta}(X - U_i)$，还有$W\bar{\delta}(X - U)$．因$\bigcup_{i=1}^{k}(H_i - W) \cup W = X$，故$\{U, U_i : i = 1, \cdots, k\}$是$\delta$开覆盖．□

40.3　定义　设X为δ空间．对于X的任意缘覆盖$\{U_i\}$，有缘覆盖$\{V_j\}$，$\mathrm{ord}\{V_j\} \leqslant n + 1$且各$V_j$被某个$U_i$包含时，写做$\dim^{\infty}X \leqslant n$，称为$\delta$空间$X$的**缘维数不超过**$n$．$\dim^{\infty}X \leqslant n$且$\dim^{\infty}X \not\leqslant n - 1$时，写做$\dim^{\infty}X = n$，称为$X$的**缘维数是**$n$．

40.4　定理（Smirnov）　设X为正规且可数型的δ空间．这时，有$\dim N_c = \dim^{\infty}X$．

使用下述引理给与证明．

40.5　引理　设X为正规且可数型的δ空间，而$\{F_i : i = 1, \cdots, n\}$为$N_c$的闭覆盖，则有$uX$的开集族$\{U_i\}$，使$U_i \supset F_i$，$i = 1, \cdots, n$，且$\{F_i\} \approx \{U_i\}$．

证明　关于 $\mathrm{ord}\{F_i\}$ 使用归纳法. 设关于 $\mathrm{ord}\{F_i\}<k$ 时引理成立;令 $\mathrm{ord}\{F_i\}=k$. 设$\{1,\cdots,n\}$的恰由 k 个元组成的所有子集的族为 $\gamma=\{s\}$. 令

$$H_s=\bigcap_{i\in s}F_i,\ s\in\gamma,$$

则因$\{H_s:s\in\gamma\}$是 N_c 的分散闭集族,故由应用 28.14,关于各$s\in\gamma$,取 uX 的开集 W_s, $H_s\subset W_s$,使之若 $s\neq s'$,则 $W_s\cap W_{s'}=\varnothing$且若 $i\notin s$,则 $W_s\cap F_i=\varnothing$. 若令 $X_1=uX-\bigcup_{s\in\gamma}W_s$,则

$$\mathrm{ord}\{F_i\cap X_1\}\leqslant k-1.$$

于是可取 X_1 的开集族 $\{V_i\}$,使 $F_i\cap X_1\subset V_i$ 且 $\{F_i\cap X_1\}\approx\{V_i\}$. 关于各 i,若令

$$U_i=V_i\cup\Big(\bigcup_{i\in s\in\gamma}W_s\Big),$$

则 $\{U_i\}$ 即为所求. □

40.4 的证明　令 $\dim N_c\leqslant n$. 设 $\{U_i:i=1,\cdots,k\}$ 为 X 的缘覆盖而 $B=X-\bigcup_{i=1}^{k}U_i$. 由 40.2, $N_c\subset\bigcup_{i=1}^{k}O(U_i)$,因 N_c 为正规的 (28.14),故有 N_c 的闭覆盖

$$\{H_i\},\ H_i\subset O(U_i),\ i=1,\cdots,k,$$

其阶数 $\leqslant n+1$. 由 40.5 存在 uX 的开集族

$$\{V_i\},\ H_i\subset V_i\subset O(U_i),\ i=1,\cdots,k,\ \{H_i\}\approx\{V_i\}.$$

若令 $W_i=V_i\cap X$,则有

$$\bigcup_{i=1}^{k}O(W_i)\supset\bigcup_{i=1}^{k}V_i\supset\bigcup_{i=1}^{k}H_i=N_c,$$

故由 40.2,$\{W_i\}$ 是缘覆盖,有

$$W_i\subset U_i,\ i=1,\cdots,k,\text{且 }\mathrm{ord}\{W_i\}\leqslant\mathrm{ord}\{V_i\}\leqslant n+1.$$

于是 $\dim^{\infty}X\leqslant n$ 成立.

反之,令 $\dim^{\infty}X\leqslant n$. 设 $\{G_i:i=1,\cdots,k\}$ 为 N_c 的开覆盖. 因 N_c 是正规的,故存在它的闭覆盖 $\{H_i\}$, $H_i\subset G_i$, $i=1,\cdots,k$. 由 28.14,对于各 i,可取 uX 的开集合

$$U_i, H_i \subset U_i, N_c \cap \mathrm{Cl}_{uX} U_i \subset G_i.$$

若令

$$V_i = X \cap U_i, i = 1, \cdots, k,$$

则由 40.2 $\{V_i\}$是缘覆盖. 因 $\dim^\infty X \leqslant n$,故存在缘覆盖

$$\{W_j : j = 1, \cdots, l\}, \mathrm{ord}\{W_j\} \leqslant n + 1,$$

且各 W_j 被某个 V_i 包含. 由 40.2 $\{O(W_j)\}$覆盖 N_c,令

$$L_j = N_c \cap O(W_j).$$

若取 $W_j \subset V_i$, 则有

$$O(W_j) \subset O(V_i) \subset \mathrm{Cl}_{uX} V_i \subset \mathrm{Cl}_{uX} U_i,$$

故由 $N_c \cap \mathrm{Cl}_{uX} U_i \subset G_i$ 有 $L_j \subset G_i$. 于是$\{L_j : j = 1, \cdots, l\}$是 N_c 的开覆盖且为$\{G_i\}$的加细,又有

$$\mathrm{ord}\{L_j\} \leqslant \mathrm{ord}\{O(W_j)\} = \mathrm{ord}\{W_j\} \leqslant n + 1.$$

于是 $\dim N_c \leqslant n$ 成立. □

40.6 定义 空间X对于各点 $x \in X$ 及其邻域 V,存在含于V的开邻域 U, 且 $\mathrm{Bry}U$ 是紧的时称为缘紧 (peripherally compact).

局部紧 T_2 空间, $\mathrm{ind}X = 0$ 的空间等是缘紧的. 设 X 为缘紧 T_2 空间. X 的基 $\mathscr{B}$ 当: (1)关于各 $U \in \mathscr{B}$,$\mathrm{Bry}U$ 是紧的, (2) 若 $U_i \in \mathscr{B}, i = 1, \cdots, k$,则 $X - \overline{U}_i$, $\bigcup_{i=1}^k U_i$, $\bigcap_{i=1}^k U_i$, $U_i - \overline{U}_j$ 全属于 $\mathscr{B}$ 时,称为 π 基. X 的开集 U,而 $\mathrm{Bry}U$ 是紧的所有族,显然作成 π 基. 称之为极大 π 基.

40.7 命题 设X为缘紧 T_2 空间, 而 $\mathscr{B}$ 为 π 基. 对于 A, $B \subset X$, 有某 $U \in \mathscr{B}$ 使 $\overline{A} \subset U \subset \overline{U} \subset X - \overline{B}$ 成立时确定为 $A \delta B$. 由此定义X是 δ 空间,其 δ 拓扑和X的拓扑一致.

证明 必须指出 29.1 的 $P_1 \sim P_5$ 成立. P_1, P_3, P_4 是显然的. 若 $U, V \in \mathscr{B}$, 则 $U \cup V \in \mathscr{B}$, 故 P_2 是明显的. 今证明 P_5. 首先证明

(1) 若 F 为闭集且 $x \notin F$,则 $\{x\} \delta F$.

存在 $x \in U \subset X - F, U \in \mathscr{B}$. 由 P_3 关于各 $y \in \mathrm{Bry}U$, 有它的邻域 $V_y \in \mathscr{B}, x \notin \overline{V}_y$. 因 $\mathrm{Bry}U$ 是紧的,故有 $y_i, i = 1, \cdots, k$, 使

$$\mathrm{Bry}U \subset \bigcup_{i=1}^k V_{y_i}.$$

若令 $W = U - \bigcup_{i=1}^{k} \overline{V}_{y_i}$，则 $W \in \mathscr{B}$ 且 $x \in W \subset \overline{W} \subset U \subset X - F$. 故 $\{x\}\bar{\delta}F$.

为了证明 P_5，令 $A\bar{\delta}B$. 可设 A 和 B 都是闭集. 有

$$A \subset U \subset \overline{U} \subset X - B,\ U \in \mathscr{B}$$

存在. 由(1)关于各 $x \in \mathrm{Bry}U$，有

$$V_x \in \mathscr{B}, \overline{V}_x \cap (A \cup B) = \varnothing$$

存在. 取 x_i, $i = 1, \cdots, k$, 使

$$\mathrm{Bry}U \subset \bigcup_{i=1}^{k} V_{x_i}.$$

若令

$$V = U - \bigcup_{i=1}^{k} \overline{V}_{x_i},\ W = U \cup \left(\bigcup_{i=1}^{k} V_{x_i}\right),$$

则 $V, W \in \mathscr{B}$. 因

$$A \subset V \subset \overline{V} \subset U \subset \overline{U} \subset W \subset \overline{W} \subset X - B,$$

故若令 $\overline{U} = C, A - U = D$，则

$$X = C \cup D,\ A\bar{\delta}D,\ B\bar{\delta}C.$$

最后，由(1)知 δ 拓扑和 X 的拓扑一致. □

40.8 定义 设 $\mathscr{B}$ 为缘紧 T_2 空间 X 的 π 基. 在 40.7 中的 δ 空间称为由 $\mathscr{B}$ 诱导的 δ 空间. 其 Smirnov 紧化称为由 $\mathscr{B}$ 的 π 紧化，记为 $u_{\mathscr{B}}X$.

40.9 命题 若 $\mathscr{B}$ 为缘紧 T_2 空间 X 的极大 π 基，则 $u_{\mathscr{B}}X$ 为 X 的完全紧化.

证明 设 $A \subset X$, U 为 A 的开邻域且 $A\bar{\delta}\mathrm{Bry}U$. 必须证明 $A\bar{\delta}(X - U)$. 由 $\overline{A}\bar{\delta}\mathrm{Bry}U$ 有 $\overline{A} \subset U$. 由 δ 的定义，有

$$\overline{A} \subset V \subset \overline{V} \subset X - \mathrm{Bry}U,\ V \in \mathscr{B}$$

存在. 若令 $W = U \cap V$，则有

$$\mathrm{Bry}W \subset \overline{V} \cap (\mathrm{Bry}U \cup \mathrm{Bry}V) = \mathrm{Bry}V,$$

故 $\mathrm{Bry}W$ 是紧的. 于是 $W \in \mathscr{B}$. 因 $\overline{A} \subset W \subset \overline{W} \subset U$，故 $\overline{A}\bar{\delta}(X - U)$. □

40.10 定义 δ 空间 X 对于任意的 $E,F\subset X$，$E\bar{\delta}F$，有紧集 C 存在，使 (1) $X-C=U\cup V$，$E\subset U$，$F\subset V$，$U\cap V=\varnothing$，U 和 V 为开集．(2) 取 C 的任意开邻域 W，有 $(U-W)\bar{\delta}(V-W)$ 时，称 X 为**近性缘紧的**．(此时，由 40.2(4) 知 $\{U,V\}$ 作成缘覆盖．)

40.11 引理 关于正则 Lindelöf 空间 X，

$$\operatorname{ind}X=0,\ \operatorname{Ind}X=0,\ \dim X=0$$

是等价的．

证明 由 14.5，只要证明若 $\operatorname{ind}X=0$，则 $\operatorname{Ind}X=0$ 即可．设 A 为 X 的闭集，而 U 为其开邻域．因 X 是正规的(16.8)，故可取开集 V，使 $A\subset V\subset\bar{V}\subset U$．关于各 $x\in X$ 取它的开且闭的邻域 V_x，使若 $x\in\bar{V}$，则 $\bar{V}_x\subset U$，若 $x\in X-\bar{V}$，则 $\bar{V}_x\subset X-\bar{V}$．设 $\{V_i:i=1,2,\cdots\}$ 为 $\{V_x:x\in X\}$ 的可数子覆盖．设

$$U_1=V_1,U_i=V_i-\bigcup_{j=1}^{i-1}V_j,\ i>1,\ \mathscr{V}=\{U_i:i=1,2,\cdots\},$$

若令

$$W=\bigcup\{U_i\in\mathscr{V}:U_i\cap\bar{V}\neq\varnothing\},$$

则有

$$X-W=\bigcup\{U_i\in\mathscr{V}:\bar{U}_i\cap\bar{V}=\varnothing\},$$

故 W 是开且闭集而且有 $A\subset W\subset U$．□

40.12 定理 (Smirnov) 设 X 为正规且可数型的 δ 空间．$\dim N_c=0$ 的充要条件是 X 是近性缘紧的但非紧的．

证明 必要性 设 $\dim N_c=0$．由 40.4 $\dim^\infty X=0$．设 $E\bar{\delta}F$，$E,F\subset X$．取开集 G_i,H_i，$i=1,2$，使

$$E\Subset G_2\Subset G_1,\ F\Subset H_2\Subset H_1,\ G_1\Subset X-H_1,$$

则 $\{X-\bar{G}_1,X-\bar{H}_1\}$ 是 δ 覆盖，故当然是缘覆盖．于是存在它的加细缘覆盖 $\{W_i\}$，$\operatorname{ord}\{W_i\}=1$．令

$$G=\bigcup\{W_i:W_i\cap\bar{G}_1\neq\varnothing\},H=\bigcup\{W_i:W_i\cap\bar{G}_1=\varnothing\},$$

则 $G\cap H=\varnothing$，又

$$B=X-G\cup H=X-\bigcup_i W_i$$

是紧的，而 $\{G,H\}$ 是缘覆盖．令 $C=B-G_2\cup H_2$．今证明 C 满足 40.10 的条件．令

$$U=G\cup G_2,\quad V=H\cup H_2,$$

则

$$X-C=U\cup V,\ U\cap V=\varnothing,\ E\subset U,\ F\subset V.$$

令 W 为 C 的开邻域．必须指出 $(U-W)\bar{\delta}(V-W)$．

考虑分解

$$U-W=(G-W\cup G_2)\cup(G_2-W),$$
$$V-W=(H-W\cup H_2)\cup(H_2-W).$$

由 $G_2\bar{\delta}H_2$ 有 $(G_2-W)\bar{\delta}(H_2-W)$，又由 $H\subset X-\bar{G}_1$ 有 $G_2\bar{\delta}H$，故 $(G_2-W)\bar{\delta}(H-W\cup H_2)$． 同样地由 $G\subset X-\bar{H}_1$ 有 $G\bar{\delta}H_2$，故 $(G-W\cup G_2)\bar{\delta}(H_2-W)$．因此只要能证明

$$(G-W\cup G_2)\bar{\delta}(H-W\cup H_2)$$

即可．但 $\{G,H\}$ 是缘覆盖，而

$$B=X-G\cup H\subset W\cup G_2\cup H_2,$$

又因

$$G-W\cup G_2=G-W\cup G_2\cup H_2,$$
$$H-W\cup H_2=H-W\cup G_2\cup H_2,$$

故 $\{G-W\cup G_2,H-W\cup H_2\}$ 是 δ 空间 $X-W\cup G_2\cup H_2$ 的 δ 开覆盖，$G\cap H=\varnothing$，故有

$$(G-W\cup G_2)\bar{\delta}(H-W\cup H_2).$$

充分性 由 28.12 N_c 是 Lindelöf 的，故由 40.11 只要证明 $\operatorname{ind}N_c=0$ 即可．$x\in N_c$，令 W 为 x 在 N_c 的开邻域．因 $x\notin\overline{uX-W}$（一是在 uX 的闭包），故可取 uX 的开集 W_1,W_2，使

$$x\in W_1,\quad uX-W\subset W_2,\quad \overline{W}_1\cap\overline{W}_2=\varnothing.$$

因

$$(X-\overline{W}_1)\bar{\delta}(X\cap\overline{W}_2),$$

故对

$$E=X\cap\overline{W}_1,\quad F=X\cap\overline{W}_2$$

存在满足 40.10 的条件(1)，(2)的紧集 C，开集 U,V，使 $X\cap\overline{W}_1\subset$

$U, X\cap\overline{W}_2\subset V, X - C = U\cup V, U\cap V = \varnothing$. 因$\{U,V\}$做成$X$的缘覆盖(40.10),故$N_c\subset O(U)\cup O(V)$(40.2). 由$U\cap V = \varnothing$,有$O(U)\cap O(V) = \varnothing$. 又因

$$O(U)\subset O(X-\overline{W}_2)\subset uX-\overline{W}_2,$$

故有

$$x\in N_c\cap O(U)\subset W.$$

$N_c\cap O(U)$在N_c是开且闭的,故证得$\mathrm{ind}N_c = 0$. □

40.13 推论 设X为正规且可数型空间. X具有紧化αX, $\dim(\alpha X - X) = 0$的充要条件是X是缘紧的但非紧的.

证明 必要性 考虑确定紧化αX的X的δ拓扑,由40.12,X关于这个δ是近性缘紧的,而δ拓扑与X的拓扑一致,故X是缘紧的.

充分性 若X是缘紧的,取任意的π基$\mathscr{B}$,考虑由$\mathscr{B}$确定的δ拓扑. 由40.8, 40.10及π基的定义, X是近性缘紧的. 故由40.12, Smirnov 紧化$_{u\mathscr{B}}X$满足推论的条件. □

40.14 推论 (Freudenthal-Morita) 若X是缘紧T_2空间但非紧的,则X具有极小的完全紧化μX,使$\mathrm{ind}(\mu X - X) = 0$.

证明 设$\mathscr{B}$为X的极大π基,考虑由$\mathscr{B}$确定的δ拓扑. 若令$\mu X = \mu_{\mathscr{B}}X$,则40.12的充分性的证明指出$\mathrm{ind}(\mu X - X) = 0$. 再者由40.9 μX是完全紧化. 由$\mathrm{ind}(\mu X - X) = 0$,$\mu X - X$是点型集,故$\mu X$又是点型紧化. 由30.10,$\mu X$是极小完全紧化. □

习 题

7.A 对于空间X, X的任意有限正规开覆盖$\mathscr{U}$有其加细有限正规开覆盖$\mathscr{V}$,使$\mathrm{ord}\mathscr{V}\leqslant n+1$时,定义$\dim^*X\leqslant n$. (1)若$X$是正规的,则$\dim^*X=\dim X$, (2)若$X$为完全正则的,则$\dim^*X=\dim\beta X$.

7.B 设$S=\{X_\alpha,\pi_\alpha^\beta\}$为$\Lambda=\{\alpha\}$上空间$X_\alpha$的逆谱, $X=\varprojlim X_\alpha$, π_α: $X\to X_\alpha$为射影. 关于各$\alpha\in\Lambda$,取$A_\alpha\subset X_\alpha$,使得若$\alpha<\beta$,则$\pi_\alpha^\beta(A_\beta)\subset A_\alpha$. 考虑逆谱$S'=\{A_\alpha,\pi_\alpha^\beta\}$,则$\varprojlim A_\alpha$和$X$的子集$\bigcap\limits_{\alpha\in\Lambda}\pi_\alpha^{-1}A_\alpha$同胚.

7.C 设 $S=\{X_\alpha,\pi_\alpha^\beta\}$为 Λ 上的逆谱,$X=\varprojlim X_\alpha$; 令$A\subset X$,而 $A_\alpha=\pi_\alpha(A)$. 考虑逆谱 $S'=\{A_\alpha,\pi_\alpha^\beta\}$. (1) $\varprojlim A_\alpha$ 和 $\bigcap_{\alpha\in\Lambda}\pi_\alpha^{-1}(\pi_\alpha(A))$ 同胚. (2)若 A 为 X 的闭集,则

$$A=\bigcap_{\alpha\in\Lambda}\pi_\alpha^{-1}(\pi_\alpha(A))=\bigcap_{\alpha\in\Lambda}\pi_\alpha^{-1}(\mathrm{Cl}_{X_\alpha}\pi_\alpha(A)).$$

7.D 设 $S=\{X_\alpha,\pi_\alpha^\beta\}$为有向集 $\Lambda=\{\alpha\}$上的空间 X_α 的逆谱,而Λ'为 Λ 的共尾子集,考虑 Λ' 上的逆谱

$$S'=\{X_{\alpha'},\ \pi_{\alpha'}^{\beta'}:\alpha',\ \beta'\in\Lambda'\}.$$

若 $p:\prod_{\alpha\in\Lambda}X_\alpha\to\prod_{\alpha'\in\Lambda'}X_{\alpha'}$ 为射影, 则 $p|\varprojlim X_\alpha$ 给与 $\varprojlim X_\alpha$ 到 $\varprojlim X_{\alpha'}$ 上的同胚映射.

7.E 若 $S=\{X_\alpha,\pi_\alpha^\beta\}$为紧 T_2 且连通的空间 X_α 的逆谱,则 $\varprojlim X_\alpha$ 是连通的.

7.F 设 S 为圆周, p 为大于 1 的质数. S 表示绝对值为 1 的复数 z 的集合. 设 $S_i(i=1,2,\cdots)$ 为 S 的拷贝, $\pi_i^{i+1}:S_{i+1}\to S_i$ 定义为

$$\pi_i^{i+1}(z)=z^p,\ z\in S_{i+1}.$$

逆谱 $\{S_i,\pi_i^{i+1}:i=1,2,\cdots\}$ 的逆极限称为模 p 螺线, 记作 S_p^∞,则S_p^∞是连通的但非弧状连通的.

7.G $\dim X=0$ 的紧度量空间 X 可展开为逆谱 $\{T_i,\pi_i^{i+1}:i=1,2,\cdots\}$, T_i 为有限点集. 于是任意 $\dim X=0$ 的可分度量空间 X 可嵌入 Cantor 集 C 中.

提示 取 X 的有限开覆盖列

$$\mathscr{U}_i=\{U_j^i:j\in T_i\},\ \mathrm{ord}\,\mathscr{U}_i=1,\ \mathscr{U}_{i+1}<\mathscr{U}_i,$$

使各 U_j^i 的直径$<1/i$, $i=1,2,\cdots$. 若 π_i^{i+1} 为加细映射 $T_{i+1}\to T_i$ (唯一确定),则$\{T_i,\pi_i^{i+1}\}$给与 X 的展开. 由 39.7,存在 X 的紧化

$$\alpha X,\ \dim\alpha X=0,\ w(\alpha X)\leqslant\aleph_0,$$

故若应用上述事实于 αX 则得到后半结果.

7.H 空间 X 的小归纳维数 $\mathrm{ind}X$, 大归纳维数 $\mathrm{Ind}X$ 可归纳地定义如下: 对于各点 x 及其任意邻域 W,存在 x 的开邻域 U,使 $U\subset W$,且

$$\mathrm{ind}\,\mathrm{Bry}\,W\leqslant n-1$$

时,定义 $\mathrm{ind}X\leqslant n$. 对于各闭集 F 及其邻域W,存在 F 的开邻域 U,使 $U\subset W$, 且 $\mathrm{Ind}\,\mathrm{Bry}\,U\leqslant n-1$ 时, 定义 $\mathrm{Ind}X\leqslant n$. (关于 $\mathrm{ind}X\leqslant 0$, $\mathrm{Ind}X\leqslant 0$, 参考 10.7.) 试证下述事实成立:

(1) $\mathrm{ind}X\leqslant\mathrm{Ind}X$,

(2) 若 X 为正规的. 则 $\dim X \leqslant \operatorname{Ind} X$,

(3) 若 X 为正规的,则 $\operatorname{Ind} X \leqslant \operatorname{Ind} \beta X$.

提示 (2)根据归纳法. 设 $\operatorname{Ind} X \leqslant n$,而$\{U_i\}$为 X 的有限开覆盖. 取 X 的闭覆盖$\{F_i\}$使 $F_i \subset U_i$,取开集 H_i,使

$$F_i \subset H_i \subset \bar{H}_i \subset U_i, \quad \operatorname{Ind} \operatorname{Bry} H_i \leqslant n-1.$$

由

$$\dim_i \bigcup_i \operatorname{Bry} H_i \leqslant n-1,$$

用充分小的 X 的开集族$\{V_j\}$,$\operatorname{ord}\{V_j\} \leqslant n$,覆盖 $\bigcup_i \operatorname{Bry} H_i$. 若取使

$$\bigcup_i \operatorname{Bry} H_i \subset W \subset \bar{W} \subset \bigcup_j V_j$$

的开集 W,则$\{H_i \cap (X-\bar{W})\}$以不相交的开集族$\{W_k\}$为细分.$\{W_k, V_j\}$是$\{U_i\}$的加细且 $\operatorname{ord}\{W_k, V_j\} \leqslant n+1$. 关于 X 的开集 U,

$$\mathrm{Cl}_{\beta X}(\operatorname{Bry}_X U) = \operatorname{Bry}_{\beta X} O(U) \quad (30.7).$$

故

$$\operatorname{Bry}_{\beta X} O(U) = \beta(\operatorname{Bry}_X U).$$

于是(3)也容易用归纳法证明.

7.I 若 X 为正则 Lindelöf 空间,则 $\dim X \leqslant \operatorname{ind} X$.

提示 依归纳法,用和 40.11 同样的方法证明之.

7.J 在完全正则空间 X 中下列事实等价:

(1) X 是实紧的,

(2) X 可展开为可分度量空间的逆谱,

(3) X 可展开为正则 Lindelöf 空间的逆谱.

提示 使用 5.I,取和 39.2 的证明同样的方法.

7.K 设 $\Lambda=\{\xi\}$为有向集,$\{\alpha_\xi X: \xi \in \Lambda\}$ 为 X 的紧化族,且若 $\xi<\eta$,ξ,$\eta \in \Lambda$,则 $\alpha_\xi X < \alpha_\eta X$. 令 $\pi_\xi^\eta: \alpha_\eta X \to \alpha_\xi X$ 为射影,则逆谱 $\{\alpha_\xi X, \pi_\xi^\eta\}$ 的逆极限 $\alpha X = \lim \alpha_\xi X$ 为 $\{\alpha_\xi X: \xi \in \Lambda\}$ 的上确界.

7.L 设 X 为正规空间,$f_i: X \to X (i=1,2,\cdots)$ 为连续映射,则满足下述条件的 X 的紧化 γX 存在:

(1) $\omega(\gamma X)=\omega(X)$, $\dim \gamma X \leqslant \dim X$,

(2) f_i 具有扩张 $\bar{f}_i: \gamma X \to \gamma X$.

提示 由 39.7 存在 X 的紧化

$$\alpha_1 X, \quad \omega(\alpha_1 X) = \omega(X), \quad \dim \alpha_1 X \leqslant \dim X,$$

设 $f_0: X \to X$ 为恒等映射. $Y_j(j=0,1,\cdots)$为 $\alpha_1 X$ 的拷贝，$\bar{f}: \beta X \to \prod_{j=0}^{\infty} Y_j$ 定义为 $\bar{f}(x)=(\beta f_j(x))$，$\beta f_j$ 是 f_j 的扩张. 由 39.6 存在

$$\alpha_2 X,\ g: \beta X \to \alpha_2 X,\ h: \alpha_2 X \to \prod Y_j,\ hg=\bar{f}.$$

令

$$\mu_1^2 = \pi_0 h: \alpha_2 X \to \alpha_1 X,\ \pi_j: \alpha_2 X \to Y_j$$

为射影. 因 $\mu_1^2|X$ 为恒等映射，故 $\alpha_2 X$ 是 X 的紧化且对于各 j，f_j 具有扩张

$$f_j^{21} = \pi_j h: \alpha_2 X \to \alpha_1 X.$$

继续这个操作得到紧化 $\alpha_i X$ 的逆谱 $\{\alpha_i X,\ \mu_i^{i+1}\}$. 关于各 j，f_j 具有扩张 $f_j^{i+1,i}: \alpha_{i+1} X \to \alpha_i X$，则 $\gamma X = \varprojlim \alpha_i X$ 即所求的紧化. 由于对各 i

$$f_j^{i,i-1}\mu_i^{i+1} = \mu_{i-1}^i f_j^{i+1,i}$$

成立，可知 f_j 是可扩张的(参考下图).

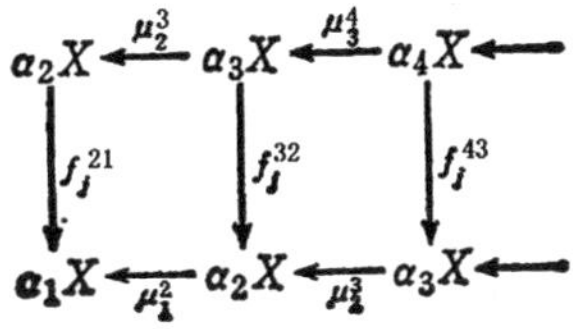

第八章　Arhangel'skiǐ 空　间

§41. 集合列的收敛

41.1　定义　对于空间 X 的子集列 $\{U_i\}$，考虑下述条件：

(1)　$U_1 \supset U_2 \supset \cdots$.

(2)　若令 $K = \bigcap U_i$，则 K 为非空紧集.

(3)　上述 K 为非空可数紧集.

(4)　K 的任意邻域含有某个 U_i.

满足(1),(2),(4)时，称为 $\{U_i\}$ 收敛于 K. 满足(1),(3),(4)时，称为 $\{U_i\}$ 拟收敛于 K.

41.2　命题　空间 X 的收敛集列 $\{U_i\}$，有集列 $\{G_i\}$，对于各 i 有 $U_i \supset G_i \neq \varnothing$ 且 $G_i \supset \overline{G}_{i+1}$ 时 $\{G_i\}$ 是收敛的.

41.3　命题　若 $f: X \to Y$ 为连续映射，且 $\{U_i\}$ 为 X 的收敛集列，则 $\{f(U_i)\}$ 为 Y 的收敛集列.

这些命题是简单的习题. 而且收敛改为拟收敛命题也是成立的.

41.4　定义　空间 X 是点可数型 (point-countable type) 或拟点可数型是指对于 X 的任一点 x，存在它的开邻域列是收敛或拟收敛的. X 是点可数型的充要条件是任意点被具有可数特征的紧集包含. X 是 q 空间是指若对于 X 的任意点 x，存在它的邻域列 $\{U_i\}$，使得若 $x_i \in U_i, i \in N$，则点列 $\{x_i\}$ 具有接触点.

41.5　命题　(1)　可数型空间是点可数型的.

(2)　点可数型空间是拟点可数型的.

(3)　拟点可数型空间是 q 空间.

(4)　正则 q 空间是拟点可数型的.

证明　设全空间为 X. (1),(2)是显然的.

(3) 令 $\{V_i\}$ 是拟收敛于含 x 的集合的开集列．设 $x_i \in V_i$，$P_i = \{x_j : j \geqslant i\}$，$K = \bigcap V_i$，则对于各 i 立刻知道 $\bar{P}_i \cap K \neq \varnothing$．因 K 为可数紧的，故 $(\bigcap \bar{P}_i) \cap K \neq \varnothing$．若由此左边取点 y 则 y 是 $\{n_i\}$ 的接触点．

(4) 当 $\{V_i\}$ 是点 x 的邻域列且 $x_i \in V_i$ 时，$\{x_i\}$ 有接触点．取 x 的开邻域列 $\{U_i\}$，使对于各 i，$\bar{U}_{i+1} \subset U_i \subset V_i$ 成立．若令 $K = \bigcap U_i$，则因 K 的点列在 K 中具有接触点，故 K 为可数紧的（参考 22.2）．假定 $\{U_i\}$ 不是 K 的邻域基，则存在 K 的开邻域 U，对于各 i，必须有 $U_i - U \neq \varnothing$．取 $x_i \in U_i - U$，若 y 为 $\{x_i\}$ 的接触点，则 $y \notin K$．故对某个 n，有 $y \notin \bar{U}_n$，此式表示 y 不是 $\{x_n, x_{n+1}, \cdots\}$ 的接触点，从而发生矛盾． □

41.6 命题 设 X 为 T_2 空间，K 为其紧子集，且有可数特征．设 L 为 K 的紧子集且为 G_δ 集．此时 L 具有可数特征．

证明 取 K 的开邻域基 $\{U_i\}$，$U_1 \supset U_2 \supset \cdots$．取 X 的开集 V_i，使 $L = \bigcap V_i$，$V_1 \supset V_2 \supset \cdots$． 对于各 i 取开集 W_i 使 $L \subset W_i \subset U_i \cap V_i$，$K \cap \bar{W}_{i+1} \subset W_i \cap K$，$W_{i+1} \subset W_i$．设 $\{W_i\}$ 不是 L 的邻域基，则存在 L 的开邻域 U，对于各 i，$W_i - U \neq \varnothing$ 成立．在 $K - U$ 中必须存在点列 $x_i \in W_i - U$ 的接触点 x．另方面 $\{x_i, x_{i+1}, \cdots\} \subset \bar{W}_i$，$(\bigcap \bar{W}_i) \cap K = L$，故 $x \in L$ 发生矛盾． □

41.7 定义 今给与空间 X 及其子集 S．X 的开集族 $\mathscr{B}$ 是 S 在 X 的外延基 (outer base) 是指对于 S 的任意点 x 及其开邻域 U，存在 $\mathscr{B}$ 的元 B，使 $x \in B \subset U$． S 的外延基的基数的最小者以 $w_X(S)$ 表示，称之为 S 在 X 的外重数．当 S 为一点 x 时，在 28.8 中导入的 x 在 X 的特征 $\chi_X(x)$ 和 $w_X(x)$ 一致．

41.8 定理 设 Y 为 T_2 空间，K 为其紧集．于是

$$w_Y(K) = \max(\chi_Y(K),\ w(K))$$

成立．在此 $\chi_Y(K)$ 是 K 在 Y 的特征而 $w(K)$ 是 K 的重数．

证明 令 $\tau = \max(\chi_Y(K),\ w(K))$．当 τ 为有限时，定理显然成立．而且显然有 $w_Y(K) \geqslant \tau$，故当 τ 为无限时证明 $w_Y(K) \leqslant \tau$ 即可．设 $\{U(\alpha) : \alpha \in A\}$ $(|A| \leqslant \tau)$ 为 K 的基．设 $\{V(\gamma) : \gamma \in C\}$

$(|C|\leqslant\tau)$ 为K在Y的邻域基. 令

$$B=\{(\alpha,\beta)\in A\times A:U(\alpha)\supset\overline{U(\beta)}\}.$$

因Y是T_2的,故对于各$(\alpha,\beta)\in B$,存在Y的开集$U(\alpha,\beta)$,使$Y-(K-U(\alpha))\supset \mathrm{Cl}U(\alpha,\beta)\supset U(\alpha,\beta)\supset \mathrm{Cl}U(\beta)$. 令

$$W(\alpha,\beta,\gamma)=U(\alpha,\beta)\cap V(\gamma),\ (\alpha,\beta)\in B,\ \gamma\in C,$$

$W(\delta)$, $\delta\in B\times C$ 形的集合的所有有限交组成的族设为$\mathscr{G}$,则$|\mathscr{G}|\leqslant\tau$. 为了证明$\mathscr{G}$是$K$在$Y$的外延基,设$p$为$K$的任意点,$U$为含$p$的$Y$的任意开集. 令

$$D=\{\delta\in B\times C:p\in W(\delta)\},$$

$$E=D\text{ 的所有非空有限子集族},$$

$$G(\varepsilon)=\cap\{W(\delta):\delta\in\varepsilon\},\ \varepsilon\in E,$$

则$G(\varepsilon)$,$\varepsilon\in E$,全为$\mathscr{G}$的元.

假定对于任意的$\varepsilon\in E$, $G(\varepsilon)\subset U$不成立,由各$G(\varepsilon)-U$取点$p(\varepsilon)$. 令

$$Q(\varepsilon)=\{p(\varepsilon'):\varepsilon'\supset\varepsilon\}.$$

如果对于某个ε,有$\mathrm{Cl}Q(\varepsilon)\cap K=\varnothing$,则对某个$\gamma$,有$\mathrm{Cl}Q(\varepsilon)\cap V(\gamma)=\varnothing$. 对于此$\gamma$,可取$(\alpha,\beta)\in B$,使$(\alpha,\beta,\gamma)\in D$. 若令

$$\delta=(\alpha,\beta,\gamma),\ \varepsilon_1=\varepsilon\cup\{\delta\},$$

则$p(\varepsilon_1)\in Q(\varepsilon)$ 和 $p(\varepsilon_1)\in W(\delta)\subset V(\gamma)$ 必须同时成立,从而导致$Q(\varepsilon)\cap V(\gamma)\neq\varnothing$的矛盾. 故$\{\mathrm{Cl}Q(\varepsilon)\cap K:\varepsilon\in E\}$具有有限交性质. 于是

$$(1)\qquad \cap\{\mathrm{Cl}Q(\varepsilon)\cap K:\varepsilon\in E\}\neq\varnothing.$$

另方面,对于$K-\{p\}$的各点x,可适当地取$\delta'\in D$,使$x\notin \mathrm{Cl}W(\delta')$,由$Q(\{\delta'\})\subset W(\delta')$,有$x\notin \mathrm{Cl}Q(\{\delta'\})$. 故

$$(2)\qquad (K-\{p\})\cap(\cap\{\mathrm{Cl}Q(\varepsilon):\varepsilon\in E\})=\varnothing.$$

由(1),(2)有$\{p\}=\cap\{\mathrm{Cl}Q(\varepsilon)\cap K:\varepsilon\in E\}$. 这个等式指出$U$最少含有一个$p(\varepsilon)$. 得到矛盾. □

41.9 定理 设X为点可数型的完全正则空间,BX为X的T_2紧化. 此时有$w_{BX}(X)\leqslant|X|$.

证明 当X为有限时定理显然成立,故考虑X为无限的情形.

若能说明X的各点在 BX 中具有不超过$|X|$的基数的邻域基即可．设p为X的任意点，K为X的紧集，$p\in K$且$\chi_X(K)\leqslant\aleph_0$．于是由引理 28.9，$K$是 BX 的 G_δ 集．而且由命题 41.6 有$\chi_{BX}(K)\leqslant\aleph_0$．另方面若由定理 19.4，则 $w(K)\leqslant|K|$．故由前定理 41.8 $w_{BX}(K)\leqslant\max(\aleph_0,|K|)\leqslant|X|$．这个不等式指出$p$在 BX 具有基数不超过$|X|$的邻域基．□

§42. p 空 间

42.1 定义 设完全正则空间Y是空间X的扩张空间．Y的开集族列$\{\mathscr{U}_i\}$是X在Y的(外在的)p构造是指对于任意点$x\in X$，有

$$x\in\bigcap\mathscr{U}_i(x)\subset X$$

成立．X是p空间是指X是完全正则的且在βX具有外在的p构造．在此βX是X的 Stone-Čech 紧化．

由此定义显然 Čech 完备空间是p空间．

42.2 定理 对于完全正则空间X，下述情况是等价的：

(1) X是p空间．

(2) X在其任意T_2紧化BX中具有p构造．

(3) X在它的一个T_2紧化BX中具有p构造．

(4) 存在X的开覆盖列$\{\mathscr{V}_i\}$，对于固定的x和各i，若$x\in V_i\in\mathscr{V}_i$成立，则

$$\left\{\bigcap_{i=1}^{k}\overline{V}_i:k\in N\right\}$$

收敛．

证明 (1)⇒(2) 设$\{\mathscr{U}_i\}$为X在βX的p构造．由命题 20.2 因βX是X的极大紧化，存在到上的连续映射$f:\beta X\to BX$，f在X上为恒等映射，而且$f(\beta X-X)=BX-X$．令

$$\mathscr{W}_i=\{BX-f(\beta X-U):U\in\mathscr{U}_i\},$$

$\{\mathscr{W}_i\}$在BX构成p构造．否则，对于某点$x\in X$，有$\bigcap\mathscr{W}_i(x)-X\neq\varnothing$．若从此式左边取点$y$，则$f^{-1}(y)\subset\beta X-X$．取满足

$\{x, y\} \subset W_i \in \mathscr{W}_i$, $W_i = BX - f(\beta X - U_i)$, $U_i \in \mathscr{U}_i$ 的$\{W_i\}$和$\{U_i\}$.于是,对各i,$f^{-1}(y) \subset U_i$成立,故$\cap \mathscr{U}_i(x) \supset f^{-1}(y)$矛盾.

(2)⇒(3) 是明显的.

(3)⇒(4) 设$\{\mathscr{U}_i\}$为X在BX的p构造. 取BX的开集族$\mathscr{W}_i$,使$\mathscr{U}_i > \mathscr{W}_i$,$\mathscr{W}_i > \overline{\mathscr{W}}_{i+1}$,$\mathscr{W}_i^{\#} \supset X$. 若令$\mathscr{V}_i = \mathscr{W}_i | X$,则$\{\mathscr{V}_i\}$即为所求. 设$x \in V_i \in \mathscr{V}_i$, $V_i = W_i \cap X$, $W_i \in \mathscr{W}_i$. 若$K = \cap \mathrm{Cl}_{BX} W_i$,则$\mathrm{Cl}_{BX} W_i \subset \mathscr{W}_{i-1}(x)$,于是$K \subset \cap \mathscr{W}_i(x) \subset X$,因此$\cap \mathrm{Cl}_X V_i = K$.而$K$是紧的.因为$\left\{\bigcap_{i=1}^{k} \mathrm{Cl}_{BX} W_i\right\}$收敛于$K$,因此$\left\{\bigcap_{i=1}^{k} \mathrm{Cl}_X V_i\right\}$也收敛于$K$.

(4)⇒(1) 对于条件中的$\{\mathscr{V}_i\}$,令$\mathscr{V}_i = \{V_\alpha : \alpha \in A_i\}$. 对于各$\alpha \in A_i$,确定$\beta X$的开集$U_\alpha$使$V_\alpha = U_\alpha \cap X$. 于是$\{\mathscr{U}_i = \{U_\alpha : \alpha \in A_i\}\}$是$X$在$\beta X$的$p$构造. 否则,存在某点$x \in X$,$\cap \mathscr{U}_i(x) - X$含有点$y$. 于是存在使$\{x, y\} \subset U_i \in \mathscr{U}_i$的列$\{U_i\}$. 对此$U_i$取$V_i \in \mathscr{V}_i$使$V_i = U_i \cap X$. 令$K = \cap \mathrm{Cl}_X V_i$,则$K$是聚的且$y \notin K$,故存在$y$在$\beta X$的开邻域$W$,使$K \cap \mathrm{Cl}_{\beta X} W = \varnothing$. 取满足$\bigcap_{i=1}^{n} \mathrm{Cl}_X V_i \subset \beta X - \mathrm{Cl}_{\beta X} W$的$n$. 若令$U = W \cap \left(\bigcap_{i=1}^{n} U_i\right)$,则$U$是$y$的开邻域,故$U \cap X \neq \varnothing$. 另方面,因

$$U \cap X \subset \left(\bigcap_{i=1}^{n} U_i\right) \cap X = \bigcap_{i=1}^{n} V_i \subset X - W \subset X - U,$$

故$U \cap X = \varnothing$. 这个矛盾指出$\cap \mathscr{U}_i(x) \subset X$是正确的. □

做为p空间的定义当然可采用结果(1)~(3)中的任何一个,但其中任何一个都用到X的拓扑以外的事项. 这样的定义以及特征化称为外在的(extrinsic). 与此相对,(4)仅用X的拓扑描述,故称为内在的(intrinsic)定义. 满足(4)的条件的$\{\mathscr{V}_i\}$称为X的(内在的)p构造. 前面的定理28.2也是给与Čech完备性的外在的定义和内在的定义的例子. 做内外两种特征化是重要的做法.

42.3 定理（Arhangel'skiĭ 外延基定理） p 空间 X 在其 T_2 紧化 BX 中的外重数 $w_{BX}(X)$ 不超过 X 的网络基数 $n(X)$.

证明 当 $n(X)<\infty$ 时是明显的，故考虑 $n(X)=\infty$ 的情形. 设$\mathscr{S}$为 X 的网络且 $|\mathscr{S}|=n(X)$. 设$\{\mathscr{U}_i\}$为 X 在 BX 的 p 构造. 细分 $\mathscr{U}_i$ 的$\mathscr{S}$的元素全体设为 $\mathscr{S}_i$，使 $\mathscr{S}_i$ 的各元对应含有它的 $\mathscr{U}_i$ 的元的一个，若令 $\mathscr{V}_i$ 为其全体，则 $\mathscr{V}_i^\#\supset X$ 且 $|\mathscr{V}_i|\leqslant n(X)$. 若 $\mathscr{V}=\cup\mathscr{V}_i$，则 $|\mathscr{V}|\leqslant n(X)$. 若

$$\mathscr{K}=\{BX-V:V\in\mathscr{V}\}\cup\bar{\mathscr{S}},$$

则$\mathscr{K}$为 BX 的紧集族且 $|\mathscr{K}|\leqslant n(X)$. 分别取 $\mathscr{K}$ 的不相交二元的不相交的开邻域，如此得到的开集全体设为 $\mathscr{W}'$. 设 $\mathscr{W}''$ 为在 $\mathscr{W}'$ 中再添加它的元的闭包的补集的全体. 最后属于 $\mathscr{W}''$ 的元的有限交的集合全体设为 $\mathscr{W}$，则 $|\mathscr{W}|\leqslant n(X)$. 若指出此$\mathscr{W}$是 X 在 BX 的外延基即可.

为此取 X 的任意点 x_0 及含它的 BX 的任意开集 U. 设 x 为 $X-U$ 的任意点. 取 BX 的开集 U_1,U_2，使 $x_0\in U_1$，$x\in U_2$，$\bar{U}_1\cap\bar{U}_2=\varnothing$. 取$\mathscr{S}$的元 S_1,S_2，使 $x_0\in S_1\subset U_1$，$x\in S_2\subset U_2$. 于是 $\bar{S}_1\cap\bar{S}_2=\varnothing$，故存在 $\mathscr{W}'$ 的元 $U(x)$，使 $x\in U(x)$，$x_0\notin\overline{U(x)}$.

其次，考虑 x 是 $(BX-X)-U$ 的任意点的情形. 这时对于某个 k，$x\notin\mathscr{U}_k(x_0)$. 故 $x\notin\mathscr{V}_k(x_0)$. 在 $\mathscr{V}_k$ 取一个含 x_0 的元，设为 V，则 $BX-V\in\mathscr{K}$. 取 $\mathscr{S}$ 的元 S，若使 $x_0\in S\subset\bar{S}\subset V$，则 $BX-V$ 和 $\bar{S}$ 是 $\mathscr{K}$ 的不相交二元，故存在 $\mathscr{W}'$ 的元素 $U(x)$，有

$$BX-V\subset U(x)\subset\overline{U(x)}\subset BX-\bar{S}.$$

用 $\{U(x):x\in BX-U\}$ 覆盖 $BX-U$，设其有限子覆盖为 $\{U(x_i):i=1,\cdots,m\}$. 因 $BX-\overline{U(x_i)}\in\mathscr{W}''$，$i=1,\cdots,m$，故若令

$$W=\cap\{BX-\overline{U(x_i)}:i=1,\cdots,m\},$$

则 $W\in\mathscr{W}$. 由W的作法，有 $x_0\in W\subset U$. □

42.4 推论 对于 p 空间 X，其重数$w(X)$与其网络基数$n(X)$相等.

42.5 推论 对于 p 空间 X，$w(X)\leqslant|X|$.

证明　X的一点子集全体构成基数$|X|$的网络，故 $n(X)\leqslant |X|$. □

42.6　推论　设p空间X是子集 $X_\alpha(\alpha\in A)$的并集，则对于无限基数τ,$|A|\leqslant\tau$,且对于各α,若 $w(X_\alpha)\leqslant\tau$, 则 $w(X)\leqslant\tau$.

证明　对于各X_α取其基 $\mathscr{B}_\alpha$,使$|\mathscr{B}_\alpha|\leqslant\tau$. 于是$\cup\mathscr{B}_\alpha$构成$X$的网络,因$|\cup\mathscr{B}_\alpha|\leqslant\tau$,故 $n(X)\leqslant\tau$,故由推论 42.4,$w(X)\leqslant\tau$. □

42.7　定义　设完全正则空间Y是空间X的扩张空间. 假设X在Y的p构造$\{\mathscr{U}_i\}$再满足下述条件.

对于任意点$x\in X$及任意i存在j, 使 $\mathscr{U}_i(x)\supset \mathrm{Cl}_Y\mathscr{U}_j(x)$.

这时$\{\mathscr{U}_i\}$称为X在Y的(外在的)完全p构造. X在βX具有完全p构造时X称为完全p空间 (strict p-space).

42.8　定理　对于完全正则空间X,下述情况是等价的.

(1)　X是完全p空间.

(2)　X在它的任意T_2紧化中具有完全p构造.

(3)　X在它的某个T_2紧化中具有完全p构造.

(4)　存在X的开覆盖列$\{\mathscr{U}_i\}$,对于任意点$x\in X$,$\{\mathscr{U}_i(X)\}$是收敛的.

证明　(1)⇒(2)⇒(3) 对应于定理 42.2 的 (1)⇒(2)⇒(3) 同样地可以证明,故略去.

(3)⇒(4)　设$\{\mathscr{V}_i\}$为X在某T_2紧化BX中的完全p构造. 设$\mathscr{U}_i=\mathscr{V}_i|X$,$K_x=\cap\mathscr{U}_i(x)$,$x\in X$. 设$L_x=\cap\mathscr{V}_i(x)$,$x\in X$. 因$\cap\mathscr{V}_i(x)=\cap\mathrm{Cl}_{BX}\mathscr{V}_i(x)$, 故$L_x$是紧的, 而$\{\mathscr{V}_i(x)\}$是$L_x$在$BX$的邻域基. 因$L_x\subset X$故$K_x=L_x$,而$\{\mathscr{U}_i(x)\}$是$K_x$在$X$的邻域基.

(4)⇒(1)　取满足$\mathscr{U}_i=\mathscr{V}_i|X$的$\beta X$的开集族$\mathscr{V}_i$. 取任意点$x\in X$. 由$\mathscr{V}_i(x)\cap X=\mathscr{U}_i(x)$,$K_x=\cap\mathscr{U}_i(x)$是紧的,及$\{\mathscr{U}_i(x)\}$是$K_x$在$X$的邻域基,有$\{\mathscr{V}_i(x)\}$是$K_x$在$\beta X$的邻域基. 故由$\beta X$的正则性,对于任意的$i$存在$j$, 使$\mathscr{V}_i(x)\supset\mathrm{Cl}_{\beta X}\mathscr{V}_j(x)$. 因$\cap\mathscr{V}_i(x)$等于$K_x$,故显然有$\cap\mathscr{V}_i(x)\subset X$,故$\{\mathscr{V}_i\}$是$X$在$\beta X$

的完全 p 构造. □

满足本定理的条件(4) X 的开覆盖列称为 X 的(内在的)完全 p 构造. p 空间添加例如点有限仿紧性之类的条件成为完全 p 空间(参考 8.D).

42.9 引理 X 的 p 构造 $\{\mathscr{U}_i\}$ 若满足 $\mathscr{U}_i > \mathscr{U}_{i+1}^{\Delta}$,即若为正规列,则为完全 p 构造.

证明 取任意点 $x \in X$. 若选适合 $\mathscr{U}_{i+1}(x) \subset U_i \in \mathscr{U}_i$ 的 U_i,则因 $\mathrm{Cl}\mathscr{U}_{i+1}(x) \subset \bigcap_{j=1}^{i} \overline{U}_j$, 故由引理 41.2 $\{\mathrm{Cl}\mathscr{U}_i(x)\}$ 是收敛的. 因 $\mathrm{Cl}\mathscr{U}_{i+1}(x) \subset \mathscr{U}_{i+1}^2(x) \subset \mathscr{U}_i(x)$,故 $\{\mathscr{U}_i(x)\}$ 收敛. □

42.10 定理 对于完全正则空间 X 下列情况是等价的.

(1) X 是仿紧 p 空间.

(2) X 的开覆盖的正规列 $\{\mathscr{U}_i\}$($\mathscr{U}_i > \mathscr{U}_{i+1}^*$)存在,它构成 p 构造.

(3) X 是某度量空间在完全映射下的原像.

证明 (1)⇒(2) 设 $\{\mathscr{V}_i\}$ 为 X 的 p 构造. 若取 X 的开覆盖 $\mathscr{U}_i$ 满足 $\mathscr{V}_i > \mathscr{U}_i$, $\mathscr{U}_i > \mathscr{U}_{i+1}^*$,则 $\{\mathscr{U}_i\}$ 即为所求.

(2)⇒(3) 对于 $\{\mathscr{U}_i\}$ 由命题 26.12 做成 X 的伪距离 d. 设按此 d 作商空间 $Y = X/d$, 而 $f: X \to Y$ 为标准射影, 则 $f^{-1}f(x) = \bigcap \mathscr{U}_i(x)$, 且此右边是紧的, 故 f 为紧映射. 为了证明 f 是闭映射,设 F 为 X 的闭集而 $y \in Y - f(F)$. 若取 $f(x) = y$ 的点 x,则 $f^{-1}(y) = \bigcap \mathscr{U}_i(x)$ 且 $f^{-1}(y) \cap F = \varnothing$. 根据引理 42.9,有 $\{\mathscr{U}_i(x)\}$ 收敛于 $f^{-1}(y)$,故有 i 存在,使 $\mathscr{U}_i(x) \cap F = \varnothing$. 于是 $d(f^{-1}(y), F) > 0$, 若 ε 为比此式左边小的正数, 则 $d(y, f(F)) > \varepsilon$. 即 $f(F)$ 是闭集.

(3)⇒(1) 设 $f: X \to Y$ 为到上的完全映射,Y 为度量空间. 因 Y 是仿紧的故 X 是仿紧的. 若 $\mathscr{U}_i = \{S_{1/i}(y): y \in Y\}$, 则 $\{f^{-1}(\mathscr{U}_i)\}$ 是 X 的 p 构造. □

42.11 推论 若 ΠX_i 为仿紧 p 空间 X_i 的可数积,则 ΠX_i 为仿紧 p 空间.

证明　由前定理，对于各 i 有到度量空间 Y_i 上的完全映射 $f_i: X_i \to Y_i$.因 $\Pi f_i: \Pi X_i \to \Pi Y_i$ 是完全映射且 ΠY_i 是度量空间，故由前定理(3)，ΠX_i 是仿紧 p 空间. □

42.12　推论　若 $f: X \to Y$ 是到仿紧 p 空间 Y 上的完全映射而 X 是 T_2 的，则 X 是仿紧 p 空间.

证明　若 $g: Y \to Z$ 为到度量空间 Z 上的完全映射，则 $gf: X \to Z$ 是完全的. 故 X 为仿紧 p 空间. □

在这些推论的证明中，用到完全映射的性质，但若归纳为一般的形式，则有如下命题.

42.13　命题　(1)　完全映射 $f_\alpha: X_\alpha \to Y_\alpha (\alpha \in A)$ 的积 $\Pi f_\alpha: \Pi X_\alpha \to \Pi Y_\alpha$ 是完全的. 其中 $\Pi f_\alpha((x_\alpha)) = (f_\alpha(x_\alpha))$.

(2)　若 $f: X \to Y$ 是到上的完全映射，则对于 Y 的任意紧集 K，$f^{-1}(K)$ 是紧的.

证明　(1) 几乎是明显的，证明 (2). 令 $\mathscr{F}$ 为 $f^{-1}(K)$ 的闭集族且具有有限交性质. 于是 $f(\mathscr{F})$ 的所有元中有共通点 y. $\mathscr{F} | f^{-1}(y)$ 具有有限交性质，故这所有元有共通点 x.　$x \in \bigcap\{F: F \in \mathscr{F}\}$.□

42.14　定义　空间 X 是 M 空间是指存在 X 的正规开覆盖列 $\{\mathscr{U}_i\}$，$\mathscr{U}_i > \mathscr{U}_{i+1}^*$，对于各点 $x \in X$，$\{\mathscr{U}_i(x)\}$ 是拟收敛的. $f: X \to Y$ 是拟完全的 (quasi-perfect) 是指 f 是闭的，且对于各点 $y \in Y$，$f^{-1}(y)$ 是可数紧的连续映射.

和定理 42.10 同样可确定下述定理.

42.15　定理　对于空间 X 下列情况是等价的.

(1)　X 是 M 空间.

(2)　X 是某度量空间在拟完全映射下的原像.

由本定理和 42.10 得到下述定理.

42.16　定理　仿紧 T_2 空间是 M 空间的充要条件是它是 p 空间.

如此，由 Arhangel'skiĭ 和 Morita 分别独立发现的 p 空间和 M 空间在仿紧 T_2 空间的范围内一致. 在本章中将 p 空间作为重点，而M空间本身有其独特的兴趣，在下一章中我们准备接触它.

42.17 引理 若$f:X\to Y$是连续映射，Y是T_2的，则f的图像$G=\{(x,f(x))\in X\times Y:x\in X\}$在$X\times Y$中是闭的.

证明 设$(x,y)\in X\times Y-G$，则$y\neq f(x)$. 因Y为T_2的，故$y,f(x)$分别有其开邻域U,V存在，使$U\cap V=\varnothing$. $f^{-1}(V)\times U$是和G不相交的(x,y)的开邻域. □

42.18 引理 设$f:X\to Y$是完全映射，$g:X\to Z$是连续映射，Z是T_2的，则对角映射$(f,g):X\to Y\times Z$是完全的.

证明 设1_X为X上的恒等映射. (f,g)为下列二映射的复合，

$$X\xrightarrow{(1_X,\,g)}X\times Z\xrightarrow{f\times 1_Z}Y\times Z.$$

$(1_X,g)$是将X映射到它的图像G上的拓扑同胚. 由引理42.17，G是$X\times Z$的闭集. $f\times 1_Z$作为完全映射的积是完全的，于是到G上的限制也是完全的. 如此(f,g)作为完全映射的复合是完全的. □

42.19 定理（Nagata） (1) 空间X是仿紧p空间的充要条件是X作为度量空间和紧T_2空间之直积的闭集被嵌入.

(2) 空间X是仿紧Čech完备空间的充要条件是X做为完备度量空间和紧T_2空间的直积的闭集被嵌入.

证明 若由定理28.7，则完全正则空间是仿紧Čech完备的充要条件是它是完备度量空间在完全映射下的原像. 因此由于(1)和(2)可以用同样的方法推出，故只就(1)证明之. 充分性由推论42.11是明显的，故证明必要性. 由定理42.10，有到上的完全映射$f:X\to Y$，Y是度量空间. 设$g:X\to\beta X$为嵌入. 在此若用引理42.18，则$(f,g):X\to Y\times\beta X$是完全的，故$(f,g)(X)$是$Y\times\beta X$中的闭集. 因$(f,g)$是一一的，故为拓扑同胚映射. □

42.20 定义 $f:X\to Y$是**紧覆盖的**（compact-covering）是指Y的任意紧集是X的某紧集在f下的像.

42.21 定理（Wicke） T_2空间X是点可数型或可数型的充要条件是X分别是仿紧p空间在开连续映射下的像或开连续，紧

覆盖映射下的像.

证明 两种情形可同时证明. 为了证明必要性，设 $\{U(\alpha):\alpha\in A\}$为$X$的拓扑.设$M$为 A^ω 的元(α_i)中满足下列二条件的全体.

(1) $U(\alpha_1)\supset U(\alpha_2)\supset\cdots$.

(2) $\{U(\alpha_i)\}$ 构成非空的某紧集的邻域基.

若A看做具有离散拓扑的空间，M 看做具有由 A^ω 的直积拓扑产生的相对拓扑,则M为度量空间. 令

$$Y=\{((\alpha_i),x)\in M\times X:x\in\bigcap U(\alpha_i)\},$$

设$f:Y\to M$，$g:Y\to X$ 分别为对应的射影在Y的限制. 由上述作法知 f, g 都是到上的连续映射.

今证 f 是完全的. 若 (α_i) 为M的任意点，则

$$f^{-1}((\alpha_i))=\{(\alpha_i)\}\times(\bigcap U(\alpha_i)),$$

故 f 是紧的. 为证 f 是闭的，设F为Y的任意闭集，由 $M-f(F)$ 任取点 (β_i). 令 $\beta=(\beta_i)$，用$(\beta|n)$表示固定β 的至第 n 个为止的坐标所定义的立方邻域. 由 $f^{-1}(\beta)$ 是紧的和 $f^{-1}(\beta)\cap F=\varnothing$，对于某个 m，有

$$((\beta|m)\times U(\beta_m))\cap F=\varnothing.$$

再者由Y的定义，$f^{-1}((\beta|m))\subset(\beta|m)\times U(\beta_m)$，故$(\beta|m)\cap f(F)=\varnothing$，而 $f(F)$ 是闭的. 如此一来，由定理 42.10，Y是仿紧 p 空间.

为了观察 g 是开的，只需证明对于任意点 $(\gamma,x)\in Y$ 的任意立方邻域 $(\gamma|n)\times U$，$\gamma=(\gamma_i)$，有 $U(\gamma_n)\cap U\subset g((\gamma|n)\times U)$ 成立. 任取点 $p\in U(\gamma_n)\cap U$. 因X是点可数型的，故存在含 p 的紧集K且具有可数特征. 因X是 T_2 的，故存在指标列$\{\delta_{n+i}:i\in N\}\subset A$[1)]，可使

$$U(\gamma_n)\cap U\supset U(\delta_{n+1}),$$
$$p\in U(\delta_{n+i+1})\subset U(\delta_{n+i})\cap U(\gamma_{n+i}),$$

---

1) 这个事实的证明是有问题的，特别是下面第二个包含式一般无法满足. 为了完成定理的证明，我们可以利用结论“在点可数型 T_2 空间X中，若紧集K有可数特征，点$p\in K$，则对 p 的任意邻域 U，存在具有可数特征的紧集 $K'\subset U$，使$p\in K'$”，这个事实是不难证明的. ——校者注

$$K \cap \mathrm{Cl} U(\delta_{n+i+1}) \subset U(\delta_{n+i})$$

对于各 i 成立．若 $L = \bigcap_i U(\delta_{n+i})$，则 L 是含 p 的紧集且 $\{U(\delta_{n+i})\}$ 为其邻域基．故 $\delta = (\gamma_1, \cdots, \gamma_n, \delta_{n+1}, \delta_{n+2}, \cdots)$ 是属于 M 的点且 $(\delta, p) \in Y \cap ((\gamma|n) \times U)$．结果证明了 $p \in g((\gamma|n) \times U)$ 而 $U(\gamma_n) \cap U \subset g((\gamma|n) \times U)$．

当 X 为可数型时，证明 g 为紧覆盖．对于 X 的任意紧集 L，取含有它的紧集 K 和 M 的元 (α_i)，使 $\{U(\alpha_i)\}$ 收敛于 K．若令 $\{(\alpha_i)\} \times K = P$，则 $P \subset Y$ 且 $g(P) = K$．因 $P \approx K$ 故 P 为紧的．若令 $Q = g^{-1}(L) \cap P$，则 Q 是紧的且 $g(Q) = L$．

最后指出充分性．若设 X 为仿紧 p 空间 Y 的开连续像，则可取得到度量空间 Z 上的完全映射 $h: Y \to Z$．若设 K 为 Y 的任意紧集，则 $h(K)$ 在 Z 中有可数特征．故 $h^{-1}h(K)$ 在 Y 中有可数特征．因 $h^{-1}h(K)$ 是紧的(42.13)，故 Y 为可数型的．容易看出可数型空间的开连续像，或紧覆盖的开连续像分别是点可数型或可数型的(参考 41.3)．□

42.22　定理 (Filippov)　仿紧 p (仿紧 M，T_2)空间 X 若具有点可数基 $\mathscr{B}$，则为可距离化的．

证明　设 $f: X \to Y$ 为到度量空间 Y 上的完全映射．取 Y 的基 $\bigcup \mathscr{U}_i$，设各 $\mathscr{U}_i$ 是分散的．固定一个 $\bigcup \mathscr{U}_i$ 的元 U．$\mathscr{B}$ 的有限子族且作为 $f^{-1}(U)$ 的既约覆盖的全体，由命题 19.9 至多是可数的，故可以写为 $\mathscr{B}_1, \mathscr{B}_2, \mathscr{B}_3, \cdots$．若令 $\bigcup \mathscr{B}_i = \mathscr{B}_U$，则 $\mathscr{B}_U$ 仅含有可数个元．故

$$\{f^{-1}(U) \cap B : B \in \mathscr{B}_U, U \in \mathscr{U}_i\}$$

是 σ 分散的．若令

$$\mathscr{V} = \{f^{-1}(U) \cap B : B \in \mathscr{B}_U,\ U \in \bigcup \mathscr{U}_i\},$$

则 $\mathscr{V}$ 也是 σ 分散的，故若能说明 $\mathscr{V}$ 是 X 的基，则 X 是可距离化的．为此取任意点 $x \in X$ 和它的任意开邻域 W．取 $\mathscr{B}$ 的元 B_0 使 $x \in B_0 \subset W$．在由 $f^{-1}f(x)$ 的 $\mathscr{B}$ 的元组成的有限既约覆盖中有含 B_0 者，设它是 $\mathscr{B}_0 = \{B_0, B_1, \cdots, B_n\}$．令 $V = Y - f\left(X - \bigcup_{i=0}^{n} B_i\right)$.

因 $f(x) \in V$，故有 $\cup \mathscr{U}_i$ 的元 U_0 使 $f(x) \in U_0 \subset V$. 因 $f^{-1}(U_0) \subset \bigcup_{i=0}^{n} B_i$ 且 $B_0 \in \mathscr{B}_0 \subset \mathscr{B}_{U_0}$,故 $f^{-1}(U_0) \cap B_0$ 是 $\mathscr{V}$ 的元且满足

$$x \in f^{-1}(U_0) \cap B_0 \subset W. \ \square$$

42.23 定理（Borges-Okuyama） 仿紧 p（仿紧 M，T_2）空间 X 若具有 G_δ 对角集,则可距离化.

证明 因 X 具有 G_δ 对角集，故由引理 25.9 有覆盖列$\{\mathscr{U}_i\}$，使得若 $x \neq x'$,则对某个 $i, x \notin \mathscr{U}_i(x')$ 成立.设 $\{\mathscr{V}_i\}$ 为 X 的 p 构造. 因 X 是仿紧的，故有开覆盖的正规列 $\{\mathscr{W}_i\}$，对各 i 可使 $\mathscr{U}_i \wedge \mathscr{V}_i > \mathscr{W}_i$ 成立. 由上述作法对各 x,$\{\mathscr{W}_i(x)\}$ 收敛于$\{x\}$. 故由定理 26.15 X 是可距离化的. $\square$

42.24 引理 对于空间 X 的开集族列 $\{\mathscr{U}_i = \{U(\alpha_i): \alpha_i \in B_i\}\}$，$0 < |B_i| < \infty$,设给与对应 $\varphi_i^{i+1}: B_{i+1} \to B_i$，满足下列二条件.

(1) 若 $\varphi_i^{i+1}(\alpha_{i+1}) = \alpha_i$,则 $U(\alpha_{i+1}) \subset U(\alpha_i)$.

(2) 若 $(\alpha_i) \in \varprojlim B_i$,则 $\{U(\alpha_i)\}$ 收敛.

此时若令 $U_i = \cup\{U(\alpha_i): \alpha_i \in B_i\}$,$K = \cap U_i$,则$K$ 为非空紧集,且$\{U_i\}$构成K的邻域基.

证明 根据 König 引理,$\varprojlim\{B_i, \varphi_i^{i+1}\} \neq \varnothing$,故由(2)立即得知 $K \neq \varnothing$. 设 $\mathscr{F}$ 为K的子集组成的极大滤子,若令

$$C_i = \{\alpha_i \in B_i: U(\alpha_i) \cap K \in \mathscr{F}\},$$

则 $C_i \neq \varnothing$ 且$\{C_i, \varphi_i^{i+1}|C_i\}$构成逆谱. 对于元 $(\alpha_i) \in \varprojlim C_i$，若令 $L = \bigcap_{i=1}^{\infty} U(\alpha_i)$，则 L 为非空紧集且 $K \supset L$. 对于 $\mathscr{F}$ 的元 F，若 $\bar{F} \cap L = \varnothing$,则由(2)，对某个 j，$\bar{F} \cap U(\alpha_j) = \varnothing$ 成立. 另方面，因 $\alpha_j \in C_j$,故 $U(\alpha_j) \cap K \in \mathscr{F}$，从而 $U(\alpha_j) \cap K \cap F \neq \varnothing$ 是矛盾的. 故 $\mathscr{F}$ 收敛于 L 的某点,从而 K 必须是紧的.

若假定$\{U_i\}$不是K的邻域基,则有含K的开集 U 存在,对各 i 使 $U_i - U \neq \varnothing$ 成立. 若令

$$D_i = \{\alpha_i \in B_i: U(\alpha_i) - U \neq \varnothing\},$$

则 $D_i \neq \varnothing$ 且 $\{D_i, \varphi_i^{i+1}|D_i\}$ 构成逆谱．由 $\varprojlim D_i$ 取元 (β_i)，若令 $M = \bigcap_{i=1}^{\infty} U(\beta_i)$，则因 $M \subset K$，故 $U(\beta_k) \subset U$ 对某个 k 必须成立，这和 $\beta_k \in D_k$ 相矛盾．□

42.25 定理 (Čoban) p 空间 X 是可数型的．

证明 设 Q 为 X 的非空紧集． 设 $\{\mathscr{V}_i\}$ 为 X 的 p 构造． 设 $\mathscr{U}_i = \{U(\alpha_i): \alpha_i \in A_i\}$ 为 X 的开覆盖，满足下列二条件．

(1) $\overline{\mathscr{U}}_{i+1} < \mathscr{U}_i < \mathscr{V}_i$.

(2) 和 Q 相交的 $\mathscr{U}_i$ 的元至多有有限个．

此时 $\{\mathscr{U}_i\}$ 又是 X 的 p 构造．取对应 $\psi_i^{i+1}: A_{i+1} \to A_i$，使得若 $\psi_i^{i+1}(\alpha_{i+1}) = \alpha_i$，则 $\mathrm{Cl}U(\alpha_{i+1}) \subset U(\alpha_i)$．若令

$$B_i = \{\alpha_i \in A_i: U(\alpha_i) \cap Q \neq \varnothing\}, \quad \varphi_i^{i+1} = \psi_i^{i+1}|B_i,$$

则 $B_i \neq \varnothing$，且引理 42.24 的条件全部满足，在那里定义的 K 是紧集且具有可数特征．因 $Q \subset K$，故 X 是可数型的．□

根据此定理，在 42.21 的 Wicke 定理中作为映射的定义域的仿紧 p 空间可以换为简单的 p 空间．此定理之逆不成立．Michael 直线 X 即为其例．易知 X 是可数型的． 若 X 为 p 空间，则根据推论 42.11 和度量空间的直积是仿紧 T_2，从而是正规的而产生矛盾，故 X 不能是 p 空间．

§ 43. 可数深度空间

43.1 定义 空间 X 是 σ 仿紧的是指对于 X 的任意开覆盖 $\mathscr{U}$，存在开覆盖列 $\{\mathscr{U}_i\}$，对于任意点 $x \in X$ 可取得 i 使 $\mathscr{U}_i(x) < \mathscr{U}$.

43.2 引理 设 X 为 σ 仿紧空间，$\mathscr{U}$ 为其任意开覆盖，则存在开覆盖列 $\mathscr{U} > \mathscr{U}_1 > \mathscr{U}_2 > \cdots$，对于任意点 $x \in X$ 和任意的 i，必有某个 j 可使 $\mathscr{U}_j(x) < \mathscr{U}_i$ 成立．

证明 根据归纳法，对于 $k = 1, 2, \cdots$，作 X 的开覆盖列 $\{\mathscr{U}_{nk}: n = k, k+1, \cdots\}$，满足下列四个条件：

(1) $\mathscr{U}_{11}=\mathscr{U}$, $\mathscr{U}_{k+1,k+1}=\mathscr{U}_{k+1,k}$.

(2) $\mathscr{U}_{n+1,k}<\mathscr{U}_{nk}$, $n\geqslant k$.

(3) $\mathscr{U}_{n,k+1}<\mathscr{U}_{nk}$, $n\geqslant k+1$.

(4) 对于任意点 $x\in X$ 和任意 k 存在 m，使 $\mathscr{U}_{mk}(x)<\mathscr{U}_{kk}$. 若令 $\mathscr{U}_k=\mathscr{U}_{kk}$,则$\{\mathscr{U}_k\}$即为所求. □

43.3 引理 设空间X具有下述性质：它的任意开覆盖可被 σ 保闭的闭覆盖细分. 设 $\{\mathscr{U}(n)=\{\mathscr{U}_\alpha(n):\alpha\in A\}:n=1,2,\cdots\}$ 是X的开覆盖列且满足 $U_\alpha(n+1)\subset U_\alpha(n)$, $\alpha\in A$. 这时有X的闭覆盖列 $\{\mathscr{P}(n)\}$,$\mathscr{P}(n)=\bigcup\limits_{m=1}^{\infty}\mathscr{P}_m(n)$，满足下列四个条件.

(1) $\mathscr{P}_m(n)=\{P_{\alpha,m}(n):\alpha\in A\}$ 是保闭的.

(2) $P_{\alpha,m}(n)\subset U_\alpha(n)$, $\alpha\in A$, $m\in N$.

(3) $P_{\alpha,m}(n)\subset P_{\alpha,m+1}(n)$, $\alpha\in A$, $m\in N$.

(4) $P_{\alpha,m}(n+1)\subset P_{\alpha,m}(n)$, $\alpha\in A$, $m\in N$.

证明 对于各$\mathscr{U}(n)$,取细分它的闭覆盖 $\mathscr{B}(n)=\bigcup\limits_{m=1}^{\infty}\mathscr{B}_m(n)$，使 $\mathscr{B}_m(n)\subset\mathscr{B}_{m+1}(n)$ 且各 $\mathscr{B}_m(n)$ 是保闭的. 当 $m<n$ 时,令 $\mathscr{P}_{\alpha,m}(n)=\phi$,当 $m\geqslant n$ 时,令

$$P_{\alpha,m}(n)=\bigcup\{B\in\mathscr{B}_m(k):B\subset U_\alpha(n),n\leqslant k\leqslant m\}.$$

若令

$$\mathscr{P}_m(n)=\{P_{\alpha,m}(n):\alpha\in A\},$$

$$\mathscr{P}(n)=\bigcup_{m=1}^{\infty}\mathscr{P}_m(n),$$

则 $\{\mathscr{P}(n)\}$ 是闭覆盖列且满足所有条件. □

43.4 定理（Burke） 对于空间X下列情况是等价的.

(1) X是σ仿紧的.

(2) X的各开覆盖被σ分散的闭覆盖细分.

(3) X的各开覆盖被σ局部有限的闭覆盖细分.

(4) X的各开覆盖被σ保闭的闭覆盖细分.

证明 (1)⇒(2) 设 $\mathscr{U}=\{U_\alpha:\alpha\in A\}$ 为X的开覆盖，A是

良序的．对此 $\mathscr{U}$，设 $\{\mathscr{U}_n\}$ 为满足引理 43.2 条件的开覆盖列，对于各 $x\in X$，若令

$$A_x=\{\alpha\in A:\ 对于某个\ n,\mathscr{U}_n(x)\subset U_\alpha\},$$

则 $A_x\neq\varnothing$，故可确定它的最小元 $\alpha(x)$．若令

$$P_n(\alpha)=\{z\in X:\mathscr{U}_n(z)\subset U_\alpha\ 且\ \alpha=\alpha(z)\},$$

则 $\{P_n(\alpha):\alpha\in A\}$ 对于各 n 是不相交的，且 $\{P_n(\alpha):\alpha\in A,n\in N\}$ 是 X 的覆盖，它细分 $\mathscr{U}$．若令

$$P_{n,m}(\alpha)=\{z\in P_n(\alpha):\mathscr{U}_m(z)<\mathscr{U}_n\},\ m\geqslant n,$$

则 $\bigcup\limits_{m=n}^{\infty}P_{n,m}(\alpha)=P_n(\alpha)$，故族

$$\mathscr{P}=\{P_{n,m}(\alpha):n,\ m\in N,\ m\geqslant n,\ \alpha\in A\}$$

是 X 的覆盖且细分 $\mathscr{U}$． 当固定 $m\geqslant n$ 时我们指出 $\mathscr{P}_{n,m}=\{P_{n,m}(\alpha):\alpha\in A\}$ 在 X 中是分散的．

令 $P_{n,m}(\alpha)$ 为 $\mathscr{P}_{n,m}$ 的非空元，z 为 $P_{n,m}(\alpha)$ 的任意点．对于 $\beta\neq\alpha$ 的 β 假定 $\mathscr{U}_m(z)\cap P_{n,m}(\beta)\neq\varnothing$，$y$ 为此式左边的点．由 $y\in P_{n,m}(\beta)$ 有 $\mathscr{U}_m(y)\subset U_n$ 关于某 $U_n\in\mathscr{U}_n$ 成立，由 $y\in\mathscr{U}_m(z)$ 有 $z\in\mathscr{U}_m(y)\subset U_n$．因 $\mathscr{U}_m(y)\subset\mathscr{U}_n(z)\subset U_\alpha$，故 $\alpha\in A_y$．因 $\beta=\alpha(y)=\min A_y$，故 $\beta<\alpha$．由 $z\in P_{n,m}(\alpha)$，有 $\mathscr{U}_m(z)\subset U_n'$ 关于某个 $U_n'\in\mathscr{U}_n$ 成立．另方面，由 $y\in\mathscr{U}_m(z)\subset U_n'$，有 $\mathscr{U}_m(z)\subset\mathscr{U}_n(y)\subset U_\beta$，从而导出 $\beta\in A_z$，故 $\alpha(z)=\alpha<\beta$ 发生矛盾．因 z 是 $P_{n,m}(\alpha)$ 的任意点，故证明了

$$\mathscr{U}_m(P_{n,m}(\alpha))\cap P_{n,m}(\beta)=\varnothing\quad(\beta\neq\alpha).$$

为了观察 $\mathscr{P}_{n,m}$ 是分散的，任取点 $x\in X$．令

$$P_{n,m}=\bigcup\{P_{n,m}(\alpha):\ \alpha\in A\}.$$

当 $x\in X-\overline{P}_{n,m}$ 时，x 的邻域 $X-\overline{P}_{n,m}$ 和 $\mathscr{P}_{n,m}$ 的元不相交．考虑 $x\in\overline{P}_{n,m}$ 的情形．有

$$\begin{aligned}P_{n,m}&\subset X-\bigcup\{U\in\mathscr{U}_m:U\cap P_{n,m}=\varnothing\}\\&\subset\bigcup\{\mathscr{U}_m(P_{n,m}(\alpha)):\alpha\in A\}=\mathscr{U}_m(P_{n,m}),\end{aligned}$$

且 $X-\bigcup\{U\in\mathscr{U}_m:U\cap P_{n,m}=\varnothing\}$ 是闭集．故 $\overline{P}_{n,m}\subset\mathscr{U}_m(P_{n,m})$，因之 $x\in\mathscr{U}_m(P_{n,m})$．结果对于某个 $\beta\in A$，有 $x\in\mathscr{U}_m(P_{n,m}(\beta))$．已

经证明$\mathscr{U}_m(P_{n,m}(\beta))\cap P_{n,m}(\alpha)=\varnothing(\alpha\neq\beta)$，故$\mathscr{U}_m(P_{n,m}(\beta))$是$x$的邻域且至多只和$\mathscr{P}_{n,m}$的一个元相交．因

$$\mathrm{Cl}P_{n,m}(\alpha)\subset\mathscr{U}_m(P_{n,m}(\alpha))\subset\mathscr{U}_n(P_{n,m}(\alpha))\subset U_\alpha,$$

故若令

$$\mathscr{P}'=\{\mathrm{Cl}P_{n,m}(\alpha):P_{n,m}(\alpha)\in\mathscr{P}\},$$

则这是细分$\mathscr{U}$的闭覆盖，且$\mathscr{P}$为σ分散的，故$\mathscr{P}'$也是σ分散的．

(2)⇒(3)⇒(4)是明显的．

(4)⇒(2)　设$\mathscr{U}=\{U_\alpha:\alpha\in A\}$为$X$的开覆盖，$A$为良序集．令

$$U_\alpha(1,n)=U_\alpha,$$
$$\mathscr{U}(1,n)=\{U_\alpha(1,n):\alpha\in A\},\ n\in N,$$

与此对应满足引理 43.3 的条件的X的闭覆盖列$\{\mathscr{P}(1,n):n\in N\}$，$\mathscr{P}(1,n)=\bigcup_{m=1}^{\infty}\mathscr{P}_m(1,n)$存在．当然要改变记号．对于各$k\in N$由归纳法作开覆盖列$\{\mathscr{U}(k,n):n\in N\}$和闭覆盖列$\{\mathscr{P}(k,n):n\in N\}$，满足下述性质．

(5)　$\mathscr{U}(k,n)=\{U_\alpha(k,n):\alpha\in A\}$．

(6)　$\mathscr{P}(k,n)=\bigcup_{m=1}^{\infty}\mathscr{P}_m(k,n)$．

(7)　$\mathscr{P}_m(k,n)=\{P_{\alpha,m}(k,n):\alpha\in A\}$是保闭的．

(8)　$P_{\alpha,m}(k,n)\subset U_\alpha(k,n)$．

(9)　$P_{\alpha,m}(k,n)\subset P_{\alpha,m+1}(k,n)$．

(10)　$P_{\alpha,m}(k,n+1)\subset P_{\alpha,m}(k,n)$．

(11)　$U_\alpha(k+1,n)=U_\alpha-\bigcup_{\beta<\alpha}P_{\beta,n}(k,1)$．

对于$x\in X$，设$\alpha(x)$为使$x\in U_{\alpha(x)}$的A的最初元，则$x\in U_{\alpha(x)}(k,n)$对于任意的k,n成立，故$\mathscr{U}(k,n)$确实是开覆盖．若令

$$L_\alpha(k,m,n)=P_{\alpha,n}(k,1)\cap P_{\alpha,m}(k+1,n),$$
$$\mathscr{L}(k,m,n)=\{L_\alpha(k,m,n):\alpha\in A\},$$

则后者为保闭的闭集族．由A取$\gamma\neq\alpha$的二元，例如令$\gamma<\alpha$．

于是

$$L_\alpha(k,m,n)\subset P_{\alpha,m}(k+1,n)\subset U_\alpha(k+1,n)$$
$$=U_\alpha-\bigcup_{\beta<\alpha}P_{\beta,n}(k,1)\subset U_\alpha-P_{\gamma,n}(k,1)$$
$$\subset U_\alpha-L_\gamma(k,m,n).$$

故 $L_\gamma(k,m,n)\cap L_\alpha(k,m,n)=\varnothing(\gamma\neq\alpha)$. 如此 $\mathscr{L}(k,m,n)$ 是分散的闭集族. 显然 $L_\alpha(k,m,n)\subset U_\alpha$,故若说明

$$\mathscr{L}=\bigcup_{k=1}^{\infty}\bigcup_{m=1}^{\infty}\bigcup_{n=1}^{\infty}\mathscr{L}(k,m,n)$$

覆盖X即可.

令 $x\in X$. 因A是良序的,故存在 $\beta\in A$ 和 $k,m,n\in N$, 使

$$x\in P_{\beta,n}(k,m),$$
$$x\notin P_{\alpha,n'}(k',m'),\ \alpha<\beta,\ k',m',n'\in N.$$

今指出存在 t 使 $x\in L_\beta(k,t,n)$. 若 $\alpha>\beta$, 则 $P_{\alpha,m'}(k+1,n)\subset U_\alpha(k+1,n)\subset U_\alpha-P_{\beta,n}(k,1)$ $(m'\in N)$,故

$$P_{\beta,n}(k,1)\cap P_{\alpha,m'}(k+1,n)=\varnothing\ \ (m'\in N).$$

故对于任意的 $m'\in N$

$$x\notin\Big(\bigcup_{\alpha<\beta}P_{\alpha,m'}(k+1,n)\Big)\cup\Big(\bigcup_{\alpha>\beta}P_{\alpha,m'}(k+1,n)\Big)$$
$$=\bigcup_{\alpha\neq\beta}P_{\alpha,m'}(k+1,n).$$

从而对某个 t, $x\in P_{\beta,t}(k+1,n)$ 成立,故

$$x\in P_{\beta,n}(k,m)\cap P_{\beta,t}(k+1,n)$$
$$\subset P_{\beta,n}(k,1)\cap P_{\beta,t}(k+1,n)=L_\beta(k,t,n).$$

(2)⇒(1) 设 $\mathscr{U}=\{U_\alpha:\alpha\in A\}$ 为X的开覆盖, $\bigcup_{n=1}^{\infty}\mathscr{P}_n$为细分$\mathscr{U}$的闭覆盖,而各 $\mathscr{P}_n$ 为分散的. 不失一般性,设 $\mathscr{P}_n=\{P_{\alpha,n}:\alpha\in A\}$, $P_{\alpha,n}\subset U_\alpha$. 若

$$\mathscr{U}_n=\Big\{U_{\alpha,n}=U_\alpha-\bigcup_{\beta\neq\alpha}P_{\beta,n}:\alpha\in A\Big\}\cup\{X-\mathscr{P}_n^{\#}\},$$

则得到开覆盖列 $\{\mathscr{U}_n\}$. 若任取 $x\in X$, 则有 α, n 使 $x\in P_{\alpha,n}$. 此时 $\mathscr{U}_n(x)\subset U_\alpha$. 于是$X$是$\sigma$仿紧的. □

满足本定理(2)～(3)的条件的空间称为次仿紧(subpara compact)空间. 结果σ仿紧性和次仿紧性对于任意空间是等价的概念.

43.5 命题 可展空间是次仿紧的.

证明 设$\{\mathscr{U}_i\}$为空间X的展开列. 设$\mathscr{U}=\{U_\alpha:\alpha\in A\}$为$X$的任意开覆盖,$A$为良序的. 若

$$P_{\alpha,n}=X-\left(\mathscr{U}_n(X-U_\alpha)\cup\left(\bigcup_{\beta<\alpha}U_\beta\right)\right),$$

$$\mathscr{P}_n=\{P_{\alpha,n}:\alpha\in A\}$$

则$\mathscr{P}_n$为分散的且$\cup\mathscr{P}_n$为细分$\mathscr{U}$的闭覆盖. □

43.6 定理 设$f:X\to Y$为到上的闭连续映射,而X为次仿紧空间. 此时Y为次仿紧的.

证明 设$\mathscr{U}$为Y的任意开覆盖. 若$\mathscr{P}$为细分$f^{-1}(\mathscr{U})$的X的σ保闭的闭覆盖,则有$f(\mathscr{P})<\mathscr{U}$,而且$f(\mathscr{P})$是$Y$的$\sigma$保闭的闭覆盖. □

43.7 定理 设$f:X\to Y$为到上的完全映射,X为正规空间,Y为次仿紧空间. 此时X是次仿紧的.

证明 设$\mathscr{U}$为X的任意开覆盖. 由X的正则性取X的开覆盖$\mathscr{V}$,使$\overline{\mathscr{V}}<\mathscr{U}$. 对于各$y\in Y$,取$\mathscr{V}$的有限子族$\mathscr{V}_y$,使$f^{-1}(y)\subset\mathscr{V}_y^{\#}$. 置

$$U(y)=Y-f(X-\mathscr{V}_y^{\#}),$$

取细分$\{U(y):y\in Y\}$的闭覆盖$\cup\mathscr{P}_n$而各$\mathscr{P}_n$是分散的,且使

$$\mathscr{P}_n=\{P_{ny}:y\in Y\},\ P_{ny}\subset U(y).$$

若

$$\mathscr{W}_n=\{\overline{\mathscr{V}}_y|f^{-1}(P_{ny}):y\in Y\},$$

则$\mathscr{W}_n$是X的局部有限闭集族且$\mathscr{W}_n<\mathscr{U}$. 而且$\cup\mathscr{W}_n$是$X$的覆盖. □

43.8 例 (Burke) 构成点有限仿紧且完全p空间但非次仿紧空间. 设ω_1,ω_2分别是基数为$\aleph_1$,$\aleph_2$的始序数. 设$X=[0,\omega_2)\times[0,\omega_2)$. 设$X$的点$(0,0)$是开集,置$L_{00}=L_{10}=\{(0,0)\}$.

设属于 $X-[[0,\omega_2)\times\{0\})\cup(\{0\}\times[0,\omega_2))$ 的点本身也是开集. 令

$$L_{0\alpha}=\{\alpha\}\times[0,\omega_2),\quad 0<\alpha<\omega_2,$$
$$L_{1\alpha}=[0,\omega_2)\times\{\alpha\},\quad 0<\alpha<\omega_2,$$

设从 $L_{0\alpha}$, $L_{1\alpha}$ 除去有限个点的集合为开集. 以上面的开集全体做为X的基在X导入拓扑. 若

$$\mathscr{U}_n=\{L_{0\alpha},L_{1\alpha}:0\leqslant\alpha<\omega_2\},\ n\in N,$$

则 $\{\mathscr{U}_n\}$ 构成X的内在的完全 p 构造. 当然X做为局部紧 T_2 空间是完全正则空间,故X是完全 p 空间.

若假定X是次仿紧的,则 $\mathscr{U}_n$ 可被闭覆盖 $\cup\mathscr{P}_i$ 细分,而能使

$\mathscr{P}_i=\{P_{i0\alpha},P_{i1\alpha}:0\leqslant\alpha<\omega_2\}$ 是分散的,

$P_{i0\alpha}\subset L_{0\alpha}$, $P_{i1\alpha}\subset L_{1\alpha}$, $0\leqslant\alpha<\omega_2$.

令

$$\mathscr{P}_{i0}=\{P_{i0\alpha}:0\leqslant\alpha<\omega_2\},\mathscr{P}_{i1}=\{P_{i1\alpha}:0\leqslant\alpha<\omega_2\}.$$

因 $\mathscr{P}_{i1}$ 是分散的故和$L_{0\alpha}$相交的元是有限个. 故$(\cup\mathscr{P}_{i1})^\#\cap L_{0\alpha}=M_{0\alpha}$ 是可数集. 同样地$(\cup\mathscr{P}_{i0})^\#\cap L_{1\alpha}=M_{1\alpha}$ 也是可数集. 若

$$M_0=\cup\{M_{0\alpha}:0<\alpha<\omega_1\},$$
$$M_1=\cup\{M_{1\alpha}:0<\alpha<\omega_2\},$$

则因 $\cup\mathscr{P}_i$ 是覆盖,有

$$(0,\omega_1)\times(0,\omega_2)\subset M_0\cup M_1.$$

若令

$$\beta_0=\sup\{\beta:(\alpha,\beta)\in M_{0\alpha},0<\alpha<\omega_1\},$$

则 $\beta_0<\omega_2$. 若取 α_0 使 $\beta_0<\alpha_0<\omega_2$,则 $(0,\omega_1)\times[\alpha_0,\omega_2)\subset M_1$. 特别地

$$(0,\omega_1)\times\{\alpha_0\}\subset M_1.$$

由此事实必须有 $(0,\omega_1)\times\{\alpha_0\}\subset M_{1\alpha_0}$, 但因 $M_{1\alpha_0}$ 是可数的故发生矛盾.

X是点有限仿紧这点几乎是明显的.

43.9 例 是次仿紧正规空间但非点有限仿紧空间的例子由 Bing 的例 33.1 给与. 因X是完全正规的,故对于它的闭集 X_0, 存

在闭集 $F_i, i\in N$，使 $X - X_0 = \bigcup F_i$. 因 X_0 及 F_i 全是离散子空间，故为次仿紧的. 从而它的可数并 X 也是次仿紧的. X 不是点有限仿紧的事实，在 33.1 中实质上已经证明.

由此二例知点有限仿紧和次仿紧的性质是相互独立的概念. 作为包含二者的概念有下述的依 Wicke-Worrell 的 θ 细分可能性.

43.10 定义 空间 X 是 θ 可细分的是指对于 X 的任意开覆盖 $\mathscr{U}$ 可取得满足下述条件的开覆盖列 $\{\mathscr{U}_i\}$.

各 $\mathscr{U}_i$ 细分 $\mathscr{U}$，对于任意点 $x\in X$ 存在 i 使 $\mathrm{ord}_x\mathscr{U}_i<\infty$.

43.11 命题 (1) 点有限仿紧空间 X 是 θ 可细分的.

(2) 次仿紧空间 X 是 θ 可细分的.

证明 因(1)是明显的，故证明(2). 设 $\mathscr{U}=\{U_\alpha:\alpha\in A\}$ 为 X 的任意开覆盖. 取细分 $\mathscr{U}$ 的闭覆盖 $\bigcup\mathscr{P}_i, \mathscr{P}_i=\{P_{\alpha i}:\alpha\in A\}$，且各 $\mathscr{P}_i$ 为分散的，$P_{\alpha i}\subset U_\alpha, \alpha\in A$. 若

$$V_{\alpha i}=U_\alpha-\bigcup\{P_{\beta i}:\beta\neq\alpha\},\ \alpha\in A,$$
$$\mathscr{V}_i=\{V_{\alpha i}:\alpha\in A\},$$

则各 $\mathscr{V}_i$ 是细分 $\mathscr{U}$ 的开覆盖. 任取点 $x\in X$，若确定 n 使 $x\in\mathscr{P}_n^{\#}$，则 $x\in P_{\alpha n}$ 的 $\alpha\in A$ 是唯一确定的. 对此 α，$x\in V_{\alpha n}$ 且 $x\notin V_{\beta n}(\beta\neq\alpha)$，故含 x 的 $\mathscr{V}_n$ 的元仅限于一个. □

43.12 命题 空间 X 是 θ 可细分的充要条件是对于 X 的任意开覆盖 $\mathscr{U}$，存在开覆盖列 $\{\mathscr{U}_i\}$ 和闭集列 $\{F_i\}$，使 $\mathrm{ord}\ \mathscr{U}_i|F_i<\infty$，$\mathscr{U}_i<\mathscr{U}$，$\bigcup F_i=X$.

证明 充分性是明显的，故证明必要性. 对于 $\mathscr{U}$ 取开覆盖列 $\{\mathscr{V}_i\}$，使 $\mathscr{V}_i<\mathscr{U}$ 且对于任意 $x\in X$ 存在 i，使 $\mathrm{ord}_x\mathscr{V}_i<\infty$. 若 $F_{ij}=\{x\in X:\mathrm{ord}_x\mathscr{V}_i\leqslant j\}$，则 F_{ij} 是闭集而 $\bigcup\limits_{i,j}F_{ij}=X$. 若形式地看做 $\mathscr{V}_{ij}=\mathscr{V}_i$，则 $\mathrm{ord}\mathscr{V}_{ij}|F_{ij}\leqslant j$，故满足条件. □

43.13 定义 集合列 $\{U_i\}$ 是真单调减少是指 $U_i\supset U_{i+1}$ 且 $U_i\neq U_{i+1}, i\in N$. 空间 X 的基 $\mathscr{B}$ 是可数深度的是指 $\mathscr{B}$ 的子族 $\{U_i\}$ 是真单调减少，且若 $x\in\bigcap U_i$，则 $\{U_i\}$ 是点 x 的邻域基. 具有可数深度基的空间称为可数深度空间.

43.14 定义 给与空间X的开覆盖列$\{\mathcal{U}_i=\{U(\alpha_i):\alpha_i\in A_i\}\}$和逆谱$\{A_i,\varphi_i^{i+1}\}$，若满足下列条件，则$\{\mathcal{U}_i,\varphi_i^{i+1}\}$称为$X$的有向构造.

$$U(\alpha_i)=\bigcup\{U(\alpha_{i+1}):\varphi_i^{i+1}(\alpha_{i+1})=\alpha_i\},\ \alpha_i\in A_i,\ i\in N.$$

43.15 引理 设对于空间X给与了如上的有向构造$\{\mathcal{U}_i,\varphi_i^{i+1}\}$，则对于各$i$存在$\mathcal{U}_i$的子覆盖$\mathcal{V}_i=\{U(\alpha_i):\alpha_i\in B_i\}$，且能满足下列三个条件:

(1) B_i是良序集.

(2) $U(\alpha_i)-\bigcup\{U(\beta_i):\beta_i<\alpha_i\}\neq\varnothing$，$\alpha_i\in B_i$.

(3) $\bigcup\{U(\beta_i):\ \beta_i\leqslant\alpha_i\}=\bigcup\{U(\alpha_{i+1}):\ \varphi_i^{i+1}(\alpha_{i+1})\leqslant\alpha_i\}$，$\alpha_i\in B_i$.

证明 将各A_i良序化，若$\alpha_{i+1}<\beta_{i+1}$在A_{i+1}中成立，则令$\varphi_i^{i+1}(\alpha_{i+1})\leqslant\varphi_i^{i+1}(\beta_{i+1})$在$A_i$中成立．设$A_1$的最初元$\alpha_1$是$B_1$的最初元．设$B_1$的第2个元是$U(\alpha_1')-U(\alpha_1)\neq\varnothing$的最小元$\alpha_1'$．一般地使满足(2)的这种操作超限回施行得到$B_1$．其次对于$(\varphi_1^2)^{-1}(B_1)$进行同样的操作得到它的子集$B_2$．若如此作则得到满足引理条件的开覆盖列．□

如此做成的开覆盖列称为 Wicke-Worrell 列.

43.16 定理（Wicke-Worrell） 空间X是可展空间的充要条件是X是可数深度的θ可细分的空间.

证明 充分性 设$\mathcal{B}$为X的可数深度基．令$\mathcal{U}_1=\mathcal{B}$．因$X$是$\theta$可细分的，故存在$X$的开覆盖列$\{\mathcal{U}_{1i}\}$，$\mathcal{U}_{1i}<\mathcal{U}_1$，若$x\in X$，则有$j$使$\mathrm{ord}_x\mathcal{U}_{1j}<\infty$．根据归纳法，存在$\mathcal{B}$的子覆盖列$\{\mathcal{U}_i\}$满足下述二条件:

(1) 对于$\mathcal{U}_i$存在开覆盖列$\{\mathcal{U}_{ij}\}$，使$\mathcal{U}_{ij}<\mathcal{U}_i$，若$x\in X$，则对某个$k$，$\mathrm{ord}_x\mathcal{U}_{ik}<\infty$成立.

(2) $\mathcal{U}_i<\bigwedge\{\mathcal{U}_{jk}:j+k=i\}$，若$\mathcal{U}_i$的元$U$非空亦非一点，则含有$U$为真子集的$\bigwedge\{\mathcal{U}_{jk}:j+k=i\}$的元存在.

为证明此$\{\mathcal{U}_i\}$是展开列，假定它不是展开列．于是存在点p及其开邻域W，对于各i，必须有$\mathcal{U}_i(p)-W\neq\varnothing$．对于各

i,取 $k=k(i)$, 使 $\mathrm{ord}_p \mathscr{U}_{ik} < \infty$. 令

(3) $i_1 = 1, i_2 = i_1 + k(i_1), i_3 = i_2 + k(i_2), \cdots$

确定数列 $i_1, i_2, \cdots$. 若令

(4) $\mathscr{V}_j = \{U \in \mathscr{U}_{i_j} : p \in U, U - W \neq \varnothing\}$
$= \{V(\alpha_j) : \alpha_j \in A_j\},\ j \in N,$

(5) $\mathscr{W}_j = \{U \in \mathscr{U}_{i_j, k(i_j)} : p \in U, U - W \neq \varnothing\}$
$= \{W(\beta_j) : \beta_j \in B_j\},\ j \in N,$

则由(1)$\mathscr{W}_j < \mathscr{V}_j$, 由(2)$\mathscr{V}_{j+1} < \mathscr{W}_j$. 设 $\varphi_j : B_j \to A_j$ 为$\mathscr{W}_j$到$\mathscr{V}_j$的加细映射. 设 $\psi_{j+1} : A_{j+1} \to B_j$ 为 $\mathscr{V}_{j+1}$ 到 $\mathscr{W}_j$ 的加细映射且满足下述条件.

(6) $V(\alpha_{j+1})$ 是 $W(\psi_{j+1}(\alpha_{j+1}))$ 的真子集.

这样的加细映射称为真加细映射. 由 (4)$V(\alpha_{j+1})$含有二点以上,故由(2)保证真加细映射 ψ_{j+1} 存在. 在逆谱

(7) $\{B_j, \psi_{j+1}\varphi_{j+1} = \pi_j^{j+1}\}$

中,各 B_j 是有限集, 故由 König 引理, 它的逆极限 $\varprojlim B_j$ 含有元(γ_j). 于是由(6), $V(\varphi_{j+1}(\gamma_{j+1}))$ 是

$$V(\varphi_j \pi_j^{j+1}(\gamma_{j+1})) = V(\varphi_j \psi_{j+1} \varphi_{j+1}(\gamma_{j+1}))$$

的真子集. 结果

(8) $\{V(\varphi_j(\gamma_j)) : j \in N\}$

是真单调减少的.另方面,各 $\mathscr{U}_i$ 是 $\mathscr{B}$ 的子族,故(8)是含 p 的 $\mathscr{B}$ 的元组成的列. 故对于某个 k,必须有 $V(\varphi_k(\gamma_k)) \subset W$, 由 (4) 此乃矛盾. 于是$\{\mathscr{U}_i\}$是展开列而$X$是可展空间.

必要性 根据命题 43.5,可展空间是次仿紧的,故由命题 43.11 X是θ可细分的. 设$\{\mathscr{U}_i\}$为X的展开列. 在X的有向构造

$$\{\mathscr{W}_i = W(\alpha_i) : \alpha_i \in A_i,\ \varphi_i^{i+1} : A_{i+1} \to A_i\}$$

中,考虑满足下述二条件者.

(9) $\mathscr{W}_i < \bigwedge_{j \leqslant i} \mathscr{U}_j$.

(10) 若 $W(\alpha_{i+1})(\alpha_{i+1} \in A_{i+1})$ 含有二点以上, 则它是 $W(\varphi_i^{i+1}(\alpha_{i+1}))$ 的真子集.

对此有向构造应用引理 43.15，作 Wicke-Worrell 列 $\{\mathscr{V}_i=\{W(\alpha_i):\alpha_i\in B_i\}\}$. 令 $\mathscr{B}=\bigcup\mathscr{V}_i$. 现证这个 $\mathscr{B}$ 是 X 的可数深度基. 设 $\mathscr{V}=\{V_i\}$ 是 $\mathscr{B}$ 的子族且真单调减少的，而 $p\in\bigcap V_i$. 若能说明 $\mathscr{V}$ 是 p 的邻域基即可. 令

$$\mathscr{V}\cap\mathscr{V}_i=\{W(\alpha_i):\alpha_i\in C_i\},$$

由引理 43.15 的(2)的性质，各 C_i 是 B_i 的有限子集. 故存在单调增大数列 $i_1<i_2<\cdots$ 使 $C_{i_j}\neq\varnothing(j\in N)$. 对于各 i 取 β_{i_j} 使 $\beta_{i_j}\in C_{i_j}$. 于是

(11) $\{W(\beta_{i_j}):j\in N\}\subset\mathscr{V}$.

由 (9) $\mathscr{U}_j(P)\supset\mathscr{W}_j(P)$. 另方面，$\mathscr{W}_j(P)\supset\mathscr{W}_{i_j}(P)\supset\mathscr{V}_{i_j}(P)\supset W(\beta_{i_j})$. $\{\mathscr{U}_j(P)\}$ 构成 p 的邻域基，故由 (11) $\mathscr{V}$ 构成 p 的邻域基. □

43.17 定理 (Arhangel'skiĭ) 可数深度的全体正规空间 X 是可距离化的.

证明 由前定理 X 是可展空间. 由定理 18.4，全体正规的可展空间是可距离化的. □

§44. 对 称 距 离

44.1 定义 取空间 X，对于 $X\times X$ 上的函数 $d(x,y)$，考虑下述条件.

(1) $d(x,y)=0\Longleftrightarrow x=y$.

(2) $d(x,y)=d(y,x)\geqslant 0$.

(3) A 是闭的和对任意点 $x\in X-A$ 有 $d(x,A)>0$ 成立是等价的.

(4) $x\in\overline{A}$ 和 $d(x,A)=0$ 是等价的.

当 d 满足 (1)，(2)，(3) 时称 d 为 X 的对称距离 (symmetric). 当 d 满足(1)，(2)，(4)时称 d 为 X 的半距离 (semimetric). 对称度量空间，半度量空间的用语也是自明的. 另外下述命题也是显然的.

44.2 命题 半度量空间是对称度量空间.

44.3 命题 半度量空间 X 满足第一可数性.

证明 任取点 $x\in X$. 若令

$$U_i = X - \mathrm{Cl}(X - S_{1/i}(x)),\ i\in N,$$

则 $\{U_i\}$ 为 x 的邻域基. 因 $d(x, X - S_{1/i}(x)) \geqslant 1/i > 0$, 故 $x\notin \mathrm{Cl}(X - S_{1/i}(x))$. 故 $x\in U_i$. 若 U 为 x 的任意开邻域,则 $x\notin X - U$ 故 $d(x, X - U) > 0$. 故对于某个 j, $S_{1/j}(x)\cap(X - U) = \varnothing$ 成立. 由此 $U_j\subset S_{1/j}(x)\subset U$. □

44.4 命题 满足第一可数性的对称距离 T_2 空间 (X, d) 是半度量空间.

证明 对于点 $x\in \overline{A} - A$, 只若说明 $d(x, A) = 0$ 即可. 由第一可数性存在 A 的点列 $\{x_i\}$ 使 $\lim x_i = x$. 若否定 $\lim d(x_i, x) = 0$, 则存在 $\{x_i\}$ 的子列 P 使 $d(x, P) > 0$. 若令 $Q = P\cup\{x\}$, 则因 X 是 T_2 的, 故 Q 为闭集. 对称距离在闭集里是继承的, 故 d 在 Q 上的限制也是对称距离. 由这一事实和 $d(x, P) > 0$, x 必须是 Q 的孤立点. 这个矛盾指出 $\lim d(x_i, x) = 0$ 是正确的, 从而 $d(x, A) = 0$. □

44.5 定理 设 $f: X\to Y$ 为度量空间 X 到空间 Y 上的紧商映射. 此时 Y 是对称度量空间.

证明 对 $y, y'\in Y$, 若令

$$d(y, y') = d(f^{-1}(y), f^{-1}(y')),$$

则这个 d 给与 Y 以对称距离. $d(y, y') = d(y', y) \geqslant 0$ 是明显的. 因点逆象是紧的, 故 $d(y, y') = 0 \Longleftrightarrow y = y'$ 是正确的. 设 A 为 Y 的闭集, 若 $y\in Y - A$, 则由 $f^{-1}(y)$ 的紧性有 $d(f^{-1}(y), f^{-1}(A)) = a > 0$, 故 $d(y, A) = a > 0$.

反之, 设 A 为 Y 的集合, 对于 $Y - A$ 的任意点 y 有 $d(y, A) > 0$, 则 A 是闭集可由下述情况得知. $d(y, A) > 0$ 意味着 $d(f^{-1}(y), f^{-1}(A)) > 0$. 故存在正数 $\varepsilon = \varepsilon(y)$, 使 $S_\varepsilon(f^{-1}(y))\cap f^{-1}(A) = \varnothing$. 这指出 $f^{-1}(A)$ 在 X 中是闭的. 因 f 是商映射, 故 A 在 Y 中是闭的. □

44.6 例 (Arhangel'skiĭ) 在实直线R中，对于$n \in N$，将n和$1/n$同样看待．设S为如此得到的商集，设$f: R \to S$为射影．在S导入商拓扑．

(1) S是对称度量空间．

证明 因f是紧商映射，故由前定理在S中导入对称距离d．□

(2) S存在子集T，使d不是T上的对称距离．

证明 设$U = \{x \in R: 1 < x$ 且 $x \notin N\} \cup \{0\}$，$f(U) = T$．若$T_1 = T - \{0\}$，则$d(0, T_1) > 0$，但0为T_1的接触点．故d不能是T上的对称距离．□

(3) $f|f^{-1}(T)$不是商映射．

证明 $f^{-1}(T) = U$．$f^{-1}(0) = 0$，但0是U的孤立点，故是相对开的．然而作为它的像的0不是T的孤立点，故不是相对开的．□

这个事实指出下述定义的合理性．

44.7 定义 当$f: X \to Y$是到上的映射时，继承的商映射(hereditarily quotient)是指对于Y的任意子集S，$f|f^{-1}(S)$是商映射．

44.8 引理 若(X, d)为继承的对称度量空间，则它是半度量空间．

证明 当$x \in \overline{A} - A$时，若能说明$d(x, A) = 0$即可．为此，假定$d(x, A) > 0$．令$S = A \cup \{x\}$．因d是S上的对称距离，故A在S是相对闭的．这意味着x在S是孤立点．矛盾．□

44.9 定理 设$f: X \to Y$为度量空间X到空间Y上的紧的、继承的商映射，这时Y是半度量空间．

证明 由引理44.8，说明Y是继承的对称度量空间就已足够．对于$y, y' \in Y$，若令$d(y, y') = d(f^{-1}(y), f^{-1}(y'))$，则由定理44.5 (Y, d)是对称度量空间．对于Y的任意子集S，$f|f^{-1}(S)$是紧商映射，故(S, d)是对称度量空间．□

与对称度量空间相反，半度量空间在任意子空间上是继承的，由它的定义是明显的.

44.10 引理 可数紧的对称度量 T_2 空间是紧的半度量空间.

证明 取满足条件的空间 X 及它的任意一点 p. 设 $\mathscr{U}$ 为 $X-\{p\}$ 的任意开覆盖. 因 X 是 T_2 的，故存在 $X-\{p\}$ 的开覆盖 $\mathscr{V}$，满足 $\mathscr{V}<\mathscr{U}$ 及 $\overline{\mathscr{V}}<\{X-\{p\}\}$. 令 $\mathscr{V}=\{V_\alpha:\alpha\in A\}$，将 A 良序化. 若令

$$F_{n\alpha}=\{x\in V_\alpha:d(x,X-V_\alpha)\geqslant 1/n\},$$
$$W_\alpha=\bigcup\{V_\beta:\beta<\alpha\},$$
$$G_{n\alpha}=F_{n\alpha}-W_\alpha,$$
$$\mathscr{Q}_n=\{G_{n\alpha}:\alpha\in A\},\ n\in N,$$

则 $\bigcup\mathscr{Q}_n$ 是 $X-\{p\}$ 的覆盖. 若指出各 $\mathscr{Q}_n$ 的非空元仅有可数个,则 $\bigcup\mathscr{Q}_n<\mathscr{U}$,故 $\mathscr{U}$ 的可数子覆盖存在,而 $X-\{p\}$ 是 Lindelöf 空间. 从而 X 本身也是 Lindelöf 空间，在此若把 X 的可数紧性考虑进去,则 X 是紧空间.

现在对于某个 k,假定 $\mathscr{Q}_k$ 的非空元有非可数个.

$$\{G_{k\alpha}\neq\varnothing:\alpha\in B\},\ |B|>\aleph_0.$$

从各 $G_{k\alpha}(\alpha\in B)$ 中取点 x_α,则对于 B 中相异二元 α,α',恒有 $d(x_\alpha,x_{\alpha'})\geqslant 1/k$. 若令

$$S=\{x_\alpha:\alpha\in B\},$$

则 S 不是 X 的闭集. 若 S 为闭集，则 S 为对称度量空间，故各 $x_\alpha(\alpha\in B)$ 是 S 的孤立点，从而 S 是分散的非可数点集，此与 X 的可数紧性相反. 故存在 $X-S$ 的点 q ,使 $d(q,S)=0$. 因 $d(x_\alpha,p)\geqslant 1/k,\alpha\in B$,故 $p\neq q$. 故确定 $q\in V_\beta$ 的最小的 β. 若令 $d(q,X-V_\beta)=a$,当然 $a>0$. 令

$$\min(a,1/k)=b,$$

从 B 中取 γ,δ 使 $d(q,x_\gamma)<b$, $d(q,x_\delta)<b$ 且 $\delta<\gamma$. 由 $d(q,x_\gamma)<b$ 有 $x_\gamma\in V_\beta$, 从而 $\gamma\leqslant\beta$. 故 $\delta<\beta$, 由 $q\in X-V_\delta$ 推出 $d(q,x_\delta)>1/k\geqslant b$, 产生矛盾.

因 $\bigcup\mathscr{Q}_n<\mathscr{V}$,故 $\mathscr{V}$ 的可数子覆盖 $\{V_i\}$ 可覆盖 $X-\{p\}$. 因

$p \notin \bar{V}_i$，故 p 是 G_δ 集．因 X 已是紧 T_2 空间，故 p 具有可数邻域基．因 p 是任意的，故 X 满足第一可数性．故由命题 44.4，X 是半度量空间．□

44.11 定理 (Niemytzki-Arhangel'skiĭ) 可数紧的对称距离 T_2 空间是可距离化的．

证明 由引理 44.10，满足条件的空间 X 是紧的半距离 T_2 空间，故 X 为正则空间．于是，若指出 X 具有可数基，则可保证其距离化的可能性．对于 X 的各点 x 及各 n，使 x 的开邻域 $V_n(x)$ 与之对应，且满足 $\mathrm{Cl}V_n(x) \subset S_{1/n}(x)$．由命题 44.3 的证明，$S_{1/n}(x)$ 在半度量空间中是 x 的邻域，故取这样的 $V_n(x)$ 是可能的．设

$$\mathscr{V}_n = \{V_n(x_{n_i}) : i = 1, \cdots, k(n)\}$$

为 $\{V_n(x) : x \in X\}$ 的有限子覆盖．为了指出 $\cup \mathscr{V}_n$ 的有限个元的交集全体构成 X 的基，设 p 为 X 的任意点，U 为 p 的任意开邻域．对于各 n，设 $p \in V_n(x_{n1})$ 并不失一般性．假定

$$\left\{\bigcap_{i=1}^{n} V_i(x_{i1}) : n \in N\right\}$$

不是 p 的邻域基，则有

$$\left(\bigcap_{i=1}^{n} V_i(x_{i1})\right) - U \neq \varnothing, \ n \in N.$$

故

$$\left(\bigcap_{n=1}^{\infty} \mathrm{Cl}V_n(x_{n1})\right) - U \neq \varnothing.$$

从上式左边取任意点 q．因 $d(q, \{x_{n1}\}) = 0$，故存在 $\{x_{n1}\}$ 的子列 $\{y_n\}$，使 $\lim y_n = q$．另方面，因 $d(p, \{y_n\}) = 0$，故存在 $\{y_n\}$ 的子列 $\{z_n\}$ 使 $\lim z_n = p$．因 $p \neq q$ 这是矛盾的．□

44.12 引理 准点可数型的对称距离正则空间是半度量空间．

证明 取满足条件的空间 X．由命题 44.4，若能说明 X 满足第一可数性即可．设 x 为 X 的任意点，取开集列 $\{U_i\}$ 准收敛于含 x 的集合 K．由 X 的正则性，存在开集列 $\{V_i\}$，对于各 i，使 $x \in$

$\overline{V}_{i+1}\subset U_i\cap V_i$ 成立. 因K是可数紧的,故$\{V_i\}$拟收敛于含x的可数紧闭集L. 因L是闭的,故为对称度量空间. 故由定理 44.11, L是紧的且满足第二可数性. 因L具有可数邻域基$\{V_i\}$,故由定理 41.8,在X具有可数外延基. 这意味着在L的各点第一可数性成立. 特别地,在x第一可数性成立. □

44.13 引理 半度量空间X是次仿紧的,族正规的半度量空间是仿紧的.

证明 设$\mathscr{U}=\{U_\alpha:\alpha\in A\}$为$X$的任意开覆盖,$A$为良序集. 若令

$$F_{n\alpha}=\{x\in U_\alpha:d(x,X-U_\alpha)\geqslant 1/n\}-\bigcup\{U_\beta:\beta<\alpha\},$$
$$\mathscr{F}_n=\{F_{n\alpha}:\alpha\in A\},$$

则$\bigcup\mathscr{F}_n$为细分$\mathscr{U}$的覆盖. 为了指出各$\mathscr{F}_n$是分散的,任取点$x\in X$. 取使$x\in U_\beta$的最小的β. 若令$V=\operatorname{Int}S_{1/n}(x)\cap U_\beta$,则$V$是$x$的开邻域. 若$\gamma<\beta$,则$F_{n\gamma}\cap S_{1/n}(x)=\varnothing$,故$F_{n\gamma}\cap V=\varnothing$. 若$\gamma>\beta$,则$F_{n\gamma}\cap U_\beta=\varnothing$,故$F_{n\gamma}\cap V=\varnothing$. 如此$X$是次仿紧的. 当$X$又是族正规时,由下述引理它是仿紧的. □

44.14 引理 θ可细分的族正规空间X是仿紧的.

证明 设$\mathscr{U}$为X的任意开覆盖. 由命题 43.12 存在开覆盖列$\{\mathscr{U}_i\}$和闭集列$\{F_i\}$,使$\mathscr{U}_i<\mathscr{U}$, $\operatorname{ord}\mathscr{U}_i|F_i<\infty$, $\bigcup F_i=X$. 由定理 17.10,因$\mathscr{U}_i|F_i$是点有限的,故存在细分它的F_i的局部有限开覆盖$\{V_\alpha:\alpha\in A\}$和闭覆盖$\{H_\alpha:\alpha\in A\}$,使$V_\alpha\supset H_\alpha$, $\alpha\in A$. 在此若应用定理 33.4 之(3),则X的局部有限开集族$\mathscr{W}_i=\{W_\alpha:\alpha\in A\}$存在,使

$$H_\alpha\subset W_\alpha\cap F_i\subset V_\alpha,\ \alpha\in A.$$

不失一般性可设$\mathscr{W}_i<\mathscr{U}$,则$\bigcup\mathscr{W}_i$是$X$的$\sigma$局部有限开覆盖且细分$\mathscr{U}$. 故由定理 17.7 X是仿紧的. □

44.15 定理 (Arhangel'skiĭ) 族正规的对称距离P空间X是可距离化的.

证明 由定理 42.25, X是可数型的,故由引理 44.12, X是半度量空间.若由引理 44.13,因族正规的半度量空间是仿紧的,故X

为仿紧 p 空间．故由定理 42.10，存在从 X 到某度量空间 Y 上的完全映射 f．取 Y 的开覆盖列 $\{\mathscr{U}_n\}$ 且满足 mesh $\mathscr{U}_n < 1/n$．令

(1) $\mathscr{V}_n = \{\mathrm{Int}S_{1/n}(x): x \in X\}$，

取满足下述二条件的 X 的局部有限开覆盖列 $\{\mathscr{W}_n = \{W(\alpha_n): \alpha_n \in A_n\}\}$，

(2) $\mathscr{W}_{n+1} < \mathscr{W}_n$，

(3) $\mathscr{W}_n < f^{-1}(\mathscr{U}_n) \wedge \mathscr{V}_n$.

若能说明 $\cup \mathscr{W}_n$ 是 X 的基，则由 Bing-Nagata-Smirnov 定理 18.1，知 X 是可距离化的．为此取 X 的任意点 x．令

(4) $B_n = \{\alpha_n \in A_n: x \in W(\alpha_n)\}$，

设当 $\varphi_n^{n+1}: B_{n+1} \to B_n$ 为 $\varphi_n^{n+1}(\alpha_{n+1}) = \alpha_n$ 时为使 $\mathrm{Cl}W(\alpha_{n+1}) \subset W(\alpha_n)$ 的映射．由 (2) 保证了存在这样的映射．各 B_n 是有限非空的，故逆谱 $\{B_n, \varphi_n^{n+1}\}$ 的逆极限 $\varprojlim B_n$ 非空，含有元 (β_n)．为了说明 $\{W(\beta_n)\}$ 是 x 的邻域基，若假定不如此，则对于各 n，必须存在 x 的开邻域 G，使

(5) $W(\beta_n) - G \neq \varnothing$.

今对于某个 m，设

$$(\mathrm{Cl}W(\beta_m) - G) \cap f^{-1}f(x) = \varnothing,$$

则 $f(\mathrm{Cl}W(\beta_m) - G)$ 是不含 $f(x)$ 的闭集，故对于某个 $k \geq m$，有

$$d(f(\mathrm{Cl}W(\beta_m) - G), f(x)) > \mathrm{mesh}\mathscr{U}_k.$$

于是由(3)，$x \in W(\beta_k) < f^{-1}(\mathscr{U}_k)$，故 $(\mathrm{Cl}W(\beta_m) - G) \cap W(\beta_k) = \varnothing$．另方面，由 $W(\beta_k) \subset W(\beta_m)$ 和(5)，有

$$(\mathrm{Cl}W(\beta_m) - G) \cap W(\beta_k) = W(\beta_k) - G \neq \varnothing.$$

这个矛盾意味着对于各 n，有

(6) $(\mathrm{Cl}W(\beta_n) - G) \cap f^{-1}f(x) \neq \varnothing$.

因 $f^{-1}f(x)$ 是紧的，故由(6)，有

(7) $(\cap \mathrm{Cl}W(\beta_n) - G) \cap f^{-1}f(x) \neq \varnothing$，

从此式的左边可取点 x'．显然 $x \neq x'$．由 (3) $\mathscr{W}_n < \mathscr{V}_n$ 故取 $\mathrm{Cl}W(\beta_n) \subset S_{1/n}(x_n)$ 的点 x_n，使

(8) $\{x, x'\} \subset \cap S_{1/n}(x_n)$.

故存在 $\{x_n\}$ 的子列 $\{x_{n'}\}$，使 $\lim x_{n'}=x$，而且存在 $\{x_{n'}\}$ 的子列 $\{x_{n''}\}$ 使 $\lim x_{n''}=x'$. 这意味着在 T_2 空间 $x=x'$，从而得出矛盾. □

参考引理 44.10 立即得到下述结果:

44.16 推论 对称距离，M，T_4 空间是可距离化的.

习　　题

8.A 设 $f:X\to Y$ 为到上的连续映射. 若 Y 为 p 空间，则 $\omega(X)\geqslant\omega(Y)$.

提示 若 $\mathscr{B}$ 为 X 的基，则注意 $f(\mathscr{B})$ 是 Y 的网络，应用推论 42.4.

8.B (Smirnov) 设 X 为局部可数紧的正则空间，$X=\bigcup X_i$ 且各 X_i 是可分度量空间. 此时 X 是可分度量空间.

提示 由 $n(X)\leqslant\aleph_0$，X 是局部紧，从而是 Čech 完备，从而也是 p 空间. 故知 $\omega(X)\leqslant\aleph_0$.

8.C X 是 $\omega\Delta$ 空间是指存在它的开覆盖列 $\{\mathscr{U}_i\}$，关于某固定的 $x\in X$，若 $x_i\in\mathscr{U}_i(x)(i\in N)$成立，则点列 $\{x_i\}$ 具有接触点. 对于 T_2 空间 X 下述情况是等价的.

(1) X 是 $\omega\Delta$ 空间.

(2) 存在 X 的开覆盖列 $\{\mathscr{U}_i\}$，对于任意点 $x\in X$，$\{\mathscr{U}_i(x)\}$ 构成 $\bigcap\mathscr{U}_i(x)$ 的邻域基，而 $\bigcap\mathscr{U}_i(x)$ 是可数紧的.

提示 参考命题 41.5 之(3)，(4).

8.D 可数紧空间 X 的点有限开覆盖 $\mathscr{U}$ 具有有限子覆盖.

提示 取 $\mathscr{U}$ 的既约子覆盖 $\mathscr{V}=\{V_\alpha:\alpha\in A\}$，将 $\mathscr{U}$ 的下标集良序化，参考 14.4 的论述，保证了 $\mathscr{V}$ 的存在. 若 $F_\alpha=\{x\in V_\alpha:\mathrm{ord}_x\mathscr{V}=1\}$，则对于各 $\alpha\in A$，$F_\alpha\neq\varnothing$. 若各取一点 $x_\alpha\in F_\alpha$，则 $\{x_\alpha:\alpha\in A\}$ 是分散的点集，故 A 必须是可数的. 故 $\mathscr{V}$ 具有有限子覆盖.

8.E θ 可细分的可数紧空间是紧的.

提示 参考命题 43.12 和 8.D.

8.F 对于 θ 可细分的完全正则空间 X 下述情况是等价的.

(1) X 是 p 空间.

(2) X 是完全 p 空间.

(3) X 是 $\omega\Delta$ 空间.

8.G (Arhangel'skiĭ) 若正则的可数型空间X是紧度量空间X_i的可数并,则X是可距离化的.

提示 可证 $\chi_X(X_i) \leqslant \aleph_0$, 若应用定理 41.8, 则 $\omega_X(X_i) \leqslant \aleph_0$, 从而 $\omega(X) \leqslant \aleph_0$.

8.H p空间是闭集继承的,G_δ集继承的,也是可数可乘的.

8.I 设 $f: X \to Y$ 为到上的完全映射, X 为完全正则空间, Y 为 p 空间, 则X为p空间.

8.J p空间,M空间,$\omega\Delta$空间全是q空间.

8.K 正则空间X是q空间的充要条件是X是某(正则)M空间Y的开连续像.

提示 在 Wicke 定理 42.21 的证明中考虑以具有可数特征的可数紧集代替具有可数特征的紧集.

8.L (Michael) 令 $f: X \to Y$ 和 $g: Y \to Z$ 为连续映射,gf为完全映射,Y为T_2的. 此时f是完全的.

提示 由引理 42.18,$h=(f,gf): X \to Y \times Z$ 是完全的. 射影 $\pi: Y \times Z \to Y$ 在g的图像G_g上的限制是到Y上的拓扑同胚映射. 由 $h(X) \subset G_g$ 及 $f=(\pi|G_g)h$ 导出f的完全性.

8.M 令Y是T_2的, $g: Y \to Z$ 是连续的,$X \subset Y$,$g|X$ 是完全的. 这时X在Y里是闭的.

提示 在 8.L 中取 $f: X \to Y$ 为包含映射.

8.N 对于半距离T_2空间X的二紧集K, L, 如果存在点列$\{x_n\}$使$d(x_n, K) < 1/n$, $d(x_n, L) < 1/n$,则 $K \cap L \neq \varnothing$.

8.O 设 $f: X \to Y$ 为从对称度量空间X到空间Y上的连续映射. 这时f是Π映射是指对于Y的任意点y及它的任意邻域U, 有 $d(f^{-1}(y), X - f^{-1}(U)) > 0$. 当$f$是商$\Pi$映射时,$Y$是对称度量空间.

第九章　商空间和映射空间

§45. k 空 间

45.1　定义　设已给空间X及其子集构成的族$\mathscr{C}$. 所谓X关于$\mathscr{C}$具有弱拓扑（weak topology）是指X的子集G在X是开的充要条件是对于任意元$K\in\mathscr{C}$, $G\cap K$在K中是开的. 在此定义中将开的语言换成闭的，在内容上完全相同. 特别地，将X的紧集全体取做$\mathscr{C}$时，对于该C若X具有弱拓扑，则称X为k空间.

45.2　命题　满足第一可数性的空间是k空间.

证明　设X为满足条件的空间，A为非闭子集. 于是存在点$x\in\bar{A}-A$. 因X满足第一可数性，故在A中有点列$\{x_i\}$使$\lim x_i=x$. 设K为此点列上添加x的集合，则K为紧的. 而且在K中$\{x_i\}$不是闭的. 因$K\cap A=\{x_i\}$，故知命题是正确的. □

45.3　命题　局部紧空间X是k空间.

证明　设A为X的非闭集，取点$x\in\bar{A}-A$. 设K为x的紧邻域，则$K\cap A$在K中的相对闭包含有x. 这指出$K\cap A$在K不是闭的. □

45.4　命题　k空间的商空间是k空间.

证明　设$f:X\to Y$为k空间X到Y上的商映射. 设Y的子集A对于Y的任意紧集K，使$A\cap K$在K中具有闭的性质.（这样的集合A称为k闭集.）由这个A的性质若能指出$f^{-1}(A)$在X是闭的，则因f是商映射，故可以断定A为闭的. 设L为X的任意紧集，则$A\cap f(L)$在$f(L)$是闭的. 若令$g=f|L$，由g的连续性$g^{-1}(A\cap f(L))$在L是闭的. 因$g^{-1}(A\cap f(L))=f^{-1}(A)\cap L$，故$f^{-1}(A)\cap L$在$L$是闭的. 因$X$是$k$空间，由此$f^{-1}(A)$在$X$是闭的. □

45.5 定理 空间X是k空间的充要条件是X为局部紧空间的商空间.

证明 充分性由命题45.3,45.4推知,今证明必要性. 设$\{K_\alpha\}$为X的所有紧集族. 设$\{K_\alpha\}$的拓扑和为Y,$f:Y\to X$为对各α,$f|K_\alpha$是包含映射的自然映射. 显然Y是局部紧空间. 为了证明f是商映射,对于X的集合F,令$f^{-1}(F)$在Y中是闭的. 因K_α在Y中是闭的,故$f^{-1}(F)\cap K_\alpha$在Y中是闭的,从而在K_α中是闭的. 这意味着F是k闭的,故F在X中是闭的. □

这个证明包含下列事实.

45.6 推论 k,T_2空间是局部紧,仿紧T_2空间的商空间.

下述定理中的$1_X:X\to X$由1.4的规定表示恒等映射.

45.7 定理 (J. H. C. Whitehead-Michael) 对于正则空间X下列三个条件是等价的.

(1) X是局部紧的.

(2) 对于任意商映射g,$1_X\times g$是商映射.

(3) 对于定义域、值域皆为仿紧T_2,k空间的任意紧覆盖,闭连续映射g,有$1_X\times g$为商映射.

证明 (1)⇒(2) 设$g:Y\to Z$. 设$h=1_X\times g$. 对于$X\times Z$的集合G,令$h^{-1}(G)$为$X\times Y$的开集. 取$h^{-1}(G)$中的任意点(p,q). 令$(X\times\{q\})\cap h^{-1}(G)=H\times\{q\}$,则$H$是$X$的开集且含有$p$,故存在$p$的开邻域$U$,使$\overline{U}$是紧的且$\overline{U}\subset H$成立. 令

$$\{y\in Y:\overline{U}\times\{y\}\subset h^{-1}(G)\}=V.$$

对此V,显然$h^{-1}h(\overline{U}\times V)=\overline{U}\times V$成立(一般,满足$h^{-1}h(A)=A$的集合称为关于$h$是饱和的(saturated)). 为了证明$V$是$Y$的开集,任取点$y\in V$. $\overline{U}\times\{y\}\subset h^{-1}(G)$,因左边是紧的,右边是开的,故存在$y$的开邻域$W$,使$\overline{U}\times W\subset h^{-1}(G)$. 故$W\subset V$且$V$是开集. g是商映射,V关于g是饱和的,故$g(V)$是开集. $U\times g(V)$是含在G中的开集,故G是$X\times Z$的开集. 这意味着$h=1_X\times g$是商映射.

(2)⇒(3) 由闭连续映射是商映射是显然的.

(3)⇒(1) 设X在点p不是局部紧的. 设$\{U_\alpha:\alpha\in A\}$是p的邻域基. 于是对任意的$\alpha\in A$,$\overline{U}_\alpha$不是紧的,故存在良序非空闭子集族

$$\{F_\lambda:\lambda<\lambda(\alpha)\},\ F_\lambda\supset F_\mu\ (\lambda<\mu<\lambda(\alpha)),$$

显然交集可以是空的. 令

$$\Lambda_\alpha=\{\lambda:\lambda\leqslant\lambda(\alpha)\},$$

对于Λ_α若导入区间拓扑,则构成紧T_2空间. 若令Λ为所有这种Λ_α的拓扑和,则Λ是仿紧且局部紧的,故由命题45.3是仿紧k空间. 在Y中导入拓扑使得将Λ中的所有的$\lambda(\alpha)$映为一点q的自然映射$g:\Lambda\to Y$是商映射. 于是显然有g是闭的. Y的任意紧集被有限个$g(\Lambda_\alpha)$包含,因之显然g是紧覆盖. 另外Y明显是仿紧T_2的,而作为k空间Λ的商空间由命题45.4是k空间.

最后指出$h=1_X\times g$不是商映射. 若令

$$E_\lambda=\bigcap\{F_\mu:\mu<\lambda\},\ \lambda\in\Lambda_\alpha,$$

则$E_{\lambda(\alpha)}=\varnothing$,$E_\lambda\supset F_\lambda\neq\varnothing$,$\lambda<\lambda(\alpha)$. 若令

$$S_\alpha=\bigcup\{E_\lambda\times\{\lambda\}:\lambda\in\Lambda_\alpha\},\ \alpha\in A,$$

则S_α是$X\times\Lambda_\alpha$的闭集. 令

$$S=\bigcup\{h(S_\alpha):\alpha\in A\},$$

$h^{-1}(S)$在$X\times\Lambda$是闭的,若能指出S在$X\times Y$不是闭的,则h不是商映射. 若任取$\alpha\in A$,因$E_{\lambda(\alpha)}=\varnothing$,有

$$h^{-1}(S)\cap(X\times\Lambda_\alpha)=S_\alpha,$$

这个S_α在$X\times\Lambda_\alpha$是闭的,故$h^{-1}(S)$在$X\times\Lambda$是闭的.

为了证明S在$X\times Y$不是闭的,只需说明$(p,q)\in\overline{S}-S$. 首先,显然有$(p,q)\notin S$. 取(p,q)的任意立方邻域$U\times V$. 取$\beta\in A$,使$\overline{U}_\beta\subset U$. 若取$\lambda$使$\lambda\in g^{-1}(V)\cap\Lambda_\beta$,且$\lambda<\lambda(\beta)$,则

$$(U\times V)\cap S\supset h(E_\lambda\times\{\lambda\})\neq\varnothing,$$

故有$(p,q)\in\overline{S}$. □

45.8 引理 设$f:X\to Y$是到上的紧覆盖连续映射,Y是T_2,k空间. 这时f是商映射.

证明 取Y的集合F,使$f^{-1}(F)$在X是闭的. 这时为了说明

F 在 Y 是闭的，若能说明对于 Y 的任意紧集 K，$F\cap K$ 在 K 是闭的即可．因 f 是紧覆盖，故存在 X 的紧集 L，使 $f(L)=K$．设

$$f^{-1}(F)\cap L=M,$$

则 M 作为 L 的闭集是紧的．故作为其连续像 $f(M)$ 是紧的．然而因 $f(M)=F\cap K$，故若考虑到 Y 是 T_2 的，则 $F\cap K$ 是 K 的闭集．□

45.9 定理（Cohen-Michael） 对于正则空间 X，下列三个条件是等价的．

(1) X 是局部紧的．

(2) 对于任意 k 空间 Y，$X\times Y$ 是 k 空间．

(3) 对于任意仿紧 T_2，k 空间 Y，$X\times Y$ 是 k 空间．

证明 (1)⇒(2) 由定理 45.5，Y 是某局部紧空间 Z 的商映射 f 的像．考虑

$$1_X\times f: X\times Z\to X\times Y,$$

由前定理 45.7，$1_X\times f$ 是商映射，因 $X\times Z$ 是局部紧的，故由定理 45.5 $X\times Y$ 是 k 空间．

(2)⇒(3)是显然的．

(3)⇒(1) 设 X 不是局部紧的，由定理 45.7，存在到上的紧覆盖连续映射 $g: A\to Y$，Y 是仿紧 T_2，k 空间，$1_X\times g$ 不是商映射．$1_X\times g$ 显然是紧覆盖，故由引理 45.8，$X\times Y$ 不能是 k 空间．□

45.10 定理（Arhangel'skiĭ） 点可数型 T_2 空间是 k 空间．

证明 由 Wicke 定理 42.21，点可数型 T_2 空间是仿紧 p 空间的开连续象，故只需说明仿紧 p 空间是 k 空间即可．若由定理 42.19 之 (1)，仿紧 p 空间可以看做是度量空间和紧 T_2 空间的直积的闭集，故只若说明这样的直积是 k 空间即可．由定理 45.9，k 空间和紧 T_2 空间之积是 k 空间，故上述的直积当然是 k 空间．□

45.11 定理（Arhangel'skiĭ） 设 $f: X\to Y$ 为到上的完全映射，X 为完全正则空间，Y 为 k 空间，则此时 X 为 k 空间．

证明 和定理 42.19 的证明完全是异曲同工的．设 $g: X\to\beta X$ 为到 Stone-Čech 紧化的嵌入．由引理 42.18，$(f,g): X\to Y\times\beta X$

是完全的，故 $(f, g)(X)$ 是 $Y \times \beta X$ 中的闭集．由定理 45.9，$Y \times \beta X$ 是 k 空间，故其闭集 $(f, g)(X)$ 是 k 空间．因 (f, g) 是一一完全的，故是拓扑同胚映射而 X 是 k 空间．□

45.12 定义 对于 T_2 空间 X，倘有 k 空间 $\widetilde{X}$ 和到上的一一连续映射 $k_X: \widetilde{X} \to X$，使 X 的任意紧集 K 的原像 $k_X^{-1}(K)$ 在 $\widetilde{X}$ 是紧的时，$\widetilde{X}$ 称为 X 的 k 先导 (k-leader)，k_X 称为 k 射影．映射 k_X 也简单写做 k．

对于任意 T_2 空间 X，都存在 k 先导．在 X 中的集合 U 对于任意紧集 K，使 $U \cap K$ 在 K 是开的 U 的全体作为基，在 X 导入新拓扑的空间就是 $\widetilde{X}$．显然 $\widetilde{X}$ 是 T_2 空间．对于一个 T_2 空间，它的 k 先导是唯一确定的．当 X 为 k 空间时，$\widetilde{X}$ 和 X 是一致的．X 的紧集全体构成的族和 $\widetilde{X}$ 的一致．

所谓连续映射 $f: X \to Y$ 是 k 映射是指对于 Y 的任意紧集 K，$f^{-1}(K)$ 在 X 是紧的而言．k 映射是紧覆盖映射．完全映射以及 k 射影是 k 映射的一种．到非 k 的，T_2 空间的 k 射影就是 k 映射而非完全映射的例子．

45.13 问题 (Arhangel'skiĭ) 对于 T_2 空间下列诸性质能被它的 k 先导继承吗？(1)重数．(2)仿紧性．(3) 完全正则性．(4) 完全正规性．(5)正规性．(6)继承的 Lindelöf 性．

Lindelöf 性不是继承的例子参考 9.A．

§46．列型空间和可数密度空间

46.1 定义 当空间 X 的点列 $\{x_i\}$ 收敛于 x 时，集合 $\{x_i : i \in N\} \cup \{x\}$ 称为极限点列．根据定义 7.5 的用语，$\{x_i\}$ 是收敛点列．极限点列正确地应该命名为收敛极限点列，但为了简单，采用极限点列的用语．X 的子集 F 对于任意的极限点列 K，$F \cap K$ 在 K 是闭的时，F 称为列型闭集．列型闭集恒为闭集的空间称为列型空间 (sequential space)．

极限点列是紧的，故 K 闭集是列型闭的．故列型空间是 K 空间. 此逆不成立的事实如下例所见，由紧 T_2 空间但非列型空间的存在可确定.

46.2 例 2 点集合 $D=\{0,1\}$ 的不可数乘积 D^m 不是列型空间. 可数个坐标以外的所有坐标的值取为 1 的点全体设为 F，则 F 是列型闭的. 所有坐标取为 0 的点为 $\bar{F}-F$ 的点，故 F 是非闭的. 实际 F 在 D^m 中稠密.

下述命题是明显的.

46.3 命题 对于空间 X 的子集 F，下列二个条件是等价的.

(1) F 是列型闭的，

(2) 对于 F 的点列 $\{x_i\}$，若 $\lim x_i=x$，则 $x\in F$.

由此条件(2)立即得出下述结果.

46.4 命题 满足第一可数性的空间是列型空间.

46.5 命题 列型空间 X 的商空间 Y 是列型空间.

证明 设 $f:X\to Y$ 为商映射. 设 F 为 Y 的列型闭集. 设 $f^{-1}(F)\supset\{x_i\}$ 且 $\lim x_i=x$，则 $\{f(x_i)\}\subset F$ 且 $\lim f(x_i)=f(x)$，故 $f(x)\in F$. 故 $x\in f^{-1}(F)$ 而 $f^{-1}(F)$ 是列型闭集. 因 X 是列型空间，故 $f^{-1}(F)$ 是 X 的闭集. 因 f 是商映射，故 F 是 Y 的闭集.

46.6 定理 (Franklin) 对于空间 X，下列三个条件是等价的:

(1) X 是列型空间，

(2) X 是局部紧度量空间的商空间，

(3) X 是度量空间的商空间.

证明 (1)⇒(2) 设 X 的极限点列的全体为 $\{K_\alpha:\alpha\in A\}$. 对于各 $K_\alpha=\{x_i\}\cup\{x\}$，$\lim x_i=x$，以

$$\text{若 } x_i\neq x \text{ 则 } x_i \text{ 为开，}$$

$$\{x_j:j\geqslant i\}\cup\{x\}\text{ 为开，}i\in N,$$

导入新的拓扑，设为 L_α，则 L_α 是紧 T_2 的且具有可数基，故为可距离化的. 由 L_α 到 K_α 的自然映射设为 f_α，则 f_α 是连续的. 令 Y 为 $\{L_\alpha:\alpha\in A\}$ 的拓扑和，确定 $f:Y\to X$ 为对于各 $\alpha\in A$ 使 $f|L_\alpha=f_\alpha$ 成立. Y 为局部紧、可距离化的空间. 为观察 f 是商映射，取 X 的

集合 F，令 $f^{-1}(F)$ 在 Y 中是闭的. 为了说明 F 在 X 是闭的，因 X 是列型空间，故只需说明 F 是列型闭集即可. 为此若任意取 K_α，则

$$F\cap K_\alpha=f(f^{-1}(F)\cap L_\alpha)=f_\alpha(f^{-1}(F)\cap L_\alpha).$$

容易看出 $f_\alpha: L_\alpha\to K_\alpha$ 是闭映射，故左边是 K_α 的闭集. 故 F 是列型闭的.

(2)⇒(3) 是明显的.

(3)⇒(1) 因度量空间是列型空间，故由命题 46.5，它的商空间是列型空间. □

46.7 定义 空间 X 满足下列条件时称为具有**可数密度**的(countable density)：X 的集合 F 对于任意可数集 $H\subset F$，若 $\overline{H}\subset F$，则 F 为闭集.

46.8 命题 列型 T_2 空间，继承的可分空间都具有可数密度.

证明 设对于空间 X 的集合 F，若 $H\subset F$ 且 H 为可数，则 $\overline{H}\subset F$. 当 X 是列型 T_2 空间时，指出此 F 为列型闭的即可. 取 X 的任意极限点列 $K=\{x_i\}\cup\{x\}$，$\lim x_i=x$. 若 $F\cap K$ 为有限集，则 $F\cap K$ 在 K 中是闭的. 若 $F\cap K$ 为无限集，令 $F\cap\{x_i\}=L$，则 L 为 $\{x_i\}$ 的子列且 $\overline{L}\subset F$. 因 X 是 T_2 的，故 $\overline{L}=L\cup\{x\}$. 故 $F\cap K=\overline{L}$ 而 $F\cap K$ 在 K 中是闭的. 这样一来 F 是列型闭的.

当 X 是继承的可分空间时，对于子空间 F 存在可数稠密集 M. 这意味着 $\overline{M}\cap F=F$. 另方面 $\overline{M}\subset F$，故 $\overline{M}=F$，而 F 必须是闭集. □

46.9 定理 (Arhangel'skiĭ) 对于空间 X，下列二条件是等价的：

(1) X 具有可数密度，

(2) 对于 X 的集合 F，若 $x\in\overline{F}$，则对于 F 的某可数子集 H，$x\in\overline{H}$.

证明 (1)⇒(2) 设 $x\in\overline{F}$，令

$$E=\bigcup\{\overline{H}: H\subset F \text{ 且 } H \text{ 可数}\}.$$

说明 $x\in E$ 即可. 取 E 的任意可数子集 $L=\{x_i\}$. 对于各 i，因

$x_i \in E$,故存在 H_i 使

$$x_i \in \overline{H}_i,\ H_i \subset F,\ H_i \text{ 是可数的.}$$

若令 $H = \bigcup H_i$，则 H 是 F 的可数子集，故 $\overline{H} \subset E$. 因 $\overline{L} \subset \overline{H}$，故 $\overline{L} \subset E$. 因 X 具有可数密度，故此最后的不等式表示 $\overline{E} = E$. 显然 $F \subset E$,故 $\overline{F} \subset E$. 另方面,由 E 的定义 $E \subset \overline{F}$,故 $\overline{F} = E$. 所以 $x \in E$.

(2)⇒(1) 设对于 X 的集合 F，若 $H \subset F$，H 是可数的，则 $\overline{H} \subset F$ 成立. 若 $x \in \overline{F}$,则有 E,使

$$x \in \overline{E},\ E \subset F,\ E \text{ 为可数.}$$

因 $\overline{E} \subset F$,故 $x \in F$,即 F 为闭集. □

46.10 命题 可数密度空间 X 的子空间 Y 具有可数密度.

证明 取 Y 的子集 F，设若 $H \subset F$，H 可数，则 $\overline{H} \cap Y \subset F$ 成立. 此时指出 F 在 Y 是闭的即可. 若令

$$E = \bigcup\{\overline{H}: H \subset F,\ H \text{ 为可数}\},$$

如前定理的证明那样 E 是 X 的闭集. 另方面,由对于 F 的条件, $E \cap Y \subset F$. 而 $E \cap Y \supset F$ 是显然的，故 $E \cap Y = F$. 故 F 是 Y 的闭集. □

§ 47. Alexandroff 问题

47.1 问题(Alexandroff) 满足第一可数性的紧 T_2 空间的基数不超过连续统基数 $\mathfrak{c}$ 吗?

这个问题是 1923 年由 Alexandroff 提出的，约半世纪后的 1969 年被 Arhangel'skiĭ 解决了. 这个问题的解决是拓扑空间论最近的成就之一. 在本书中不是根据最初的证明方法，而是根据以后的 Ponomarev 简化了的方法. Arhangel'skiĭ 的 k 包的理论虽与此证明无直接关系,但也能平行地得到证明,故也同时叙述之.

47.2 定义 对于 T_2 空间 X 的集合 A,X 的子集 $[A]_k$，$[A]_s$ 依下述式子定义之.

$$[A]_k = \{x \in X: x \in \overline{A \cap K}(K \text{ 为某紧集})\},$$

$$[A]_s = \{x \in X : x \in A \cap K (K \text{为某极限点列})\}.$$

令 $A_k^0 = A$，$A_k^1 = [A_k^0]_k$，$A_s^0 = A$，$A_s^1 = [A_s^0]_s$. 对于一般的序数 $\alpha > 0$，由超限归纳法，当 α 为极限数时，令 $A_k^\alpha = \cup\{A_k^\beta : \beta < \alpha\}$，$A_s^\alpha = \cup\{A_s^\beta : \beta < \alpha\}$，当 α 为孤立数时，令 $A_k^\alpha = [A_k^{\alpha-1}]_k$，$A_s^\alpha = [A_s^{\alpha-1}]_s$. 于是 $\{A_k^\alpha\}$，$\{A_s^\alpha\}$ 分别为关于 α 单调增大的超限集合列. 由 X 的基数是确定的，故存在 γ 使

$$A_k^\gamma = A_k^{\gamma-1},\quad A_s^\gamma = A_s^{\gamma+1}$$

成立. 这样固定的集合分别写做 $k[A]$，$s[A]$. 当仅考虑 k 或 s 时可以省略它们的下标，$k[A]$，$s[A]$ 分别称为 A 的 k 包，列包. 存在某个 γ，对 X 的所有集合 A，若能使 $\bar{A} = A_k^\gamma$ 或 $\bar{A} = A_s^\gamma$，这样的 γ 的最小数设为 α，X 分别称为 k_α 空间或 s_α 空间. 当 $\beta \leqslant \alpha$ 时，k_β 空间称为至多 k_α 空间. 至多 s_α 空间也同样定义之.

47.3 命题 对于 T_2 空间 X 的集合 A，B，下述事实成立. 其中 $[\ ]$ 表示 $[\ ]_k$ 或 $[\ ]_s$.

(1) $A \subset [A]$.

(2) $[A \cup B] = [A] \cup [B]$.

(3) 当 A 为闭时，$A = [A]$.

证明 关于 $[\ ]_s$ 几乎用同样的方法可以证明，故仅就 $[\ ]_k$ 的情况考虑之.

(1) 若将 A 中任意点 x 看作紧集，则 $x \in \overline{A \cap \{x\}}$，故 $A \subset [A]$.

(2) 若 $x \in [A] \cup [B]$，则存在某紧集 K，使 $x \in \mathrm{Cl}(A \cap K)$ 或 $x \in \mathrm{Cl}(B \cap K)$. 故 $x \in \mathrm{Cl}((A \cup B) \cap K)$，而 $x \in [A \cup B]$. 这表明 $[A] \cup [B] \subset [A \cup B]$.

反之，若 $x \in [A \cup B]$，则存在某紧集 L，使 $x \in \mathrm{Cl}((A \cup B) \cap L)$. 因 $\mathrm{Cl}((A \cup B) \cap L) = \mathrm{Cl}((A \cap L) \cup (B \cap L)) = \mathrm{Cl}(A \cap L) \cup \mathrm{Cl}(B \cap L)$，故 $x \in \mathrm{Cl}(A \cap L)$ 或 $x \in \mathrm{Cl}(B \cap L)$ 而 $x \in [A] \cup [B]$. 故 $[A \cup B] \subset [A] \cup [B]$.

(3) 因 X 为 T_2 空间，故其任意紧集 K 是闭的. 故 $\overline{A \cap K} =$

$A\cap K$,而 $[A]\subset A$. 另一方面,由(1)因 $A\subset[A]$,故 $A=[A]$.□

47.4 命题 T_2 空间 X 是 k 空间的充要条件是下列二条件是等价的:

$$(1)\quad A=\bar{A}, \qquad (2)\quad A=[A]_k.$$

证明 令 X 为 k 空间. 由前命题恒可说明由(1)到(2). 故指出由(2)到(1)即可. 因 $A=[A]_k$,故 $\overline{A\cap K}\subset A$ 对于任意紧集 K 是成立的. 因 X 是 T_2 的,K 是闭的,从而 $\overline{A\cap K}\subset K$. 故 $\overline{A\cap K}\subset A\cap K$,而 $A\cap K$ 是闭的. 因 X 是 k 空间,这表明 A 本身是闭的.

反之,设(2)意味(1),设 A 为 k 闭集,则对于任意紧集 K,$\overline{A\cap K}=A\cap K\subset A$ 成立,故 $A=[A]_k$,故 $A=\bar{A}$ 而 X 必须是 k 空间. □

在此证明中若取 K 为极限点列,以列型闭集代替 k 闭集,立刻看出下述命题成立.

47.5 命题 T_2 空间 X 是列型空间的充要条件是下述二条件是等价的:

$$(1)\quad A=\bar{A}, \qquad (2)\quad A=[A]_s.$$

47.6 定理 对于 T_2 空间 X,设 $k[A]$ 是 A 的闭包,由此导入新拓扑构成拓扑空间,它是对于原有的 X 的 k 先导.

证明 对于 X 的点 x 由命题 47.3 的(3),有 $k[\{x\}]=\{x\}$,故新空间 $\tilde{X}$ 中一点是闭的. 若 $k[A]=A_k^\alpha$,则 $[A_k^\alpha]_k=A_k^\alpha$,故 $k[k[A]]=k[A]$. 这表明对于新闭包幂等性成立. 由命题 47.3 之(1),新闭包的包含性 $A\subset k[A]$ 是明显的. 同样若由命题 47.3 之(2),则有 $[A\cup B]_k=[A]_k\cup[B]_k$,故由超限归纳法,对于任意序数 α,$(A\cup B)_k^\alpha=A_k^\alpha\cup B_k^\alpha$ 成立. 若取 α 充分大,此等式的左边是 $k[A\cup B]$,右边是 $k[A]\cup k[B]$ 从而证明了加法性. 如此 $\tilde{X}$ 是拓扑空间.

若 $f:\tilde{X}\to X$ 为自然的恒等映射,则由命题 47.3 之(3),对于 X 的任意闭集 A 有 $A=k[A]$,故 $f^{-1}(A)$ 在 $\tilde{X}$ 是闭的,即 f 是连续的. 由此 $\tilde{X}$ 是 T_2 空间.

设K为X的任意紧集．取K的子集A，设$f^{-1}(A)$在$f^{-1}(K)$是闭的．这时$A=k[A]$，从而$A=[A]_k$．因K是闭的，故做$[A]_k$的操作在X中进行和在K中进行是相同的．因K为k空间，故由命题47.4有$A=\overline{A}$．这意味着$f|f^{-1}(K)$是闭映射，故$f^{-1}(K)$和K拓扑同胚，从而$f^{-1}(K)$是紧的．如此X和$\widetilde{X}$具有完全相同的紧集族．故若说$\widetilde{X}$是k空间，则$\widetilde{X}$是X的k先导．

对于X的集合A，令$f^{-1}(A)$是k闭集．这意味着对于X的任意紧集K有$A\cap K=k[A\cap K]$．故$A\cap K=[A\cap K]_k$，从而$A=[A]_k$，$A=k[A]$．即$f^{-1}(A)$是$\widetilde{X}$的闭集．□

47.7 定义 对于T_2空间X，有列型空间$\widetilde{X}$和到上的一一连续映射$s_X:\widetilde{X}\to X$，X的任意极限点列K的逆像$s_X^{-1}(K)$在$\widetilde{X}$中是紧的时，称$\widetilde{X}$为X的**列型先导**，称s_X为**列型射影**．

和k先导相同，列型先导也是唯一存在的．显然，如果存在则是唯一的．存在的证明依下列定理，但其证明和定理47.6是完全平行的，故省略之．

47.8 定理 对于T_2空间X，设$s[A]$为A的闭包，由此导入新的拓扑构成拓扑空间，它是对于原有X的列型先导．

47.9 推论 若T_2空间X是k空间，则$\overline{A}=k[A]$．若X为列型空间，则$\overline{A}=s[A]$．

证明 若X为T_2，k空间，则其k先导和X一致，故由定理47.6有$\overline{A}=k[A]$．在X是T_2，列型空间时，它的列型先导也和X一致，故由定理47.8有$\overline{A}=s[A]$．□

47.10 定理 (Arhangel'skiĭ) 列型T_2空间X至多是s_{ω_1}空间．其中ω_1是非可数序数的最小数．

证明 设A为X的任意集合．令$B=A_s^{\omega_1}$．若能说明$[B]_s=B$，则定理即已得证．设$K=\{x_i\}\cup\{x\}$，$\lim x_i=x$为X的任意极限点列．当$B\cap K$为有限集时，$\overline{B\cap K}=B\cap K\subset B$．当$B\cap K$为无限集时，存在$\{x_i\}$的子列$L=\{x_{i'}\}$使$L=B\cap K-\{x\}$．选取使$x_{i'}\in A_s^{\alpha_i}$的$\alpha_i<\omega_1$，设$\sup\alpha_i=\beta$，则$L\subset A_s^{\beta}$，故有

$$\overline{B\cap K}=\overline{L}=L\cup\{x\}\subset A_s^{\beta+1}\subset B,$$

而 $[B]_s = B$. □

47.11 定理 (Arhangel'skiĭ) 点可数型 T_2 空间 X 至多是 k_2 空间.

证明 设 A 为 X 的任意集合. 必须证明 $\overline{A} = [[A]_k]_k$,但因 $[[A]_k]_k \subset \overline{A}$ 是明显的,故指出 $\overline{A} \subset [[A]_k]_k$ 即可. 为此任取点 $x \in \overline{A} - A$. 设 K 为含 x 的可数特征的紧集,设 U 为 x 的任意开邻域. 若

(1) $[A]_k \cap K \cap U \neq \varnothing$,

则 $x \in [[A]_k]_k$,故只若证明(1)即可.取单调减少的开集列 $\{V_i\}$,使

$$V_1 \subset U,\ x \in \overline{V}_{i+1} \cap K \subset V_i \cap K\ (i \in N).$$

若令 $L = (\cap V_i) \cap K$, 则 L 是含 x 的 K 的紧 G_δ 集. 在此若应用命题 41.6, 则 L 在 X 具有可数特征, 存在 L 在 X 的单调减少的邻域基 $\{W_i\}$,使 $W_1 \subset U$. 因 $x \in \overline{A}$,故对各 i,存在点 x_i,使 $x_i \in W_i \cap A$. 若令

$$\{x_i : i \in N\} = M,\ F = \overline{M},$$

则 F 是紧的. 因 $F \cap L \neq \varnothing$,故若从左边取点 y,则 $y \in K \cap U$.另方面,因 $y \in F = \overline{M} = \overline{M \cap A} \subset \overline{\overline{M} \cap A} = \overline{F \cap A}$, 故 $y \in [A]_k$. 故有 $y \in [A]_k \cap K \cap U$ 而证明了(1). □

由定理 45.10 我们已知点可数型 T_2 空间是 k 空间, 而定理 47.11 对于那样的空间提供了更深刻的信息.

47.12 引理 设 τ 为 $\aleph_0$ 以上的基数. 对于列型 T_2 空间 X 的子集 A,若 $|A| \leqslant 2^\tau$ 成立,则

$$|\overline{A}| \leqslant 2^\tau.$$

证明 A 的可数集全体构成的族的基数 $\leqslant 2^\tau$. 故 A 的收敛点列全体构成的族 $\mathscr{K}$ 的基数也 $\leqslant 2^\tau$. 若令 $\varphi: \mathscr{K} \to X$ 为 $\mathscr{K}$ 的各元对应它的极限点的映射, 则由 A_s^1 的定义, $\varphi(\mathscr{K}) = A_s^1$, 故 $|A_s^1| \leqslant |\mathscr{K}| \leqslant 2^\tau$. 由这个论法及应用简单的超限归纳法, 有

$$|A_s^\alpha| \leqslant 2^\tau,\ \alpha < \omega_1,$$

故 $|A_s^{\omega_1}| \leqslant 2^\tau$. 若由定理 47.10,则 X 至多是 s_{ω_1} 空间而 $A_s^{\omega_1} = \overline{A}$,

故有 $|\overline{A}| \leqslant 2^{\tau}$. □

47.13 引理 设X为列型 T_2 空间，$\{F_\alpha:\alpha<\omega_1\}$是$X$的闭集构成的单调增大的超限列. 此时 $F=\bigcup\{F_\alpha:\alpha<\omega_1\}$是闭集.

证明 由命题 46.8，列型 T_2 空间具有可数密度. 故为了说明F是闭集，对于F的任意可数集A，若能证明$\overline{A}\subset F$ 即可. 因A是可数的，故 $A\subset F_\alpha$ 的 $\alpha<\omega_1$ 存在，使 $\overline{A}\subset F_\alpha\subset F$. □

47.14 引理 若 $f:X\to Y$ 是到上的完全映射，则存在X的闭集 F，使 $f|F$ 为到Y上的既约映射.

证明 设 $\mathscr{F}=\{F_\lambda:\lambda\in\Lambda\}$为$X$中在 f 下的像是Y的所有闭集的族. 在 $\mathscr{F}$ 上，按

$$F_\lambda\leqslant F_\mu \Longleftrightarrow F_\lambda\supset F_\mu$$

导入顺序. 为了指出关于这个顺序 $\mathscr{F}$ 是归纳的，令 $\{F_\lambda:\lambda\in M\}$ 为 $\mathscr{F}$ 的任意非空全序子族. 若令 $H=\bigcap\{F_\lambda:\lambda\in M\}$，则$H$是闭集. 为了指出 $f(H)=Y$，设 y 为Y的任意点. $\{f^{-1}(y)\cap F_\lambda:\lambda\in M\}$是紧集 $f^{-1}(y)$ 的具有有限交性质的闭集族，故

$$f^{-1}(y)\cap(\bigcap\{F_\lambda:\lambda\in M\})\neq\varnothing.$$

若从此式的左边取点 x，则 $x\in H$ 且 $f(x)=y$. 故 $f(H)=Y$. 如此 $H\in\mathscr{F}$ 且H为$\{F_\lambda:\lambda\in M\}$的上确界. 因 $\mathscr{F}$ 是归纳的，故应用定理 3.3 的 Zorn 引理，极大元F存在. 显然此F即为所求. □

47.15 定义 空间X的稠密度是指X的稠密子集的基数中的最小者. 以 $s(X)$ 表示之.

47.16 引理 设 $f:X\to Y$ 为到上的既约闭连续映射. 这时 $s(X)\leqslant s(Y)\leqslant w(Y)$ 成立. 其中 $w(Y)$ 为Y的重数.

证明 取Y的基 $\mathscr{B}$ 使 $|\mathscr{B}|=w(Y)$. 从$\mathscr{B}$的各元B选点 $y(B)$. 若令 $S=\{y(B):B\in\mathscr{B}\}$，则 $|S|\leqslant w(Y)$且 $\overline{S}=Y$，故 $s(Y)\leqslant w(Y)$. 对于S的各点 y 选 $x(y)\in f^{-1}(y)$ 的点 $x(y)$. 若令 $T=\{x(y):y\in S\}$，则$|T|=|S|$. 由 f 的连续性有 $S=f(T)\subset f(\overline{T})\subset\overline{S}$. 另方面，因 f 是闭的故 $\overline{S}\subset f(\overline{T})$. 故 $f(\overline{T})=\overline{S}=Y$. 因 f 是既约的，这个式子意味着 $\overline{T}=X$，有 $s(X)\leqslant|T|=|S|\leqslant s(Y)$. □

47.17 定理（Arhangel'skiĭ） 设τ为$\geqslant \aleph_0$的基数．紧列型T_2空间X的各点若具有基数$\leqslant 2^\tau$的邻域基，则$|X| \leqslant 2^\tau$.

证明 对于X的各点x，取其邻域基$\mathscr{V}_x$，$|\mathscr{V}_x| \leqslant 2^\tau$且$\mathscr{V}_x$的各元是补零集．对于$X$的集合$F$，令

$$\mathscr{V}_F = \bigcup\{\mathscr{V}_x : x \in F\} = \{V_\lambda : \lambda \in A(F)\}.$$

对于$\mathscr{V}_x$的各元V_λ，作连续函数$f_\lambda : X \to I_\lambda = I$，使$V_\lambda = \{x \in X : f_\lambda(x) > 0\}$．对于$X$的集合$F$，考虑下列对角映射．

$$g_F = (f_\lambda : \lambda \in A(F)) : X \to \Pi\{I_\lambda : \lambda \in A(F)\}.$$

取X的闭集$K(F)$，使$g_F|K(F)$为既约的．因g_F是完全的，故由引理47.14保证了这样的$K(F)$的存在．

(1) $\lambda \in A(F) \Rightarrow V_\lambda$关于$g_F$是饱和的．

由$x \in X - V_\lambda \Longleftrightarrow f_\lambda(x) = 0$直接推得．其次注意到

(2) $g_F^{-1}g_F(x) = x$，$x \in F$，从而$F \subset K(F)$.

若取F的任意点x，$\mathscr{V}_x$的任意元V_λ，因$\lambda \in A(F)$，由(1) $g_F^{-1}g_F(x) \subset V_\lambda$．故$g_F^{-1}g_F(x) \subset \bigcap\{V_\lambda : V_\lambda \in \mathscr{V}_x\} = \{x\}$，从而$g_F^{-1}g_F(x) = x$必须有$x \in K(F)$.

(3) $F \subset F' \Rightarrow g_F^{-1}g_F(x) \supset g_{F'}^{-1}g_{F'}(x)$，$x \in X$.

由$A(F) \subset A(F')$及g_F的作法直接推得．令$J(F) = \Pi\{I_\lambda : \lambda \in A(F)\}$．我们证明

(4) $|F| \leqslant 2^\tau \Rightarrow |K(F)| \leqslant 2^\tau$.

由$|F| \leqslant 2^\tau$及$|\mathscr{V}_x| \leqslant 2^\tau$，$x \in F$，有$|\mathscr{V}_F| \leqslant 2^\tau$，即$|A(F)| \leqslant 2^\tau$．故$w(J(F)) \leqslant 2^\tau$．由$g_F(X) \subset J(F)$有$w(g_F(X)) \leqslant w(J(F)) \leqslant 2^\tau$．在此应用引理47.16，则$s(K(F)) \leqslant s(g_F(X)) \leqslant w(g_F(X) \leqslant 2^\tau$．由引理47.12必须有$|K(F)| = s(K(F))$，故$|K(F)| \leqslant 2^\tau$.

设X的任意一点集合为F_0．由此F_0出发根据超限归纳法对于$\alpha < w_1$的任意序数α，构成X的闭集F_α，使之满足下列二条件

(5) $|F_\alpha| \leqslant 2^\tau$.

(6) $\beta < \alpha \Rightarrow K(F_\beta) \subset F_\alpha$.

为此就$\alpha > 0$假定已经做出满足上述二条件的闭集族$\{F_\beta : \beta < \alpha\}$（下标做显然的变动）．若令

$$F_\alpha = \mathrm{Cl}(\bigcup\{K(F_\beta):\beta < \alpha\}),$$

则即为所求. 由假定对于各$\beta<\alpha$,因$|F_\beta| \leqslant 2^\tau$,由(4)有$|K(F_\beta)| \leqslant 2^\tau$. 因$\beta < \alpha$的$\beta$不过可数个,故

$$|\bigcup\{K(F_\beta):\beta < \alpha\}| \leqslant 2^\tau.$$

故由引理 47.12,对其闭包 F_α 有$|F_\alpha| \leqslant 2^\tau$而(5)成立. (6)的成立是明显的,故完成归纳法. 若令

(7) $H = \bigcup\{F_\alpha:\alpha < \omega_1\}$,

由引理 47.13,H是X的闭集.另外由(5)式$|H| \leqslant 2^\tau$也是明显的. 故只若说明H和X一致,定理即得到证明. 为此任取点$p\in X$,为了简单,将g_{F_α}写做g_α,由$g_\alpha(K(F_\alpha)) = g_\alpha(X)$,有

(8) $K(F_\alpha)\cap g_\alpha^{-1}g_\alpha(p) \neq \varnothing, \alpha < \omega_1$.

由(2)和(6)有

(9) $H = \bigcup\{K(F_\alpha):\alpha < \omega_1\}$.

由(8)和(9)有

(10) $H\cap g_\alpha^{-1}g_\alpha(p) \neq \varnothing, \alpha < \omega_1$.

由(3)和(10),$\{H\cap g_\alpha^{-1}g_\alpha(p):\alpha < \omega_1\}$具有有限交性质,但因$H$是闭集,故

$$H\cap(\bigcap\{g_\alpha^{-1}g_\alpha(p):\alpha < \omega_1\}) \neq \varnothing.$$

故可取

(11) $q\in H\cap(\bigcap\{g_\alpha^{-1}g_\alpha(p):\alpha < \omega_1\})$

的点q. 由(7)和(11)存在使$q\in F_\gamma$的$\gamma < \omega_1$. 由(2) $g_\gamma^{-1}g_\gamma(q)=q$,由(11) $p\in g_\gamma^{-1}g_\gamma(q)$,故$p = q$. 这意味着$p\in F_\gamma\subset H$,故证明了$X\subset H$. □

在此定理中若τ为$\aleph_0$,则立即得到下述推论.

47.18 推论 满足第一可数性的紧T_2空间的基数不超过连续统基数.

如此看到了对于列型T_2空间的美丽的理论,随着显示出可数密度空间的构造成为有趣味的对象. 这方面的研究几乎还没有着手,但如下所见到的许多很有趣味的问题等待着我们解答.

47.19 问题 (Hajnal-Juhász) 继承的可分的紧T_2空间的基

数不超过连续统基数吗[1]?

47.20 问题 (Arhangel'skiĭ-Efimov) 可数密度的紧 T_2 空间含有具可数邻域基的点吗? 如果连续统假设成立将如何[2]?

47.21 问题 (Arhangel'skiĭ -Efimov) 可数密度的紧、无限 T_2 空间含有无限的极限点列吗?

47.22 问题 (Arhangel'skiĭ) 可数密度,紧 T_2 Souslin 空间的基数是不超过连续统基数吗?

47.23 问题 (Arhangel'skiĭ) 设 X 是可数密度的 Lindelöf 正则空间,且其各点成为 G_δ 集,此时 $|X| \leqslant c$ 吗? 或至少 $|X| \leqslant 2_c$ 吗[3]?

47.24 定义 空间 X 是齐次的 (homogeneous) 是指对于任意二点 $x, y \in X$,存在从 X 到 X 上的拓扑同胚映射 h,使 $h(x) = y$.

47.25 问题 (Arhangel'skiĭ) 可数密度,紧 T_2,齐次空间的基数是不超过连续统基数吗?

§ 48. 继承的商映射和 Fréchet 空间

48.1 定理 (Arhangel'skiĭ) 对于到上的连续映射 $f: X \to Y$,下列二条件是等价的.

(1) f 是继承的商映射,

(2) f 是伪开映射.

证明 (1)⇒(2) 设 f 不是伪开映射,则有 Y 的点 y 和 $f^{-1}(y)$ 的开邻域 U 存在,使 $f(U)$ 不是 y 的邻域. 因 $y \in \mathrm{Cl}(Y - f(U))$,故 $Y - f(U)$ 之中存在有向点列 $\{y_\alpha\}$,使 $\lim y_\alpha = y$. 令 $A = \{y_\alpha\}$,$B = A \cup \{y\}$,因 $f^{-1}(A) \subset f^{-1}(B) - U$,故 $f^{-1}(A)$ 在 $f^{-1}(B)$ 中是

---

1) B. Федорчук (Д. А. Н., 222 (1975), 302) 证明了"$V = L$"可指出存在基数为 2^c 的继承可分、继承正规紧体 Y_n,因为显然 Y_n 的离散子集均可数,由此也是问题 16.3 的解答. ——校者注

2) 问题 47.20,47.21,47.22 均被 B. Фудорчук (Д. А. Н., 220 (1975), 786) 用 "$V = L$" 而否定. ——校者注

3) 此问题是肯定的,见 A. Архангельский (УМН., 33 (1978), p. 34) 的定理 1.1.10. ——校者注

闭的．故若 $f|f^{-1}(B)$ 为商映射，则 A 在 B 是闭的．这意味着 y 在 B 是孤立点，因之是矛盾的．

(2)⇒(1) 设 f 为伪开映射，对于 Y 的集合 G，令 $f^{-1}(G)$ 是开的．对于 G 的任意点 y，$f^{-1}(G)$ 是 $f^{-1}(y)$ 的邻域，故 $G = ff^{-1}(G)$ 必须是 y 的邻域．故 G 是开的而 f 是商映射．对于 Y 的任意子集 A，$f|f^{-1}(A)$ 还是伪开映射是几乎明显的．故 $f|f^{-1}(A)$ 必须是商映射，这意味着 f 是继承的商映射．□

48.2 定义 至多 k_1 空间也叫做 k' 空间．至多 s_1 空间也叫做 Fréchet 空间．继承的 k 空间当然是指任意子空间都是 k 空间的空间．Fréchet 空间是指对于该集合 A，若 $x \in \overline{A}$，则有点列 $\{x_i\} \subset A$，使 $\lim x_i = x$ 的空间而言也可以，这是明显的．

48.3 定理 (Arhangel'skiĭ) 若 $f: X \to Y$ 是到 Fréchet T_2 空间 Y 上的商映射，则 f 是继承的商映射．

证明 根据定理 48.1 假定 f 不是伪开的，则出现矛盾即可．设存在 Y 的点 y 和 $f^{-1}(y)$ 的开邻域 U，而 $f(U)$ 不是 y 的邻域．因 $y \in \mathrm{Cl}(Y - f(U))$ 且 Y 是 Fréchet 空间，故存在收敛点列 $\{y_i\} \subset Y - f(U)$，使 $\lim y_i = y$．若令 $A = \{y_i\}$，$B = \{y_i\} \cup \{y\}$，则因 Y 是 T_2 的，B 是紧的，故 B 是闭的，故 $f^{-1}(B)$ 也是闭的．由 $f^{-1}(y) \subset U$ 且 $U \cap f^{-1}(A) = \varnothing$，有 $f^{-1}(A)$ 是闭的，故 f 是商映射而 A 是 Y 的闭集，y 不能是极限点．这是矛盾．□

48.4 推论 若 $f: X \to Y$ 是到满足第一可数性 T_2 空间 Y 上的商映射，则它是继承的商映射．

证明 因为满足第一可数性的空间显然是 Fréchet 空间．□

48.5 例 是列型空间但非 Fréchet 空间的空间是存在的．在例 44.6 中 $f: R \to S$ 是商映射但非继承的商映射．因这个 S 是实直线 R 的商空间，故由定理 46.6 是列型空间．另外是 T_2 的也是明显的．如果 S 是 Fréchet 空间，则由定理 48.3，f 必须是继承的商映射，故 S 不是 Fréchet 空间．

48.6 定理 (Arhangel'skiĭ) 局部紧 T_2 空间的继承的商空间（即继承的商映射的像）是 k' 空间．反之 k'，T_2 空间是局部紧 T_2

空间的继承的商空间.

证明 设 $f: X \to Y$ 为继承的商映射, X 为局部紧空间. 对于 Y 的集合 A, 取 $y \in \overline{A} - A$ 的点 y. 令 $B = A \cup \{y\}$, 因 $f|f^{-1}(B)$ 是商映射, A 在 B 非闭, 故 $f^{-1}(A)$ 在 $f^{-1}(B)$ 是非闭的. 故可取 $x \in \mathrm{Cl}(f^{-1}(A)) \cap f^{-1}(y)$ 的点 x. 取 x 的开邻域 U, 使 $\overline{U}$ 是紧的. 对于 $x \in V \subset U$ 的任意开集 V, 因 $V \cap (f^{-1}(A) \cap \overline{U}) = V \cap f^{-1}(A) \neq \varnothing$, 故 $x \in \mathrm{Cl}(f^{-1}(A) \cap \overline{U})$. 故

$$y = f(x) \in f(\mathrm{Cl}(f^{-1}(A) \cap \overline{U})) \subset \mathrm{Cl}(f(f^{-1}(A) \cap \overline{U})) \subset \mathrm{Cl}(A \cap f(\overline{U})).$$

若考虑到 $f(\overline{U})$ 是紧的, 则 Y 是 k' 空间.

反之, 令 Y 为 k', T_2 空间. 若 X 为 Y 的所有紧集的拓扑和, 则 X 为局部紧 T_2 空间. 令 $f: X \to Y$ 为自然映射. 若假定这个 f 不是伪开的, 则存在 Y 的点 y 及 $f^{-1}(y)$ 的开邻域 U, 使 $y \in \mathrm{Cl}(Y - f(U))$. 因 Y 是 k' 空间, 故存在 Y 的紧集 K, 使

$$y \in \mathrm{Cl}(K \cap (Y - f(U))).$$

若将这个 K 看做 X 的集合, 则 $K - U$ 和 $f^{-1}(y)$ 不相交. 故 $y \notin f(K - U)$. 因 Y 是 T_2 的, 故紧集 $f(K - U)$ 在 Y 中是闭的. 故 $f(K - U) \supset \mathrm{Cl}(K \cap (Y - f(U)))$ 而 $y \notin \mathrm{Cl}(K \cap (Y - f(U)))$. 这个矛盾指出 f 是伪开的, 从而由定理 48.1 f 是继承的商映射. □

48.7 引理 到上的连续映射 $f: Y \to X$ 是继承的商映射的充要条件是对于 X 的任意集合 H, $f(\mathrm{Cl} f^{-1}(H)) = \overline{H}$ 成立.

证明 必要性 取任意点 $x \in \overline{H} - H$. 若令 $F = H \cup \{x\}$, 则 H 在 F 中非闭. 因 $f|f^{-1}(F)$ 是商映射, 故 $f^{-1}(H)$ 在 $f^{-1}(F)$ 非闭. 故有 $y \in \mathrm{Cl} f^{-1}(H) \cap f^{-1}(x)$ 的点 y 存在. 对于这个 y 有 $f(y) = x \in f(\mathrm{Cl} f^{-1}(H))$, 故 $\overline{H} \subset f(\mathrm{Cl} f^{-1}(H))$. 由 f 的连续性保证了 $\overline{H} \supset f(\mathrm{Cl} f^{-1}(H))$, 故 $\overline{H} = f(\mathrm{Cl} f^{-1}(H))$.

充分性 为了说明 f 是伪开的, 取任意点 $x \in X$ 及 $f^{-1}(x)$ 的任意开邻域 U. 若取属于 $\mathrm{Cl}(X - f(U))$ 的任意点 x', 则 $X - f(U)$ 中存在有向点列 $\{x_\alpha\}$, 使 $\lim\limits_{\alpha} x_\alpha = x'$. 若令 $\{x_\alpha\} = H$, 则 $f^{-1}(H) \subset Y - U$, 故 $\mathrm{Cl} f^{-1}(H) \subset Y - U$. 故 $f(\mathrm{Cl} f^{-1}(H)) \subset f(Y - U)$. 因

$\overline{H}=f(\mathrm{Cl}f^{-1}(H))$,故 $\overline{H}\subset f(Y-U)$. 因 $x'\in\overline{H}$,且 $x\notin f(Y-U)$,故 $x'\neq x$. 这表示 $\mathrm{Cl}(X-f(U))$ 不含 x. 故 $f(U)$ 是 x 的邻域而 f 是伪开的. 在此若应用定理 48.1,则 f 为继承的商映射. □

48.8 定理 对于空间 X 下列性质是等价的.

(1) X 是 Fréchet 空间.

(2) X 是局部紧度量空间的继承的商空间.

(3) X 是度量空间的继承的商空间.

证明 (1)⇒(2) 因 Fréchet 空间是列型空间,故照样因袭定理 46.6 的证明及记号,作从局部紧度量空间 Y 的商映射 $f:Y\to X$. 为了指出此 f 是继承的商映射,取 X 的任意集合 H 及任意点 $x\in\overline{H}$. 取收敛点列 $\{x_i\}\subset H$ 使 $\lim x_i=x$. 对应于极限点列 $K_\alpha=\{x_i\}\cup\{x\}$,考虑 Y 的极限点列 $L_\alpha=\{x_i\}\cup\{x\}$,则 $\{x_i\}\subset f^{-1}(H)$ 而在 Y 中 $x\in\mathrm{Cl}f^{-1}(H)$. 从而在 X 中 $x\in f(\mathrm{Cl}f^{-1}(H))$. 故 $\overline{H}\subset f(\mathrm{Cl}f^{-1}(H))$,由引理 48.7,$f$ 是继承的商映射.

(2)⇒(3)是显然的.

(3)⇒(1) 设 $f:Y\to X$ 为从度量空间 Y 的继承的商映射. 取 X 的任意集合 H,任意点 $x\in\overline{H}$. 由引理 48.7,$\overline{H}=f(\mathrm{Cl}f^{-1}(H))$,故可取点 y,使 $f(y)=x$ 且 $y\in\mathrm{Cl}f^{-1}(H)$. 若取 $f^{-1}(H)$ 的收敛点列 $\{y_i\}$,使 $\lim y_i=y$,则 $\{f(y_i)\}\subset H$ 且 $\lim f(y_i)=f(y)=x$. 这表明 X 是 Fréchet 空间. □

48.9 推论 Fréchet 空间的继承的商空间是 Fréchet 空间.

这由继承的商映射的合成是继承的商映射及前定理 (3) 的特征化是明显的.

48.10 定理(Arhangel'skiĭ) 对于 T_2 空间 X 下列二条件是等价的:

(1) X 是 Fréchet 空间.

(2) X 是继承的 k 空间.

证明 (1)⇒(2) Fréchet 空间的任意子空间由定理 48.8 之(3)还是 Fréchet 空间. Fréchet 空间是列型空间,列型 T_2 空间是 k 空间. 由此 X 是继承的 k 空间.

(2)⇒(1) 取X的集合M，$\overline{M}-M$ 的点x. 在满足条件 $x\in\overline{L}$ 的M的子集L中取基数最小者. 应用 47.9 推论于子空间$L\cup\{x\}$,则在此空间中 $_k[L]$必须与 $L\cup\{x\}$ 一致. 在空间 $L\cup\{x\}$ 中取 $[L]_k$. 它若为 L，则必须有 $_k[L]=L$，故必须有 $[L]_k=L\cup\{x\}$. 这个等式保证了 $L\cup\{x\}$ 中存在紧集K使 $x\in \mathrm{Cl}(K-\{x\})$. 由$L$的取法有$|L|=|K|$. 设此共同的基数为$\tau$. τ是无限的. 若说明了$\tau=\aleph_0$,则K是紧,可数,T_2空间. 于是K具有G_δ对角集,由定理 42.23 是可距离化的. 因x不是K的孤立点,故存在 $K-\{x\}$ 的点列$\{x_i\}$，使 $\lim x_i=x$. 因 $\{x_i\}\subset M$，故X是 Fréchet 空间.

设$\{U_\alpha:\alpha\in A\}$为x在K中的邻域基中基数最小者. 于是如下可知$|A|=\tau$. 若$|A|<\tau$，则对于各$\alpha\in A$ 取点 $x_\alpha\in U_\alpha\cap(K-\{x\})$,若令 $L'=\{x_\alpha:\alpha\in A\}$,则$|L'|<\tau$且 $x\in\overline{L}'$ 产生矛盾. 故 $\tau\leqslant|A|$. 为了说明 $\tau=|A|$ 证明在K中x的邻域基的基数不超过τ即可. $K-\{x\}$ 的所有有限集族 $\{K_\lambda:\lambda\in\Lambda\}$ 的基数是τ. 对于各$\lambda\in\Lambda$对应使$K_\lambda\cap\overline{V}_\lambda=\varnothing$的$x$在$K$中的开邻域$V_\lambda$. 容易看出 $\{V_\lambda:\lambda\in\Lambda\}$ 构成x在K的邻域基，其基数为τ. 如此证明了 $|A|=\tau$.

A看做比基数为τ的序数中的最小数还小的序数全体组成的. 取x在K中的开邻域W_0使$\overline{W}_0\subset U_0$. 从 $W_0-\{x\}$ 取点 p_0，取$\beta\in A$，对于$\alpha<\beta$的所有α，设已确定x在K的开邻域W_α和 $W_\alpha-\{x\}$的点 p_α,取 W_β 和 p_β 如下. 因$\{p_\alpha:\alpha<\beta\}$的基数比$\tau$小故 $x\notin \mathrm{Cl}\{p_\alpha:\alpha<\beta\}$. 故$x$在$K$的开邻域 W_β 中存在满足

$$\mathrm{Cl}\{p_\alpha:\alpha<\beta\}\cap\overline{W}_\beta=\varnothing,\ \overline{W}_\beta\subset U_\beta$$

二式者. x在K的特征是τ，族 $\{W_\alpha:\alpha\leqslant\beta\}$ 的基数比τ小，故 $\cap\{W_\alpha:\alpha\leqslant\beta\}$ 含有x以外的点 p_β. 如此以来对于所有的超限的 $\alpha\notin A$，能确定 W_α 及 p_α. 令

$$E=\{p_\alpha:\alpha\in A\}\cup\{x\},$$

在此子空间E中x不是孤立点. 集合

$$X-(\mathrm{Cl}\{p_\alpha:\alpha<\beta\}\cup\overline{W}_{\beta+1})$$

是X的开集，和E仅共有点p_β. 故在E中x以外的所有点都是孤立点.由本证明开头的论述，存在E的紧集F，使$x \in \mathrm{Cl}(F-\{x\})$. 若令$P$为$F-\{x\}$的可数无限集，则由$F$的紧性有$x \in \bar{P}$. 因$P \subset M$，故$\tau = \aleph_0$. □

§49. 双 商 映 射

49.1 定义 映射$f: X \to Y$是到上的连续映射，当满足下述条件时称为双商映射（biquotient）.

对于任意点$y \in Y$及满足$\mathscr{U}^{\#} \supset f^{-1}(y)$的$X$的任意开集族$\mathscr{U}$，存在其有限子族$\mathscr{V}$使$f(\mathscr{V}^{\#})$为$y$的邻域.

到上的开连续映射、到上的完全映射等都是双商映射的简单例子.

49.2 命题 若Y为T_2空间，则对于到上的连续映射$f: X \to Y$，下列二条件是等价的.

(1) f是双商映射，

(2) 对于任意点$y \in Y$及X的任意开覆盖$\mathscr{U}$，存在它的有限子族$\mathscr{V}$使$f(\mathscr{V}^{\#})$为y的邻域.

证明 (1)⇒(2) 是明显的，故证明 (2)⇒(1). 取点$y \in Y$，取使$f^{-1}(y) \subset \mathscr{U}^{\#}$的$X$的开集族$\mathscr{U}$. 取$Y$的开集族$\mathscr{V}$使$\mathscr{V}^{\#} = Y-\{y\}$且$V \in \mathscr{V} \Rightarrow y \notin \bar{V}$. 因$Y$是$T_2$的，这样的$\mathscr{V}$是存在的. 因$\mathscr{U} \cup f^{-1}(\mathscr{V})$是$X$的开覆盖，故存在$\mathscr{U}$的有限子族$\mathscr{U}_1$及$\mathscr{V}$的有限子族$\mathscr{V}_1$，使$f(\mathscr{U}_1^{\#} \cup f^{-1}(\mathscr{V}_1^{\#}))$是$y$的邻域. 但因

$$y \notin \mathrm{Cl}\mathscr{V}_1^{\#} = \mathrm{Cl}f(f^{-1}(\mathscr{V}_1^{\#})),$$

故$f(\mathscr{U}_1^{\#})$是y的邻域. □

49.3 命题 双商映射的合成映射是双商映射.

证明 设$f: X \to Y$，$g: Y \to Z$为双商映射. 取点$z \in Z$，取X的开集族$\mathscr{U}$使$(gf)^{-1}(z) \subset \mathscr{U}^{\#}$，对于$g^{-1}(z)$的各点$y$因$f^{-1}(y) \subset \mathscr{U}^{\#}$，故存在$\mathscr{U}$的有限子族$\mathscr{U}_y$，使$f(\mathscr{U}_y^{\#})$是$y$的邻域. 若令$\mathrm{Int}f(\mathscr{U}_y^{\#}) = U_y$，则$\{U_y: y \in g^{-1}(z)\}$是覆盖$g^{-1}(z)$的$Y$的开集族.

故存在其有限子族 $\mathscr{V}=\{U_{y_1},\cdots,U_{y_n}\}$ 使 $g(\mathscr{V}^{\#})$ 是 z 的邻域. 若令 $\mathscr{W}=\bigcup\{\mathscr{U}_{y_i}:i=1,\cdots,n\}$，则这是 $\mathscr{U}$ 的有限子族且 $g(\mathscr{V}^{\#})\subset gf(\mathscr{W}^{\#})$，故 $gf(\mathscr{W}^{\#})$ 是 z 的邻域. □

49.4 命题 双商映射是继承的商映射. 双商映射是继承的. 换言之，若 $f:X\to Y$ 是双商映射，则对于任意集合 $S\subset Y$，$f|f^{-1}(S)$ 是双商映射.

证明 设 $f:X\to Y$ 是双商映射，y 是 Y 的点. 若任取 $f^{-1}(y)$ 的开邻域 U，则 $\{U\}$ 是由一个元组成的开集族并覆盖 $f^{-1}(y)$. 故 $f(U)$ 是 y 的邻域. 这指出 f 是伪开的.

为了证明命题的后半部分，取点 $y\in S$. 设 $\mathscr{U}=\{U_\lambda\}$ 为覆盖 $f^{-1}(y)$ 的子空间 $f^{-1}(S)$ 的开集族. 对于各 λ 取使 $U_\lambda=V_\lambda\cap f^{-1}(S)$ 的 X 的开集 V_λ，作成 X 的开集族 $\mathscr{V}=\{V_\lambda\}$. 因 $f^{-1}(y)\subset\mathscr{U}^{\#}\subset\mathscr{V}^{\#}$，故存在 $\mathscr{V}$ 的有限子族 $\mathscr{V}_1=\{V_{\lambda_1},\cdots,V_{\lambda_n}\}$，使 $f(\mathscr{V}_1^{\#})$ 是 y 在 Y 中的邻域. 若令 $\mathscr{U}_1=\{U_{\lambda_1},\cdots,U_{\lambda_n}\}$，则 $f(\mathscr{U}_1^{\#})=f(\mathscr{V}_1^{\#})\cap S$，故 $f(\mathscr{U}_1^{\#})$ 是 y 在 S 的邻域. □

49.5 例 存在继承的商映射而非双商映射.

设 X 为单位区间 I 的所有极限点列所构成族 $\{K_\lambda\}$ 的拓扑和，$f:X\to I$ 为自然映射. 由 48.7，f 是继承的商映射. 取 $\mathscr{U}=\{K_\lambda\}$ 作为 X 的开覆盖，对于 $\mathscr{U}$ 的任意有限子族 $\mathscr{V}$，因 $f(\mathscr{V}^{\#})$ 是可数的，故不能是任何点的任何邻域. 故由命题 49.2，f 不是双商映射.

49.6 命题 对于到上的连续映射 $f:X\to Y$，下列二条件是等价的.

(1) f 是双商映射.

(2) 若 $\mathscr{B}$ 是 Y 中的有限乘法的滤子基，$y\in Y$ 是 $\mathscr{B}$ 的接触点，则某个 $x\in f^{-1}(y)$ 是 $f^{-1}(\mathscr{B})$ 的接触点 (关于用语参考 11.2,27.14).

证明 (1) $\Longrightarrow$ (2) 否定(2)，设存在 Y 的滤子基 $\mathscr{B}$ 和它的接触点 $y\in Y$，对于各点 $x\in f^{-1}(y)$，取它的开邻域 U_x 及 $B\in\mathscr{B}$ 使 $U_x\cap f^{-1}(B)=\varnothing$，则 $\{U_x:x\in f^{-1}(y)\}$ 是覆盖 $f^{-1}(y)$ 的开集族. 但 y 的任何邻域也不能用有限个 $f(U_x)$ 覆盖.

(2) $\Longrightarrow$ (1) 否定 (1)，设存在点 $y\in Y$ 及 $\mathscr{U}^{\#}\supset f^{-1}(y)$ 的 X

的开集族 $\mathscr{U}$，对于 $\mathscr{U}$ 的任何有限子族 $\mathscr{V}$，$f(\mathscr{V}^{\#})$ 都不是 y 的邻域．令 $\mathscr{B}$ 为所有 $Y-f(\mathscr{V}^{\#})$形的集合族，则 $\mathscr{B}$ 是滤子基，y 是其接触点，但任何的 $x\in f^{-1}(y)$ 也不是 $f^{-1}(\mathscr{B})$ 的接触点．□

49.7 引理 设 $f_\alpha: X_\alpha\to Y_\alpha(\alpha\in A)$ 为到上的映射，令 $X=\Pi X_\alpha$，$Y=\Pi Y_\alpha$，$f=\Pi f_\alpha: X\to Y$．设 $p_\alpha: X\to X_\alpha$，$q_\alpha: Y\to Y_\alpha$ 为射影．设 $U_\alpha\subset X_\alpha$，$\alpha\in A$．此时下式成立

$$f(\cap p_\alpha^{-1}(U_\alpha))=\cap fp_\alpha^{-1}(U_\alpha).$$

证明 $f(\cap p_\alpha^{-1}(U_\alpha))=f(\Pi U_\alpha)=\Pi f_\alpha(U_\alpha)$

$$=\cap q_\alpha^{-1}f_\alpha(U_\alpha)=\cap fp_\alpha^{-1}(U_\alpha).\ \square$$

49.8 定理（Michael） 双商映射之积是双商映射．

证明 因袭上述引理的记号，设各 f_α 为双商映射．指出满足命题 49.6 的条件 (2)．取在 Y 的有有限乘法的滤子基 $\mathscr{B}$ 及其接触点 y．设 y 的邻域滤子为 $\mathscr{V}_y$，因 $\mathscr{B}\cup\mathscr{V}_y$ 具有有限交性质．由定理 3.5，存在含有它的极大滤子 $\mathscr{F}$．这个 $\mathscr{F}$ 显然收敛于 y．若 $y=(y_\alpha)$，则 $q_\alpha(\mathscr{F})$ 收敛于 y_α，对于各 α 成立．因 f_α 为双商映射，故存在点 $x_\alpha\in f_\alpha^{-1}(y_\alpha)$，使它是 $f_\alpha^{-1}(q_\alpha(\mathscr{F}))$ 的接触点．若令 $x=(x_\alpha)$，则 $x\in f^{-1}(y)$，故只若说明 x 是 $f^{-1}(\mathscr{F})$ 的接触点即可．

对于 X_α 中 x_α 的任意开邻域 U_α 及任意的 $F\in\mathscr{F}$，U_α 和 $f_\alpha^{-1}q_\alpha(F)=p_\alpha f^{-1}(F)$ 相交．故 $fp_\alpha^{-1}(U_\alpha)\cap F\neq\varnothing$．因 $\mathscr{F}$ 是极大滤子，故 $fp_\alpha^{-1}(U_\alpha)$ 是 $\mathscr{F}$ 的元素．故这样形式的集合的任意有限交 $P=\bigcap_{i=1}^{n} fp_{\alpha_i}^{-1}(U_{\alpha_i})$ 是 $\mathscr{F}$ 的元素．这意味着 P 和任意元 $F\in\mathscr{F}$ 相交．由引理 49.7，$\bigcap_{i=1}^{n} p_{\alpha_i}^{-1}(U_{\alpha_i})$ 和 $f^{-1}(F)$ $(F\in\mathscr{F})$ 是相交的．故 x 是 $f^{-1}(\mathscr{F})$ 的接触点，从而是其子族 $f^{-1}(\mathscr{B})$ 的接触点．□

49.9 定理（Michael） 当 Y 是 T_2 空间时，在下述各情形下商映射 $f: X\to Y$ 是双商映射：

(1) 当 X 是 Lindelöf 空间 Y 为 q 空间时．

(2) 当各 $\mathrm{Bry}f^{-1}(y)$ $(y\in Y)$ 是 Lindelöf 空间，Y 满足第一可数性时．

证明 (1) 假定 f 不是双商的，则存在点 $y\in Y$ 和 X 的开覆

盖 $\mathscr{U}$，使对于 $\mathscr{U}$ 的任意有限子族 $\mathscr{V}$，$f(\mathscr{V}^{\#})$ 不是 y 的邻域．设 $\{U_i\}$为 $\mathscr{U}$ 的可数子覆盖，令 $V_n = \bigcup_{i=1}^{n} U_i, n \in N$．设 $\{W_n\}$ 为使 Y 为 q 空间的 y 的开邻域列．由假定 $f(V_n)$ 不含 W_n，故可取点 $y_n \in W_n - f(V_n)$．若令 $S = \{y_n\}$，则 $Y = \cup f(V_n)$，故 S 为无限集．故 S 有聚点，存在子集 $T \subset S$ 使 T 在 Y 中不是闭的．另方面对于各 n，$f^{-1}(T) \cap V_n$ 在 V_n 中为闭的，故 $f^{-1}(T)$ 在 X 中是闭的，这和 f 是商映射相矛盾．

(2) 假定 f 不是双商的，则存在点 $y \in Y$ 及 X 的开集族 $\mathscr{U}$，使 $f^{-1}(y) \subset \mathscr{U}^{\#}$，对于 $\mathscr{U}$ 的任何有限子族 $\mathscr{V}$，$f(\mathscr{V}^{\#})$ 也不是 y 的邻域．这个 y 不能是孤立点，故 $\mathrm{Bry} f^{-1}(y) \neq \varnothing$．设$\{U_i\}$为 $\mathscr{U}$ 的可数子族且 $\cup U_i \supset \mathrm{Bry} f^{-1}(y)$．令 $V_n = \bigcup_{i=1}^{n} U_i$，设$\{W_i\}$为 y 的邻域基，取点 $y_1 \in W_1 - f(V_1)$．由应用简单归纳法存在Y的点列 $\{y_2, y_3, \cdots\}$ 和 y 的开邻域列 $\{G_2, G_3, \cdots\}$ 如下．

$$y_n \in G_n - f(V_n),\ G_n \subset W_n,\ \overline{G}_n \cap \{y_1, \cdots, y_{n-1}\} = \varnothing.$$

于是点列 $S = \{y_n\}$ 的极限点是 y 而 S 在 Y 不是闭的．为了说明 $f^{-1}(S)$在 X 是闭的，因 $\mathrm{Cl} f^{-1}(S) \subset f^{-1}(S) \cup f^{-1}(y)$，只若说明$\mathrm{Cl} f^{-1}(S) \cap \mathrm{Bry} f^{-1}(y) = \varnothing$ 即可．若任取点 $x \in \mathrm{Bry} f^{-1}(y)$，则对于某个 n，$x \in V_n$．另方面，因 $\{y_n, y_{n+1}, \cdots\} \cap f(V_n) = \varnothing$，而

$$V_n - f^{-1}(S) = V_n - f^{-1}(\{y_1, y_2, \cdots, y_{n-1}\}),$$

故 $V_n - f^{-1}(S)$ 是 x 的开邻域．显然这个开邻域和 $f^{-1}(S)$不相交，故 $x \notin \mathrm{Cl} f^{-1}(S)$．如此 $f^{-1}(S)$ 是闭集．因 f 是商映射，故 S 必须是 Y 的闭集，导致矛盾．□

49.10 定理 (Michael) 若 $f: X \to Y$ 是到上的连续映射，Y 为 T_2 空间，则下列三个条件是等价的：

(1) f 是双商的，

(2) $f \times 1_Z$ 对于任意空间 Z 是商映射，

(3) $f \times 1_Z$ 对于任意仿紧 T_2 空间 Z 是商映射．

证明 (1) $\Longrightarrow$ (2) 由定理 49.8，双商映射之积是双商的，恒

等映射 1_Z 是双商的，故 $f\times 1_Z$ 是双商的．若由命题 49.4，则双商映射是继承的商映射当然是商映射．

(2) $\Longrightarrow$ (3)是明显的．

(3) $\Longrightarrow$ (1)设 f 不是双商映射，构造一个使 $f\times 1_Z$ 不是商映射的仿紧 T_2 空间 Z．因 Y 是 T_2 的，故可应用命题 49.2．即存在 Y 的点 y_0 和 X 的开覆盖 $\mathscr{U}$，使对于 $\mathscr{U}$ 的任何有限子族 $\mathscr{V}$，$f(\mathscr{V}^{\#})$ 都不是 y_0 的邻域．设 $\mathscr{B}$ 为全体形如 $Y-f(\mathscr{V}^{\#})$ 的集族．于是若 $B\in\mathscr{B}$，则 $y_0\in\bar{B}$．在此对于各 $U\in\mathscr{U}$，假定 $U\cap f^{-1}(y_0)\neq\varnothing$ 并不失一般性，故对于所有的 $B\in\mathscr{B}$ 可以认为 $y_0\notin B$．

Z 是对于集合 Y 如下导入了拓扑者．$Z-\{y_0\}$ 的各点做为开集，y_0 在 Z 的邻域基由

$$\{\{y_0\}\cup B: B\in\mathscr{B}\}$$

给出．显然 Z 是仿紧的．而且因 $\bigcap\{B: B\in\mathscr{B}\}=\varnothing$，故 Z 是 T_2 的．

为了指出 $h=f\times 1_Z$ 不是商映射，令

$$S=\{(y,y)\in Y\times Z: y\neq y_0\}.$$

今证明 S 在 $Y\times Z$ 不是闭的，但 $h^{-1}(S)$ 在 $X\times Z$ 是闭的．

为了指出 S 在 $Y\times Z$ 不是闭的，只需说明 $(y_0,y_0)\in\bar{S}$．取 y_0 在 Y 的任意开邻域 V 及任意 $B\in\mathscr{B}$．因 $y_0\in\bar{B}-B$，故若取 $y\in V\cap B$，则 $y\neq y_0$，且

$$(y,y)\in(V\times(B\cup\{y_0\}))\cap S.$$

故 $(y_0,y_0)\in\bar{S}$．

为了判断 $h^{-1}(S)$ 在 $X\times Z$ 是闭的，设 $(x,y)\notin h^{-1}(S)$．若 $y\neq y_0$ 因 $f(x)\neq y$，故

$$W=f^{-1}(Y-\{y\})\times\{y\}$$

是 (x,y) 的邻域且 $W\cap h^{-1}(S)=\varnothing$．故 $(x,y)\notin \mathrm{Cl}h^{-1}(S)$．若 $y=y_0$，则取 U 使 $x\in U\in\mathscr{U}$，令

$$B=Y-f(U),\quad W_1=U\times(B\cup\{y_0\}).$$

W_1 是 $(x,y)=(x,y_0)$ 的邻域且 $W_1\cap h^{-1}(S)=\varnothing$．故 $(x,y)\notin \mathrm{Cl}h^{-1}(S)$．□

49.11 定理 (Michael) 设 Y 为正则空间，$f: X\to Y$ 为到上

的连续映射，则下列三个条件是等价的.

(1) f 是双商映射且 Y 是局部紧的.

(2) 对于任意商映射 g，$f\times g$ 是商映射.

(3) 对于定义域和值域都是仿紧 T_2 空间的任意到上的闭连续映射 g，$f\times g$ 是商映射.

证明 (1)⇒(2) 若 $g:S\to T$，则

(4) $f\times g=(1_Y\times g)\cdot(f\times 1_S)$.

由定理 49.8 作为双商映射之积 $f\times 1_S$ 是双商的. 因 Y 是局部紧正则空间，故由定理 45.7，$1_Y\times g$ 是商映射. 故 $f\times g$ 作为商映射的合成映射是商映射.

(2)⇒(3)是显然的.

(3)⇒(1) 为了证明其对偶命题，否定(1). 若 f 不是双商的，则由定理 49.10，存在仿紧 T_2 空间 Z，使 $f\times 1_Z$ 不是商映射. 若 Y 不是局部紧的，则由定理 45.7，存在定义域、值域皆为仿紧 T_2 空间的到上的闭连续映射，使 $1_Y\times g$ 不是商映射. 参考(4)这意味着 $f\times g$ 不是商映射. 如此，(3)被否定了. □

在下述定理中 A° 是 7.1 中定义过的 A 的开核.

49.12 定理 (Burke-Michael) 对于空间 Y 下列二条件等价:

(1) Y 具有点可数基.

(2) 满足下述条件的 Y 的点可数覆盖 $\mathscr{P}$ 存在.

若 $y\in W$ 且 W 在 Y 中是开的，则存在 $\mathscr{P}$ 的有限子族 $\mathscr{F}$，使 $y\in(\mathscr{F}^{\#})^\circ$ 且 $y\in P\subset W$ 对各 $P\in\mathscr{F}$ 成立.

证明 设 $\mathscr{P}$ 为 Y 的点可数基. 显然满足条件(2)，故(1)⇒(2)成立. 反之设存在满足(2)的条件的 $\mathscr{P}$，来推导(1). 设 $\mathscr{P}$ 的有限子族全体的集合为 Φ. 对于 $y\in Y$，因

$$\{(\mathscr{F}^{\#})^\circ:\mathscr{F}\in\Phi,y\in\bigcap\{P:P\in\mathscr{F}\}\}$$

是可数族构成 y 的邻域基，故 Y 满足第一可数性. 容易看出 $\{(\mathscr{F}^{\#})^\circ:\mathscr{F}\in\Phi\}$ 是 Y 的基，若它是点可数的则不成问题，但一般地它不成立. 把它用下述方法缩小，使它具有点可数性是证明的要点. 令

$$\mathscr{M}(\mathscr{F})=\{A\subset Y: A\subset(\mathscr{F}^{\#})^{\circ}, \mathscr{E}\subsetneqq\mathscr{F}\Rightarrow A\not\subset(\mathscr{E}^{\#})^{\circ}\},$$
$$V(\mathscr{F})=((\mathscr{M}(\mathscr{F})\cap\mathscr{P})^{\#})^{\circ}.$$
$$\mathscr{V}=\{V(\mathscr{F}):\mathscr{F}\in\Phi\}.$$

首先指出这个 $\mathscr{V}$ 是 Y 的基. 设 $y\in W$ 且 W 在 Y 是开的. 由条件(2)存在 $\mathscr{F}\in\Phi$ 使 $y\in(\mathscr{F}^{\#})^{\circ}\subset W$, 不失一般性可再设

$$\mathscr{E}\subsetneqq\mathscr{F}\Rightarrow y\notin(\mathscr{E}^{\#})^{\circ}.$$

对于这样的 $\mathscr{F}$, 指出 $y\in V(\mathscr{F})\subset W$. 显然 $V(\mathscr{F})\subset\mathscr{M}(\mathscr{F})^{\#}\subset(\mathscr{F}^{\#})^{\circ}\subset W$. 为了说明 $y\in V(\mathscr{F})$, 若应用条件 (2) 于 $y\in(\mathscr{F}^{\#})^{\circ}$ 的式子上, 则存在 $\mathscr{Y}\in\Phi$, 满足

$$y\in(\mathscr{Y}^{\#})^{\circ},\ y\in P\subset(\mathscr{F}^{\#})^{\circ},\ (P\in\mathscr{Y}).$$

由后一条件及

$$\mathscr{E}\subsetneqq\mathscr{F}\Rightarrow y\notin(\mathscr{E}^{\#})^{\circ},$$

知

$$P\in\mathscr{Y}\Rightarrow P\in\mathscr{M}(\mathscr{F})$$

是正确的. 故有 $\mathscr{Y}\subset\mathscr{M}(\mathscr{F})\cap\mathscr{P}$, 从而有 $(\mathscr{Y}^{\#})^{\circ}\subset V(\mathscr{F})$. 如此 $y\in V(\mathscr{F})$ 是正确的.

若指出 $\mathscr{V}$ 是点可数的, 则完成定理的证明. 设 $y\in V(\mathscr{F})$ 成立, 则存在 $A\in\mathscr{M}(\mathscr{F})\cap\mathscr{P}$ 使 $y\in A$. $y\in A\in\mathscr{P}$ 的 A 仅有可数个, 故若能说明 $A\in\mathscr{M}(\mathscr{F})$ 的 $\mathscr{F}\in\Phi$ 仅有可数个即可. 否则, 假定存在某个 $A\subset Y$, 使 $A\in\mathscr{M}(\mathscr{F})$ 对于非可数个 $\mathscr{F}\in\Phi$ 成立. 若令

$$\Phi_n=\{\mathscr{F}\in\Phi:|\mathscr{F}|=n\},\ n\in N,$$

因 $\Phi=\bigcup\Phi_n$, 故对某个 n 存在非可数子族 $\Psi\subset\Phi_n$, 使

$$A\in\mathscr{M}(\mathscr{F}),\ \mathscr{F}\in\Psi.$$

对于非可数个 $\mathscr{F}\in\Psi$, 取 $\mathscr{R}\subset\mathscr{F}$ 的极大的 $\mathscr{P}$ 的子族 $\mathscr{R}$, 若令

$$\Psi^{*}=\{\mathscr{F}\in\Psi:\mathscr{R}\subset\mathscr{F}\},$$

则由 $\mathscr{R}$ 的定义 Ψ^{*} 是非可数的. 因

$$\mathscr{F}\in\Psi^{*}\Rightarrow A\in\mathscr{M}(\mathscr{F}) \text{ 且 } \mathscr{R}\subsetneqq\mathscr{F},$$

故由 $\mathscr{M}(\mathscr{F})$ 的定义知 $A\not\subset(\mathscr{R}^{\#})^{\circ}$. 又显然地, $0\leqslant|\mathscr{R}|<n$. 取点 $y\in A$ 使 $y\notin(\mathscr{R}^{\#})^{\circ}$. 若令

$$E = Y - \mathscr{R}^{\#},$$

则 $y \in \bar{E}$. 因 Y 满足第一可数性，故存在可数集 $Z \subset E$，使 $y \in \bar{Z}$. 由 $y \in A \subset (\mathscr{F}^{\#})^{\circ}$，有

$$\mathscr{F} \in \Psi^{*} \Rightarrow y \in (\mathscr{F}^{\#})^{\circ}.$$

故 Z 和某个 $P \in \mathscr{F}$ 有共同点. 但 Z 和至多可数个 $P \in \mathscr{P}$ 相交而 Ψ^{*} 是不可数的，故 Z 和某个 $P_0 \in \mathscr{P}$ 相交，这个 P_0 是不可数个 $\mathscr{F} \in \Psi^{*}$ 的元素. 因 $P_0 \cap Z \neq \varnothing$ 且 $Z \cap \mathscr{R}^{\#} = \varnothing$，故 $P_0 \notin \mathscr{R}$. 若令 $\mathscr{Y} = \mathscr{R} \cup \{P_0\}$，则 $\mathscr{Y} \supsetneqq \mathscr{R}$ 且对于不可数个 $\mathscr{F} \in \Psi$，有 $\mathscr{Y} \subset \mathscr{F}$，此与 $\mathscr{R}$ 的极大性相矛盾. □

这个定理是为简化下述重要定理的证明而考虑出来的. 关于 s 映射参考定义 14.11.

49.13 定理 (Filippov) 若 X 具有点可数基，$f: X \to Y$ 是双商 s 映射，则 Y 也具有点可数基.

证明 设 $\mathscr{B}$ 为 X 的点可数基. 令 $\mathscr{P} = f(\mathscr{B})$ 说明此 $\mathscr{P}$ 满足定理 49.12 的条件(2)即可. 因 f 是 s 映射，故各 $f^{-1}(y)(y \in Y)$ 含有可数稠密集，故 $f^{-1}(y)$ 仅和 $\mathscr{B}$ 的可数个元相交. 故 $\mathscr{P}$ 是点可数的.

设 $y \in W$ 且 W 是 Y 的开集. 若令

$$\mathscr{U} = \{B \in \mathscr{B}: B \subset f^{-1}(W), B \cap f^{-1}(y) \neq \varnothing\},$$

则 $f^{-1}(y) \subset \mathscr{U}^{\#}$. 因 f 是双商的，故存在 $\mathscr{U}$ 的有限子族 $\mathscr{V}$，使 $y \in (f(\mathscr{V}^{\#}))^{\circ}$. 若令 $\mathscr{F} = f(\mathscr{V})$，则满足定理 49.12 的条件(2). 故 Y 具有点可数基. □

设 τ 为任意无限基数，同样可证此定理将点可数基一般化为点 τ 基(其意义自明)，将 s 映射一般化为 τ 映射，照样成立. 因对于定理 49.12 同样的一般化也成立.

§50. 映 射 空 间

50.1 定义 对于空间 X 到空间 Y 中的连续映射全体 Y^X (参考定义 9.1) 导入拓扑，构成的拓扑空间称为映射空间. 导入拓扑

的方法有许多,就有代表性的两个考虑之. 对于X的集合A,Y的集合B,令

$$[A, B]=\{f\in Y^X: f(A)\subset B\}.$$

以

$$\{[A, B]: |A|<\infty, B \text{ 在 } Y \text{ 中开}\}$$

为子基在Y^X导入拓扑时，该拓扑称为点态收敛拓扑（pointwise convergence topology）. 以

$$\{[A,B]: A \text{ 为 } X \text{ 的紧集}, B \text{ 在 } Y \text{ 中开}\}$$

为子基在Y^X导入拓扑时，该拓扑称为紧开拓扑（compact-open topology）. 对于任意的$f\in Y^X$,有$[A,B]$使$f\in[A,B]$,对各种情况都几乎是明显的,故保证构成子基. 由此定义,紧开拓扑比点态收敛拓扑强也是明显的. 必须说明Y^X满足T_1,为此仅就点态收敛拓扑的情形验证即可.

50.2 命题 Y^X依点态收敛拓扑是T_1拓扑空间.

证明 为了验证T_1性，取$f, g\in Y^X$, 设$f\neq g$. 取$f(x)\neq g(x)$的x. 于是

$$g\notin[\{x\}, Y-\{g(x)\}],\ f\in[\{x\}, Y-\{g(x)\}]. \square$$

50.3 命题 设$Y_x(x\in X)$全是Y的拷贝. $\varphi: Y^X\to\Pi\{Y_x: x\in X\}$定义如下

$$\varphi(f)=(f(x): x\in X).$$

Y^X具有点态收敛拓扑的充要条件是φ是嵌入.

这个命题几乎是明显的,故略去证明.

50.4 推论 对应于Y是T_2、正则、完全正则、Y^X关于点态收敛拓扑分别是T_2、正则、完全正则的. 若Y是T_2的,则Y^X关于紧开拓扑是T_2的.

50.5 引理 若B为Y的闭集,则对于任意的$A\subset X$, $[A, B]$关于紧开拓扑是闭的.

证明 因$[A,B]=\cap\{[\{x\},B]: x\in A\}$,故对于任意点$x\in X$,说明$[\{x\}, B]$关于紧开拓扑是闭的就已足够. 但由

$$[\{x\}, B]=Y^X-[\{x\}, Y-B],$$

此左边是闭的．□

50.6 命题 若 Y 是正则的，则 Y^X 关于紧开拓扑是正则的．

证明 设 $f\in[K,U]$，在此 K 是 X 的紧集，U 是 Y 的开集．由 Y 的正则性，存在开集 V，使 $f(K)\subset V\subset\bar{V}\subset U$，在此若应用引理 50.5，则

$$f\in[K,V]\subset \mathrm{Cl}[K,V]\subset[K,\bar{V}]\subset[K,U].\ \square$$

50.7 引理 若 X 为 k 空间，映射 $f:X\to Y$ 在 X 的任意紧集上连续，则 f 在 X 上连续．

证明 设 F 为 Y 的闭集．为了说明 $f^{-1}(F)$ 在 X 是闭的，对于任意紧集 $K\subset X$ 说明 $f^{-1}(F)\cap K$ 在 K 是闭的即可．因

$$f^{-1}(F)\cap K=(f|K)^{-1}(F),$$

而右边由 $f|K$ 的连续性在 K 中是闭的．□

设 $\mathscr{K}$ 为空间 X 的所有紧集族．若 $\mathscr{K}$ 的元 $K\subset L$ 则定义为 $K\leqslant L$，于是构成有向集．$\pi_L^K:Y^K\to Y^L(L\leqslant K)$ 依

$$\pi_L^K(f)=f|L,\ f\in Y^K$$

定义之．令拓扑全是紧开拓扑，则 π_L^K 是连续的，而 $\{Y^K,\pi_L^K:K,L\in\mathscr{K}\}$ 构成逆谱．关于这个下述定理成立．

50.8 定理 若 X 为 k 空间，则具有紧开拓扑的 Y^X 和 $[Y^K,\pi_L^K]$ 的逆极限拓扑同胚．

证明 设 $f=(f_K)$ 为逆极限的元．$\varphi(f)=f'\in Y^X$ 以 $f'(x)=f_{\{x\}}(x)$ 定义之．显然

$$f'|K=f_K,\ K\in\mathscr{K},$$

由引理 50.7，f' 是连续的．φ 是从逆极限到 Y^X 上的一一映射．若 $K\subset L\in\mathscr{K}$，U 是 Y 的开集，则

$$\varphi(f)\in[K,U]\Longleftrightarrow f_L\in[K,U],$$

这表示 φ 是拓扑同胚映射．□

50.9 定义 当给与空间 X,Y 和映射 $\varphi:X\to 2^Y$ 时，若

$$\varphi(x)\neq\phi,\ x\in X,$$

则称 φ 为**支集映射**（carrier）（承载子）．$f:X\to Y$ 是 φ 的**选择映射**（selection）是指 f 是连续的，且

$$f(x) \in \varphi(x),\ x \in X$$

成立．φ是上半连续的是指对于Y的任意开集U，

$$\{x \in X : \varphi(x) \subset U\}$$

是X的开集．φ是下半连续的是指对于Y的任意开集U，

$$\{x \in X : \varphi(x) \cap U \neq \varnothing\}$$

是X的开集．对于下半连续的承载子考虑选择映射的存在是选择理论．Tietze 的扩张定理 9.10 构成这一理论的萌芽．另外第六章的扩张子理论也是一种选择理论．

50.10 引理 设X为T_2空间，K为其紧集．$\varphi: X \times Y^X \to Y$用$\varphi(x, f) = f(x)$定义之，则关于$Y^X$的紧开拓扑$\varphi|K \times Y^X$是连续的．

证明 令$(x, f) \in K \times Y^X$，$f(x) \in U$，U是Y的开集．因X是T_2的，故K是正则的．故使$x \in V \subset \bar{V}$且$f(\bar{V}) \subset U$的K的相对开集V存在．$\bar{V}$是紧的且有$f \in [\bar{V}, U]$．若$x' \in \bar{V}$，$f' \in [\bar{V}, U]$，则$f'(x') \in U$．□

50.11 定理 令X为T_2，k空间，Y为空间，$L \subset Y^X$为非空紧集．其中设Y^X定义为紧开拓扑．承载子$\varphi: X \to 2^Y$若由

$$\varphi(x) = \{f(x) : f \in L\}$$

定义时，则φ是上半连续的．

证明 设K为X的非空紧集，令$\varphi_K = \varphi|K$．首先指出此φ_K是上半连续的．为此设V为Y的开集，$x \in K$且$\varphi_K(x) = \varphi(x) \subset V$．若$x$在$K$的邻域$U$存在，使$z \in U$，则说明$\varphi(z) \subset V$即可．对于各$f \in L$若应用引理 50.10，则存在$x$在$K$的邻域$U_f$及$f$在$Y^X$的开邻域$W_f$，使

$$z \in U_f,\ g \in W_f \Rightarrow g(z) \in V.$$

L用有限个W_f覆盖，设U为对应于它们的U_f的交．此U即为所求．

为了说明φ是上半连续的，对于Y的开集V，令$U = \{x \in X : \varphi(x) \subset V\}$，必须说明$U$是$X$的开集．对于$X$的任意紧集$K$，因

$$U \cap K = \{x \in K : \varphi_K(x) \subset V\},$$

故如已证，它是K的开集．因X是k空间，故这意味着U是X的开

集. □

50.12 定义 特别地，当 Y 为实直线 R 时，$R^X = C(X)$ 称为函数空间. 对于 $f, g \in C(X)$，若令

$$d(f,g) = \min\{1, \sup_{x \in X}|f(x) - g(x)|\},$$

则如命题 9.6 考察的那样，$C(X)$ 是完备度量空间. 此拓扑称为一致收敛拓扑. 显然它比紧开拓扑强. 设 $\mathscr{K}$ 为 X 的所有紧集构成的族，令

$$d_K(f, g) = \sup_{x \in K}|f(x) - g(x)|, K \in \mathscr{K},$$

$$U(f:K, \varepsilon) = \{g: d_K(f, g) < \varepsilon\}, \ \varepsilon > 0.$$

以

$$\{U(f:K, \varepsilon): f \in C(X), K \in \mathscr{K}, \varepsilon > 0\}$$

为子基在 $C(X)$ 中导入的拓扑称为紧一致收敛拓扑. 它比一致收敛拓扑弱，比点态收敛拓扑强. $C(X)$ 的子族 $\mathscr{F}$ 是分离的是指对于 X 的任意相异二点 x, y，存在 $f \in \mathscr{F}$，使 $f(x) \neq f(y)$.

50.13 命题 对于空间 X，$C(X)$ 的紧一致收敛拓扑和紧开拓扑一致.

证明 对于 $K \in \mathscr{K}$ 和 R 的开集 U，设 $f \in [K, U]$. 若令 $d(f(K), R - U) = a$，则因 $a > 0$ 有 $U(f:K, a) \subset [K, U]$.

反之取任意的 $U(f:K, \varepsilon)$. 因 $f(K)$ 是紧的，故可取 K 的有限个闭集 $K_i, i = 1, 2, \cdots, n$，使

$$d(f(K_i)) < \varepsilon/2, \ i = 1, \cdots, n,$$

$$K = \bigcup_{i=1}^{n} K_i$$

成立. 若令

$$U = \bigcap_{i=1}^{n} [K_i, S_{\varepsilon/2}(f(K_i))],$$

则 $f \in U$. 若任取 $g \in U$，则因 $g(K_i) \subset S_{\varepsilon/2}(f(K_i))$，故对于各 i，$d_{K_i}(f, g) < \varepsilon/2 + \varepsilon/2 = \varepsilon$ 成立. 故

$$d_K(f, g) = \sup\{d_{K_i}(f, g): i = 1, \cdots, n\} < \varepsilon,$$

即有 $g \in U(f:K, \varepsilon)$. □

50.14 引理 设有紧空间 X 上的函数 $f_i \in C(X)$ $(i \in N)$，存在由$f(x) = \lim f_i(x)$ $(x \in X)$ 定义的函数 f．若 $f \in C(X)$ 且

$$f_i(x) \leqslant f_{i+1}(x),\ i \in N,\ x \in X,$$

则 $\{f_i\}$ 一致收敛于 f.

证明 任取 $\varepsilon > 0$. 对于各 $a \in X$ 存在 $i(a)$，使 $0 \leqslant f(a) - f_{i(a)}(a) \leqslant \varepsilon/3$. 由 $f_{i(a)}, f$ 的连续性，存在 a 的开邻域 $U(a)$，使对于任意的 $x \in U(a)$，下述不等式同时满足.

$$|f_{i(a)}(x) - f_{i(a)}(a)| < \varepsilon/3,$$
$$|f(x) - f(a)| < \varepsilon/3.$$

故

$$0 \leqslant f(x) - f_{i(a)}(x) < \varepsilon,\ x \in U(a).$$

设 X 的开覆盖 $\{U(a): a \in X\}$ 的有限子覆盖为 $\{U(a_1), \cdots, U(a_K)\}$，令

$$m = \max\{i(a_1), \cdots, i(a_K)\}.$$

任取 n, x 使 $m \leqslant n$, $x \in X$. 确定 a_j 使 $x \in U(a_j)$. 因 $i(a_j) \leqslant n$，故有 $f_{i(a_j)}(x) \leqslant f_m(x) \leqslant f_n(x)$，故

$$0 \leqslant f(x) - f_n(x) \leqslant f(x) - f_{i(a_j)}(x) < \varepsilon,$$

而 $\{f_i\}$ 一致收敛于 f. □

若借用于拓扑的语言，此引理可表述如下. 对于紧空间 X，$C(X)$ 的单调增大函数列依点态收敛拓扑的极限点是该列依一致收敛拓扑的极限点.

50.15 引理 函数 $\sqrt{t} \in C(I)$ 是 I 上多项式的一致收敛极限.

证明 所求的多项式列 $\{w_i\}$ 由下列式子归纳地定义之.

(1) $w_1(t) = 0,\ w_{i+1}(t) = w_i(t) + \dfrac{1}{2}(t - w_i^2(t)).$

由归纳法证明

(2) $w_i(t) \leqslant \sqrt{t},\ t \in I.$

当 $i = 1$ 时，(2)由(1)是正确的. 假定 $w_n(t) \leqslant \sqrt{t}$ 是正确的，由等式

$$\sqrt{t} - w_{n+1}(t) = \sqrt{t} - w_n(t) - \frac{1}{2}(t - w_n^2(t))$$

$$= (\sqrt{t} - w_n(t))\left(1 - \frac{1}{2}(\sqrt{t} + w_n(t))\right)$$

及不等式$\sqrt{t} \leqslant 1(t \in I)$，有

$$\sqrt{t} - w_{n+1}(t) \geqslant (\sqrt{t} - w_n(t))(1 - \sqrt{t}) \geqslant 0$$

完成归纳法.

由(2)式，因 $t - w_i^2(t) \geqslant 0$，故由定义式 (1)，$\{w_i\}$ 是单调增大的. 故由引理 50.14，$\{w_i\}$一致收敛于$\sqrt{t}$. 由(1)可知各 w_i 是多项式. □

50.16 引理 对于空间 X，考虑环 $C^*(X)$ 的子环 P. 设 P 为含有所有常值函数且在一致收敛拓扑下是 $C^*(X)$ 的闭集，则下式成立.

$$f, g \in P \Rightarrow |f|, \max(f, g), \min(f, g) \in P.$$

证明 因可写做 $\max(f, g) = \frac{1}{2}(f + g + |f - g|)$，$\min(f, g) = \frac{1}{2}(f + g - |f - g|)$，故只说明 $f \in P \Rightarrow |f| \in P$ 就已充分. 取 $c \in R$ 使 $|f(x)| \leqslant c$，$x \in X$. 因说明 $(1/c)|f| \in P$ 就足够，故假定 $|f(x)| \leqslant 1$，$x \in X$，并不失一般性. 由引理 50.15，取$\sqrt{t}$ $(t \in I)$ 为一致收敛极限的多项式列 $\{w_i\}$. 若令 $f_i(x) = w_i(f^2(x))$，则 $f_i \in P$ 且 $\sqrt{f^2} = |f|$ 是$\{f_i\}$的一致收敛极限. 故$|f| \in P$. □

50.17 定理 (M. H. Stone-Weierstrass) 设 X 为紧空间，P 为 $C(X)$ 的子环. 若 P 含有所有的常数函数，是分离的，且对于一致收敛拓扑是闭的，则 $P = C(X)$.

证明 当任取 $\varepsilon > 0$，$f \in C(X)$ 时，若能说明对于某个 $f_\varepsilon \in P$，$|f(x) - f_\varepsilon(x)| < \varepsilon (x \in X)$ 成立就已充分.

令 a, b 为 X 的相异二点，因 P 是分离的，故有 $h \in P$ 存在，使 $h(a) \neq h(b)$. 若令

$$g(x) = (h(x) - h(a))/h(b) - h(a),$$

则 $g \in P$ 且 $g(a) = 0$，$g(b) = 1$. 若任取 $r_1, r_2 \in R$，则函数 $(r_2 -$

$r_1)g+r_1$ 是 P 的元素，在 a,b 分别取值 r_1, r_2. 由此考察，对某个 $f_{a,b}\in P$，知

$$|f(a)-f_{a,b}(a)|<\varepsilon,\ |f(b)-f_{a,b}(b)|<\varepsilon$$

同时成立. 若令

$$U(a,b)=\{x\in X: f_{a,b}(x)<f(x)+\varepsilon\},$$
$$V(a,b)=\{x\in X: f_{a,b}(x)>f(x)-\varepsilon\},$$

则它们分别是 a,b 的开邻域. 设 X 的开覆盖 $\{U(a,b): a\in X\}$ 的有限子覆盖为 $\{U(a_i,b): i=1,\cdots,k\}$，且令

$$f_b=\min\{f_{a_i,b}: i=1,\cdots,k\},$$

则由引理 50.16 有 $f_b\in P$，且满足下式

$$f_b(x)<f(x)+\varepsilon,\ x\in X,$$
$$f_b(x)>f(x)-\varepsilon,\ x\in V(b)=\bigcap_{i=1}^{k}V(a_i,b).$$

因 $V(b)$ 是 b 的开邻域，故 $\{V(b): b\in X\}$ 构成 X 的开覆盖，可取其有限子覆盖 $\{V(b_i): i=1,2,\cdots,m\}$. 若令

$$f_\varepsilon=\max\{f_{b_i}: i=1,\cdots,m\},$$

则 $f_\varepsilon\in P$ 且 $|f_\varepsilon(x)-f(x)|<\varepsilon\ (x\in X)$ 成立. □

在此定理中 X 的紧性是本质的. 若 Q 为有界区间以外为 0 的 $C^*(R)$ 的全体元素和全体常值函数的并集，P 为依一致收敛拓扑，Q 在 $C^*(R)$ 中的闭包，则 P 满足本定理的条件而 $\sin x\in C^*(R)-P$，故 P 不能和 $C^*(R)$ 一致.

50.18 定义 对于度量空间 Y，考虑 Y^X 的子族 $\mathscr{F}$. $\mathscr{F}$ 在 $x\in X$ 是等度连续的是指对于任意 $\varepsilon>0$，存在 x 的开邻域 U，使下式成立.

$$x'\in U,\ f\in\mathscr{F}\Rightarrow d(f(x),f(x'))<\varepsilon.$$

当 $\mathscr{F}$ 在 X 的各点等度连续时，$\mathscr{F}$ 称为（在 X）**等度连续**(equicontinuous). 对于一般的映射空间 Y^X 的子族，当 Y 是一致空间时也可以导入同样的概念.

50.19 命题 对于度量空间 Y，设 Y^X 的子族 $\mathscr{F}$ 是等度连续的. 此时，$\mathscr{F}$ 关于点态收敛拓扑的闭包 $\mathrm{Cl}\mathscr{F}$ 是等度连续

的.

证明　任取 $\varepsilon > 0$. 任取 $x \in X$ 及 $f \in \mathrm{Cl}\mathscr{F} - \mathscr{F}$，取 x 的开邻域 U，使

$$x' \in U,\ g \in \mathscr{F} \Rightarrow d(g(x),\ g(x')) < \varepsilon/3$$

成立. 若令

$$W = [\{x\},\ S_{\varepsilon/3}(f(x))] \cap [\{x'\},\ S_{\varepsilon/3}(f(x'))],$$

则 $f \in W$ 且 $W \cap \mathscr{F} \neq \varnothing$. 因

$$x' \in U,\ h \in W \cap \mathscr{F} \Rightarrow$$

$$d(f(x),\ f(x')) \leqslant d(f(x),\ h(x)) + d(h(x),\ h(x'))$$

$$+ d(h(x'),\ f(x')) < \varepsilon/3 + \varepsilon/3 + \varepsilon/3 = \varepsilon,$$

故

$$x' \in U,\ f \in \mathrm{Cl}\mathscr{F} \Rightarrow d(f(x),\ f(x')) < \varepsilon. \ \square$$

50.20　定理　当 Y 为度量空间时，若 Y^X 的子族 $\mathscr{F}$ 是等度连续的，则在 $\mathscr{F}$ 上紧开拓扑和点态收敛拓扑一致.

证明　设 $\mathscr{F}$ 有有向点列 $\{f_\lambda\}$，在点态收敛拓扑下 $\lim f_\lambda = f \in \mathscr{F}$. 取 $f \in [K, U]$ 为任意紧开拓扑的子基的元素. 若令

(1)　$d(f(K),\ Y - U) = a$,

则因 K 是紧的有 $a > 0$. 使 X 的各点 x 对应它的开邻域 $U(x)$ 满足下式

(2)　$x' \in U(x),\ g \in \mathscr{F} \Rightarrow d(g(x),\ g(x')) < a/2$.

使 X 的各点 x 对应有向点列的下标 $\lambda(x)$ 满足下式

(3)　$\lambda \geqslant \lambda(x) \Rightarrow d(f_\lambda(x),\ f(x)) < a/2$.

选 K 的有限点列 $x_1, \cdots, x_n$，使 $K \subset \bigcup_{i=1}^{n} U(x_i)$. 确定 μ，使

(4)　$\mu \geqslant \lambda(x_i),\ i = 1, \cdots, n$

成立.

任取 $\nu \geqslant \mu, x \in K$. 确定 k 使 $x \in U(x_k)$. 于是由(2)有

(5)　$d(f_\nu(x),\ f_\nu(x_k)) < a/2$.

因 $\nu \geqslant \lambda(x_k)$，故由(3)有

(6)　$d(f_\nu(x_k),\ f(x_k)) < a/2$.

由(5)，(6)，$d(f_\nu(x), f(x_k)) < a$，从而由(1)有 $f_\nu(x) \in U$。因 x 是K的任意点，结果知道下式.

$$\nu \geqslant \mu \Rightarrow f_\nu \in [K, U].$$

这样一来 $\{f_\lambda\}$ 在紧开拓扑下收敛于 f. 因紧开拓扑比点态收敛拓扑强，故两个拓扑在 $\mathscr{F}$ 上是一致的. □

由本定理与命题 50.19 立即得出下述推论.

50.21 推论 若 $\mathscr{F} \subset Y^X$ 是等度连续的，则依紧开拓扑它的闭包与依点态收敛拓扑它的闭包一致，而且是等度连续的.

50.22 定理（Arzelá-Ascoli） 当 Y 为度量空间时，对于 $\mathscr{F} \subset Y^X$ 设下列二条件成立：

(1) $\mathscr{F}$ 是等度连续的，

(2) 对于各 $x \in X$，$\mathscr{F}(x) = \{f(x): f \in \mathscr{F}\}$ 的闭包是紧的.

这时按紧开拓扑 $\mathscr{F}$ 的闭包 $\mathscr{H}$ 是紧的.

证明 对于任意 $x \in X$，有 $\mathscr{H}(x) \subset \overline{\mathscr{F}(x)}$. 如果不这样，则对于 $y \in \mathscr{H}(x) - \overline{\mathscr{F}(x)}$，存在 $\delta > 0$，使 $S_\delta(y) \cap \mathscr{F}(x) = \varnothing$. 对于 $f \in \mathscr{H} - \mathscr{F}$，$f(x) = y$ 的 f，有 $f \in [\{x\}, S_\delta(y)]$，另方面，因 $[\{x\}, S_\delta(y)] \cap \mathscr{F} = \varnothing$，故 $f \notin \mathscr{H}$ 产生矛盾.

为了观察 $\mathscr{H}$ 的紧性，设 $\mathscr{M}$ 为 $\mathscr{H}$ 的子集构成的极大滤子. 若任意确定 $x \in X$，则因

$$M \in \mathscr{M} \Rightarrow \overline{M(x)} \subset \overline{\mathscr{F}(x)},$$

由 $\overline{\mathscr{F}(x)}$ 的紧性，有

$$\bigcap\{\overline{M(x)}: M \in \mathscr{M}\} \neq \varnothing,$$

由左边任取点 $\varphi(x)$.

对于如此定义的 $\varphi: X \to Y$，因

$$x \in X,\ \delta > 0,\ M \in \mathscr{M} \Rightarrow [\{x\}, S_\delta(\varphi(x))] \cap M \neq \varnothing,$$

有

(3) $x \in X,\ \delta > 0 \Rightarrow [\{x\}, S_\delta(\varphi(x))] \cap \mathscr{H} \in \mathscr{M}$.

为了观察 φ 的连续性，取任意 $\varepsilon > 0$ 和任意 $x \in X$. 由推论 50.21，因 $\mathscr{H}$ 是等度连续的，故存在 x 的开邻域 $U(x)$，使

(4) $x' \in U(x),\ f \in \mathscr{H} \Rightarrow d(f(x), f(x')) < \varepsilon/3$

成立. 若任意确定 $x'' \in U(x)$,则由(3)有

(5)　$[\{x\}, S_{\varepsilon/3}(\varphi(x))] \cap [\{x''\}, S_{\varepsilon/3}(\varphi(x''))] \cap \mathscr{H} \neq \varnothing .$

从左边取元素 g. 于是由 (4),(5),

$d(\varphi(x), \varphi(x''))$

$\quad \leqslant d(\varphi(x), g(x)) + d(g(x), g(x'')) + d(g(x''), \varphi(x''))$

$\quad < \varepsilon/3 + \varepsilon/3 + \varepsilon/3 = \varepsilon .$

故 φ 是连续的.

由(3),因

(6)　$x_1, \cdots, x_n \in X, \delta > 0 \Rightarrow \bigcap_{i=1}^{n} [\{x_i\}, S_\delta(\varphi(x_i))] \cap \mathscr{H}$

$\quad \neq \varnothing, \in \mathscr{M} ,$

故若令 $\mathscr{K}$ 为 $\mathscr{H}$ 在点态收敛拓扑下的闭包,则 $\varphi \in \mathscr{K}$. 由推论 50.21, $\mathscr{H} = \mathscr{K}$ 故 $\varphi \in \mathscr{H}$. 在 $\mathscr{H}$ 上点态收敛拓扑和紧开拓扑一致,故(6)表示 $\mathscr{M}$ 收敛于 φ. 故 $\mathscr{H}$ 是紧的. □

本定理当 Y 为一致空间时也成立,但要注意上述证明中的本质的地方.

习　　　题

9.A (Čoban)　取不可数点集 X,设其中一点 p 以外的点是开集,p 的邻域基是其补集为可数集型的集合构成的. 此时 X 是 Lindelöf 正则空间,其 k 先导不是 Lindelöf 空间.

提示　k 先导是离散空间.

9.B　若有 T_2 空间 X 到 T_2 空间 Y 的连续映射 $f: X \rightarrow Y$,则在它们的 k 先导之间有自然映射 $\tilde{f}: \tilde{X} \rightarrow \tilde{Y}$.

$$\begin{CD} \tilde{X} @>\tilde{f}>> \tilde{Y} \\ @VK_XVV @VVK_YV \\ X @>f>> Y \end{CD}$$

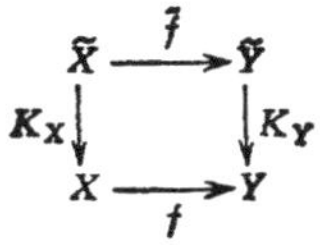

此时若 f 为 k 映射,则 $\tilde{f}$ 为完全映射.

9.C　T_2, k 空间的开集是 k 空间.

提示 由推论 45.6，T_2，k 空间 X 是局部紧正则空间 Y 的商映射 $f:Y\to X$ 的像. 若 G 为 X 的开集，则 $f|f^{-1}(G)$ 是商映射，$f^{-1}(G)$ 是局部紧的，试确定之.

9.D 对于 T_2 空间 X，下列情况是等价的：

(1) X 是列型空间.

(2) 对于 X 的集合 F，若 $F\cap K$ 对于任意紧的可距离化的 K 是闭的，则 F 是 X 的闭集.

9.E 具有可数密度的空间的商空间具有可数密度.

9.F 若 T_2 空间 X 不是 k 空间，则存在 X 的集合 A，使 $A=[A]_k$ 且 $A\neq\bar{A}$. 若 X 非列型空间，则存在 X 的集合 A，使 $A=[A]_s$ 且 $A\neq\bar{A}$.

提示 参考定理 47.8.

9.G 局部紧 T_2 空间至多是 k_1 空间.

提示 注意恒等映射是继承的商映射，应用定理 48·6. 直接证明也是简单的.

9.H 对称度量空间是列型空间.

提示 若对称度量空间 X 的子集 A 是非闭的，则存在 $X-A$ 的点 x，使 $d(x,A)=0$. 取 A 中点列 $\{x_i\}$，若使 $d(x,x_i)\to 0$，则 $\lim x_i=x$. 于是对如此得到的极限点列 $\{x_i\}\cup\{x\}=K$，$K\cap A$ 在 K 不是闭的.

9.I 令 τ 为不低于 $\aleph_0$ 的基数，$f:X\to Y$ 是到上的紧商映射，X 是列型 T_2 空间，它的各点具有基数为 $\leqslant 2^\tau$ 的邻域基，令 Y 是 $w(Y)\leqslant 2^\tau$ 的 T_2 空间，此时 $|X|\leqslant 2^\tau$.

提示 由定理 47.17，点逆像的基数 $\leqslant 2^\tau$. 因而为了说明 $|X|\leqslant 2^\tau$，只若证得 $|Y|\leqslant 2^\tau$ 即可. 由命题 46.5，Y 是列型的，故可应用引理 47.12 及引理 47.16.

9.J 齐次空间的任意二点具有彼此互相拓扑同胚的任意小的开邻域.

9.K 到上的伪开映射的点逆像具有任意小的开邻域，使它的像为开集.

9.L 令 $f:X\to Y$ 为到上的连续且紧覆盖映射，Y 为局部紧 T_2 空间. 此时 f 是双商映射.

提示 确定命题 49.2 的条件(2).

9.M 若 $f:X\to Y$，$g:Y\to Z$ 都是到上的连续映射，而合成映射 $gf:X\to Z$ 是双商的，则 g 也是双商的.

提示 应用命题 49.6 的判定条件.

9.N 对于双商映射 $f:X\to Y$ 下列性质成立：

(1) 若 X 是局部紧的，则 Y 也是.

(2) 若 X 具有可数基，则 Y 也是.

(3) 若 X 是局部紧的，Y 是 T_2 的，则 f 是紧覆盖.

9.O 设 $f_1:X_1\to Y_1$ 是到上的紧覆盖连续映射，$f_2:X_2\to Y_2$ 是商映射，X_1 为 T_2,k 空间，$Y_1\times Y_2$ 是 T_2,k 空间. 此时 $f_1\times f_2:X_1\times X_2\to Y_1\times Y_2$ 为商映射.

提示 首先考虑 X_1 为局部紧时，在 $f_1\times f_2=(f_1\times 1_{Y_2})(1_{X_1}\times f_2)$ 中，$1_{X_1}\times f_2$ 由定理 45.7 是商映射，$f_1\times 1_{Y_2}$ 是到上的紧覆盖连续映射，故由定理 45.8 是商映射. 故 $f_1\times f_2$ 是商映射.

当 X_1 仅是 T_2,k 空间时，根据定理 45.5 证明中的论法，存在局部紧 T_2空间 X_0 和到上的紧覆盖连续映射 $g:X_0\to X_1$. 若 $g_1=f_1g$，则 $g_1:X_0\to Y_1$ 是紧覆盖，根据上述论法 $g_1\times f_2$ 是商映射. 由 $g_1\times f_2=(f_1\times f_2)(g\times f_2)$，$f_1\times f_2$ 是商映射.

9.P (Weierstrass) I^∞ 上的连续函数(每个仅有有限个变数)是多项式列的一致收敛的极限.

提示 应用 Stone-Weierstrass 定理 50.17.

9.Q 设空间 X 为半紧的 (hemicompact). 即设 X 有紧集列 $\{K_i\}$，使 $X=\bigcup K_i$ 且 X 的任意紧集被某个 K_i 包含. 若 Y 为度量空间，则 Y^X 关于紧开拓扑是可距离化的.

提示 若令 $d_n(f,g)=\min(1/2^n,\sup\{d(f(x),g(x)):x\in K_n\})$，$d(f,g)=\sum_{n=1}^{\infty}d_n(f,g)$，则此 d 给与紧开拓扑. 参考命题 50.13.

9.R 若 X,Y 都满足第二可数性，而且 X 是局部紧 T_2 的，则 Y^X 关于紧开拓扑满足第二可数性.

第十章 可数可乘的空间族

§51. 闭 映 射

51.1 引理 设 $f:X\to Y$ 为到上的闭连续映射，设对于点 $y\in Y$ 存在它的邻域列 $\{U_i\}$，若 $y_i\in U_i$，则 $\{y_i\}$ 具有接触点（这样的点 y 称为 q 点）．这时 X 上的任意实连续函数 h 在边界 $\partial f^{-1}(y)$ 上的限制为有界的．

证明 若假定 h 在 $\partial f^{-1}(y)$ 上无界，则 $\partial f^{-1}(y)$ 存在点列 $\{x_i\}$，使

$$|h(x_{i+1})|>|h(x_i)|+1,\ i\in N.$$

若令

$$V_i=\{x\in X:|h(x)-h(x_i)|<1/2\},\ i\in N,$$

则 $x_i\in V_i$ 且 $\{V_i\}$ 是分散开集族．对于各 i，取 $z_i\in V_i\cap f^{-1}(U_i)$，使 $\{f(z_i)\}$ 全是互异的．对它如下应用归纳法即可．因 $V_1\cap f^{-1}(U_1)$ 是 x_1 的邻域，而 $x_1\in\partial f^{-1}(y)$，故可取点 z_1 使 $z_1\in V_1\cap f^{-1}(U_1)-f^{-1}(y)$．若假设取 $z_1,z_2,\cdots,z_{i-1}$ 满足条件，而且满足 $f(z_j)\neq y$ $(j=1,2,\cdots,i-1)$ 的归纳法假定，则

$$W_i=V_i\cap f^{-1}(U_i)-f^{-1}(\{y,f(z_1),f(z_2),\cdots,f(z_{i-1})\})$$

非空，可取点 $z_i\in W_i$．

如此，得到点列 $\{z_i\}$，因 $\{V_i\}$ 是分散的，故 $\{z_i\}$ 是分散的点列．因 f 是闭的，故 $\{f(z_i)\}$ 是 Y 的分散无限点列不具有接触点．如此发生矛盾．□

51.2 定理 当 $f:X\to Y$ 是到上的闭连续映射，X 是仿紧 T_2 空间，Y 是 q 空间时，对于各点 $y\in Y$，$\partial f^{-1}(y)$ 是紧的．

证明 由于 X 的正规性，$\partial f^{-1}(y)$ 上的连续函数可扩张到 X 上（参考 9.11），故由引理 51.1，$\partial f^{-1}(y)$ 是伪紧的．故由命题 22.7，

$\partial f^{-1}(y)$的正规性意味它的可数紧性．从而由推论 22.9，$\partial f^{-1}(y)$的仿紧性意味它的紧性．□

51.3　定理（Michael）　设 $f: X \to Y$ 为到上的闭连续映射，X 为仿紧 T_2 空间．这时 f 为紧覆盖．

证明　只就 Y 本身是紧的证明定理就已足够．对于各 $y \in Y$，取点 $p_y \in f^{-1}(y)$．令

$$C_y = \partial f^{-1}(y),\quad \text{当 } \partial f^{-1}(y) \neq \varnothing \text{ 时},$$
$$C_y = \{p_y\},\quad \text{当 } \partial f^{-1}(y) = \varnothing \text{ 时}.$$

令 $C = \bigcup\{C_y: y \in Y\}$，$g = f|C$．$f(C) = Y$，因 C 为闭集，故 g 是闭映射．Y 当然是 q 空间，故由定理 51.2，各 $\partial f^{-1}(y)$ 是紧的，从而各 $g^{-1}(y)$ 是紧的．故 $g: C \to Y$ 是完全映射．在完全映射下，紧集的原像 C 是紧的(参考 3.H)．□

在本定理中 X 的仿紧 T_2 性不能减弱为正规性，这由下例可知．

51.4　例（Michael）　设 X 为例 9.24 之 (3) 中可数序数空间，则它是正规空间．设 A 为 X 中所有极限数的集合，考虑商空间 $Y = X/A$，商映射 $f: X \to Y$．

(1)　Y 是紧 T_2 空间．

证明　设 $f(A) = p$，p 以外的 Y 的点是孤立点，故显然 Y 是 T_2 的．若取含 p 的 Y 的开集 U，则 $f^{-1}(Y - U)$ 是孤立序数构成的闭集，故为有限集．故 $Y - U$ 也是有限集而 Y 是紧的．□

(2)　f 是非紧覆盖的闭映射．

证明　对于 X 的集合 S，若 $f(S) = Y$，则 S 在 X 共尾，故不能是紧的．令 F 为 X 的闭集．当 $A \cap F = \varnothing$ 时，F 是有限的，故 $f(F)$ 也是有限的而且是闭集．当 $A \cap F \neq \varnothing$ 时，$f(F)$ 含有 p．在 Y 中含 p 的集合恒为闭集．□

51.5　例　考虑恒等映射 $1_I: I \to I$．对于半开半闭区间 $X = [0,1)$，考虑常值映射 $f: X \to Y = \{0\}$．f 当然是闭连续映射．这时

$$f \times 1_I: X \times I \to Y \times I$$

的积映射不是闭的.

证明 令 $f\times 1_I=g$,若

$$F=\left\{\left(1-\frac{1}{n},\ \frac{1}{n}\right):n=1,2,\cdots\right\},$$

则 F 是 $X\times I$ 的闭集,而 $g(F)$ 在 $Y\times I$ 不是闭的. □

51.6 定理 (Hanai-Morita-A. H. Stone) 度量空间 X 的闭连续像 Y 可距离化的充要条件是 Y 是满足第一可数性的 T_2 空间.

证明 必要性是明显的. 证明充分性.

设 $f:X\to Y$ 为到上的闭连续映射. 由定理 51.2, 对于各 $y\in Y$, $\partial f^{-1}(y)$ 是紧的. 任意确定 $p_y\in f^{-1}(y)$. 若令

$$C_y=\partial f^{-1}(y),\qquad \text{当 } \partial f^{-1}(y)\neq\varnothing \text{ 时},$$

$$C_y=\{p_y\},\qquad \text{当 } \partial f^{-1}(y)=\varnothing \text{ 时},$$

$$C=\bigcup\{C_y:y\in Y\},$$

则 C 为 X 的闭集, 而 $f(C)=Y$ 且 $f|C$ 是完全映射. 故由最初设 f 为完全的并不失一般性. 这时我们证明 Y 是 p 空间.

取在 43.14 中定义的 X 的有向结构

$$\{\mathscr{U}_i=\{U(\alpha_i)\neq\varnothing:\alpha_i\in A_i\},\ \varphi_i^{i+1}\},$$

使 $\mathrm{mesh}\,\mathscr{U}_i<1/i$ 且 $\{U(\alpha_{i+1}):\varphi_i^{i+1}(\alpha_{i+1})=\alpha_i\}$ 是 $U(\alpha_i)$ 的基. 设 B_i 为 A_i 的所有有限子集构成的族, 令

$$V(\beta_i)=\bigcup\{U(\alpha_i):\alpha_i\in\beta_i\},\ \beta_i\in B_i,$$

$$W(\beta_i)=Y-f(X-V(\beta_i)),\ \beta_i\in B_i.$$

设 C_i 为对应于 B_i 的元 β_i 的点 $y(\beta_i)\in W(\beta_i)$, 所有满足

$$U(\alpha_i)\cap f^{-1}(y(\beta_i))\neq\varnothing,\ \alpha_i\in\beta_i$$

的 β_i 集合. 令 $D_1=C_1$. 对于 $n\geqslant 2$, 设 D_n 为所有满足下述二条件的 $C_1\times\cdots\times C_n$ 的元 $(\beta_1,\cdots,\beta_n)$ 的集合

(1) $\varphi_i^{i+1}(\beta_{i+1})\subset\beta_i,\ i=1,\cdots,n-1.$

(2) $\mathrm{Cl}\,V(\beta_{i+1})\subset f^{-1}(W(\beta_i)),\ i=1,\cdots,n-1.$

若令

$$H(\beta_1,\cdots,\beta_n)=W(\beta_n),$$

$$\mathscr{H}_n=\{H(\delta_n):\delta_n\in D_n\},$$

$$\psi_n^{n+1}(\beta_1,\cdots,\beta_n,\beta_{n+1})=(\beta_1,\cdots,\beta_n),$$

则 $\{\mathscr{H}_n, \psi_n^{n+1}\}$ 构成 Y 的有向结构，而由 (2) ψ_n^{n+1} 给与 $\mathscr{H}_{n+1}$ 到 $\mathscr{H}_n$ 的闭包加细映射.

对于 $\varprojlim D_n$ 的元 (δ_n), $\delta_n = (\beta_1, \cdots, \beta_n)$, 令 $\bigcap H(\delta_n) = K \neq \varnothing$. 由 (1) $\{\beta_i, \varphi_i^{i+1}\}$ 构成逆谱. 设 y 为 K 的任意点，若令

$$\gamma_i = \{\alpha_i \in \beta_i : f^{-1}(y) \cap U(\alpha_i) \neq \varnothing\},$$

则 $\gamma_i \neq \varnothing$ 且 $\varphi_i^{i+1}(\gamma_{i+1}) \subset \gamma_i$. 故 $\{\gamma_i\}$ 构成 $\{\beta_i\}$ 的子逆谱，而

(3) $\quad \bigcap U(\alpha_i) \neq \varnothing$, $(\alpha_i) \in \varprojlim \gamma_i$

成立. 为了证明

(4) $\quad \bigcap U(\alpha_i') \neq \varnothing$, $(\alpha_i') \in \varprojlim \beta_i$,

对于某 $(\alpha_i') \in \varprojlim \beta_i$ 假定 $\bigcap U(\alpha_i') = \varnothing$. 对于各 i 取点 x_i, x_i', 使

$$x_i \in f^{-1}(y(\beta_i)) \cap U(\alpha_i),$$
$$x_i' \in f^{-1}(y(\beta_i)) \cap U(\alpha_i').$$

因 $\{U(\alpha_i)\}$ 收敛于 $f^{-1}(y)$ 的点 x, 故 $\lim x_i = x$. 另方面，由 $\bigcap U(\alpha_i') = \varnothing$ 和 $U(\alpha_i') \supset \mathrm{Cl}U(\alpha_{i+1}')$, 点列 $T' = \{x_i'\}$ 是分散的无限集. 又等式 $\bigcap U(\alpha_i') = \varnothing$ 意味着 $\{y(\beta_i)\}$ 是无限点列. 由于 f 是完全的，故 $f(T')$ 在 Y 中是分散的无限集. 若令 $T = \{x_i\}$, 则 $f(x)$ 是 $f(T)$ 的聚点. 但因

$$f(x_i) = f(x_i') = y(\beta_i), \ i \in N,$$

故发生矛盾，从而证明了(4).

由(2)有 $\bigcap V(\beta_n) = \bigcap f^{-1}(W(\beta_n)) = f^{-1}(K)$. 由引理 42.24 $\{f^{-1}(W(\beta_n))\}$ 收敛于 $f^{-1}(K)$. 故 $\{W(\beta_n) = H(\delta_n)\}$ 收敛于 K. 结果，知

(5) $\quad (\delta_n) \in \varprojlim D_n$, $\bigcap H(\delta_n) \neq \varnothing \Rightarrow \{H(\delta_n)\}$ 收敛.

因 Y 是 (点有限) 仿紧的，故存在它的点有限开覆盖列 $\{\mathscr{G}_i = \{G(\varepsilon_i) : \varepsilon_i \in E_i\}\}$ 和对应 $g_i : E_i \to D_i, \sigma_i^{i+1} : E_{i+1} \to E_i$, 满足下述三个条件

(6) $\quad g_i$ 是 $\mathscr{G}_i$ 到 $\mathscr{H}_i$ 的闭包加细映射.

(7) $\quad \sigma_i^{i+1}$ 是 $\mathscr{G}_{i+1}$ 到 $\mathscr{G}_i$ 的闭包加细映射.

(8) $\quad \psi_i^{i+1} g_{i+1} = g_i \sigma_i^{i+1}$.

证明这个$\{\mathscr{G}_i\}$满足定理 42.8(4) 即可. 任取 $y\in Y$. 若令

$$E_i'=\{\varepsilon_i\in E_i:y\in G(\varepsilon_i)\},$$

则$\{E_i',\sigma_i^{i+1}|E_{i+1}'\}$构成逆谱. 若任取$(\varepsilon_i)\in\varprojlim E_i'$, 则由(8)有$(g_i(\varepsilon_i))\in\varprojlim D_i$. 故由(5),$\{H(g_i(\varepsilon_i))\}$收敛. 从而由(6),(7),$\{G(\varepsilon_i)\}$收敛. 因$E_i'$是有限集而$\mathscr{G}_i(y)=\bigcup\{G(\varepsilon_i):\varepsilon_i\in E_i'\}$, 故若再应用引理 42.24, 则知$\{\mathscr{G}_i(y)\}$是收敛的. 如此$Y$是$p$空间.

$f\times f:X\times X\to Y\times Y$ 是完全的. 若Δ为$Y\times Y$的对角集, 则Δ是闭集. 设$g=f\times f$, 则$g^{-1}(\Delta)$是$X\times X$的闭集, 故为G_δ集. 故可写做

$$g^{-1}(\Delta)=\bigcap U_i,\ U_i \text{ 是 } X\times X \text{ 的开集}.$$

因

$$\Delta=\bigcap_{i=1}^{\infty}(Y\times Y-g(X\times X-U_i)),$$

故Δ为$Y\times Y$的G_δ集. 在此应用定理 42.23, 则Y是可距离化的. □

在本定理的证明中, 对于X的有向结构$\{\mathscr{U}_i,\varphi_i^{i+1}\}$的性质,

(9) $(\alpha_i)\in\varprojlim A_i\Rightarrow\{U(\alpha_i)\}$是收敛的或$\bigcap U(\alpha_i)=\varnothing$

是本质的. 具有满足(9)的有向结构的正则空间称为**单调p空间**. 虽然 Worrell 举出了p空间的完全像不是p空间的例子, 但单调p空间具有如下的好性质.

51.7 定理 (Wicke-Worrell) (1)单调p空间的完全像是单调p空间. (2)单调p空间的正则的完全逆像是单调p空间. (3)若单调p空间是点有限仿紧的, 则为p空间.

在上述证明中,(1),(3)是本质地证明了, 由定义,(2)是明显的.

51.8 推论 (Filippov-Ishii-Morita) 仿紧p(仿紧M, T_2)空间的完全像是仿紧p空间.

51.9 引理 设$f:X\to Y$是到上的闭连续映射, X为k空间, $\mathscr{U}$为X的点有限开覆盖, 若令

$$H = \{y \in Y: f^{-1}(y) \subset \mathscr{V}^{\#},\ \mathscr{V} \subset \mathscr{U} \Rightarrow |\mathscr{V}| = \infty\},$$
则H是分散的点集.

证明　若否定结论,则存在H的聚点y. 而$H_1 = H - \{y\}$不是闭的. 因k空间的商空间是k空间(45.4),故Y是k空间. 故存在Y的紧集K. 使$K \cap H_1$在K不是闭的,从而$K \cap H_1$是无限集. 取含于$K \cap H_1$的点列$\{y_i\}$,使$i \neq j \Rightarrow y_i \neq y_j$. $\{y_i\}$在K中具有聚点z. 在此对于各i,设$y_i \neq z$并不失一般性. 任取点$x_1 \in f^{-1}(y_1)$. 取x_i, $i \geqslant 2$,满足

$$x_i \in f^{-1}(y_i) - \bigcup_{k<i} \mathscr{U}(x_k).$$

因$y_i \in H$和$\mathscr{U}$的点有限性,这个操作是可能的. 为了看出点列$P = \{x_i\}$在X是分散的点集,任取$x \in X$. 仅考虑$\mathscr{U}(x) \cap P \neq \emptyset$的情形即可,因$x_i \in \mathscr{U}(x) \Longleftrightarrow x \in \mathscr{U}(x_i)$,故由$x_i$的取法和$\mathscr{U}$的点有限性,$\mathscr{U}(x) \cap P$是有限集. 故$P$是分散的点集,从而是闭的. $f(P) = \{y_i\}$必须是闭的,但$\{y_i\}$具有此点列以外的聚点z是矛盾的. □

51.10　定理 (Arhangel'skiĭ 的值域分解定理)　设$f: X \to Y$为到上的闭连续映射,X为 Čech 完备的点有限仿紧空间. 这时,存在Y的子集Y_0满足下述二条件.

(1)　$y \in Y_0 \Rightarrow f^{-1}(y)$是紧的.

(2)　$Y - Y_0$是σ分散的点集.

证明　取βX的开集列$\{G_i\}$,设$\cap G_i = X$. 取βX的开集族列$\{\mathscr{U}_i\}$,使$X \subset \mathscr{U}_i^{\#}$, $\overline{\mathscr{U}} < G_i$且$\mathscr{U}_i | X$是点有限的. 对于$i \in N$,令

$$Y_i = \{y \in Y: f^{-1}(y) \subset \mathscr{V}^{\#},\ \mathscr{V} \subset \mathscr{U}_i \Rightarrow |\mathscr{V}| = \infty\}.$$

因X为k空间(28.10 45.10),故由引理 51.9,Y_i是分散的点集. 若令$Y_0 = Y - \bigcup_{i=1}^{\infty} Y_i$,则满足(2). 为了证明(1),取$y \in Y_0$. 对于各$i \in N$,存在$\mathscr{U}_i$的有限子族$\mathscr{V}_i$,使$f^{-1}(y) \subset \mathscr{V}_i^{\#}$. 若令$F_i = \mathrm{Cl}\mathscr{V}_i^{\#}$,则由$\overline{\mathscr{U}}_i < G_i$有$F_i \subset G_i$. 令$K = \cap F_i$,则$K \subset \cap G_i = X$. 因$K$是紧的,故其闭子集$f^{-1}(y)$是紧的. □

当 X 为 M 空间或为后面叙述的半层型空间 (10.H) 时，同样的值域分解定理也成立，分别由 Ishii, Stoltenberg 确定. 但在前者的情形，条件(1)中的紧性必须换为可数紧性.

§ 52. $\aleph_0$ 空间

52.1 定义 空间 X 的子集族 $\mathscr{P}$ 是 X 的 k 网络是指 $\mathscr{P}$ 满足下述条件.

K 为 X 的紧集，U 为 X 的开集，若 $K\subset U$，则 $K\subset P\subset U$ 对于某元 $P\in\mathscr{P}$ 成立.

具有可数 k 网络的正则空间称为 $\aleph_0$ 空间.

对于点 $x\in X$，存在它的邻域列 $\{U_i\}$，若 $x_i\in U_i$，则点列 $\{x_i\}$ 能含于 X 的某紧集时，x 称为 r 点，各点为 r 点的空间称为 r 空间. 在仿紧 T_2 空间的范围内，容易知道 r 空间、q 空间、点可数型空间三者是一致的.

52.2 命题 $\aleph_0$ 空间是仿紧的.

证明 $\aleph_0$ 空间具有可数网络，故为 Lindelöf 空间. □

52.3 命题 若 $\aleph_0$ 空间 X 为 r 空间，则 X 是可分可距离化的.

证明 设 $\mathscr{P}$ 为 X 的可数 k 网络. 因 X 是正则的，故若能说明 $\{P^\circ:P\in\mathscr{P}\}$ 构成 X 的基即可. 假定不构成基，则有点 $x\in X$ 和其开邻域 U，使得 $x\in P^\circ\subset U$ 对于任何元 $P\in\mathscr{P}$ 都不成立. 设 $\{U_i\}$ 为 r 点定义中的 x 的邻域列. 取开集 V 使 $x\in V\subset\overline{V}\subset U$，令 $V_i=V\cap U_i$. 设 $\{P_i\}$ 为含于 U 的 $\mathscr{P}$ 的元的所有列. 由假定，对于各 i 可取点 $x_i\in V_i-P_i$. 因 $x_i\in U_i$，故 $\{x_1,x_2,\cdots\}$ 的闭包 K 是紧的. 因 $K\subset\overline{V}\subset U$，故有 n 使 $K\subset P_n$，但这与 $x_n\notin P_n$ 矛盾. □

52.4 命题 $f:X\to Y$ 为到上的紧覆盖连续映射，若 X 具有可数 k 网络，则 Y 也具有可数 k 网络.

证明 设 $\mathscr{P}$ 为 X 的可数 k 网络，如能说明 $f(\mathscr{P})$ 是 Y 的 k 网络即可. 设 $K\subset U$，K 为 Y 的紧集，U 为 Y 的开集. 取 X 的紧集 L，使 $f(L)=K$. 若取 $\mathscr{P}$ 的元 P，使 $L\subset P\subset f^{-1}(U)$，则 $K\subset f(P)\subset U$.

□

52.5　命题　$f:X\to Y$ 为到上的闭连续映射，若 X 为 $\aleph_0$ 空间，则 Y 也是 $\aleph_0$ 空间.

证明　因 X 是仿紧 T_2 空间，故为正规的. 从而 Y 是正规空间（参考 1.J）. 由定理 51.3，f 是紧覆盖，故由命题 52.4，Y 具有可数 k 网络. □

52.6　命题　T_2 空间 X 具有可数 k 网络的充要条件是它的 k 先导 $\widetilde{X}$ 具有可数 k 网络.

证明　因 k 射影 $f=k_X:\widetilde{X}\to X$ 是紧覆盖，故由命题 52.4 保证了充分性.

必要性　设 $\mathscr{P}$ 为 X 的可数 k 网络. 设这个 $\mathscr{P}$ 是有限可乘的，并不失一般性. 当 A 为 X 的子集或点时，$f^{-1}(A)$ 以 $\widetilde{A}$ 表示之. 今用反证法证明 $\{\widetilde{P}:P\in\mathscr{P}\}$ 是 $\widetilde{X}$ 的 k 网络. 于是存在 $\widetilde{X}$ 的紧集 $\widetilde{K}$ 和开集 $\widetilde{U}$，使 $\widetilde{K}\subset\widetilde{U}$，且

$$\widetilde{K}\subset\widetilde{P}\subset\widetilde{U}\Rightarrow P\notin\mathscr{P}.$$

令

$$\{P_i\}=\{P\in\mathscr{P}:K\subset P\},$$

$$Q_n=\bigcap_{i=1}^{n}P_i,\ n\in N.$$

因 $Q_n\in\mathscr{P}$，故对于各 n 可取点 $x_n\in Q_n-U$. 若令

$$L=K\cup\{x_1,x_2,\cdots\},$$

则 L 是紧的. 实际上，对于 $K\subset V$ 的 X 的任意开集 V，若取 m 使 $K\subset P_m\subset V$，则有 $\{x_i:i\geqslant m\}\subset V$. 这样一来，因 $\widetilde{L}$ 是紧的，故 $f|\widetilde{L}$ 是拓扑同胚映射. 故 $L\cap U$ 是 L 的开集. 存在 X 的开集 W，使 $L\cap U=L\cap W$，故由和上面相同的理由，存在 n，使 $x_n\in L\cap W$. 故 $\tilde{x}_n\in\widetilde{L}\cap\widetilde{W}=\widetilde{L}\cap\widetilde{U}$ 与 $\tilde{x}_n\notin\widetilde{U}$ 相矛盾. □

下述命题几乎是明显的.

52.7　命题　$\aleph_0$ 空间的子空间是 $\aleph_0$ 空间.

52.8　定理（Michael）　若 X,Y 都是 $\aleph_0$ 空间，则依紧开拓扑，映射空间 Y^X 是 $\aleph_0$ 空间.

证明　由命题 50.6，Y 的正则性保证了 Y^X 的正则性，故说明 Y^X 具有可数 k 网络即可．首先考虑最初的 X 是 k 空间的情形．设 $\mathscr{P}$，$\mathscr{Q}$ 分别是 X，Y 的有限可乘的可数 k 网络．令

$$\mathscr{F}=\{[P,Q]:P\in\mathscr{P},Q\in\mathscr{Q}\}.$$

对于 X 的紧集 K，Y 的开集 U，Y^X 的紧集 L，设 $L\subset[K,U]$ 成立．对此找出 $\mathscr{F}$ 的元 $[P,Q]$，使

(1)　$L\subset[P,Q]\subset[K,U]$.

若用记号 $L(P)=\{f(x):f\in L,x\in P\}$，则和(1)一样，证明存在 $P\in\mathscr{P}$，$Q\in\mathscr{Q}$ 满足

(2)　$K\subset P$，$L(P)\subset Q\subset U$.

若令

$$V=\{x\in X:L(x)\subset U\},$$

则 $K\subset V$，由定理 50.11，V 是 X 的开集．令

$$\{P_i\}=\{P\in\mathscr{P}:K\subset P\subset V\},$$

$$P_n'=\bigcap_{i=1}^{n}P_i,$$

$$\{Q_i\}=\{Q\in\mathscr{Q}:Q\subset U\}.$$

为了说明(2)，若能说明对于某个 n 有 $L(P_n')\subset Q_n$ 成立即可．若假定对于任何 n 此式都不成立，则对于各 n，存在点 $x_n\in P_n'$，使 $L(x_n)\not\subset Q_n$．若令

$$A=K\cup\{x_1,x_2,\cdots\},$$

应用命题 52.6 的证明中的论法，则 A 为紧的．在此若应用引理 50.10，则 $L(A)$ 是紧的．因 $A\subset V$，故 $L(A)\subset U$，而 $L(A)\subset Q_n$ 对于某个 n 必须成立．特别地，有 $L(x_n)\subset Q_n$ 这是矛盾．

若 $\mathscr{B}$ 为属于$\{[K,U]:K$ 为 X 的紧集，U 为 Y 的开集$\}$的元的所有有限交的族，则 $\mathscr{B}$ 是 Y^X 的基．若 $\mathscr{F}_1$ 为属于 $\mathscr{F}$ 的元的所有有限交的族，则 $\mathscr{F}_1$ 还是可数的．对于 Y^X 的紧集 L 和 $\mathscr{B}$ 的元 B，若 $L\subset B$，则存在 $\mathscr{F}_1$ 的元 F，使

(3)　$L\subset F\subset B$.

这几乎是明显的．

若$\mathscr{H}$为属于$\mathscr{F}_1$的元的所有有限并集的族，则$\mathscr{H}$也是可数的. 为了指出这个$\mathscr{H}$是Y^X的k网络，令$L\subset V$，L为Y^X的紧集，V为Y^X的开集. 取$\mathscr{B}$的元B_i. 使

$$L\subset B_1\cup\cdots\cup B_n\subset V.$$

因L是紧T_2的，故对于各i存在紧集L_i(参考16.10)满足

$$L=L_1\cup\cdots\cup L_n,\ L_i\subset B_i\ (i=1,\cdots,n).$$

故存在$\mathscr{F}$的元$F_1,\cdots,F_n$，使

$$L_i\subset F_i\subset B_i,\ i=1,\cdots,n.$$

若令$H=F_1\cup\cdots\cup F_n$，则有$H\in\mathscr{H}$使$L\subset H\subset V$. 如此当X是k空间时，Y^X是$\aleph_0$空间.

最后，考虑X不是k空间的情形. 这时，若$f:X\to Y$是连续的，则$fk_X:\tilde{X}\to Y$是连续的. 在此，$\tilde{X}$是X的k先导，而k_X是$\tilde{X}$到X的k射影. 结果，实质上Y^X可看做$Y^{\tilde{X}}$的子空间. 如上述所见$Y^{\tilde{X}}$是$\aleph_0$空间，故由命题52.7，Y^X是$\aleph_0$空间. □

52.9 引理 对于空间X，下述二条件等价：

(1) X是可分度量空间的连续像.

(2) X具有可数网络.

证明 (1)⇒(2) 设$f:Y\to X$为可分度量空间Y到X上的连续映射. 若$\mathscr{B}$为Y的可数基，则$f(\mathscr{B})$是X的可数网络.

(2)⇒(1) 设$\mathscr{P}$为X的可数网络. 若$\tilde{X}$以

$$\{P, X-P\quad P\in\mathscr{P}\}$$

为基在X导入新拓扑，则$\tilde{X}$是具有可数基的正则空间而为可分的度量空间. 若$f:\tilde{X}\to X$为自然映射，则f显然是连续的. □

52.10 定理 (Michael) 对于正则空间X，下述二条件等价.

(1) X是$\aleph_0$空间.

(2) X是可分度量空间的紧覆盖连续映射的像.

证明 (1)⇒(2) 设C为 Cantor 集，定义映射φ为

$$\varphi:X^C\times C\to X,\ \varphi(f,t)=f(t),$$

则由引理50.10，φ是连续的. 其中设X^C承受紧开拓扑. 由定理52.8，因X^C具有可数k网络，故具有可数网络. 故由引理52.9，存

在可分度量空间 S 和到上的连续映射 $u: S \to X^C$. 若定义映射 ψ 为

$$\psi: S \times C \to X, \ \psi(s, t) = \varphi(u(s), t),$$

则由 φ, u 的连续性，ψ 是连续的. 设 K 为 X 的非空紧集，则由命题 52.3 和 52.7，K 是紧度量空间. 故由推论 25.3，存在元 $f \in X^C$ 使 $f(C) = K$. 取点 $s \in S$ 使 $u(s) = f$. 于是知 $\{s\} \times C$ 是 $S \times C$ 的紧集，$\psi(\{s\} \times C) = K$，而 ψ 是紧覆盖.

(2)⇒(1) 将命题 52.4 考虑进去，则只若证明可分度量空间具有 k 网络就已足够. 取可分度量空间的可数基 $\mathscr{B}$，它的元的所有有限并的集族是可数 k 网络. □

52.11 例 设 X 为上半平面，而 $A \subset X$ 为 x 轴. 设 $X - A$ 的点具有普通的邻域基. 设过 A 的点 p，斜率为 ε，$-\varepsilon(\varepsilon > 0)$ 的直线分别为 l_ε，$l_{-\varepsilon}$. 设 L_ε 为 X 的点且在 l_ε 以下的全体. 同样地设 $l_{-\varepsilon}$ 为 X 的点且在 $l_{-\varepsilon}$ 以下的全体. 令

$$U_\varepsilon(p) = \{p\} \cup (S_\varepsilon(p) \cap (L_\varepsilon \cup L_{-\varepsilon})),$$

取 p 的邻域基 $\{U_\varepsilon(p): \varepsilon > 0\}$. 如此拓扑化了的 X 显然是完全正则空间. 称之为一般蝶空间 (butterfly space). $U_\varepsilon(p)$ 称为 p 的蝶邻域.

(1) X 具有可数网络.

证明 $X - A$，A 都做为子空间具有普通的拓扑. 故 $X - A$，A 分别具有相对可数基 $\mathscr{B}_1$，$\mathscr{B}_2$. $\mathscr{B}_1 \cup \mathscr{B}_2$ 是 X 的可数网络. □

(2) X 不是 $\aleph_0$ 空间.

证明 因 X 满足第一可数性，所以是 r 空间. 故由命题 52.3，为了说明 X 不是 $\aleph_0$ 空间，只要说明 X 不是可距离化的就已足够. 然而因 X 是可分的，因此只要验证 X 不是完全可分的就足够. 若 $\{p, q\} \subset A$，$p \neq q$，则在 $U_\varepsilon(p)$ 和 $U_\delta(q)$ 之间包含关系一定不成立，故 X 的任意基的基数不小于 $|A|$，即不小于连续统基数. □

52.12 例 取点 $p \in \beta N - N$，令 $P = N \cup \{p\}$. 此 P 是 $\aleph_0$ 空间，但非 k 空间. 是

证明 令 $K \subset P$ 为紧无限集. 因 N 的无限子集不能是紧的，故

$K=\mathrm{Cl}_P(K\cap N)$. 故 $K=\mathrm{Cl}_{\beta N}(K\cap N)$，从而必须有 $K\approx\beta(K\cap N)\approx\beta N$. K是可数的，但由推论 21.3，βN 是非可数的. 这个矛盾指出 P 的紧集是有限集.

P 的有限集全体的族是可数 k 网络，故 P 是 $\aleph_0$ 空间. N 在 P 中是 k 闭集，但非闭集，故 P 不是 k 空间. □

§53. 紧覆盖映射

53.1 引理 设给与 T_2 空间 X 和它的紧集 K. 若 K 在 X 具有可数外延基 $\mathscr{U}$，则存在满足下述三个条件的 $\mathscr{U}$ 的有限子族列 $\{\mathscr{U}_i\}$:

(1) $K\subset\mathscr{U}_i^{\#}, i\in N$.

(2) 若 $x\in K$ 且 $x\in U_i\in\mathscr{U}_i(i\in N)$，则$\{U_i\}$为 x 的邻域基.

(3) 若 $x\in K$，则存在 $U_i\in\mathscr{U}_i(i\in N)$，使

$$x\in\mathrm{Cl}(U_{i+1}\cap K)\subset U_i,\ i\in N.$$

证明 设 $\{\mathscr{V}_i\}$ 为所有覆盖 K 的 $\mathscr{U}$ 的有限子族. 由归纳法取子列 $\{\mathscr{U}_i\}\subset\{\mathscr{V}_i\}$，使对于各 i，

(4) $\mathscr{U}_i<\mathscr{V}_i, \{\mathrm{Cl}(U\cap K): U\in\mathscr{U}_{i+1}\}<\mathscr{U}_i$

成立. 对此子列(1)显然成立.

为了检验(2)，取点 $x\in K$，元 $U_i\in\mathscr{U}_i, x\in U_i$. 设 W 为 x 的任意开邻域. 取 $V\in\mathscr{U}$ 使 $x\in V\subset W$. 取 $\mathscr{U}$ 的有限子族 $\mathscr{V}$，使

$$K-V\subset\mathscr{V}^{\#},\ x\notin\mathscr{V}^{\#}.$$

于是存在 n 使 $\mathscr{V}\cup\{V\}=\mathscr{V}_n$. 对于这个 n，由(4)的前一不等式知 $U_n\subset V$ 成立.

为了检验(3)，对于点 $x\in K$，若令

$$\mathscr{W}_i=\{U\in\mathscr{U}_i; x\in U\},$$

则 $\mathscr{W}_i$ 是有限的，任取 $U_{i+1}\in\mathscr{W}_{i+1}$ 时，由(4)保证了存在元 $U_i\in\mathscr{W}_i$ 使 $\mathrm{Cl}(U_{i+1}\cap K)\subset U_i$. 故由 König 引理，存在满足条件(3)的列 $\{U_i\}$. □

53.2 引理 若 Y 为满足第一可数性的 T_2 空间，$\mathscr{U}$ 为 Y 的

基，则有满足下述二条件的度量空间 X 和到上的开连续映射 $f: X \to Y$.

(1) 若 $K \subset Y$ 是紧的，且具有可数外延基 $\mathscr{U}_K \subset \mathscr{U}$，则对某个紧集 $L \subset X$，有 $f(L) = K$.

(2) 若 $E \subset Y$ 仅和至多可数个 $U \in \mathscr{U}$ 相交，则 $f^{-1}(E)$ 具有可数基.

证明 设 $\mathscr{U} = \{U(\alpha): \alpha \in A\}$，且若 $\alpha \neq \beta$，则 $U(\alpha) \neq U(\beta)$. 对于各 $n \in N$，A_n 为 A 的拷贝，拓扑是赋予离散拓扑. 设 X 为 ΠA_n 的所有使 $\{U(\alpha_n): n \in N\}$ 成为某点 $y_\alpha \in Y$ 的邻域基的点 $\alpha = (\alpha_n)$ 的集合. 因 Y 是 T_2 的，故这个 y_α 为唯一确定的. 若由 $f(\alpha) = y_\alpha$ 定义映射 $f: X \to Y$，则 f 是到上的开连续映射(参考 18.9)，X 当然是度量空间. 并且由 f 的作法，满足(2)是明显的.

为了检验(1)，取全部满足引理 53.1 的条件的 $\mathscr{U}_n \subset \mathscr{U}_K$. 若令 $\mathscr{U}_n = \{U(\alpha_n): \alpha_n \in B_n\}$，则可设 B_n 是 A_n 的有限集. 若令

$$L = \{\alpha \in \Pi B_n: U(\alpha_n) \supset \mathrm{Cl}(U(\alpha_{n+1}) \cap K) \neq \varnothing\},$$

则因 L 在 ΠB_n 是闭的，故是紧的. 若 $\alpha \in L$，则因

$$K \cap \left(\bigcap_{n=1}^{\infty} U(\alpha_n)\right) \neq \varnothing,$$

故由引理 53.1 的条件(2)，有 $\alpha \in X$ 且 $f(\alpha) \in K$. 故 $L \subset X$ 且 $f(L) \subset K$. 应用引理 53.1 的条件(3)，有 $f(L) = K$. □

53.3 定理 (Michael-Nagami) 对于 T_2 空间 Y，下述二条件是等价的:

(1) Y 的任意紧集是可距离化的，关于 Y 具有可数特征.

(2) Y 是度量空间的紧覆盖开连续像.

证明 (1)⇒(2) 由定理 41.8，Y 的任意紧集 K 具有可数外延基 $\mathscr{U}_K$. 若 $\mathscr{U} = \bigcup_K \mathscr{U}_K$，则此 $\mathscr{U}$ 满足引理 53.2 的条件(1).

(2)⇒(1)几乎是明显的. □

53.4 定理 对于 T_2 空间 Y，下述四个条件是等价的:

(1) Y 具有点可数基.

(2) Y 是度量空间的紧覆盖开连续 s 映射的像.

(3) Y是度量空间的开连续 s 映射的像.

(4) Y是度量空间的双商 s 映射的像.

证明 (1)和(3)的等价性由定理 18.8 已被证明.(3)$\Longrightarrow$(4)是明显的. (4)$\Longrightarrow$(1)含于 Filippov 定理 49.13 中. (2)$\Longrightarrow$(3)也是明显的. 必须证明的仅是(1)$\Longrightarrow$(2).

设$\mathscr{U}$为Y的点可数基. K为Y的任意紧集时, 可数外延基$\mathscr{U}_K \subset \mathscr{U}$ 存在的事实由命题 19.8 可立即证明. 对于任意点 $y \in Y$,含y的$\mathscr{U}$的元是可数的,故由引理 53.2,存在度量空间X和到上的开连续映射$f: X \to Y$, 使f是紧覆盖 s 映射. □

由 Filippov 定理 42.22,若仿紧p空间是度量空间的开连续 s 映射的像,则已知是可度量化的. 在那里若仿紧p空间是度量空间的紧覆盖开连续像,则产生所谓是否可度量化的疑问,下述例子指出回答是否定的.

53.5 例 设$D = \{0,1\}$,在集合$I \times D$中引入字典式序,关于该序导入区间拓扑,则容易知道$X = I \times D$是紧T_2、完全正规、第一可数、继承可分的,而任意非可数子集不具有可数基. 若设$f: X \to I$为射影,像空间I看做普通的拓扑,则f是连续的. 故f是完全的. 由引理 13.5,存在I的非可数子集S,使S的任意紧子集是可数的. 设$Y = f^{-1}(S)$,$g = f|Y$. 因g是完全的, 故Y做为度量空间的完全原像是仿紧p空间. Y的任意紧集是可数的, 故具有可数外延基.故根据定理 53.3,Y是某度量空间的紧覆盖开连续像. Y是可分的但非完全可分的,故不可能距离化.

53.6 问题 (Michael-Nagami) 若T_2空间为度量空间的商 s 映射的像,则它能是度量空间的紧覆盖商 s 映射的像吗?

53.7 定义 空间X是强可数型的是指X的任意紧集是可距离化的,关于X具有可数特征.

由此定义立即知道强可数型空间是可数型的. 请注意: 在映射下关于强可数型T_2空间的外在的定义中, 用到度量空间(定理 53.3),相应地,关于可数型T_2空间,用到仿紧p空间(定理 42.21).

关于可分度量空间的紧覆盖映射有下述问题.

53.8 问题（Michael） $f:X\to Y$ 为到上的紧覆盖连续映射，X 为完备的可分度量空间，Y 为度量空间时，Y 可赋予完备的距离吗？

作为此问题的特殊情形有下述预想.

53.9 问题（Michael-A. H. Stone） $f:X\to Y$ 为到上的紧覆盖连续映射，X 为无理数空间，Y 为可分度量空间时，Y 可赋予完备距离吗？

Gödel 和 Novikov 已经论述了关于此问题的核心部分及集合论公理的无矛盾性.

§54. M_i 空间

54.1 定义 拓扑空间 X 的子集族 $\mathscr{B}$，对于任意 $x\in X$ 和它的任意邻域 U，使 $x\in \mathrm{Int}B\subset B\subset U$ 的 $B\in\mathscr{B}$ 存在时，称为 X 的副基. 设 $\mathbf{P}$ 为 X 的子集的序对 $P=(P_1,P_2)$ 的族，且满足下述二条件：

(1) 关于各 $P\in\mathbf{P}$，$P_1\subset P_2$ 且 P_1 是开集.

(2) 关于各 $x\in X$ 及它的任意邻域 U，有 $P=(P_1,P_2)\in\mathbf{P}$，使 $x\in P_1\subset P_2\subset U$.

这时 $\mathbf{P}$ 称为 X 的对基（pair base）. $\mathbf{P}$ 关于它的任意子族 $\mathbf{P}'$，

$$\mathrm{Cl}(\bigcup\{P_1:P\in\mathbf{P}'\})\subset\bigcup\{P_2:P\in\mathbf{P}'\}$$

成立时，称为胶垫族. 对于空间 X 考虑下述条件：

(3) X 具有 σ 保闭的基.

(4) X 具有 σ 保闭的副基.

(5) X 具有 σ 胶垫对基，即具有 $\mathbf{P}=\bigcup\limits_{i=1}^{\infty}\mathbf{P}_i$（各 $\mathbf{P}_i$ 是胶垫族）的对基 $\mathbf{P}$.

正则空间且满足条件(3)，(4)或(5)的空间分别称为 M_1，M_2，M_3 空间. M_3 空间也称为层型空间（stratifiable space）. 其中(5)含有正则性.

54.2 定理 度量空间 ⇒ M_1 空间 ⇒ M_2 空间 ⇒ M_3 空间 ⇒ 仿紧完全正规空间，成立.

证明 由定理 18.1，度量空间 X 具有 σ 局部有限基 $\mathscr{B}$. 因 $\mathscr{B}$ 是 σ 保闭的，故 X 是 M_1 空间.

设 $\bigcup \mathscr{B}_i$ 为 X 的 σ 保闭的副基. 若令

$$\mathbf{P}_i = \{(\mathrm{Int}B, \mathrm{Cl}B): B \in \mathscr{B}_i\}, \ i \in N,$$

则这是胶垫族，而 $\bigcup \mathbf{P}_i$ 是 σ 胶垫对基.

最后设 X 为 M_3 空间，$\bigcup \mathbf{P}_i$ 为各 $\mathbf{P}_i$ 为胶垫族的对基. 令 $\mathscr{U}$ 为 X 的任意开覆盖. 若令

$$\mathscr{W}_i = \{P_1: P_1 \subset P_2 < \mathscr{U}, (P_1, P_2) \in \mathbf{P}_i\},$$

则 $\bigcup \mathscr{W}_i$ 为 X 的开覆盖且为 $\mathscr{U}$ 的 σ 胶垫加细. 若根据下述引理 54.3，则这意味着 X 的仿紧性.

当 U 为 X 的任意开集时，若令

$$W_i = \bigcup\{P_1: P_1 \subset P_2 \subset U, (P_1, P_2) \in \mathbf{P}_i\},$$

则 $U = \bigcup W_i = \bigcup \overline{W}_i$，而 U 为 F_σ 集. □

54.3 引理 (Michael) 对于空间 X 下述情况是等价的：

(1) X 是仿紧 T_2 空间.

(2) X 的开覆盖 $\mathscr{U}$ 被覆盖 $\mathscr{V} = \bigcup \mathscr{V}_i$ 细分，且满足下述条件.

各 $\mathscr{V}_i$ 是 $\mathscr{U}$ 的胶垫加细，且 $X = \bigcup \mathrm{Int}(\mathscr{V}_i^{\#})$.

证明 (1)⇒(2)是明显的.

(2)⇒(1) 取满足条件的 $\mathscr{U}$，$\mathscr{V}$，令

$$\mathscr{U} = \{U(\alpha): \alpha \in A\},$$

$$\mathscr{V}_i = \{V(\beta): \beta \in B_i\}, \ B_i \cap B_j = \varnothing \ (i \neq j),$$

若做 $\mathscr{U}$ 的胶垫加细覆盖，则根据 Michael 定理 17.12 知 X 是仿紧 T_2 空间.

设 $\varphi_i: B_i \to A$ 为 $\mathscr{V}_i$ 到 $\mathscr{U}$ 的胶垫加细映射. $\varphi: \bigcup B_i \to A$ 定义为 $\varphi | B_i = \varphi_i$. 令

$$n(x) = \min\{i: x \in \mathrm{Int}(\mathscr{V}_i^{\#})\}, \ x \in X.$$

对于 $x \in X$，若令 $x \in V(\beta) \in \mathscr{V}_{n(x)}$ 的 β 为 $\psi(x)$，则得到 $\psi: X \to$

$\bigcup B_i$. 令 $f = \varphi\phi: X \to A$. 为了证明 f 是 $\{\{x\}: x \in X\}$ 到 $\mathscr{U}$ 的胶垫加细映射，取 X 的任意子集 H. 任意取点

$$y \in X - \bigcup\{U(\alpha): \alpha \in f(H)\}$$

时，说明此 y 不是 $\overline{H}$ 的点即可. 令

$$A_i = \{\alpha \in \varphi(B_i): y \notin U(\alpha)\},$$

$$V_i = \bigcup\{V(\beta): \beta \in \varphi_i^{-1}(A_i)\},$$

$$W = \mathrm{Int}(\mathscr{V}_{n(y)}{}^{\#}) - \bigcup_{i=1}^{n(y)} \overline{V}_i.$$

因 φ_i 为 $\mathscr{V}_i$ 到 $\mathscr{U}$ 的胶垫加细映射，故 $\overline{V}_i \subset \bigcup\{U(\alpha): \alpha \in A_i\}$. 故 $y \notin \overline{V}_i$ 对于各 i 成立，而 W 是 y 的开邻域.

任意取 $z \in H$，若 $n(z) \leqslant n(y)$ 则 $z \in V_{n(z)}$，而 $z \notin W$. 若 $n(z) > n(y)$，则 $z \notin \mathrm{Int}(\mathscr{V}_{n(y)}{}^{\#})$，而 $z \notin W$. 故 $H \cap W = \varnothing$，从而证明了 $y \notin \overline{H}$. □

54.4 引理 设 $\mathscr{F}$，$\mathscr{H}$ 分别为空间 X，Y 的保闭族。这时

$$\mathscr{F} \times \mathscr{H} = \{F \times H: F \in \mathscr{F},\ H \in \mathscr{H}\}$$

在 $X \times Y$ 中是保闭的.

证明 设 $\mathscr{F} = \{F_\alpha: \alpha \in A\}$，$\mathscr{H} = \{H_\beta, \beta \in B\}$. 设 C 为 $A \times B$ 的任意子集，必须指出

$$\mathrm{Cl}(\bigcup\{F_\alpha \times H_\beta: (\alpha,\beta) \in C\}) \subset \bigcup\{\overline{F}_\alpha \times \overline{H}_\beta: (\alpha,\beta) \in C\}.$$

设 $(x, y) \notin \bigcup\{\overline{F}_\alpha \times \overline{H}_\beta: (\alpha, \beta) \in C\}$. 若令

$$U = X - \bigcup\{\overline{F}_\alpha: x \notin \overline{F}_\alpha, (\alpha, \beta) \in C\},$$

$$V = Y - \bigcup\{\overline{H}_\beta: y \notin \overline{H}_\beta, (\alpha, \beta) \in C\},$$

则 $U \times V$ 是 (x, y) 的开邻域，且和 $\bigcup\{F_\alpha \times H_\beta: (\alpha,\beta) \in C\}$ 不相交. 于是有

$$(x, y) \notin \mathrm{Cl}(\bigcup\{F_\alpha \times H_\beta: (\alpha, \beta) \in C\}). \ \square$$

54.5 定理 (Ceder) 若 $X_n (n = 1, 2, \cdots)$ 为 M_i 空间，则 $X = \Pi X_n$ 是 M_i 空间.

证明 就 M_1 空间的情形证明之. 其他的情形可同样证得. 设 $\bigcup_{m=1}^{\infty} \mathscr{B}_n^m$ 为 X_n 的基，其中各 $\mathscr{B}_n^m$ 为保闭的. 若令

$$\mathscr{B}_n=\left\{\prod_{i=1}^{n} B_i \times \prod_{i=n+1}^{\infty} X_i : B_i \in \bigcup_{j=1}^{n} \mathscr{B}_i^j\right\},$$

则由引理 54.4，在 X 是保闭的．若令 $\mathscr{B}=\bigcup \mathscr{B}_n$，则 $\mathscr{B}$ 为 X 的 σ 保闭的基．□

54.6 定理 (1) M_1 空间的任意开集是 M_1 空间．

(2) M_2 或 M_3 空间的任意子集分别为 M_2 空间或 M_3 空间．

证明 设 $\mathscr{B}$ 为 M_1 空间 X 的 σ 保闭基，若 U 为 X 的开集，则 $\{B\in\mathscr{B}:\bar{B}\subset U\}$ 是 U 的 σ 保闭基．

其次 (2) 就 M_2 的情形证明之．M_3 的情形同样地可以证明，故省略之．设 $\bigcup\mathscr{B}_n$ 为 M_2 空间 X 的副基，其中各 $\mathscr{B}_n$ 是保闭的，而 A 为 X 的子集．关于各 n，令

$$\mathscr{B}_n'=\{A\cap\bar{B}:B\in\mathscr{B}_n\}.$$

今证明 $\bigcup\mathscr{B}_n'$ 为 A 的 σ 保闭副基．对于 $a\in A$ 及在 X 中 a 的开邻域 U，可取某 $\mathscr{B}_n$ 的元 B，使满足 $a\in \mathrm{Int}B\subset\bar{B}\subset U$．这时

$$a\in A\cap\mathrm{Int}B\subset\mathrm{Int}_A(A\cap\bar{B})\subset A\cap U,$$

而 $A\cap\bar{B}\in\mathscr{B}_n'$，故 $\bigcup\limits_n \mathscr{B}_n'$ 构成 A 的副基．为了指出 $\mathscr{B}_n'$ 是保闭的，设 $\mathscr{H}$ 为 $\mathscr{B}_n$ 的子族．必须指出

$$\begin{aligned}&(\bigcup\{\mathrm{Cl}(A\cap\bar{B}):B\in\mathscr{H}\})\cap A\\&\quad\supset\mathrm{Cl}(\bigcup\{A\cap\bar{B}:B\in\mathscr{H}\})\cap A.\end{aligned}$$

取 $b\notin\bigcup\{\mathrm{Cl}(A\cap\bar{B}):B\in\mathscr{H}\}$ 的 A 的点 b．因 $b\notin\bar{B}$，$B\in\mathscr{H}$，故 $b\notin\mathrm{Cl}(\bigcup\{\bar{B}:B\in\mathscr{H}\})$，于是 $b\notin\mathrm{Cl}(\bigcup\{A\cap\bar{B}:B\in\mathscr{H}\}$．□

54.7 问题 (Ceder) (1) M_1 空间的任意闭集是 M_1 空间吗？更一般地，M_1 空间的任意子集是 M_1 空间吗？M_1 空间的闭连续像是 M_1 空间吗[1)]？

(2) M_2 空间是 M_1 空间吗？

(3) M_3 空间是 M_2 空间吗[2)]？

在下节中证明了度量空间的闭连续像是 M_1 空间，M_2 空间的

---

1) R. W. Heath 和 H. K. Junila 证明了(1)的问题都与(2)等价．请参看 *Proc. Amer. Math. Soc.*, 83(1981), 146—148．——校者注

2) 问题(3)由 G. Gruenhage (*Top.Proc.*,(1976) 221)证明是正确的．——校者注

闭连续像是 M_2 空间．关于 M_1，M_2 空间还有许多地方是不清楚的，但关于 M_3 空间下述种种性质是已知的．下述定理指出 M_3 空间称为层型空间是妥当的．

54.8 定理（Borges） 对于空间 X 下述情况是等价的：

(1) X 是 M_3 空间．

(2) 对 X 的各开集 U，有开集列 $\{U_n:n\in N\}$ 与之对应，使

(i) $\overline{U}_n\subset U$ 且 $U_n\subset U_{n+1}$，$n\in N$，

(ii) $\bigcup U_n=U$，

(iii) 若 V 是开集且 $V\subset U$，则 $V_n\subset U_n$，$n\in N$．

(3) 对 X 的各点 x，有其开邻域列 $\{g(x,n),n\in N\}$ 对应之，对于 X 的各闭集 A，有 $A=\bigcap\limits_{n=1}^{\infty}\mathrm{Cl}(\bigcup\{g(x,n):x\in A\})$．

（在(2)中给予的对应 $U\to\{U_n\}$ 称为**层对应**）

证明 (1)⇒(2) 设 $\bigcup\mathbf{P}_n$ 为 X 的对基，其中各 $\mathbf{P}_n$ 为胶垫族．对于各开集 U，若令

$$U_n=\bigcup\left\{P_1:P_1\subset P_2\subset U,(P_1,P_2)\in\bigcup_{i=1}^{n}\mathbf{P}_i\right\},$$

则 $U\to\{U_n\}$ 显然是层对应．

(2)⇒(3) 设 $U\to\{U_n\}$ 为层对应．令

$$g(x,n)=X-\mathrm{Cl}(X-\{x\})_n,\quad x\in X.$$

由(2)的 (i)，$g(x,n)$ 为 x 的开邻域．设 A 为 X 的闭集，$X-A=U$．若 $P\notin A$，则对于某个 m，有 $P\in U_m$．因

$$x\in A\Rightarrow U\subset X-\{x\}\Rightarrow U_m\subset(X-\{x\})_m,$$

故 $U_m\cap g(x,m)=\varnothing$，从而 $p\notin\mathrm{Cl}(\bigcup\{g(x,m):x\in A\})$．

(3)⟹(1) 对于各 $x\in X$，不失一般性可假定 $g(x,n)\supset g(x,n+1)$，$n\in N$．关于 X 的各开集 U，令

$$U_n=X-\mathrm{Cl}(\bigcup\{g(x,n):x\in X-U\}),$$

$$\mathbf{P}_n=\{(U_n,U):U\text{ 为开集}\},$$

$$\mathbf{P}=\bigcup_{n=1}^{\infty}\mathbf{P}_n.$$

P 显然构成对基. 为了证明各 $\mathbf{P}_n$ 是胶垫族，首先注意 $U\to\{U_n\}$ 是层对应. 若 $\mathscr{U}$ 为任意开集族，则对于任意的 $U\in\mathscr{U}$ 有 $U\subset\mathscr{U}^{\#}$，于是

$$\mathrm{Cl}(\bigcup\{U_n:U\in\mathscr{U}\})\subset\mathrm{Cl}((\mathscr{U}^{\#})_n)\subset\mathscr{U}^{\#}.\ \square$$

54.9 引理 设 X 为层型空间，$U\to\{U_n\}$ 为层对应. 对于闭集 A 和开集 U 的任意对 (A,U)，令

$$U_A=\bigcup_{n=1}^{\infty}(U_n-\mathrm{Cl}(X-A)_n).$$

此时下述事实成立.

(1) 若 A, B 为 $A\subset B$ 的闭集，U, V 为 $U\subset V$ 的开集，则 $U_A\subset V_B$.

(2) $A\cap U\subset U_A\subset\bar{U}_A\subset A\cup U$. 特别地，若 $A\subset U$，则

$$A\subset U_A\subset\bar{U}_A\subset U.$$

证明 (1)是明显的. 为了指出(2)，取 $x\in A\cap U$. 若 $x\in U_n$，则 $x\in U_n-\mathrm{Cl}(X-A)_n\subset U_A$. 故 $A\cap U\subset U_A$.

令 $x\notin A\cup U$. 若 $x\in(X-A)_n$，则 $V=(X-A)_n\cap(X-\bar{U}_n)$ 是 x 的邻域. 随着 $m\geqslant n$, $m\leqslant n$ 有 $(U_m-\mathrm{Cl}(X-A)_m)\cap(X-A)_n=\varnothing$, $(U_m-\mathrm{Cl}(X-A)_m)\cap(X-\bar{U}_n)=\varnothing$. 故 $V\cap U_A=\varnothing$，即 $x\notin\bar{U}_A$. 于是 $\bar{U}_A\subset A\cup U$. $\square$

54.10 引理 设 A 为层型空间 X 的闭集，$U\to\{U_n\}$ 为 X 的层对应. 在 A 中对于任意的层对应

$$A\cap U\to\{\alpha_n(A\cap U)\},\ U \text{ 为 } X \text{ 的开集},$$

令

$$\alpha_n(U)=(U-A)_n\cup((U-A)\cup\alpha_n(A\cap U))_{\mathrm{Cl}\alpha_n(A\cap U)}.$$

这时 $U\to\{\alpha_n(U)\}$ 是 X 的层对应且下述情况成立.

(1) $\alpha_n(U)\cap A=\alpha_n(A\cap U)$, $\mathrm{Cl}\alpha_n(U)\cap A=\mathrm{Cl}\alpha_n(A\cap U)$.

(2) 设 $A\cap U\to\{\beta_n(A\cap U)\}$ 为在 A 的另外的层对应，且对于 $U\subset V$ 的开集 U,V，有 $\alpha_n(A\cap U)\subset\beta_n(A\cap V)$，则

$$\alpha_n(U)\subset\beta_n(V).$$

证明 由 54.9 之(2)与 U_A 的定义，有

$$\alpha_n(A\cap U)\subset((U-A)\cup\alpha_n(A\cap U))_{\mathrm{Cl}\alpha_n(A\cap U)}$$
$$\subset\alpha_n(U)\subset(U-A)\cup\alpha_n(A\cap U)$$

及

$$\mathrm{Cl}\alpha_n(A\cap U)\subset\mathrm{Cl}\alpha_n(U)\subset(U-A)\cup\mathrm{Cl}\alpha_n(A\cap U)\subset U.$$

于是(1)成立．(2)由 54.9 之(1)是明显的．□

54.11　定理 (Borges)　层型空间的闭连续像是层型空间．

证明　设 $f:X\to Y$ 为由层型空间 X 到空间 Y 上的闭连续映射．设 $U\to\{U_n\}$ 为 X 的层对应．对于 Y 的开集 V,令

$$T_n=(f^{-1}(V))_n,\quad S_n=f^{-1}(f(\overline{T}_n)),$$
$$Q_n=(f^{-1}(V))_{S_n},\ V_n=\mathrm{Int}f(Q_n).$$

因 S_n 是含于 $f^{-1}(V)$ 的闭集,故由 54.9 之(2), Q_n 是 S_n 的开邻域．于是 V_n 是 $f(\overline{T}_n)$ 的开邻域,而 $\cup V_n=V$．又

$$\overline{V}_n\subset\mathrm{Cl}f(Q_n)=f(\overline{Q}_n)\subset V.$$

若W为 $V\subset W$ 的 Y 的开集,则显然有 $V_n\subset W_n$,于是 $V\to\{V_n\}$ 是 Y 的层对应．□

54.12　引理　设 $U\to\{U_n\}$为层型空间X的层对应．对于开集U的各点 x,令

$$n(U,x)=\min\{n:x\in U_n\},$$
$$U[x]=U_{n(U,x)}-\mathrm{Cl}(X-\{x\})_{n(U,x)}.$$

这时,对于X的开集 U,V 及 $x\in U,y\in V$,下述性质成立:

(1)　若 $U[x]\cap V[y]\neq\varnothing$且 $n(U,x)\leqslant n(V,y)$,则 $y\in U$.

(2)　若 $U[x]\cap V[y]\neq\varnothing$,则 $x\in V$ 或 $y\in U$.

证明　假定(1)的条件成立．若 $y\notin U$,则对于各 n,有 $(X-\{y\})_n\supset U_n$,故

$$(X-\{y\})_{n(Vy)}\supset(X-\{y\})_{n(U,x)}\supset U_{n(U,x)}.$$

于是和 $U[x]\cap V[y]\neq\varnothing$发生矛盾．(2)是(1)的结果．□

下述定理是 Dugundji 的扩张定理 32.10 的推广．

54.13　定理 (Ceder-Borges)　若 A 为层型空间X的闭集, f 为 A 到局部凸拓扑线性空间 Z 的连续映射,则 f 可扩张到 X.

证明　令 $W=X-A$,

$$W' = \{x \in W: 对于某\ y \in A\ 及\ y\ 的某开邻域\ U, x \in U[y]\}.$$
对于各 $x \in W'$,若

$$m(x) = \max\{n(U, y): y \in A, x \in U[y]\},$$

则 $m(x) < n(W, x)$. 实际上,若不成立,则对于某 $y \in A$ 和其开邻域 U, 有 $x \in U[y]$ 且 $n(U, y) \geqslant n(W, x)$, 故应用引理 54.12 之(1)发生 $y \in W$ 的矛盾.

由 54.2 和 54.6, W 是仿紧的,故存在细分其开覆盖 $\{W[x]: x \in W\}$ 的 W 的局部有限开覆盖 $\mathscr{V}$. 对于各 $V \in \mathscr{V}$,取 $V \subset W[x_V]$ 的点 $x_V \in W$. 若 $x_V \in W'$, 则由 W' 的定义可选取 A 的点 a_V 及其开邻域 S_V,使 $x_V \in S_V[a_V]$ 且 $n(S_V, a_V) = m(x_V)$. 若 $x_V \notin W'$,则任意固定 A 的点 a_0,令 $a_V = a_0$. 设 $\{p_V: V \in \mathscr{V}\}$ 为一一从属于 $\mathscr{V}$ 的(意义是明显的)单位分解, $g: X \to Z$ 由下式定义之.

$$g(x) = f(x), \quad x \in A,$$

$$g(x) = \sum_{V \in \mathscr{V}} p_V(x) f(a_V), \quad x \in W.$$

显然 g 在 W 是连续的,故证明在 A 是连续的. 取 $a \in A$ 和 $f(a)$ 在 Z 的凸邻域 T. 因 f 是连续的,故可取 a 在 X 的开邻域 U, 使 $f(A \cap U) \subset T$. 对此 U,指出 $g((U[a])[a]) \subset T$. 若

$$x \in (U[a])[a] \cap A \subset U \cap A,$$

则 $g(x) = f(x) \in T$. 令 $x \in (U[a])[a] - A$. 若任取 V 使 $x \in V \in \mathscr{V}$,则 $a \notin W$ 且 $x \in (U[a])[a] \cap W[x_V]$,故由 54.12 之(2), $x_V \in U[a]$. 于是 $x_V \in W'$ 且 $n(U, a) \leqslant m(x_V) = n(S_V, a_V)$. 因 $x_V \in U[a] \cap S_V[a_V]$, 故由 54.12 之 (1) 有 $a_V \in U$, 即 $f(a_V) \in T$. 因 $g(x) = \sum\{P_V(x) f(a_V): x \in V \in \mathscr{V}\}$, T 是凸的,故得 $g(x) \in T$. 如此 $g((U[a])[a]) \subset T$ 而 g 在 A 上是连续的. □

一般的度量空间的附加空间不是度量空间,但关于层型空间,却有如下结论.

54.14 定理 设 Y, X 为层型空间, 若 f 是 Y 的闭集 B 到 X 的连续映射,则附加空间 $Y \cup_f X$ 是层型空间.

证明 照样使用定义 32.16 的记号, $k: Y \to Y \cup_f X$, $j: X \to$

$Y\cup_f X$. 对于 $Y\cup_f X$ 的开集 U，写做 $U'=k^{-1}(U)\subset Y$，$U''=j^{-1}(U)\subset X$. 设 $V\to\{V_n\}$ 为 X 的层对应. $B\cap U'\to\{f^{-1}(U''_n)\}$ 是在 B 中的层对应，故用和 54.10 同样的方法，存在 Y 的层对应 $U'\to\{U'_n\}$，满足下述二条件：

(1) $U'_n\cap B=f^{-1}(U''_n)$.

(2) $\overline{U}'_n\cap B=\overline{f^{-1}(U''_n)}$.

还可说明下述事实.

(3) U,V 是 $Y\cup_f X$ 的开集且若 $U\subset V$，则 $U'_n\subset V'_n$.

实际上，由 $U\subset V$ 有 $U''_n\subset V''_n$，又因 $U'\subset V'$，故由 54.10 之 (2) 有 $U'_n\subset V'_n$. 对于 $Y\cup_f X$ 的开集 U，令

$$U_n=k(U'_n)\cup j(U''_n).$$

今证明 $U\to\{U_n\}$ 为 $Y\cup_f X$ 的层对应. 首先若 $H\subset Y$，立即知道下述事实成立. $k^{-1}k(H)=H\cup f^{-1}f(H\cap B)$，$j^{-1}k(H)=f(H\cap B)$. 由此可知：

$$\begin{aligned}k^{-1}(U_n)&=k^{-1}k(U'_n)\cup k^{-1}j(U''_n)\\&=U'_n\cup f^{-1}f(U'_n\cap B)\cup f^{-1}(U''_n)\\&=U'_n\cup f^{-1}(U''_n)=U'_n,\\j^{-1}(U_n)&=j^{-1}k(U'_n)\cup j^{-1}j(U''_n)\\&=f(U'_n\cap B)\cup U''_n\\&=ff^{-1}(U''_n)\cup U''_n=U''_n.\end{aligned}$$

由此 $k^{-1}(U_n)$ 和 $j^{-1}(U_n)$ 都是开的，故 U_n 在 $Y\cup_f X$ 中是开的. 其次，为了指出 $\overline{U}_n\subset U$，令

$$K=k(\overline{U}'_n)\cup j(\overline{U}''_n).$$

因 $U_n\subset K\subset U$，故说明 K 在 $Y\cup_f X$ 是闭的即可. 使用(2)，

$$\begin{aligned}k^{-1}(K)&=k^{-1}k(\overline{U}'_n)\cup k^{-1}j(\overline{U}''_n)\\&=\overline{U}'_n\cup f^{-1}f(\overline{U}'_n\cap B)\cup f^{-1}(\overline{U}''_n)\\&=\overline{U}'_n\cup f^{-1}(f(\overline{f^{-1}(U''_n)}))\cup \overline{U}''_n)\\&=\overline{U}'_n\cup f^{-1}(\overline{U}''_n),\\j^{-1}(K)&=j^{-1}k(\overline{U}'_n)\cup j^{-1}j(\overline{U}''_n)\\&=f(\overline{U}'_n\cap B)\cup\overline{U}''_n\end{aligned}$$

$$= f(f^{-1}(U''_n)) \cup \bar{U}''_n = \bar{U}''_n.$$

由此，$k^{-1}(K)$，$j^{-1}(K)$ 都是闭的，而K是闭的．又

$$\begin{aligned}\bigcup U_n &= \bigcup (k(U'_n) \cup j(U''_n)) \\ &= k(\bigcup U'_n) \cup j(\bigcup U''_n) \\ &= k(U') \cup j(U'') = U.\end{aligned}$$

最后，若取 $Y \cup_f X$ 的开集 U, V, $U \subset V$, 则由 (3) 有 $U_n \subset V_n$. 故 $U \to \{U_n\}$ 是 $Y \cup_f X$ 的层对应. □

使用 32.14 的方法，由 54.14 得到下述的结果.

54.15 推论 令 S 为所有层型空间族. $X \in S$ 是 $ES(S)$ 或 $NES(S)$ 的充要条件是X分别是 $AR(S)$ 或 $ANR(S)$.

54.16 定理 设X关于闭覆盖 $\mathscr{F} = \{F_\alpha\}$具有 Whitehead 弱拓扑. 若各 F_α是层型空间，则X是层型空间.

证明 只考虑$\mathscr{F}$的元全是非空的情形即可. 先考虑$\mathscr{F}$是二元 F_1, F_2 组成的情形. 若 $i: F_1 \cap F_2 \to F_2$ 为包含映射，在 i 下X是 F_1, F_2 的附加空间 $F_1 \cup_i F_2$，故由 54.14，X是层型空间.

其次考虑一般情形. 考虑如下的所有对 $(\mathscr{F}_\beta, S_\beta)$ 的族 $\mathscr{G}$: $\mathscr{F}_\beta \subset \mathscr{F}$ 且 S_β 是子空间 $H_\beta = \mathscr{F}_\beta^{\#}$ 的层对应. 对于 H_β 的开集 U, 层对应 S_β 以 $U \to \{U_{\beta,n}\}$ 表示. 在 $\mathscr{G}$ 内导入如下的半序$\leqslant$: $(\mathscr{F}_\beta, S_\beta) \leqslant (\mathscr{F}_\gamma, S_\gamma) \Longleftrightarrow \mathscr{F}_\beta \subset \mathscr{F}_\gamma$，且对于 $H_\gamma = \mathscr{F}_\gamma^{\#}$ 的各开集 U，有

(1) $U_{\gamma,n} \cap H_\beta = (U \cap H_\beta)_{\beta,n}$,

(2) $\bar{U}_{\gamma,n} \cap H_\beta = \mathrm{Cl}(U \cap H_\beta)_{\beta,n}$.

为了应用 Zorn 引理 3.3，考虑$\mathscr{G}$的任意链$\{(\mathscr{F}_\beta, S_\beta): \beta \in \Gamma\}$，令 $\mathscr{F}_\gamma = \bigcup\limits_{\beta \in \Gamma} \mathscr{F}_\beta$，对于 $H_\gamma = \mathscr{F}_\gamma^{\#}$的开集 U，令

$$U_{\gamma,n} = \bigcup_{\beta \in \Gamma} (U \cap H_\beta)_{\beta,n}.$$

今指出 $U \to \{U_{\gamma,n}\}$ 是 H_γ 的层对应，且满足(1)，(2).

对于 H_γ 的开集 U, V, $U \subset V$, 有 $U_{\gamma,n} \subset V_{\gamma,n}$ 又 $U = \bigcup\limits_{n=1}^{\infty} U_{\gamma,n}$ 是明显的. 由定义，(1) 是明显的. 为了同时指出(2)和包含关系

$\overline{U}_{r,n}\subset U$，令

$$U_n^*=\bigcup_{\beta\in\Gamma}\mathrm{Cl}(U\cap H_\beta)_{\beta,n}.$$

显然有 $U_{r,n}\subset U_n^*\subset\overline{U}_{r,n}$. 因$\{(\mathscr{F}_\beta,S_\beta)\}$是链，故 $U_n^*\cap H_\beta=\mathrm{Cl}(U\cap H_\beta)_{\beta,n}$. 此式表示 U_n^* 为闭，故 $U_n^*=\overline{U}_{r,n}$，结果是

$$\overline{U}_{r,n}\cap H_\beta=\mathrm{Cl}(U\cap H_\beta)_{\beta,n}\ \text{且}\ \overline{U}_{r,n}\subset U.$$

H_r 的层对应 $U\to\{U_{r,n}\}$ 满足 (1)，(2)，故 $\mathscr{F}_r$ 和这个层对应的对是 $\{(\mathscr{F}_\beta,S_\beta)\}$ 的上确界. 故由 Zorn 引理存在 $\mathscr{G}$ 的极大元 $(\mathscr{F}_0,S_0)$. 为了证明定理，只须说明 $\mathscr{F}_0=\mathscr{F}$ 即可. 若假定 $\mathscr{F}_0\neq\mathscr{F}$，则可取 F，使 $F\in\mathscr{F}-\mathscr{F}_0$，令

$$\mathscr{F}_1=\mathscr{F}_0\cup\{F\},\ H_i=\mathscr{F}_i^{\#}\ (i=0,1),$$

根据开始叙述的特殊情形 $H_1=H_0\cup F$ 是层型空间且 H_0 为其闭集，故由引理 54.10，存在 H_1 的层对应 $S_1:U\to\{U_{1,n}\}$，使

$$U_{1,n}\cap H_0=(U\cap H_0)_{0,n},\ \overline{U}_{1,n}\cap H_0=\mathrm{Cl}(U\cap H_0)_{0,n}.$$

在此 $V\to\{V_{0,n}\}$ 是 H_0 的层对应 S_0. 这意味着$(\mathscr{F}_0,S_0)<(\mathscr{F}_1,S_1)$，与 $(\mathscr{F}_0,S_0)$ 的极大性相反.

§55. σ 空 间

55.1 定义 具有σ局部有限网络的正则空间称为σ空间.

由此定义，度量空间是σ空间，在本节将指出层型空间是σ空间. 但其逆不成立.

55.2 定理 (Nagata-Siwiec) 对于正则空间 X，下述三个条件是等价的：

(1) X是σ空间.

(2) X具有σ保闭的网络.

(3) X具有σ分散的网络.

证明 (3)$\Longrightarrow$(1)$\Longrightarrow$(2)是明显的，今证明(2)$\Longrightarrow$(3). 设 $\mathscr{B}=\bigcup\mathscr{B}_i$为$X$的网络，其中各 $\mathscr{B}_i=\{B_\alpha:\alpha\in\Gamma_i\}$是保闭的. 由$X$的正则性，$\bigcup\overline{\mathscr{B}}_i$是$X$的$\sigma$保闭的网络，故从开始就可设$\mathscr{B}$的各

元为闭集．令

(1) $F_{\alpha k}=\bigcup\{B\in\mathscr{B}_K: B\cap B_\alpha=\varnothing\}$, $\alpha\in\Gamma_i$, $k\in N$.

(2) $G_k(\Gamma')=(\bigcap\{B_\alpha:\alpha\in\Gamma'\})\cap(\bigcap\{F_{\alpha k}:\alpha\in\Gamma_i-\Gamma'\})$,
$\Gamma'\subset\Gamma_i$.

(3) $\mathscr{D}_{ik}=\{G_k(\Gamma'):\Gamma'\subset\Gamma_i\}$, i, $k\in N$.

现证 $\mathscr{D}=\bigcup_{i,k=1}^{\infty}\mathscr{D}_{ik}$ 是 X 的 σ 分散的网络．

首先对于各 $i,k,\mathscr{D}_{ik}$ 是不相交族．实际上，对于 Γ', $\Gamma''\subset\Gamma_i$, $\Gamma'\neq\Gamma''$，当存在 $\alpha\in\Gamma'-\Gamma''$ 时，

$$G_k(\Gamma')\cap G_k(\Gamma'')\subset B_\alpha\cap F_{\alpha k}=\varnothing.$$

当存在 $\alpha\in\Gamma''-\Gamma'$ 时，也同样得到 $G_k(\Gamma')\cap G_k(\Gamma'')=\varnothing$.

其次为了证明 $\mathscr{D}_{ik}$ 是保闭的，任取 $\{\Gamma'_\lambda:\lambda\in\Lambda\}$ 使

$$\Gamma'_\lambda\subset\Gamma_i,\ \lambda\in\Lambda.$$

任取点 x，使

(4) $x\notin\bigcup\{G_k(\Gamma'_\lambda):\lambda\in\Lambda\}=G$.

若令

(5) $\Lambda'=\{\lambda\in\Lambda: x\notin\bigcap\{B_\alpha:\alpha\in\Gamma'_\lambda\}\}$,

(6) $\Lambda''=\{\lambda\in\Lambda: x\notin\bigcap\{F_{\alpha K}:\alpha\in\Gamma_i-\Gamma'_\lambda\}\}$,

则由(1),(2),(4) $\Lambda=\Lambda'\cup\Lambda''$．对于各 $\lambda\in\Lambda'$，存在 $\alpha(\lambda)\in\Gamma'_\lambda$，使 $x\notin B_{\alpha(\lambda)}$．故

(7) $x\notin\bigcup\{B_{\alpha(\lambda)}:\lambda\in\Lambda'\}=E$.

对于各 $\mu\in\Lambda''$，存在 $\alpha(\mu)\in\Gamma_i-\Gamma'_\mu$ 使 $x\notin F_{\alpha(\mu)k}$，故

(8) $x\notin\bigcup\{F_{\alpha(\mu)k}:\mu\in\Lambda''\}=F$.

因 $\mathscr{B}_i$ 是保闭的，故 E 是闭的．因 $\mathscr{B}_k$ 也是保闭的，故由 (1),(8) F 也是闭的．若令

$$U=X-(E\cup F),$$

则由 (7),(8),U 是 x 的开邻域，由 (4),(5),(6),U 和 G 不相交．故知 $x\notin\overline{G}$，且 G 是闭的．于是证明了 $\mathscr{D}_{ik}$ 是分散的．

最后为了说明 $\mathscr{D}$ 构成网络，取 X 的任意点 x 及其任意开邻域 V．于是对于某 i 及某 $\alpha_0\in\Gamma_i$ 有 $x\in B_{\alpha_0}\subset V$．若令

$$H = \cup \{B \in \mathscr{B}_i : x \notin B\},$$

则 H 为不含 x 的闭集. 故对于某 k 和某 $\alpha_1 \in \Gamma_k$, 有

$$x \in B_{\alpha_1} \subset X - H.$$

若令

$$\Gamma' = \{\alpha \in \Gamma_i : x \in B_\alpha\},$$

则 $B_{\alpha_1} \subset \cap \{F_{\alpha k} : \alpha \in \Gamma_i - \Gamma'\}$, 故有

$$x \in G_k(\Gamma') \subset B_{\alpha_0} \subset V,$$

而 $\mathscr{D}$ 构成网络. □

55.3 推论 σ 空间的闭连续像若为正则的, 则它是 σ 空间.

证明 因 σ 保闭的网络的闭连续像构成 σ 保闭的网络. □

M_i 空间和 σ 空间可用如下的箭头联结之.

度量空间 $\rightleftarrows$ 度量空间的闭连续像 $\rightleftarrows$ M_1 空间 $\Rightarrow$

M_2 空间 $\Longrightarrow$ M_3 空间 $\rightleftarrows$ σ 空间.

$\not\Leftarrow$ 意味着右边的空间未必是左边的空间. 从 M_1 到 M_3 关于箭头的逆向如在 54.7 做为问题那样尚属不明.

55.4 定理 (Ceder) 度量空间 X 的任意闭集 A 具有保闭的邻域基.

证明 设 $\mathscr{B} = \cup \mathscr{B}_n$ 为 X 的基, 其中各 $\mathscr{B}_n$ 为局部有限的. 不失一般性可设若 $n < m$, 则 $\mathscr{B}_n \subset \mathscr{B}_m$. 设 d 为 X 的距离, 关于各 n, 令

$$A_n = \{x \in X : d(x, A) < 1/n\},$$

$$\mathscr{A}_n = \{B \cap A_n : B \in \mathscr{B}_n\},$$

则 $\mathscr{A}_n$ 是局部有限族. 设 $\{\mathscr{V}_\alpha : \alpha \in \Gamma\}$ 为 $\cup \mathscr{A}_n$ 的所有覆盖 A 的子族的集合. 若令

$$\mathscr{V} = \{\mathscr{V}_\alpha^\# : \alpha \in \Gamma\},$$

则显然 $\mathscr{V}$ 是 A 的邻域基.

为了指出 $\mathscr{V}$ 的保闭性, 任取 $\Gamma' \subset \Gamma$, 取点

$$x \notin \cup \{\overline{\mathscr{V}_\alpha^\#} : \alpha \in \Gamma'\}.$$

因 $x \notin A$, 故有 k 使 $x \notin \overline{A}_k$. 故

$$m \geqslant k,\ \alpha \in \Gamma',\ V \in \mathscr{A}_m \cap \mathscr{V}_\alpha \Rightarrow (X - \overline{A}_k) \cap V = \varnothing.$$

因 $\bigcup\limits_{i=1}^{k-1}\mathscr{A}_i$ 是保闭的，故 $x\notin \mathrm{Cl}(\bigcup\{V\in\mathscr{A}_i\cap\mathscr{V}_\alpha: i<k, \alpha\in\Gamma'\})$，故 $x\notin \mathrm{Cl}(\bigcup\{\mathscr{V}^{\#}_\alpha:\alpha\in\Gamma'\})$. □

55.5 定义 设 A 为空间 X 的子集. A 的邻域族 $\mathscr{H}$ 当对于 A 的任意邻域 U，存在 $H\in\mathscr{H}$ 使 $A\subset H\subset U$ 时称为 A 的**邻域副基**.

55.6 定理 (Ceder) M_2 空间 X 的任意闭集 A 具有保闭的邻域副基.

证明 设 $\mathscr{B}=\bigcup\mathscr{B}_i$ 为 X 的副基，其中各 $\mathscr{B}_i$ 为保闭的. 不失一般性假定 $\mathscr{B}_i$ 的各元是闭集，且若 $i<j$，则 $\mathscr{B}_i\subset\mathscr{B}_j$. 对于各 $B\in\mathscr{B}_i$，令

$$R(B,i)=B-\bigcup\{W^\circ: A\cap W=\varnothing, W\in\mathscr{B}_i\}.$$

令 $\{\mathscr{S}_\alpha:\alpha\in\Gamma\}$ 为所有 $\mathscr{B}$ 的子族的集合. 关于各 $\alpha\in\Gamma$ 和 $i\in N$，令

$$V_{\alpha,i}=\bigcup\{R(B,i): B\in\mathscr{S}_\alpha\cap\mathscr{B}_i\},$$

$$V_\alpha=\bigcup_{i=1}^{\infty}V_{\alpha,i},$$

$$\Lambda=\{\alpha\in\Gamma: A\subset V_\alpha^\circ\},$$

$$\mathscr{V}=\{V_\alpha:\alpha\in\Lambda\}.$$

我们证明 $\mathscr{V}$ 是 A 的保闭的邻域副基. 设 U 为 A 的任意邻域. 对于各 $x\in A$，取 $x\in B_x^\circ\subset B_x\subset U$，$B_x\in\mathscr{B}_{n(x)}$. 于是

$$x\in B_x^\circ-\bigcup\{W: x\notin W\in\mathscr{B}_{n(x)}\}$$
$$\subset(R(B_x,n(x)))^\circ\subset R(B_x,n(x)).$$

故若令 $\mathscr{S}_\alpha=\{B_x: x\in A\}$，对此 α 有 $A\subset V_\alpha^\circ\subset V_\alpha\subset U$，故 $\mathscr{V}$ 为 A 的邻域副基.

为了指出 $\mathscr{V}$ 的保闭性，任取 $\Lambda'\subset\Lambda$，取 $x\notin\bigcup\{\overline{V}_\alpha:\alpha\in\Lambda'\}$ 的点 x. 因 $x\notin A$，故关于某 $B\in\mathscr{B}_K$ 使 $x\in B^\circ$，$B\cap A=\varnothing$ 的最小的 k 存在. 若确定一个 $B\in\mathscr{B}_k$，则对于各 $n\geqslant k$ 和各 $\alpha\in\Lambda'$ 有 $V_{\alpha n}\cap B^\circ=\varnothing$，故

(1) $x\notin\mathrm{Cl}(\bigcup\{V_{\alpha,n}: n\geqslant k, \alpha\in\Lambda'\})$.

设 $k>1$，则 $x\notin\bigcup\{W^\circ: A\cap W=\varnothing, W\in\mathscr{B}_{k-1}\}$ 且 $x\notin\bigcup\{R(B,$

$k-1): B\in\mathscr{S}_\alpha\cap\mathscr{B}_{k-1}\}, \alpha\in\Lambda'$,故

(2) $x\notin(\mathscr{S}_\alpha\cap\mathscr{B}_{k-1})^{\#}, \alpha\in\Lambda'$.

因 $\mathscr{B}_{k-1}$ 是保闭的,故用 (2),

$$\begin{aligned}\mathrm{Cl}(\cup\{V_{\alpha,m}: m<k, \alpha\in\Lambda'\})&\subset\mathrm{Cl}(\cup\{(\mathscr{S}_\alpha\cap\mathscr{B}_{k-1})^{\#}:\alpha\in\Lambda'\})\\&=\cup\{(\mathscr{S}_\alpha\cap\mathscr{B}_{k-1})^{\#}:\alpha\in\Lambda'\}.\end{aligned}$$

故

(3) $x\notin\mathrm{Cl}(\cup\{V_{\alpha,m}: m<k, \alpha\in\Lambda'\})$.

由(1)和(3)

$$x\notin\mathrm{Cl}(\cup\{V_\alpha:\alpha\in\Lambda'\}). \square$$

55.7 定理 (Borges-Lutzer) 空间 X 是 M_2 空间的充要条件是 X 是族正规 σ 空间,且其各闭集具有 σ 保闭的邻域副基.

证明 必要性是明显的,故证明充分性. 设 $\mathscr{B}=\cup\mathscr{B}_n$ 为 X 的闭集组成的网络,其中各 $\mathscr{B}_n=\{B_{\alpha,n}:\alpha\in\Gamma_n\}$ 是分散的,因 X 是族正规的,故存在分散的开集族 $\{U_{\alpha,n}:\alpha\in\Gamma_n\}$,对于各 $\alpha\in\Gamma_n$,有 $B_{\alpha,n}\subset U_{\alpha,n}$. 设 $\mathscr{H}_{\alpha,n}$ 为 $B_{\alpha,n}$ 的 σ 保闭的邻域副基,而且 $\mathscr{H}_{\alpha,n}$ 的各元是 $U_{\alpha,n}$ 的子集. 用 $\mathscr{H}_{\alpha,n}=\bigcup_{i=1}^{\infty}\mathscr{H}_{\alpha,n,i}$ 表示之,其中各 $\mathscr{H}_{\alpha,n,i}$ 为保闭的. 令

$$\mathscr{W}_{n,i}=\cup\{\mathscr{H}_{\alpha,n,i}:\alpha\in\Gamma_n\},$$

$$\mathscr{W}=\bigcup_{n,i=1}^{\infty}\mathscr{W}_{n,i}.$$

$\mathscr{W}_{n,i}$ 显然是保闭的,故 $\mathscr{W}$ 是 σ 保闭的. 为了证明 $\mathscr{W}$ 是副基,任取 $x\in X$ 和 x 的任意邻域 U. 因 $\mathscr{B}$ 是网络,故有某 $B_{\alpha,n}\in\mathscr{B}$,使 $x\in B_{\alpha,n}\subset U$. 于是有某 $H\in\mathscr{H}_{\alpha,n}$,使 $x\in B_{\alpha,n}\subset H^\circ\subset H\subset U$. 因 $\mathscr{H}_{\alpha,n}\subset\mathscr{W}$,故 $\mathscr{W}$ 是副基. $\square$

由此证明立即得到下述定理.

55.8 定理 若 X 为族正规 σ 空间,且其各闭集具有 σ 保闭的邻域基,则 X 是 M_1 空间.

这个定理的逆是未知的,成立与否是有趣的问题.

55.9 定理 M_2 空间的闭连续像是 M_2 空间.

证明 设 X 为 M_2 空间，$f:X\to Y$ 为到上的闭连续映射．因 X 是仿紧 T_2 空间 (54.2)，故做为它的闭连续像 Y 也是仿紧 T_2 空间 (17.14)． 因 X 是 σ 空间，故作为它的闭连续像 Y 也是 σ 空间 (55.3)． 故由定理 55.7，若能说明 Y 的各闭集具有 σ 保闭的邻域副基，则 Y 是 M_2 空间．设 F 为 Y 的任意闭集，$\mathscr{H}$ 为 $f^{-1}(F)$ 的 σ 保闭的邻域副基．因 f 是闭的，故 $f(\mathscr{H})$ 是 σ 保闭的．若 U 为 F 的任意邻域，则存在 $H\in\mathscr{H}$，使

$$f^{-1}(F)\subset H\subset f^{-1}(U).$$

因 $f^{-1}(F)\subset H^\circ$，故

$$F\subset Y-f(X-H^\circ)\subset Y-f(X-H)\subset f(H)\subset U.$$

因 $Y-f(X-H^\circ)$ 是开的，故 $F\subset f(H)^\circ\subset U$． 此式指出 $f(\mathscr{H})$ 是 F 的邻域副基．□

55.10 引理 设 $f:X\to Y$ 为既约的闭连续映射．若 $\mathscr{U}$ 为 X 的保闭的开集族，则

$$\mathscr{V}=\{V(U)=Y-f(X-U):U\in\mathscr{U}\}$$

是 Y 的保闭的开集族．

证明 因 f 是闭映射，故 $\mathscr{V}$ 的各元是开的．为了证明 $\mathscr{V}$ 是保闭的，设 $\mathscr{W}\subset\mathscr{U}$，取点 $y\in \mathrm{Cl}(\cup\{V(U):U\in\mathscr{W}\})$，因 f 是闭映射，故 $f(\mathrm{Cl}(\mathscr{W}^{\#}))\supset \mathrm{Cl}(\cup\{V(U):U\in\mathscr{W}\})$，从而有 $f^{-1}(y)\cap \mathrm{Cl}(\mathscr{W}^{\#})\neq\varnothing$．因 $\mathscr{W}$ 是保闭的，故对于某个 $U'\in\mathscr{W}$，有 $f^{-1}(y)\cap \overline{U'}\neq\varnothing$．若 V 为 y 的任意开邻域，则 $f^{-1}(V)\cap U'\neq\varnothing$．$f^{-1}(V)\cap U'$，若不含任何点逆像，则有 $f(X-f^{-1}(V)\cap U')=Y$．与 f 是既约的不合．故对某个 $y'\in Y$，$f^{-1}(y')\subset f^{-1}(V)\cap U'$，从而有 $y'\in V\cap V(U')$．因 V 是 y 的任意开邻域，故得到 $y\in\overline{V(U')}$．□

55.11 定理 (Borges-Lutzer) M_1 空间在既约的完全映射下的像是 M_1 空间．

证明 设 X 为 M_1 空间，$f:X\to Y$ 为到上的既约完全映射．设 $\mathscr{B}=\cup\mathscr{B}_i$ 为 X 的基，其中各 $\mathscr{B}_i$ 为保闭的．一般地，设 $\mathscr{H}$ 为保闭的集族，若 $\tilde{\mathscr{H}}$ 为 $\mathscr{H}$ 的所有子族的并集组成的族，则 $\tilde{\mathscr{H}}$ 为保闭的．于是 $\mathscr{B}_i$ 的各子族的并集假定还是 $\mathscr{B}_i$ 的元并不失一般

性．还可假定 $\mathscr{B}_i\subset\mathscr{B}_{i+1}$，令 $y\in Y$，U 为 $f^{-1}(y)$ 的任意开邻域．因 $f^{-1}(y)$ 是紧的，而 $\mathscr{B}$ 是基，故根据上述的 $\mathscr{B}_i$ 的假定，对于某个 $B\in\mathscr{B}$ 有 $f^{-1}(y)\subset B\subset U$．故 $\mathscr{B}$ 含有 $f^{-1}(y)$ 的邻域基．根据这一事实与引理 55.10，$\{Y-f(X-B):B\in\mathscr{B}\}$ 是 Y 的 σ 保闭的基．□

55.12 定理（Lašnev） 若 $f:X\to Y$ 为到上的闭连续映射，X 为仿紧 T_2 空间，Y 为 Fréchet T_2 空间，则对于 X 的某闭集 X'，$f|X':X'\to Y$ 为到上的既约映射．

证明 对于 Y 的各孤立点 y，任选 $x_y\in f^{-1}(y)$，若将 $f^{-1}(y)$ 换为 x_y，则得到 X 的闭集 X_0．设 $g=f|X_0$，则 $g:X_0\to Y$ 是到上的闭映射．若 g 不是既约的，则存在 X_0 的开集 U_0，使 $U_0\neq\varnothing$ 且有 $g(X_0-U_0)=Y$．对于序数 $\beta(>0)$，各 $\alpha<\beta$，使 X_0 的开集 U_α 对应之，且满足下述二条件：

(1) $g(X_0-U_\alpha)=Y$．

(2) $\alpha<\alpha'<\beta\Rightarrow U_\alpha\subset U_{\alpha'}$ 且 $(X_0-U_\alpha)\cap U_{\alpha'}\neq\varnothing$．

当 β 为极限序数时，令 $U_\beta=\bigcup_{\alpha<\beta}U_\alpha$．对于此 U_β，今证明 $g(X_0-U_\beta)=Y$．否则，存在 $y_0\in Y-g(X-U_\beta)$．$g^{-1}(y_0)$ 含于 U_β 但不含于 $U_\alpha,\alpha<\beta$．由 g 的作法，y_0 不是孤立点，因 Y 是 Fréchet 空间，故存在点列 $\{y_i:i\in N\}\subset Y-\{y_0\}$，使 $\lim y_i=y_0$．若令

$$(3)\quad K=g^{-1}(y_0)\cap\mathrm{Cl}\left(\bigcup_{i=1}^{\infty}g^{-1}(y_i)\right),$$

由 g 是闭的，有 $K\neq\varnothing$．为了说明 K 的紧性，将它否定之，则分散的可数无限点列 $\{x_i\}\subset K$ 存在．取 X 的分散的开集列 $\{W_i\}$，对于各 i，使

$$(4)\quad x_i\in W_i,\ f(W_i)\cap\{y_1,\cdots,y_i\}=\varnothing$$

成立．因 $x_i\in\mathrm{Cl}\left(\bigcup_j g^{-1}(y_j)\right)$，故有 $W_i\cap\left(\bigcup_j g^{-1}(y_j)\right)\neq\varnothing$，可取

$$(5)\quad z_i\in W_i\cap\left(\bigcup_j g^{-1}(y_j)\right).$$

若确定 $n(i)$ 使 $z_i\in g^{-1}(y_{n(i)})$，则由(4)，(5)，有 $n(i)>i$．故能选

i_j, $j\in N$, 使

(6) $i_1<i_2<\cdots$, $n(i_1)<n(i_2)<\cdots$.

点列 $Z=\{z_{i_j}:j\in N\}$是分散的,故 $g(Z)$是闭的. 然而由(6) $g(Z)$是点列$\{y_i\}$的子列,故具有接触点 y_0, 产生矛盾. 如此知K是非空的紧集.

由(3)和 $g^{-1}(y_0)\subset U_\beta$,有 $K\subset U_\beta$. 故对于某 $r<\beta$, 有

(7) $K\subset U_r$.

令

(8) $M=\bigcup_j g^{-1}(y_j)$, $L=\overline{M}-M$.

因Y是 T_2 的,故$\{y_0,y_1,y_2,\cdots\}$是闭的. 从而 $g^{-1}(y_0)\cup M$ 也是闭的. 故

(9) $L\subset g^{-1}(y_0)$, $K=L$.

今对于 r, 假定有

(10) $g^{-1}(y_i)-U_r\neq\varnothing$, $i\in N$.

于是由(7),(8),(9),$M-U_r$ 是闭的. 故 $g(M-U_r)=\{y_i:i\in N\}$是闭的. 此矛盾意味着(10)不成立,对于某 $m\in N$, 必须有 $g^{-1}(y_m)\subset U_r$. 故 $y_m\notin g(X_0-U_r)$, 而 $g(X_0-U_r)\neq Y$ 发生矛盾. 结果知 $g(X_0-U_\beta)=Y$ 是正确的.

当 β 为非极限序数时,若 $g|X_0-U_{\beta-1}$ 不是既约的,则任意取 X_0 的开集 U_β 使 $g(X_0-U_\beta)=Y$ 且 $(X_0-U_{\beta-1})\cap U_\beta\neq\varnothing$. 这个操作必能终了,故有 X_0 的开集U使 $g(X_0-U)=Y$ 且 $g|X_0-U$ 是既约的. □

55.13 定理 (Slaughter) 度量空间的闭连续像(也称之为 Lašnev 空间)是 M_1 空间.

证明 设X为度量空间, $f:X\to Y$ 为到上的闭连续映射. 因 f 是继承的商映射,故由定理 48.8, Y 是 Fréchet 空间. Y 当然满足 T_2, 故由前定理,设 f 为既约的并不失一般性. 若F为Y的闭集,则由定理 55.4, $f^{-1}(F)$ 具有保闭的邻域基 $\mathscr{B}$. 若令

$$\mathscr{V}=\{Y-f(X-B):B\in\mathscr{B}\},$$

则 $\mathscr{V}$ 是 F 的邻域基．因 f 是既约的，故应用引理 55.10，知 $\mathscr{V}$ 是保闭的．显然 Y 是族正规 σ 空间．故满足定理 55.8 的条件，所以 Y 是 M_1 空间．□

55.14 例 存在不是 Lašnev 空间的 M_1 空间．

设 X 为上半平面 $\{(x,y):y\geqslant 0\}$，Q 为有理数集．对于 $y>0$ 的点 (x,y)，对于任意的 $0<r<y<s$，$r,s\in Q$，令

$$U_{r,s}(x,y)=\{(x,y'):r<y'<s\},$$

设 $\mathscr{U}_{r,s}$ 为此形的集合全体，即

$$\mathscr{U}_{r,s}=\{U_{r,s}(x,y):x\in R,\ r<y<s\}.$$

对于点 $(x,0)$，取 $r<x<s$，$t>0$，$s,r,t\in Q$，令

$$V_{r,s,t}(x,0)=\{(x',y'):r<x'<s,x'\neq x,0\leqslant y'<t\}\cup\{(x,0)\},$$

设 $\mathscr{V}_{r,s,t}$ 为此形的集合全体．令

$$\mathscr{B}=\Big(\bigcup_{r,s}\mathscr{U}_{r,s}\Big)\cup\Big(\bigcup_{r,s,t}\mathscr{V}_{r,s,t}\Big),$$

以 $\mathscr{B}$ 为子基在 X 导入拓扑．

(1) X 是 M_1 空间．

证明 X 显然是正则空间．各 $\mathscr{U}_{r,s}$，各 $\mathscr{V}_{r,s,t}$ 都是保闭的．□

(2) X 不是 Lašnev 空间．

证明 首先知道 X 不是度量空间．因为 X 的任意基在原点不能具有 σ 局部有限性．若由定理 51.6，则满足第一可数性的 Lašnev 空间是可距离化的．因 X 满足第一可数性，故不能是 Lašnev 空间．□

给予另外的例子．设 X 为度量空间．A 为 X 的闭集而 Bry$A$ 不是紧的．设 X_A 为由 X 把 A 收缩为一点 a 得到的商空间．X_A 是 X 的闭连续像，故由定理 55.13 是 M_1 空间．又因在 a 第一可数性不成立，故非度量空间．令 Y 为非离散的任意度量空间．此时 $X_A\times Y$ 做为 M_1 空间的积是 M_1 空间 (54.5)．由下述定理知，它不是 Lašnev 空间．

55.15 定理 (Hyman) 设 X，Y 都不是离散空间．若 $X\times Y$

是 Lašnev 空间，则可距离化.

证明　设 Z 为度量空间，$f: Z \to X \times Y$ 为到上的闭连续映射. 若能证明 X 满足第一可数性，则对于 Y 也有同样结论，其结果 $X \times Y$ 作为满足第一可数性 Lašnev 空间是可距离化的.

因 Y 拓扑同胚于 $X \times Y$ 的子空间，故为 Lašnev 空间，从而是 Fréchet 空间. 因 Y 是非离散的，故存在一点 $y \in Y$ 和收敛于它的点列 $\{y_i\}$，$y_i \neq y$. 任取 $x \in X$. 令

$$A = f^{-1}(X \times \{y\}),\ B = f^{-1}(x, y).$$

$f^{-1}(x, y_i)$ 的邻域 U_i 定义如下.

$$U_i = \cup \left\{S\left(z : \frac{1}{2} d(z, A)\right) : z \in f^{-1}(x, y_i)\right\}.$$

设 $\pi: X \times Y \to X$ 为射影，令

$$V_i = \pi(X \times Y - f(Z - U_i)).$$

因 f 是闭的，π 是开的，故 V_i 是 x 的开邻域. 今证明 $\{V_i\}$ 为 x 的邻域基. 设 W 为 x 的任意开邻域. 若令

$$U' = f^{-1}\pi^{-1}(W),$$

$$U'' = \cup \left\{S\left(z : \frac{1}{2} d(z, Z - U')\right) : z \in B\right\},$$

则 U'' 是 B 的开邻域. $V' = X \times Y - f(Z - U'')$ 是 (x, y) 的开邻域，而 $\lim(x, y_i) = (x, y)$，故 $(x, y_n) \in V'$ 的 n 存在. 对此 n 由下述情况可知 $V_n \subset W$.

任取 $z \in U_n$. 由 U_i 的作法对于某个 $z_n \in f^{-1}(x, y_n)$，有 $d(z_n, z) < \frac{1}{2} d(z_n, A)$. 因 $z_n \in U''$，故有某个 $a \in B \subset A$，使 $z_n \in S(a : \frac{1}{2} d(a, Z - U'))$，即 $d(a, z_n) < \frac{1}{2} d(a, Z - U')$. 故 $d(z_n, A) < \frac{1}{2} d(a, Z - U')$. 于是

$$\begin{aligned} d(a, z) &\leqslant d(a, z_n) + d(z_n z) \\ &< \frac{1}{2} d(a, Z - U') + \frac{1}{4} d(a, Z - U') \end{aligned}$$

$$= \frac{3}{4} d(a, Z - U').$$

故 $z \in U'$. 于是 $U_n \subset U'$. 由此和 V_n 的定义有 $V_n \subset W$. □

55.16 定理（Heath） 层型空间 X 是 σ 空间.

证明 将 X 的点良序化，设 $X = \{x_\alpha : \alpha < \theta\}$. 考虑满足定理 54.8 之 (3) 的条件的开集族

$$\{g(x, n) : x \in X, n \in N\}.$$

关于各 x, n. 设 $g(x, n) \supset g(x, n+1)$ 成立并不失一般性. 对于各 $\alpha < \theta, i, n \in N$，令

(1) $D(\alpha, i, n) = X - [(\bigcup\{g(y, n) : y \notin g(x_\alpha, i)\}) \cup (\bigcup\{g(x_\beta, i) : \beta < \alpha\})]$.

显然 $D(\alpha, i, n) \subset g(x_\alpha, i)$. 令

(2) $\mathscr{D}(i, n) = \{D(\alpha, i, n) : \alpha < \theta\}$.

任取 $x \in X$，设 $\alpha = \min\{\beta : x \in g(x_\beta, i)\}$，则 x 的开邻域 $g(x_\alpha, i) \cap g(x, n)$ 和 $D(\alpha, i, n)$ 以外的 $\mathscr{D}(i, n)$ 的元不相交. 故 $\mathscr{D}(i, n)$ 是分散的闭集族. 令

(3) $B(\alpha, i, n, m) = \{z \in D(\alpha, i, n) : x_\alpha \in g(z, m)\}$,

(4) $\mathscr{B}(i, n, m) = \{B(\alpha, i, n, m) : \alpha < \theta\}$,

(5) $\mathscr{B} = \bigcup\{\mathscr{B}(i, n, m) : i, n, m \in N\}$.

因 $\mathscr{D}(i,n)$ 是分散的，故 $\mathscr{B}(i, n, m)$ 是分散的，从而 $\mathscr{B}$ 是 σ 分散的.

为了证明 $\mathscr{B}$ 是 X 的网络，任取 $x \in X$ 和它的任意开邻域 U. 若令

(6) $\alpha_i = \min\{\beta : x \in g(x_\beta, i)\}, \ i \in N$,

则如下可知有

(7) $\lim x_{\alpha_i} = x$.

由 54.8 (3) 之条件，有

$$X - U = \bigcap_{n=1}^{\infty} \mathrm{Cl}(\bigcup\{g(y, n) : y \in X - U\}).$$

故有某个 k，若 $i \geqslant k$，则

$$x \notin \mathrm{Cl}(\bigcup\{g(y, i): y \in X - U\}).$$

另方面，因 $x \in g(x_{\alpha_i}, i)$，$i \in N$，故有 $i \geqslant k \Rightarrow x_{\alpha_i} \in U$ 知(7)是正确的．关于各 m，$U \cap g(x, m)$ 是 x 的开邻域，故由(7)对于某 $i(m)$，

(8)　$i \geqslant i(m) \Rightarrow x_{\alpha_i} \in U \cap g(x, m)$.

又由 54.8 (3) 之条件．关于各 i 有 $k(i)$，使

(9)　$n \geqslant k(i)$, $y \in X - g(x_{\alpha_i}, i) \Rightarrow x \notin g(y, n)$.

由(1)，(6)，(9)有

(10)　$n \geqslant k(i) \Rightarrow x \in D(\alpha_i, i, n)$.

由(8)，(10)，(3)有

(11)　$i \geqslant i(m)$, $n \geqslant k(i) \Rightarrow x \in B(\alpha_i, i, n, m)$.

由此(11)式，对于 $i \geqslant i(m)$ 且 $n \geqslant k(i)$ 的某 i, n, m 若能说明 $B(\alpha_i, i, n, m) \subset U$ 即可．假设不成立，则对于所有的 $m \geqslant 1$，$i \geqslant i(m)$，$n \geqslant k(i)$，有 $B(\alpha_i, i, n, m) - U \neq \varnothing$．今固定 m 考虑之．对于 $i \geqslant i(m)$，$n \geqslant k(i)$，选

$$z(i, n, m) \in B(\alpha_i, i, n, m) - U.$$

于是由(3)有 $x_{\alpha_i} \in g(z(i, n, m), m)$．由这个事实与(7)，有

(12)　$$\begin{aligned} x &\in \mathrm{Cl}\{x_{\alpha_i}: i \geqslant i(m)\} \\ &\subset \mathrm{Cl}(\bigcup\{g(z(i, n, m), m): i \geqslant i(m), n \geqslant k(i)\}) \\ &\subset \mathrm{Cl}(\bigcup\{g(z, m): z \in X - U\}). \end{aligned}$$

因(12)对于所有的 m 成立，故有

$$x \in \bigcap_{m=1}^{\infty} \mathrm{Cl}(\bigcup\{g(z, m): z \in X - U\}) = X - U,$$

发生矛盾．□

55.17　例　存在 Lindelöf σ 空间而非层型空间．

设 X 为上半平面上如下规定的点集．

(i)　$(x, 0)$，x 为无理数，

(ii)　(x, y)，$y > 0$，x, y 皆为有理数．

对于(i)形的点 $a = (x, 0)$，令

$$V(a, n) = \{a\} \cup \{(x', y') \in X: y' < |x - x'| < 1/n\},$$

设 $\{V(a, n): n \in N\}$ 为 a 的邻域基．(ii)形的点的邻域基按通常的

Euclid 拓扑取之.

(1) X是 Lindelöf σ 空间.

证明 (i) 形点 a 的邻域 $V(a,n)$ 的边界恰由二点$(x\pm 1/n, 0)$,$(a=(x, 0))$组成,故X为正则的. 设(i)形点集为 X_1,(ii) 形点集为 X_2, $X=X_1\cup X_2$. 因 X_1, X_2 都是X的可分度量子空间,故分别具有可数网络,从而X也具有可数网络. 故X为 Lindelöf σ 空间. □

(2) X不是层型空间.

证明 假定X具有对基 $\mathbf{P}=\bigcup\mathbf{P}_i$, 其中各 $\mathbf{P}_i$ 为胶垫族, 我们将导致矛盾. 对于各 $m, k\in N$,设 X_{mk} 为 X_1 的所有如下的点 a 的集合.

(iii) 关于某 $P=(P_1, P_2)\in\mathbf{P}_k$, 有

$$V(a, m)\subset P_1\subset P_2\subset V(a, 1).$$

因 $\mathbf{P}$ 是对基,故 $X_1=\bigcup_{m,k=1}^{\infty}X_{mk}$. 若将所有有理点$(r, 0)$添加于 X_1 上, 则构成实数直线 R, 故根据 Baire 的范畴定理 7.11, 某 $X_{m,k}$ 是R的第二类集合. 关于 Euclid 拓扑选 X_{mk} 在R中的闭包的内点$(r, 0)$, r 为有理数. 于是下式之一成立.

(iv) $(r, 0)\in \mathrm{Cl}_R\{(x, 0)\in X_{mk}: x>r\}$,

(v) $(r, 0)\in \mathrm{Cl}_R\{(x, 0)\in X_{mk}: x<r\}$.

今设(iv)成立. 令 $\mathbf{P}'_k$ 为对于某个$(x,0)\in X_{mk}$, $r<x<r+1/m$,使(iii)成立的所有的 P 组成的 $\mathbf{P}_k$ 的子族.若考虑点 $b=(r+1/m,1/m)$,则 $b\in \mathrm{Cl}(\bigcup\{P_1:P\in\mathbf{P}'_k\})$. 另方面,(iii)中由 $P_2\subset V(a, 1)$ 有 $b\notin\bigcup\{P_2:P\in\mathbf{P}'_k\}$. 这和 $\mathbf{P}_k$ 是胶垫族的事实相矛盾. 由 (v) 也同样发生矛盾. □

§ 56. Morita 空 间

56.1 定义 考虑集合 Ω 与空间 X. X的集族

(1) $\{G(\alpha_1\cdots\alpha_i);\alpha_1, \cdots, \alpha_i\in\Omega, i\in N\}$

(关于 Ω)是单调增大的是指对于各 i,各 $\alpha_1,\cdots,\alpha_{i+1}\in\Omega$

$$G(\alpha_1\cdots\alpha_i)\subset G(\alpha_1\cdots\alpha_i\alpha_{i+1})$$

成立而言. 将(1)形集族简写做 $\{G(\ ):\Omega\}$. 其他集族 $\{F(\ ):\Omega\}$ 是 $\{G(\ ):\Omega\}$ 的同调加细是指前者是后者的一一加细且满足下述条件而言.

$$(2)\quad \bigcup_{i=1}^{\infty} G(\alpha_1\cdots\alpha_i)=X\Rightarrow\bigcup_{i=1}^{\infty} F(\alpha_1\cdots\alpha_i)=X.$$

对于任意 Ω 和任意单调增大开集族 $\{G(\ ):\Omega\}$, 存在其同调加细闭集族 $\{F(\ ):\Omega\}$时,称 X 为 P 空间或 Morita 空间.

56.2 命题 设给与正规空间 X 的单调增大开集族 $\{G():\Omega\}$, 则下述三个条件是等价的:

(1) 存在将 $\{G(\ ):\Omega\}$ 同调加细的闭集族.

(2) 存在将 $\{G(\ ):\Omega\}$ 同调加细的 F_σ 集族.

(3) 存在将 $\{G(\ ):\Omega\}$ 同调加细的补零集族.

证明 (1)$\Longrightarrow$(3) 取 $\{G(\ ):\Omega\}$的同调加细闭集族 $\{F(\ ):\Omega\}$. 对于各 $\alpha_1,\cdots,\alpha_i\in\Omega$,若取满足

$$F(\alpha_1\cdots\alpha_i)\subset H(\alpha_1\cdots\alpha_i)\subset G(\alpha_1\cdots\alpha_i)$$

的补零集 $H(\ )$,则 $\{H(\ ):\Omega\}$ 是 $\{G(\ ):\Omega\}$ 的同调加细.

(3)$\Longrightarrow$(2)是明显的.

(2)$\Longrightarrow$(1) 取 $\{G(\ ):\Omega\}$的同调加细的 F_σ 集族 $\{C(\ ):\Omega\}$. 表为

$$C(\alpha_1\cdots\alpha_i)=\bigcup_{k=1}^{\infty} C(\alpha_1\cdots\alpha_i:k),\text{各 } C(\alpha_1\cdots\alpha_i:k)\text{ 为闭.}$$

若令

$$F(\alpha_1\cdots\alpha_i)=\bigcup\{C(\alpha_1\cdots\alpha_j:k):j\leqslant i,k\leqslant i\},$$

则 $F(\ )$ 是闭的且 $\{F(\ ):\Omega\}$ 为 $\{G(\ ):\Omega\}$ 的同调加细. □

56.3 推论 完全正规空间是 Morita 空间.

56.4 推论 正规 Morita 空间是可数仿紧的.

证明 考虑 X 的开集列 $\{U_i\}$,使 $U_1\subset U_2\subset\cdots,\bigcup U_i=X$ 者. 由于看做 $U_1=U(0),U_2=(00),\cdots$, 故 $\{U_i\}$ 可以看做当 Ω 仅由

一个元 0 组成时的单调增大开集族 $\{U(\ ):\Omega=\{0\}\}$. 故有闭集 F_i 存在使 $F_i\subset U_i$, $\bigcup F_i=X$. 故由命题 16.11, X 是可数仿紧的.

56.5 命题 设 $f:X\to Y$ 为到上的闭连续映射.

(1) 若 X 为 Morita 空间,则 Y 也是 Morita 空间.

(2) 当 Y 为 Morita 空间, 而 f 为拟完全 (42.14) 时, X 是 Morita 空间.

证明 (1) 是明显的, 今证明 (2). 取 X 的单调增大开集族 $\{G(\ ):\Omega\}$. 若令

$$H(\alpha_1\cdots\alpha_i)=Y-f(X-G(\alpha_1\cdots\alpha_i)),$$

则 $\{H(\ ):\Omega\}$ 为 Y 的单调增大开集族. 先证明下式.

$$(3)\quad X=\bigcup_{i=1}^{\infty}G(\alpha_1\cdots\alpha_i)\Rightarrow Y=\bigcup_{i=1}^{\infty}H(\alpha_1\cdots\alpha_i).$$

取任意点 $y\in Y$. $\{G(\alpha_1\cdots\alpha_i):i\in N\}$ 为可数紧集 $f^{-1}(y)$ 的可数开覆盖, 故对于某个 k, 有 $f^{-1}(y)\subset G(\alpha_1\cdots\alpha_k)$. 这意味着 $y\in H(\alpha_1\cdots\alpha_K)$, 故(3)是正确的. 因 Y 是 Morita 空间, 故 $\{H(\ ):\Omega\}$ 的同调加细的闭集族 $\{F(\ ):\Omega\}$ 存在. 若令

$$K(\alpha_1\cdots\alpha_i)=f^{-1}(F(\alpha_1\cdots\alpha_i)),$$

则由 (3), $\{K(\ ):\Omega\}$ 是 $\{G(\ ):\Omega\}$ 的同调加细闭集族. □

56.6 推论 可数紧空间是 Morita 空间.

56.7 推论 M 空间是 Morita 空间.

证明 由定理 42.15, M 空间是度量空间的准完全映射下的原像, 而由推论 56.3, 度量空间是 Morita 空间. □

56.8 推论 若 X 为 Morita 空间, Y 为紧空间, 则 $X\times Y$ 为 Morita 空间.

证明 若 $\pi:X\times Y\to X$ 为射影, 则由 Y 的紧性容易知道, π 是闭的, 从而 π 是完全的. 故 $X\times Y$ 是 Morita 空间. □

56.9 引理 设 $\mathscr{U}$ 为可数仿紧正规空间 X 的 σ 局部有限开覆盖. 这时存在 X 的局部有限开覆盖 $\mathscr{V}$, 使 $\overline{\mathscr{V}}<\mathscr{U}$.

证明 表示为 $\mathscr{U}=\bigcup\mathscr{U}_i$, 各 $\mathscr{U}_i$ 为局部有限的. 取 $\{\mathscr{U}_i^{\#}:i\in N\}$ 的加细的局部有限开覆盖 $\{W_i\}$, 使 $W_i\subset\mathscr{U}_i^{\#}$, $i\in N$. 若令

$\mathscr{W}=\bigcup\{\mathscr{U}_i|W_i:i\in N\}$；则 $\mathscr{W}$ 是 $\mathscr{U}$ 的加细的局部有限开覆盖．因 X 是正规的，故 $\mathscr{W}$ 可收缩，存在局部有限开覆盖 $\mathscr{V}$，使 $\overline{\mathscr{V}}<\mathscr{W}$．□

56.10 引理 设 $|\Omega|\geqslant 2$．在 Ω 导入离散拓扑，考虑积空间 Ω^ω． 空间 X 若对于任意 $S\subset\Omega^\omega$，$X\times S$ 是正规的，则对于任意 $S\subset\Omega^\omega$，$X\times S$ 是可数仿紧的．

证明 任取 S．由 Ω 取出 2 元设为 D．因可以看做 $\Omega^\omega=\Omega^\omega\times\Omega^\omega$，故 $S\times D^\omega$ 可看做 Ω^ω 的子空间．故 $X\times(S\times D^\omega)$ 是正规的．由推论 25.3 存在到上的连续映射 $f:D^\omega\to I$．考虑

$$g=1_{X\times S}\times f:(X\times S)\times D^\omega(=X\times(S\times D^\omega))\to (X\times S)\times I,$$

则 g 做为完全映射的积是完全的．故 $X\times S\times I$ 做为正规空间 $X\times S\times D^\omega$ 的完全像是正规的．故根据 Dowker 定理 16.12，$X\times S$ 是可数仿紧的．□

56.11 引理 设 $|\Omega|\geqslant 2$．空间 X 若具有性质：对于任意子空间 $S\subset\Omega^\omega$，$X\times S$ 是正规的，则 X 的单调增大开集族 $\{G(\ ):\Omega\}$ 具有由闭集族组成的同调加细 $\{F(\ ):\Omega\}$．

证明 首先若令

(1) $S=\left\{(\alpha_1,\alpha_2,\cdots)\in\Omega^\omega:\bigcup\limits_{i=1}^{\infty}G(\alpha_1\cdots\alpha_i)=X\right\}$,

则 $S\subset\Omega^\omega$．对于 $\alpha_1,\cdots,\alpha_i\in\Omega$，若令

(2) $V(\alpha_1\cdots\alpha_i)=\{(\beta_1,\beta_2,\cdots)\in\Omega^\omega:\beta_1=\alpha_1,\cdots,\beta_i=\alpha_i\}$,

则 $V(\ )$ 是 Ω^ω 的立方邻域，且 $\{V(\ ):\Omega\}$ 是 Ω^ω 的基．特别地，若固定 i，则 $\{V(\alpha_1\cdots\alpha_i):\alpha_1,\cdots,\alpha_i\in\Omega\}$ 是分散的．

因 $\{V(\ ):\Omega\}$ 是 Ω^ω 的基，故

(3) $\{G(\alpha_1\cdots\alpha_i)\times(V(\alpha_1\cdots\alpha_i)\cap S):\alpha_1,\cdots,\alpha_i\in\Omega,i\in N\}$

是 $X\times S$ 的 σ 分散的开覆盖．由引理 56.10，$X\times S$ 是可数仿紧的．故由引理 56.9，存在 $X\times S$ 的局部有限开覆盖 $\mathscr{L}=\{L(\ ):\Omega\}$，使 $\mathscr{L}$ 将覆盖(3)一一细分．即对于各 i，各 $\alpha_1,\cdots,\alpha_i\in\Omega$，下式成立．

(4) $\mathrm{Cl}L(\alpha_1\cdots\alpha_i)\subset G(\alpha_1\cdots\alpha_i)\times(V(\alpha_1\cdots\alpha_i)\cap S)$. 对于各 i, 各 $j\geqslant i$, 各 $\alpha_1,\cdots,\alpha_j\in\Omega$, 使满足下述不等式的最大开集 $M(\alpha_1\cdots\alpha_j:i)$ 与之对应.

(5) $M(\alpha_1\cdots\alpha_j:i)\times(V(\alpha_1\cdots\alpha_j)\cap S)\subset L(\alpha_1\cdots\alpha_i)$. 对于各 j,各 $\alpha_1,\cdots,\alpha_j\in\Omega$, 由下式定义开集.

(6) $M(\alpha_1\cdots\alpha_j)=\bigcup_{i=1}^{j}M(\alpha_1\cdots\alpha_j:i)$.

由(4),(5),因 $\mathrm{Cl}M(\alpha_1\cdots\alpha_j:i)\subset G(\alpha_1\cdots\alpha_i)$, $i=1,\cdots,j$, 故由不等式 $G(\alpha_1\cdots\alpha_i)\subset G(\alpha_1\cdots\alpha_j)$, $i=1,\cdots,j$, 有 $\mathrm{Cl}M(\alpha_1\cdots\alpha_j:i)\subset G(\alpha_1\cdots\alpha_j)$, $i=1,\cdots,j$. 故由(6)有

(7) $\mathrm{Cl}M(\alpha_1\cdots\alpha_j)\subset G(\alpha_1\cdots\alpha_j)$.

为了证明 $\{\mathrm{Cl}M(\ ):\Omega\}$ 是 $\{G(\ ):\Omega\}$ 的同调加细,设

$$\bigcup_{i=1}^{\infty}G(\alpha_1\cdots\alpha_i)=X.$$

因 $a=(\alpha_1,\alpha_2,\cdots)\in S$, 故任取 $x\in X$ 时, 有 $(x,a)\in X\times S$ 且 $(x,a)\in L(\beta_1\cdots\beta_n)$ 的 $\mathscr{L}$ 的元存在. 于是由(4), $(x,a)\in G(\beta_1\cdots\beta_n)\times(V(\beta_1\cdots\beta_n)\cap S)$. 从而有 $a\in V(\beta_1\cdots\beta_n)$, 故必须有 $\beta_1=\alpha_1,\cdots,\beta_n=\alpha_n$, 而 $(x,a)\in L(\alpha_1\cdots\alpha_n)$. 因 $\{V(\alpha_1\cdots\alpha_n)\cap S: i\in N\}$ 是 a 在 S 中的邻域基,故存在 $k\geqslant n$,使

$$(x,a)\in M(\alpha_1\cdots\alpha_k:n)\times(V(\alpha_1\cdots\alpha_k)\cap S)\subset L(\alpha_1\cdots\alpha_n).$$

故由(6)有 $x\in M(\alpha_1\cdots\alpha_k)$. 因 x 是 X 的任意点, 故 $\bigcup_{i=1}^{\infty}M(\alpha_1\cdots\alpha_i)=X$,而 $\{M(\ ):\Omega\}$ 是 $\{G(\ ):\Omega\}$ 的同调加细, 从而 $\{F(\ )=\mathrm{Cl}M(\ ):\Omega\}$ 也是 $\{G(\ ):\Omega\}$ 的同调加细. □

下述定理与 Dowker 的特征化定理 16.12 相呼应.

56.12 定理 (Morita 特征化定理) 对于 T_2 空间 X 下述性质成立.

(N) 对于任意度量空间 Y, $X\times Y$ 是正规的充要条件是 X 是正规 Morita 空间.

(P) 对于任意度量空间 Y, $X\times Y$ 是仿紧的充要条件是 X 是仿紧 Morita 空间.

证明 (N),(P) 的必要性由引理 56.11 是明显的. 充分性的证明对于 (N), (P) 同时进行. 设 $\mathscr{U}$ 为 $X\times Y$ 的任意开覆盖. 若能证明 $\mathscr{U}$ 是正规的,则 $X\times Y$ 是仿紧的. 又当 $\mathscr{U}$ 为有限时, 若能证明它是正规的,则 $X\times Y$ 是正规的(15.7). 令

$$\mathscr{U}=\{U_\lambda:\lambda\in\Lambda\}.$$

取 Y 的局部有限开覆盖 $\mathscr{V}_i=\{V_{i\alpha}:\alpha\in\Omega_i\}$,使 $\operatorname{mesh}\mathscr{V}_i<1/i$. 令 $\Omega=\bigcup\Omega_i$, 当 $\alpha\in\Omega-\Omega_i$ 时, 若令 $V_{i\alpha}=\varnothing$, 则可以写作 $\mathscr{V}_i=\{V_{i\alpha}:\alpha\in\Omega\}$. 对于各 i,各 $\alpha_1,\cdots,\alpha_i\in\Omega$,若令

$$V(\alpha_1\cdots\alpha_i)=V_{1\alpha_1}\cap\cdots\cap V_{i\alpha_i},$$

则 $\{V(\ ):\Omega\}$ 是单调减少的,即有 局部 取

(1) $V(\alpha_1\cdots\alpha_i)\supset V(\alpha_1\cdots\alpha_i\alpha_{i+1}),\ \alpha_1,\cdots,\alpha_{i+1}\in\Omega.$

当然 $\{V(\ ):\Omega\}$ 是 Y 的基,若固定 i,则

(2) $\{V(\alpha_1\cdots\alpha_i):\alpha_1,\cdots,\alpha_i\in\Omega\}$

是局部有限开覆盖. 对于各 $\lambda\in\Lambda$,使满足下述不等式的最大开集 $G(\alpha_1\cdots\alpha_i:\lambda)$ 与之对应.

(3) $G(\alpha_1\cdots\alpha_i:\lambda)\times V(\alpha_1\cdots\alpha_i)\subset U_\lambda.$

由(1)的单调减少性,若令

(4) $G(\alpha_1\cdots\alpha_i:\lambda)\subset G(\alpha_1\cdots\alpha_i\alpha_{i+1}:\lambda),\ \lambda\in\Lambda,$

(5) $G(\alpha_1\cdots\alpha_i)=\bigcup\{G(\alpha_1\cdots\alpha_i:\lambda):\lambda\in\Lambda\},$

则由(4), $\{G(\ ):\Omega\}$ 是单调增大的开集族. 因 X 是 Morita 空间, 故存在 $\{G(\ ):\Omega\}$ 的同调加细的闭集族 $\{F(\ ):\Omega\}$ 和补零集族 $\{H(\ ):\Omega\}$, 且对于相对应的特征,

(6) $G(\ )\supset F(\ )\supset H(\ )$

成立. 若令

$$\mathscr{G}(\alpha_1\cdots\alpha_i)=\{G(\alpha_1\cdots\alpha_i:\lambda):\lambda\in\Lambda\},$$

则由(5),(6),它覆盖 $F(\alpha_1\cdots\alpha_i)$, 故存在在 $F(\alpha_1\cdots\alpha_i)$ 中的补零集 $C(\alpha_1\cdots\alpha_i:\lambda)$ $(\lambda\in\Lambda)$ 满足下述条件.

(7) $C(\alpha_1\cdots\alpha_i:\lambda)\subset G(\alpha_1\cdots\alpha_i:\lambda),$

(8) $\bigcup\{C(\alpha_1\cdots\alpha_i:\lambda):\lambda\in\Lambda\}=F(\alpha_1\cdots\alpha_i),$

(9) $\{C(\alpha_1\cdots\alpha_i:\lambda):\lambda\in\Lambda\}$ 在 $F(\alpha_1\cdots\alpha_i)$ 中局部有限.

若令

(10) $H(\alpha_1\cdots\alpha_i:\lambda)=C(\alpha_1\cdots\alpha_i:\lambda)\cap H(\alpha_1\cdots\alpha_i)$,

则$H(\alpha_1\cdots\alpha_i:\lambda)$在$X$中是补零集,且

(11) $\mathscr{H}(\alpha_1\cdots\alpha_i)=\{H(\alpha_1\cdots\alpha_i:\lambda):\lambda\in\Lambda\}$

在X是局部有限的. 再由(3),(7),(10),有

(12) $H(\alpha_1\cdots\alpha_i:\lambda)\times V(\alpha_1\cdots\alpha_i)\subset U_\lambda$, $\lambda\in\Lambda$.

现在考虑$X\times Y$的补零集族

(13) $\{H(\alpha_1\cdots\alpha_i:\lambda)\times V(\alpha_1\cdots\alpha_i):\alpha_1,\cdots,\alpha_i\in\Omega,\ i\in N,\ \lambda\in\Lambda\}$,则它是$\sigma$局部有限的,而且由(12)它是$\mathscr{U}$的加细. 若能证明(13)覆盖$X\times Y$,则由定理16.4和定理16.6,(13)是正规的.

任取$(x,y)\in X\times Y$. 取$(\beta_1,\beta_2,\cdots)\in\Omega^\omega$,使$\{V(\beta_1\cdots\beta_i):i\in N\}$是$y$的邻域基. 因$\bigcup_{i=1}^{\infty}G(\beta_1\cdots\beta_i)=X$,故有$\bigcup_{i=1}^{\infty}H(\beta_1\cdots\beta_i)=X$. 故对于某个$n$,有$x\in H(\beta_1\cdots\beta_n)$. 由(6),(8),(10),有$H(\beta_1\cdots\beta_n)=\bigcup\{H(\beta_1\cdots\beta_n:\lambda):\lambda\in\Lambda\}$,故对于某个$\mu\in\Lambda$,有$x\in H(\beta_1\cdots\beta_n:\mu)$. 对于此$n$, μ有

$$(x,y)\in H(\beta_1\cdots\beta_n:\mu)\times V(\beta_1\cdots\beta_n).\ \square$$

对于仿紧Morita空间,充分性的证明,若用正规Morita空间和度量空间之积是正规的,则也有如下简单的别证. 设X为仿紧T_2 Morita空间,Y为度量空间.若任取紧T_2空间Z,则$X\times Z$由17.19是仿紧T_2的,又由56.8是Morita空间. 故$(X\times Z)\times Y$是正规的. 因$(X\times Z)\times Y=(X\times Y)\times Z$,故由Tamano定理24.5,$X\times Y$是仿紧的.

§57. Σ 空 间

57.1 定义 设$\mathscr{F}$是空间X的覆盖. 对于各$x\in X$,令

$$C(x,\mathscr{F})=\bigcap\{F:x\in F\in\mathscr{F}\}.$$

空间X的Σ网络是指满足下述条件的局部有限闭覆盖列$\{\mathscr{F}_i\}$.

X的非空闭集列$K_1\supset K_2\supset\cdots$,对于某$x\in X$,若满足$K_i\subset$

$C(x,\mathscr{F}_i)$, $i\in N$, 则 $\bigcap K_i\neq\varnothing$.

对此 Σ 网络，若令

$$C(x)=\bigcap C(x,\mathscr{F}_i),$$

则对于各 $x\in X$, $C(x)$是可数紧的．特别地，当各 $C(x)$ 是紧的时，$\{\mathscr{F}_i\}$ 称为强 Σ 网络．具有 Σ 网络或强 Σ 网络的空间分别称为 Σ 空间或强 Σ 空间。若提到 Σ 空间 $(X,\{\mathscr{F}_i\})$ 即 $\{\mathscr{F}_i\}$ 是 X 的 Σ 网络．本节的结果属于 Nagami.

57.2 引理 设$(X,\{\mathscr{F}_i\})$是 Σ 空间．对于各 i 有局部有限闭覆盖 $\mathscr{H}_i$, 设 $\mathscr{H}_i<\mathscr{F}_i$. 此时 $\{\mathscr{H}_i\}$ 是 X 的 Σ 网络.

57.3 引理 设 $(X,\{\mathscr{F}_i\})$ 为 Σ 空间．此时存在 X 的 Σ 网络 $\{\mathscr{H}_i=\{H(\alpha_1\cdots\alpha_i):\alpha_1,\cdots,\alpha_i\in\Omega\}\}$ 满足下述三条件:

(1) 各 $\mathscr{H}_i$ 是有限可乘的, $\mathscr{H}_i\subset\mathscr{H}_{i+1}$, $\mathscr{H}_i<\mathscr{F}_i$.

(2) $H(\alpha_1\cdots\alpha_i)=\bigcup\{H(\alpha_1\cdots\alpha_i\alpha_{i+1})\in\mathscr{H}_{i+1}:\alpha_{i+1}\in\Omega\}$.

(3) 对于各 $x\in X$, 存在 $(\alpha_i)\in\Omega^\omega$, 对于 $C(x)$ 的任意开邻域 U, 有 i 使 $C(x)\subset H(\alpha_1\cdots\alpha_i)\subset U$. 其中 $C(x)$ 为对于 $\{\mathscr{H}_i\}$ 定义的.

证明 设 $\mathscr{K}_i=\{K_i(\alpha_i):\alpha_i\in A_i\}$ 为在 $\mathscr{F}_i$ 上添加它的元的有限交全体及 X. 令 $\bigcup A_i=\Omega$, 对于 $\alpha\in\Omega-A_i$, 若令 $K_i(\alpha)=\varnothing$, 则写做

$$\mathscr{K}_i=\{K_i(\alpha_i):\alpha_i\in\Omega\},$$

而且这是有限乘法的局部有限闭覆盖．若令

$$H(\alpha_1\cdots\alpha_i)=K_1(\alpha_1)\cap\cdots\cap K_i(\alpha_i),$$

$$\mathscr{H}_i=\{H(\alpha_1\cdots\alpha_i):\alpha_1,\cdots,\alpha_i\in\Omega\},$$

则 $\mathscr{H}_i$ 是局部有限闭覆盖且满足(1), (2). 对于 $x\in X$ 取各 $\mathscr{K}_i$ 的元 $K_i(\alpha_i)$, 而且是满足 $x\in K_i(\alpha_i)$ 中的最小者．对于此 $(\alpha_i)\in\Omega^\omega$, 满足(3). $\{\mathscr{H}_i\}$ 是 Σ 网络的事实是引理 57.2 的结果. □

满足此引理条件的 $\{\mathscr{H}_i\}$ 称为 X 的标准 Σ 网络.

57.4 定理 正则空间 X 是 σ 空间的充要条件是 X 对于各 $x\in X$ 具有 $C(x)=\{x\}$ 的 Σ 网络.

证明 必要性 取 X 的网络 $\mathscr{B}=\bigcup\mathscr{B}_i$, 其中各 $\mathscr{B}_i$ 为局部

有限闭集族．若令 $\mathscr{F}_i = \mathscr{B}_i \cup \{X\}$，则 $\{\mathscr{F}_i\}$ 为 Σ 网络，且满足 $C(x) = \{x\}$.

充分性　对于满足 $C(x) = \{x\}(x \in X)$ 的 X 的 Σ 网络 $\{\mathscr{F}_i\}$，由引理 57.3 作标准 Σ 网络，则它是 σ 局部有限网络．□

57.5　定理　Σ 空间是 Morita 空间．

证明　设 $(X, \{\mathscr{F}_i\})$ 为 Σ 空间．若必要，将各 $\mathscr{F}_i$ 用 $\bigcup_{j=1}^{i} \mathscr{F}_j$ 置换，故假设 $\mathscr{F}_i \subset \mathscr{F}_{i+1}$ 并不失一般性．考虑 X 的单调增大的开集族 $\{G(\ ) : \Omega\}$．若令

$$F(\alpha_1 \cdots \alpha_i) = \bigcup \{F \in \mathscr{F}_i : F \subset G(\alpha_1 \cdots \alpha_i)\},$$

则 $F(\alpha_1 \cdots \alpha_i) \subset G(\alpha_1 \cdots \alpha_i)$ 而 $F(\alpha_1 \cdots \alpha_i)$ 是闭的．为了证明 $\{F(\ ) : \Omega\}$ 是 $\{G(\ ) : \Omega\}$ 的同调加细，令 $\bigcup_{i=1}^{\infty} G(\alpha_1 \cdots \alpha_i) = X$．若假定存在点

$$x \in X - \bigcup_{i=1}^{\infty} F(\alpha_1 \cdots \alpha_i),$$

令

$$K_i = C(x, \mathscr{F}_i) - G(\alpha_1 \cdots \alpha_i),$$

则 $K_i \neq \varnothing$ 且有 $K_1 \supset K_2 \supset \cdots$．故 $\bigcap K_i \neq \varnothing$．另方面，因 $\bigcap K_i \subset X - \bigcup_{i=1}^{\infty} G(\alpha_1 \cdots \alpha_i) = \varnothing$，故发生矛盾．□

57.6　引理　设 $f: X \to Y$ 为拟完全映射．若 $\mathscr{F}$ 为 X 的局部有限闭集族，则 $f(\mathscr{F})$ 在 Y 是局部有限的．

证明　任取 $y \in Y$．若说明 $f^{-1}(y)$ 至多和 $\mathscr{F}$ 的有限个元相交，则 $f(\mathscr{F})$ 是点有限且保闭的，故为局部有限的．

设 F_i 为和 $f^{-1}(y)$ 相交的 $\mathscr{F}$ 的无限个元，$i \in N$．关于各 i 取点 $x_i \in f^{-1}(y) \cap F_i$．点列 $\{x_i\}$ 是 $f^{-1}(y)$ 的闭集，故为有限集．于是 $\{F_i\}$ 在 $\{x_i\}$ 的某点上不是点有限的．□

57.7　定理　设 $f: X \to Y$ 为到上的拟完全映射．这时 X 是 Σ 空间的充要条件是 Y 是 Σ 空间．

证明　必要性　设 $\{\mathscr{F}_i\}$ 为 X 的标准 Σ 网络．今证明 $\{f(\mathscr{F}_i)\}$

为Y的Σ网络．取$y\in Y$及$L_i\subset C(y,f(\mathscr{F}_i))(L_i\supset L_{i+1})$的$Y$的非空闭集列$\{L_i\}$．任取$x\in f^{-1}(y)$，若假定在某$i$，有$f^{-1}(L_i)\cap C(x)=\varnothing$，则对某$j$，有$f^{-1}(L_i)\cap C(x,\mathscr{F}_j)=\varnothing$．若$k=\max\{i,j\}$，则$f^{-1}(L_k)\cap C(x,\mathscr{F}_k)=\varnothing$．因$C(x,\mathscr{F}_k)\in\mathscr{F}_k$，故有$L_k\cap C(y,f(\mathscr{F}_k))\subset L_k\cap f(C(x,\mathscr{F}_k))=\varnothing$，发生矛盾．故$f^{-1}(L_i)\cap C(x)\neq\varnothing(i\in N)$，而由$C(x)$的可数紧性有$\cap f^{-1}(L_i)\cap C(x)\neq\varnothing$，从而$\cap L_i\neq\varnothing$．由引理57.6，各$f(\mathscr{F}_i)$是$Y$的局部有限闭覆盖，故$\{f(\mathscr{F}_i)\}$是$Y$的$\Sigma$网络．

充分性　设$\{\mathscr{H}_i\}$为Y的标准Σ网络．下面证明$\{f^{-1}(\mathscr{H}_i)\}$成为$X$的$\Sigma$网络．取$x\in X$，考虑满足$K_i\subset C(x,f^{-1}(\mathscr{H}_i))(K_i\supset K_{i+1})$的$X$的闭集列$\{K_i\}$．假定关于某个$i$，$f(K_i)\cap C(y)=\varnothing$．其中$y=f(x)$．取$j$使$f(K_i)\cap C(y,\mathscr{H}_j)=\varnothing$．若$k=\max\{i,j\}$，则$f(K_k)\cap C(y,\mathscr{H}_k)=\varnothing$．由$C(y,\mathscr{H}_k)\in\mathscr{H}_k$有$K_k\cap C(x,f^{-1}(\mathscr{H}_k))=\varnothing$．这是矛盾，故必须有$f(K_i)\cap C(y)\neq\varnothing$，$i\in N$．由$C(y)$的可数紧性，$\cap f(K_i)\neq\varnothing$，从而可从此交中取点$z$．于是有$K_i\cap f^{-1}(z)\neq\varnothing$，$i\in N$，由$f^{-1}(z)$的可数紧性，有$\cap K_i\cap f^{-1}(z)\neq\varnothing$．各$f^{-1}(\mathscr{H}_i)$显然是$X$的局部有限闭覆盖．□

57.8　推论　Σ空间和紧空间的积是Σ空间．

57.9　推论　M空间是Σ空间．

证明　度量空间是σ空间故为Σ空间．M空间是度量空间的拟完全映射的原像(42.15)，故为Σ空间．□

57.10　定理　族正规强Σ空间X是仿紧的．

证明　首先，由推论56 4，X作为正规 Morita 空间是可数仿紧的．设$\{\mathscr{F}_i\}$为X的强Σ网络，而各$\mathscr{F}_i=\{F_{i\alpha}:\alpha\in A_i\}$是有限可乘的．取$X$的任意开覆盖$\mathscr{U}$．关于各$x\in X$取$\mathscr{U}$的有限子族$\mathscr{U}_x$使之覆盖$C(x)$．令$U(x)=\mathscr{U}_x^{\#}$，

$$\mathscr{H}=\{U(x):x\in X\},$$

$$\mathscr{F}'_i=\{F\in\mathscr{F}_i:F<\mathscr{H}\}=\{F_{i\alpha}:\alpha\in B_i\}.$$

对于某i，因$C(x,\mathscr{F}_i)\subset U(x)$且$\mathscr{F}_i$是有限可乘的，故$\cup\mathscr{F}'_i$是$X$的覆盖．因$X$是族正规，可数仿紧的，而$\mathscr{F}'_i$是它的局部有限

闭集族，故存在X的局部有限开集族$\{V_{i\alpha}:\alpha\in B_i\}$，满足$F_{i\alpha}\subset V_{i\alpha}$，$\alpha\in B_i$[1)]. 对于各$F_{i\alpha}\in\mathscr{F}'_i$，选$U(x_{i\alpha})\in\mathscr{H}$，使$F_{i\alpha}\subset U(x_{i\alpha})$. 若令

$$\mathscr{V}_i=\{V_{i\alpha}\cap U:\alpha\in B_i,U\in\mathscr{U}_{x_{i\alpha}}\},$$

则由$\mathscr{U}_{x_{i\alpha}}$是有限族，$F_{i\alpha}\subset U(x_{i\alpha})=\mathscr{U}^{\#}_{x_{i\alpha}}$有$(\mathscr{F}'_i)^{\#}\subset\mathscr{V}^{\#}_i$且$\mathscr{V}_i$在$X$是局部有限的. 因$\mathscr{V}_i<\mathscr{U}$，故$\bigcup\mathscr{V}_i$是$X$的$\sigma$局部有限开覆盖且是$\mathscr{U}$的加细. 故$X$是仿紧的. □

这个证明基本上包含了以后要用到的下述引理的证明.

57.11 引理 设$(X,\{\mathscr{F}_i\})$，其中$\mathscr{F}_i=\{F_{i\alpha}:\alpha\in A_i\}$，为正则的强$\Sigma$空间. 对于各$i$，若存在局部有限的开覆盖$\mathscr{U}_i=\{U_{i\alpha}:\alpha\in A_i\}$，满足$F_{i\alpha}\subset U_{i\alpha}$，$\alpha\in A_i$，则$X$是仿紧的.

57.12 定理 若$X_i(i\in N)$为强Σ空间，则ΠX_i为强Σ空间.

证明 设$\{\mathscr{F}^i_j:j\in N\}$为$X_i$的强$\Sigma$网络. 若令

$$\mathscr{F}(i_1\cdots i_j)=\mathscr{F}^1_{i_1}\times\cdots\times\mathscr{F}^j_{i_j}\times\prod_{i=j+1}^{\infty}X_i,$$

则这是ΠX_i的局部有限闭覆盖. 今证明

$$\{\mathscr{F}(i_1\cdots i_j):i_1,\cdots,i_j\in N,j\in N\}$$

是ΠX_i的强Σ网络. 取ΠX_i的点$x=(x_i)$. 显然$C(x)=\Pi C(x_i)$，故$C(x)$是紧的. 设

$$\mathscr{K}=\{K(i_1\cdots i_j):i_1,\cdots,i_j\in N,j\in N\}$$

是具有有限交性质的ΠX_i的闭集族，且对于各$i_1,\cdots,i_j$满足

$$K(i_1\cdots i_j)\subset C(x,\mathscr{F}(i_1\cdots i_j)).$$

假定$\mathscr{K}$的元的有限交L存在，使$L\cap C(x)=\varnothing$，则由$C(x)$的紧性存在n和开集$G_i\supset C(x_i)$，$i=1,\cdots,n$，满足下式.

$$L\cap\left(\prod_{i=1}^{n}G_i\times\prod_{i=n+1}^{\infty}X_i\right)=\varnothing.$$

选j_i，$i=1,\cdots,n$，若

$$G_i\supset C(x_i,\mathscr{F}^i_{j_i})\supset C(x_i),\ i=1,\cdots,n$$

成立，则

$$L\cap\left(\prod_{i=1}^{n}C(x_i,\mathscr{F}^i_{j_i})\times\prod_{i=n+1}^{\infty}X_i\right)=\varnothing.$$

---

1) 可参看 R. Engelking, General topology, 55. 18. ——译者注

另方面，因

$$C(x,\mathscr{F}(j_1\cdots j_n))=\prod_{i=1}^{n}C(x_i,\mathscr{F}^i_{j_i})\times\prod_{i=n+1}^{\infty}X_i$$

成立，故

$$L\cap C(x,\mathscr{F}(j_1\cdots j_n))=\varnothing,$$

矛盾．故 $L\cap C(x)\neq\varnothing$，由这个不等式有 $\cap\{K:K\in\mathscr{K}\}\neq\varnothing$．□

57.13 定理 若 $X_i(i\in N)$ 为仿紧 T_2，Σ 空间，则 ΠX_i 为仿紧 T_2，Σ 空间．

证明 照样使用前定理证明中的记号． 在仿紧 T_2 空间中 Σ 网络自然成为强 Σ 网络．由前定理，仅证明 ΠX_i 的仿紧性即可．对于各 $\mathscr{F}^i_j$，设其一一加细是 $\mathscr{F}^i_j$ 的 X_i 的局部有限开覆盖 $\mathscr{U}^i_j$，此时

$$\mathscr{U}^1_{i_1}\times\cdots\times\mathscr{U}^j_{i_j}\times\prod_{i=j+1}^{\infty}X_i$$

是 ΠX_i 的局部有限开覆盖，且被

$$\mathscr{F}^1_{i_1}\times\cdots\times\mathscr{F}^j_{i_j}\times\prod_{i=j+1}^{\infty}X_i$$

一一细分．故由引理 57.11，ΠX_i 是仿紧的．□

57.14 定理 仿紧 T_2，Morita 空间 X 和仿紧 T_2，Σ 空间 Y 的直积 $X\times Y$ 是仿紧的．

证明 设 $\mathscr{G}$ 是 $X\times Y$ 的任意开覆盖，

$$\{\mathscr{F}_i=\{F(\alpha_1\cdots\alpha_i):\alpha_1,\cdots,\alpha_i\in\Omega\}\}$$

为 Y 的标准 Σ 网络．设

$$\mathscr{H}_i=\{H(\alpha_1\cdots\alpha_i):\alpha_1,\cdots,\alpha_i\in\Omega\}$$

为 Y 的局部有限开覆盖且对于各 $\alpha_1,\cdots,\alpha_i\in\Omega$ 满足

$$F(\alpha_1\cdots\alpha_i)\subset H(\alpha_1\cdots\alpha_i).$$

设

$$\mathscr{W}(\alpha_1\cdots\alpha_i)=\{U_\lambda\times V_\lambda\neq\varnothing:\lambda\in\Lambda(\alpha_1\cdots\alpha_i)\}$$

为满足下述三个条件的最大的集族．

(1) 各 U_λ 是 X 的开集.

(2) 各 V_λ 是 Y 的补零集且

$$F(\alpha_1\cdots\alpha_i)\subset V_\lambda\subset H(\alpha_1\cdots\alpha_i).$$

(3) 各 V_λ 是开集 $V_\lambda,\cdots,V_{\lambda n(\lambda)}$ 的有限并,且

$$\mathscr{G}_\lambda=\{U_\lambda\times V_{\lambda i}:i=1,\cdots,n(\lambda)\}<\mathscr{G}.$$

若令

(4) $$\mathscr{W}=\bigcup\{\mathscr{W}(\alpha_1\cdots\alpha_i):\alpha_1,\cdots,\alpha_i\in\Omega,i\in N\}$$
$$=\{U_\lambda\times V_\lambda:\lambda\in\Lambda=\bigcup\{\Lambda(\alpha_1\cdots\alpha_i):\alpha_1,\cdots,\alpha_i\in\Omega,i\in N\}\},$$

则 $\mathscr{W}$ 是 $X\times Y$ 的开覆盖. 若能证明 $\mathscr{W}$ 是正规的,则存在它的一一加细的局部有限开覆盖 $\{W_\lambda:\lambda\in\Lambda\}$. 这时,

$$\bigcup\{\mathscr{G}_\lambda|W_\lambda:\lambda\in\Lambda\}$$

是 $X\times Y$ 的局部有限开覆盖且是 $\mathscr{G}$ 的加细,故保证了 $X\times Y$ 的仿紧性.

今证明 $\mathscr{W}$ 是正规的. 若令

(5) $U(\alpha_1\cdots\alpha_i)=\bigcup\{U_\lambda:\lambda\in\Lambda(\alpha_1\cdots\alpha_i)\}$,

则 $\{U(\ ):\Omega\}$ 是 X 的单调增大开集族. 若考虑到 X 是仿紧 T_2, Morita 空间,则存在 $\{U(\ ):\Omega\}$ 的同调加细的补零集族 $\{D(\ ):\Omega\}$, 满足下述三个条件.

(6) $D(\alpha_1\cdots\alpha_i)=\bigcup\{D(\alpha_1\cdots\alpha_i:\lambda):\lambda\in\Lambda(\alpha_1\cdots\alpha_i)\}$.

(7) $\{D(\alpha_1\cdots\alpha_i:\lambda\in\Lambda(\alpha_1\cdots\alpha_i)\}$ 是 X 的局部有限补零集族.

(8) $D(\alpha_1\cdots\alpha_i:\lambda)\subset U_\lambda,\ \lambda\in\Lambda(\alpha_1\cdots\alpha_i)$.

若令

$$\mathscr{E}(\alpha_1\cdots\alpha_i)=\{D(\alpha_1\cdots\alpha_i:\lambda)\times V_\lambda:\lambda\in\Lambda(\alpha_1\cdots\alpha_i)\},$$
$$\mathscr{E}_i=\bigcup\{\mathscr{E}(\alpha_1\cdots\alpha_i):\alpha_1,\cdots,\alpha_i\in\Omega\},$$
$$\mathscr{E}=\bigcup\mathscr{E}_i,$$

则由(2),(7)知各 $\mathscr{E}_i$ 是 $X\times Y$ 的局部有限补零集族. 故 $\mathscr{E}$ 是 σ 局部有限补零集族. 由(8),因 $\mathscr{E}<\mathscr{W}$,故若能证明 $\mathscr{E}$ 覆盖 $X\times Y$, 则 $\mathscr{W}$ 是正规的.

为了证明 $\mathscr{E}^{\#}=X\times Y$, 任取点 $(x,y)\in X\times Y$. 因 $\{\mathscr{F}_i\}$

是 Y 的标准 Σ 网络，故存在 $(\alpha_i)\in\Omega^\omega$，对于使 $C(y)\subset U$ 的任意开集，有 n 使 $C(y)\subset F(\alpha_1\cdots\alpha_n)\subset U$. 对此 (α_i)，因

$$\bigcup_{i=1}^{\infty} U(\alpha_1\cdots\alpha_i)=X,$$

故

$$\bigcup_{i=1}^{\infty} D(\alpha_1\cdots\alpha_i)=X.$$

故对于某个 k 有 $x\in D(\alpha_1\cdots\alpha_k)$. 故由(6)对于某 $\mu\in\Lambda(\alpha_1\cdots\alpha_k)$ 有

(9) $x\in D(\alpha_1\cdots\alpha_k:\mu)$.

另方面，由(3)，(8)，有

(10) $y\in V_\mu$.

由(9)，(10)，有

$$(x,y)\in D(\alpha_1\cdots\alpha_k:\mu)\times V_\mu\in\mathscr{E}.\ \square$$

57.15 例 存在既非 σ 空间也非 M 空间的仿紧 Σ 空间.

设各 $X_i(i\in N)$ 为 $[0,\omega_1]$ 的拷贝. 设 Y 为等同各 X_i 中的 ω_1 的集合，在 Y 导入拓扑使自然映射 $f:\bigcup X_i\to Y$ 成为商映射. 在此 $\bigcup X_i$ 是 $X_i(i\in N)$ 的拓扑和. 取例 55.17 中考虑的 Lindelöf σ 空间但非层型空间的空间 X，设 $Z=X\times Y$.

(1) Z 不是 σ 空间.

证明 若 Z 为 σ 空间，则 Y 也必须是 σ 空间. 于是在 Y 中 ω_1 是 G_δ 集，从而在 X_1 中 ω_1 必须是 G_δ 集. 这是不可能的. $\square$

(2) Z 不是 M 空间.

证明 若 Z 为 M 空间，则 X 也必须是 M 空间. 因 X 是 σ 空间，故 $X\times X$ 的对角集是 G_δ，由定理 42.23，X 是可距离化的，从而是层型空间. 这是矛盾的. $\square$

(3) Z 是仿紧 T_2，Σ 空间.

证明 首先 Y 显然是仿紧 T_2 的. 若令 $\mathscr{F}_i=\{Y,f(X_i)\}$，则 $\{\mathscr{F}_i\}$ 是 Y 的 Σ 网络，故 Y 是 Σ 空间. X 也当然是仿紧 T_2，Σ 空间. 故由定理 57.13，Z 是仿紧 T_2，Σ 空间. $\square$

§ 58. 积空间的拓扑

58.1 定理 (Katětov) 若 $X\times Y$ 是继承的正规，则 Y 的所有可数集是闭的或 X 是完全正规的.

证明 设 $B=\{y_i:i\in N\}$ 为 Y 的非闭可数集，取点 $y_0\in\bar{B}-B$. 设 A 为 X 的闭集但非 G_δ 集. 令 $E=A\times B, F=(X-A)\times\{y_0\}$. 因 $\bar{E}\subset A\times Y,\bar{F}\subset X\times\{y_0\}$, 故 $\bar{E}\cap F=E\cap\bar{F}=\varnothing$. 故有 $X\times Y$ 的开集 W，使 $W\supset E,\overline{W}\cap F=\varnothing$. 若令

$$W_i=\{x\in X:(x,y_i)\in W\},\ i\in N,$$

则 W_i 是含 A 的开集.因 A 非 G_δ 集，故有点 $x_0\in\bigcap W_i-A$. 因$(x_0,y_i)\in W,i\in N$, 故 $(x_0,y_0)\in\overline{W}$. 又因 $(x_0,y_0)\in F$，故和 $\overline{W}\cap F=\varnothing$ 矛盾. □

58.2 引理 空间 X 是完全正规的充要条件是对于各闭集 A 存在开集列 $\{U_i\}$，使 $\bigcap U_i=\bigcap\bar{U}_i=A$.

证明 必要性是显然的. 只需证明充分性. 令 A,B 为 X 的不相交闭集. 取开集列 $\{U_i\},\{V_i\}$, 使 $A=\bigcap U_i=\bigcap\bar{U}_i$, $B=\bigcap V_i=\bigcap\bar{V}_i$. 在此设 $\{U_i\}$, $\{V_i\}$ 都是单调减少列并不失一般性. 若令

$$U=\bigcup(U_i-\bar{V}_i),\ V=\bigcup(V_i-\bar{U}_i),$$

则 U,V 是开集，且满足 $A\subset U$, $B\subset V$, $U\cap V=\varnothing$. 故 X 是各闭集是 G_δ 集的正规空间，即完全正规空间. □

58.3 定理 若 $X\times Y$ 是继承的可数仿紧的，则 Y 的任意可数且离散集是闭的或 X 是完全正规的.

证明 设 $B=\{y_i:i\in N\}$是 Y 的非闭离散集，令$C=\bar{B}-B$. 设 A 为 X 的任意闭集，令

$$Z=X\times Y-A\times C,\ F_i=\bigcup_{j=i}^{\infty}A\times\{y_j\}.$$

F_i 为 Z 的闭集，而 $F_i\supset F_{i+1}$ 且 $\bigcap F_i=\varnothing$. 因 Z 是可数仿紧的，故由 Ishikawa 定理 16.10，存在 Z 的开集列 $D_1\supset D_2\supset\cdots$，满足下式.

$$F_i \subset D_i,\ \bigcap_{i=1}^{\infty} \mathrm{Cl}_Z D_i = \varnothing.$$

若令

$$U_i = \{x \in X: (x, y_i) \in D_i\},$$

则 U_i 是开的且 $A \subset U_i$.

假定存在点 $x_0 \in \bigcap \overline{U}_i - A$. 因 $C \neq \varnothing$，故可取 $y_0 \in C$. 这时 $(x_0, y_0) \in Z$. 因 $\overline{U}_i \times \{y_i\} \subset \mathrm{Cl}_Z D_i$, $i \in N$, 而 y_0 是 B 的聚点，故 $(x_0, y_0) \in \bigcap \mathrm{Cl}_Z D_i$发生矛盾. 于是 $A = \bigcap \overline{U}_i$，由引理 58.2 X 是完全正规的. □

58.4 推论 对于非退化空间 X，下述三个条件是等价的.

(1) X^ω 是完全正规的.

(2) X^ω 是继承的正规的.

(3) X^ω 是继承的可数仿紧的.

证明 (1)⇒(2)，(1)⇒(3)是显然的.

(3)⇒(1) 若D为X的 2 点子集，则 D^ω 是和 Cantor 集拓扑同胚的，故在 D^ω 中，从而在 X^ω 中存在可数离散集且非闭的. 因 $X^\omega \approx X^\omega \times X^\omega$，故由定理 58.3，$X^\omega$是完全正规的.

(2)⇒(1) 在上述论述中应用定理 58.1 即可. □

58.5 引理 若 M，T_2 空间X不是离散空间，则含有非闭的离散可数集.

证明 取 $x_0 \in X$ 使 $x_0 \in \overline{X - \{x_0\}}$. 取$X$的正规开覆盖列$\{\mathscr{U}_i\}$，$\mathscr{U}_i > \mathscr{U}_{i+1}^*$，对于各 $x \in X$ 使 $\{\mathscr{U}_i(x)\}$ 是拟收敛的. 取 $x_1 \in \mathscr{U}_1(x_0)$，$x_1 \neq x_0$. 取 x_1 的开邻域 V_1，设 $x_0 \notin \overline{V}_1$. 一般地，当选出 $x_1, \cdots, x_n$ 及它们的开邻域 $V_1, \cdots, V_n$ 时，选

$$x_{n+1} \in \mathscr{U}_{n+1}(x_0) - \bigcup_{i=1}^{n} \overline{V}_i,\ x_{n+1} \neq x_0,$$

取 x_{n+1} 的开邻域 V_{n+1}，使满足

$$\{x_0, x_1, \cdots, x_n\} \cap \overline{V}_{n+1} = \varnothing.$$

于是 $\{x_i: i \in N\}$ 为离散集. 因 $\{\mathscr{U}_i(x_0)\}$ 是拟收敛的，故 $\{\overline{x}_i\} - \{x_i\} \neq \varnothing$，而$\{x_i\}$不是闭的. □

58.6 定理 对于 M，T_2 空间 X，下述四个条件是等价的.

(1) X是可距离化的.

(2) $X \times X$ 是完全正规的.

(3) $X \times X \times X$ 是继承的正规的.

(4) $X \times X \times X$ 是继承的可数仿紧的.

证明 由 (1) 推出其他是明显的. (3)⇒(2) 由 58.1, 58.5 可知,(4)⇒(2)由 58.3,58.5 可知.

(2)⇒(1) 设X为使 $X \times X$ 为完全正规的 M, T_2空间. 对于 $X \times X$ 的对角集 Δ,取开集列 $\{W_i\}$ 使 $\Delta = \bigcap W_i = \bigcap \overline{W}_i$. 令

$$\mathscr{V}_i = \{V: V \text{ 在} X \text{开}, V \times V \subset W_i\}, i \in N.$$

设$\{\mathscr{U}_i\}$为X的正规开覆盖列,而$\{\mathscr{U}_i(x)\}$对于各 $x \in X$ 是拟收敛的. 置

$$\mathscr{W}_i = \bigwedge_{j=1}^{i} (\mathscr{U}_j \wedge \mathscr{V}_j), \ i \in N,$$

我们证明$\{\mathscr{W}_i\}$是X的展开列. 在某点 $a \in X$,若$\{\mathscr{W}_i(a)\}$不是的邻域基,则对于 a 的某开邻域 W,有

$$\mathscr{W}_i(a) - W \neq \varnothing, \ i \in N.$$

若取 $x_i \in \mathscr{W}_i(a) - W$ 的点,则

$$(5) \quad \bigcap_{i=1}^{\infty} \mathrm{Cl}\{x_i, x_{i+1}, \cdots\} \neq \varnothing,$$

故从此式的左边任取点 b. 因 $a \neq b$, 故存在 n, 使 $(a, b) \notin \overline{W}_n$. 取 a,b 的开邻域 U, V, 使 $(U \times V) \cap \overline{W}_n = \varnothing$. 若 W' 为含 x 的 $\mathscr{W}_n$ 的任意元, 则 $W' \times W' \subset W_n$, 故 $W' \cap V = \varnothing$. 这意味着 $\mathscr{W}_n(a) \cap V = \varnothing$. 另方面, 由 (5) 对于某 $m \geqslant n$, 有 $x_m \in V$. 故 $x_m \in V \cap \mathscr{W}_m(a) \subset V \cap \mathscr{W}_n(a)$ 而得到矛盾. 于是对于各 $x \in X$, $\{\mathscr{W}_i(x)\}$ 是 x 的邻域基,而X是可展空间.

由推论 22.9, 若可展空间是可数紧的则是紧的. 故度量空间的拟完全原像的X必须是度量空间的完全原像. 故X是仿紧的. 故由定理 18.7, X是可距离化的. □

58.7 定理 (A. H. Stone) 设Ω是不可数集, 对于各 $\alpha \in \Omega$,

设 N_α 是N的拷贝．把N看做离散空间，则积空间 $\prod_{\alpha\in\Omega} N_\alpha$ 不是正规的．

证明　定义 ΠN_α 的子集 A_k 如下．

$A_k=\{(x_\alpha)\in\Pi N_\alpha$: 关于各 $n\neq k$, $x_\alpha=n$ 的 α 至多是一个$\}$.

于是 $A_k(k=1,2)$ 是不相交的闭集．若假定 ΠN_α 是正规的，则存在不相交的开集U,V，使 $A_1\subset U, A_2\subset V, U\cap V=\varnothing$．一般地，对于 ΠN_α 的点 a 及 Ω 的有限子集 Ω'，$U(a,\Omega')$ 表示属于 Ω' 的坐标 α 与 a 的 α 坐标一致的点全体．选取 A_1 的点列 $a_n=(x_\alpha^n)$，Ω 的有限集 $\Omega_n=\{\alpha_1,\cdots,\alpha_{m(n)}\}(m(n)<m(n+1))$ 如下．a_1 是各 $x_\alpha^1=1\ (\alpha\in\Omega)$ 的 A_1 的点 (x_α^1)．选 $\Omega_1=\{\alpha_1,\cdots,\alpha_{m(1)}\}$ 使 $U(a_1,\Omega_1)\subset U$．设已作出点 $a_i=(x_\alpha^i)\in A_1, i=1,\cdots,n$，和$\Omega$的有限集 $\Omega_i=\{\alpha_1,\cdots,\alpha_{m(i)}\}$，$i=1,\cdots,n$，$m(i)<m(i+1)$，满足下列诸式：

(1)　$U(a_i,\Omega_i)\subset U, i=1,\cdots,n$,

(2)　$x_{\alpha_j}^i=j,\ 1\leqslant j\leqslant m(i-1)$,

(3)　$x_\alpha^i=1,\ \alpha\in\Omega-\Omega_{i-1}$.

这时，取 $a_{n+1}=(x_\alpha^{n+1})$ 为对于 $i=n+1$ 满足上述的 (2)，(3) 的点，而取 $\{\alpha_1\cdots,\alpha_{m(n+1)}\}=\Omega_{n+1}(m(n)<m(n+1))$ 为对于 $i=n+1$ 满足 (1) 者．

设 $b=\{y_\alpha\}$ 为满足下述二式的点：

(4)　$y_{\alpha_i}=i,\ i\in N$,

(5)　$y_\alpha=2,\ \alpha\in\Omega-\bigcup\Omega_i$.

这时因 $b\in A_2$，故存在Ω的有限集Γ，满足

(6)　$U(b,\Gamma)\subset V$.

因Γ是有限集，故有某 k 使

(7)　$i>m(k)\Rightarrow\alpha_i\in\Omega-\Gamma$.

设点 $c=(z_\alpha)$ 为满足下述三式者：

(8)　$z_{\alpha_j}=j,\ 1\leqslant j\leqslant m(k)$,

(9)　$z_{\alpha_j}=1, m(k)<j\leqslant m(k+1)$,

(10) $z_\alpha = 2$, $\alpha \in \Omega - \bigcup \Omega_i$.

于是由(2),(3),(8),(9),有

(11) $c \in U(a_{k+1}, \Omega_{k+1})$.

又由 (4),(5),(7),(8),(10),有

(12) $c \in U(b, \Gamma)$.

故由 (1),(6),(11),(12),有 $c \in U \cap V$,发生矛盾. □

58.8 推论 设Ω为不可数集,$X_\alpha(\alpha \in \Omega)$ 为非空空间. 若 $\prod_{\alpha \in \Omega} X_\alpha$ 是正规的,则对于不属于Ω的某可数集的所有α,X_α是可数紧的.

证明 设有Ω的不可数子集Γ,对于各$\alpha \in \Gamma$,X_α不是可数紧的. 由命题 22.2,对于各$\alpha \in \Gamma$,存在可数且分散的点集$N_\alpha \subset X_\alpha$. 因$N_\alpha$在$X_\alpha$是闭的,故$\prod_{\alpha \in \Gamma} N_\alpha$ 在 $\prod_{\alpha \in \Gamma} X_\alpha$ 中是闭的. 由定理 58.7,$\prod_{\alpha \in \Gamma} N_\alpha$ 不是正规的,故$\prod_{\alpha \in \Gamma} X_\alpha$ 也不是正规的,故 $\prod_{\alpha \in \Omega} X_\alpha$ 也不是正规的. □

58.9 推论 对于空间X,设$\mathfrak{m}$为不小于其重数$\omega(X)$的不可数基数. 若$X^{\mathfrak{m}}$是正规的,则X是紧的.

证明 只就X为非退化时考虑即可. 若D为X的二点集,则$X^{\mathfrak{m}}$含有$X \times D^{\mathfrak{m}}$为闭集. 故$X \times D^{\mathfrak{m}}$是正规,从而$X \times D^{\omega(X)}$也是正规的. 由定理 25.4,这意味着$X$的仿紧性. 另方面,由推论 58.8,$X^{\mathfrak{m}}$的正规性意味着$X$的可数紧性. 故$X$是紧的. □

当$\mathfrak{m}$为可数时,X^ω的正规性不意味着X的紧性. 例如R^ω就是这样. X^ω的正规性也不保证X的仿紧性,例 58.12 指出了这一事实.

58.10 定理 (Nagami) 设$\{X_i, f_j^i\}$为使各f_j^i是到上的开连续映射的逆谱,X为它的逆极限. 若X是可数仿紧的,则下述性质成立:

(1) 若各X_i是正规的,则X也是正规的.

(2) 若各X_i是仿紧,T_2的,则X也是仿紧的.

证明　设$\pi_i: X \to X_i$为射影．对(1)，(2)同时进行证明．设$\mathscr{U} = \{U_\alpha: \alpha \in A\}$为$X$的任意开覆盖．但对于(1)赋与$|A| < \infty$的条件．只需证明这个$\mathscr{U}$的正规性．对于$X$的任意集合$U$，根据下式定义$U^i$．

$$U^i = \bigcup\{U' \subset X_i: U'\text{ 是开的}, \pi_i^{-1}(U') \subset U\}.$$

根据这个写法，对于各U_α可定义U_α^i．若令

$$V_i = \bigcup\{U_\alpha^i: \alpha \in A\},$$

则$\pi_1^{-1}(V_1) \subset \pi_2^{-1}(V_2) \subset \cdots$，$\bigcup \pi_i^{-1}(V_i) = X$．因$X$是可数仿紧的，故存在满足$X = \bigcup W_i$，$\overline{W}_i \subset \pi_i^{-1}(V_i)$，$W_i \subset W_{i+1}$，的开集列$\{W_i\}$．为了指出$\bigcup \pi_i^{-1}(W_i^i) = X$，任意取$x = (x_i) \in X$．于是对某$j$，$x \in W_j$．故对于某个$k \geqslant j$，有$x \in \pi_k^{-1}(W_j^k)$．由$W_j^k \subset W_k^k$，有$x \in \pi_k^{-1}(W_k^k)$．

为了说明$\mathrm{Cl}W_i^i \subset V_i$，取点$y = (y_1, y_2, \cdots) \in X$，对其$i$坐标设满足$y_i \in \mathrm{Cl}W_i^i$．若$T$为$y$的任意开邻域，则存在某$n \geqslant i$和$y_n$在$X_n$中的开邻域$S$，使$\pi_n^{-1}(S) \subset T$．因$f_i^n$是开的，故$f_i^n(S)$是$y_i$的开邻域，且$f_i^n(S) \cap W_i^i \neq \varnothing$．故$\pi_n^{-1}(S) \cap \pi_i^{-1}(W_i^i) \neq \varnothing$，从而$T \cap W_i \neq \varnothing$．这个最后的不等式指出$y \in \overline{W}_i$．故$y \in \pi_i^{-1}(V_i)$，从而$y_i \in V_i$．

取X_i的补零集D_i及$D_{i\alpha}$，$\alpha \in A$，使满足下式．

$$\mathrm{Cl}W_i^i \subset D_i = \bigcup\{D_{i\alpha}: \alpha \in A\} \subset V_i,$$

$$D_{i\alpha} \subset U_\alpha^i,\ \alpha \in A,$$

$$\{D_{i\alpha}: \alpha \in A\}\text{ 在 } X_i \text{ 中局部有限}.$$

这时

$$\mathscr{D} = \{\pi_i^{-1}(D_{i\alpha}): \alpha \in A,\ i \in N\}$$

是X的σ局部有限的补零覆盖，故为正规的．又由$\mathscr{D}$的作法，$\mathscr{D} < \mathscr{U}$是明显的．□

58.11　引理　若X_i $(i \in N)$为可数紧的 Fréchet 空间，则ΠX_i是可数紧的．

证明　设$P = \{x_i\}$，$x_i \neq x_j (i \neq j)$，为ΠX_i的可数无限点列．设$\pi_i: \Pi X_i \to X_i$为射影．当$\pi_1(P)$为有限时，取P的子列

$P_1=\{x_{1i}:i\in N\}$，使 $\pi_1(P_1)$ 为 1 点 a_1. 当 $\pi_1(P)$ 为无限集时，取它的聚点 a_1，使 $\lim\pi_1(x_{1i})=a_1$，$\pi_1(x_{1i})\neq a_1$. 因 X_1 是可数紧且 Fréchet 的，故这是可能的. P，X_1 分别以 P_1，X_2 置换之，重复同样的讨论. 对于各 i 继续这样做，可确定 P 的子列 $P_i=\{x_{ij}:j\in N\}$ 及点 $a_i\in X_i$ 满足下述三个条件：

(1) $P_i\supset P_{i+1}$.

(2) 当 $\pi_i(P_i)$ 为有限时，它仅是一点 a_i.

(3) 当 $\pi_i(P_i)$ 为无限时，$\lim\limits_{j\to\infty}\pi_i(x_{ij})=a_i\in\pi_i(P_i)$.

若令 $Q=\{x_{ii}:i\in N\}$，$a=(a_i)$，则 Q 是 P 的子列且以 a 为聚点. 故 ΠX_i 是可数紧的. □

58.12 例 (Noble) 存在 X^ω 是正规的而 X 不是仿紧的空间. $X=[0,\omega_1)$ 即为所求. X 不是全体正规的 (15.10)，故不是仿紧的.

(1) X^n 是正规的.

证明 当 $n=1$ 时，因 X 是正规的 (9.24)，故 (1) 是正确的. 归纳法假定，设 $m>1$，关于 $m>n$ 的所有 n，(1) 是正确的. 设 F，H 为 X^m 的不相交闭集. 对于 $\alpha<\omega_1$，令 $U(\alpha)=[\alpha+1,\omega_1)^m$. 对于任意 α，若 $U(\alpha)$ 和 F 和 H 都相交，则存在单调增大列 $\alpha_1<\beta_1<\alpha_2<\beta_2<\cdots<\omega_1$，点 p_i,q_i 使

$$p_i\in(U(\alpha_i)\cap F)-U(\beta_i),\ q_i\in(U(\beta_i)\cap H)-U(\alpha_{i+1}).$$

令 $\sup\alpha_i=r$，设 P 为各坐标是 r 的 X^m 的点. 因 $\lim p_i=\lim q_i=p$，故 $p\in F\cap H$ 的矛盾发生. 故存在 $\delta<\omega_1$，使例如 $F\cap U(\delta)=\varnothing$.

$X^m-U(\delta)$ 是 m 个和 $X^{m-1}\times[0,\delta]$ 拓扑同胚的闭集的并集. 若能说明 $X^{m-1}\times[0,\delta]$ 是正规的，则由定理 24.4，$X^m-U(\delta)$ 是正规的. 因 X 第一可数性成立，故为可数紧 Fréchet 空间. 故由引理 58.11，X^{m-1} 是可数紧的，从而是可数仿紧的. 又由归纳法假定，X^{m-1}是正规的. $[0,\delta]$是紧度量空间，故由 Dowker 定理 16.12，$X^{m-1}\times[0,\delta]$ 是正规的. 如此 $X^m-U(\delta)$ 是正规的. 取 $X^m-U(\delta)$ 的不相交开集 U,V，使 $F\subset U$，$H-U(\delta)\subset V$. 若令 $W=$

$V\cup U(\delta)$，则 U，W 是 X^m 的不相交开集且满足 $F\subset U$，$H\subset W$。□

(2) X^ω 是正规的。

证明 由引理 58.11，X^ω 是可数仿紧的。对于各 n，X^n 由(1)是正规的。故由定理 58.10，X^ω 是正规的。□

58.13 问题 (Przymusinski) (1) X 可分、仿紧、满足第一可数性，X^2 是正规的但非仿紧的空间之存在，在集合论公理范围内能证明吗？

(2) 存在 X 仿紧的、满足第一可数性，X^2 是正规的而非族正规的空间，与存在正规的不可距离化的 Moore 空间(问题 18.3)是等价的吗[1]？

习 题

10.A 具有可数网络的正则空间是仿紧的且完全正规的。同时也是继承可分的。

10.B 可数个 $\aleph_0$ 空间的直积是 $\aleph_0$ 空间。

提示 确定紧覆盖连续映射是乘法的，然后应用定理 52.10 的判定条件。

10.C $\aleph_0$ 空间的附加空间是 $\aleph_0$ 空间。

提示 取 $\aleph_0$ 空间 X，Y，设 F 为 X 的闭集，设 f 为 F 到 Y 的连续映射。设 Z 为 X，Y 的拓扑和，而 $g:Z\to X\cup_f Y$ 为射影。设 $h:X\cup_f Y\to X\cup_f Y/Y$ 为商映射。考虑 $f=hg:Z\to X\cup_f Y/Y$，则 f 是闭的，Z 是仿紧 T_2 的，故由定理 51.3，f 是紧覆盖。若用此事实确定 g 是紧覆盖，则可应用命题 52.4。

10.D 对于空间 X，下述二条件是等价的。

(1) X 是度量空间的紧覆盖连续像。

(2) X 的任意紧集是可距离化的。

10.E T_2，可展空间是度量空间的紧覆盖开连续像。

提示 若能说明任意的紧子集具有可数外延基，则可应用定理 53.3。

10.F Michael 直线(13.6) X 是强可数型的。

1) Przymusinski 在 *Fund. Math.*, 78 (1973), 291～296 中证明："存在可分、仿紧、第一可数空间 X，使得 X^2 是完全正规的，但非族正规的。"与"存在可分正规不可度量化的 Moore 空间"等价。故为 $MA+\neg CH$ 的推论。——校者注

提示 设K为X的紧集. 设$S\subset X$是满足引理 13.5 的条件的集合. $K-S$是闭的故是紧的,从而是可数的.

$$\{S_{1/i}(K-S)\cup K:i\in N\}$$

是K的邻域基. 若令 $K_i=K-S_{1/i}(K-S)$, 则 K_i 是紧的且含于S, 故$|K_i|<\infty$. 因$K=(K-S)\cup(\cup K_i)$,故K本身是可数的.

10.G (Okuyama) 设 $f:X\to Y$ 为商映射, X是其导集为紧的可数型 T_2 空间, Y为T_2空间. 这时f是紧覆盖.

10.H 设空间X的各开集U对应X的闭集列$\{U_i\}$,满足下述二条件:

(1) $U=\cup U_i$.

(2) 若$U\subset V$,V为开的,则$U_i\subset V_i$,$i\in N$.

此时此对应称为半层对应,X称为半层型空间.证明σ空间是半层型的.

10.I 若$f:X\to Y$为到上的拟完全映射,Y为可数仿紧空间,则X是可数仿紧的.

提示 取X的开覆盖$\{G_i\}$,$G_1\subset G_2\subset\cdots$, 若令$H_i=Y-f(X-G_i)$, 则由$f$的拟完全性有$\cup H_i=Y$. 在此应用 Ishikawa 定理 16.10.

10.J (Ishii) 对于例 11.10 的 Tychonoff 板 $Z=[0,\omega]\times[0,\omega_1]-(\omega,\omega_1)$,下述性质成立:

(1) Z不是可数仿紧的.

(2) Z是 Morita 空间.

(3) Z不是M空间而是Σ空间.

提示 (1)一般地用可数仿紧且伪紧完全正则空间是可数紧的事实.

(2) 用$[0,\omega_1)$的可数紧性.

10.K 正则, Lindelöf Σ空间全体的族是可数可乘的.

10.L 对于空间X的闭覆盖$\{F_i\}$,若各F_i是Σ空间,则X是Σ空间.

10.M 对于空间X的局部有限闭覆盖$\{F_\alpha\}$,若各F_α是Σ空间, 则X是Σ空间.

提示 做为定理 57.7 的推论推出是简单的.

10.N 设各X_i为T_2空间X的子空间. 若各X_i是强Σ空间,则$\cap X_i$是强Σ空间.

10.O 仿紧T_2, Σ空间X是σ空间的充要条件是$X\times X$的对角集是G_δ集.

10.P (Michael) 若仿紧T_2,Σ空间具有点可数基,则可距离化.

提示 应用各$C(x)$具有可数外延基的事实.

10.Q (Michael) 正则、强Σ空间X的各点是闭G_δ集且含于Lindelöf空间中.

提示 设$\{\mathscr{F}_i=\{F_{i\alpha}:\alpha\in A_i\}\}$为强$\Sigma$网络. 取$x\in X$,设$\mathscr{H}_i=\{F_{i\alpha}:\alpha\in B_i\}$为$\mathscr{F}_i$的元且不含$x$的全体。 选$x$的开邻域列$\{V_i\}$, 使对于各$i$满足$\bar{V}_{i+1}\subset V_i,\bar{V}_i\cap\mathscr{H}_i^*=\varnothing$. $\cap V_i$即为所求.

10.R (Borges-Masuda-Zenor) 对于空间X的不相交闭集A,B,定义开集$G(A, B)$,设满足下述二条件:

(i) $A\subset G(A, B)\subset \mathrm{Cl}G(A, B)\subset X-B$.

(ii) $A\subset A', B'\subset B\Longrightarrow G(A, B)\subset G(A', B')$.

此时G称为**单调正规对应**,X称为**单调正规空间**.

对于X的隔离的集合A,B,定义开集$H(A,B)$,设满足下述二条件.

(i) $A\subset H(A, B)\subset \mathrm{Cl}H(A, B)\subset X-B$.

(ii) $A\subset A', B'\subset B\Longrightarrow H(A, B)\subset H(A', B')$.

此时H称为**单调继承的正规对应**,X称为**单调继承的正规空间**.

对于X,下述条件是等价的:

(1) X是单调正规空间.

(2) 闭集A,开集U满足$A\subset U$,对于各对(A,U)可使之对应开集$U_A\supset A$, 满足下述条件:

(i) $A\subset B, U\subset V\Longrightarrow U_A\subset V_B$.

(ii) $U_A\cap(X-A)_{X-U}=\varnothing$.

(3) 点x, 开集U, 满足$x\in U$, 对于各对(x,U), 可使之对应开集U_x, 满足下述条件.

$$U_x\cap V_y\neq\varnothing\Longrightarrow x\in V \text{ 或 } y\in U.$$

(4) X是单调继承的正规空间.

提示 (1)$\Longrightarrow$(2) 设G为单调正规对应,若

$$H(A, B)=G(A, B)-\mathrm{Cl}G(B, A),$$

则H也是单调正规对应,且满足$H(A, B)\cap H(B, A)=\varnothing$. 对于$A\subset U$, 若令$U_A=H(A,X-U)$,则满足条件.

(2)$\Longrightarrow$(3) 对于$x\in U$,令$U_x=U_{\{x\}}$. 假定$U_x\cap V_y\neq\varnothing$, $x\notin V$, $y\notin U$, 则 $U_x\cap(X-\{x\})_{X-U}=\varnothing$ 且$V_y\subset(X-\{x\})_{X-U}$, 故$U_x\cap V_y=\varnothing$, 发生矛盾.

(3)$\Longrightarrow$(4) 设A,B是隔离的, 即满足$\bar{A}\cap B=A\cap\bar{B}=\varnothing$的集合. 若令$H(A,B)=\bigcup\{U_x:x\in A,U\subset X-B\}$,则$H$为单调继承的正规对应.

10.S 若 $X\times[0,\omega]$ 为单调正规空间，则 X 为层型空间.

提示 设 F 为 X 的任意闭集. 若令 $A=F\times[0,\omega)$, $B=(X-F)\times\{\omega\}$, 则 A,B 为隔离的. 设 H 为 $X\times[0,\omega]$ 的单调继承的正规对应，由 $F_i\times\{i\}=\mathrm{Cl}H(A,B)\cap(X\times\{i\})$ 定义 $\{F_i\}$. $U=X-F$ 的层对应由 $\{U_i=X-F_i\}$ 得到.

10.T 层型空间是单调正规的. $[0,\omega_1)$ 是单调正规的，但非层型空间.

提示 参考引理 54.9.

10.U (Cook-Fitzpatrik) 完全正规空间列 $\{X_i\}$ 所成的逆谱的逆极限是完全正规的.

后　　记

为了读者方便，与本书的内容有关但未能详细叙述的话题中的重要结果，我们分别就各章列述于下.

1. 关于箱拓扑，Mary Rudin (*General Topology Appl.*, 2(1972)) 证明了下述结果：可数个紧度量空间依箱拓扑的积空间是仿紧的. 除此结果以外关于箱拓扑几乎毫无所知. 给与 Peano 曲线的特征化的 Hahn-Mazurkiewicz 定理请看 Hocking-Young 的著作 (Topology, Addison-Wesley, 1961). 关于幂空间 2^X 的一般性质在 Kuratowski 的著作 (Topology I, Academic Press, 1966) 中详述了. $2^I \approx H$ 的结果从拓扑空间论发展初期已由波兰学派预想到，而由 Scholi-West (*Bull. Amer. Math. Soc.*, 78 (1972)) 肯定地解决了. Curtis-Scholi 进一步对于非退化的 Peano 曲线 X，证明了 $2^X \approx H$.

2. 关于断定 $R^\omega \approx H$ 的 R. D. Anderson 定理有 Anderson-Bing (*Bull. Amer. Math. Soc.*, 74 (1968)) 的初等证明. I^ω 的拓扑性质有 Anderson, Chapman, Henderson 等人的研究. 这个分支做为无限维流形论形成一个大的领域.

3. 正规空间和 I 的积不是正规的例子请看 Mary Rudin 的著作 (*Bull. Amer. Math. Soc.*, 77 (1971)).

4. 关于实紧空间，Gillman-Jerison (Rings of continuous functions, Van Nostrand, 1960) 有精细的论述，而 Engelking (Outline of general topology, North-Holland, 1968) 也有简洁的记载.

5. 用关于极大一致覆盖系的完备化研究原来的一致空间的性质的分支是由 Morita (*Sci. Rep. Tokyo Kyoiku Daigaku Sect* A 10 (1970)) 开创的. 关于拓扑群可阅读 Pontrjagin 的著作(连续群论上下，岩波书店，1958).

6. 关于 ANR 的进一步详细的理论请看 Borsuk 的著作 (Theory of retracts, Polish Scientific Publishers, 1967), Kuratowski 的著作 (Topology II, Academic Press, 1968). 由 Borsuk 创建的形论和此分支有深刻的关系，有 Chapman, Kodama, Mardešic, Segal 等人的研究.

7. $\dim R^n = n$ 已为 Hurewicz-Wallman (Dimenšion theory, Princeton University Press,1948), Morita (次元论，岩波书店，1950) 所证明. 关于维数论参考 Nagami 的著作 (Dimension theory, Academic Press 1970), Nagata 的著作 (Modern dimension theory, North-Holland, 1965).

8. 以 Mappings and spaces 为标题的 Arhangel'skiĭ 的著作 (*Russian Math. Surveys*, 21 (1966))打开了这方面之门，它是历史的论文. 这里指出的方向，将来将成为拓扑空间论的重要分支.

9. 对于商空间 Michael 的著作 (*General Topology Appl.*, 2 (1972)) 可用做字典. 评论拓扑空间的点集的基数问题可以说开始于 Alexandroff, 但 Juhácz 的著作 (Cardinal functions in topology, Math. Centre Tracts, 1971) 是这方面唯一的著作. 关于一致空间上的映射空间，Bourbaki (General topology, Addison-Wesley, 1966) 有详细的论述.

10. 考虑由映射生成的空间族是以 Arhangel'skiĭ 的工作为起点，有 Wicke-Worrell 的一系列的研究以及 Nagami (*Fund. Math.*, 78 (1973)) 等的工作.

人 名 索 引

I

J

K

L

M

N

O

P

R

S

T

U

V

W

Y

Z

名词索引

A

B

C

D

E

F

G

H

J

K

L

M

N

P

Q

R

S

T

U

V

W

X

Y

Z